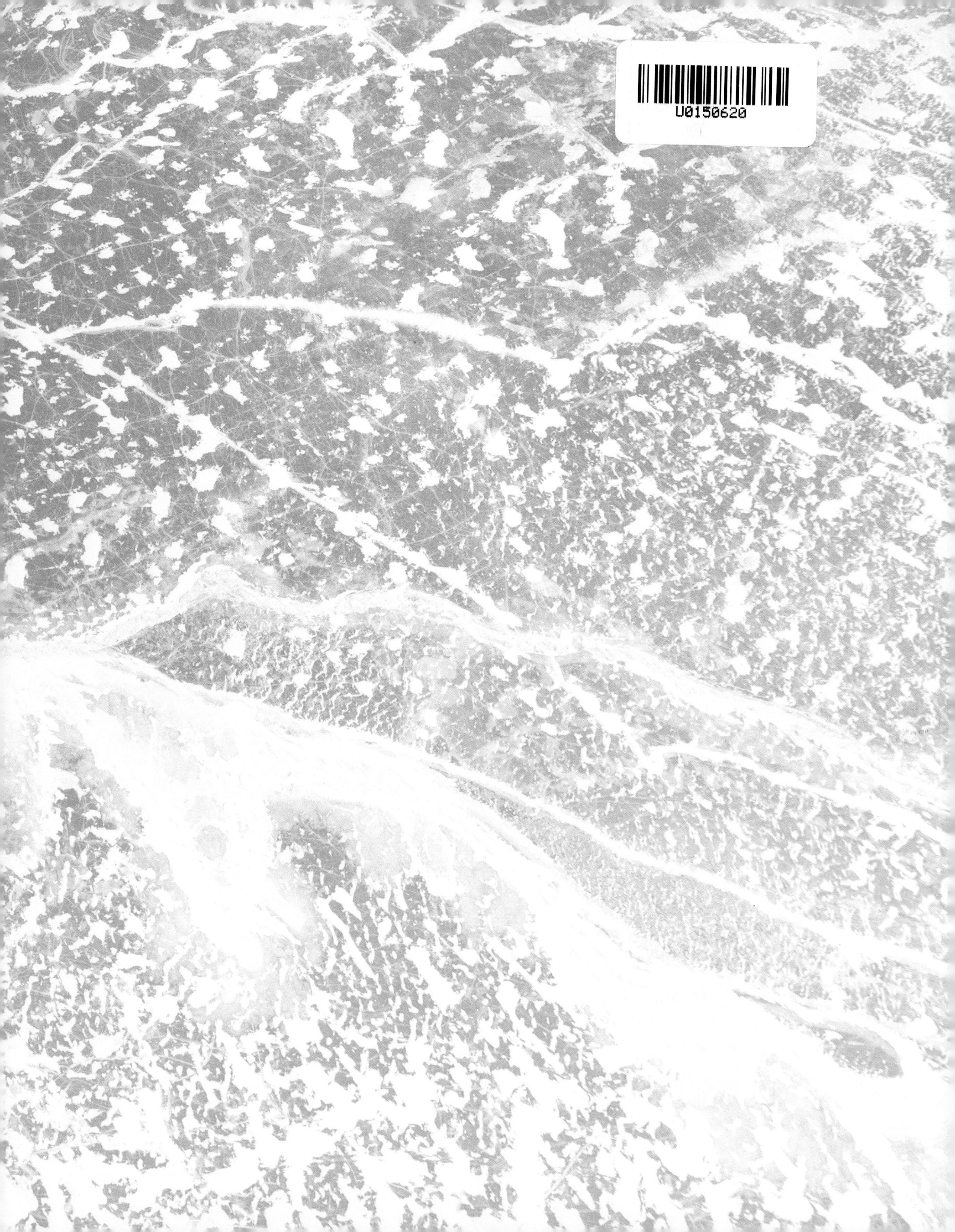

# DK 世界自然奇观
# 全 探 索

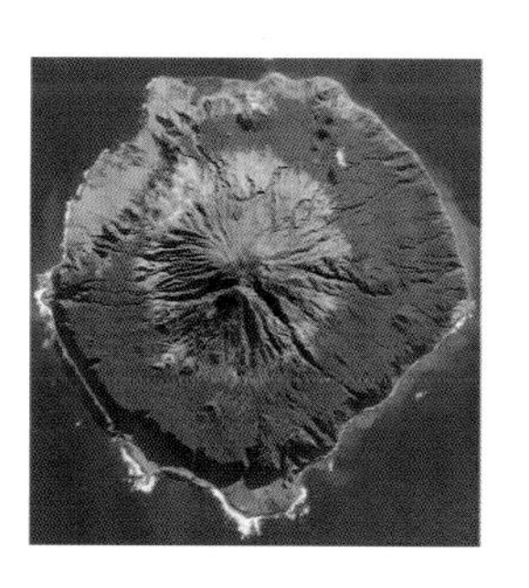

# DK 世界自然奇观
# 全 探 索

[英] DK出版社 编著　王敏 译

華中科技大學出版社
http://press.hust.edu.cn
中国 · 武汉

# 目录

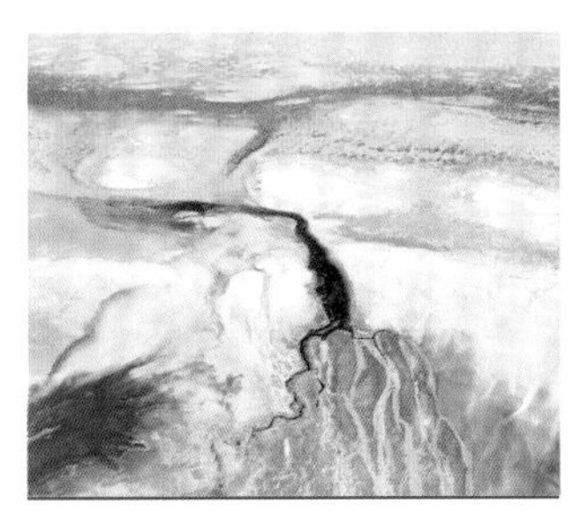

DK | Penguin Random House

**图书在版编目（CIP）数据**

DK世界自然奇观全探索 / 英国DK出版社编著；王敏译. 一 武汉：华中科技大学出版社, 2019.7（2024.11重印）

ISBN 978-7-5680-5301-3

I.①D… II.①英… ②王… III.①自然地理－世界－普及读物 IV.①P941-49

中国版本图书馆CIP数据核字（2019）第105118号

**Original Title: Natural Wonders of the World**





简体中文版由Dorling Kindersley Limited授权华中科技大学出版社有限责任公司在中华人民共和国境内（但不含香港、澳门和台湾地区）出版、发行。

湖北省版权局著作权合同登记 图字：17-2019-125号

**DK世界自然奇观全探索**
DK Shijie Ziran Qiguan Quan Tansuo

［英］DK出版社 编著
王敏 译

出版发行：华中科技大学出版社（中国·武汉） 电话：(027) 81321913
北京有书至美文化传媒有限公司 电话：(010) 67326910-6023

出 版 人：阮海洪

责任编辑：莽 昱 李 鑫 责任监印：赵 月 张 丽 封面设计：邱 宏

制 作：北京博逸文化传播有限公司
印 刷：鸿博昊天科技有限公司
开 本：720mm × 1020mm 1/8
印 张：55
字 数：300千字
版 次：2024年11月第1版第6次印刷
定 价：268.00元

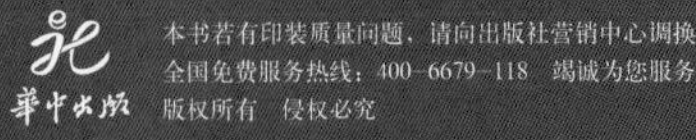


www.dk.com

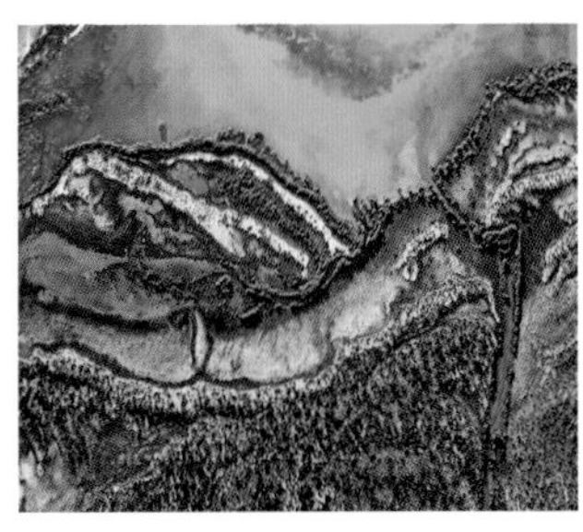

## 亚洲
215



## 澳大利亚和新西兰
269



## 南极洲
301



## 海洋
311



## 极端天气
327



## 作者简介

杰米·安布罗斯（Jamie Ambrose）：一位对自然史特别感兴趣的作家、编辑，著有DK出版社的《世界野生生物》（*Wildlife of the World*）。

罗伯特·丁威迪（Robert Dinwiddie）：科学作家，擅长地球科学、宇宙、科学史和科学通识等方面的写作。此外，他还热衷于探索世界各地的火山、冰川、珊瑚礁和其他自然现象。

约翰·范顿（John Farndon）：著有地球科学和自然史方面的作品，包括《地球如何运行》（*How the Earth Works*）、《海洋图集》（*The Oceans Atlas*）和《岩石与矿物实用百科全书》（*The Practical Encyclopaedia of Rocks and Minerals*）。他曾六次入围英国皇家学会的青少年科学图书奖。

蒂姆·哈里斯（Tim Harris）：他曾在挪威研究冰山，并为儿童与成人撰写了多部自然史方面的书籍，包括《皇家鸟类保护协会迁徙热点：世界上最好的鸟类迁徙站点》（*Migration Hotspots: The World's Best Bird Migration Sites*）。

大卫·萨默斯（David Summers）：作家、编辑，曾接受自然史方面的电影摄制培训。他曾参与编撰自然史、地理和科学等领域的书籍。

# 前言

我敢打赌，你一定想翻过这页不看。站在高山之巅、登上沙丘，或透过防水面罩观赏晶莹剔透的水域；飞越森林、掠过沙丘、躲开巨浪。对于任何一个梦想探索地球的人来说，这都是一份终极目的地愿望清单。但在动身出发前，你得把不少装备装入行李包，从高筒雪靴到潜水呼吸管、从攀岩用鞋底钉到罗盘，不一而足。因为在旅途中，你将踏上地球的每一片土地、登上不同的海拔高度、走进每一个生物栖息地。你有可能会冻得半死、全身湿透、大汗淋漓，身体受到极限考验。

对此，你可以漫无边际地遐想一番。而本书将呈现地球的自然资源，展现它们令人惊叹的多样性、令人目不暇接的美。对我来说，这绝对是一部让人拿起后不想放下、恨不得一口气读完的佳作。书中不仅展示了世界各大奇观的优美照片，还介绍了这些奇观的地理位置、形成原因和形成过程，可谓图文并茂、精彩纷呈。书中将各种科学——地质学、地理学、动物学、植物学……甚至还有物理和化学完美地融为一炉，为那些非比寻常的自然现象提供了深入浅出、简洁易懂的解释。书中包含大量生动的事实，让你不由感慨，“啊，原来它是这样形成的，原来是这么一回事，原来是这个原因，原来是在那个地方，原来是在那个时候”。但这丝毫不会影响那些奇观本身拥有的让人惊叹的魅力，不会让浪漫有趣的自然世界变得单调、枯燥。当你捧起这本书时，就走进

了一个恢宏壮观的美丽王国，迫不及待地想要了解更多。当然，这并不仅仅是一本童书，但每个孩子都应该拥有它。本书能点燃孩童对这个丰富多彩的世界的好奇心，或者让孩子的这种好奇心得到满足。

在这个手机和电脑唱主角的年代，我仍然喜欢书籍，特别是像这样恢宏华美的巨制。不妨把它们随手放在你家的厨房中、长椅上、餐桌旁，在你享用早餐、午餐时或入睡前，拿起书卷，信手翻阅几页，这会给你带来一种美好的体验。纸质书籍是真实的、有形的、可感知的。我有自己最喜欢的书籍，但我没有最喜欢的下载链接，因为它们并非是真实“存在”的。我还保留着儿童时代的图书。你的孩子们将来也会保留他们儿童时代的书籍吗？我想这不太可能。我当然会把这本书列入最爱的书单之中，因为它永远不会过时，永远是宝贵的参考资料。而且书中介绍的种种自然奇观，让我意欲了解自然世界的愿望得到了无限满足。

**克里斯·帕克汉姆**

飞越密歇根湖（参见第50—51页），2017年5月10日

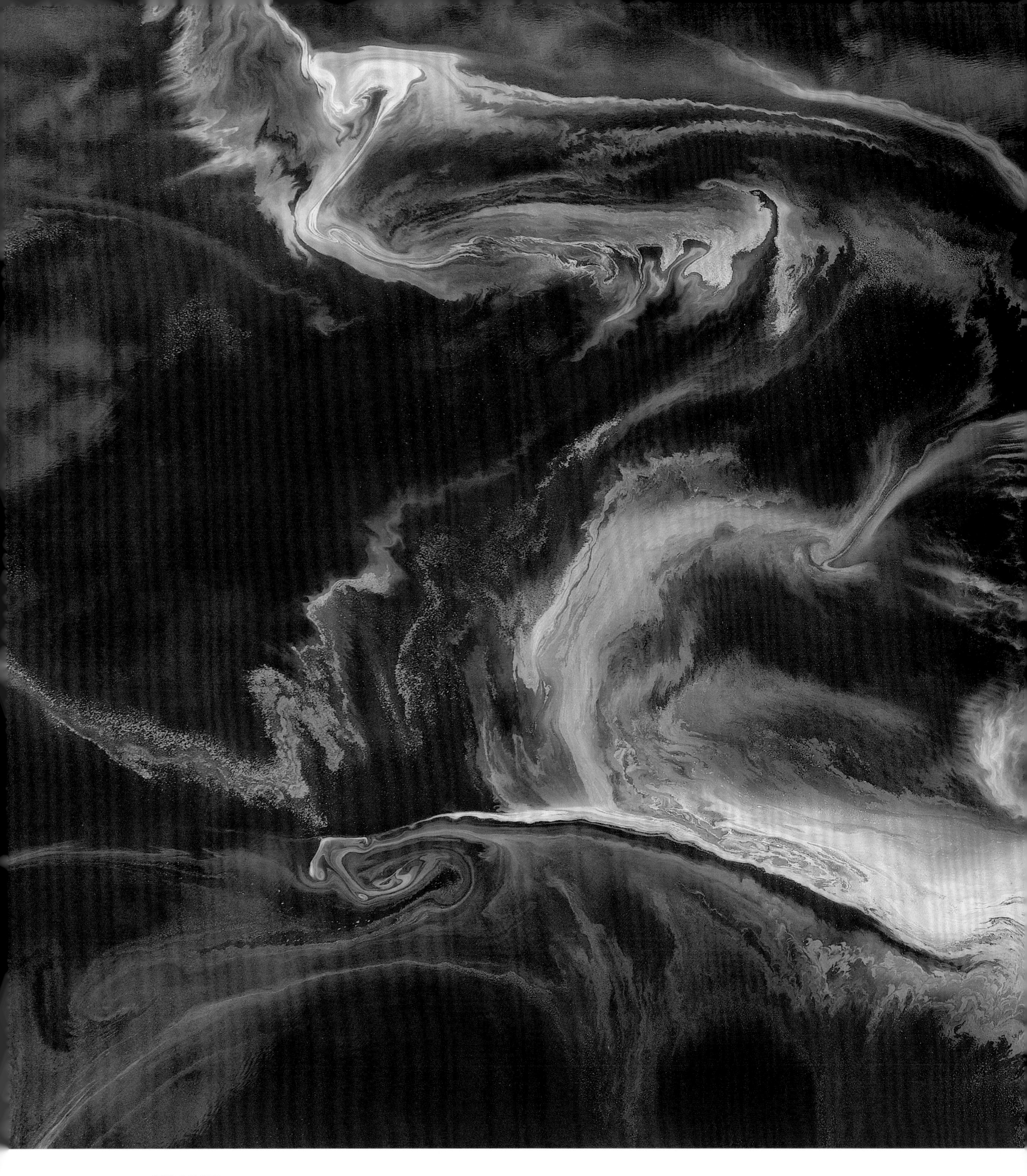

**裂缝中的湖泊**

肯尼亚的马加迪湖是广袤的东非大裂谷中的众多湖泊之一。东非大裂谷是大块地壳下陷到下面的地幔中而形成的。不同寻常的水色，来自于被冲入湖中的各种矿物质。

# 导读

# 地球的结构

**地球表面形貌多样，由各种各样的物质组成，包括水、各种气体、生物体、土壤、冰和岩石。然而，地球内部并没有这么复杂多变，它主要由岩石、金属和一些水分构成。**

## 内部结构

目前关于地球结构的知识，大多来自对地震带来的地震波的研究。我们的星球内部主要由三大圈层组成，即地核、地幔和地壳。地核的主体成分是铁，还有一些镍。地核又可分成两层，液态的外地核包围着固态的内地核。

包围在地核之外的是地幔，主要由固态的硅酸盐岩石构成（但在有些地方，由可塑性强的硅酸盐岩石构成）。地幔顶端部分称为上地幔，上地幔共有两层。最上层有时称为岩石圈地幔，它是固态的、易碎的，和地壳熔附在一起。其下是可塑性更强的软流层。上地幔之下是一个叫作过渡层的区域。现在我们知道，过渡层中含有大量的水分，这些水分被“锁”在岩石中。过渡层之下，是地球内部各层中最厚的一层——下地幔层。

最外面的一层是地壳。地壳是固态的，可以分为两种：厚厚的陆壳由多种不同类型的岩石构成，陆壳形成了陆地表面；而相对较薄、密度更高的洋壳由少数几种岩石构成，位于海洋之下。两种类型的地壳都和下面的岩石圈地幔熔附在一起，共同形成坚硬的外壳，称为岩石圈。

## 地幔对流

地幔中的岩石会缓慢、渐进地进行对流循环。这一循环叫作地幔对流，是因为热量流出地核而引发的。科学家还认为，地幔中存在着不断上升的、更为炽热的、半固体或固体形态的岩石构成的热柱，这些热柱称为地幔热柱。在地幔热柱穿透地壳的地方，就形成了地表热点（参见第13页）。地球内部拥有大量的热能，不少热能是在地球最初形成时产生的，并且至今仍被封存在地球内部。而散逸在地球内部各个地方的各种化学元素，它们的不稳定同位素会发生放射性衰变，这也在不断增加地球内部的热能。地球内部的能量持续不断地试图逃逸，而地幔对流、地幔热柱以及地震等现象正是表现形式。尽管在地球的地幔和地壳中，固态物质占主体，但在地幔对流和地幔热柱运动的过程中，会产生各种熔化的炽热岩石和溶解的气体，这种物质叫作岩浆。地壳中存在的岩浆，会引起地表的火山活动和地热活动（比如温泉和间歇泉）。

**▷全地幔对流**

地幔对流的总体形式目前还不明确。如图所示，其中一种假设认为，一系列对流单体会慢慢地将地幔底部的岩石携带到地幔顶部，然后再将这些岩石带回地幔底部。

地表热点，即超热物质抵达地壳的区域

地幔热柱

对流单体

## 岩石和岩石循环

地壳是被塑造成各种各样的地貌地形和地理特征的地球的一部分，它主要是由岩石组成的。岩石是多种被称为矿物质的化学物质的集合体，主要有三种类型：火成岩、沉积岩和变质岩。火成岩是地球深处的岩石在地表喷发或穿透地壳，然后冷却并固化的产物。沉积岩是其他岩石风化、分解而产生的矿物或岩石颗粒，经过沉积、固化而形成的。变质岩是其他类型的岩石受到高温、高压或者两者的综合作用之后，发生变化而形成的。地

**▽地球的分层结构**

地壳内每一层的温度和密度都高于包围在它外面的那一层。地表的温度在-50℃～50℃，温度由表及里不断升高，内地核的温度可达6000℃以上。

▽ 塑造地形

河流和溪流在地球表面流动，产生侵蚀作用，这是岩石循环和水循环的一个组成部分，也是塑造地球表面地形的一个主要过程。

壳中和地表上发生的各种事件和运动过程，不断改变组成地壳的岩石的类型，这一永不停歇的过程，称为岩石循环。岩石循环的各种组成要素，包括火山活动、侵蚀过程和沉积过程等，对于塑造地球表面的地形地貌来说，都是极为重要的。

科学家认为，地幔过渡带含有的水分，超过地球上所有海洋中的水分之合。

### 地球的大气层

大气层是我们星球整体结构的一个组成部分，可以分为好几层。空气只在大气层中最底下一层——对流层中循环，并且只有在对流层中，才会出现各种天气现象。天气表现为风、降水（雨、冰雹、雪），以及气温、气压和空气湿度的变化等形式。天气变化主要受到太阳和地球自转所带来的综合能量的驱动。在某一个地区中，在一段较长时间中的平均天气，称为该地区的气候。天气和气候，以及与之相关的水循环（包括降水、水以溪流和河流的形式在地表流动、海水蒸发等），也是塑造地貌地形的关键要素。地球气候的变化，特别是二氧化碳在大气中排放量不断增加导致的气候持续变暖，将对地球表面的地形产生深广的影响。例如，全球各地的冰川普遍出现了退缩和消退的现象。

◁飓风

作为一种较为极端的天气现象，飓风的起因是阳光照射导致热带海洋表面变暖，从而形成了一个低气压地带。在其上空，浓云密布，大风在其周围回旋。

# 板块构造学说

如果以“地球的外壳分裂成若干称为地壳构造板块的巨大碎片，这些板块在地球表面缓缓移动”这一学说作为理论基础，那么地球表面的无数地貌特征、地球表面发生的无数重大事件，从火山活动、地震到山脉形成，都能得到解释。

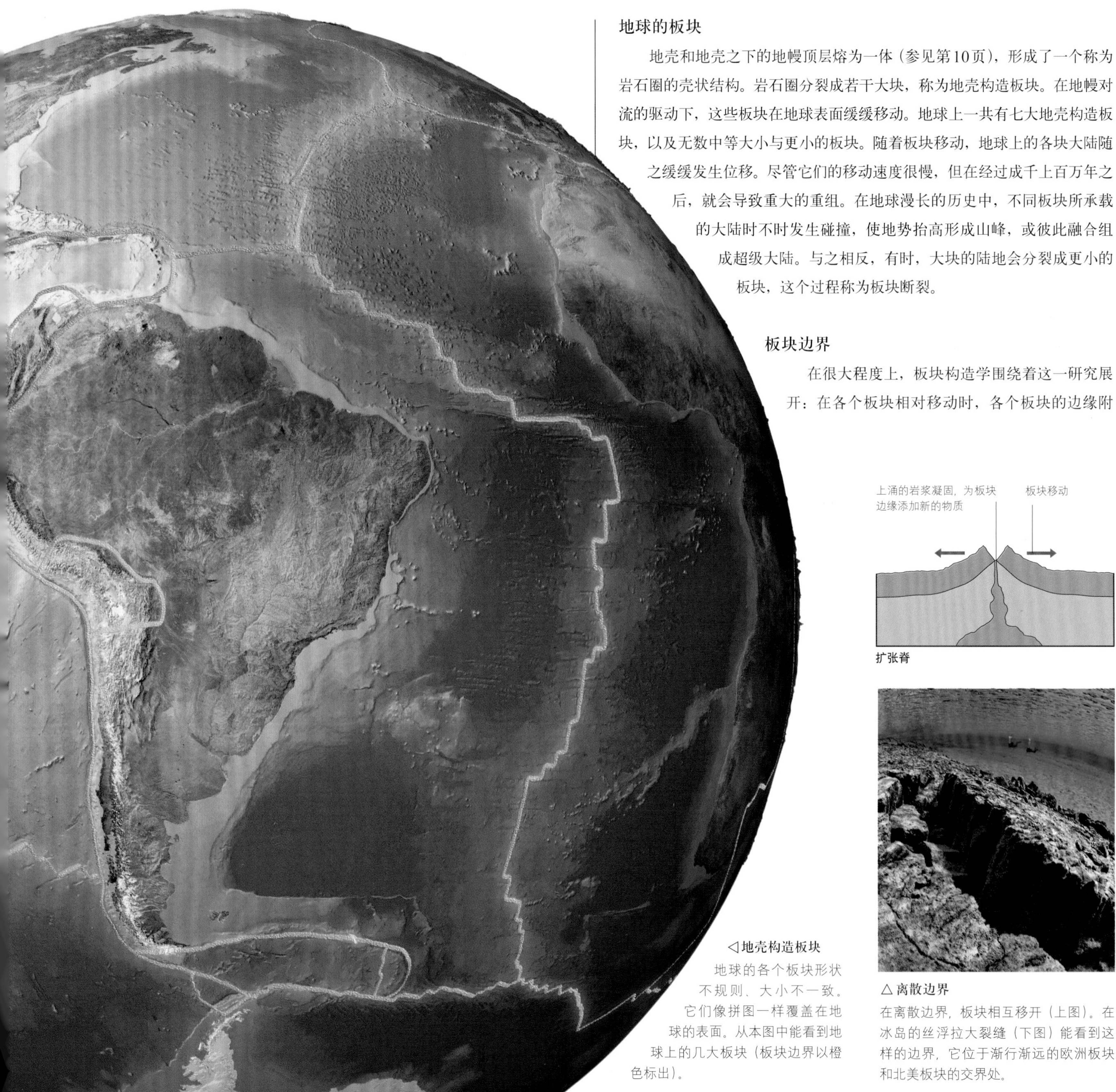

◁地壳构造板块

地球的各个板块形状不规则、大小不一致。它们像拼图一样覆盖在地球的表面。从本图中能看到地球上的几大板块（板块边界以橙色标出）。

### 地球的板块

地壳和地壳之下的地幔顶层熔为一体（参见第10页），形成了一个称为岩石圈的壳状结构。岩石圈分裂成若干大块，称为地壳构造板块。在地幔对流的驱动下，这些板块在地球表面缓缓移动。地球上一共有七大地壳构造板块，以及无数中等大小与更小的板块。随着板块移动，地球上的各块大陆随之缓缓发生位移。尽管它们的移动速度很慢，但在经过成千上百万年之后，就会导致重大的重组。在地球漫长的历史中，不同板块所承载的大陆时不时发生碰撞，使地势抬高形成山峰，或彼此融合组成超级大陆。与之相反，有时，大块的陆地会分裂成更小的板块，这个过程称为板块断裂。

### 板块边界

在很大程度上，板块构造学围绕着这一研究展开：在各个板块相对移动时，各个板块的边缘附

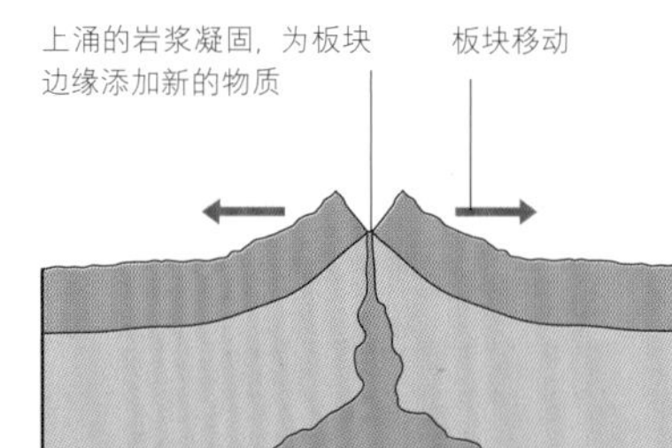


扩张脊

△离散边界

在离散边界，板块相互移开（上图）。在冰岛的丝浮拉大裂缝（下图）能看到这样的边界，它位于渐行渐远的欧洲板块和北美板块的交界处。

近发生了什么。这些板块边界是一些动态的区域。一些改变地形地貌的重大事件，比如，火山活动、造山运动、岛屿形成、板块断裂、地震，常常发生在这些地带。

板块边界可以分为三种主要类型。第一种称为离散边界，指的是两个彼此分离的板块之间的边界。在这种边界中，从地幔中不断涌出的物质会填补板块之间的间隔，从而形成新的板块。离散边界在海底分布广泛，表现为扩张性大洋中脊的形式。但离散边界在其他地区也有分布，比如冰岛和东非大裂谷（参见第184—187页）。它们常常和火山活动密切相关。

第二种板块边界称为汇聚边界，指的是两个相互靠近的板块之间的边界。在这种边界中，其中一个板块的全部或部分下移或潜没到另一个板块之下，并遭到损毁。如果两个板块中都有陆壳，那么随着大块地壳被挤压到一起，就形成了山峰。很多山脉最初都是这样形成的，比如喜马拉雅山脉。其他情况还包括一个板块潜没到另一个带有洋壳的板块之下。这种类型的板块边界带有一些鲜明的特征，比如，沿着板块边界形成一条深海沟；形成一系列火山，往往位于没有向下潜没的那一板块的一侧；以及频繁发生大地震。

第三种板块边界称为转换边界，是两个板块相对平移运动的结果。在此过程中，没有形成新的板块，也没有损毁已有的板块。这些边界也是地震发生地和地震震源所在地。在加利福尼亚州（著名的圣安德烈亚斯断层，参见第30—31页）、新西兰的南岛等地，都能找到这种板块边界。在其他地方也存在这种板块边界，比如在大洋底部就有广泛分布。

### 热点火山活动

尽管在三种主要的板块边界中，两种都与火山活动密切相关，但并非所有的火山活动都出现在各个板块边界。有些火山活动就出现在某一个板块的中央。这种类型的火山活动通常是因为地幔热点——地幔上层一些貌似是巨大能量来源的区域——的存在。板块移动，经过地幔热点（其位置是固定的），长此以往，就会使地表出现一系列线状分布的火山地貌，即火山链。比如，有证据表明，在黄石国家公园西南部沿线，远古时期曾出现过大量火山活动。这一理论就为此提供了解释（原因是北美板块移动而经过这一热点）。这一理论也为夏威夷群岛（参见第316—319页）等火山群岛的形成提供了最好的解释。

## 板块移动的速度，介于每年7毫米（人类指甲生长速度的五分之一）和每年150毫米（相当于人类头发生长的速度）之间。

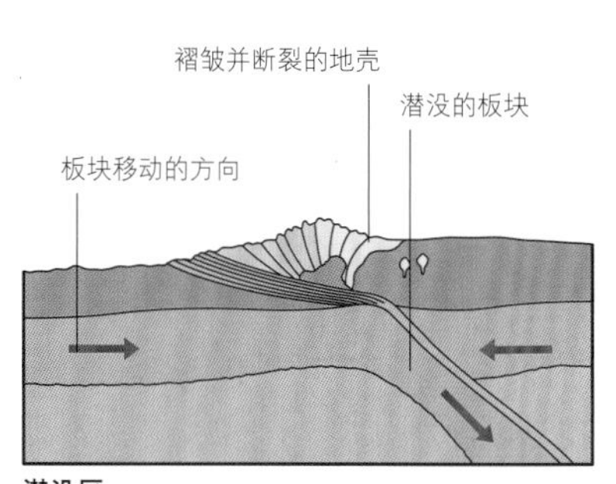

潜没区

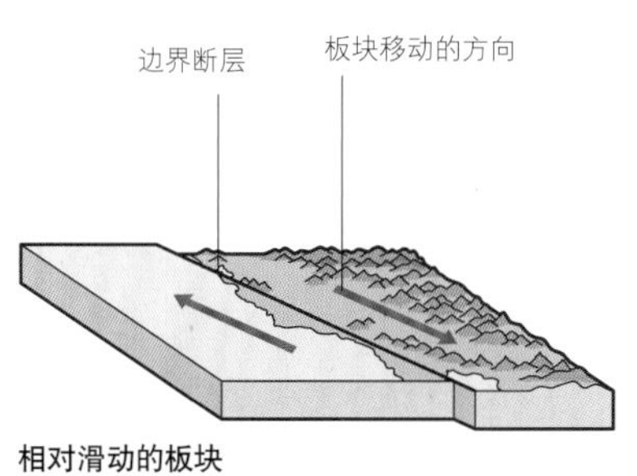

相对滑动的板块

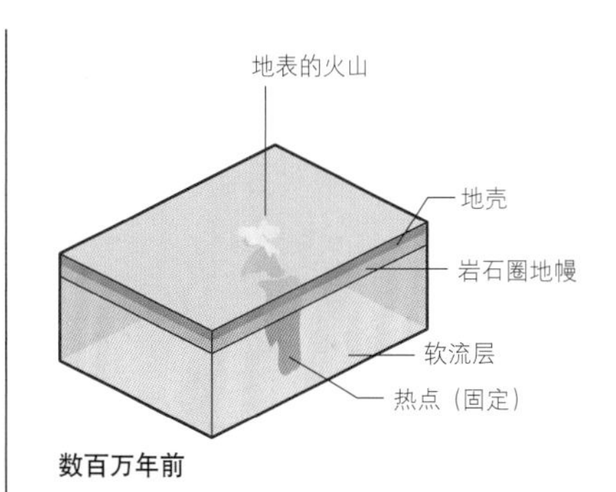

数百万年前

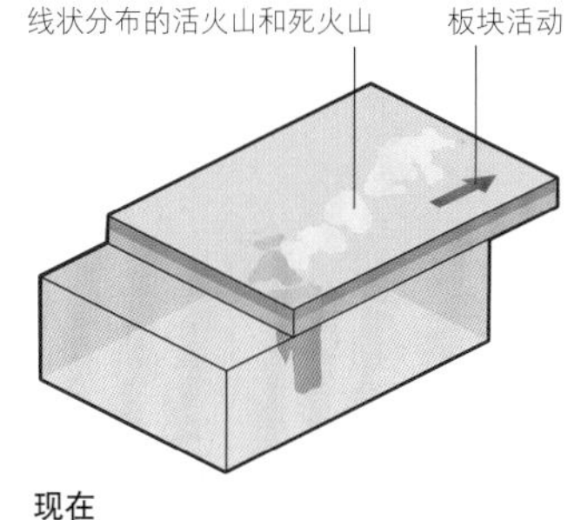

现在

△ **汇聚边界**
在此类板块边界中，一个板块下移或潜没到另一个板块之下，并逐渐损毁（最上图）。如果两个板块都带有陆壳，就会向上推挤，形成山峰（上图）。

△ **转换边界**
在转换边界，两个板块沿相反方向互相挤压、滑动（最上图）。从穿越地表的线性断层可以看到这类边界（上图）。

△ **火山链**
当一个板块经过一个地幔热点时，就有可能在地表形成火山链。夏威夷群岛就是这样形成的，太平洋板块移动、经过一个热点，这个热点目前位于夏威夷大岛上的基拉韦厄火山（上图）之下。

# 地球的往昔

我们今天看到的地球上的种种地貌特征，是时间长河中发生的各种事件和过程的产物，可以上溯到40亿年前。然而，科学家在最近的几百年中，才将地球往昔故事中的一些主要细节拼接在了一起。

△晶体给出的证据

澳大利亚杰克山的一块锆石晶体，至今已有43.75亿年的历史，它是地球上已知最古老的岩石。

### 地球的年龄和起源

约45.5亿年前，在围绕太阳旋转的一大圈物质中，一些比地球更小的天体彼此相撞，形成了现在的地球行星的前身。在过了大约4000万年后，原始的地球经历了一次终极碰撞，从而形成了现在我们称为地球的天体，以及其天然卫星月球。

早期的地球很可能诞生于极端炽烈、炙热的环境中。一些比较重的物质（主要是铁）下沉到了地球的中心。而比较轻的物质则层层围绕在其周围。在地球形成之初的约1.5亿年中，各种彗星和小行星持续不断地和地球发生碰撞，因此地球表面一直没有形成固态的地壳，而频繁的火山活动也接连不断地重塑着地球表面。在约43.7亿年前，由于古火山释放到大气中的水分凝结，海洋开始形成。在距今40亿年前，第一块陆壳已经形成了。早期的板块运动导致陆地地块相互碰撞、合并，逐渐形成了现今各大陆地的古老核心。

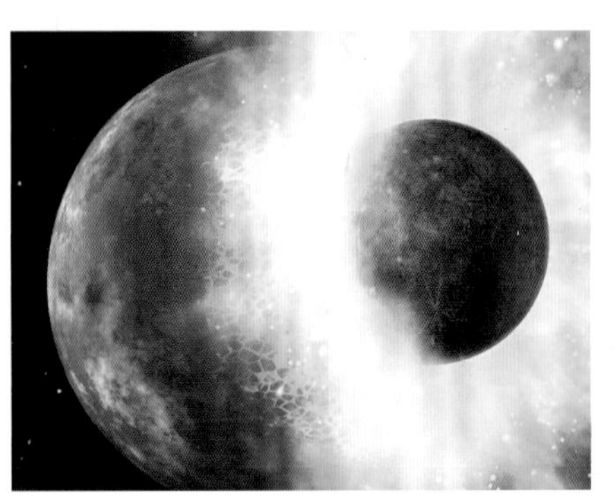

◁远古的碰撞

约45.1亿年前，原始地球和一颗火星大小的天体相撞。人们认为，正是这次碰撞导致了地月系统的形成。

### 地质时标

地球非常古老，并且陆壳的沉积岩层（地层）是在很长时间中逐一沉积的。从17世纪到19世纪，科学家们才第一次认识到这些事实。他们注意到，许多岩层中含有化石——一些远古时期的、显然已经灭绝的动植物的遗骸。他们将这些含有化石的岩层分成了三个时期，因此也将地球作为一颗有生命的星球的历史，分成了三个纪元，即古生代、中生代、新生代。随后，这些纪元又被细分成各个地质时代。在那些比含有化石的岩层更深、更古老的岩层中，似乎没有生命存在。后来，这些岩层被细分成三个极为漫长的时段，这些时段称为“宙”，它们是冥古宙、太古宙和元古宙。现在我们知道，一些叫作原核生物（单细胞、类细菌的生命体）的简单生物，最初就是在冥古宙中

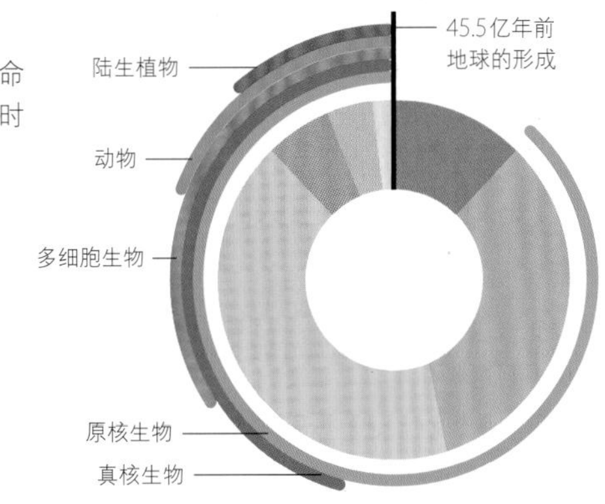


▷**地质年代**

在地球漫长的历史长河中，不存在生命体或者只有最简单的生命体存在的时间，比存在多细胞生物的时间更长。

**图标**

- 新生代 6600万年前
- 中生代 2.52亿～6600万年前
- 古生代 5.41亿～2.52亿年前
- 元古宙 25亿～5.41亿年前
- 太古宙 40亿～25亿年前
- 冥古宙 45.5亿～40亿年前

出现的。又过了约20亿年，一些叫作真核生物的更为复杂的单细胞生命体，才开始出现（参见第16—17页）。

## 促变因素

在地球的往昔岁月中，究竟是怎样的地质变化过程形成了我们如今看到的各种地形地貌？地质学家们已经为此争论了数百年。在18世纪晚期，人们越来越支持其中的一种观点：地球的各种形貌特征，绝大多数是随着时间的推移，由于自然界各种缓慢、渐进、不间断的变化而形成的。比如，显而易见，在地球各地都留下了侵蚀作用塑造地形地貌的痕迹。这一观点和另一学说恰恰相反。根据那一学说，一系列灾变事件才是形成地表各种形貌特征的原因。如今，科学家们都认为，地球上的大多数地貌是各种渐进过程的结果。然而，各种大灾难也影响了地球的面貌。比如，一颗小行星或彗星曾在约6700万年前与地球相撞，科学界普遍认为，这一次撞击引发了地表大火、大地震，并使全世界陷入一片黑暗中，并很可能导致了恐龙的灭绝。

## 气候和海平面的变化

在漫长的岁月变迁中，地球的气候发生了剧烈的变化。在最热的时候，地球上曾经出现过南北极没有冰盖覆盖、温带落叶林在极地生长的时期；而在最冷的时候，至少发生过一次整个地球表面全部冰封的情况。与此类似，海平面也发生了剧烈的起落。在过去5.4亿年以来的大部分时间中，海平面都比现在更高。但在过去250万年来的大部分时间中，海平面却比现在更低。因为在这段时间中，地球处于冰河时代，大多数水分被锁在了极地的冰盖中。在过去1.7万年左右的时间中，地球仍然处于冰河时代，但开始升温变暖，这一时期称为间冰期，于是海平面再次上升了。自18世纪晚期以来，地球已经升温了1℃左右，而海平面上升了30厘米左右，其原因是大气中的二氧化碳含量大大增加了。

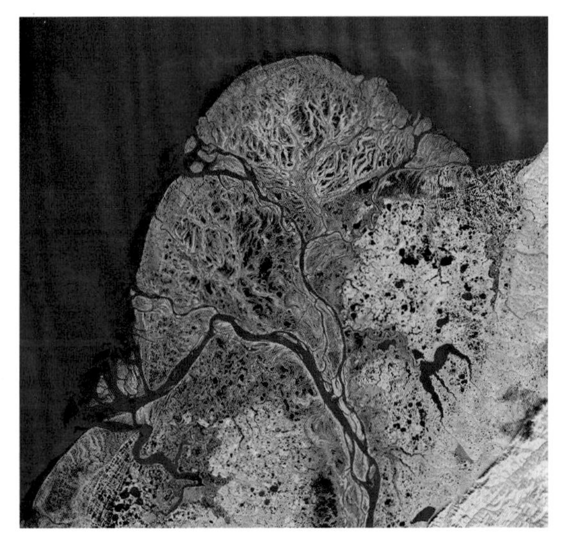

◁**缓慢形成的地貌**

三角洲，例如图中的育空三角洲，是一种经过长期发展、缓慢形成的地貌。

▽**侵蚀地貌**

亚利桑那州的马蹄湾展现了7500万年的侵蚀作用的效果。其崖壁岩层的历史在距今2亿到1.8亿年之间。

# 地球上的生命

**地球的陆表、海洋和大气层中充满了各种生命。在我们星球的各个角落中都有生物聚居。考虑到地球刚形成时，不过是一大块没有生命的石头，这简直太了不起了。生命大大改变了我们这个世界的外表，并改变了大气层的化学构成。**

## 地球上的早期生命

地球上的生命很可能起源于42.5亿年前，源于一些生命化学的前体物质。生命存在的最古老的确切证据，来自约37亿年前。这一证据说明，在当时的海洋中，已经有简单的单细胞生物存在。这些微生物已经能够进行光合作用，即利用光能从水中产生糖分，并在此过程中分解二氧化碳、释放氧气。在约19亿年前，这些进行光合作用的生命有机体已经将大量氧气释放到了地球的大气层中。这对生命的继续进化非常重要，因为一些氧气（由$O_2$分子组成）被转化成臭氧（由$O_3$分子组成），而臭氧在地球外围形成了一层保护层，过滤掉了从外界射入的有害紫外线。大气层中存在的氧气以及溶解在海洋中的氧气，也让动物的出现成为了可能。在距今12亿年前，由真核细胞（比更早出现的形成简单微生物的原核细胞更为复杂）构成的多细胞生命体已经进化出来。

◁**最古老的生命迹象**
已知最古老的化石，是在格陵兰发现的这块岩石中的叠岩层中的遗迹，生活在一片远古海底的微生物形成的层状结构体。它距今已有37亿年的历史。

## 进化、扩张和灭绝

在距今约5.25亿～5亿年前的寒武纪时期，海洋中一些长着矿物质化的甲壳和骨骼的生物，开始大规模的增殖，种类也大量增长。现在这一现象被称为“寒武纪生命大爆发”。在4.9亿年前，陆地上出现了第一批植物。在距今4.2亿年前，陆地上也出现了动物。自此之后，生物继续快速扩张、多样化发展，但也有一些生物灭绝了。

在二叠纪晚期、距今约2.52亿年前，出现了一波大规模的生物灭绝。具体原因至今仍然是一个谜，尽管人们怀疑，一系列大规模的火山爆发是一大原因。另一波大规模的生物灭绝出现在距今6600万年前的白垩纪中，当时有75%的生物遭到灭绝，包括绝大多数恐龙。然而，有一种恐龙幸存下来，并进化成鸟类。

▷**灭绝生物**
瘤状海胆生活在距今1.4亿到4000万年前，但后来灭绝了。图中所示是其化石样本。

## 当今的生物界

地球上的生物种类非常丰富。据估计，目前地球上有200万到1万亿种不同的生物。迄今为止，只有其中的160万种生物，已被人们发现并描述出来。为了将已知的生物归入不同的生物界中，人们提出了各种各样的分类方法。史密森学会的科学家们于2015年提出的分类方法，定义了7种生物界。

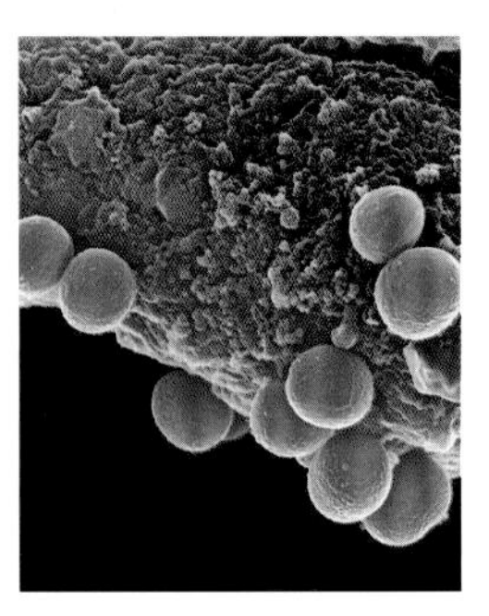

△**古生菌**
这些简单的单细胞生物，很多生活在极端的环境中，比如酸性温泉。

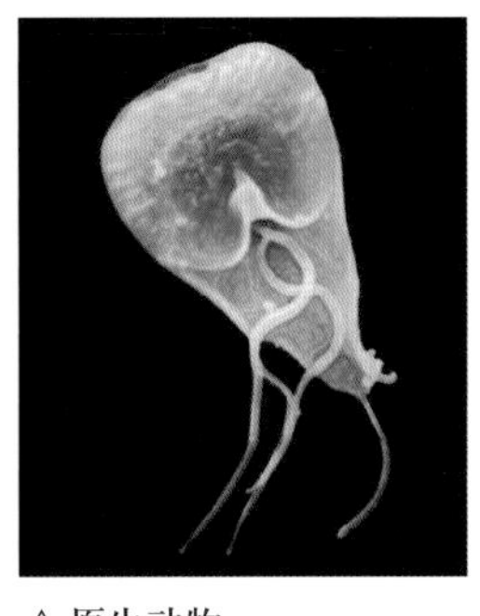

△**原生动物**
一些原生动物会导致疾病。图中所示的蓝氏贾第鞭毛虫，会导致一种人类肠道感染。

△**植物**
世界上有30多万种已知植物。它们是地球上——特别是陆地上——大多数生态系统的基础。

### 在地表下19千米的岩石中，竟然还发现了生命。

这一分类法得到了科学界的一致认可。其中，2个生物界仅仅包含原核生物——细菌和古生菌，而另外5个生物界是以真核细胞为基础划分出来的，这五大类分别是原生动物界（单细胞生物，比如变形虫），假菌界（各种藻类，包括硅藻和水霉菌），以及我们更熟悉的三大类——真菌界、植物界和动物界。各种生物和地球交互作用，以多种方式影响着地形地貌。比如，各种植物覆盖着陆地表面很大一部分，其根系有助于防止土壤被雨水冲走。生物也改变了地球大气层的化学构成，使其富含氧气，这是极为罕见的。如果地球上没有生命，那么地球的进化方式、外观和运作模式，就会和现在迥然不同。

▷**穿越河流**
地球上最令人惊叹的自然景象，就是大量牛羚、斑马、瞪羚穿越塞伦盖蒂生态系统的年度大迁徙。图中，它们正要穿过一条河流。

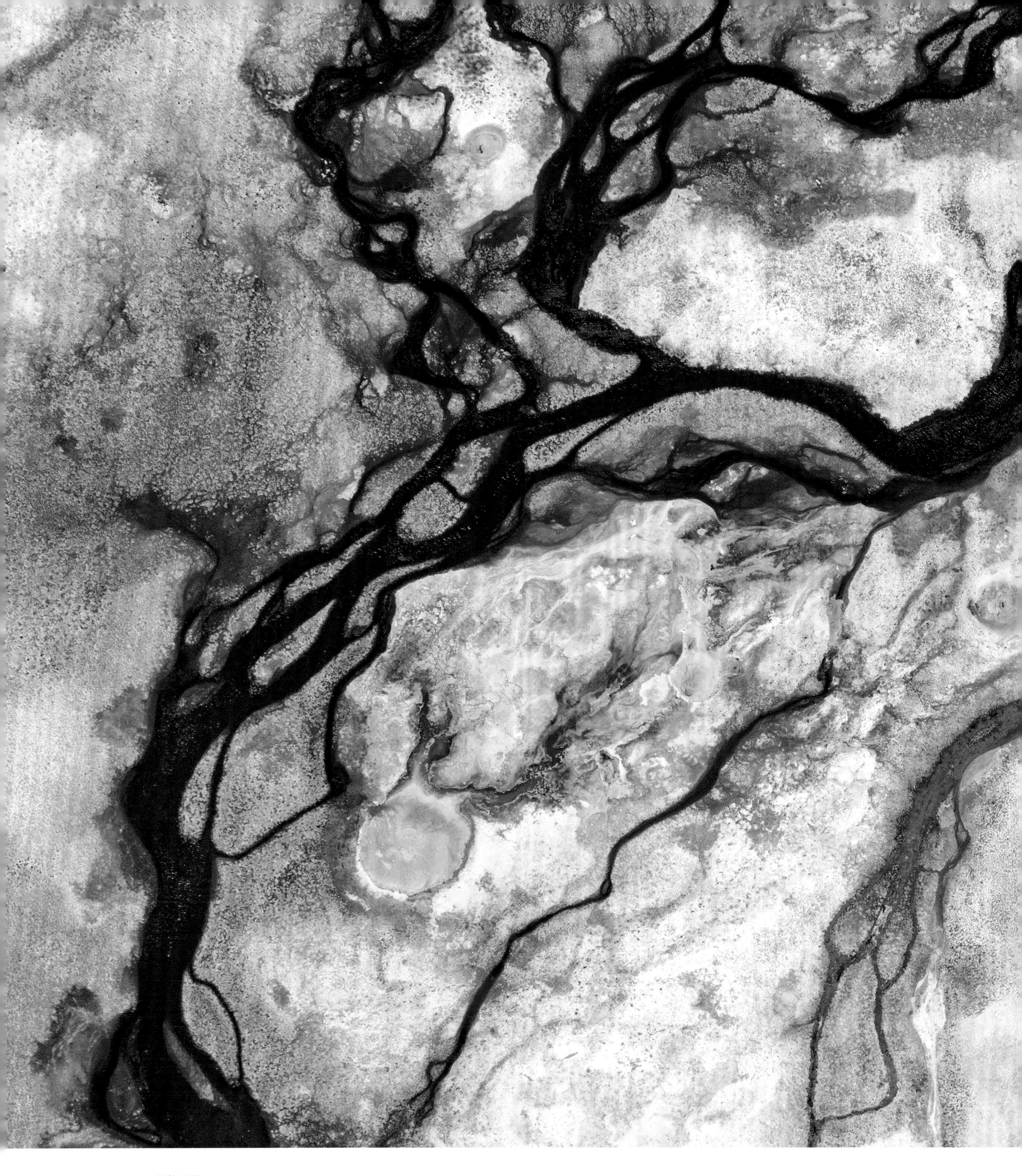

**供热系统**

受到地下深处炽热、半固态的岩石或岩浆的影响，黄石国家公园拥有壮观的地热景观，包括间歇泉、温泉和沸腾的泥浆池。

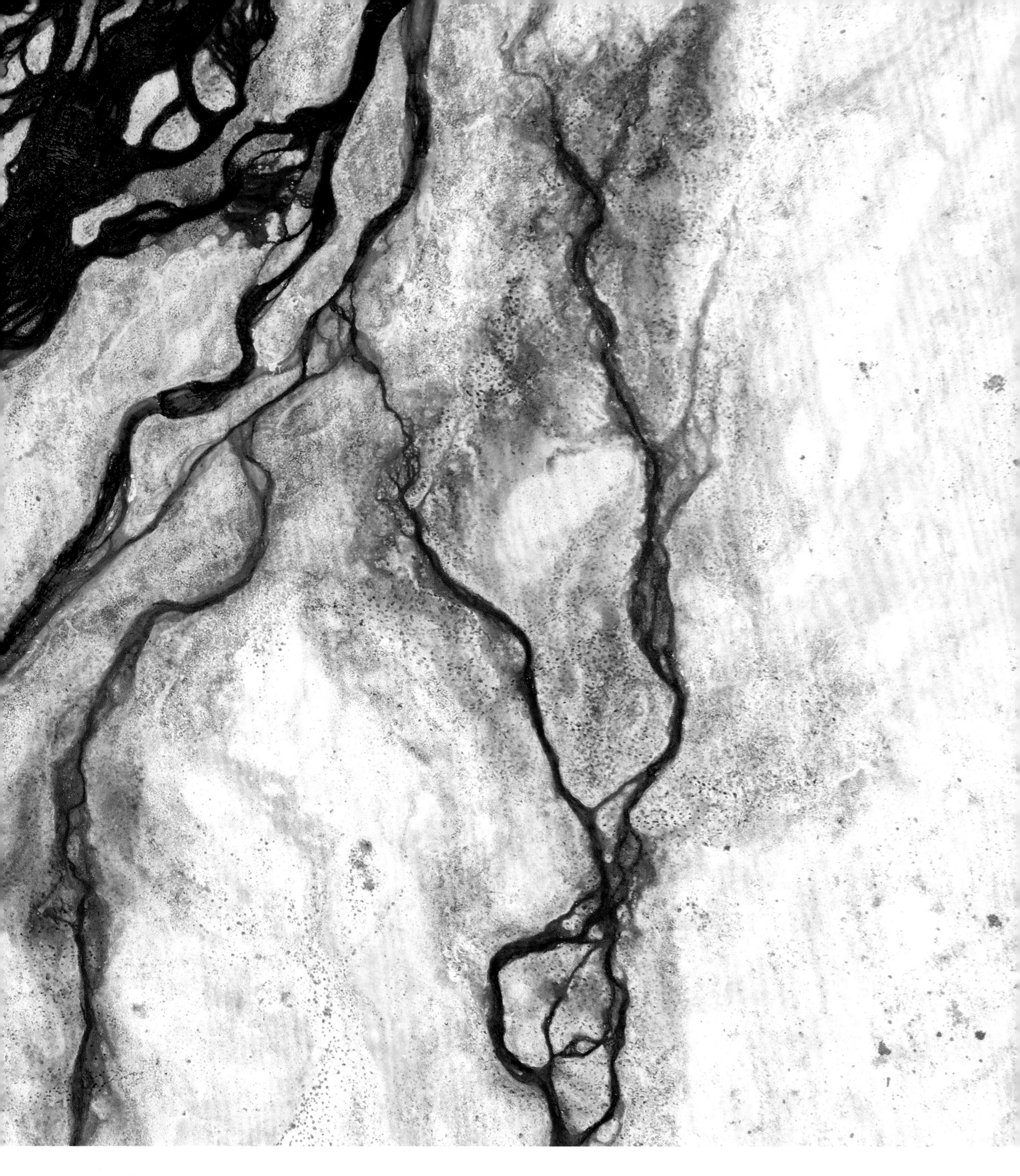

# 北美洲

# 山岳、湖泊和大草原

## 北美洲

北美洲是世界第三大洲。从地理学来说，北美洲也包括格陵兰岛在内。北美洲的绝大部分地区位于同一块地质构造板块中，只有墨西哥和加利福尼亚的小部分地区处于其西面的太平洋板块中。太平洋板块和北美板块接壤，两者的交界处是声名狼藉的圣安德烈亚斯断层。

不同寻常的是，北美洲拥有一片广袤、古老的低地心脏地带。这片低地几乎被周围更为年轻的褶皱山脉带完全包围。这些山脉是过去大陆之间互相碰撞而隆起的。低地心脏地带包括北美大平原和五大湖地区，几乎都通过世界大型的水系之一密西西比河——密苏里河排水。这一水系将水向南输送到墨西哥湾。东部的阿巴拉契亚山脉相对而言较为古老。随着岁月流逝，这一山脉已经被削磨得平缓了。但纵贯北美洲西部的西部科迪勒拉山系脉，包括阿拉斯加山脉、卡斯克德山脉和海岸山脉，从地质角度来说非常年轻，因此它们仍然很高。这些山脉是如此的高大巍峨，以至于它们挡住了从太平洋吹来的湿润空气。这赋予了北美洲内陆大部地区典型的大陆气候：冬有严寒、夏有酷暑，时而还会出现龙卷风。而南部地区由于缺乏雨水，形成了大片的沙漠。只有北部地区没有山脉，广阔无垠的加拿大地盾向北一直延伸到北极圈内苦寒的荒原之中。

### 关键数据

▲ **海拔最高点** 阿拉斯加州的德纳里峰：6190米

▼ **海拔最低点** 加利福尼亚州的死亡谷：-86米

● **最高气温纪录** 加利福尼亚州的死亡谷：57℃

● **最低气温纪录** 格陵兰岛的北雪：-66℃

### 气候

北美大部分地区地处温带，南部位于亚热带，北部位于北寒带。沿海地区湿润，但内陆地区较为干燥。

**平均气温**

°C 30 20 10 0 -10 -20 -30 -40

°F 80 60 40 20 0 -20 -40

**平均降雨量**

毫米 10 000 7500 5000 2500 0

英寸 400 300 200 100 0

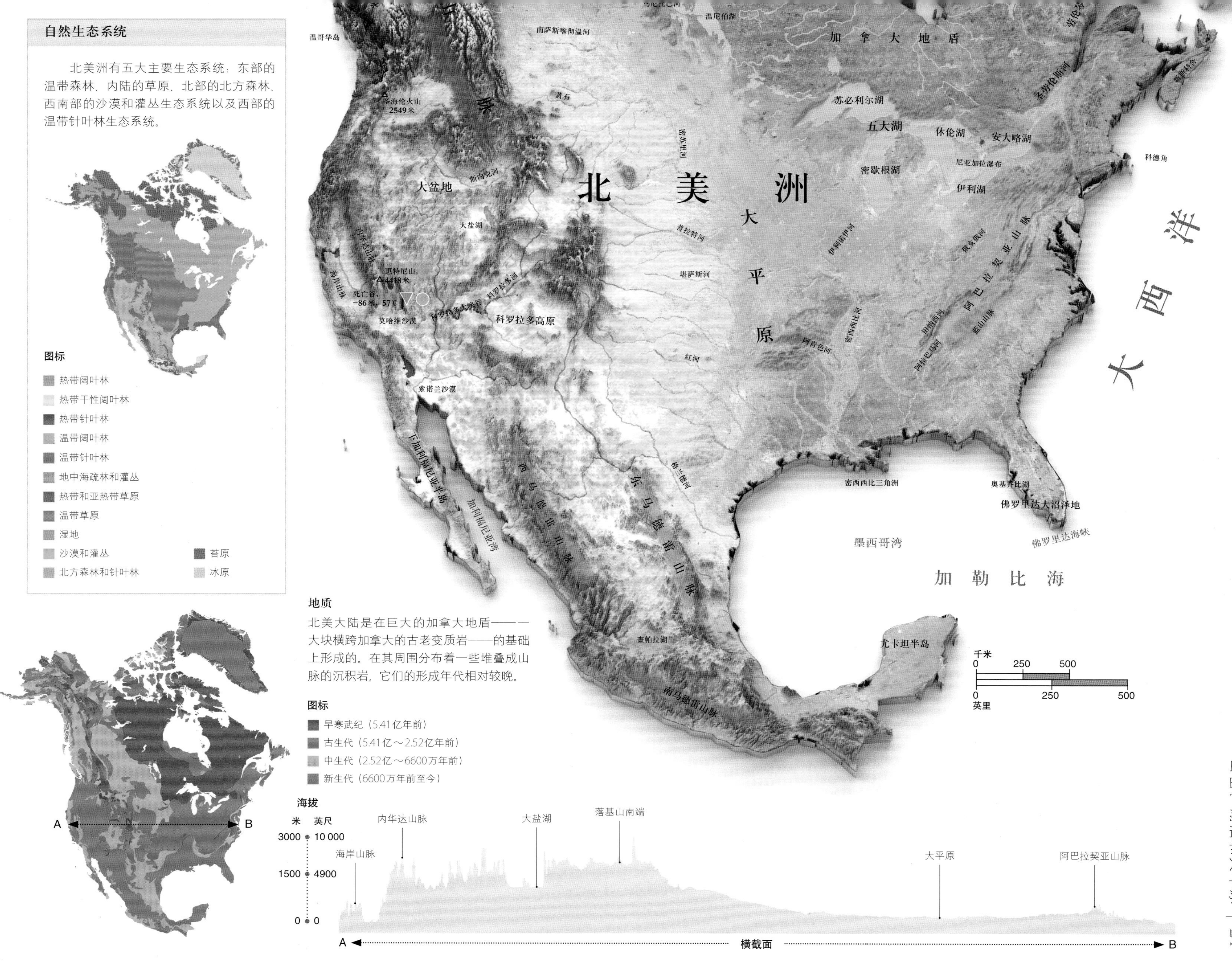


## 自然生态系统

北美洲有五大主要生态系统：东部的温带森林、内陆的草原、北部的北方森林、西南部的沙漠和灌丛生态系统以及西部的温带针叶林生态系统。

**图标**

- 热带阔叶林
- 热带干性阔叶林
- 热带针叶林
- 温带阔叶林
- 温带针叶林
- 地中海疏林和灌丛
- 热带和亚热带草原
- 温带草原
- 湿地
- 沙漠和灌丛
- 北方森林和针叶林
- 苔原
- 冰原

## 地质

北美大陆是在巨大的加拿大地盾——一大块横跨加拿大的古老变质岩——的基础上形成的。在其周围分布着一些堆叠成山脉的沉积岩，它们的形成年代相对较晚。

**图标**

- 早寒武纪（5.41亿年前）
- 古生代（5.41亿～2.52亿年前）
- 中生代（2.52亿～6600万年前）
- 新生代（6600万年前至今）

△巨大的石板

由于受到侵蚀作用的影响，加拿大地盾的一部分——一块由非常坚硬、古老的火山岩和变质岩组成的巨大石板，在一些地域（比如河岸边）曝露在地表之外。

◁雕琢而成的峰峦

落基山脉是世界上极为壮丽的山脉之一，一路沿着北美洲的西部边缘蜿蜒。它是被一条条冰川大刀阔斧地雕琢出来的。

# 北美洲的形成

北美洲始于一片巨大、古老的大陆的一部分，地质学家将这片古大陆称为“劳伦古大陆”。它曾在世界各地四处漂移，多次和其他大陆相互碰撞，并从其他大陆中分离出来。我们现在所说的北美大陆，形成于不到2亿年前。

## 岩石的年龄

北美大部分地区的地基是一大块由远古岩石组成的地盾，这块地盾曾经形成了劳伦大陆的中心地带。在美国境内，这一地盾被一层较新的沉积岩覆盖。但在加拿大，这一地盾曝露在地表之上。科学家们已经在那儿发现了一些世界上最古老的岩石，这些从地球诞生之初起一直存在至今的岩石，已经有长达44亿年的历史了。

在约7.5亿年前，劳伦大陆的中心地带形成了罗迪尼亚超大陆的一部分。但在罗迪尼亚分离出去之后，劳伦大陆几乎漂移到南极，然后再次漂移回北方。在孤单了一段时间后，最终劳伦大陆又和其他大陆重新团聚了，并成为一块新的超级大陆——盘古大陆的一部分。

在约4.8亿年前，劳伦大陆所处的板块挤压它旁边的海洋，导致阿巴拉契亚山系开始隆起。那些山脉前后共用了2.5亿年，才隆起到了最高高度。在一开始，它们很有可能和喜马拉雅山同样高大、雄伟。而在北美洲西南部，内华达和犹他州的岩石在同样的构造力的作用下发生扭曲变形。

## 美洲的脊梁

在约2亿年前，劳伦大陆从盘古大陆中分离出来，向西北方向漂移，开辟了大西洋，形成了北美洲。随着它移到别处，新大陆的东海岸地区的地质开始稳定下来。而阿巴拉契亚山脉由于受到千万年来的侵蚀和风化，渐渐被削蚀得越来越低。这就是尽管阿巴拉契亚山脉比落基山脉更古老，却比后者矮小的原因。

另一方面，随着北美板块撞向太平洋板块的洋壳，并抬升到它的上方，迫使后者下沉到地幔，北美洲西部地区成为两大针锋相对的构造板块的巨大战场。随着下沉的大洋板块熔化、形成火山，落基山脉隆起来了。各个岛屿和大陆猛烈相撞，在大陆的海岸边堆积起了一层层的岩石。落基山脉的不同

**阿巴拉契亚山脉拥有超过4.8亿年的悠久历史。**

## 大事件

**15亿～10亿年前**
构成如今的北美洲中部和东部地区地壳的陆地，大部分已经形成了。

**4.8亿年前**
阿巴拉契亚山脉开始隆起。在此后的2.5亿年中，它们继续抬升至与喜马拉雅山相同的高度。但此后，由于受到侵蚀作用的影响，它被渐渐削低了。

**2.2亿年前**
板块活动使劳伦古大陆从欧洲大陆分离出来，使这片未来将会成为北美洲的大地，开始向西北方向漂移。

**8000万～5500万年前**
隆起的落基山脉导致其周围的陆地上升。结果是，西部内陆海道——一个大型的内陆海，因此而干涸了。

**2600万～2200万年前**
地球的气候变得更为寒冷，这有利于草原的扩张。北美大平原首次形成，并覆盖了一大片平整的陆地。而这一大片陆地，曾经是西部内陆海道的所在地。

**1800万年前**
格陵兰冰盾在这段时期中形成了。也许其形成年代更早。自那时起，这一冰盾很可能后退或前进过多次。

**15 000年前**
在最后一个冰河时代中，一些冰川开始融化，融水汇聚成了北美五大湖。

**11 000年前**
覆盖北美洲大部分地区的那些冰盾中的最后一块开始向后退，使大部分冰雪覆盖的陆地摆脱了冰雪。

**10 000年前**
冰雪融化，海平面上升，导致阿拉斯加和俄罗斯之间的陆桥沉没在了海中。

△ 干瀑布

帕卢斯河流经一片巨大的峡谷，这片峡谷曾经是米苏拉洪水雕琢出来的。

▽ 地壳均衡回弹

随着北美洲的冰盖融化，被压在下方的大陆开始缓缓抬升，这一过程称为地壳均衡回弹。比如，在一些曝露在外的古老海岸线上，就能看到这种效应。

▽ 陆地中的裂缝

肉眼可以看到，圣安德烈亚斯断层径直穿过莫哈维沙漠，将太平洋板块和北美洲板块分开。

寻常之处在于，它们在更深入大陆的地方隆起，而不像那些沿海的山脉，比如南美洲的安第斯山脉，在离海岸不远的地方就隆起来了。对地质学家而言，个中原因仍然是一个谜。有可能是大洋板块下沉的角度相对平缓得多，所以它熔化在离海岸更远的地幔层中。

## 冰封的美洲

**冰河时代**

海面浮冰

在约24 500年前，最后一个冰河时代中最寒冷的那段时期，一块巨大的冰盾覆盖在北美洲的北部，而北冰洋上的海面浮冰亘古不化。

冰盾

在地球的历史上，一共有五大冰河时代。距今最近的一次始于180万年前，并一直持续到11 700年前。在这段时间中，加拿大大部和美国北部地区，全都被巨大的冰盖覆盖着。并且，在北冰洋的绝大部分地区，海面上的浮冰亘古不化。厚重的冰盖，在地表上凿出了一个个深深的口子，这些口子后来成为北美洲五大湖的湖盆。消融的冰川还形成了一个巨大的湖泊，这个湖泊名为阿格西湖。硕大的冰盖最终融化，释放出滔天的洪流，这股洪流称为米苏拉洪水。洪流顺着华盛顿州和俄勒冈州滚滚而下，雕刻出深不可测的峡谷和气势磅礴的瀑布。随着岁月变迁，如今那儿只剩下一些高耸入云的光山峭壁，比如华盛顿州的干瀑布。

## 活动频繁的断层带

面积并不大的法拉龙板块，曾经夹在太平洋板块和北美洲板块之间。约3000万年前，随着两块更加庞大的板块与它相撞，法拉龙板块完全潜没到了地下。在这次潜没停止后，这两块巨型板块开始从对方身旁平移滑过，并没有相互碰撞。世界上最著名的平移断层——圣安德烈亚斯断层——就在这儿形成。这个断层长1300千米，从门多西诺海岸一直向南延伸到圣贝纳迪诺山脉和索尔顿湖。自从这个断层形成以来，位于其两侧的大陆已经至少移动了550千米。任何一次地壳颤动都会触发毁灭性的大地震。

**9400万年前**

西部内陆海道是一片大型内陆海，将北美洲一分为二。这是法拉龙板块潜没、将北美大陆往下拉扯而形成的。

**5000万～4000万年前**

随着落基山脉抬升得越来越高，西部内陆海道的海水逐渐减少，变成浅滩，最后干涸。

**18 000年前**

由于大量水分被锁在了冰盾中，有时海平面是如此之低，以至于北美洲的多处海岸线延伸到了现在的海岸线之外。

# 阿拉斯加山脉

全球极高的山脉之一，仅次于亚洲的一些山脉和南美洲的安第斯山脉。

阿拉斯加山脉绵延650千米，犹如一钩新月穿越阿拉斯加州的中南部。在这一山脉中，一座座高耸入云、白雪皑皑的山峰宛如一道令人敬畏的屏障。其中高大巍峨的几座山峰簇拥在德纳里峰四周。“德纳里”是科尤康族美国原住民给这座阿拉斯加山脉中的最高峰所取的名字。这些山峰就像一股强大的阻挠力量，阻挡着潮湿空气从南面的阿拉斯加湾吹过来。这些山峰上的降雪量大得惊人，因此，阿拉斯加山脉中的山谷中布满了大型冰川，例如黑色急流冰川（参见第43页）。所有这一切，还有如梦似幻的北极风光，使阿拉斯加山脉成了对徒步者充满吸引力的圣地。

**阿拉斯加山脉中的高峰**

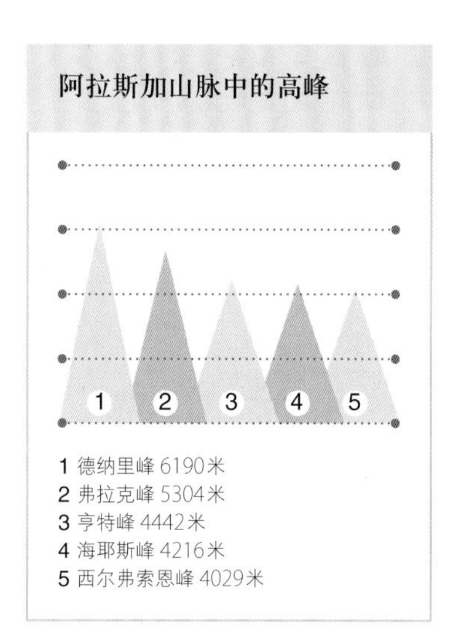


1 德纳里峰 6190米
2 弗拉克峰 5304米
3 亨特峰 4442米
4 海耶斯峰 4216米
5 西尔弗索恩峰 4029米

**▽最高峰**
白雪覆盖的德纳里峰（别名麦金利峰），不仅是阿拉斯基山脉中的最高山峰，也是整个北美洲的最高山峰。

**分水岭之上**
在加拿大落基山脉中，日炙峰俯瞰着蔚蓝湖。在其左侧，被云层遮住了一部分的阿西尼玻山，恰好位于大陆分水岭之上。

**冲断裂作用**

冲断层是地壳中的断裂带，埋藏较深（通常较为古老）的岩层沿着断裂带被推挤上来，并被推挤到较浅的岩层之上。当它们被向前推了成千上万千米时，就出现了上冲断层。在受到侵蚀后，古老的岩层有可能冲到相对年轻的岩层的上方。

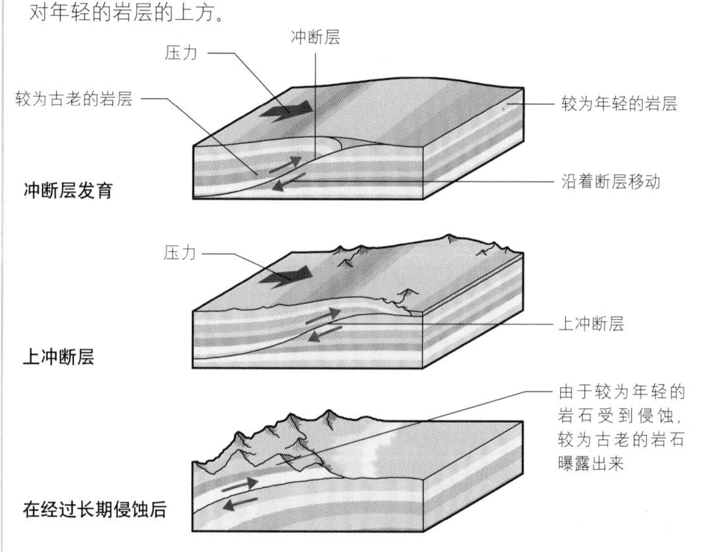


落基山脉拥有100多座海拔超过3000米的山峰。

# 落基山脉

一个拥有壮丽美景的地区。落基山脉是地球上雄伟的山岳带之一——北美的西部科迪勒拉山系的核心部分。

落基山脉，或者说洛矶山脉，绵延近4800千米。它从加拿大不列颠哥伦比亚省的北部地区一路向南，穿越美国6个州，从蒙大拿州直到新墨西哥州。北美的大陆分水岭就位于落基山脉之中。在这一分水岭以西，河流汇入太平洋中，而在这一分水岭以东，河流汇入大西洋或北冰洋中。落基山脉的最高峰是海拔4401米的埃尔伯特峰，它位于科罗拉多州境内。

## 落基山脉的形成

落基山脉主要是在过去的8000万年中形成的。从地理学上说，它的历史较为复杂。落基山脉中有许多褶皱和冲断层（见左图），比如，在加拿大洛基山脉中和蒙大拿州中的褶皱和冲断层。落基山脉中还有一些受到火山活动广泛影响的地区，比如黄石国家公园（参见第30—33页），以及一些在各个冰河时代受到冰川作用影响的地区。

落基山脉的一些山峰上覆盖着大片针叶林。而在林木线之上以高山苔原为主。落基山脉中栖息着许多动物，包括麋鹿、驼鹿、野山羊、野绵羊、熊、狼獾和白头鹰。景色迷人的落基山脉是一个备受欢迎的休闲圣地，特别适合野营、徒步、钓鱼、山地自行车等户外活动。

▽ 年纪轻轻而崎岖不平
怀俄明州的特顿山脉是在过去的1300万年中隆起的。它是落基山脉中的年轻成员之一。特顿山脉中有好几座海拔超过3700米的高峰。

**△约塞米蒂国家公园**

图片左侧的埃尔卡皮坦是由花岗岩构成的，而图片中间依稀可见的半圆丘是由花岗闪长岩构成的。这种区别是不同岩浆侵入早已存在的不同岩石区域的结果。

# 埃尔卡皮坦和半圆丘

加利福尼亚州约塞米蒂国家公园的大量外露岩石，几乎全是由花岗岩组成的。

在数千万年前，随着大量黏稠的岩浆从地壳深处上升并随后冷却，无数圆乎乎的大块火成岩，称为“深成岩体”，在现今的加利福尼亚州中部区域的地下形成了。在经历了好几个周期的上升和侵蚀之后，很多这样的深成岩体，现在都作为悬崖峭壁和外露岩石出现在地表之上。其中最有名的两处都位于约塞米蒂国家公园之中，它们就是埃尔卡皮坦和半圆丘。

## 壮观的悬崖

埃尔卡皮坦（酋长石）是一块巨大的花岗石，大约有1.5千米宽。从其基底沿着最高的一面山体到峰顶，有900米高。1851年，一个西班牙民兵游击队给它取了这个名字。同样令人叹为观止的是半圆丘。它就位于距酋长石8千米远的地方，俯瞰着约塞米蒂山谷。它得名于与众不同的外观。它的一侧是垂直的山壁，约有600米高，而其他三面都是光滑、浑圆的。因此，从某一些角度看过去，它就像一个被一劈为二的圆顶。这两个景点盛名在外，是因为它们给攀岩爱好者带来了不小的挑战。人们曾经以为，埃尔卡皮坦是无法攀爬的，但现在它已经被人们征服了无数次。一共有70多条难度不一的路线可以登上山顶。而在半圆丘，人们已经开发了一条13千米的徒步路线。只要沿着这条路线前进，就连那些不擅长攀岩的旅客，也可以轻易地从谷底登上山顶。

**◁回归的猛禽**

自2009年以来，在埃尔卡皮坦和约塞米蒂的其他景点，一直有游隼筑巢栖息。而在此之前的16年中，游隼从未在这些地方出现过。

**埃尔卡皮坦的岩石类型**

埃尔卡皮坦主要是由酋长石花岗岩构成的，这是一块距今有1亿年历史的火成岩。塔夫脱花岗岩是一种略微年轻一点的岩石，它构成了埃尔卡皮坦的其余部分。

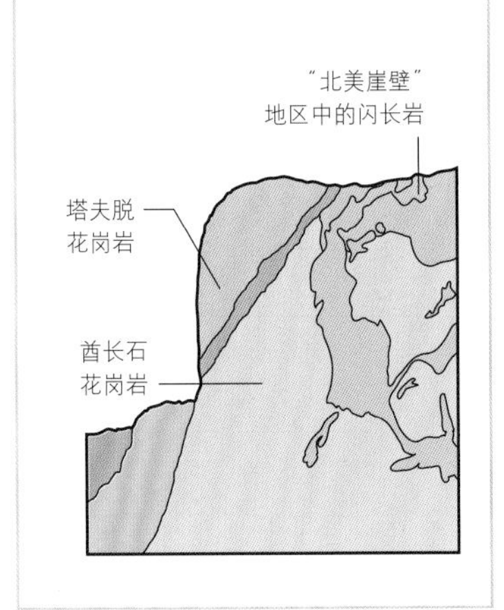

# 喀斯喀特山脉

北美洲西部一系列令人惊叹的火山和其他山峰。

喀斯喀特山脉是“火环”的一部分。“火环”即环太平洋火山带，是一片环绕太平洋的火山和相关山峰，呈马蹄形。喀斯喀特山脉绵延1100千米，是在过去的数百万年中形成的。它是胡安·德富卡大洋板块滑入北美板块下这一板块潜没过程的结果。

### 火山的温床

喀斯喀特山脉中有许多壮丽雄伟的大型火山，比如华盛顿州的贝克山、雷尼尔火山和圣海伦火山。俄勒冈州的胡德山，加利福尼亚州的沙士达山。在过去的200年中，有好几座喀斯喀特山脉的火山至少喷发了一次。此外，在这一时期中，美国本土（除了阿拉斯加州和夏威夷的美国全境）发生的所有火山喷发，都出自于喀斯喀特山脉中的火山。

**▽令人忧惧的巨人**
覆盖着冰川的雷尼尔火山，被认为是全球的危险火山之一。因为，它有可能随时喷发，并且它离西雅图城很近。

**▷火山大爆发**
1980年的圣海伦火山喷发是美国有文字可考的历史中最为致命的一次火山喷发。绝大部分火山灰沉积在了美国西北部的广袤地区之上。

### 圣海伦火山喷发

1980年5月，一次猛烈的火山喷发，撕开了圣海伦火山——喀斯喀特山脉中最活跃的火山——那白雪皑皑的峰顶。在火山喷发前的几周中，由于里面的岩浆不断向上推挤，位于山体一侧的隆起物出现了不断增大的态势。5月18日上午8:32，一场地震引发了山体滑坡和侧向爆发，随后不久，火山侧面的部分山体和顶峰全部坍塌。

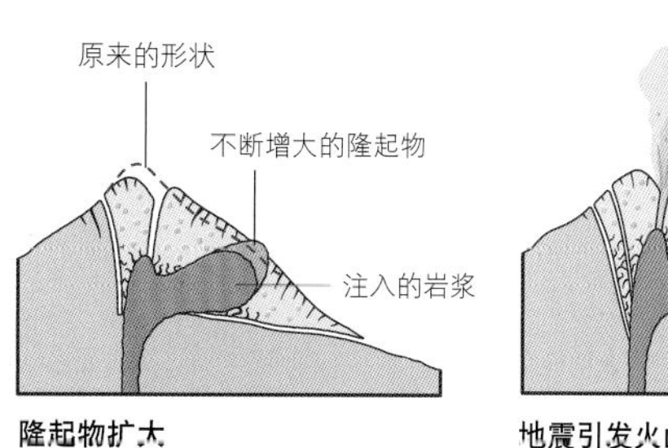

隆起物扩大

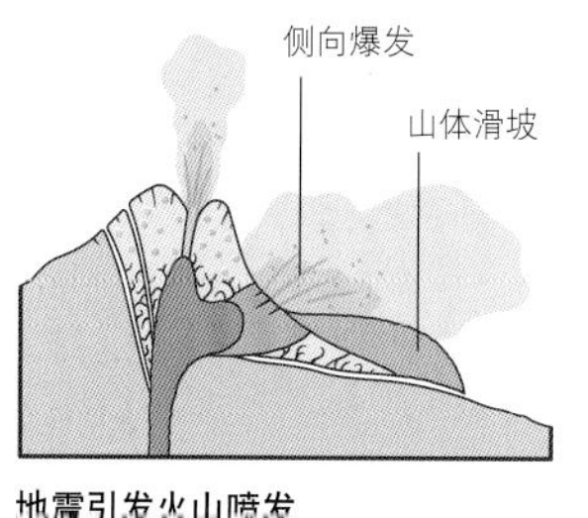

地震引发火山喷发

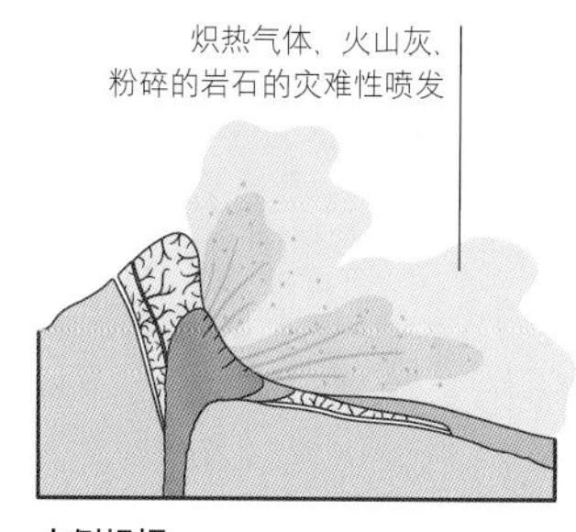
山侧坍塌

1980年，圣海伦火山喷发时，冲入空中的火山灰柱高达24千米。

◁**英安岩崖壁**

图中所示的崖壁，高出湖面将近550米，以一块名为劳岩的巨大岩石为中心。它是由凝固的英安岩岩浆构成的。

**破火山口边缘**

破火山口边缘覆盖着一层厚厚的浮石和火山灰，它们来自于一次火山喷发，正是那次火山喷发形成了这一破火山口。

**水下的平台**

这一片宽阔的土丘，是在马札马火山坍塌后不久，喷发在破火山口底的岩浆凝固后形成的。

**水下火山渣锥**

梅里安锥的顶峰，位于湖面以下154米处。

**▶火山口湖的破火山**

这一火山口湖的横截面图截取自巫师岛。这一破火山口宽约9千米，而填充这一破火山口的湖泊，以高度澄清的水质和深蓝色的水色而闻名。它也是世界上较深邃的湖泊之一，深约有将近600米。

**希尔曼峰**

高出湖面606米，是破火山口边缘的至高点。

**玄武岩层**

这是马札马火山的各个岩层中最上面的一层，是一座时代更早的火山留下的凝固熔岩。

**坍塌的石块**

马札马火山的部分基底断裂，形成石块，这些碎石向下沉降。

**岩浆通道**

上升岩浆的通道在破火山口底部形成了火山地貌，现在这一通道被凝固的熔岩堵住了。

**角砾岩**

马札马火山顶层的残余物形成了厚厚一层黏合在一起的沉积岩碎屑，称为角砾岩。

沉积物达数百米之厚。

**岩浆库**

湖底的水热活动说明，在破火山口下仍然存在着一个岩浆库。

**环状断裂**

这是在导致马札马火山坍塌的那次火山喷发过程中形成的。

◁**巫师岛**

这一火山渣锥岛是在马札马火山塌陷后的数百年中形成的，目前它高出湖面230米。成千上万年来，它从未喷发过。

△火山残留物

这一奇形怪状的岛屿，突出在湖面50米之上，它就是幽灵船。它主要由一块名为安山石的岩石构成，是一座早在马札马火山之前就已存在的火山的残留物。

# 美国火山口湖

在喀斯喀特山脉中，一座古火山的坍塌的火山口，现在被一个深湖填满了。

**岩浆岩层**

埋藏在湖泊周围的是马札马火山的未受干扰的残余物，由熔岩和火山灰组成。

俄勒冈州中南部的火山口湖是全球破火山口火山的极佳范例之一。一座部分塌陷（通常发生在一次灾难性喷发的过程中）的成层火山，形成了一个巨大的、锅状的凹地，这一凹地称为破火山口。有人把破火山口描述为一个大型的火山口，但其实它是一种天坑。因为破火山口是塌陷形成的，而非爆裂的结果。过了一段时间后，破火山口中往往会被水填满，从而形成像火山口湖那样的深湖。

## 一座成层火山的坍塌

形成火山口湖的远古成层火山，名为马札马火山。在其山顶坍塌之前，马札马火山高达3700米左右，是喀斯喀特山脉中的高峰之一。在火山喷发过程中（见右图），这座火山喷出了高达50千米的浮石和火山灰柱。在喷发的最后阶段，火山的低坡上出现了一些环形的裂缝，这称为环状断裂，正是它导致了山顶坍塌。

在这次火山喷发之后，火山活动又持续了一段时间，在破火山口的地表上形成了一些规模相对较小的火山地貌。沉积物和山体滑坡带来的物质覆盖了整个地表，而破火山口中渐渐被水填满了。尽管成千上万年来，火山口湖没有出现过重大的火山活动，但将来它完全有可能再次喷发。

◁海塔

这些针状的形成物位于离火山口湖不远的地方，它们曾经是大量炽热的火山浮石下方的喷气孔。这些喷气孔变硬、形成管状。现在它们孤零零地矗立着，因为它们周围相对较软的物质，都已被侵蚀殆尽了。

### 火山口湖是怎样形成的

约7700年前，一座名为马札马火山的大型成层火山发生了一次灾难性的大喷发。这次喷发使其岩浆库的一部分出现空虚。火山底部和顶部的大部分向下塌陷。这留下了一个巨大的、碗状的凹地——一个破火山口，并且其边缘被抬高了。后来，这个破火山口中积满了水，由此形成了火山口湖。

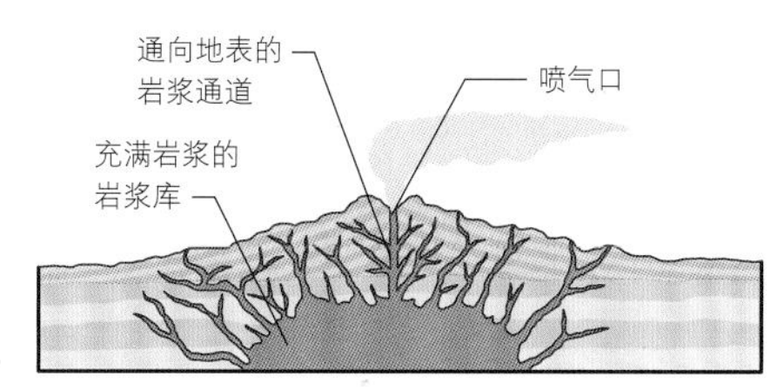


7700年前的马札马火山

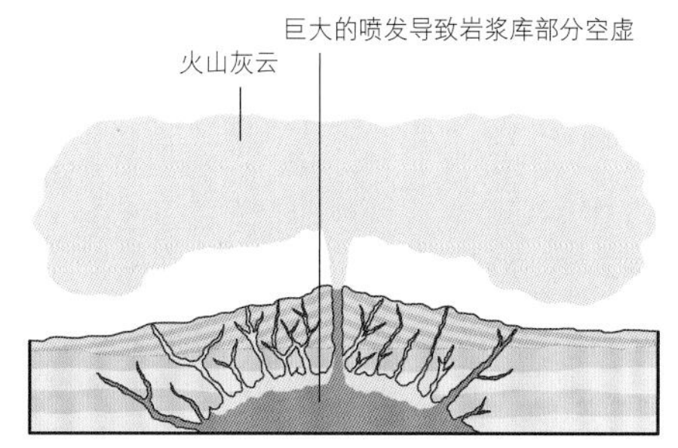


岩浆库部分空虚

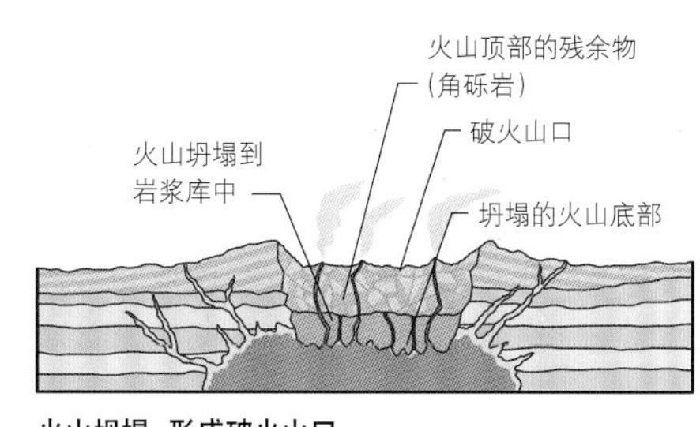


火山坍塌，形成破火山口

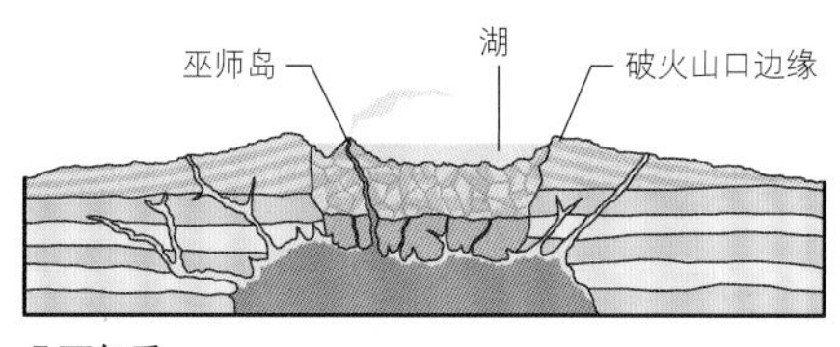


几百年后

火山口湖深达594米，是美国境内最深的湖泊。

# 圣安德烈亚斯断层

两大构造板块相对滑过的交界地带的一部分，经常发生地震。

地球上，很少看到两大构造板块的交界地带曝露在地面上的地方，圣安德烈亚斯断层就是其中之一。它穿越整个加利福尼亚州，绵延近1300千米，是一处大陆型的转换断层。太平洋板块沿着这一断层，缓缓滑过北美板块（见下图）。每一次滑移——通常只沿着部分断层地带——都伴随着一次地震。1906年，给旧金山带来极大破坏的一次大型震颤，是断层活动引发地震的典型例子。

## 沿着断层活动

太平洋板块和北美板块以每年4.6厘米的速度相对移动。这一运动会导致断层地带出现急促而不流畅的颤动，有时位移很小，或者没有发生位移。但有时在发生大地震时，会出现突然而剧烈的滑移。

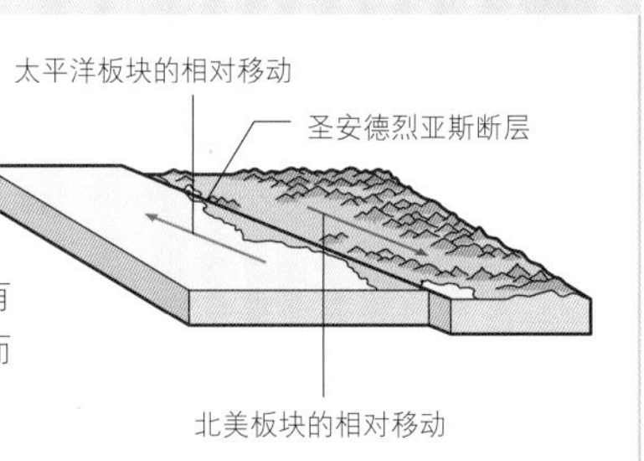

△ **线状瘢痕**

在加利福尼亚州的部分地区，能看到圣安德烈亚斯断层将地表一分为二，例如图中所示的卡里佐平原中的一片土地，它位于洛杉矶西北约120千米处。

△ **变幻的色彩**

大棱镜温泉是黄石公园中最大的温泉，也是美国最大的温泉。其斑斓的色彩来自于水中嗜热微生物产生的色素。

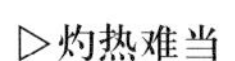

▷ **灼热难当**

这些温泉的温度有可能接近沸点，这意味着，它们会持续不断地散发蒸气。当温泉表面的气温降低时，这些蒸气会形成缥缈的蒸气柱。

# 黄石公园

怀俄明州的一个国家公园，以壮观的间歇泉、温泉和其他地热景观闻名于世。

作为美国历史最悠久的国家公园，黄石公园占地9000平方千米，分布着森林、草原、山峰、湖泊和峡谷。黄石公园拥有全球最密集的地热景观，包括间歇泉、五色斑斓的温泉和泥浆热泉。

## 供热

黄石公园中活跃的地热活动，源自一个事实：黄石公园中的部分地区位于一个巨大的地下岩浆库之上。这个岩浆库是其源源不断的热源（参见第32—33页）。这些地热景观坐落在不同的地区中，这样一些地区称为间歇泉盆地。间歇泉盆地中分布着约一百五十个间歇泉，包括著名的老忠实间歇泉，以及好几处彩色温泉。许多间歇泉会将泉水喷发到30多米的空中。充足的雨水渗入地壳中，被岩浆库加热后，为温泉和间歇泉源源不断地供应热水。

## 地质多样性

黄石公园景致迷人，拥有岩石嶙峋的山岭，冰川雕琢的深谷、瀑布、峡谷和丰富的野生动植物资源。黄石大峡谷、黄石河中的两条瀑布，是其中最如梦似幻的代表景点。黄石公园被认为是北温带地区最大、最完整的自然生态区，它是美洲野牛、狼、黑熊、灰熊和麋鹿等多种大型动物的家园。

黄石公园中有300多处间歇泉，几乎占全球所有间歇泉的三分之一。

◁**喷水口**

每隔10～12小时，城堡间歇泉就会向空中喷射出高达近27米的热水，持续时间长达20分钟左右。据考证，它已经这样喷发了约1000年。

# 在一座超级火山之下

全世界有少数几处火山，被称为超级火山。这些火山至少发生过一次火山爆发指数超过11级的大喷发。这样的喷发是地质学家已知的规模最大的火山喷发。这样的大喷发，每过成千上万年才会发生一次。这些火山有可能会在未来喷发，彻底改变地形地貌，并且严重影响全球气候。所有的超级火山，都坐落在活跃的大型岩浆库之上的破火山口。黄石国家公园就位于一座超级火山之上。这座超级火山最近一次爆发约在64万年前。在黄石破火山口下存在着两个彼此连通的大型岩浆库。上层的岩浆库中散发出来的热量引发了各种地热景观，包括温泉、间歇泉、火山喷气孔和沸腾的泥浆热泉。

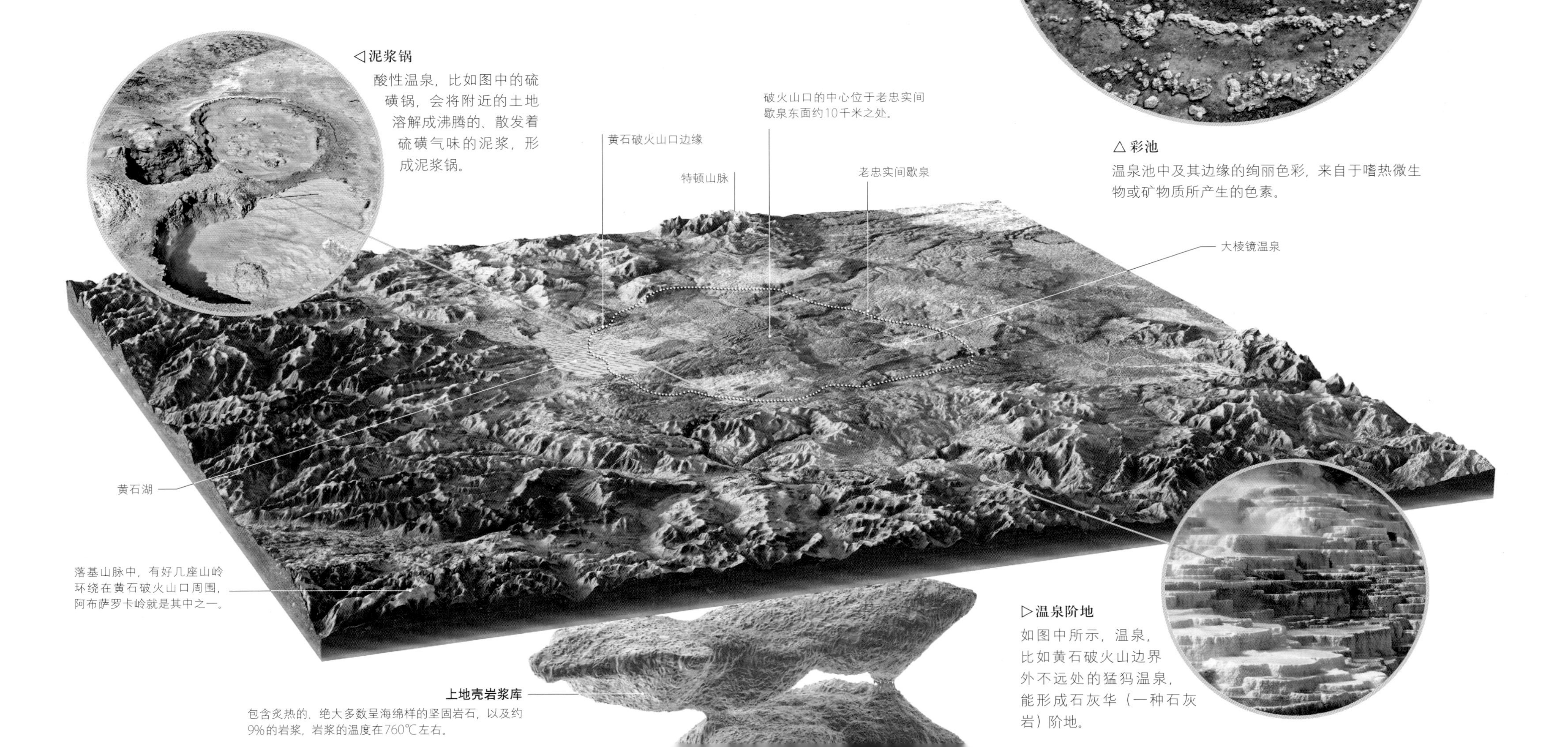


◁**泥浆锅**

酸性温泉，比如图中的硫磺锅，会将附近的土地溶解成沸腾的、散发着硫磺气味的泥浆，形成泥浆锅。

△**彩池**

温泉池中及其边缘的绚丽色彩，来自于嗜热微生物或矿物质所产生的色素。

▷**温泉阶地**

如图中所示，温泉，比如黄石破火山边界外不远处的猛犸温泉，能形成石灰华（一种石灰岩）阶地。

**▶ 黄石破火山口**

黄石破火山口的热源是一个地幔热柱——一大块炽热无比、半固体状的岩石，它正在地幔中缓缓抬升。它给黄石公园地壳下的两个岩浆库提供热量和岩浆。

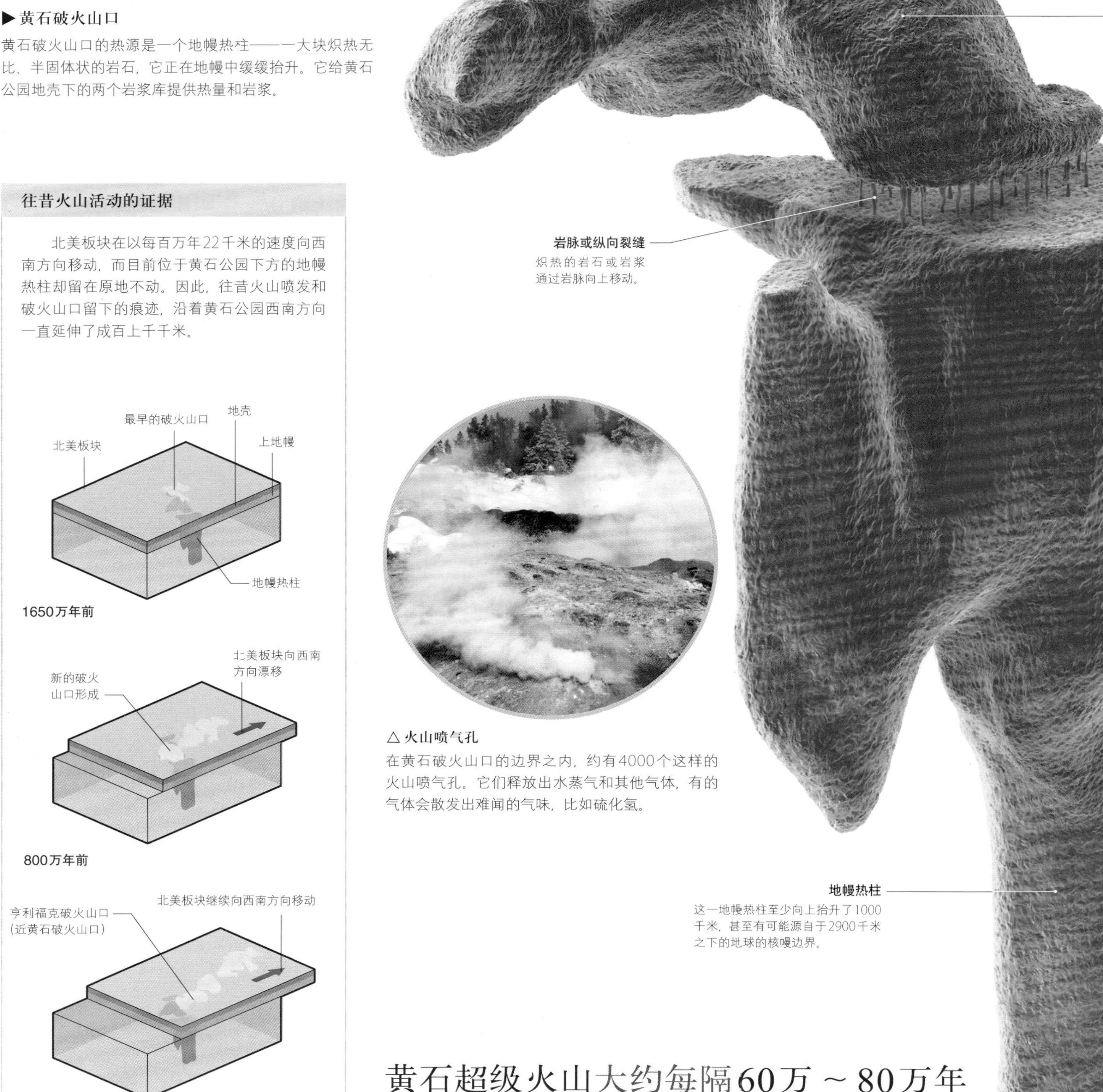


**△ 火山喷气孔**

在黄石破火山口的边界之内，约有4000个这样的火山喷气孔。它们释放出水蒸气和其他气体，有的气体会散发出难闻的气味，比如硫化氢。

## 往昔火山活动的证据

北美板块在以每百万年22千米的速度向西南方向移动，而目前位于黄石公园下方的地幔热柱却留在原地不动。因此，往昔火山喷发和破火山口留下的痕迹，沿着黄石公园西南方向一直延伸了成百上千千米。



# 黄石超级火山大约每隔60万～80万年喷发一次。

# 希普罗克峰

一处壮观的放射状岩墙构成的双峰火山颈，高耸于新墨西哥州沙漠之上。

希普罗克峰是美国西南部最负盛名的火山塞，高达483米，矗立在纳瓦霍族保留地（一片位于亚利桑那州和新墨西哥州的美国原著民领地）的高地沙漠平原上。火山塞也称为火山颈。在一座火山停止喷发后，如果火山内部形成了一大块抗侵蚀的岩石，就会出现这样的地貌（见右图）。

## 岩壁

纳瓦霍人将希普罗克峰视作神圣的奇观，将它命名为“Tsé Bit'a'i”，意思是“带翼之石”。这很可能指火山岩上那些突出的岩壁。这些岩壁称为“岩墙”，它们从整块火山岩中向外伸展，呈放射状分布。其中最突出的三块岩壁彼此呈120°。从某些角度望去，这一处天然名胜的外形酷似一只飞鸟。

### 希普罗克峰是怎样形成的

希普罗克峰由一大块名为煌斑岩的坚硬火成岩组成。约3000万年前，这块煌斑岩在古火山口凝固变硬。其周边的放射状岩墙在大约同一时间形成。这座火山的其余部分由质地更软的岩石组成，它们已经受侵蚀作用影响而逐渐消失了。

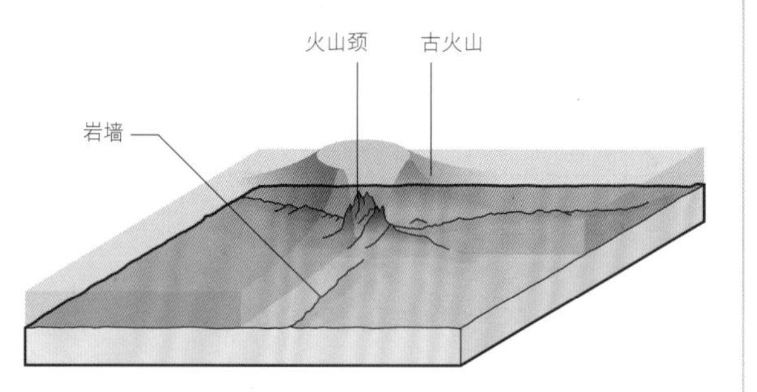

△ 刀锋似的岩墙

希普罗克峰的部分岩墙外形酷似一把把匕首。它们在高地沙漠平原上拔地而起，高达20米。

▽ 纳瓦霍遗迹

希普罗克岩及其三面岩墙见下图。根据纳瓦霍族传说，在希普罗克峰的高峰上，曾经有一些形状类鸟的怪物筑巢栖息，并尽情享用人肉。

希普罗克峰最长的一堵岩墙，绵延伸展近3000米。

# 魔鬼塔

怀俄明州一块具有4000万年历史、侧面布满柱状沟槽的穹顶巨石。

魔鬼塔是美国别具特色的地标之一。它常常被称为平顶孤丘（即，山体垂直、峰顶小而平坦的孤山）。它的确切来历备受人们争议，即它是否形成于一座火山内部。但专家们一致认为，它源于在地下冷却并凝固的大量岩浆。在这一过程中，冷却的岩浆主体内形成了极为均匀的多边形石柱。这样的柱状沟槽，我们现在仍然可以看到。

美洲原住民将魔鬼塔视作神圣之地。1906年，魔鬼塔被列为美国的第一处国家纪念区。在1977年的影片《第三类接触》(*Close Encounters of the Third Kind*)中，魔鬼塔是人类和太空访客召开气候会议的地方，这也让魔鬼塔声名远播。

△ **巍然屹立**
从多岩石的基底到相对平坦的峰顶，魔鬼塔高达264米，约等于1个足球场的大小。

### 魔鬼塔是怎样形成的

关于魔鬼塔的形成，有这样一个理论。首先，一座火山在其附近形成。后来，这座火山内的一些岩浆凝固成一大块坚硬的巨石。在周围的岩石层受到侵蚀作用影响而剥落殆尽后，只留下了孤峰兀立的魔鬼塔。

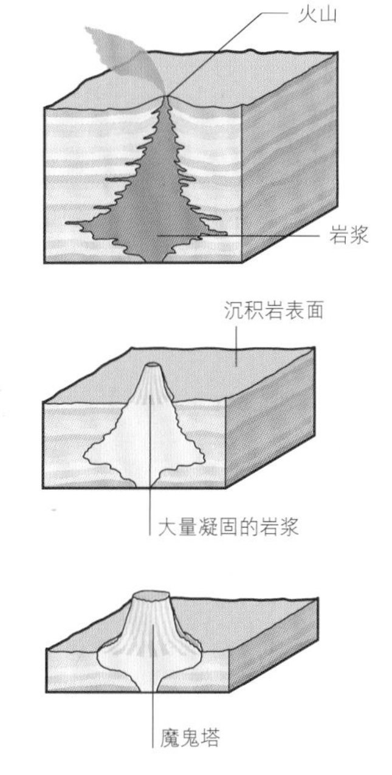


# 阿巴拉契亚山系

众多错综复杂、风景如画的山脉，从美国阿拉巴马州一直延伸到加拿大东南部。

阿巴拉契亚山系是古山丘带经侵蚀后的残余山脉。这一古山丘带是5亿年前古代大陆之间相互碰撞而形成的。在过去的6500万年中，整个山丘带受到抬升并遭到侵蚀，逐渐变成了现在的模样——一大片广袤的丘陵和高山，其中大多数坡度平缓、草木茂盛。阿巴拉契亚山系由许多平行的分区组成（见下图），包括蓝岭山脉。从远处眺望，蓝岭笼罩在一片浅蓝色的雾霭中，蓝岭山脉以此而闻名天下。该地区中的树木排放到空气中的某种化学物质是这种浅蓝色调的成因之一。

▽ **秋季的调色板**
到了秋天，山野中的各种树叶让阿巴拉契亚的各大山脉五彩斑斓，美不胜收。下图是阿巴拉契亚山系北部白山山脉在秋季的绚丽风光。

### 在阿巴拉契亚山系中

在这一阿巴拉契亚山系中心地区自西向东的横截面示意图中，展示了各种褶皱、断层和山岭，还展示了整个地区的地形分布。

阿巴拉契亚高原　山谷和山脊　蓝山山脉　山麓地带　大西洋

沉积层　断层　褶皱

# 水晶洞

一个马蹄形的地下洞穴，位于墨西哥，洞穴中含有一些迄今发现的最大的天然水晶。

水晶洞坐落在墨西哥北部奈卡山脉中的一座山峰的300米之下。2000年4月，奈卡矿的矿工们在开凿一条新的坑道时，发现了这个水晶洞。洞中布满了巨大的柱状透明石膏晶体。

## 巨人的诞生

这个洞穴是形成奈卡山主体的石灰岩遭到侵蚀而形成的，它已经存在了数千年。在其形成过程中的某一个时间点，洞穴中积满了水，富含矿物质的地下水从下面涌上来，它和洞穴附近更为凉爽、富含氧气的地表水相接触。氧气渗入地下水中，导致透明石膏以晶体的形式沉淀下来。这一过程以极为缓慢的速度持续了至少50万年，才形成了现有的巨型晶体。

**这个洞穴中最大的晶体，长达12米，重达50 000千克。**

## 未知的世界

这个洞穴还没被仔细勘探过，因为这个洞穴很深，而且地下一直存在热水，洞穴中的气温高达58℃，而且目前这个洞穴并不向公众开放。

△ 石膏宝藏

在水晶洞中发现的晶体，是由透明石膏构成的。透明石膏是石膏的一种，它是一种柔软、浅色的矿物质，其成分是硫酸钙和水。

◁ 水晶森林

墨西哥水晶洞中储藏着一些迄今发现的世间最大的天然水晶。图中，在透明石膏巨大柱体的映衬下，洞穴中的勘探者显得矮小。

### 水晶洞的位置

奈卡山中有好几个洞穴，包括水晶洞。其中一些洞穴全凭奈卡矿业公司将水从地下抽出、使水位下降才得以进行勘探。

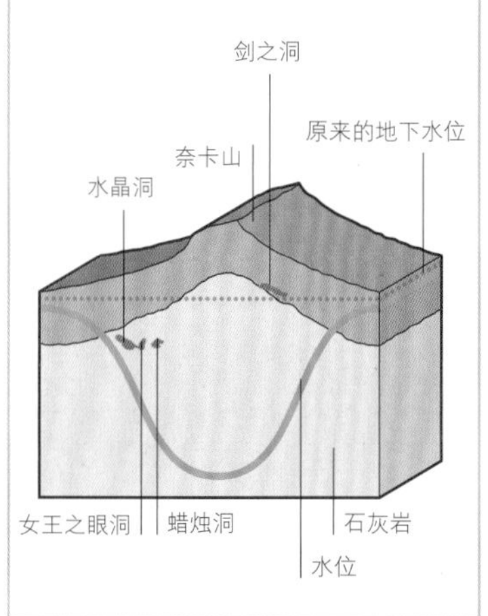

**马德雷山脉的高峰**

1 2 3 4 5

1 圣拉斐尔山3730米
2 厄尔波托西山3720米
3 厄尔纳西缅托山3710米
4 玛尔塔萨山3705米
5 特奥特皮克山3550米

# 马德雷山脉

一条斜跨墨西哥的雄伟山脉，它是北美科迪勒拉山系的组成部分。

墨西哥的马德雷山脉由三支山脉组成，即西马德雷山脉（位于墨西哥西北部）、东马德雷山脉（位于东北部）和南马德雷山脉（位于南部）。在西马德雷山脉和东马德雷山脉之间，坐落着墨西哥高原。它由2.5亿年前到6500万年前沉积在浅海中的一层层沉积岩组成，随后在侵蚀作用的影响下，形成了棱角分明、坑洼不平的西马德雷山脉和山体更加浑圆的东马德雷山脉。部分地带还有往昔火山活动的迹象，即一些火成岩侵入体，以及一层层凝固的熔岩，这些熔岩是早已消失的火山喷发出来的。

## 迷宫般的地貌

西马德雷山脉的西侧是一系列高耸入云的悬崖峭壁（由于断层作用或侵蚀作用而形成的陡坡），崖壁之下是深不可测的大峡谷。其中一些大峡谷的规模不相上下，比如著名的科珀峡谷与美国的科罗拉多大峡谷（参见第54—57页）。

东马德雷山脉被许多侧壁陡峭的狭窄谷地切割。许多这样的山谷都是南北走向的，但在群山之中，也有好几条山道穿过墨西哥湾的低地，通向东部。在南马德雷山脉中，狭窄的山岭和崖壁陡峭的山谷组成了一个迷宫。

◁巨大的落差

乌里克峡谷是西马德雷山脉中的科珀峡谷的一部分，是北美洲最幽深的峡谷，从最高点一路直降1870米。

# 波波卡特佩特火山

北美洲第二大火山、墨西哥第二高峰，历史上它曾多次剧烈喷发。

高达5636米的波波卡特佩特火山在古阿芝特克语中意为“冒烟的火山”，它以剧烈的火山喷发、拗口难念的名称，以及毗邻墨西哥城都会区（美洲最大的大都会区）而闻名世界。

## 狂暴的天性

在墨西哥城的绝大多数地区，都能看到一座成层火山——波波卡特佩特火山——在远处喷发的景象。在数千年前，它有过三次普林尼型喷发——爆发特别强烈、形成巨大的气柱和火山灰柱的火山喷发。在人口稠密的地区，这样的大爆发会导致大量伤亡。在1947年的一次大爆发后，这座火山一直处于休眠状态，直到1994年再次苏醒。自那时起，几乎每天都有烟雾从其山顶的火山口中散发出来。2000年，这座火山发生了1000多年来最剧烈的一次喷发。2016年4月，它再次喷发，喷出大量岩浆、火山灰和熔岩，而且它仍不定期地强烈爆发。

▽高高的圆锥体

波波卡特佩特火山的高度、对称的外形和积雪覆盖的顶峰，让它显得威风凛凛。

△ **融水溪流**

夏季，冰盾上到处都是融冰水形成的溪流。据估计，目前每年有250立方千米的冰从冰盾上流失。

# 格陵兰冰盾

北半球最大的冰川，覆盖了格陵兰岛80%的地区，其淡水储量在全球淡水总量中占不小比例。

格陵兰冰盾是全球第二大冰盾（也是第二大冰川），仅列南极冰盾（参见第306—307页）之后，它覆盖着格陵兰171万平方千米的土地。据估计，其体量达到285万立方千米，平均厚度约1670米，最大厚度达到3205千米。科学家认为，冰盾中的一些冰已有高达11万年的历史。

## 形态和运动方式

格陵兰冰盾的表面略呈半球形，穹顶最高处高出海平面3290米。冰从穹顶缓缓向下流淌向冰盾的各个边缘地带。在冰盾的边缘，大多数冰受到了海岸山脉的遏制。只有在少数几个地点，这些冰才沿着宽阔的前锋延伸到海边。因此，格陵兰（和南极洲不同）没有冰架。在许多地方，这些冰以注出冰川的形式，在山岭间的豁口中流淌着。当这些冰川抵达海岸边时，它们将大量冰山倾入海中。格陵兰西部的一条名为雅各布港冰川的注入冰川，是世界上流速最快的冰川。在其靠近海洋的末端，冰块的流速达到每小时1米左右。

## 对海平面和淡水的威胁

由于全球气候变暖，格陵兰冰盾正在融化中。如果它全部融化，全世界各大海洋的水位将上升7.2米左右，世界上的许多大城市都将被海水淹没。并且，这将给全球淡水储备量造成6.5%的损失。

◁**北极掠食者**

尽管北极熊很少会冒险踏上冰盾，但它们在格陵兰海岸附近的冰盾边缘地区活动频繁。它们会在那儿捕食海豹。

△**冰山制造者**

一架直升机掠过格拉冰川。巨大的冰块时不时地从这面冰墙上崩解、坍塌。

◁**受到冲蚀**

一条融水汇成的河流从格陵兰中西部拉塞尔冰川的前端出现，它绕过岩石碎屑流淌着，这些岩石碎屑是之前被冰裹挟到那里的。

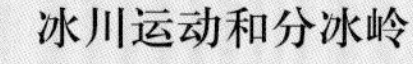

**冰川运动和分冰岭**

尽管冰覆盖了格陵兰的大部分区域，但沿着格陵兰岛海岸线的大部分地带，却存在着一个具体宽度各不相同的无冰区域。降落在冰盾上的雪，被压实为冰，随后这些冰沿着途中所示的流向线的方向，缓缓往下流向海岸。图中虚构的线条称为分冰岭，分冰岭将不同地区的冰分开，使其流向不同的海岸。

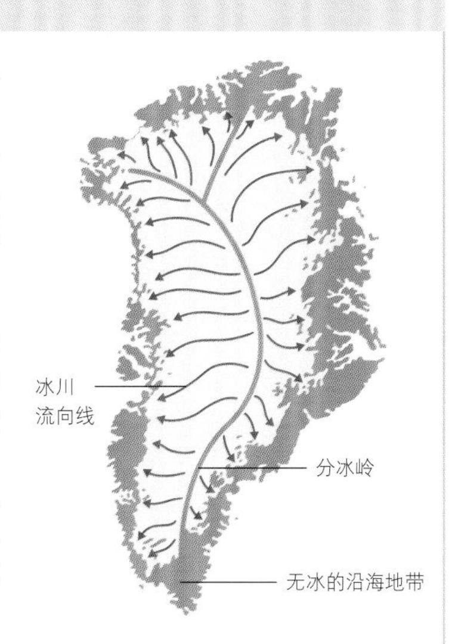


**雅各布港冰川每日产生990亿千克的冰山。**

# 哥伦比亚冰川

阿拉斯加州的一条巨型冰川，流速飞快，但它也在飞快地变短。

哥伦比亚冰川是阿拉斯加大型的冰川之一，面积达920平方千米，长达40千米。它从阿拉斯加南部的楚加奇山脉，一路降至威廉王子湾（阿拉斯加湾的一个水湾），并在那儿将大量崩解的冰山倾入海洋中。

## 冰川退缩的记录

哥伦比亚冰川是北美洲流速较快的冰川之一，但其快速向前的运动，被其末端速度极快的冰山崩解给抵消了，这座冰山崩解的速度是每天13亿千克左右。因此，自20世纪60年代以来，这条冰川的末端一直在往后消退。而且自从2011年以来，这条冰川已经和它的几条最大的冰川支流分离。这条冰川的消退，不能仅仅归咎于全球气候变暖，因为在它附近的其他冰川，并没有以同样的速率萎缩。一些专家们认为，这一现象与这条冰川下方的基岩河道的形状有关。

### 哥伦比亚冰川的消退

自20世纪60年代以来，哥伦比亚冰川的崩解前锋已经后退了20千米左右。图中标出了自1969年来每隔15年左右的冰川位置。

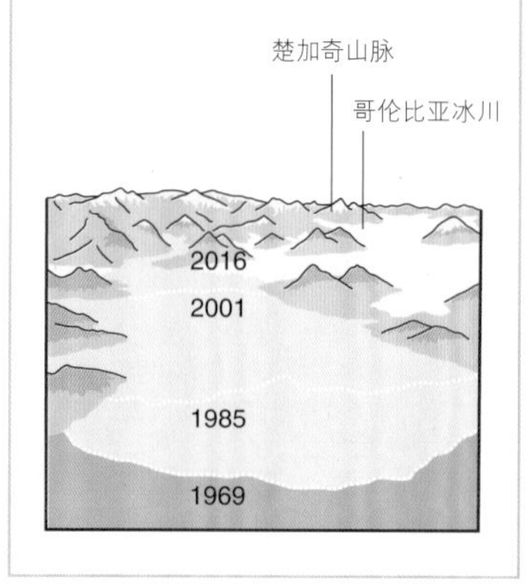

◁后退中的冰川末端
这幅照片拍摄于2005年前后。照片中三分之二的冰川地区，现在都是无冰的开阔水面。

▽军事编队
在冰川较高的部分，裂缝纵横交错，使其表面形成了大量尖锥形冰块。

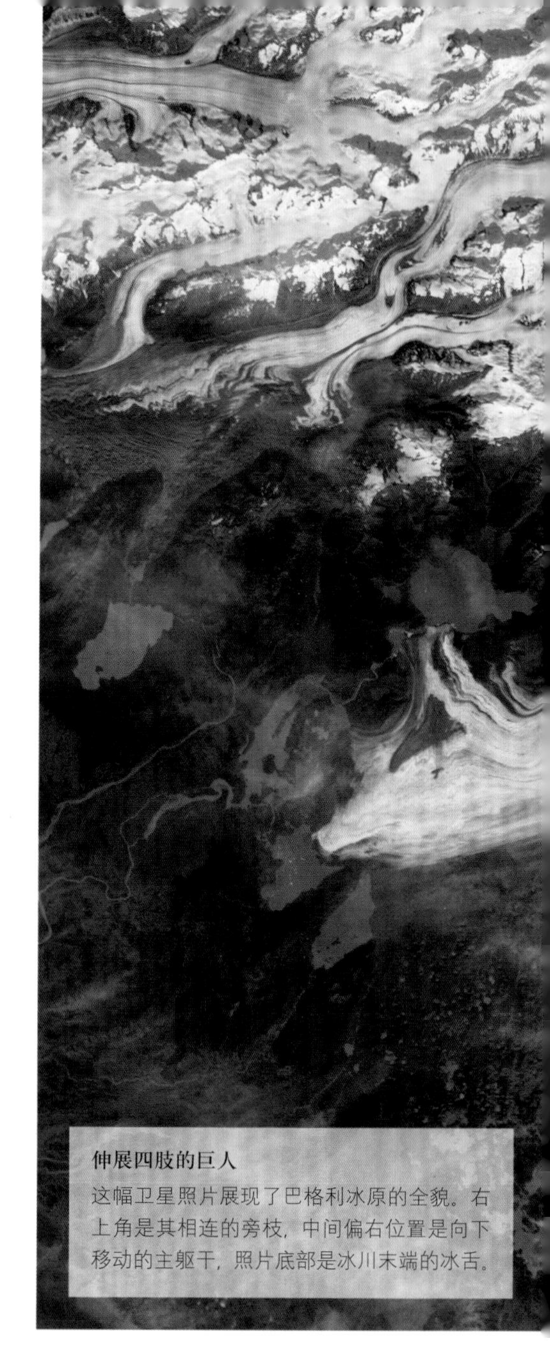

伸展四肢的巨人
这幅卫星照片展现了巴格利冰原的全貌。右上角是其相连的旁枝，中间偏右位置是向下移动的主躯干，照片底部是冰川末端的冰舌。

△大片碎冰
巨大的冰山会定期从这条冰川的末端分离出去，然后在维达斯湖上漂浮数月。

# 白令冰川

北美洲最长的冰川，也是北美洲表面积最大的冰川，它最终汇入一个大湖中。这座冰川表层的部分地区覆盖着茂密的植被。

白令冰川长约178千米，从阿拉斯加的楚加奇山脉流向阿拉斯加湾。部分地区的冰厚达800米左右。这条冰川由两大主要部分组成，而且它们差异很大。上半部分称为巴格利冰原，位于海拔1100～2000米处，是一大片降雪压实后形成的纯净冰原。这片冰原长约90千米，完全填满了几个彼此连接的山谷。其下半部分是宽阔的冰川主支，末端是宽42千米、大致呈椭圆形的冰川舌，末端的部分区域被岩石碎屑和植被所覆盖。一个融水汇成的维达斯湖给冰川末端镶上了一层边。多条溪流从这个湖泊和冰川末端向前流淌，而不远处就是阿拉斯加湾的海岸。

△ **冰川上的草本植物**
在冰川的下半段，冰是静止不动的，生长着多种植物，包括这种叫作“雾中少女”（mistmaiden）的草本植物。

**冰量的增加与减少**

冰川上的冰下降到消冰区后，通过融化和蒸发作用而消失。平衡线标志着冰量增加和减少的平衡。白令冰川的积冰区是一片位于海拔1100米的广袤冰原，而消冰区构成了这条冰川的其余大部分。

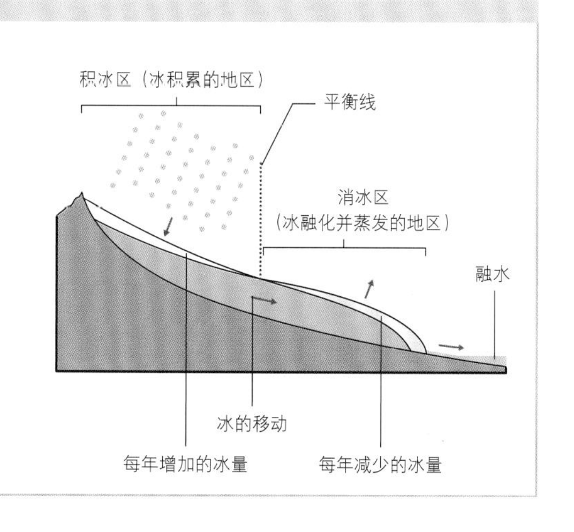

# 卡斯卡乌希冰川

加拿大的一片广袤的冰川，因其庞大的规模和令人瞩目的中碛而闻名于世。

卡斯卡乌希冰川面积约有1000平方千米，它在加拿大育空地区的圣伊莱亚斯山脉中蜿蜒前进，全长约70千米。在其末端汇合的融水，能使育空地区大型湖泊之一的克卢恩湖的水位保持恒定不变。

卡斯卡乌希冰川最宽阔的中碛超过400米宽。

### 鲜明的冰碛带

所有山谷中的冰川，两侧都分布着深色的带状物质，这称为冰川侧碛（参见第150页）。这些物质包括从山谷崖壁上掉落下来、并被冰川一路裹挟至此的碎石。当两道冰川合并，形成一条更大的冰川，通常情况下，这两道较小的冰川的侧碛就会合在一起，在更大的冰川中间形成一道醒目的、深色的冰碛带，这条冰碛带称为中碛。卡斯卡乌希的下半部分中有好几条醒目的中碛，是经由上游不同的主支或者支流的一系列微型合并而形成的。这条冰川有3条主支，每条都有自己的支流。

▷对等合并

在这张风景照中，能看到冰川的不同主支在远处合并。这一合并形成了冰川下游最宽阔的中碛（深色条纹）。

# 马拉斯皮纳冰川

世界上最大的山麓冰川，也是全球山麓冰川中的最佳范例，一大片冰铺展在一个宽广、平坦的平原上。

庞大的马拉斯皮纳冰川有65千米宽，从其发源地延伸至45千米长。它发源自阿拉斯加海岸附近的山岭之间的某个山隘中。对经过这一地区的地震波进行的研究显示，那儿的冰有600米厚。

### 形成图案的冰川舌

这条冰川的表面，具有浅色条纹和深色条纹组成的复杂图案，深色区域是含有岩石碎屑的冰碛石。这些条纹以之字形和涡形排列。科学家认为，这是冰流动速度的变化造成的。这种变化有可能是季节性的。在其表面，有名为冰虫的小生物组成的多个生物群落。

△冰的漩涡

这条呈现巨大涡形图案的冰川，是以意大利探险家亚历山德多·马拉斯皮纳（Alessandro Malaspina）命名的。他于1791年造访了这条冰川。

### 山麓冰川

当山谷中流动的冰通过一个狭窄的开口涌流到一片往往位于海岸附近的广袤平原上时，就形成了山麓冰川。铺展开的冰形成了一片宽广的冰川舌。

# 黑色急流冰川

一条不寻常的冰川，阿拉斯加山脉中最大的冰川，在历史上曾经历过流速极快的阶段。

黑色急流冰川沿着阿拉斯加中南部的一个山谷而下。它是世界上容易接近的冰川之一，因为其前锋就位于离路面只有几千米的地方。它长约40千米，有好几条支流。2002年的一次地震，导致这条冰川的很大一部分被埋在了岩石碎屑之中。

黑色急流冰川是一条汹涌前进的冰川，冰会定期性地从其上半部分快速转移到下半部分，在此过程中不断加厚，然后继续向前涌动。1937年，黑色急流冰川在美国成为一连轰动3个月之久的全国性新闻。当时，它突然开始以每天30米的速度前进，这是其正常速率的20多倍，而且它的前锋开始沿着山谷快速向下行进。在这段时期中，它成了名噪一时的“浪涌冰川”。然而，自那次快速涌动之后，黑色急流冰川稳定地后退到了目前的长度，而这一长度也是其历史上的最低值。

▽罕见的冰鳍
冰鳍是冰川碾压坚硬的岩床时产生的压力，将冰向上推挤而形成的。这条冰鳍是2013年人们在黑色急流冰川上看到的。

◁表层融化
当融水形成的速度比冰川吸收融水的速度更快时，在黑色急流冰川地势较高的地方，就形成了表层的水潭甚至溪流。

▷冰川下的洞穴

在冰川边缘的下方是一个美轮美奂的世界：闪闪发光的蓝色冰层、不断滴落的水珠、从缝隙中透进来的亮光。由于季节性洪水风险的存在，只有在一年中的部分时期，人们才能安全地探访这些洞穴。

# 肯尼科特冰川

位于阿拉斯加中南部的兰格尔—圣伊莱亚斯国家公园中的一条壮观宏伟、容易接近的冰川。

肯尼科特冰川沿着兰格尔山脉一路蜿蜒而下。这条冰川中的冰，主要来自于布莱克本山，它是一座山顶积雪的侵蚀性死火山，它也是美国第五大高峰的山腰。这条冰川约有42千米长。

## 主支和支流

肯尼科特冰川上半部分有两条主支，一条在东，一条在西，它们沿着冰原岛峰（一座破冰而出的小小石峰）流下，这座冰原岛峰名为驮鞍岛。在这两条冰川主支汇合后，条纹鲜明的冰川主流继续向南流动，并先后与两条大型支流合并。它们是盖茨冰川和鲁特冰川。随后它经过了一个名叫肯纳科特的废弃采矿区。最后，它止于一条覆盖着岩石的宽敞冰川舌。这条冰川舌的周围，环绕着多个融水汇成的、浅浅的水潭和湖泊。几条溪流在冰川下方出现，汇合后形成了肯尼科特河。

沿着一条为了给老矿区提供物资供应而修建的道路，可以抵达肯尼科特冰川和鲁特冰川。只需带着向导到冰川上远足，就有机会观赏冰川的构造，欣赏冰川表面上碧蓝色的水潭和溪流，或者探索冰川下的冰洞。越过鲁特冰川后，能抵达多诺霍峰。在一番辛苦攀登之后，就能饱览整片地区的全貌，一览无余地欣赏美景。

自20世纪60年代以来，这条冰川已经变薄了75米。

▶肯尼科特冰川

肯尼科特冰川是一条典型的山谷冰川，是被周遭的群山包围的冰川。它的占地面积为2500平方千米左右。整条冰川的全长如图中所示。它从布莱克本山蜿蜒而下，直至位于肯尼科特河源头的末端。

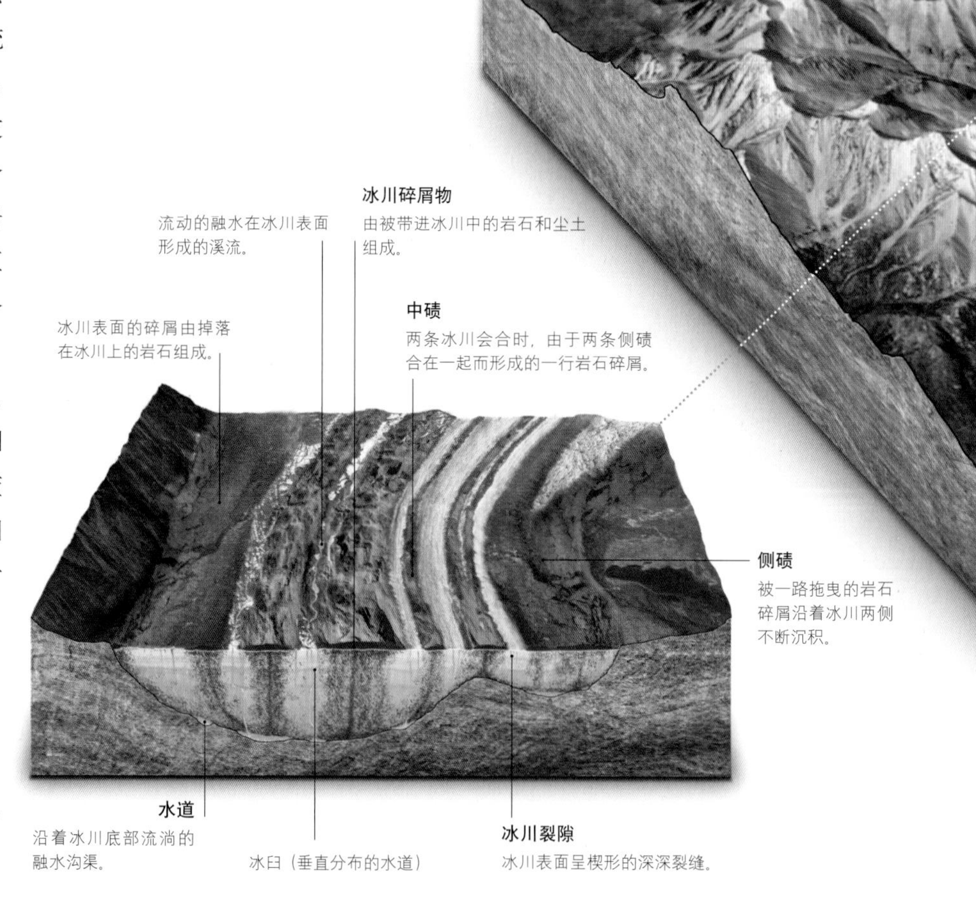


△山谷冰川的解剖图

一条像肯尼科特冰川这样的典型山谷冰川，中心区域可达数百米深。在其表面、内部都含有岩石碎屑，在其侧面和基底也拖曳着岩石碎屑。这种冰川的冰并不结实，它们被一条条裂缝割断，并被一道道融水沟渠切开。

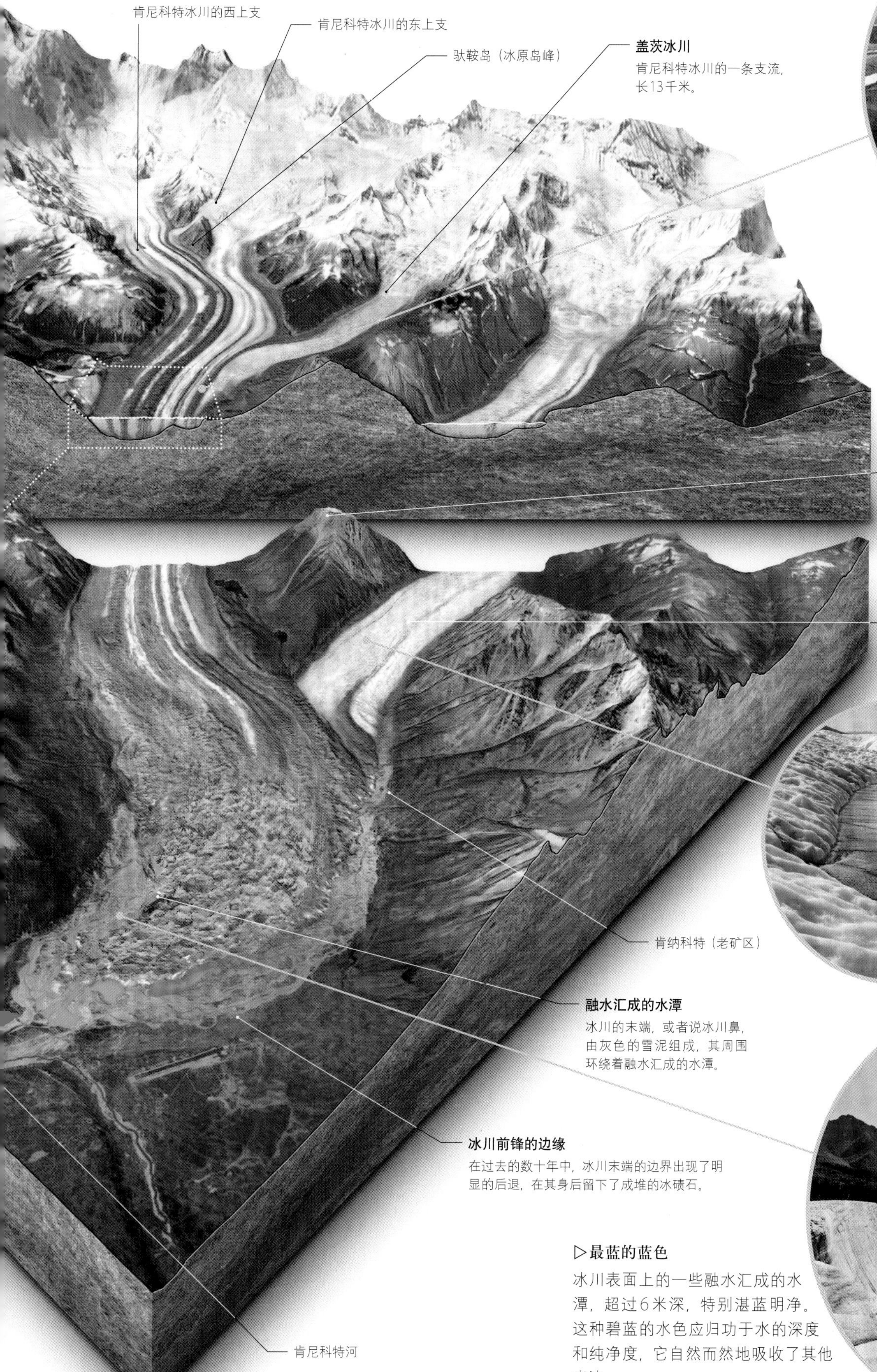

**布莱克本山**
兰格尔山脉中的最高峰，海拔4996米。

肯尼科特冰川的西上支

肯尼科特冰川的东上支

驮鞍岛（冰原岛峰）

**盖茨冰川**
肯尼科特冰川的一条支流，长13千米。

**△蜿蜒的小径**

这张肯尼科特冰川中段的图片展现了这条冰川发育良好的中碛（含有岩石碎屑的深色条纹），有的中碛超过350米宽。

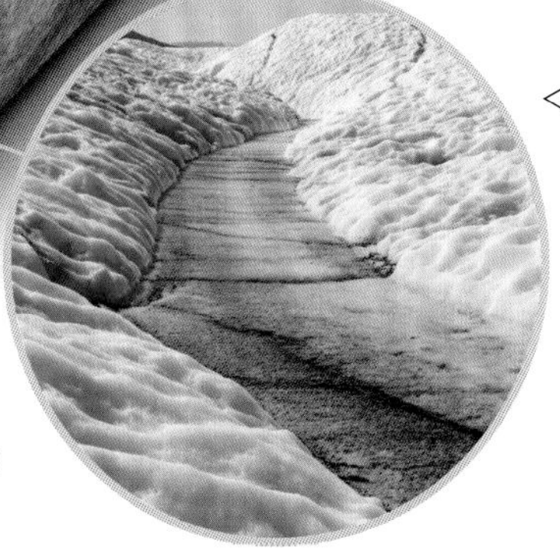

多诺霍峰海拔2041米的山顶，提供了绝佳的赏景视角。

**鲁特冰川**
这条长22千米的冰川支流由相对纯净、不带岩石的冰组成。

**◁融水沟渠**

肯尼科特冰川及其支流鲁特冰川的表面上，分布着不少蓝绿色的融水沟渠，这些水道蜿蜒穿过冰川表面。

肯纳科特（老矿区）

**融水汇成的水潭**
冰川的末端，或者说冰川鼻，由灰色的雪泥组成，其周围环绕着融水汇成的水潭。

**冰川前锋的边缘**
在过去的数十年中，冰川末端的边界出现了明显的后退，在其身后留下了成堆的冰碛石。

**▷最蓝的蓝色**

冰川表面上的一些融水汇成的水潭，超过6米深，特别湛蓝明净。这种碧蓝的水色应归功于水的深度和纯净度，它自然而然地吸收了其他光波。

肯尼科特河

# 门登霍尔冰川

一条部分中空的冰川，离阿拉斯加州朱诺市不远，最出名的是它那碧蓝的冰洞。

门登霍尔冰川是从朱诺冰原流下的38条大冰川之一。它有约21千米长，止于一个布满冰山的湖泊中。至少从18世纪初起，它就开始后退、萎缩了。近年来，它经历了几段快速后退的时期。据预计，它将在2020年前后从湖泊中消失。

### 探索这条冰川

划一艘小船穿越融水湖，就能抵达冰川的末端、爬上冰川表层、探索一个个冰洞。这些冰洞的顶端是深蓝色的，流水从冰洞里面的岩石上淌过。这一地区的野生动物有河狸、熊，特定季节中还有产卵的鲑鱼，偶尔还有狼獾（一种长得像小熊的食肉动物）。

**▷蓝色的下降**

一个冰山攀登者从一个冰臼中下降，进入这条冰川中的一个大型冰洞。

**◁冰川中的小偷**

人们偶尔能在这一地区中看到狼獾的身影。有人认为，狼獾在利用冰川暂时储存那些被它杀死的猎物。

### 融水的排水系统

在许多冰川的下半部分，都有排出融水的庞大系统。这一系统包括被称为冰臼的垂直水道，以及冰川底部的溪流。一旦冰川的排水模式发生了变化，就有可能导致排水的水道干涸，使这些水道变成内部的冰洞，门登霍尔冰川就是这样。

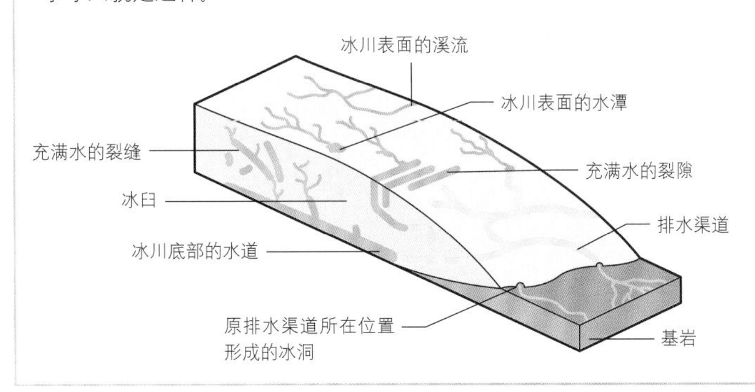

# 马杰瑞冰川

这条冰川以末端那堵壮观的冰崖著称，这堵冰崖将一座座蓝色的冰山倾入冰河湾中。

马杰瑞冰川源自阿拉斯加东南部的圣伊莱亚斯山脉的东端，它将一座座冰山倾入冰河湾（阿拉斯加湾的一个水湾）中。流入海中的冰川称为入海冰川。马格瑞冰川末端的冰崖位于塔尔湾中，高80米。而塔尔湾位于冰河湾的北端。和阿拉斯加地区的大多数冰川不同的是，近年来这条冰川并没有向后萎缩。

### 冰河湾的历史

在1794年英国海军军官乔治·温哥华（George Vancouver）上尉发现冰河湾的时候，冰河湾被一条巨大的冰川完全塞满。但由于最近的几百年，地球气温变高，年平均降雪量变少，它变成了一条100千米长的峡湾，许多体量较小的冰川向这条峡湾中倾倒冰块和融水，包括马杰瑞冰川。

◁土崩瓦解
大量冰块从1.5千米宽的马格瑞冰川末端坠入冰河湾中。这样的情况每天都会发生好几次，冰块坠落时，伴随的是雷鸣般震耳欲聋的响声。

### 冰山崩解

流向海岸的冰川只能在海面上继续向前延伸很短的一段距离。冰川的重量产生的压力导致大块冰块脱离冰川，以冰山的形式漂走。这一过程称为冰山崩解。

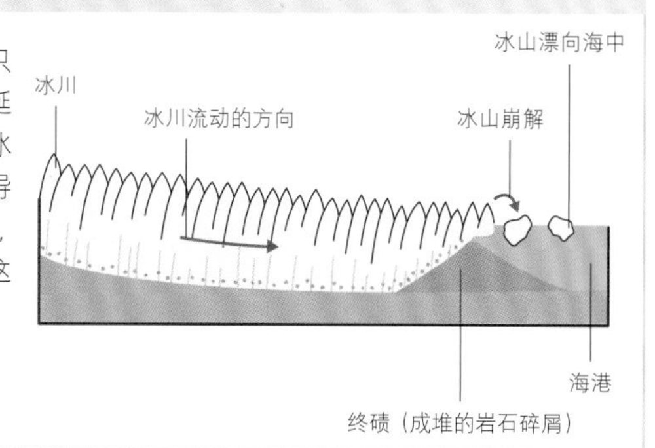

# 育空河

北美洲较长的水道之一，蜿蜒流经北美大陆的一些最后的荒野边境。

育空河长3185千米，是北美洲第三长河，仅次于密苏里河和密西西比河。一共有8条主要河流汇入育空河。它的各条支流流经约85万平方千米的土地，造就了北美第四大流域盆地。

### 史诗般的旅程

从加拿大不列颠哥伦比亚省的群山中发源之后，育空河向西北方向缓缓流淌，在流经育空地区的低地森林之后，进入阿拉斯加并且变宽，形成一片称为育空河谷平原的广袤湿地。随后，其下游折向西南方，流经相对平坦的阿拉斯加中部地区，直至通向白令海的河口。

育空河规模庞大，而流经的地区偏远荒凉。因此，不少关于边境生活的浪漫神话故事，都和育空河有千丝万缕的联系。在19世纪初的克朗代克淘金热时期，育空河的水运曾是那些淘金者的主要交通方式。现在，对于那些富有冒险精神的人，这条河流仍然是一条史诗般的水道。

▷迁徙路线

5月初，在育空河沿岸的各个地方，都能看到沙丘鹤忙着迁徙的身影。它们将飞向阿拉斯加西部和西伯利亚西北部的筑巢地。

尽管育空河很长，但河上一共只有4座桥梁。

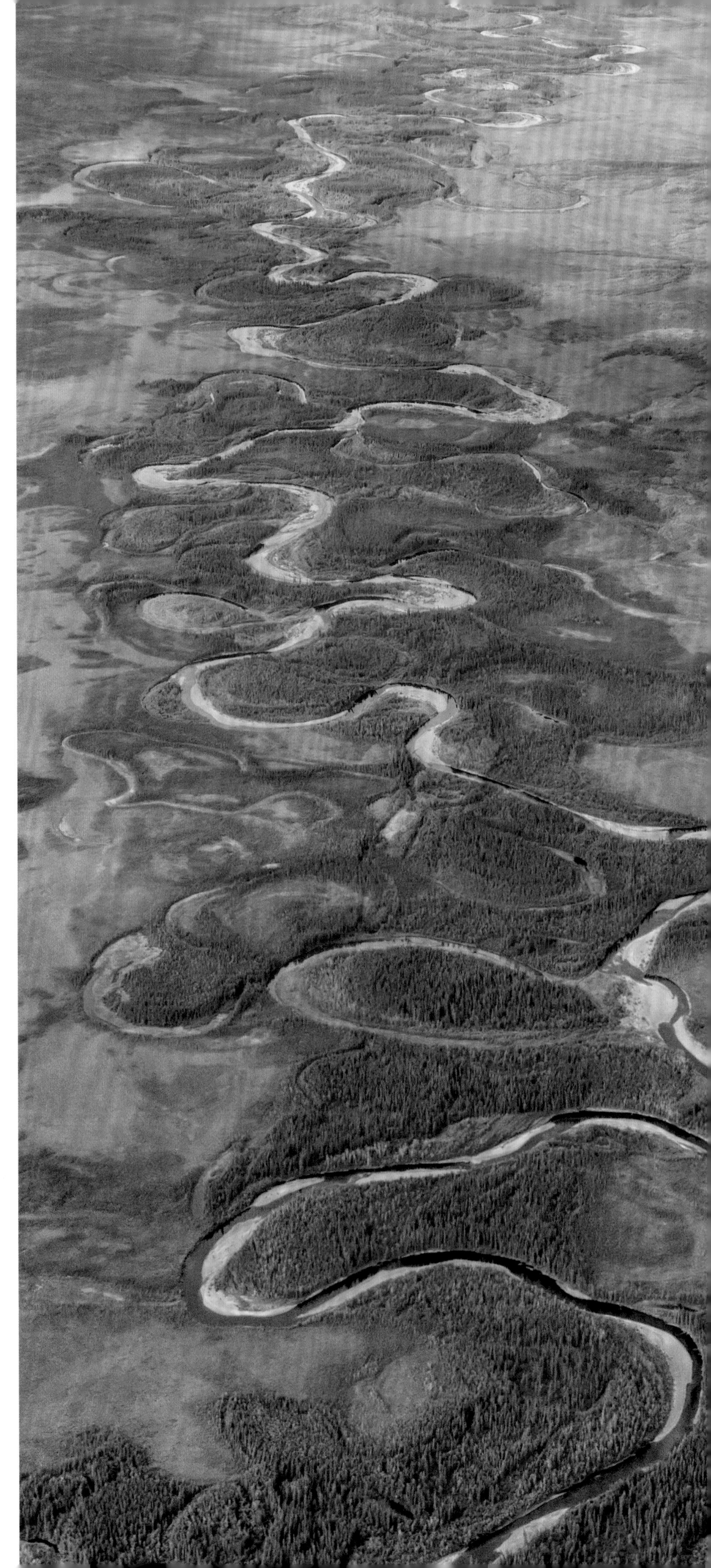

△危险的水道

五指激流是育空河上颇负盛名的地标之一。在那段水道附近，育空河被突出水面的4块大礁石分成了好几股。对于早期的淘金者，这是一个危险的障碍。

◁蜿蜒曲折的水道

育空河下游大多是缓慢、蜿蜒的河道，在其泛滥平原上散布着不少庞大的河曲和牛轭湖。

### 牛轭湖是怎样形成的

随着时间的推移，侵蚀作用和沉积作用会使一条河流的形状越来越曲折、蜿蜒。最后，河流从弯曲部分的瓶颈处截断，并沿着更笔直的路线向前流淌。于是，废弃的部分河道就形成了一个很有特色的U形牛轭湖。

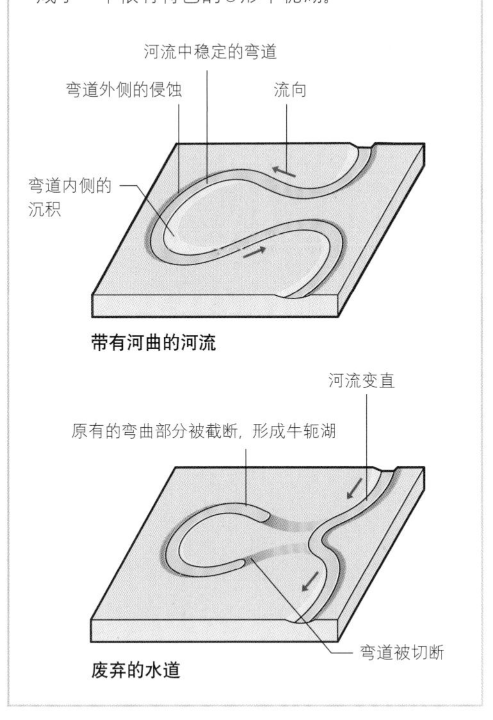

# 亚伯拉罕湖

一个冰川湖。冬季，在其冰冻的湖面下，会形成令人叹为观止的天然雕塑。

亚伯拉罕湖是一座人工湖，它是1972年为加拿大亚伯达省北部的北萨斯喀彻温河修筑大坝时形成的。它共有32千米长，沿着河谷自北而南流淌，最宽处3.3千米。

## 下面是什么

在一年中的大多时间，亚伯拉罕湖的水色和加拿大落基山脉的大多数冰川河一样，是蓝绿色的。然而，到了冬季，在其澄净、冰冷的湖面之下，就会出现大量棉花状的奇异气泡。这种令人惊叹的形成物中，其实含有高度易燃的沼气，这是湖底的细菌分解死亡的有机物质而形成的。在夏季，湖底的沼气会上升到湖面上，随后散逸。而在冬季，这种气体被困在了湖中，直到来年春季湖水解冻。

△堆积的气泡

从湖底升起的沼气气泡，在抵达更寒冷的湖面附近后，被困在了坚冰中。接连不断的气泡就这样堆积起来，并被牢牢冻住了。

**兴风作浪**

尽管五大湖并不受到潮汐的影响，但它也展现出了大海一般的风貌。持续不断的风会产生汹涌的水流、巨大的波浪。

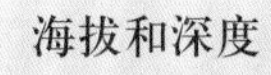

## 海拔和深度

这张剖面图显示了五大湖的水面高度和深度。五大湖中，有四个湖泊的海拔高度不同，因此形成了自西向东流淌的阶梯式的水道。苏必利尔湖是其中最深的湖泊，湖水的体量超过其他四个湖泊的总和。

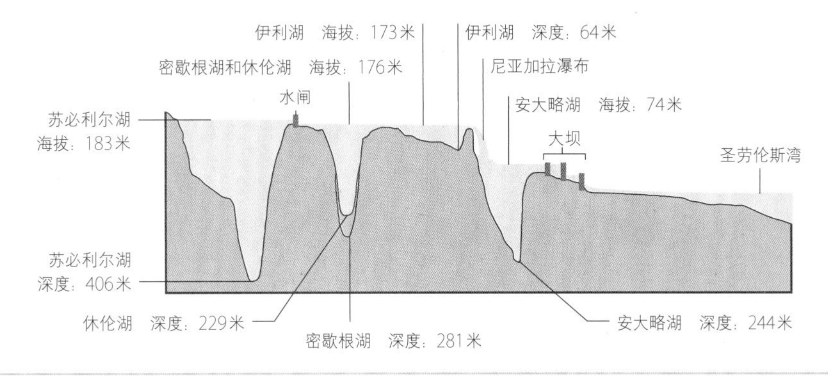

**△ 冬季的冰冻**

冬季，五大湖的大片地区全部结冰，极大程度地影响了河流运输。如图中所示，休伦湖中形成了独具特色的荷叶冰。

# 五大湖

全球最大的淡水湖群，常被称为内海。

北美五大湖的总面积为24.4万平方千米，超过英国的全部国土面积，并占全球地表淡水总面积的五分之一。这一淡水湖群包括5个彼此相连的湖泊：苏必利尔湖、密歇根湖、休伦湖、伊利湖和安大略湖。它们自西向东流淌，并通过圣劳伦斯河汇入大西洋中。尽管各个湖泊之间的梯度普遍较低，但伊利湖和安大略湖之间的巨大落差，形成了举世瞩目的尼亚加拉大瀑布（参见第52页）。

## 多姿多彩的湖岸

五大湖在上一个冰河时代末期开始形成。当时，漂移的冰盾凿出了巨大的湖盆。随后，随着冰雪融化，这些湖盆中被注满了水。五大湖目前的形状，在约1万年前开始初步形成。五大湖的各个湖岸风貌不同，景色差异悬殊，有的是沙滩，有的是悬崖峭壁，甚至还有的是湿地。在五大湖的湖滨，坐落着好几座大城市，包括多伦多、芝加哥、克利夫兰、水牛城和底特律等。

◁**成千上万岛屿中的一个**
五大湖中共有35 000个大小不一的岛屿，小的只有几米宽，比如图中所示的苏必利尔湖中的一个小岛，而大的岛屿面积可达数千平方千米。

▷**当地最大的鱼类**
在五大湖的150多种本土鱼类中，湖鲟是其中最大的鱼。它们能长到约2米长，重达90千克以上。

美国的内陆州之一密歇根州的湖岸线，比加利福尼亚州或佛罗里达州的海岸线更长。

# 尼亚加拉瀑布

一条气势磅礴、举世闻名的瀑布水系，是世界上流速快的瀑布群之一。

△ **马蹄瀑布**

游客可以坐船前往马蹄瀑布——世界上较容易亲近的自然奇观之一——附近，感受尼亚加拉大瀑布惊人的力量和气势。

尼亚加拉瀑布水系由位于尼亚加拉河上的3条瀑布组成。伊利湖的湖水在流过尼亚加拉河后，流入安大略湖。这个瀑布群坐落在加拿大和美国交界处。它们构成了尼亚加拉峡谷的最南端。

三条瀑布中最大的马蹄瀑布，山岭脊线宽达670米，垂直落差超过57米，瀑布自山岭上坠入35米深的跌水潭中。而在公羊岛的另一头，美国瀑布和细小的新娘面纱瀑布从20～35米的高处坠入一个乱石坡中，这个乱石坡是1954年一块巨石滑落时形成的。在水量最大的时候，每分钟约有1.7亿升的水从三条瀑布中倾泻而下。

### 正在后退的瀑布

尼亚加拉瀑布群惊人的腐蚀力量，从其自17世纪末以来所记录的飞快流速可见一斑。据预计，按照目前的侵蚀速度，尼亚加拉瀑布群会在约5万年后消失在伊利湖中。

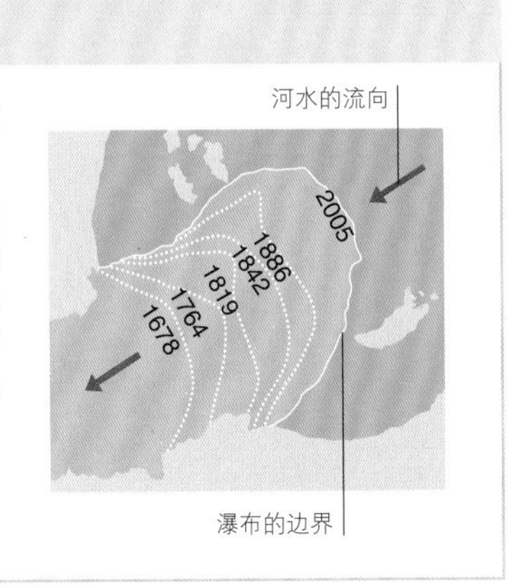


### 不断削减

尼亚加拉瀑布是尼亚加拉河在流向大西洋的途中，冲下一片巨大的悬崖峭壁而形成的。这个过程至今还在持续。河水侵蚀了一层层软岩，这些软岩位于一块更坚硬的白云岩冠岩之下。随着软岩受到侵蚀，从底部切割上层的白云岩，大块大块的白云岩冠岩脱落，留下了几近垂直的悬崖。

▽ **令人瞩目的雁**

加拿大雁是尼亚加拉大瀑布地区最惹眼的鸟类。其中一些是那儿的常住居民，但大群的加拿大雁也会在春秋迁徙时飞过那儿。

在过去的12 500年中，尼亚加拉瀑布已经后退了11千米。

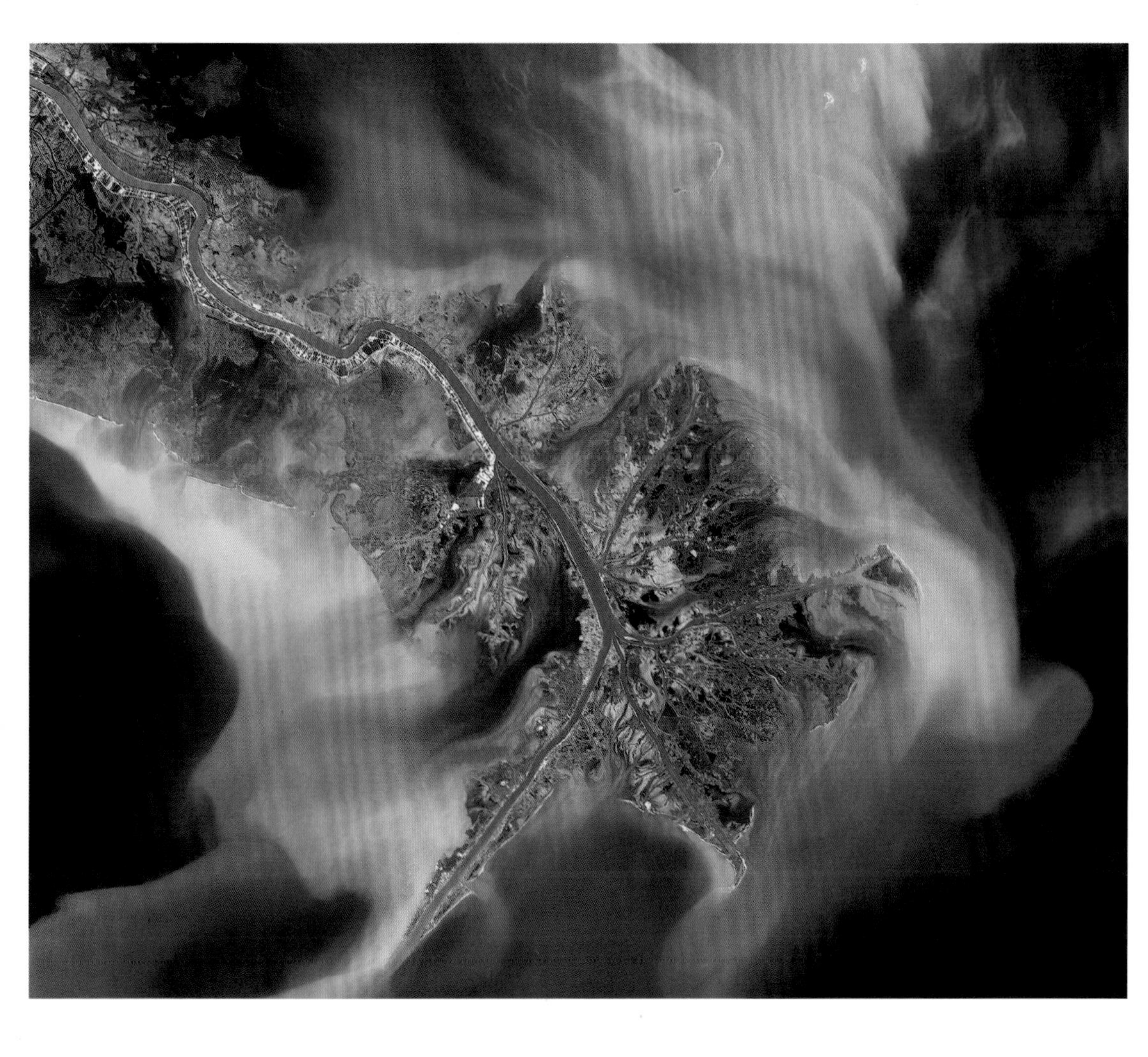

△蜿蜒的水道

密西西比河的下游和其支流，流速较为缓慢。它们略呈波状，在大地上蜿蜒穿行，穿过图中所示的低地森林以及空旷的泛滥平原。

◁鸟足状三角洲

密西西比河三角形状颇似鸟足，因此也被称为鸟足状三角洲。每年，它将超过5.5亿吨的富含营养的沉积物沉入墨西哥湾，并因此而形成藻花。

# 密西西比河—密苏里河

一条庞大的水系，流经北美洲大部分地区。它从北美洲西部的落基山脉，一直延伸到北美洲东部的阿巴拉契亚山脉。

密西西比河—密苏里河水系是北美洲最大的集水区，流域面积占整个美国国土的40%（除阿拉斯加和夏威夷的美国全境）。密西西比河的发源地是明尼苏达州的艾塔斯卡湖。在其源头，密西西比河不过是一条仅有3米宽的小溪。密西西比河的西部支流，包括密苏里河的西部支流，流经北美洲大平原。而那些在密西西比河和密苏里河东部的支流，流经阿巴拉契亚高原。

## 滔滔大河

密西西比河和密苏里河总长5970千米，是全球第四长河，仅次于尼罗河、亚马逊河和长江。充满淤泥的密苏里河又称为大泥河，它在密苏里州的圣路易斯市以北，汇入更为清澈的密西西比河中。随后，密西西比河和俄亥俄河在伊利诺伊州的开罗市汇流。从河水体量来说，俄亥俄河是密西西比河最大的支流。在此之后，它才开始变得气势磅礴、浩浩荡荡。

▷拟地图龟

拟地图龟是密西西比河—密苏里河水系的大溪和大河中的特有生物。人们常常看到它们在原木和岩石上晒太阳。

### 不断移位的三角洲

现在的密西西比河三角洲是从上个冰河时代以来逐渐形成的。当时，密西西比河的水位开始趋于稳定。在过去的9000年中，它已先后发生了至少7次移位，总共移位了约320千米。图中展示了这7个主要的三角洲朵体，以及不断改变的河道。

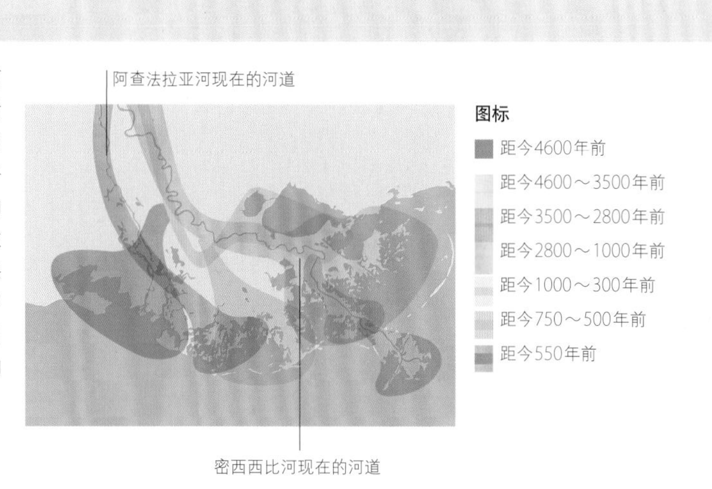

# 科罗拉多大峡谷

科罗拉多大峡谷是科罗拉多河切割出来的庞大峡谷，两岸的崖壁已有17亿年的漫长历史，创下世界纪录。

作为北美洲的标志性地貌之一，科罗拉多大峡谷是成千上万年来，科罗拉多河切割、侵蚀科罗拉多高原而形成的一片壮观的峡谷。大峡谷得名于其宏大的规模，以瑰丽的岩层、陡峭的悬崖、鲜明的色调而闻名于世。科罗拉多大峡谷全长446千米，平均深度达到1220米，最深的地方跌入谷中1830米，最宽的地方达29千米。

▷图维普的悬崖峭壁
阳光穿透清晨的薄雾，照亮了大峡谷两侧峻峭的悬崖峭壁，并照耀着下方的科罗拉多河。

## 崖壁的纪录

科罗拉多大峡谷惟妙惟肖地展示了侵蚀作用的巨大力量，它是全球被研究得最透彻的地质景观。曝露在其崖壁外的岩层创下了世界纪录，其地质历史可追溯到将近20亿年前，尽管峡谷本身年轻得多。

◁获得牵引力
沙漠大角羊分叉的蹄子能舒展开，从而增强了抓地力，这使沙漠大角羊能在陡峭的山坡上自由自在地活动。沙漠大角羊能不饮水生存很长一段时间。

在某些地带，大峡谷超过1800米深。

## 大峡谷的形状

大峡谷从东面的李渡口一路延伸到西面的大瓦什悬崖。除了一条主要河道，在两侧峡谷之中还有长达上千米的支流。由于科罗拉多峡谷由北而南向下倾斜，大峡谷的北缘比南缘高出300米左右。

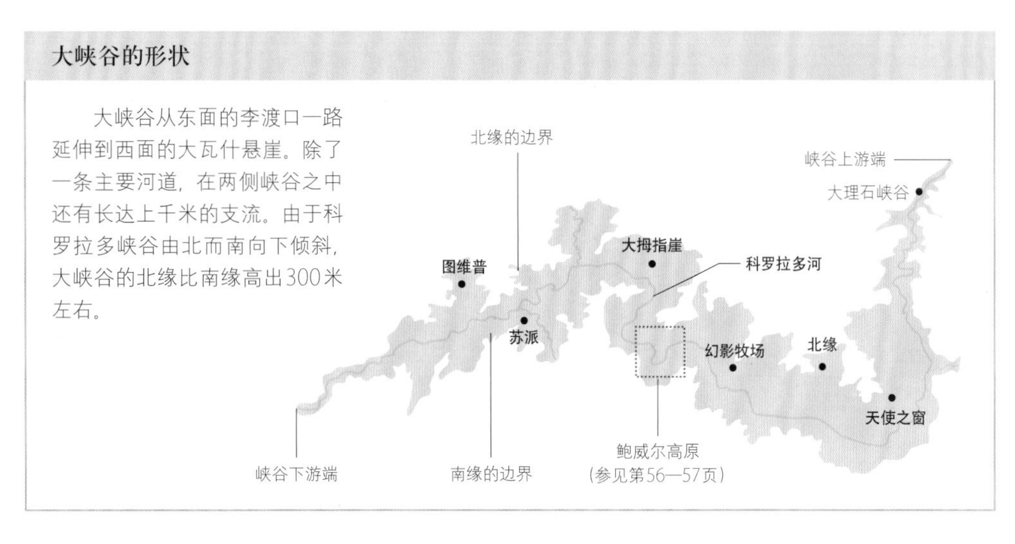

# 河谷的形成

科罗拉多大峡谷是峡谷——被河流侵蚀而形成的陡峭山谷——中的典范。风化作用不仅塑造了大峡谷的内部，创造出了干燥及半干燥地区常见的台地、平顶孤丘、岩石锥等地形，还使大峡谷变得更宽（见下图）。

一条河流需要强大的侵蚀力量，才能切割出一条这样深的峡谷。科罗拉多河的力量来自其陡峭的坡度，这大大加快了河水沿着河道流淌的速度，并使河水中含有较多的沉积物，使河水能冲刷并加深河道。

科罗拉多大峡谷是一条河水切割古老岩石而形成的相对年轻的峡谷。科罗拉多河似乎是在科罗拉多高原受到地质构造力量的推动而向上隆起，并使其底部的山坡变得更为陡峭的过程中，获得了这种切割峡谷的力量。这一河流拥有的力量突然增强的过程，称为“回春”。

▶**科罗拉多大峡谷**

这张科罗拉多大峡谷的横截面图，截取自鲍威尔高原附近的一个地点。它展示了科罗拉多河非凡的切割力量，所创造出来的一系列地质构造。每一层岩石都以其各不相同的抗力，阻挡河流侵入。

◁**科罗拉多河的汇流点**

小科罗拉多河是科罗拉多河的大支流之一。支流给主河道中添加水和沉积物，这往往会改变水色。两条河流交汇的点，称为汇流点。

## 大峡谷是怎样形成的

科罗拉多高原由多层沉积岩（或地层）构成，包括石灰岩、砂岩和页岩。大峡谷的外形部分取决于这些岩石在风化和侵蚀过程中的耐受力。

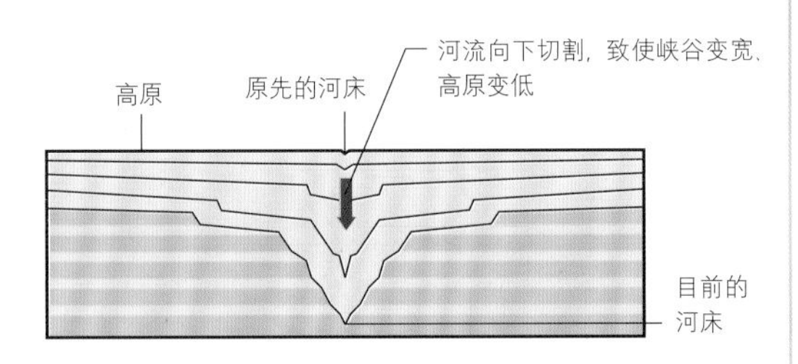


**下切侵蚀**

科罗拉多河逐步地通过下切侵蚀高原。在河流遇到一层较软的岩石时，峡谷就会显著变宽。

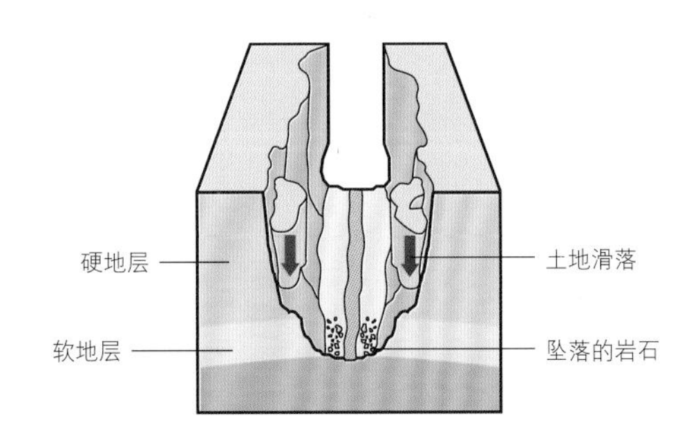


**悬崖坍塌**

河流切割软地层相对容易一些。通过切割较软的地层，河流从底部切割上方由更坚硬的岩石构成的悬崖，并最终导致悬崖坍塌。

曝露在大峡谷底部崖壁上的最古老的岩石，已有将近20亿年的历史。

◁嵌入曲流
曲流是弯曲的河道，通常出现在河流的下游地带。而出现在被峡谷包围的河流（即嵌入河）之中的曲流，称为嵌入曲流。这些嵌入曲流沿着已有的路线，切割出幽深的峡谷，比如，人们在科罗拉多大峡谷中看到的那些峡谷。
侧峡谷
侧峡谷是主河道的各条支流切割而形成的。大峡谷的各条侧峡谷使大峡谷变得更宽。
△凯巴布高原
科罗拉多大峡谷流经、切割凯巴布高原的南端，这一高原顶端覆盖着一层石灰岩。
北缘
比南缘海拔更高，冬季气温更低、降雪更冷。
陡峭的悬崖
这些悬崖峭壁往往由更耐久的岩石构成，通常是紧密结合的沙岩和石灰岩。
岩层
沉积岩地层通常存在于水平岩床之中，较为年轻的岩层位于较为古老的岩层之上。科罗拉多岩层创造了一个地质纪录，这一纪录是侵蚀作用使岩石曝露在外而显现出来的。
科罗拉多河
科罗拉多河沿着大峡谷的底部流淌，不断切割岩层。
最古老的岩层
和上面的沉积岩岩层不同，大峡谷最古老的岩层是由火成岩和变质岩构成的。这些坚硬的岩石能够抵挡风化作用和侵蚀作用，致使大峡谷的底部变窄，而峡谷两岸都很陡峭。
▷毗湿奴基底岩石
这些曝露在科罗拉多大峡谷底部附近的岩石非常坚硬、呈晶体状。它们是片岩、花岗岩和片麻岩的混合物。它们是古老的岩石之一，形成于17多亿年前。

▷暗夜捕手

洞窟群起始处的蝙蝠洞恰如其名，洞中生活着成千上万只墨西哥游离尾蝠。这些蝙蝠白天栖息在洞中，到了晚上飞出去觅食。

延伸到尾膜外的尾巴

庞大的外耳

# 卡尔斯巴德洞窟

一个庞大的洞窟群，由大量令人惊艳的钙质形成物构成。

在美国新墨西哥州瓜达洛普山中的奇瓦瓦沙漠之下，有一系列巨大的、装饰着钟乳石和石笋的地下洞室和地下通道。这些洞穴的形成过程非比寻常，富含硫酸的地下水侵入并溶解了大量石灰岩，形成了这些洞穴。后来，渗透进来的雨水渗入这些洞穴中，并以我们今天看到的这些精美的钙质形成物，作为这些洞穴的内部装饰。著名的巨室一个似乎漫无边际的宽敞石室，部分区域宽达191米，其中有许多非凡的景观，包括巨人厅、彩绘洞穴，以及一系列从洞穴底部向上生长、耸立近20米高的巨大石笋。彩绘洞穴鲜艳的色彩，来自洞中的氧化铁和氢氧化物。

## 钟乳石、石笋和石柱

随着饱含矿物质的水从洞穴顶板中渗入、往下滴，并开始积累沉淀物，就形成了钟乳石。水滴滴落在地面上，渐渐形成了一堆堆的沉淀物，这一堆堆沉淀物渐渐长成了一支支石笋。随着时间的推移，钟乳石和石笋有可能会彼此相连，从而形成一根石柱。

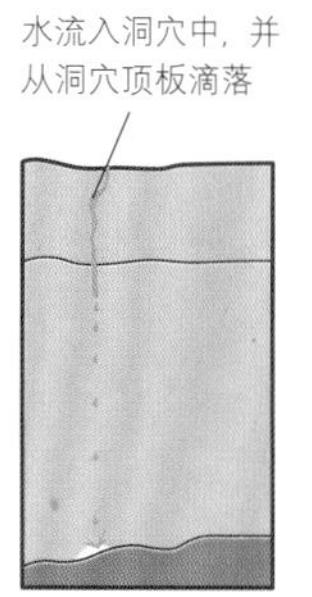


水分渗入

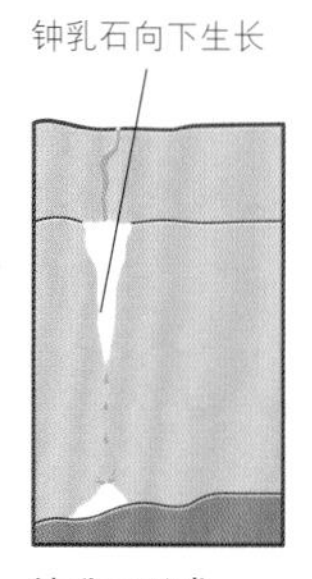


钟乳石形成

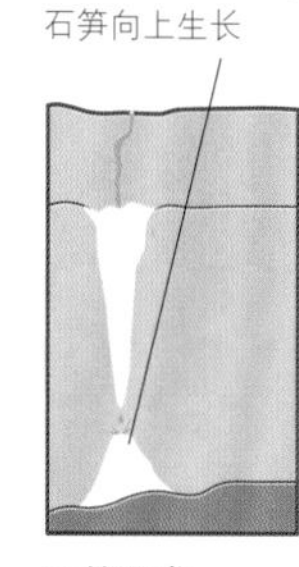


石笋形成

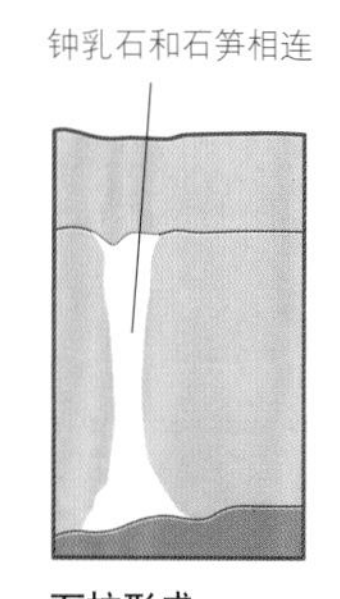


石柱形成

◁△精美的装饰品

许多洞穴的顶板上，都覆盖着精致的管状钟乳石。这种称为“鹅管”的钟乳石，是水缓缓流过岩石中的裂隙而形成的。当水顺着洞穴的岩壁流下时，就会形成方解石的帘状沉积物，这种沉积物称为“流石”（见左图）。

# 奥克弗诺基沼泽

北美洲的大沼泽之一，一个丰富多彩的湿地生态系统，展现了非凡的生物多样性。

奥克弗诺基沼泽，是一片广袤的、浅浅的湿地，横跨乔治亚州和佛罗里达州的边界，位于一片曾在大西洋之下的盆地上。这片沼泽中绝大多数是布满泥炭的泥沼地，但其中也有湖泊、被水淹没的大草原和混合林地。这片面积达1770平方千米的沼泽，被认为是北美洲最大的“黑水”沼泽。尽管水中没有沉淀物，但沼泽中的水却被泥炭和腐烂植物释放出来的单宁酸染成了深黑色。

在沼泽形成以来的7000年间，堆积起来的泥炭已超过4.5米深。在有的地方，如果有人踩在部分地区上下浮动的沼泽地上，沼泽地就会出现颤动。“奥克弗诺基”是从希奇蒂语翻译而来的，意思是“颤动的水”。沼泽地中的水汇入两条河流中，分别为流入墨西哥湾的萨旺尼河和流入大西洋的圣玛丽河。

## 繁盛的生物

各种动植物在奥克弗诺基沼泽的多个生物栖息地中兴旺生长。这片沼泽地是230多种鸟类的避风港，包括多种涉禽和水禽。这片沼泽地以丰富多样的两栖动物和爬行动物而著称，包括短吻鳄、蛇、大鳄龟（地球上最大的淡水龟）。它是佛罗里达黑熊的主要栖息地，也是许多其他哺乳动物的家园，包括山猫和水獭。这片沼泽中生长着600多种植物，包括捕捉昆虫的茅膏菜、狸藻和猪笼草。由于土壤中缺乏营养物质，这些植物形成了它们与众不同的食谱，以此作为营养的补偿。

◁**酸性的沼泽水**

奥克弗诺基沼泽的酸性沼泽水和酸性土壤，致使生长其中的植物发生了一些非比寻常的适应性变化。有好几种植物能用它们改良过的叶片捕捉和消化植物，瓶子草就是其中之一。

**泥沼地是怎样形成的**

当被水淹没的地区被沉积物填满时，就形成了泥沼（泥塘）。当富含矿物质的地下水阻碍死亡的植物物质分解时，就形成了深泽泥炭。随着其表面抬升并高于地下水，各种苔藓生长，它们死亡后的残余物质变成了沼泽泥炭。

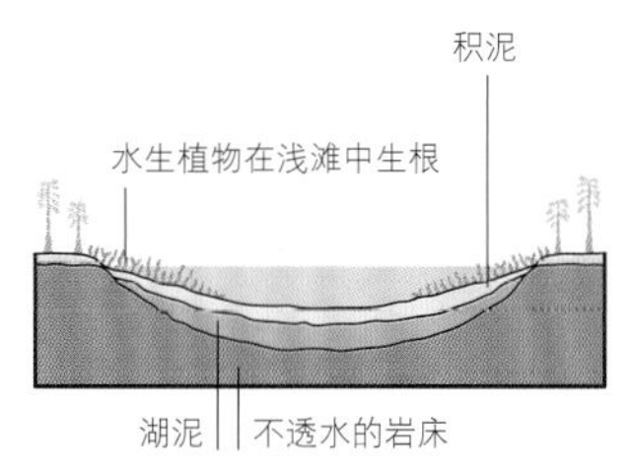


**湿地演替**



**中间状态**



**泥炭沼泽**

# 佛罗里达大沼泽地

北美洲唯一的亚热带湿地系统，其中绝大多数地区是标志性的锯齿草草原，这种草原在当地被称为“绿草之河”。

佛罗里达大沼泽地是一片广袤的荒野湿地，位于佛罗里达半岛的南端，其中包括各种低地生境。大部分内陆地区覆盖着著名的锯齿草草原，这些草原长年累月浸没在水中。在这片所谓的“绿草之河”的边缘地带，分布着湖泊、水道（泥沼）和生长着柏树的沼泽。大沼泽地依赖于大火。通常情况下，这样的“绿草之河”始于一次雷击，得到养护和重生。在覆盖着阔叶林，也称为硬木林的一个个岛屿中，混合生长着多种树木，包括热带的桃花心木和温带的橡树和枫树。而在一些地势最高的地区，包括干燥的山岭上，则覆盖着南佛罗里达湿地松。在一些淡水和海水交汇的海滨地区，唱主角的是盐碱滩和红树林潮滩。生长在大沼泽地中的海滨、溪流、河口周围的一片片红树林，整体构成了西半球中最大的红树林。

## 重要的栖息地

作为一个主要的迁徙中途停留地，大沼泽地是400多种鸟类的家园。在这片地区中，还生活着约50种爬行动物。此外，这是全球唯一一个同时存在短吻鳄和鳄鱼的区域。大沼泽地为许多受到威胁和濒临绝种的动植物，提供了重要的栖息地。

▷本地的涉禽
玫瑰琵鹭栖息在树林中，在日出时飞到它们的觅食场地中。它们在那里搜寻、捕食鱼类和其他小猎物。

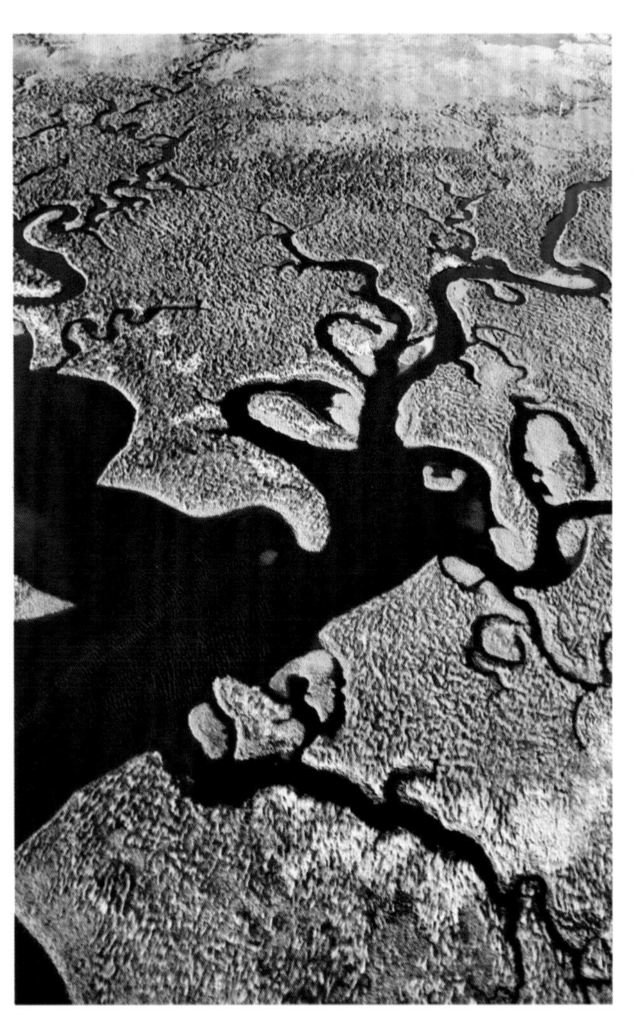

△水下的食草动物
一头西印度海牛妈妈和一头它养育的小牛，站在浅水中的海草和其他水生植物中间。

◁蜿蜒的泥沼
若干流速缓慢的泥沼在锯齿草草原中蜿蜒穿行，随后将其淡水汇入大沼泽地一处河口附近的黑乎乎的水中。

▷生长着柏树的沼泽
生长着柏树的沼泽在佛罗里达大沼泽地随处可见。这样的沼泽中密密麻麻地生长着已经适应了水淹环境的树木。这些沼泽是许多生物的家园，包括鳄目动物。

## 生态演替

这张大沼泽地的横截面图展示了不同植被类型和沼泽水位之间的关系。随着一层层有机物质堆积、抬高地势，植物生长区域开始慢慢形成。从一种植被类型到下一种植被类型的变化称为演替，有可能受到火或环境因素的影响。这一过程甚至有可能发生逆转。

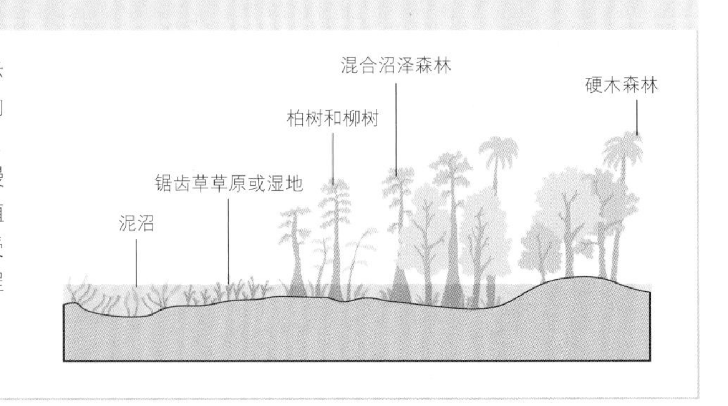


每三个佛罗里达州居民中，就有一个依赖大沼泽地供水。

# 雷神之井

俄勒冈海滨一片岩石中的一个庞然大洞，就像一条会吸水的下水道。

雷神之井位于一片叫作佩佩图阿海角的海岸地带，大致呈圆形，约有6米深。在其底部有一个和大海相连通的大洞。涨潮时，随着汹涌的波涛涌入，海水灌满雷神之井并溢出，被抛射到空中。随后的数秒内，海水会被吸回，看上去像是海水凭空消失了。

△天然的下水道

在涨潮时，每过10秒钟左右，大海就像被一个无底洞排干了似的。这一景观如梦似幻。

### 打着旋涡的深渊

在涨潮时，雷神之井的漩涡最湍急，具体取决于浪潮的高度、波涛的流向和规模。风也是一大影响因素。在暴风雨袭来时，海水会汹涌地从雷神之井中向上喷射。如果有人这时靠近，就太危险了。

在海水湍急地打着旋涡时，大量贻贝勇敢地吸附在雷神之井的内壁上。

# 蒙特利湾

一个多样化的生态系统，拥有美丽的海底峡谷和海草林。

蒙特利湾占据了加利福尼亚州中部的很长一片海岸。水下生长着茂密的海草林。而在其靠海岸的一侧，拥有全球最长的海底峡谷，这条峡谷向西南方向延伸100千米之长。海湾周围是一些原始的海滩和宝石般点缀其中的满潮湖。

◁海藻林

在蒙特利湾营养丰富的水域中，生长着好几种巨藻——海草的一种。巨藻一天能生长50厘米，有的巨藻能长得和树一样高。

### 海上禁捕区

近海地区的蒙特利湾海上禁捕区的面积大得多，约15 700平方千米。这里是各种海洋生物的家园，包括30多种哺乳动物、300多种鱼类、近100种鸟类。

# 大苏尔

一片狭长、崎岖的加利福尼亚中部海岸，群山陡峭、景色壮观。

大苏尔被公认为是世界上最壮观的海陆交汇之地。原生态的荒凉海岸线，约有160千米之长。一些位于海岸线正上方的山坡被大自然塑造成了相对平坦的地区，称为台地。这是一片被构造运动抬升起来的远古海滩。一条蜿蜒、狭窄的公路沿着海岸线一路延伸，让人们能尽情欣赏太平洋的壮观美景。然而，这条公路以及整个大苏尔地区都很容易发生山体滑坡。这是海浪活动、岩石断层或断裂造成悬崖变得疏松、夏季大火导致植被遭到破坏，以及冬季强降雨带来的后果。

### 大苏尔的海滨山坡

锥峰（位于圣卢西亚山脉中）以西的一片大苏尔海岸地区，拥有全美国（除阿拉斯加和夏威夷）最陡峭的海滨山坡。图中，陆地一段段急剧向上抬升，直至锥峰。而锥峰距太平洋有5000米之遥。

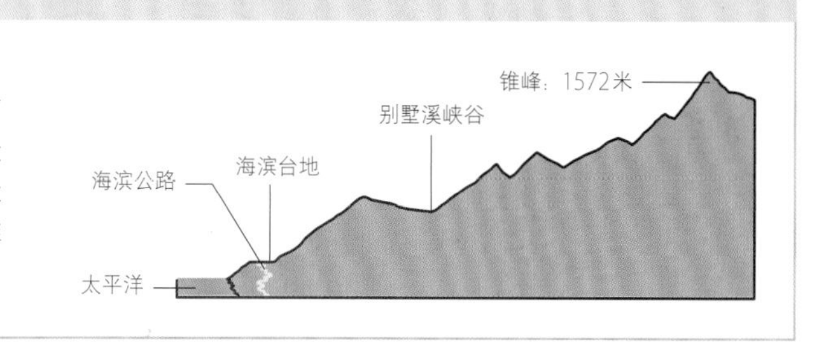

▷暗绿色的宝石
在大苏尔，透辉石这种矿物很常见。图中，在一块基石中，在通常为暗绿色的透辉石晶体周围，镶嵌着一些石英晶体。

◁薄雾中的岬角
日落时分，大苏尔蜿蜒起伏。似乎无穷无尽的小海湾和岬角，常常笼罩在缥缈的薄雾中。

▽海浪拍打着岩石
在大苏尔的岬角周围，一个个岩石嶙峋的小岛，一直向外延伸到离岸100米的海水中。从太平洋中涌来的海浪，不断拍打着这些小岛。

# 芬迪湾

北美洲东海岸的一个深海湾，以其滔天巨浪、恐龙化石和半宝石矿物而闻名于世。

芬迪湾位于加拿大东岸，拥有独一无二的海滨环境：美得令人窒息的悬崖峭壁、海蚀洞，与众不同的奇特岩层。海湾周围的岩石夹层和露出地面的岩层，展现了丰富的地质多样性，以及漫长的时间跨度。它们以点点滴滴的细节，诉说着数亿万年来的自然史，比如关于三叠纪的恐龙、石炭纪的无脊椎动物的化石的故事。

## 滔天巨浪

高耸的悬崖引导潮水流入芬迪湾，直到它们在其北端分成狭窄的两支（希格内克托湾和米纳斯湾）。这一引水效应和海湾的整体轮廓，促成了全世界流速最快的潮汐和最高的潮差（高潮和低潮之间的差异）。根据记录，迄今为止最高的潮水，于1869年10月的一天，出现在了米纳斯湾的本特寇特湾头，高达21.6米。北支希格内克托湾的汹涌潮水，制造出了高达1.8米的涌潮。每天，潮水先后两次涌入芬迪湾及其附近海港，改变着海岸线、潮滩的形貌，并使海底曝露出来。潮汐也为鲸鱼和海鸟创造了独一无二的环境。

方沸石晶体

◁矿物晶簇

和米纳斯湾相邻的布洛米顿角，还有芬迪湾中的一些别的区域，都是白色矿石（方沸石）的重要原产地。

## 潮差

在布洛米顿角这样的芬迪湾地标中，平均潮差约为12米。但在别的一些地点，潮差可达20米之高。潮差高低取决于具体地点，另外也会受到每月月亮运行周期的影响。

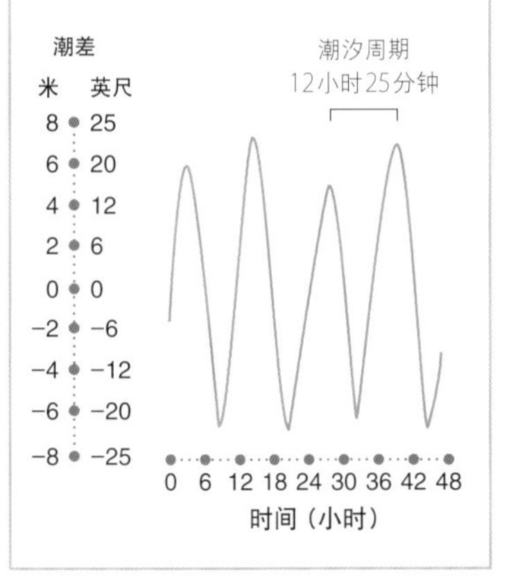


1600亿吨海水，一天两次流入、流出芬迪湾。

# 阿卡迪亚海岸线

一片风景优美的崎岖海滨地区，点缀着一系列宁静的水湾和海港。

阿卡迪亚国家公园是缅因州海岸线的一部分，主要由一个大岛（芒特迪瑟特岛）和其周围的几个较小的岛屿组成。与众不同的岩石嶙峋的海岸是它最出名的特色。这是千万年来一系列复杂的地质过程的结果，包括约3.6亿年前，岩浆侵入已经存在的沉积岩中，形成花岗岩体；以及从大约200万年前开始，一块巨大的冰盾覆盖了这一地区，并雕琢出了一系列被U形山谷隔开的山峰。如今，海浪和潮汐是给阿卡迪亚海岸线带来变化的主要因素。海浪和潮汐渐渐侵蚀着悬崖体，并在海岸线附近堆积沉积物碎屑。

阿卡迪亚海岸线的基岩有高达5亿年的历史。

△ **蜿蜒的水道**

芬迪湾广袤的潮间带（在涨潮时被潮水淹没、在退潮时曝露出来的地区），被潮汐流冲刷出了纵横交错的深深水道。

▽ **退潮**

在芬迪湾北岸的圣马丁岛，退潮时可以“沿着海底”走到海蚀洞。在涨潮时，海水将灌满这些洞穴。

△ **避风的港湾**

在一些地区，海浪拍打的悬崖被宁静的海湾替代。自上一个冰河时代以来，海平面上升导致这些冰川雕琢出来的山谷，完全被水淹没了。

# 北美洲北方森林

全球最大的原始森林。世界上只有5个森林拥有未受破坏的无垠荒野之地，北美洲北方森林就是其中之一。北方森林也是数以亿万计的鸟儿的繁殖地。

北方森林，或者说北方寒带针叶林，是全球最大的陆地生物群落，由大片大片的针叶林组成。仅在北美洲，就有600万平方千米的北方森林，从阿拉斯加一直延伸到纽芬兰，从五大湖一直延伸到北极苔原。

### 气候寒冷的森林

由于气候寒冷，北方森林也被称为雪森林。短暂、潮湿的夏季，其间约有50～100天不会出现霜冻。随后就是漫长、寒冷的冬季。温度在冰点以下的日子可达6个月之久。降水多以下雪的形式出现。针叶树，比如云杉，非常适应这样严酷的条件，因此它们能够生存下来（见左图），顺利统治了这一片地区。无数的湖泊、河流和湿地，使北美洲北方森林成为世界上最大的不冻淡水的来源。由于北方森林还处于相对原始的状态，这一地区成为驼鹿、棕熊等野生动物赖以生存的栖息地，也是30亿只北美洲小鸟的繁殖场。

**▷北方森林特有的动物**
加拿大猞猁喜欢独来独往，它们一年四季在北方森林中游荡着，追踪着自己的主要猎物雪鞋兔。

**◁密林覆盖**
云杉、松树和杉树等针叶树密集生长在彼此周围，形成了一大片完整的树冠，使阳光几乎无法照射到森林的地面上。

**甩掉积雪**

针叶树圆锥形的形态、向下生长的柔韧树枝，能防止厚厚的积雪堆积起来。其窄窄的、针状的树叶也能防止积雪堆积。另外，针叶树的树叶上覆盖着一层蜡质外膜，能在寒冷的天气中防止由于蒸发造成的水分流失。

当积雪太多时，就会从树枝上滑落

△ 苔藓外衣

海滨温带雨林终年潮湿的环境，为苔藓提供了极为理想的生活环境。你能看到100多种苔藓，披挂在这一地区随处可见的针叶树上。

# 西北太平洋雨林

全球最大的原生态的海滨温带雨林，是地球上树木（包括活树和死木）最多的森林。

△ 森林中的蕨类植物

肥沃的森林地表，为蹄盖蕨、穗乌毛蕨、肾蕨等多种蕨类植物提供了丰富的营养。

海滨温带雨林是一种极为罕见的森林。现在人们认为，这种森林的全球覆盖面积仅有302 200平方千米，还不到全球陆地总面积的0.2%。这种森林的特色是，濒临大海、群山耸立、降水量多。最大的一片完整的海滨温带雨林，从加利福尼亚北部一直延伸到加拿大、阿拉斯加湾。在西北太平洋雨林，每年的降雨量是以“米”来衡量的。2.5～4.2米的年降雨量并非罕见情况。不断腐烂的雪松、西加云杉、花旗松、海岸红杉的针叶以及落叶树的树叶，孕育了肥沃的土壤，滋养着成千上万的无脊椎动物、苔藓和蕨类植物。而众多的河流、湖泊和溪流，则是鲑鱼和鳟鱼的家园。

▷废物处理

作为生态系统的重要组成部分，太平洋香蕉蛞蝓以腐烂的植物为食，并在这一过程中散播种子和孢子。

## 全球其他的海滨温带雨林

除了西北太平洋雨林，在南美洲的西南部、大西洋地区的东北部（包括冰岛、苏格兰、挪威和西班牙北部）、黑海地区的东部、日本西南部、新西兰、塔斯马尼亚岛、澳大利亚的新南威尔士州以及南非最南端，都分布着海滨温带雨林。

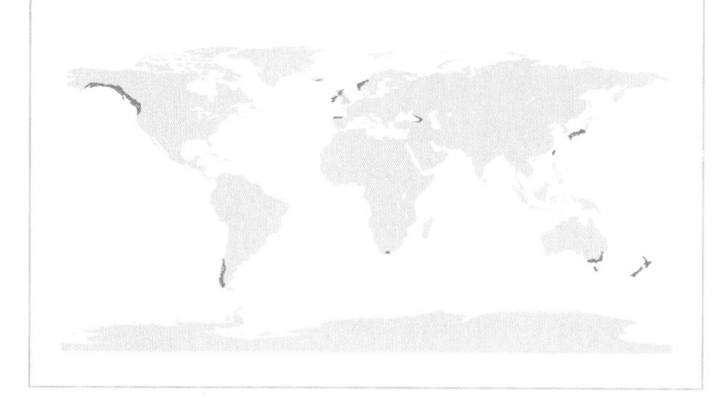

# 巨木林

一片高耸入云的古老森林，其中生长着8000多棵巨杉。这儿是地球上半数以上最高大、最长寿的树木的家乡。

巨木林坐落在内华达山脉的南部，地处加利福尼亚中部的美国加州红杉国家公园的中心地带，是8000多棵巨杉的家园。也许巨杉并不是世界上最高的树，但它们无疑是世界上最庞大的树木。

### 两种红杉

人们常常把巨杉和北美红杉混为一谈。尽管这两种树木都是加利福尼亚州的特有树种，并且长着类似的肉桂色树皮、都非常高大，但它们是两种截然不同的树木。巨木林中的巨杉，通常生长在内华达山脉西部、海拔1500～2100米的山坡上，它们比生长在海拔更低的海滨地区的北美红杉耐寒得多。巨杉能活3000年左右（北美红杉能活2000年左右）。巨杉的树皮厚达60厘米。巨杉长得没有北美红杉那么高大。巨杉最高能长到95米左右，而北美红杉最高能长到115米。但巨杉身高上的不足，能通过树围得到弥补。世界上最大的树，巨木林中的谢尔曼将军树只有84米高，但它的树围超过30米，预计重达1225吨。它的体积达到1487立方米，是世界上体量最大的单个生物体。

◁投机取巧的杂食动物
暗冠蓝鸦喧哗刺耳的叫声，常常打破巨木林的宁静。作为杂食动物，松鸦什么都吃。从种子、坚果，到徒步者吃剩的食物，它们来者不拒。

## 巨杉树皮中的高单宁含量，能有效防止树木腐烂。

▷庞大的比例
75米高的总统树，让树下的科学家们相比之下显得和蚂蚁一般矮小。

**各种针叶树的高度**

由于针叶树缺乏落叶树那样的散播速度，它们生长得比落叶树高得多。但各种不同的针叶树的高度，存在着巨大的差异。海岸红杉是地球上最高的树木。

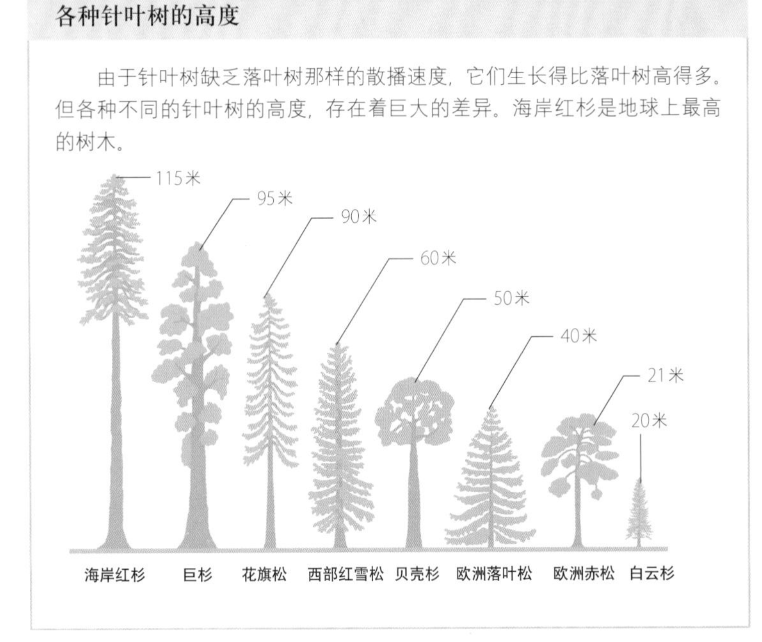


△耐阴植物
尽管巨木林中的高大树木投下了巨大的阴影，一些较矮小的树木也能在巨木的阴影中繁茂生长。

# 潘多颤杨树林

颤杨是世界上的古老生物体之一。这是一片颤动的树林，拥有令人震惊的古老遗传基因。

△ 颤动的树

颤杨之所以有这样一个名称，是因为它们的树叶生长在长长的、平滑的茎秆上。即便在一阵微风中，树叶也会不断摇曳、晃动，让整棵树看上去像是在颤动一样。

在这片颤杨树林中，总共约有47 000棵树。但犹他州中部的这片颤杨树林，其实是一个单独的庞大生物体，一个无性系繁殖的颤杨树群。所有这些树木的基因都是相同的，都源自于无性系分株或吸根。也就是说，它们是从同一个根系中生长出来的，都拥有共同的根系。

### 远古的根系

无性系颤杨树群在北美很常见。潘多颤杨树林的“潘多”是拉丁语，意为“我散布”。与众不同的是其宏大的规模，它总共蔓延了0.44平方千米，总重量预计达到6000吨。潘多颤杨树林的年龄也同样引人瞩目。尽管这一树群中的那些个体树木的年龄在100～150年，但人们普遍认为，其无性系根系已存活了至少8万年之久。甚至有一些科学家认为，其根系已存活了近100万年。近年来，由于鹿和麋鹿大量啃食其无性系分株，潘多颤杨树林的生存受到了威胁。

#### 共同的根系

无性系颤杨树林，源自一颗小小的种子。随着母株生长，它的侧根系向四面不断伸展。新的吸根从这些根中不断冒出来，发芽生长，就这样形成了一片拥有同样基因的树木。

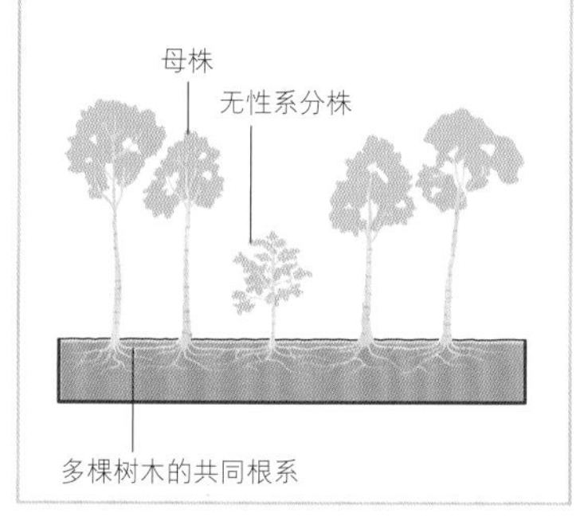


# 切罗基国家森林公园

在一片古老山脉的中心地带，有一片云遮雾绕的森林，它是北美洲较具生物多样性的地区之一。

切罗基国家森林公园位于田纳西州和北卡罗来纳州的交界处，覆盖着阿巴拉契亚山脉东部山岭约2630平方千米的土地。在上一个冰河时代，阿巴拉契亚山脉的南部地区并没有被冰山覆盖，因此各种各样的动植物得以在此生长繁衍。而生长在群山上的一座座森林，为这些动植物提供了一个相对与世隔绝的栖息地。这种情形一直持续到19世纪中叶。切罗基国家森林公园是一个自然保护区，其中共有2000多种动植物。山毛榉、山核桃、黄樟、桦树、枫树和多种橡树，只是这片森林中的区区几种常见树木。这片森林共吸引了120多种鸟类，包括濒危的红顶啄木鸟。

▷ 晨雾

切罗基森林被大雾山国家公园一分为二。淡蓝色的浓雾在两个地区中都很常见。

◁ 在潜行中

约有1500只黑熊在这片森林中游荡，它们依靠密林隐藏自己的行踪。

△ 如火如荼
在绿山山脉北部，糖枫占所有树木总数量的20%～50%。秋天，糖枫树叶一片火红、格外耀眼。

# 绿山国家公园

北美洲东北部的两大国家森林公园之一。秋季，绿山山脉层林尽染、色彩斑斓。

佛蒙特州的绿山国家森林公园占地超过1620平方千米，覆盖整个绿山山脉。这片森林中有许多高于900米的山峰，而覆盖着群山的云杉、枫树、桦树和纸皮桦树，使这个地区成为一个备受欢迎的旅游目的地，特别是秋季整座森林叠翠流金、五彩缤纷之际。针叶树和阔叶树都能在这片地区中欣欣向荣地生长。这些树木，还有得到山间溪流和冬季降雪滋润的下层树木，为多种鸟类和其他动物提供了食物和庇护之所。在这一带，河狸、麋鹿、鹿和野生火鸡都很常见，灰狼和黑熊也遍地都是。

△ 秋色
绿山森林的树木品种繁多，在秋季带来了绚烂缤纷的秋景。从淡金色到深红色不断变幻，色彩层次丰富。

对于灰熊来说，绿山灰熊走廊是一条重要的南北通道。

## 森林类型和气候

不同类型的森林随着纬度的变化而交替。离赤道最近的是热带森林，包括常绿雨林和存在干湿两季的季节性森林。在纬度更高一些的地方，是温带森林，由阔叶雨林和四季分明的落叶林组成。在北纬50°～60°的地区，夏季温暖短暂，而冬季寒冷漫长，北方针叶林生长兴盛。

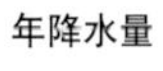

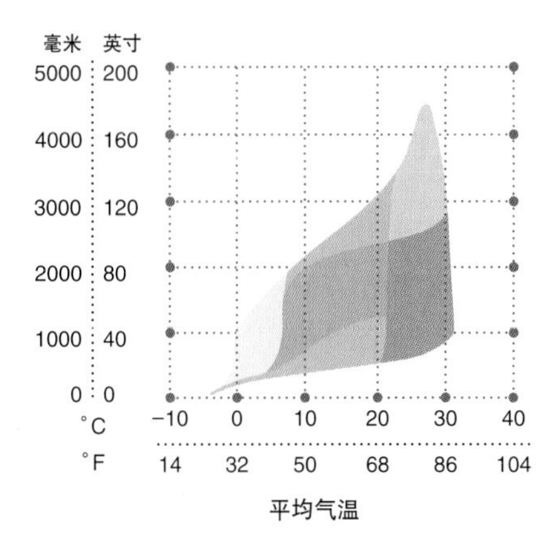

# 北美苔原

北美苔原横跨在北美大陆的北方边地上，是一片非常寒冷、没有树木生长的土地。为了生存，那里的植物普遍靠近地面生长。

△ 多边形图案
北极地区持续不断的冻融循环，导致冰楔形成，最终将苔原土壤塑造成了一个个多边形。在夏季融冰期，这些多边形会变成淡水池塘。

在北美洲，苔原覆盖着美国的阿拉斯加州北部，向东延伸、穿越加拿大北部，并绕着格陵兰北部，形成了一条窄带。在北极圈以北，这一生态区域称为北极苔原。而林木线之上的群山之上，这样的生态区域被归类为高山苔原。

### 极具挑战性的环境

北极苔原的气候是全球最寒冷的，在夏季，最高气温只有4℃，而在冬季将跌至－32℃或者更低。而高山苔原的气候相对没有那么极端，夏季能达到12℃左右，冬季很少降至－18℃以下。然而，北极苔原和高山苔原大多是没有树木生长的地带。为了在冬季暴风雪带来的凛冽寒风中生存下来，那里的植物匍匐在地面上生长，在高山苔原上尤其如此。在别的地方，下层的永远冻住的土层（即永久冻土，参见第175页），在夏季融化期阻挡了水分在土壤中的流通，从而将一些低洼地带的北极苔原变成了沼泽地。尽管面临着重重挑战，约有2000种植物在苔原中生长，主要是青草、莎草、苔藓和灌木。这些植物的根都很浅，这是为了适应苔原地带极薄的活土层，并在该地区的冻融循环中生存下来。

开花植物，比如虎耳草，会在短暂的夏季热烈地开花。而苔藓和地衣，在歉收的几个月中，为驯鹿和北极野兔等哺乳动物提供关键的营养物质。在土层稍微深厚一些、肥沃一些的地区，覆盆子、岩高兰等长势极为茂密的灌木，会在夏季结果。它们的果实能顶风抗雪、经冬不落，一直在枝头上保留到来年春天。

▽ 夏季的皮毛
北极狐非常适应周边的环境。夏天，它那一身来自冬季的白色皮毛会逐渐变得稀疏，并变成棕灰色，这是为了匹配苔原的岩石、匍匐生长的植物的色调。

# 北美大平原

北美洲最大的温带草原。这是一片生态脆弱的土地，位于两个国家之间，日益受到严重的威胁。

北美大平原是一片广袤的草原，约有4800千米长，500～1100千米宽，位于北美大陆的中心地带。这片平原从落基山脉延伸到密西西比河，地势逐渐向下倾斜。北美大草原从加拿大南部，一直横跨到德克萨斯州南部。

## 草原的类型

北美大平原的大部分地区曾经是无边无际的草的海洋，因此也称为大草原。如今，这片地区成为一望无际的田地。玉米和小麦等谷物种植在最肥沃的土壤上，其他地区被改造成了畜牧场。在较为干燥的西部地区，天然草原中仍然以短禾草和丛生禾草为主。在降雨更多的中部和东部地区，这种草原被中高草和高草草原所取代。高草草原是地球上罕见的生态系统之一。在高草草原中，主要的青草品种多达60种，其中一些草能长到2.4米高，比它下面的野花、地衣和苔类植物高很多。这给多种野生动物提供了食物，包括西部收割鼠、鼩鼱和郊狼。所有的大草原都是生态环境较为脆弱的动植物栖息地，为了保护它们，目前人们已经实施了各种各样的方案。

欧洲人开辟美洲殖民地之前曾经存在的原生态高草草原，现在只剩下不到1%了。

△ 超级风暴
在北美大平原上，夏季常常出现巨大、猛烈的超级单体雷暴。它们那旋转的上升气流，往往会引发龙卷风。

### 目前北美洲的大草原

根据土地测量结果可以预测，由于将土地转型成农业用地或用于油气开发，多达70%的原生态草原现在已经消失。其中高草草原蒙受的损失最大，而52%的短禾草草原尚未受破坏。

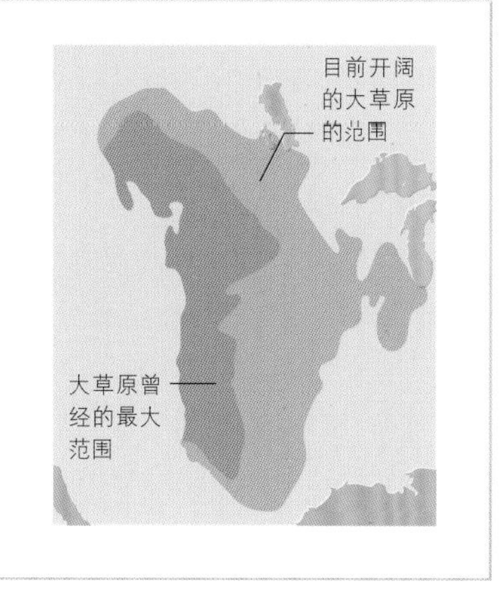

▷野牛的回归
到19世纪末，遭到大量猎捕的北美野牛几近灭绝。如今，约有50万头北美野牛在北美大平原上漫游。

# 大盆地沙漠

北美洲最大的沙漠，在那里水分仅仅以降雪的形式出现，如果曾经有水分到达那里的话。

面积为518 000平方千米的大盆地沙漠，是北美洲最大的沙漠。它主要坐落在内华达州和犹他州西部，但有一小部分延伸到加利福尼亚州和爱达荷州境内。

大盆地沙漠属于寒漠，海拔在1200米到3000米。内华达山脉和落基山脉挡住了来自大西洋和墨西哥湾的大部分水分，形成了一片雨影区，因此这儿的年平均降水量只有30厘米左右，而且通常以降雪的形式出现。在度过一个多雨的年份之后，往往会出现连续多年的干旱天气。

这片地区有多种多样的生态环境，由狐尾松林和桧柏构成的山顶“岛屿”，被长满北美山艾的山谷或干旱的盐湖彼此隔开。在有的地区，土壤含盐量是如此之高，以致没有任何植物能够生存。

## 狐尾松能活5000多年。

▷邦纳维尔盐碱滩
这片盐碱滩在冬季会被水淹没。夏季，水分蒸发，留下的是结晶盐。

▽狐尾松的生长地
狐尾松生长在环境恶劣的高海拔地区，它们比许多其他的沙漠植物更能抗击病虫侵害，遭受火灾的风险也更小。

▷莫哈维沙漠的象征
短叶丝兰实际上是一种树木大小的多肉植物，能长到12米高。它需要50年时间才能成熟，能活150年或更长时间。

### 石头怎么会移动

在干盐湖（干枯的湖床）上覆盖着一层浅水，这层浅水晚上结冰，在阳光下开始融化，将冰封的水面分隔成大片大片的薄冰。微风吹得大片薄冰在水面上漂移，推动了石头。等水分蒸发后，“推动的痕迹”就留在了石头后面的泥浆中。

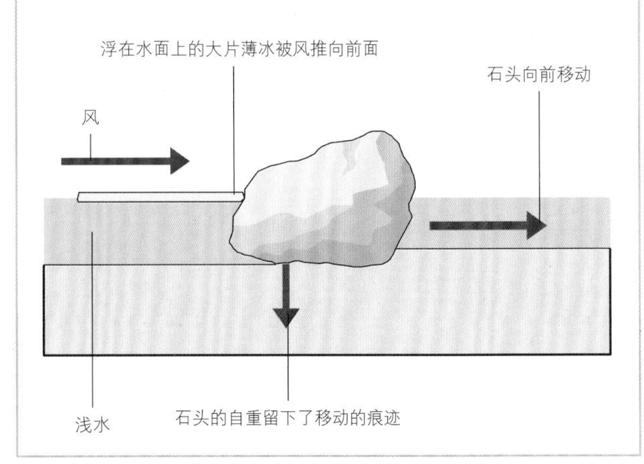

# 莫哈维沙漠

北美洲海拔最低、最热区域的所在地，巨丝兰，会移动的石头。

北美洲面积最小、最干燥的沙漠。它的北部是寒冷的大盆地沙漠，南部是索诺兰沙漠，它被夹在两者之间。由于它非常靠近这两片差异悬殊的沙漠地区，专家们很难对莫哈维沙漠的边界、规模或所属类型达成一致的见解。

## 极端的高度

莫哈维死亡谷中的恶水盆地，位于海平面之下的86米处，是北美大陆的最低点。然而，帕纳明特山脉中的望远镜峰，海拔高达3366米。北美洲历史上的最高气温57℃，于1957年在熔炉溪中测得，而该地冬季的气温常常降到冰点之下。时速超过80千米/小时的大风，常常肆虐莫哈维沙漠的西部边境，而在其东部地区却非常罕见。在北部，匍匐生长的灌木丛，和大盆地沙漠中的灌木颇为类似。但在其南部，石炭酸灌木占绝大多数。

短叶丝兰（也称为“约书亚树”）是北美洲最大的丝兰，是莫哈维沙漠的一大标志，常常被生态学家作为鉴定这片沙漠的南部边境的重要指标。死亡谷也是“帆船石”（一种似乎能够自行移动的大石头）的产地（见左页图）。

◁ 魔鬼的高尔夫球场
在死亡谷中，生长中的晶体互相挤压，形成了不适合居住、参差不齐的地形，因而这里被称为“魔鬼的高尔夫球场”。

△ 神秘移动的石头
在死亡谷中，有的石头重达320千克，石块会自行穿越干枯的湖床，并在身后留下长达460米的移动轨迹。

# 索诺兰沙漠

地球上潮湿的沙漠之一，植被种类丰富。

索诺兰沙漠处于温带和热带气候的过渡带，它和其东南方的奇瓦瓦沙漠、西北方的莫哈维沙漠几乎连成一片。一个个破火山口见证了一次次史前的火山爆发，这些火山爆发造就了索诺兰沙漠中的山脉、山谷，还有被称为山麓冲击平原的扇状地。索诺兰沙漠的年降雨量为7～50厘米，是北美所有沙漠中最多的，雨水滋润着沙漠中的2000多种植物。这些植物必须挺过平均气温达到40℃的夏季，但冬季气候相对温和，气温在10℃左右，很少出现霜冻。

### 深广的根系

为了在干旱环境中生存，索诺兰沙漠的植物八仙过海、各显神通。在降雨后的数小时内，巨人柱仙人掌会在地表附近长出新的根系，在其膨胀的茎杆中贮藏水分。而绒毛牧豆树将根深深扎在地下50米处，以汲取地下水。

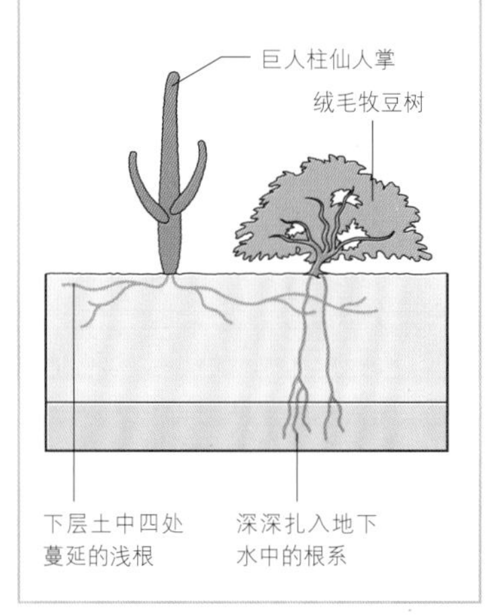


▽ 花团锦簇的沙漠

冬季的雨水将索诺兰沙漠变成了一片片色彩绚烂的花海，沙丘月见草、匍匐美女樱等植物竞相开放、繁花似锦。

▽ 举起双手

纪念碑谷中别具一格的西连指手套峰和东连指手套峰，数十年来一直吸引着各地游客。从其南面看过去，它们就像两只巨大的竖起大拇指的连指手套。

# 纪念碑谷

一个偏远的山谷，成千上万亩宽广无垠的红土地，在遇到这些孤峰兀立的庞然巨石时才突然中断了。这些巨石是在成千上万年中天然形成的。

作为科罗拉多高原的一部分，纪念碑谷是一片高海拔沙漠，平均高出海平面1700米。它位于美国西南部最干燥、人烟最稀少的地区中，穿越犹他州和亚利桑那州。

在过去的5000万年，风力和水力共同侵蚀这片曾经更高的高原，使一层层页岩、沙岩、砾岩剥落殆尽，得以保留下来的是令人难以置信的、高120～300米的巨石。19世纪的欧洲殖民者认为这片沙漠对他们怀有敌意。这一点，再加上这一带严酷的气候和偏僻的地理位置，纪念碑谷位于纳瓦霍族保留地中，一直处于未开发的状态。如今，纪念碑谷的所有土地均归纳瓦霍族所有，游客能造访的区域仅限于一条长27千米的公路和另一条徒步路线。

△ 草原响尾蛇

在这片沙漠中，生活着好几种响尾蛇，图中的草原响尾蛇是其中一种。它们常常占领被草原犬鼠和穴鸮抛弃的洞穴。

## 山谷中壮观的巨石，始于2.7亿年前的海底沙。

◁标志性景观

全球不计其数的观众，已从好莱坞的那些经典西部片中，充分了解了纪念碑山谷的孤丘、台地和岩石锥。在这里，每一块巨石都有恰如其分的描述性名称，比如，（图中左起）布里格姆之墓、城堡峰、大熊与小兔、驿站马车等。

### 台地和平顶孤丘

台地和平顶孤丘曾是高原的一部分，它们都有平坦的顶部和陡峭的四壁。它们的顶层是坚硬的岩石，因而更能抵抗侵蚀作用。但其下方的岩石由抗侵蚀性较差的沉积岩构成。随着时间的推移，这些沉积岩层被风力和水力的共同作用侵蚀殆尽，将台地从高原母体中分离出来，并在台地之间形成峡谷。最终，较大的台地也被侵蚀、磨损成了较小的平顶孤丘。

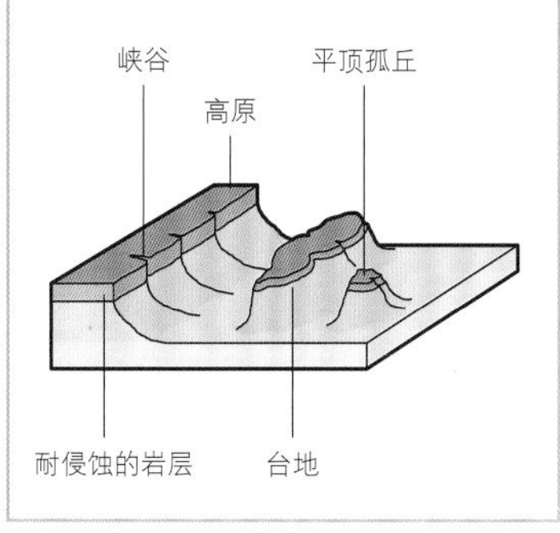

# 布莱斯峡谷

一个天然的露天剧场，遍布着成千上万奇形怪状的岩石锥、石柱和石塔，比地球上任何地方都多。

△ 布莱斯露天剧场

布莱斯峡谷的边缘地带高2400～2700米，这是俯瞰这个国家公园的“露天剧场”区域的完美位置。

布莱斯峡谷不是一片寻常的峡谷，因为它并不是流水切割岩石而形成的。然而，一个曾经覆盖现今的犹他州西南部大部分地区的古代湖泊，在其形成过程中发挥了一定的作用。这一过程约始于5500万～3500万年前。

### 石头图腾的海洋

周围群山中的富含矿物质的沉积物，被雨水冲刷下来并沉积在湖底，最终变成地质学家们称为“克莱伦岩层”的粉红色石灰岩。地质隆起运动迫使湖床向上抬升了将近1600米，形成了一片高原。随后千百万年的风化和侵蚀作用，首先将克莱伦岩层雕琢成了悬崖，然后将其雕刻成高高的石柱。有的石柱只有1.5米高，有的石柱却高达45米（见右图）。这些五彩缤纷的石塔称为“怪岩柱”，由厚度各不相同的各个部分组成，其主要成分是石灰岩，但也含有粉土和泥石。氧化铁、氧化锰等矿物质，给它们增添了亮丽的粉色、紫色和蓝色。这些岩石锥五彩缤纷的色调，不规则的、起伏的形状，让一些游客联想到了木质的图腾柱。

### 冻结和融化

尽管每片大陆上都有这样的岩柱，但它们在布莱斯峡谷北部地区最常见。这在一定程度上和该地区的气候有关。平均而言，布莱斯峡谷每年会经历200次冻融循环。白天，气温上升到零度以上，但夜晚会降至冰点以下，导致渗透到岩石中的融水再次冻结并膨胀。这称为冰楔作用。这一过程会粉粹岩石，把岩石重新塑造为岩柱。12世纪在这片地区定居的派尤特部落的印第安人，将它们称为“传奇人物”。随着冰楔过程继续，每年有很多“传奇人物”相继倒塌。

◁雷神之锤

那些头重脚轻的岩柱非常脆弱，最容易倒塌，特别是在春秋两季冰楔最严重的时候。比如图中的“雷神之锤”。

### 怪岩柱是怎样形成的

雨水将碎屑杂物冲刷下这片高原的边缘地带，形成鳍状岩石。冰楔作用使鳍状岩石中形成冰窗，将它们彼此隔开，形成岩柱。随后雨水将其边缘修圆磨光，并赋予岩柱起伏不平的外形。

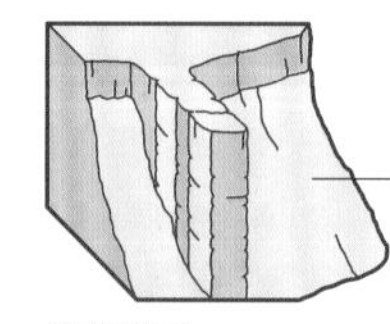


鳍状岩石

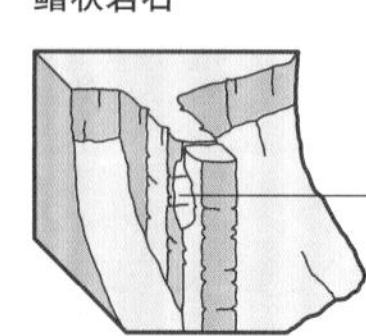


冰窗

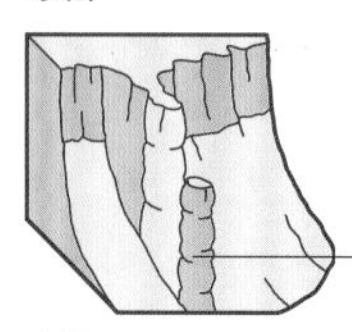


岩柱

# 亚利桑那陨石坑

地球上保存最完好的陨石坑。这一陨石坑是5万年前一次大撞击的证据，至今仍然能在几千米之外看到那次撞击产生的影响。

亚利桑那陨石坑是亚利桑那沙漠中的一个碗状的巨坑，它是全球被研究得最多的陨石坑。它的外形被相当完好地保存了下来，而且是一个相对比较年轻的陨石坑。这个陨石坑直径达到1.6千米，深度超过168米，周长为3.9千米。现在我们知道这是一个陨石坑，可这一凹地一开始被误以为是一座火山。直到20世纪初，科学家们才确定，这是地外物质撞击地球而形成的产物。关于其来源的一些细节，目前还有待发现。

在约5万年前，一颗预计重达272 000吨、直径达到40米的陨星，以43 120千米/小时的速度冲入地球的大气层中。这一速度比步枪射击的速度快10倍。它的一半完整地撞向现在的亚利桑那沙漠北部地区，形成了这个陨石坑。其余部分在撞击前已经变成了碎片，大量碎片云最后落在地表上。在主陨石坑的10千米半径圈中，已经发现了一些富含铁元素的陨石，其重量多在0.5千克～454千克。

△巨大的影响

科学家们估计，这颗陨星撞击地球释放出来的能量，比1800万吨TNT炸药产生的威力更大。

**陨石坑的形成**

一颗陨星撞击地球产生的威力，会以一次含有冲击波的大爆炸的形式表现出来。这样的大爆炸常常彻底毁坏这颗陨星本身。这样的大爆炸将使基岩碎裂、并熔化表壳岩。它会留下一片碗状的凹地，凹地的边缘地带会被喷射出的岩石碎屑抬高，而其底部则低于周围的地面。

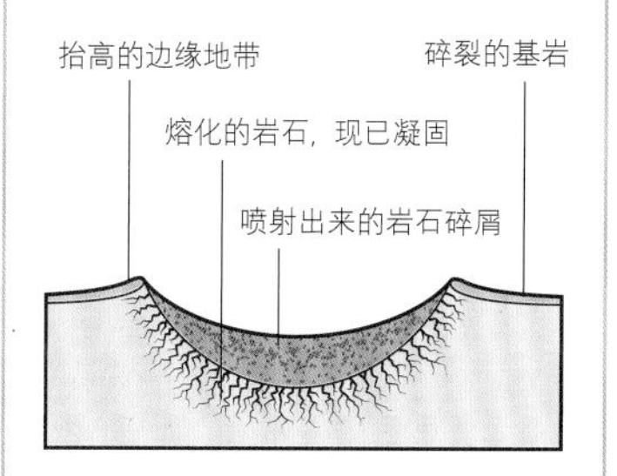

△悬崖顶端的拱门

梅萨拱门横跨在“空中岛屿”台地之上，“空中岛屿”台地是一块岬角，它高于峡谷地国家公园的底部地面600米。在其之下，台地的崖壁垂直向下延伸超过150米。

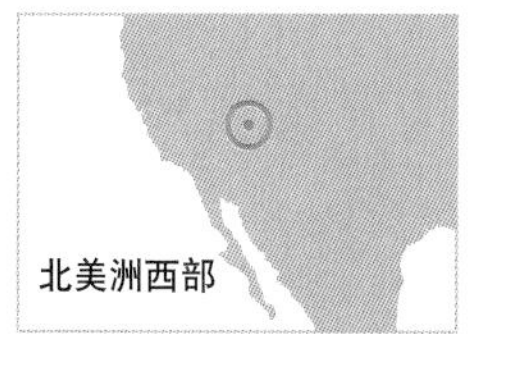


# 梅萨拱门

一个引人瞩目的天然拱门，形成于一块地势较高的台地的边缘地带。

尽管看上去像是一座桥，但长27米的梅萨拱门是一座壶穴拱门，它位于犹他州东南部的峡谷地国家公园之中。它并不是流水创造出来的，而是在风化作用和侵蚀作用的影响下形成的。水聚集在一片名为“空中岛屿”的沙岩台地的小凹地。随着时间的流逝，这片凹地被风化而扩大，并侵蚀成了一个更大的壶穴，从底部切割下悬崖边缘更多的抗蚀岩石，最后形成了目前人们眼中的全球最美的天然拱门。尽管壶穴拱门能存在成千上万年，但它们终会倒塌。然后，据2015年的抗震研究显示，梅萨拱门的地质很稳定，至少目前很稳定。

# 羚羊峡谷

山洪暴发雕琢出来的美丽石室，隐藏在亚利桑那沙漠下方。

在亚利桑那州北部，坐落着全球游客最多的峡谷，但过路的司机却很少有人知道它的存在。这是因为：它与绝大多数峡谷不同。绝大多数峡谷的宽敞谷地都曝露在露天环境中，而羚羊峡谷是一条狭缝型峡谷。狭缝型峡谷拥有几近垂直、蜿蜒曲折的崖壁，这些崖壁之间被一条条裂缝隔开。在地表附近，这些裂缝可能只有一只手那么宽，但它们会向下深入成百上千米。

### 两条峡谷的故事

1931年，人们在一片归属纳瓦霍族所有的土地上发现了羚羊峡谷。它在沙漠之下迂回行进8000米之长，有的地方只有几米宽，但其深度能达到36米甚至更深。羚羊峡谷由两部分组成：下羚羊峡谷，在纳瓦霍语中称为“Hazdistazi”（拱状的螺旋岩石）；和上羚羊峡谷，或者称为“Tse’ bighanilini”（有水通过的岩石）。

那些螺旋形的石室是流水创造出来的，但这一过程是断断续续的。成千上万年来，当地的红色纳瓦霍沙岩不仅受到河流的不断冲刷，也受到了虽不频繁但很猛烈的山洪暴发的洗礼。每当附近的羚羊溪满溢泛滥时，溪水就会通过那些细微的裂缝涌入沙漠表层。而山洪携带的岩石和其他碎屑，也协助着雕刻出五彩缤纷的走廊。在峡谷变宽、能够照进阳光的地方，风将沙子吹了进去，磨损崖壁并改变峡谷的外形和底端的高度。

如果不是山洪周期性地冲走沙子，羚羊峡谷早就消失了。

**△ 波浪状的砂岩**
当阳光直射在峡谷上方时，会短暂地出现一条条光束，照亮上羚羊峡谷的一个个石室。光照效果将沙岩变成了色彩斑斓的奇观。

**◁ 沙漠中的缎带**
从上方观赏羚羊峡谷蛇形的外观最佳。羚羊溪的溪水周期性地冲入峡谷中，溪水净化并改变蜿蜒的水道，随后流入附近的鲍威尔湖中。

# 奇瓦瓦沙漠

北美洲的大沙漠之一，也是西半球物种丰富的沙漠之一。

奇瓦瓦沙漠被格兰德河一分为二，其东西两侧分别和东马德雷山脉、西马德里山脉接壤（参见第37页）。这是一片雨影区沙漠，是群山阻挡富含水汽的空气从沿海水域输送过来而形成的。

## 高原上的生命

这片沙漠中的大部分地区位于海拔1370米之上，因此这儿的夏季比其他沙漠稍微温和一些，尽管沙漠中白天的气温仍然超过38℃。夜晚有可能很寒冷，在海拔较高的地方会下雪。尽管气候极端，但有3500多种植物在这儿生长，包括仙人掌。这片沙漠中仙人掌的种类，比其他沙漠多。叶片肥厚、耐霜抗冻的丝兰是一些沙漠高坡上的主要植物，而豆科灌木和石炭酸灌木主宰了地势较低的地区。这样多变的生态环境，滋养了大量野生动物，包括蝙蝠、走鹃、狼蛛等。数量繁多的大量鱼类，也能在沙漠的池塘和绿洲中生存。

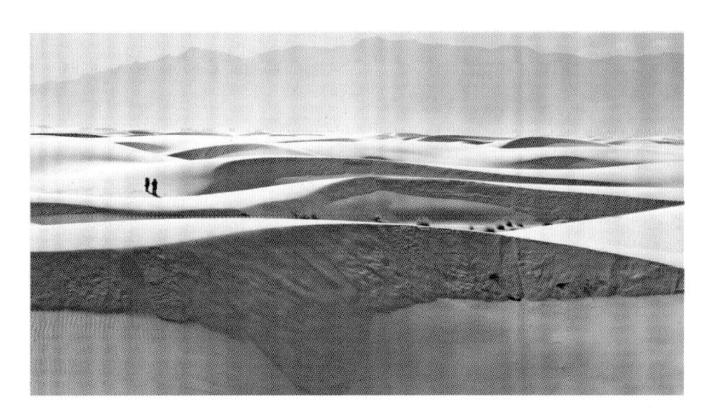

△ 全球最大的石膏沙丘
白色的石膏沉积物点缀着奇瓦瓦沙漠。最大的一片石膏沙丘，集中在新墨西哥州北部的图拉罗萨盆地。它占地712平方千米，白沙国家公园也在这片盆地之中。

### 囤积水分

金琥仙人球等仙人掌类植物，非常适应在供水有限的环境中生存。这种植物的起褶的球体，实际上是储存水分的肉质茎，它会随着水分供应的增减而膨胀或收缩。金琥没有叶片，因为叶片会通过蒸腾作用流失水分。它的全身覆盖着倒刺。

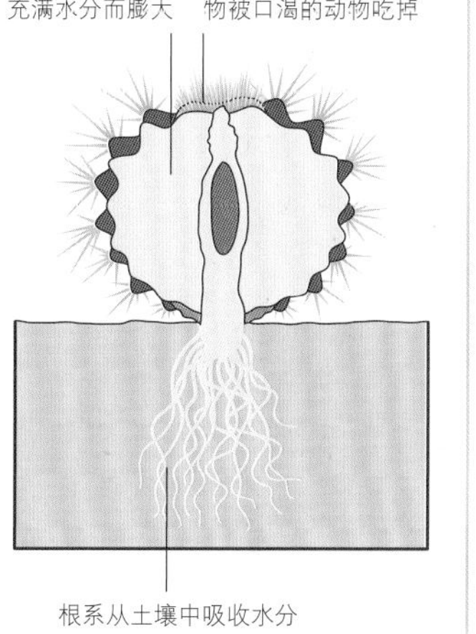

◁ 多刺的美餐
据预计，全球约有1500种仙人掌，而奇瓦瓦沙漠中就生长着300多种，包括图中的梨果仙人掌。许多动物，比如沙漠龟，以梨果仙人掌的掌片和浆果为食。它们会连倒刺一起吞下。

**升腾的雾气**

在秘鲁境内的安第斯山脉的东坡上，亚马逊热带雨林的林冠上汇聚着大量水汽。热带雨林终年炎热湿润、潮湿多雨。在南美洲的热带地区，分布着世界上最大的热带雨林。

# 中美洲和南美洲

# 从安第斯山脉到亚马逊河

## 中美洲和南美洲

南美洲大致呈三角形，南北两端各带有一个弯钩，北端是狭长的巴拿马地峡，南端是恰如其名的合恩角和火地岛。

高耸入云的安第斯山脉是南美洲的脊柱，在南美大陆的西部边缘绵亘7200千米长，是世界上最长的山脉。安第斯山脉也是全球第二高的山脉，仅次于喜马拉雅山脉。阿根廷境内的阿空加瓜峰海拔6961米，是安第斯山脉中的最高峰。在其东北方，一片片高原耸立在广袤、茂密的热带雨林之上。浩浩荡荡的亚马逊河及其支流从这些高原中穿流而过，将大量淡水自西向东汇入大西洋中。南美大陆的南部渐渐变窄，最后形成一个岬角。平坦的南美大草原横亘在安第斯山脉和大海之间。

### 关键数据

▲ **海拔最高点** 阿根廷的阿空加瓜峰：6961米

▼ **海拔最低点** 阿根廷的恩里基约湖：-105米

● **最高气温记录** 阿根廷的里瓦达维亚：49℃

● **最低气温记录** 阿根廷的萨缅托：-33℃

### 气候

中美洲和南美洲的主体位于热带，南美洲的南端邻近寒冷的南极洲。亚马逊原始森林温暖、湿润，山区的众多高原气候干燥。

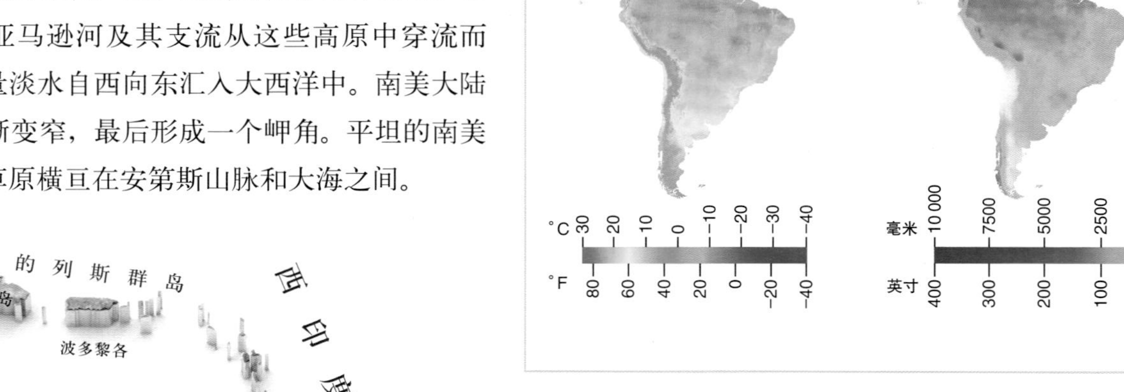


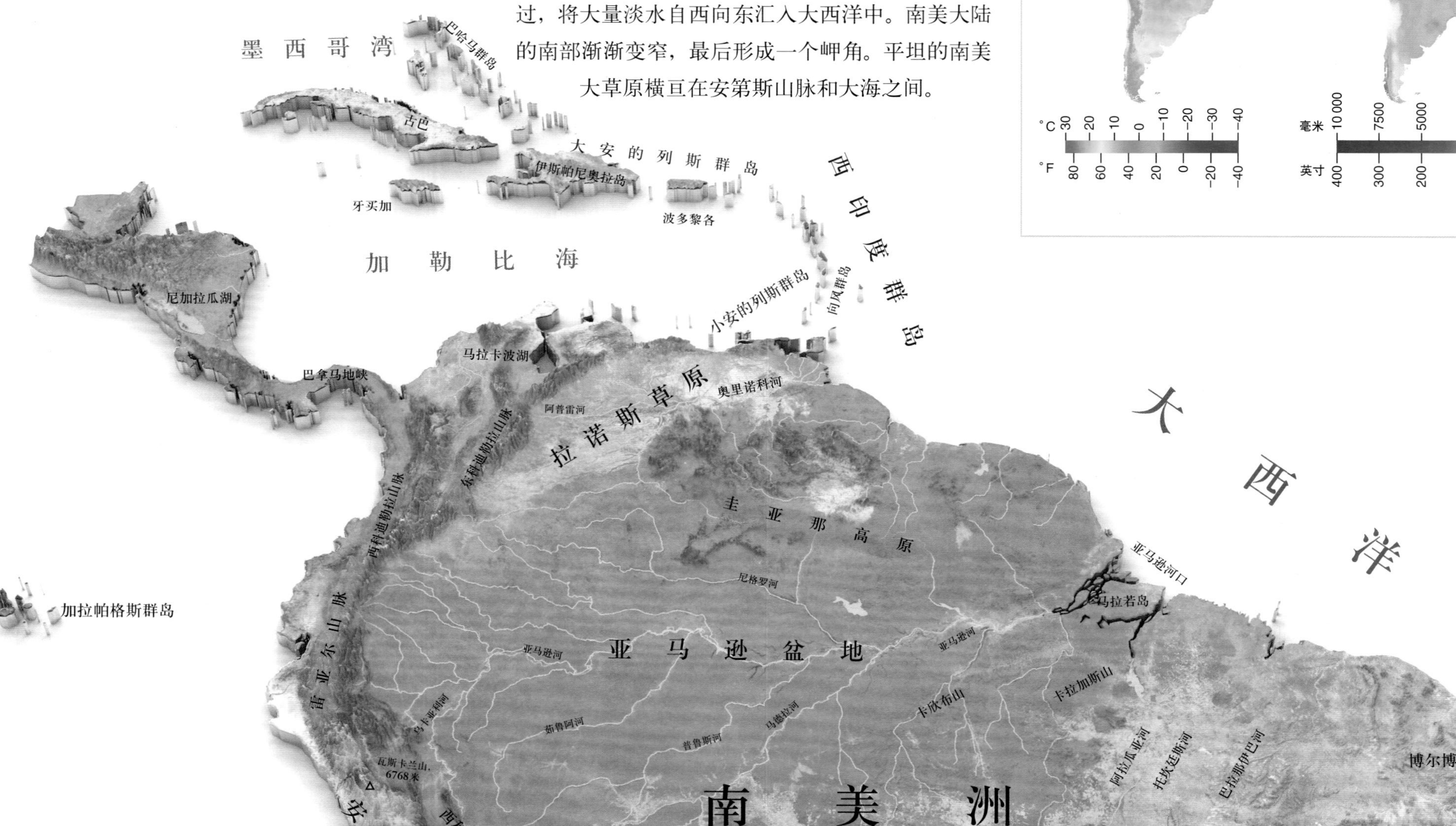

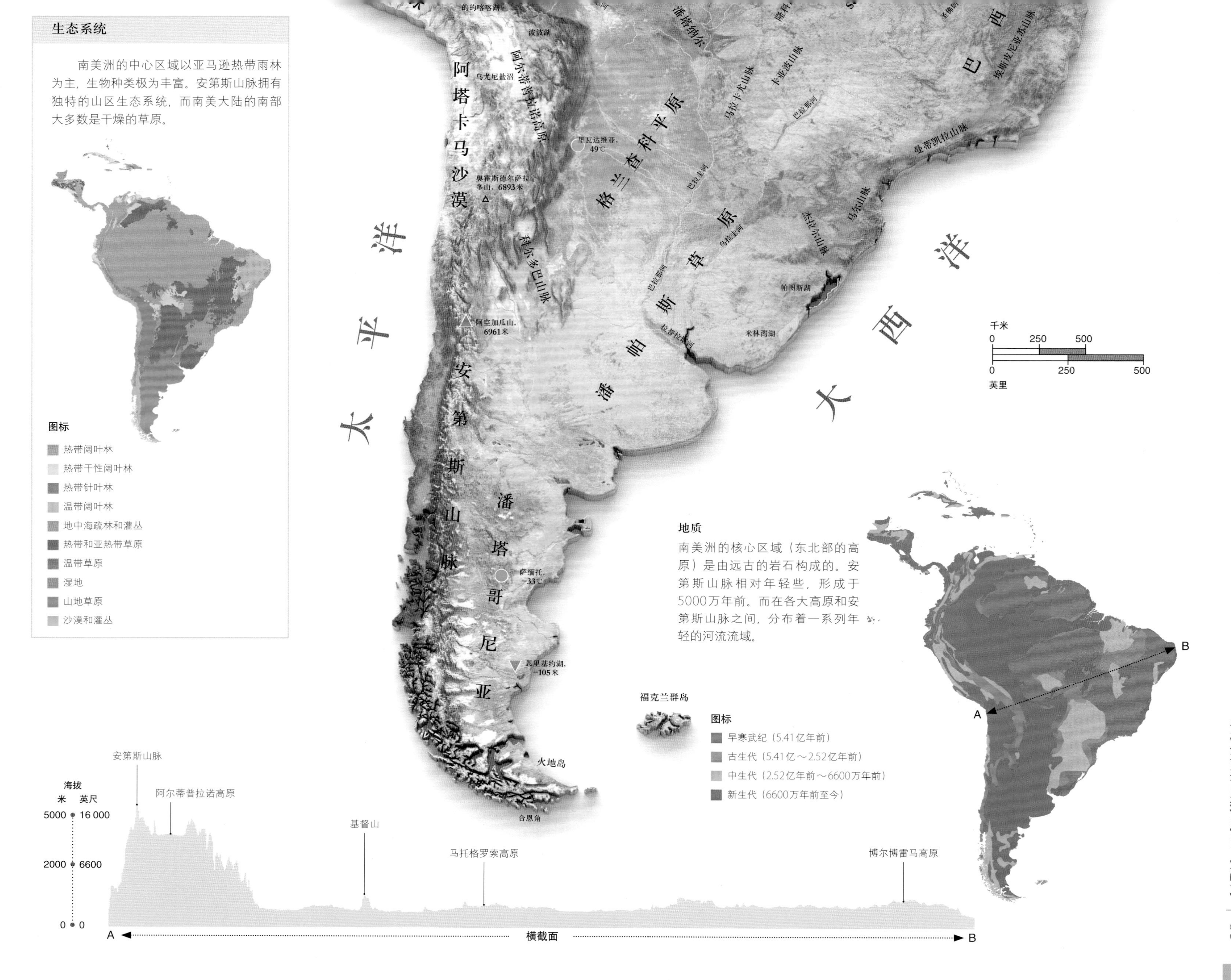


## 生态系统

南美洲的中心区域以亚马逊热带雨林为主，生物种类极为丰富。安第斯山脉拥有独特的山区生态系统，而南美大陆的南部大多数是干燥的草原。



## 地质

南美洲的核心区域（东北部的高原）是由远古的岩石构成的。安第斯山脉相对年轻些，形成于5000万年前。而在各大高原和安第斯山脉之间，分布着一系列年轻的河流流域。

△ 远古的高原
这座位于委内瑞拉的高原是该地区成百上千座引人瞩目的桌状平顶山中的一座。这些桌状平顶山是形成于圭亚那地盾之上的一片沙岩高地的残留物。

# 中美洲和南美洲的形成

南美洲和中美洲相连，共同构成一片广袤的大陆。东部是古老岩石构成的高原，西部是耸入云霄的安第斯山脉。约9000万年前，它和非洲分离，成了一块独立的大陆。

### 地盾和高原

在南美洲的东部，很大一部分陆地以三块巨大的古代岩石板块为主。这三大岩石板块主要由片麻岩和花岗岩构成，它们分别形成了巴塔哥尼亚地盾、巴西地盾和圭亚那地盾。数十亿年来，这些岩石板块作为一个整体存在并一起移动，即便在南美大陆仍然是南部的冈瓦纳超级大陆的一部分时，也是如此。约1.8亿～1.7亿年前，南美大陆和非洲大陆一起从冈瓦纳大陆中分离出来。随后，约1.4亿～9000万年前，南美大陆慢慢地和非洲大陆分离。这三大地盾最后成为南美大陆的基岩，南美洲的其他部分在其周围渐渐形成。

现在，这三大地盾构成了世界上一些大高原之下的基底。在有的地方，这些古老的高原或者说台地，突然戛然止于一片片高耸的悬崖，以至于人们一度认为，那里是失落的秘境。而在那片失落的秘境中，也许生存着一些远古的生物。

全球最高的瀑布安赫尔瀑布（又名天使瀑布）从圭亚那地盾的边缘地带直坠而下，跌落979米。这些岩石板块并不是完整无缺的。在有些地方，它们断裂、滑移，形成了巨大的峡谷。比如，巴拉那河、塞尔希培河和圣弗朗西斯科河，就从巴西地盾中的这些峡谷中蜿蜒流过。

### 安第斯山脉的崛起

在和非洲大陆分离并成为一个独立的大洲之后，南美洲缓缓向西漂移，使南大西洋扩大。它不间断地漂移着，并和太平洋下的纳斯卡板块发生了直接碰撞。这一碰撞导致原本向东移动、面积较小但重量更沉的纳斯卡板块，潜没到迎面而来、面积较大、但重量较轻的南美板块之下。随着纳斯卡板块被驱逐到地幔层中，在沿着南美洲西海岸一侧的洋底，形成了一条深深的海

300万年前，中美洲和南美洲才通过陆地相连。

**大事件**

**1.8亿年前**
超级大陆冈瓦纳包含南美、非洲、印度、澳大利亚和南极洲大陆。约1.8亿～1.7亿年前，南美和非洲大陆与其他大陆分离。1.4亿～9000万年前，南美大陆和非洲大陆分离，开始了自己的旅程。

**8000万～7000万年前**
南美洲以北的浅海中出现复杂地质构造活动，上升的岩浆冷却，创造出一系列弧形的新岛屿，形成加勒比海。

**5000万年前**
在南美大陆西侧，太平洋下的纳斯卡板块潜没到南美板块之下，导致安第斯山脉开始耸起。大多数山峰都是在最近1000万年中出现的。

**1600万～1300万年前**
未来将成为安第斯高原的地区，开始出现第一波抬升。在1300万～900万年前和1000万～600万年前，这一地区还会出现两次抬升，使其海拔更接近现在的海拔高度。

**1500万～1000万年前**
安第斯山脉耸起得更高，阻挡了亚马逊河流向太平洋。亚马逊河原先向东汇入一个湖泊中。但从约1000万年前，亚马逊河开始流入大西洋中，并导致湖泊的水平面降低。郁郁葱葱的亚马逊雨林就在原来湖泊的位置上形成了（参见对页）。

**1400万年前**
未来将成为阿塔卡马沙漠的那片地区，开始出现沙漠化。

**300万年前**
一座名为巴拿马地峡的陆桥形成，它连通了北美洲和南美洲。

◁**隐藏的洞穴**
在位于巴西查帕达-迪亚曼蒂那国家公园境内的地下湖中，分布着一些南美大陆最古老的岩石。

◁**南美的脊梁**
安第斯山脉是世界上最长的山脉，绵延7200千米，几乎占据了南美大陆的整片西岸。

◁**断裂的火山**
厄瓜多尔的通古拉瓦火山高达5023米，是矗立在安第斯群峰之上众多高耸入云的火山中的一座。

◁**改道的河流**
亚马逊河是世界上最长的河流，它携带着巨大的水量，穿越无边无垠、苍翠繁茂的低海拔盆地。而在1000万年以前，它一直是一个庞大的内陆湖。

沟。不断下沉的纳斯卡板块拖拽着南美板块，使它断裂、变形。

5000万年前，随着岩石褶皱、相互堆积，安第斯山脉开始形成。与此同时，纳斯卡板块在被推向地幔中的过程中熔化，导致岩浆从年轻的山脉中奔涌而出，形成火山，并在这一山脉中增添了一系列高耸入云的火山峰，比如，委内瑞拉的科多帕希火山、厄瓜多尔的钦博拉索火山和通古拉瓦火山。

## 河流流域

在三大远古的地盾和年代较近的安第斯褶皱山脉之间是低海拔的河流流域。随着时间的流逝，这些河流流域中堆积满了一层层的沉淀物。南美大陆共有三个主要流域，它们沿着南美大陆中部自北向南分布，形成了连成一片的低地地带。南美大陆北部的奥里诺科河，从委内瑞拉境内的安第斯山脉，流入特立尼达岛南面的大西洋中。南美大陆中部蜿蜒曲折的亚马逊河，从安第斯山脉发源后，横穿整个南美洲，最后在赤道附近汇入大西洋中。而在约1000万年前，亚马逊河汇入一个庞大的内陆湖之后，向西流入太平洋。南美大陆南部的查科平原、潘帕斯大草原是一片广袤的盆地，巴拉那河、巴拉圭河和其他河流穿过这一盆地，汇入拉普拉塔河。

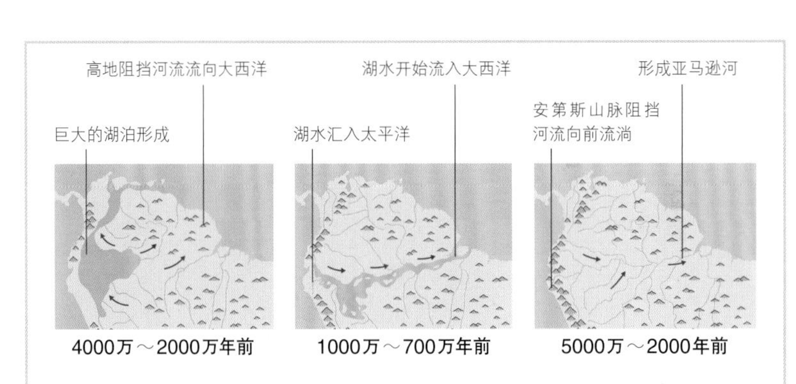


**亚马逊流域是如何形成的**
起初，亚马逊河从圭亚那高地流入一个巨大的湖泊中，这个湖泊最终汇入墨西哥湾和太平洋。后来，高耸云霄的安第斯山脉迫使亚马逊河转而汇入大西洋。

**中美洲和南美洲大陆的形成**

**9400万年前**
南美大陆开始脱离非洲大陆，并向西漂移。南美板块和纳斯卡板块相邻，纳斯卡板块潜没到南美板块下。

**5000万～4000万年前**
大西洋中洋脊延伸扩大，迫使南美大陆和非洲大陆分隔得更远，并形成了大西洋。

**18 000年前**
一度将南美大陆和中美洲隔开的中美洲海道，现在闭合了，南美洲和北美洲之间通过陆地彼此连通。

# 圣玛利亚火山

一座危险的中美洲火山，曾经诞生了20世纪的全球第三大火山喷发。

在危地马拉的太平洋海岸平原之上高耸的大型火山群中，圣玛利亚火山是其中显著的火山之一。这一火山群是在科科斯大洋板块滑到加勒比板块之下的过程中形成的。在有文字记录的历史中的大部分时期，覆盖着茂密森林的圣玛利亚火山一直都很安静。但在1902年10月，它突然爆发了，在其西南侧山体中撕开了一个巨大的火山口，导致5000多人丧生。

## 目前的活动

1922年，一个熔岩穹丘——一个巨大的、丘形的灰色熔岩块——从1902年喷发形成的那个巨大的火山口中冒出来。后来，它形成了由4个彼此重叠的穹丘组成的复合体。到目前为止，这些穹丘频繁地喷发，有时会喷出危险的火山碎屑流（参见第89页）或高达数千米的火山灰柱。而规模较小的喷发几乎每天都会发生。从圣玛利亚火山相对安静的主火山锥的顶峰，可以一览无余地看到这些景观。

△ **剧烈喷发**
南坡熔岩穹丘经常喷发，且蔚为壮观，构成了圣玛利亚火山目前的主要活动。

◁ **晨景**
在这张日出时分的图片中，矗立在图中左侧的圣玛利亚火山主火山锥，高耸在那一连串危险的熔岩穹丘之上。

**圣玛利亚火山的熔岩穹丘**

圣玛利亚火山的4个熔岩穹丘合称为圣地亚古多穹丘群，它们的名称分别是炎热穹丘、中部穹丘、和尚穹丘、巫士穹丘。

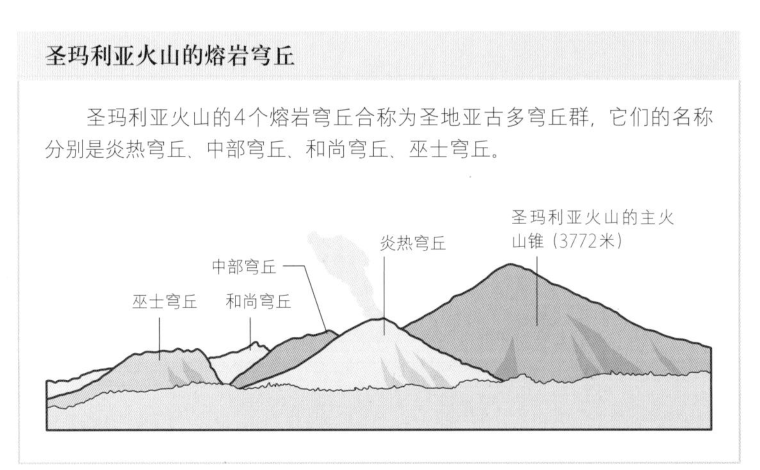


1902年，圣玛利亚火山大喷发，产生了约5.4立方千米的火山灰和火山浮石。

# 马萨亚火山

尼加拉瓜的一座巨型火山，喷发时会出现一个罕见、壮观的炽热熔岩湖。

△ 地狱般的深坑

圣地亚哥火山口有时被一个熔岩湖充满，这个熔岩湖中会冒出大量沸腾的气泡，并蒸腾出有毒的气体。像这样的熔岩湖，全世界只有少数几个。

马萨亚火山是一座典型的复合火山，它有多个火山锥、多条岩浆通道和多个火山口。它的两个主火山锥位于一个更大的、大致呈椭圆形的马萨亚破火山口之中。这一称为马萨亚破火山口的结构体，是在约2500年前的一次灾难性喷发过程中形成的。这个破火山口约有11千米长、5千米宽，某些部分的边缘高达300米。

在马萨亚主火山锥的顶峰，有好几个深洞，这些深洞称为锅状火山口。其中的一个锅状火山口“圣地亚哥火山口”是多年来马萨亚火山活动的主要发生地。有时在这个火山口中，会出现一个炽热的熔岩湖。

**马萨亚破火山口**

马萨亚火山位于更大的马萨亚破火山口之中。这座火山自身由两个彼此重叠的主火山锥构成。其中一个主火山锥的顶峰，有两个锅状火山口，圣地亚哥火山口和圣佩德罗火山口。而另一个主火山锥，被更大的圣费尔南多火山口切割成了锯齿状。

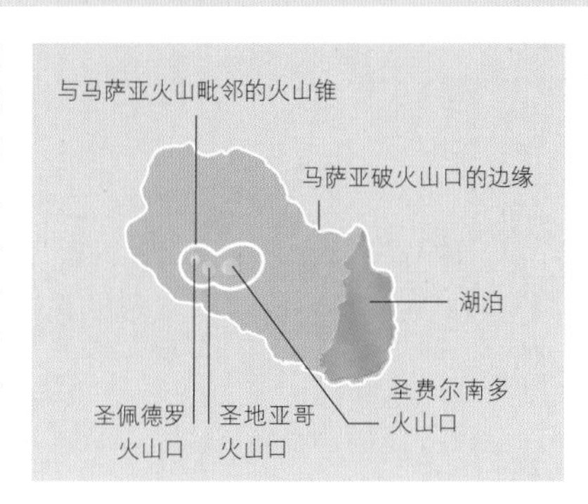


**火山碎屑流**

火山碎屑流也称为“火山发光云”，是大量崩塌的火山气体、火山灰和熔岩碎屑。它的形成往往和火山喷发云或熔岩穹丘的坍塌有关。大多数火山碎屑流会奔流5～10千米左右，并且通常会以100千米/小时或者更快的速度流向山下，烧毁、夷平、埋葬它们所过之处的一切事物。

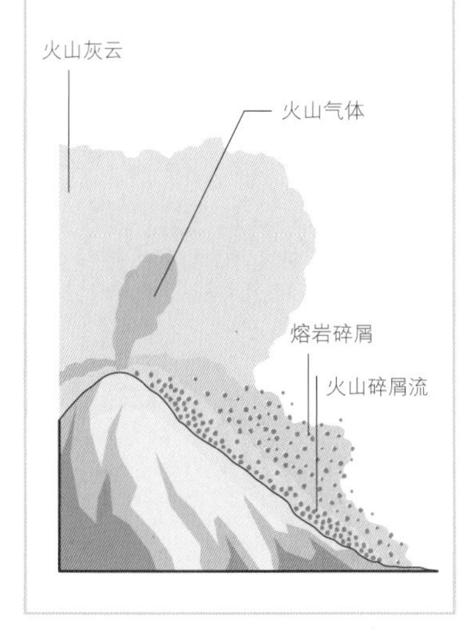


# 苏弗里埃尔火山



加勒比地区的一座火山。自1995年来，它已经损毁了蒙特色拉特岛一半以上的地区。

加勒比地区有好几座名为苏弗里埃尔的火山。在法语中，“苏弗里埃尔”的意思是“硫磺出口”。但最负盛名的一座苏弗里埃尔火山位于蒙特色拉特岛上。自1995年来发生的好几次称为“火山碎屑流”（见左图）的破坏性事件，使它成为全世界被人们研究得最多的火山。

## 坍塌中的熔岩穹丘

苏弗里埃尔火山产生的黏性岩浆没有流走，而是堆积起来、形成了一个熔岩穹丘。它会散发出大量蒸气，有时还会在夜间发光。而熔岩穹丘的危险性在于，它们有时会碎裂、崩塌，并产生火山碎屑流。在苏弗里埃尔火山，从1995年到2000年间，有一连串熔岩穹丘崩塌并奔流而下，摧毁了蒙特色拉岛的首府普利茅斯市，冲毁了很多居民区，并导致多人丧生。

△ 危险的熔岩穹丘

图中，背景中的灰色锥形物体是一座熔岩穹丘。它的部分侧坡已经开始碎裂，这将引发火山碎屑流。它有点类似雪崩。

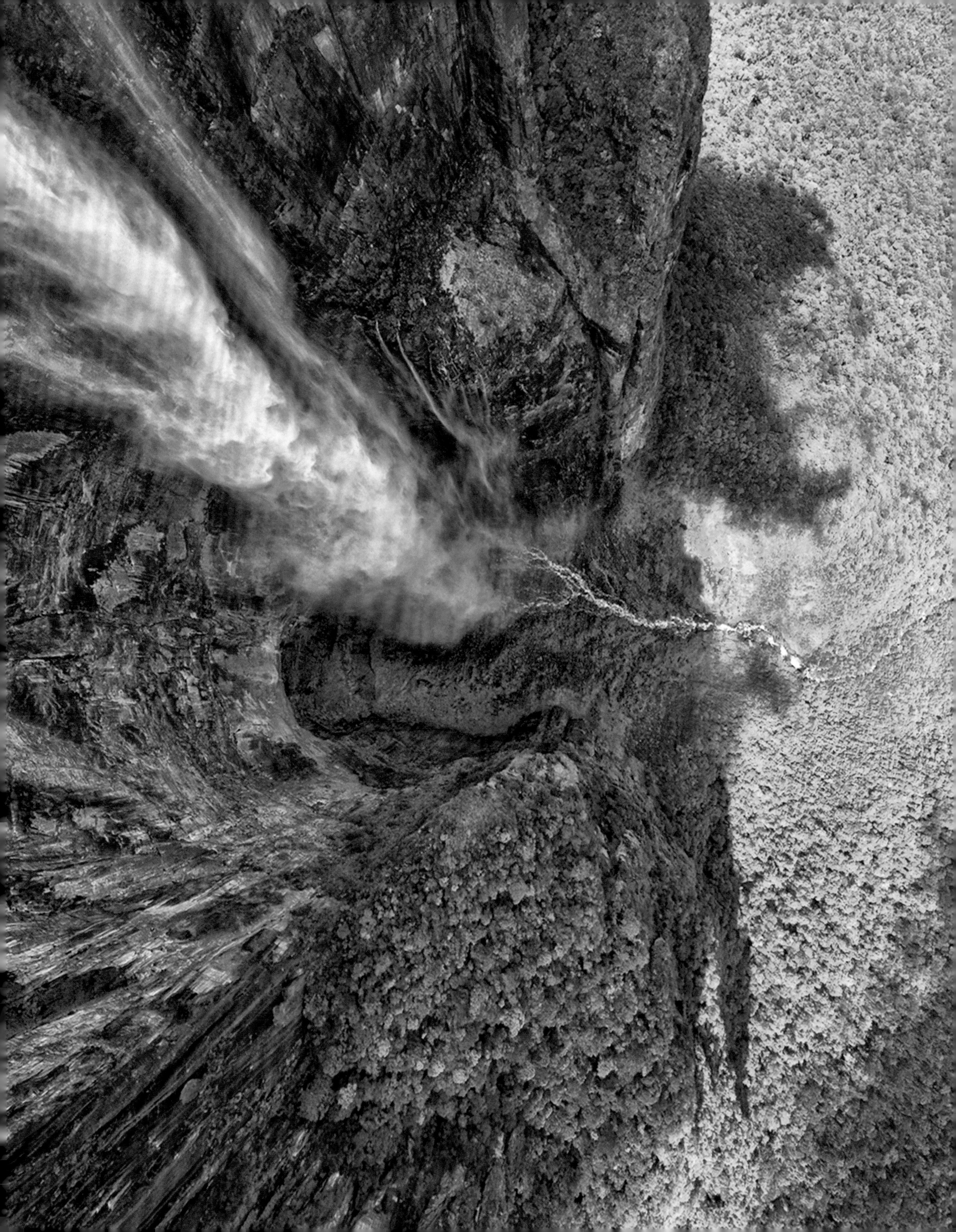

# 圭亚那高原

南美洲的一片景色壮观的地区，拥有令人惊叹的桌状平顶山和一些全球最引人瞩目的瀑布。

圭亚那高原横贯南美洲北部地区，覆盖委内瑞拉南部的大部分地区、圭亚那的部分地区和巴西北部地区。圭亚那高原以其古老、壮观的平顶山而闻名于世。Tepuis（平顶山）在当地佩蒙土著的语言中意为“众神之殿”。陡峭的悬崖，植被茂盛，似乎无法登临的山顶，许多这样的地区，会给人一种超凡脱俗之感。其中最有名的包括奥扬平顶山、罗赖马山和库克南山。据传，罗赖马山为苏格兰作家阿瑟·柯南·道尔（Arthur Conan Doyle）创作小说《失落的世界》（*The Lost World*）带来了灵感。这部小说写的是，人们发现了一个地处偏远的高原，在那儿还有史前动物生存。

### 奥扬山和天使瀑布

奥扬山是最大的平顶高原，其表面积达到700平方千米，部分地区覆盖着云雾林。世界上最高的未间断的瀑布天使瀑布从其顶峰的一道裂缝中飞流直下。楚伦河，奥里诺科河的一条支流，经由这条瀑布而下直坠谷底，落差达到979米。瀑布主体泻下807米，随后是一连串倾斜而下的小瀑布和急流。

**◁特有花卉**

长期与世隔绝的环境，使平顶山的顶峰上进化出了许多特有的动植物，比如图中所示的黄眼草属植物。

## 雕琢出罗赖马山的岩石，约形成于18亿年前。

**△失落的世界**

罗赖马山是海拔最高的平顶山之一，它被高达400米的陡峭悬崖环绕着，是好几条河流的发源地。

**平顶山是如何形成的**

圭亚那高原曾经是一片广袤的沙岩高原。在15亿年的时间内，高原中较薄弱的部分，被河流和溪流侵蚀殆尽，只留下了一座座平顶山。

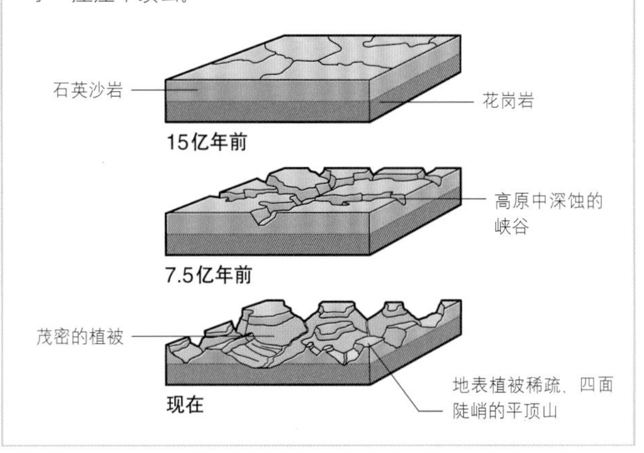


**◁一泻千里**

在天使瀑布最上面的几百米中，瀑布的水流几乎没有触及后面峻峭的沙岩悬崖。

# 安第斯山脉

世界上最长的大陆山脉，包括一系列白雪皑皑的山峰、火山和高原，令人瞩目。

安第斯山脉自北向南沿着南美洲西部边缘绵延7200千米，沿途穿越委内瑞拉、哥伦比亚、厄瓜多尔、秘鲁、玻利维亚、阿根廷和智利等国家。安第斯山脉由数座地界清晰的支山脉组成，这些支山脉是在过去的5000万年中形成的。其中有若干支山脉位于高原地区的两侧。其中的一片高原地区阿尔蒂普拉诺高原（参见第96—97页）是世界上海拔第二高的高原，其海拔高度仅次于青藏高原。

## 沙漠与冰川

安第斯山脉构成了一道强大的地理屏障和生物屏障，隔开了太平洋海岸和南美洲的其余地区。这道屏障的宽度不等。在南美洲最南端，其宽度仅为100千米左右，而在南美洲中部地区，其宽度达到了700千米左右。在这片狭长的地带中，分布着各种不同的地貌，包括地球上最干旱的地区阿塔卡马沙漠（参见第124—125页），以及世界上最深的峡谷。在阿尔蒂普拉诺高原中，坐落着一些一望无垠的盐滩和盐湖。

## 火山与地震

安第斯山脉中星罗棋布地分布着约180座活火山，以及难以计数的死火山。它们是板块活动（参见第94—95页）的结果。板块活动导致安第斯山脉下出现岩浆，岩浆上升，引发了大量的火山活动。这样的板块活动也引发了地震，包括有史以来最强烈的地震，1960年震中位于智利海滨附近的大地震。

▽ 山区的驮兽

美洲驼和羊驼、小羊驼、骆马，是安第斯山脉中的四种骆驼的近亲。美洲驼和羊驼是驯化的，而其他两种驮兽是野生的。

△ 肮脏的雷暴云

在火山灰柱中或火山灰柱周围的闪电被称为肮脏的雷暴云。如图，智利的卡尔布科火山在2015年喷发时出现的闪电。这是因为火山灰颗粒和大气摩擦而产生的电闪雷鸣。

### 安第斯山脉南部的雨影区

在安第斯山脉南部，盛行风从西部吹来，并将饱含水汽的空气从太平洋推向安第斯山脉。随着这股空气抵达安第斯山脉，它上升、膨胀、然后冷却，并在群山的西坡上形成了降雨。然而，在这股空气从安第斯山脉的东面吹下时，它已经成为一股干燥的风，因而给南美洲的东南地区带来了干燥的气候（形成了一片雨影区）。

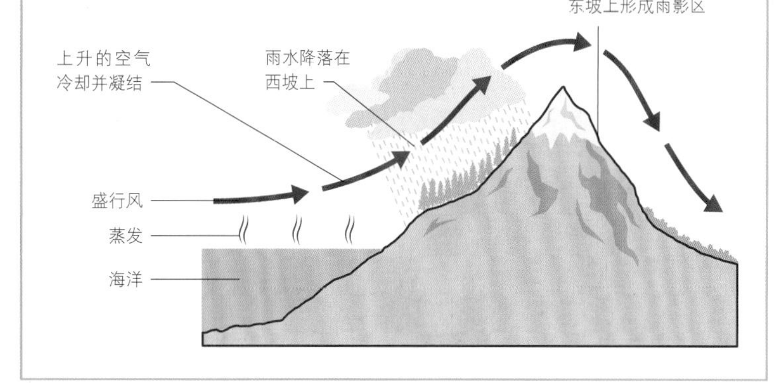


△ 美洲的屋脊

位于图中正中间的阿空加瓜山，不仅是安第斯山脉的最高峰，也是除了亚洲的最高峰，最高点的海拔为6961米。它位于阿根廷境内，就在阿根廷和智利边界的东面。

厄瓜多尔的科多帕希火山，是世界上高海拔的活火山之一。自1738年以来，它已经喷发了50次。

# 形成一条山链

大多数山链都形成于两个构造板块。其中至少有一个板块承载着陆壳，在地幔对流的驱动下，彼此相对移动或靠拢的区域。如果两块构造板块承载的都是陆壳，它们就会相互碰撞，并导致山峰隆起。喜马拉雅山脉就是这样形成的。但如果只有一块地质构造板块承载着大陆，两者相撞也会形成山链。安第斯山脉的形成就是最好的例子。

### 安第斯山脉的形成过程

最终造就安第斯山脉的漫长地质过程，在数千万年前就已经拉开了帷幕。随着位于南美洲以西的一个新的汇聚型板块边界的扩张，这一过程就开始了。这一板块边界以西的那些以大洋为主的板块，包括现在的纳斯卡板块和科克斯板块的前身，开始潜没，或者说下移到它们东面的南美板块之下。这一活动过程使南美大陆西部的岩石层（地壳和地幔的顶层）受到挤压，导致严重的断裂。这称为冲断裂作用，致使大面积的岩石圈向上抬升。在这一地区的部分区域，形成了一条山链。而在别的区域之中，这一过程导致一些平行支脉在不同阶段先后隆起。而板块的潜没，导致地下深处出现大量岩浆。这些岩浆上升，使这一山链的许多地区，出现了火山活动。

### 安第斯火山带

在安第斯山脉的以下4个地区中，火山最为密集，北部、中部、南部和南端火山带。在这些火山带之间，分布着大片没有火山的间断带。比如，在秘鲁南部约有30座火山，而在秘鲁境内的安第斯山脉的其他地区，却连一座火山都没有。这些间断带的形成原因，至今尚未完全弄清。根据其中一种理论，这是因为潜没到南美板块下的那些地质板块，在这些间断带的潜没倾角相对较小。

**▶中安第斯山**

这是一张中安第斯山脉的横截面图。中安第斯山脉主要位于玻利维亚和智利的北部，向北延伸到秘鲁境内。在这一地区，两条大致平行的支脉——西科迪勒拉山脉和东科迪勒拉山脉——被一片高耸、广阔的高原隔开，这一高原就是阿尔蒂普拉诺高原。

**▷西面山坡**

阿塔卡马沙漠地区极为干旱。在其所处的纬度范围，风主要从东面吹来。随着风将潮湿的空气向上推送到安第斯山脉的东面山坡，雨水降落在山的另一侧，导致西部的山坡和沿海地区变得极为干燥。

**海沟**

秘鲁-智利海沟正是一块板块移到另一块板块之下的地方。它深达7～8千米。

**纳斯卡板块**

这一板块约有50～60千米厚。

纳斯卡板块正在以每年7.5厘米左右的速度，缓缓移向南美板块，并移到它的下方。

**岩石圈地幔**

这是地幔的最上层。它和位于其上方的地壳，一起构成了一个相对坚硬的地层，称为岩石圈。岩石圈分成若干地质板块。

**软流圈**

这一更易变形的地球上地幔层，比上方的岩石圈更炽热。

**洋壳**

这一正在下潜的地质板块的顶部是洋壳。它由玄武岩和辉长岩等岩石构成，洋壳中含有大量的水。

随着安第斯山脉的形成，南美洲从西向东的距离缩短了。

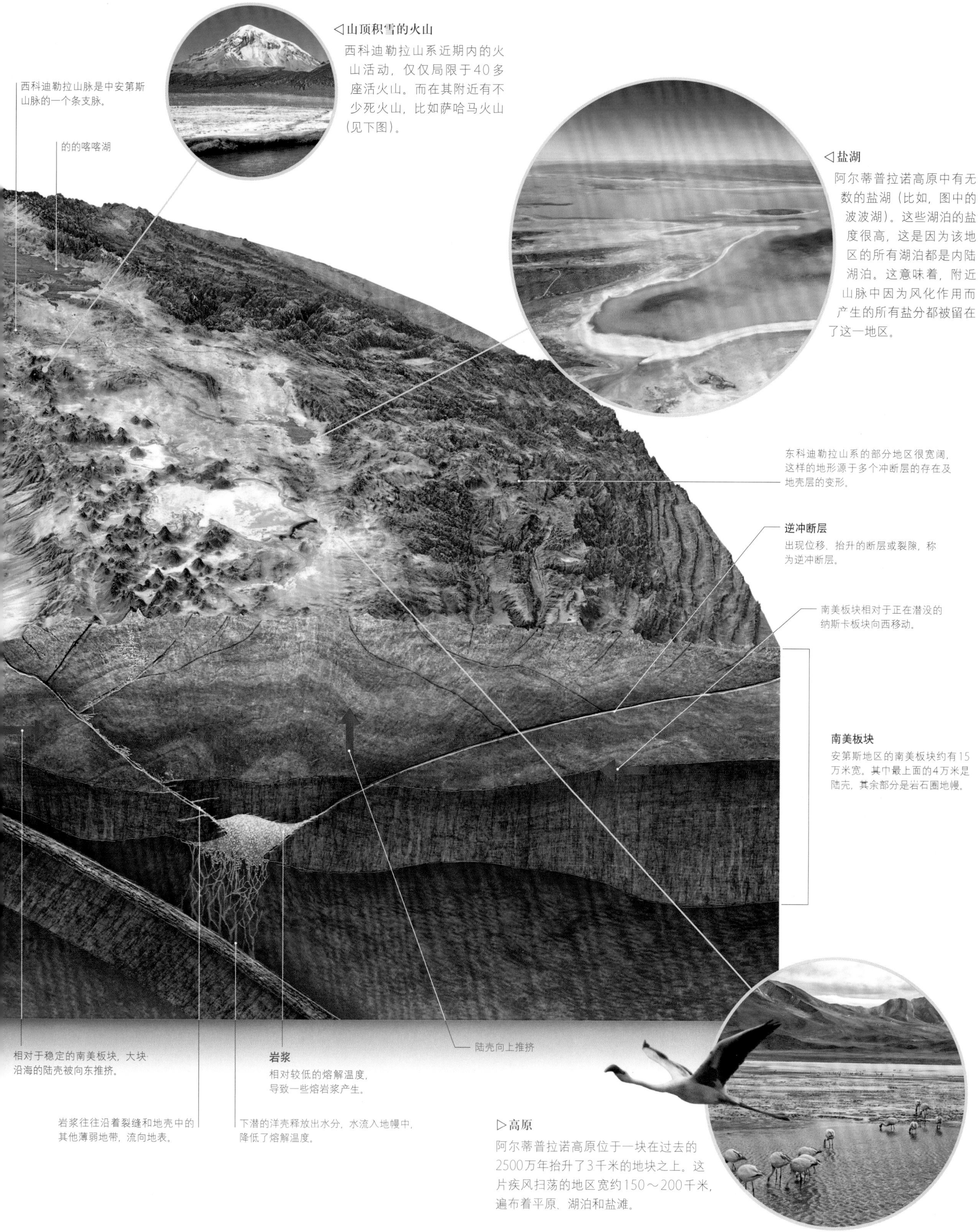

西科迪勒拉山脉是中安第斯山脉的一个条支脉。

的的喀喀湖

◁山顶积雪的火山

西科迪勒拉山系近期内的火山活动，仅仅局限于40多座活火山。而在其附近有不少死火山，比如萨哈马火山（见下图）。

◁盐湖

阿尔蒂普拉诺高原中有无数的盐湖（比如，图中的波波湖）。这些湖泊的盐度很高，这是因为该地区的所有湖泊都是内陆湖泊。这意味着，附近山脉中因为风化作用而产生的所有盐分都被留在了这一地区。

东科迪勒拉山系的部分地区很宽阔，这样的地形源于多个冲断层的存在及地壳层的变形。

**逆冲断层**

出现位移、抬升的断层或裂隙，称为逆冲断层。

南美板块相对于正在潜没的纳斯卡板块向西移动。

**南美板块**

安第斯地区的南美板块约有15万米宽。其中最上面的4万米是陆壳，其余部分是岩石圈地幔。

相对于稳定的南美板块，大块沿海的陆壳被向东推挤。

**岩浆**

相对较低的熔解温度，导致一些熔岩浆产生。

陆壳向上推挤

岩浆往往沿着裂缝和地壳中的其他薄弱地带，流向地表。

下潜的洋壳释放出水分，水流入地幔中，降低了熔解温度。

▷高原

阿尔蒂普拉诺高原位于一块在过去的2500万年抬升了3千米的地块之上。这片疾风扫荡的地区宽约150～200千米，遍布着平原、湖泊和盐滩。

# 阿尔蒂普拉诺高原

中安第斯山脉的一片广袤的高原，景色令人惊艳、超凡脱俗，但生活环境非常严苛。

众多火山映衬的阿尔蒂普拉诺高原是一片疾风扫荡的土地，分布着植被稀疏的高原、湖泊和盐滩。它位于中安第斯山脉，占地面积约为20万平方千米。它大部分位于玻利维亚境内，但一部分延伸到了秘鲁、智利和南面的阿根廷境内。阿尔蒂普拉诺高原中有一个大都市区，其中包括拉巴斯和埃尔阿尔托这两个邻近的大城市。

### 冰、火、盐、风之地

阿尔蒂普拉诺高原西面和安第斯山脉的支脉西科迪勒拉山脉交界处，后者中分布着一些大型火山。阿尔蒂普拉诺高原的大部分地区都很干燥，特别是南部地区，那里的年降水量只有200毫米左右。高原中也有一些大型的盐滩，比如乌尤尼盐沼（参见第126页）。

由于海拔很高，这一地区空气稀薄、气候严寒。在阿尔蒂普拉诺高原的南部地区，尽管白天气温能达到10～25℃，夜间气温会跌倒-20℃以下。当地的野生生物包括小羊驼（美洲驼的远亲）、兔鼠（一种类似兔子的啮齿动物）和安第斯狐等，它们已经适应了这样的环境。

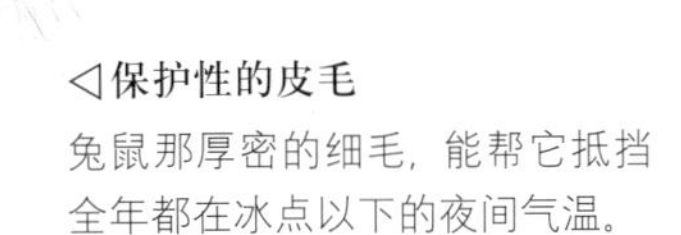

◁保护性的皮毛
兔鼠那厚密的细毛，能帮它抵挡全年都在冰点以下的夜间气温。

阿尔蒂普拉诺高原的平均海拔为3750米。

### 在阿尔蒂普拉诺高原之下

在中安第斯山脉，两个或两个以上阶段的造山运动，导致东科迪勒拉山脉和西科迪勒拉山脉向上抬升，而阿尔蒂普拉诺高原将这两大山脉相互隔开。关于阿尔蒂普拉诺高原如何形成的一些具体细节，科学界向来存在着激烈的争论。但近期的研究表明，这一高原之下的地壳，在最近的2500万年中，先后几次抬升，共升高了3千米。

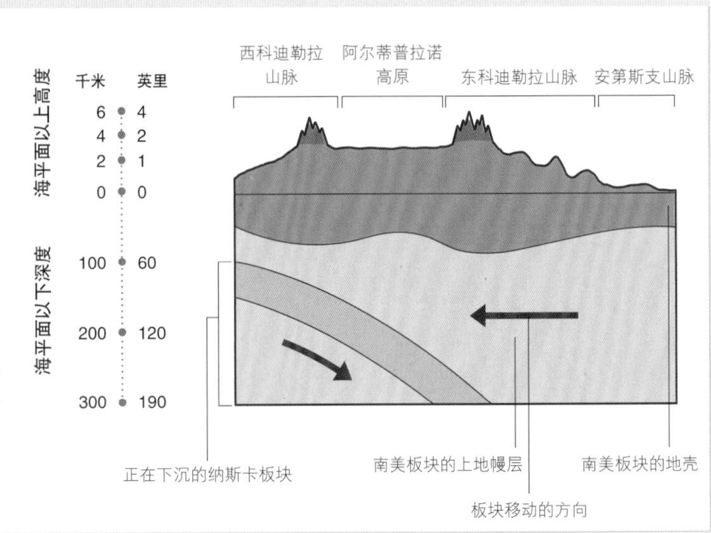

# 塔蒂奥间歇泉区

世界上间歇泉密集的地区之一，位于智利境内安第斯山脉的高海拔地带。

塔蒂奥间歇泉是全球第三大间歇泉区，也是全球海拔最高的大型间歇泉区，位于海平面以上4320米的高海拔地区。它坐落在智利的阿塔卡马沙漠（参见第124—125页）边缘的多火山地区中。人们能从离它较近的城镇之一圣佩德罗－德阿塔卡马通过一条小路抵达这一间隙泉区。

这里的间歇泉喷射得并不是很高。人们观测到的最高的一次间歇泉喷发，约喷射了6米。然而，这里的间歇泉的密度很高，多少弥补了这一缺陷。在步行几分钟之内的一片区域中，共有20多个间歇泉。而一个个温泉和喷气孔（喷出气体的火山口），点缀在密集的间歇泉之间。当地政府不得不警告游客，不要离这些温泉和间歇泉太近，因为曾经有人不慎落水，不幸伤亡。

**间歇泉区的布局**

在面积约5平方千米的塔蒂奥间歇泉区中，共有约80个间歇泉。其中大多数间歇泉集中在三大主要区域：上间歇泉盆地、中间歇泉盆地和下间歇泉盆地。

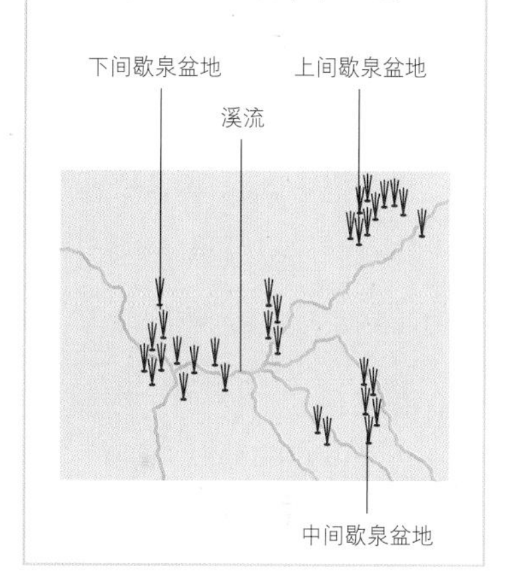


▽**喷射出来的烫水**

在塔蒂奥间歇泉区，图中这座间歇泉和其他间歇泉喷射出来的泉水非常烫，高达85℃。在这一高海拔地区，这样的温度已经接近水的沸点。

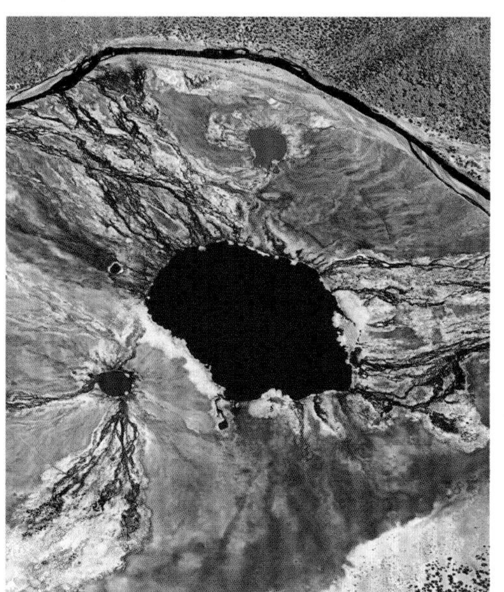

△**智利境内的阿尔蒂普拉诺高原**

位于智利境内的阿尔蒂普拉诺高原中，有一个深蓝色的湖泊米斯坎蒂湖，湖水中含有大量盐分。

◁**猩红色的湖泊**

在智利－玻利维亚边境附近，有一个当地称为红湖的奇异景观。红湖实际上是一个水温在40～50℃的温泉。一种嗜热的鲜红色藻类在湖中兴盛繁衍，因此湖水呈现出猩红色。

# 面包山

垂直耸立于里约热内卢水岸的一座庞然大物，由花岗岩和石英岩构成。

面包山（又译为休格洛夫山）高耸于里约热内卢之上396米。它位于瓜纳巴拉湾内的一个半岛上。瓜纳巴拉湾是一个海湾，里约港也在这个海湾中。

构成面包山和周围的其他穹顶山峰的岩石，是在成千上万年前，由于岩浆从地下深处上升，随后在地表之下凝固而形成的。约从1亿年前开始，南美大陆脱离非洲，形成南大西洋，并导致南美大陆的东部海岸周围的地壳中出现裂隙。这些裂隙导致这一花岗岩体周围的岩石中产生薄弱地带，使它们遭受雨水等介质侵蚀而脱落（见右图）。

▷**巍峨耸立**

从面包山山顶（图中中央），能一览无余地鸟瞰里约港（图中前景中）和瓜纳巴拉湾（面包山左侧）。

### 面包山是怎样形成的

面包山最初是地下的一块花岗岩体。随着它周围和上面的较软的岩石遭到风化剥蚀，这块花岗岩体曝露在地表之上。在侵蚀作用的继续影响下，它形成了现在的形状。

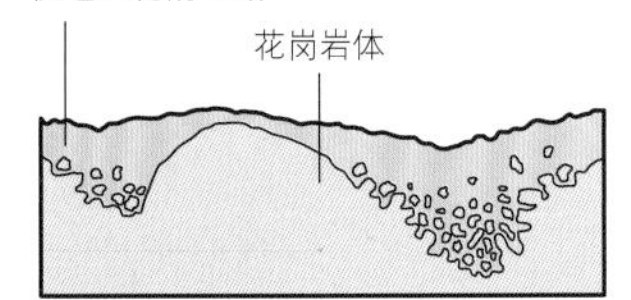


**较软的岩石被风化**

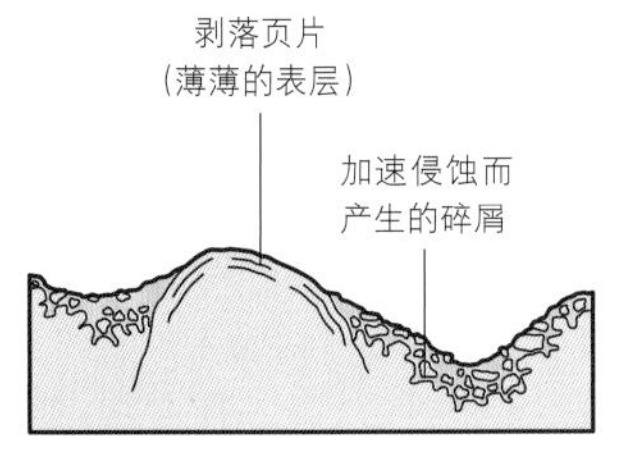


**花岗岩体露出**

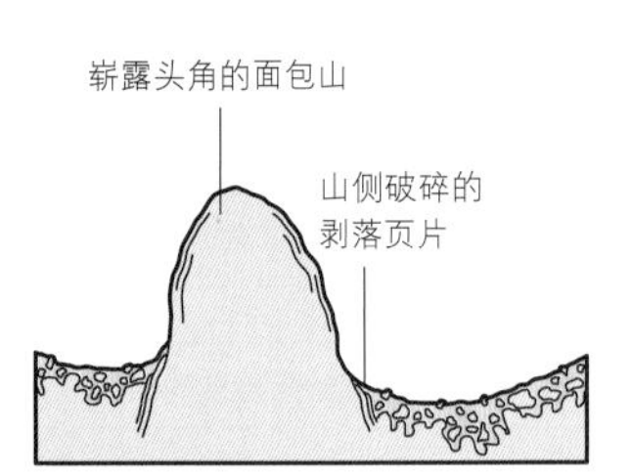


**陡峭的穹顶形状形成**

# 十四彩山

阿根廷西北部的一座小山脉，拥有壮观的之字形结构和令人难以置信的绚丽色彩。

▽**色彩斑斓**

十四彩山的岩层拥有五彩斑斓的色调，包括鲜红色、奶油色、灰绿色等。

十四彩山是一大片沉积岩的一部分，这片沉积岩从秘鲁向南方延伸约500千米长。这种沉积岩称为古新统形成物，主要由石灰岩以及一些沙岩、粉沙岩构成，约于距今7200万～6100万年前，在一片浅海中形成（当时南美洲的这一区域还位于水下）。

沉积在海洋中的沉淀物的多样化的矿物构成、海水的化学成分、当时存在的那些生命形态造就了岩石如此引人瞩目的色彩变化。随着时间的推移，这些岩层受到抬升，并发生了一定角度的倾斜，这些都是地质作用的结果。随后，岩石受到风化、侵蚀作用的影响，变成了如今这样令人兴奋的景观。缤纷绚丽的色彩，赋予了这片地带一丝超现实的意味。

# 托雷德斐恩国家公园

巴塔哥尼亚的一片景色佳绝的地区，遍布着山顶积雪的群山、冰川、瀑布、湖泊和河流。

在智利首都圣地亚哥以南约1960千米的地方，坐落着南美美丽壮观的国家公园之一托雷德斐恩国家公园（the Torres del Paine，意为蓝塔）。Paine（佩恩）音为pie-nay，在当地的德卫尔彻人的语言中，意为蓝色。从远处看，这个国家公园中的群山，的确略显淡蓝色。

## 花岗岩尖塔和尖尖的山峰

作为托雷德斐恩国家公园标志性的景点之一，三座巨大的石灰岩尖塔——三塔（the Torres）耸立在巴塔哥尼亚草原之上，高达1500米。在它们附近不远处就是科尔诺德斐恩山（Cuernos del Paine，意为蓝塔），三座巨大的山峰，它们的峰顶就像尖锐的、黑色的岩石“獠牙”。对许多游客来说，这一景观极有吸引力，因为它们具有壮丽的外观、锋利的边缘、变幻的色彩。这一国家公园中的其他高山包括，海拔2884米的大蓝山，海拔2640米的尼托上将山。

作为世间仅剩的最后一片真正的荒野地带，托雷德斐恩国家公园中拥有多种独具特色的野生生物，包括骆马、狐狸、美洲驼和安第斯秃鹫等。这个国家公园为郁郁苍苍的植被所覆盖，植物品种包括智利希茉莉等常绿灌木。

◁三塔

图中左侧的南塔、中间高达2800米的中塔和右侧的北塔，构成了花岗岩三塔这一托雷德斐恩国家公园中的标志性景观。

### 三塔是怎样形成的

托雷斯斐恩的三塔是由1300万年前上涌到地表下方的岩浆所形成的花岗岩构成的。岩浆冷却形成花岗岩块，后来这一地区受到冰川侵蚀，这一花岗岩体便露了出来。

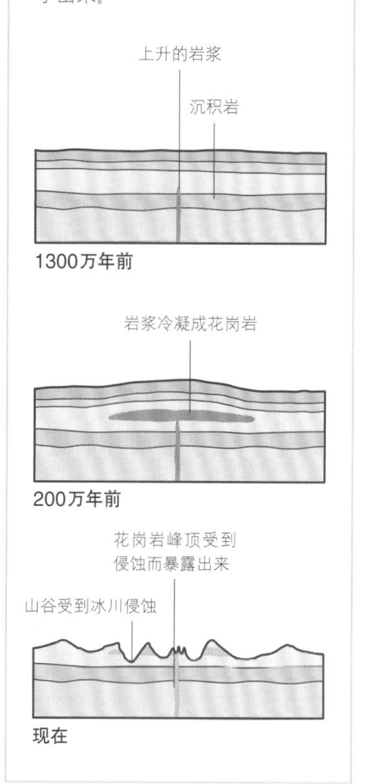


▽黑色的山峰

在图中左侧能看到耸入天际、峰顶黑色的科尔诺斐德恩山，它高达2500米；在图中右侧能看到尼托上将山。

# 奎尔卡亚冰盖

位于热带地区，是秘鲁安第斯山脉中的东科迪勒拉山脉中受到冰川影响最大的地区，

奎尔卡亚冰盖覆盖着安第斯高山区44平方千米的土地，这足以说明，这一处于热带的严寒地区的海拔有多么高。冰盖中的所有区域，都位于海拔5000米以上。冰盖对周围的地区而言极为重要，因为它的融水灌溉着下方山谷中的田地，并且还为秘鲁的一些大城市，比如库斯科提供饮用水。然而，由于全球气候变暖，在过去的30年中，这一冰盖已经减少了五分之一左右的面积，而且它正在不断加速缩小。一棵有5700年历史的植株残体，最近从冰盖之下露出地面。这说明，至少在5000多年之前，这一冰盖的面积才有可能比现在更小。

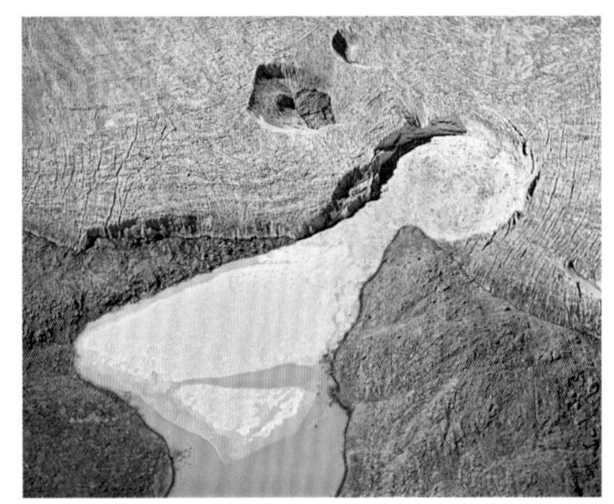

▷锁眼状的泻湖
这个形态罕见的锁眼状的景观，是一个融水湖。在21世纪的前10年中，它在冰盖的一侧形成了。目前，它暂时被冰块覆盖着。

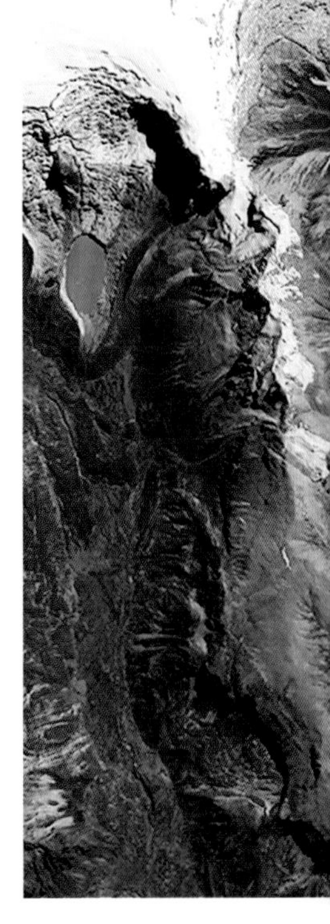

奎尔卡亚冰盖离亚马逊热带雨林并不遥远，而后者的气温比前者高27℃左右。

# 帕斯托鲁里冰川

一条正在萎缩的秘鲁小冰川，但仍然不失为一个壮观的景点。它吸引着那些热爱冰雪活动的游客。

帕斯托鲁里冰川坐落在安第斯山脉中的科迪勒拉布兰卡山脉的南部，位于秘鲁东北部。它占据了一座5240米高的安第斯山峰的一侧，这座山峰名为内瓦多帕斯托鲁里山。这是一条环形冰川——冰川中的一种类型，通常出现在高山上的碗形凹地中。

### 陡峭的山坡

帕斯托鲁里冰川的边缘地带极为陡峭，就像悬崖一样，因此成为冰山攀登爱好者们喜爱的旅游目的地。尽管它的部分表面上密布着裂缝，但其他地方往往覆盖着深软的积雪，这吸引来了滑雪和单板滑雪爱好者。

▷蓝色的冰洞
在帕斯托鲁里冰川中海拔约5200米的地方有一个冰洞。游客们可以在冰川上徒步，并游览这个闪闪发亮的蓝色冰洞。

◁高海拔冰洞
从这张伪色卫星图象中，能看到一部分冰盖和分布在其周围的一连串小湖泊。附近山谷中的植被，看上去似乎是红色的。

▽山上的仙人掌
在冰盖附近的秘鲁安第斯山脉高地生长着各个品种的仙人掌，包括这种纸刺属的仙人掌，它常被称为"蛮将殿"。

# 南巴塔哥尼亚冰原

全球第二大绵延不断的冰原，它沿着安第斯山脉南部延伸近370千米。

冰原是高海拔地区被一望无际的整块坚冰覆盖的陆地，它一部分被群山所包围（冰盖和冰盾几乎完全覆盖在一个地区之上）。南巴塔哥尼亚冰原是上一个冰川时代的遗迹。上一个冰川时代约在18 000年前，当时整个智利的南部和阿根廷都被一块厚厚的冰盾覆盖着。据估计，其面积约为48万平方千米。现在，它的规模不及当初的3%。高3359米的菲茨罗伊峰和高3623米的劳塔罗火山是被这片冰原包围的两大主要山峰。

▷注出冰川
数十条注出冰川，将这一冰原上的冰运送下山。其中有的注出冰川止于一个冰川湖中，而有的注出冰川将冰山倾泻在智利峡湾（参见第116页）中。

## 冰原及其注出冰川

南巴塔哥尼亚冰原很狭长，其平均宽度只有35千米左右。它有无数条注出冰川，图中标出了其中较大的几条注出冰川。

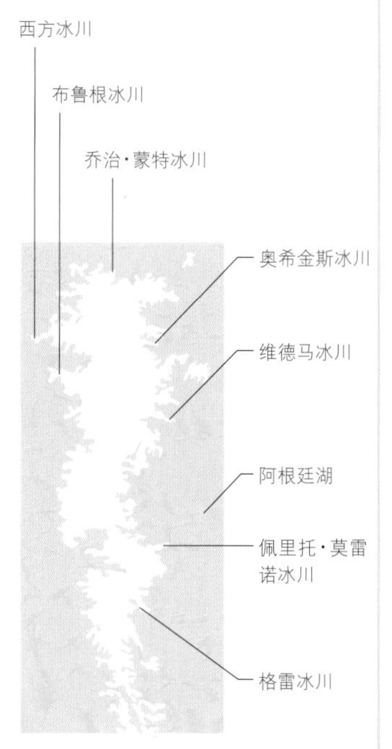

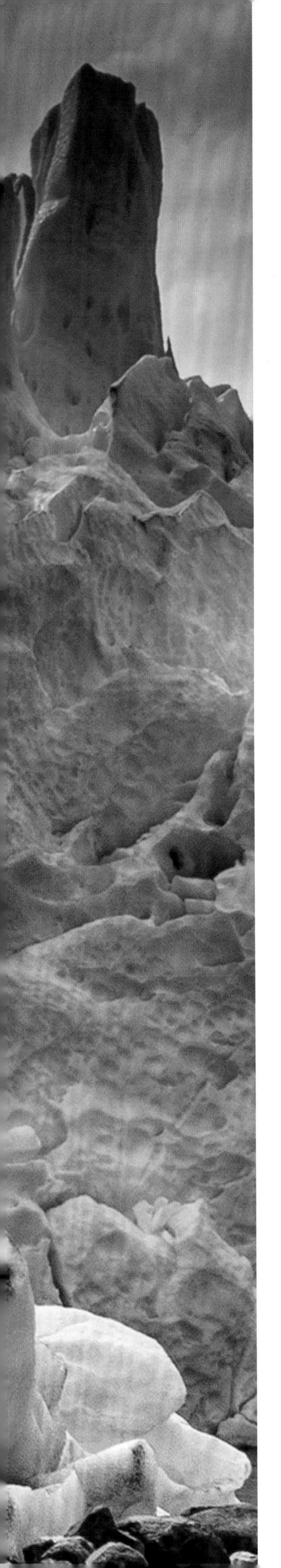

# 佩里托·莫雷诺冰川

一条引人瞩目的巴塔哥尼亚地区的冰川，它将大量冰块倾泻到阿根廷湖。

佩里托·莫雷诺冰川是一条源自于南巴塔哥尼亚冰原（参见第101页）的注出冰川。它从冰原东侧一路下降，并将大大小小的冰山倾泻在阿根廷最大的湖泊阿根廷湖中。这条冰川约有24千米长，面积约为200平方千米，其终端是一面广阔的冰墙，约有5千米宽。和世界上大多数冰川不同的是，佩里托·莫雷诺冰川没有出现退缩。冰川学家们不明白其中的原因。

## 冰裂表面

这条冰川位于阿根廷冰川国家公园中，是巴塔哥尼亚游客较多的景点之一。向导陪同的前提下，游客可以在冰川的表面上自由徒步。很多观光客喜欢亲眼目睹巨大的碎冰从冰裂表面坠落下来的场景。在阳光的温暖照耀下，大约每隔半个小时，那儿就会发生一次冰块崩解。

### 里科湾冰坝

冰川会不断向前推进，并封堵里科湾——阿根廷湖的一个湖湾。随着冰坝的形成，里科湾的水平面可能会上升60米之高，随后湖水就会冲破冰坝，并在24小时内，将约10亿吨的水倾倒在湖中。

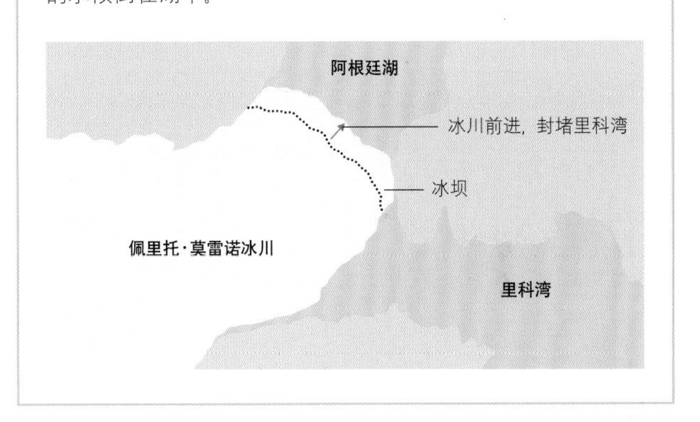


佩里托·莫雷诺冰川的那一堵不断崩解冰山的冰墙，耸立在阿根廷湖上，高达74米。

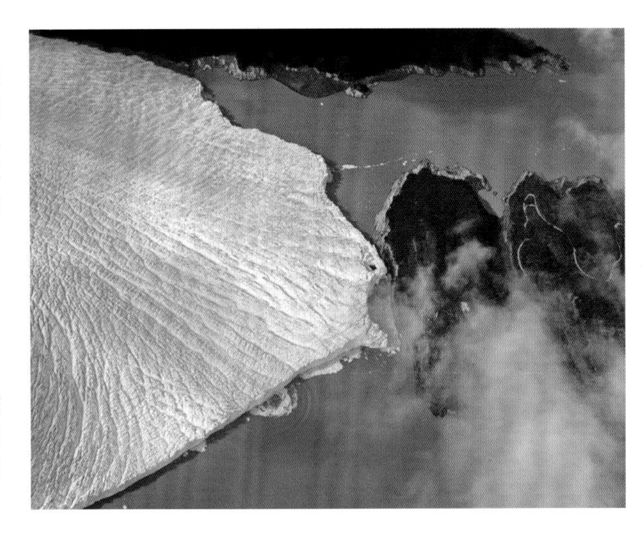

▷冰川迫近
如图所示，这条冰川正在里科湾（图中底端）和阿根廷湖（图中顶端）之间形成一座冰坝。可以看到，一座座冰山正在不断崩解到里科湾中。

◁从旁经过
大量冰块和冰锥正在缓缓流向山下。前景中的物质是沉积在冰川两侧的巨砾和其他岩石碎屑。

△轰然倒塌
随着水压不断增大，冰坝中冲出了一条水流通道，冰坝终将坍塌。不久之后，通道上的那座冰桥也会戏剧性地倒塌。

# 拉诺斯草原

一片会出现季节性洪水泛滥的热带稀树草原。在这片广阔无垠的草原中，生存着一些独一无二的动物。

△ 警惕的眼睛

拉诺斯草原中生活着100多种爬行动物，包括多种乌龟、蛇和鳄鱼。眼镜凯门鳄是这片草原中数量较多的爬行动物之一。

拉诺斯草原（或拉诺斯平原）是一片连绵不断的热带草原。它横跨哥伦比亚和委内瑞拉，从安第斯山脚下一直延伸到奥里诺科三角洲，并与加勒比地区接壤。尽管拉诺斯地区拥有多种多样的生态环境，包括林地和沼泽，但绝大多数地区是无树的热带草原。这片草原会季节性地被奥里诺科河支流中的河水淹没。

## 独一无二的野生动物

拉诺斯草原是许多物种的家园，这些动植物在一般的稀树草原生态系统中并不常见。其中包括极度濒危的奥里诺科鳄鱼，这种鳄鱼只在拉诺斯草原被发现；世界上最大的啮齿动物半水栖水豚。该地区中生存着数百种鸟类，包括候鸟和留鸟，其中水禽和涉禽占了不少比例。

△ 有特色的鸟喙

拉诺斯草原上生活着全球数量最多的美洲红鹮。这种鸟儿用它那狭长的鸟喙探寻食物，比如潜藏在软泥和各种植物之下的昆虫。

### 季节性洪水

拉诺斯草原是一个气候极端的地区，季节性洪水和季节性干旱交替出现。全年90%的雨水，出现在每年4～10月。到了5月，奥里诺科河的多条支流开始泛滥。而在泛滥季的最高峰，拉诺斯草原的大部分地区都会成为湿地。

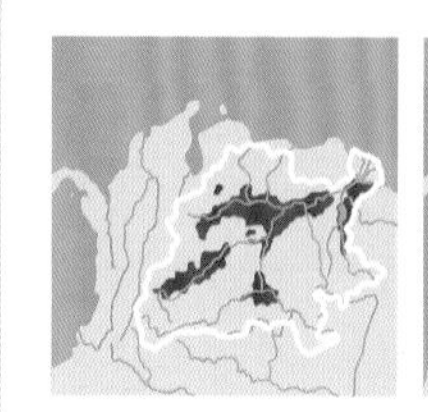

5月

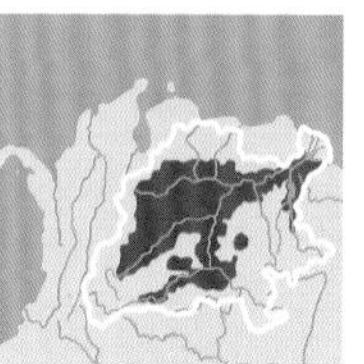

6月

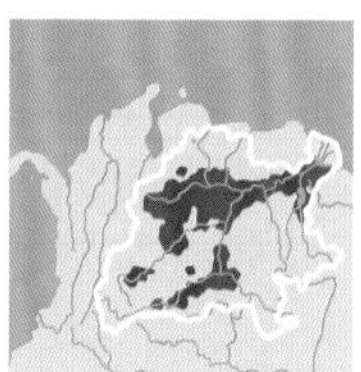

10月

**拉诺斯草原是世界上力量最大的蛇绿森蚺的家园。**

△清澈透明的河水

彩虹河是一条流速较快的河流，河流中遍布瀑布、急流和打着旋涡的深潭。河水中缺乏沉积物和营养物质，因此极为清澈。

# 彩虹河

五彩缤纷的水生植物和清澈的河水，共同创造了一道液体彩虹。

在哥伦比亚中部马卡雷纳山脉的台地中，流淌着一条长100千米的河流。在一年的五个月中，这条河流会呈现出红、绿、黄、篮交错的缤纷色彩。彩虹河会表演这样的七彩秀，是因为一种当地特有的植物开花了，这种植物叫河苔草。当流水和阳光精确组合在一起时，这种植物就会呈现艳红的色彩。而水中其他的绿色植物、多沙的河床和倒映着蓝天的清澈河水，赋予了河水其他的色彩。尽管这条河流中水生植物的品种非常丰富，但一般认为，这条河流中并没有鱼类生存。

# 的的喀喀湖

世界上最高的通航湖泊，也是南美洲最大的通航湖泊。

的的喀喀湖是南美洲最大的淡水湖，面积达到8370平方千米。它横跨在秘鲁和玻利维亚的边境之上，坐落在阿尔蒂普拉诺盆地（参见第96页）、安第斯山脉的高海拔地区。它位于海平面以上3812米处，是世界上海拔最高的商业性通航湖泊。

这个湖泊的两个子湖，通过蒂基纳水道彼此连通。北面的格兰德湖面积较大，同时，它也比较小的维尼亚伊马卡湖更深。分属于五大水系的超过25条河流，都将河水汇入这个湖泊中。但只有一条河流向外流淌，那就是的的喀喀湖南端的德萨瓜德罗河。这条河流带走的水量，只占喀喀湖湖水流失总量的5%左右。由于气候干旱、多风，其他水分都是被蒸发掉的。

◁下降的水位

近几年，的的喀喀湖的水位出现了缓慢的下降。除了缺乏雨水，由于气候变化而导致冰川缩减，并因此而导致夏季融水量降低，也是一大原因。

### 阿尔蒂普拉诺高原湖泊

这一阿尔蒂普拉诺高原的北部和中部流域盆地的横截面图，展示了的的喀喀湖和波波湖目前的水位，以及一些已经干涸的古代湖泊的水位，这些湖泊现在已经变成了盐沼。到2015年末，波波湖也已经彻底干涸了。的的喀喀湖水位变低，也是波波湖干涸的一大原因，因为的的喀喀湖会为波波湖供水。

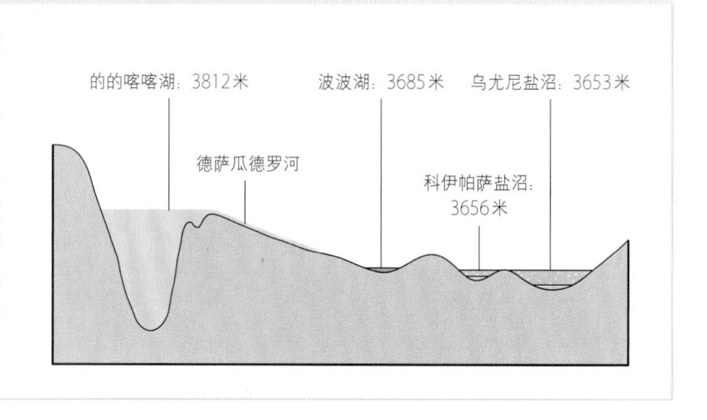

# 亚马逊河

作为世界上最长的河流，它在地球上最广阔无垠的热带雨林之间蜿蜒流淌，孕育了一个独一无二的生态系统。

无论是从集水区面积来衡量，还是从流经各条河道的水量来衡量，亚马逊河都是世界上最大的河流。它所携带的河水，占流入全球各大海洋的所有淡水总量的五分之一。其流域广袤无垠，流域面积占南美洲总面积的40%以上。亚马逊河的主要支流，有三分之二都在巴西境内，巴西境内的亚马逊流域面积，也是迄今为止各国中占比最大的。亚马逊河以及它的1000多条支流，给全球最大的热带雨林（参见第120—121页）亚马逊雨林带来了多种多样的丰富物种。尽管亚马逊河的确切发源地（参见第108页）和总长度一直备受人们争议，但它依然被公认为是全球第二长河，仅次于尼罗河（参见第190—191页）。

亚马逊河发源于秘鲁南部安第斯山脉中的高海拔地区。它的发源地距太平洋海岸不到200千米。随后，它流淌6400多千米，最终到达巴西东北部的海岸，并以平均每秒2000亿升的流量，将河水倾注在大西洋。在洪水期，亚马逊河部分地段的宽度超过50千米。而亚马逊河的河口，横跨在一片宽达30多万米的地域上。

◁恶名昭著
尽管红腹食人鱼是一种恶名昭著的凶猛食肉鱼类，但它们主要在浅滩中游动，搜寻、捡拾食物，这是为了保护自己，不被更大的食肉鱼类吞吃。

## 亚马逊河的流量，比位列它之后的七大河的总流量还大。

### 地球上最大的河流流域

一条河流的流域，也称为它的集水区，是这条河流以及它的所有支流作为排水河道的土地的总面积。截止目前，亚马逊河是全球流域面积最大的河流。它的流域面积约为世界第二大河流流域中非的刚果河（参见第192页）的两倍。

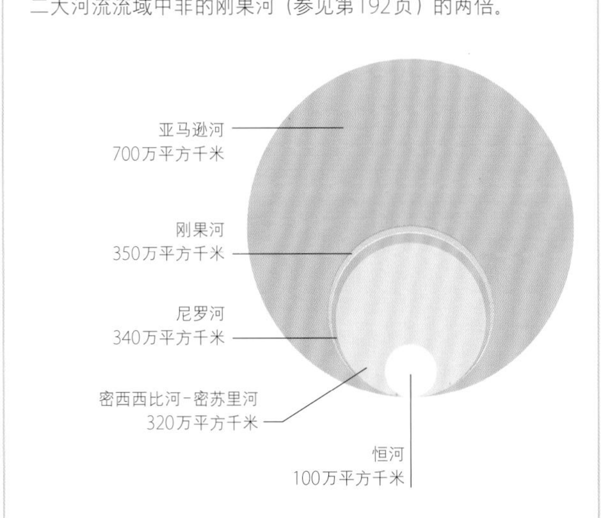

△旺盛生长
水葫芦生长得很快。在其本土亚马逊流域之外，它具有极强的侵略性，会堵住河道，妨碍其他野生生物生长。

▷绕大圈子
亚马逊流域的大部分区域地势平坦，亚马逊河及其众多支流的大部分河道，缓缓地蜿蜒流经广袤的原始森林地区。

# 河流流域的形貌特征

◁源头

一条大河的源头在哪儿？这个问题常常会引起争议。自2014年来，科学家认为，亚马逊河的源头是位于秘鲁安第斯山脉高海拔地区的曼塔罗河。

一个河流流域是一个地理区域，所有通常通过降水的形式进入这一地理区域的水都通过一条河流及其纵横交错的各条支流，流入一个共同的出水口中。各个河流流域的外观、复杂程度和规模各不相同。迄今为止，亚马逊流域是地球上最大的河流流域。然而，所有的河流流域都有一些共同的特征。

## 从源头到河口

一个流域的分水岭标出了这一流域的周长，将它与邻近的河川系统区别开。流域分水岭自然而然地穿过高海拔地区，例如山脉和高原。一个河川系统的源头有可能是山泉、冰川融水、沼泽，它是一条河道中距其最终出水口最远的地方。在一个河流流域地势升高的区域，往往分布着一些流速很快的河流。这些河流中有湍流和瀑布，它们会往下流淌到地势较低、也更为平坦的地带中，流速变慢、河道变宽，并且往往蜿蜒流淌。

一个流域中的大多数水道，都是最终会流入干流中的支流。这些支流有可能自身也是大河，比如亚马逊河的支流尼格罗河。成分和色调各异、来自不同源头的水流，会在它们的交汇点或者汇流点汇聚在一起。那些位于下游的大河通常会在洪水期间将沉积物堆积在谷底，从而塑造出一个泛滥平原。这条河流会蜿蜒流经这片泛滥平原，在此过程中，河道会发生改变，有可能是河水不断侵蚀河岸带来的渐变，也可能是在发生特大洪涝之后的突然改道。大多数河流流域（参见第197页）中的水最后都会流入大海或湖泊中。河流的出水口通常是一个淡水和咸水交融的河口或江口，而且常常是一个三角洲。这个三角洲是由于河流携带的沉积物日益积累而形成的。

**分水岭**
一个河流流域的边界称为分水岭。分水岭通常沿着一条山脊延伸。安第斯山脉形成了亚马逊流域西侧的大部分分水岭。

太平洋

**上游**
在一条河流的上游地带，地势往往急剧下降，并有许多小支流汇入。在亚马逊河的上游地区，河流和溪流沿着陡峭的安第斯山坡往下跌落。

出现季节性洪水的地区

**▶集水区**

河流流域也称为集水区，包括一个河川系统的陡峭上游地区，以及这条河流坡度缓和的下游地区。在亚马逊的下游地区，河流流经的地区是如此平坦，在它从玛瑙斯城一路流入大海的1400千米路程中，它只下降了70米。

**△水生杂技演员**

亚马逊河豚和海豚不同，它们拥有灵活的颈部，这有助于它们在沼泽森林中成功地穿越那些植物。有人亲眼目睹，这些河豚会从河水中探出脑袋，查看周围的环境，偶尔它们还会跃到水面上方1米高的空中。

### 区域性洪水

每年，亚马逊泛滥平原中的广大地区，都会被洪水淹没，从而形成全世界最大的洪溢林。根据GPS传感器显示，在洪峰期，沉甸甸的积水让地面下陷了7.5厘米。亚马逊流域面积很大，并且其季节性降雨的分布不均衡，因此亚马逊流域中的不同地区，会在不同的时段受到洪水的影响。

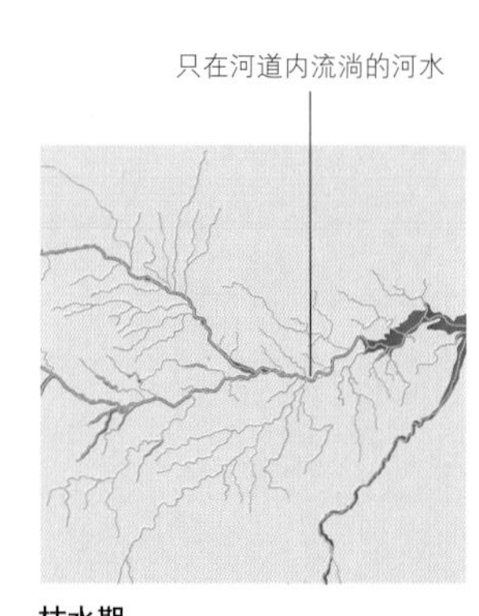


**枯水期**

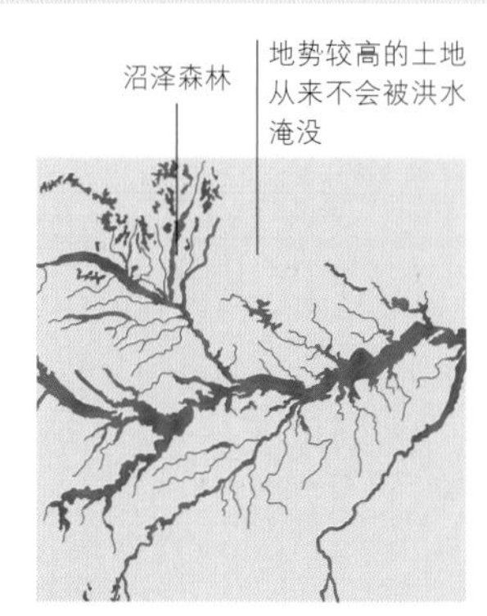


**洪峰期**

# 亚马逊河的河水从安第斯山脉流到大西洋，至少需要一个月。

**主水道**

一个河川系统中最大的一条水道，通常被冠以这条大河的名称，但这并不是绝对的。比如，亚马逊河川系统的主水道，在与内格罗河交汇前的上游地带，被当地人称为索里芒斯河，如图中所示。

**◁汇流点**

被称为“黑白水线”的亚马逊支流的汇流点就位于玛瑙斯城的下游。内格罗河的深色海水和索里芒斯河的栗色海水，在此交汇。两道水流并排流淌几千米之后，最终才融为一体。

**高原**

一片辽阔的高原比一片陡峭的山岭更有可能成为河流流域的分割线。圭亚那高原构成了亚马逊的东北部分水岭。降落在这片高原西北部的雨水，流入奥里诺科河中。

**大陆架地区**

在一条河流流经三角洲之后，河流中的沉积物继续沉淀下来，从而在海底形成了一个沙洲。在亚马逊河的大陆架，一个新近发现的珊瑚礁群非常兴盛，尽管亚马逊河的悬浮物消流遮住了那里的大部分阳光。

**△河口**

河流河口的形状取决于许多因素，包括河流的输沙量和水量。在亚马逊河宽阔的河口地带分布着众多岛屿，包括马拉诺岛，它被认为是世界上由河流沉积物堆积而成的最大岛屿。

**◁泛滥平原**

反复袭来的洪水将一条河流的沉积物散布在河谷的底部，这些沉积物完美地平铺在谷底，形成了一个泛滥平原。在雨季，浸没亚马逊河泛滥平原的洪水能达9米之高。为了应对这种情况，很多泛滥平原的居民都居住在高架屋中。

**砍伐森林**

植被变化会影响水流入河川系统中的速度，并造成水土流失量。在亚马逊流域中大肆砍伐森林，会导致洪水更快进入洪峰期，并导致洪水的水位比以往更高，还会增加水土流失和河流的输沙量。

# 据说，第一次看到伊瓜苏瀑布时，美国前第一夫人埃莉诺·罗斯福惊叹道：“可怜的尼亚加拉瀑布！”

**◁水量**

一条瀑布中的水量决定了这条瀑布的水流侵蚀能力。平均而言，每分钟有1亿多升的水，从地球上的大水量瀑布之一伊瓜苏瀑布流下。

**▷觅食的良机**

瀑布有可能成为许多动植物的乐园。黑额鸣冠雉栖息在大西洋沿岸森林中，它们有时会冒险飞入伊瓜苏瀑布中，寻觅软体动物和昆虫。

**△露出地面的玄武岩岩层**

构成瀑布顶端的坚硬冠岩，是在1.2亿多年前火山喷发、形成泛布玄武岩的过程中生成的。当时火山喷发时，一层层的熔岩覆盖了这一地区。

**瀑布的主水流**

这一魔鬼咽喉下游的横截面图，展示了一条奔腾的水道，伊瓜苏河一半以上的河水，经由这条水道流下。其下方和右侧还有一连串瀑布，在阿根廷境内的一侧。

# 伊瓜苏瀑布

全球壮观的瀑布水系之一，位于一片植被繁茂的南美洲热带森林中。

伊瓜苏瀑布跨越了阿根廷东北部和巴西南部的部分边境线。它是全球大瀑布水系之一，其规模唯有非洲的维多利亚瀑布（参见第194—195页）可媲美。它位于伊瓜苏河的一个急促的马蹄形河湾之上，总落差共计82米。

## 错综复杂的瀑布水系

伊瓜苏瀑布是一个庞大、复杂的瀑布水系，由约300条瀑布组成。瀑布的具体数量取决于伊瓜苏河不同时段的水位。这些瀑布沿着一片支离破碎的玄武岩崖壁一路延伸2.7千米。在这些瀑布的上游地带，众多岛屿将河流分成一股股的水流，这些水流随后变成了一条条大小不一的瀑布。在这些瀑布的中心地带是魔鬼咽喉，一道狭窄、半圆形的峡谷，伊瓜苏河的一半河水在此间跌落。伊瓜苏瀑布奔流而下时产生的巨大喷雾时常将周边地区沾湿，使周边一带形成了潮湿的微气候，多种动植物在这样的微气候中繁衍。

**◁伊瓜苏河**
伊瓜苏河是巴拉那河的主要支流之一。巴拉那河是南美洲的第二长河，仅次于亚马逊河。在伊瓜苏瀑布下游24千米处，巴拉那河汇入亚马逊河中。

**◀伟大的水**
伊瓜苏瀑布约有北美的尼亚加拉瀑布（参见第52页）的3倍宽，并且比后者高出50%左右。伊瓜苏瀑布和伊瓜苏河的名称源自当地的瓜拉尼语，意为“伟大的水”。

**△受到干旱影响的瀑布**
瀑布的水流量会出现巨大的波动。在有可能出现连续干旱气候的旱季，伊瓜苏瀑布的水量会缩小到原来的三分之一，使壮观的瀑布变得面目全非。

### 瀑布是怎样形成的

当一条河流从相对坚硬的岩石流向相对较软的岩石时，就会形成瀑布。流水侵蚀软岩石的速度更快，因此形成了一个陡坎，进而形成了一片瀑布下的水潭。受到底切的那一部分坚硬岩石最终坍塌，随着这一过程继续，瀑布将会朝着上游的方向向后退缩。

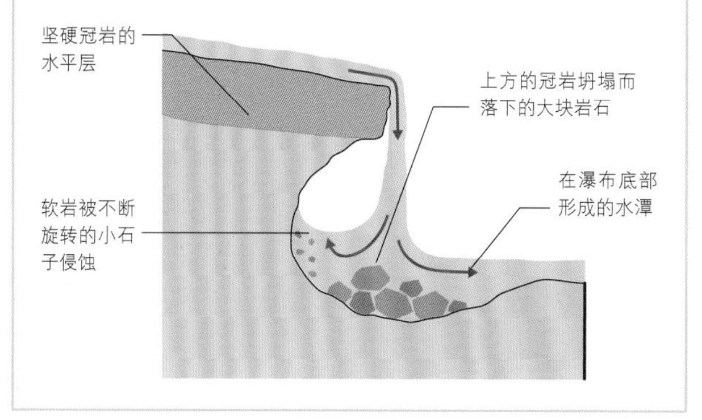

# 潘塔纳尔湿地

一个庞大的淡水湿地生态系统，拥有地球上分布最为密集的动植物种类。

作为全球最大的淡水湿地，潘塔纳尔湿地位于巴拉圭河上游流域，覆盖巴西西部、玻利维亚和巴拉圭部分地区的18万平方千米的土地。潘塔纳尔是一片坡度平缓的泛滥平原，由草原、森林、沼泽、河流等生态区组成，这些生态区都会受到季节性洪水的影响。

## 洪水滋润着万物的生长

潘塔纳尔各地的水位变化很大，因此这一地区中分布着多种植物。在海拔较高的地区，抗旱的林地非常普遍。而在海拔较低的地区，适应了季节性洪水的植物非常兴盛。那些长期被水淹没的区域中，生长着多种水生植物，包括一些百合和风信子属的植物。成千上万的水禽以每年随着洪水迁徙至此、并到这里产卵的大量鱼类为食。此外，据估计，还有1000万条凯门鳄随着洪水而来，它们组成了全球最大的鳄鱼群。

△ 美洲虎

潘塔纳尔湿地是美洲虎的重要栖息地。美洲虎是世界第三大猫科动物，仅次于老虎和狮子。预计，目前全球只有约15 000只美洲虎。

△ 河漫滩

在一望无际的潘塔纳尔平原中，雨季中约有80%的地区浸没在水中，水位会上升5米之高。

## 气候

潘塔纳尔湿地属于热带气候区，一年可分成炎热的雨季和相对干燥的旱季，旱季的几个月比较凉爽。洪水的广度和深度，在全年中变化很大。

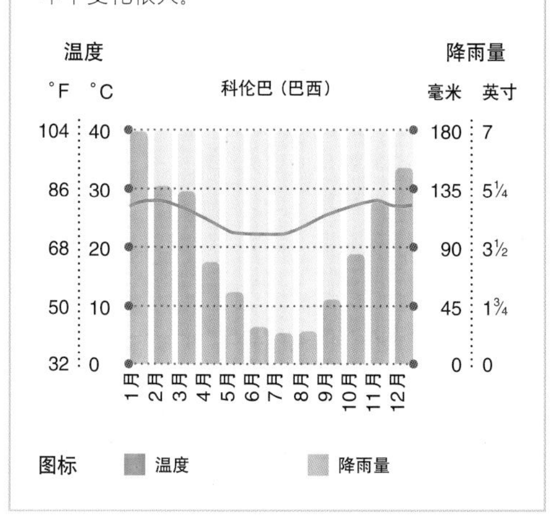

# 卡雷拉将军湖

安第斯山脉附近的一个大型冰山湖，湖岸边分布着天然雕琢的大理石洞穴群，令人叹为观止。

卡雷拉将军湖也称为布宜诺斯艾利斯湖，是巴塔哥尼亚的一个湖泊，横跨智利和阿根廷两国边境。其湖面面积为1850平方千米，是南美洲的第二大淡水湖，仅次于的的喀喀湖（参见第105页）。卡雷拉将军湖被安第斯山脉所环绕；源自冰山的湖水，最后通过智利最长的河流贝克河汇入太平洋。它最著名的景观是大理石大教堂，或者称为大理石洞穴，是由一系列大理石构成的悬崖。在1万年的岁月中，崖壁被波浪作用雕琢出了一个个洞穴、一条条洞穴通道和一根根石柱，美轮美奂。平滑的淡灰色岩石，在湖水映照下泛着微蓝的光，而湖水则被冰川的泥沙染成了蓝绿色。

▷ 天然雕琢的大理石

大理石大教堂中有一块岛屿状巨石，这块巨石称为“大理石礼拜堂”。透过卡雷拉将军湖清澈的湖水，能看到水下的岩层，这些岩层至今还在不断地形成。

# 大蓝洞

一个美丽绝伦的水下坑洞，位于伯利兹外海的一处暗礁。

大蓝洞位于灯塔暗礁。灯塔暗礁是一座环状珊瑚岛，位于伯利兹堡礁以东55千米处。大蓝洞是一个大型坑洞，呈现出几近完美的环形。它坐落在暗礁的石灰岩体之中。

## 形成与探索

在对大蓝洞中发现的石笋进行分析后，人们发现，大蓝洞的形成年代可上溯到153 000年前。当时的海平面比现在低，在水流侵蚀作用的影响下，干燥的陆地上的一块石灰岩体中形成了一处充满空气的洞穴和洞穴通道群。最后，一个洞穴的顶部塌陷，形成了现在的大蓝洞入口。在大蓝洞形成之后，海平面曾经多次起落。而在最近这段时间中，海平面上升，淹没了大蓝洞和与之相连的洞穴系统。现在，只有戴着水肺、敢于冒险的潜水者，才能进入大蓝洞中。大蓝洞被认为是全球最令人向往的潜水圣地。不推荐潜水新人进入大蓝洞中潜水，因为这需要完美的浮力控制能力。此外，人们常常看到，加勒比礁鲨在大蓝洞入口附近徘徊游弋。

### 以前的海平面

大蓝洞并非一直位于水下。它是数十万年前，水流侵蚀干燥陆地上的石灰岩体而形成的。自冰河时代以来的18 000年中，海平面上升，致使大蓝洞被海水淹没了。

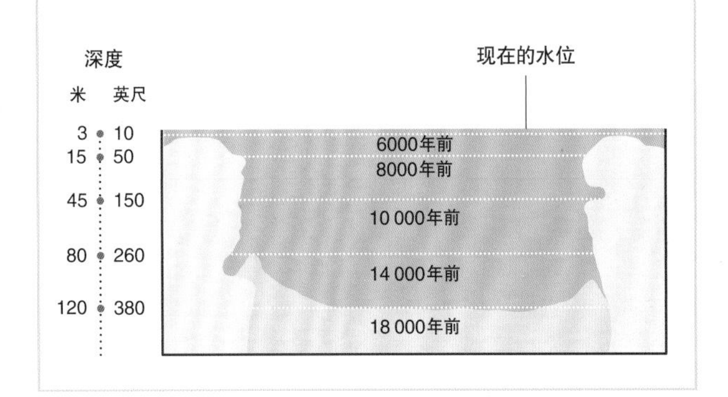


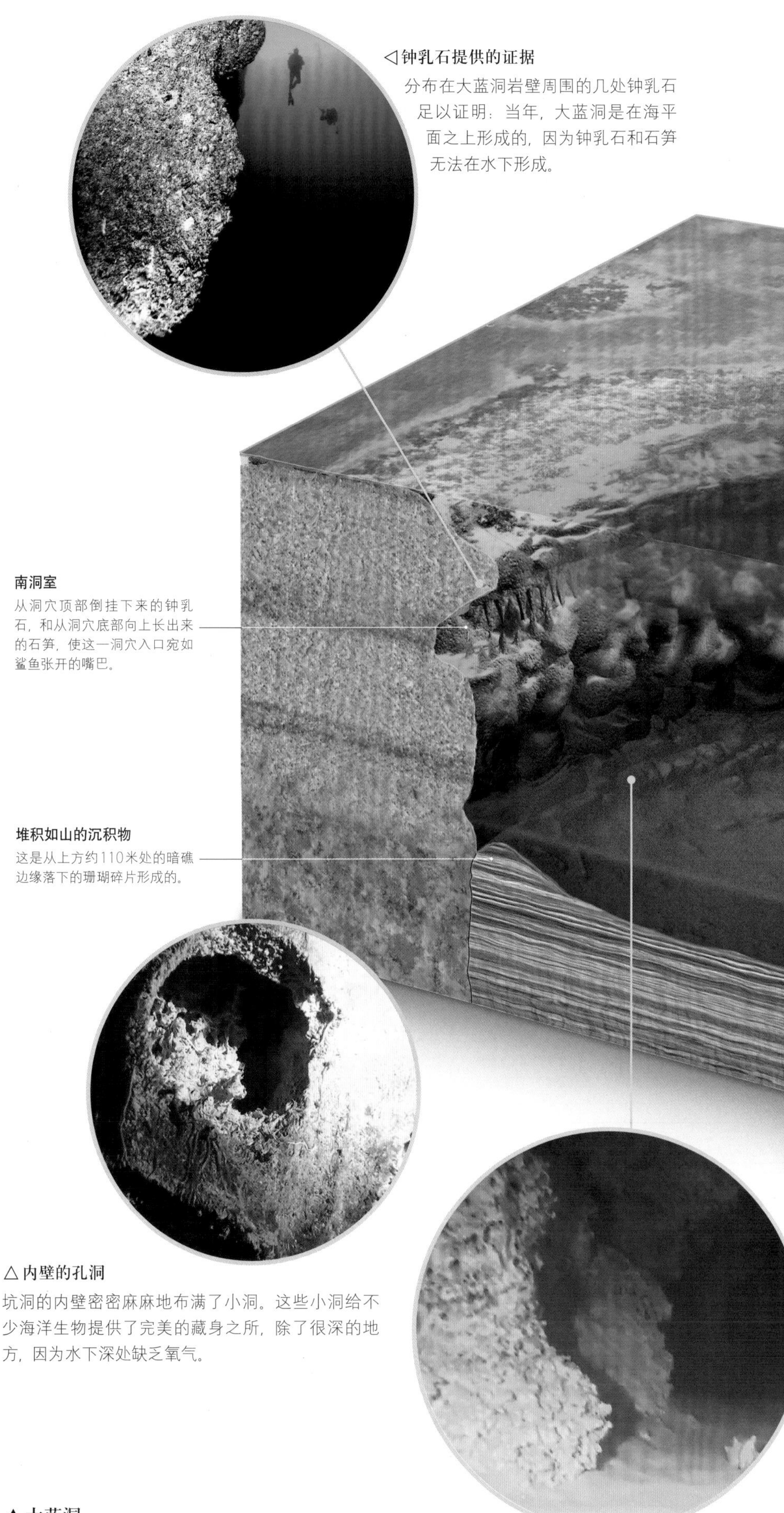

◁钟乳石提供的证据
分布在大蓝洞岩壁周围的几处钟乳石足以证明：当年，大蓝洞是在海平面之上形成的，因为钟乳石和石笋无法在水下形成。

**南洞室**
从洞穴顶部倒挂下来的钟乳石，和从洞穴底部向上长出来的石笋，使这一洞穴入口宛如鲨鱼张开的嘴巴。

**堆积如山的沉积物**
这是从上方约110米处的暗礁边缘落下的珊瑚碎片形成的。

△内壁的孔洞
坑洞的内壁密密麻麻地布满了小洞。这些小洞给不少海洋生物提供了完美的藏身之所，除了很深的地方，因为水下深处缺乏氧气。

▲大蓝洞
大蓝洞直径达318米，深度达124米，质地粗糙的石灰岩内壁凹凸不平，布满了各种突岩、洞室和孔洞。其入口几乎被一圈略微突出于海平面之上的暗礁所包围。

▷底部
大蓝洞的底部被大块的石灰岩、落下的断裂钟乳石所覆盖，正如水下探险家雅克·库斯托（Jacques Cousteau）最先报道的那样。1971年，他使用一个小型潜水器，率先勘探了大蓝洞。

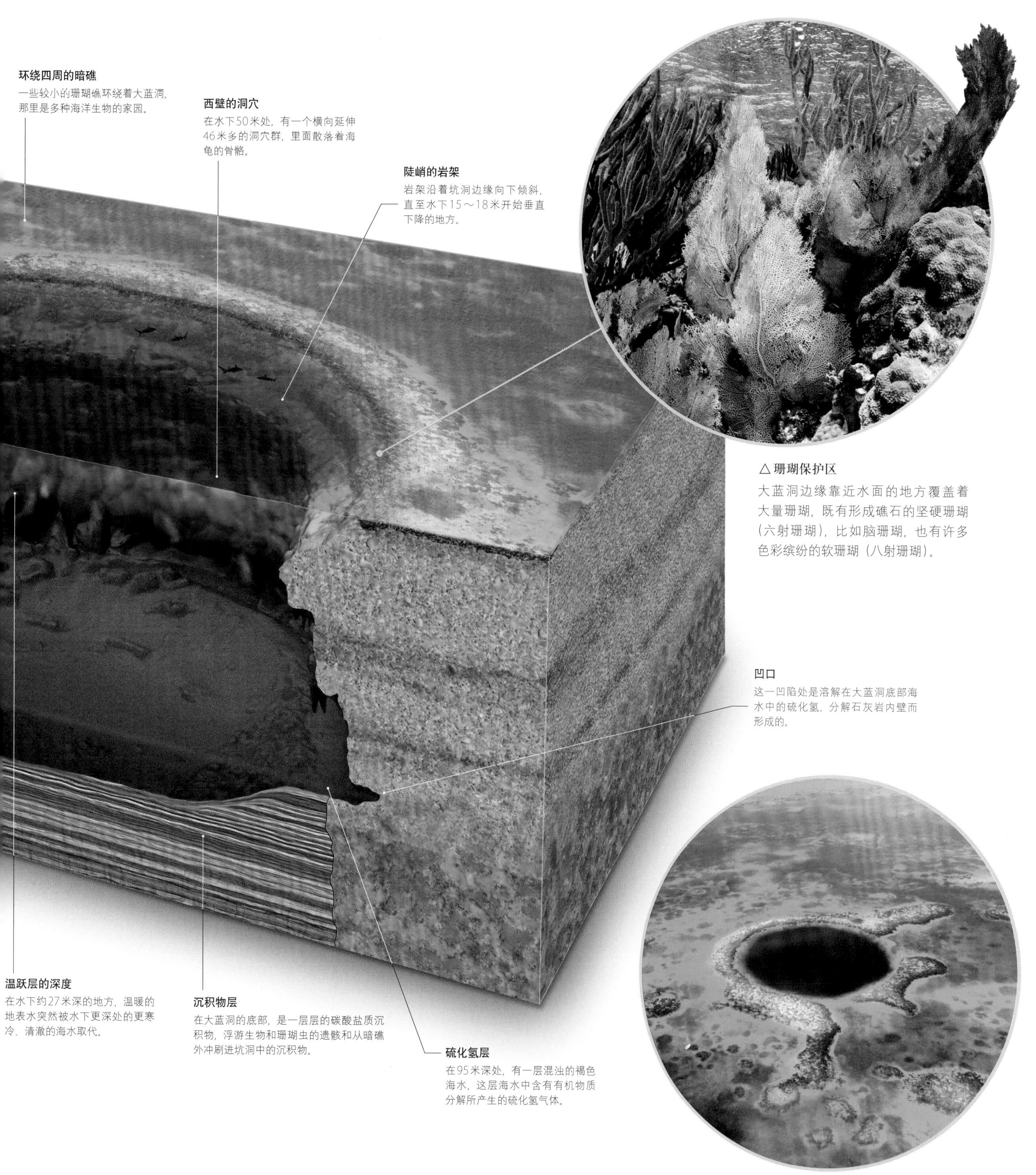


△珊瑚保护区

大蓝洞边缘靠近水面的地方覆盖着大量珊瑚，既有形成礁石的坚硬珊瑚（六射珊瑚），比如脑珊瑚，也有许多色彩缤纷的软珊瑚（八射珊瑚）。

△巨大的坑洞

从上方看，大蓝洞就像一个深墨水蓝色的圆，酷似眼睛的瞳孔。这种深墨水蓝，与其周围覆盖在灯塔暗礁之上的浅水所呈现的那种略显斑驳的碧蓝色，形成了鲜明的对比。

一块倒挂在大蓝洞内壁的一个洞穴入口处的钟乳石，长达8米。

# 拉克伊斯·马拉赫塞斯国家公园

巴西东北部的一个白色山丘带，成千上万个晶莹剔透的碧蓝色地表水潭，季节性地点缀其中。

占地1500平方千米的拉克伊斯·马拉赫赛斯国家公园是世界上独特的海岸沙丘地貌之一。在一年中的部分时期，它就像一片普通的沙漠。但从每年3月到6月，这片地带将接收大量雨水。这些雨水在一个个沙丘之间的凹地中积聚起来，形成了许多碧绿色的水潭。从空中俯瞰，广袤无垠的一座座白色的沙丘、一个个碧蓝色水潭，就像风起的日子挂在室外晾晒的白色床单。事实上，葡萄牙语中，Lençóis这个词就是“亚麻布”的意思。

▷睡觉的鱼

在枯水季节，虎鱼（也称牙鱼）会在沙地中刨一个坑，钻进去潜伏在那儿不动。它们会等到下一个雨季到来时，才再次出现在水潭中。

### 蓝色的潟湖

这些水潭，或者说潟湖，会在每年7月、雨季结束前后达到最大规模，并一直保持到9月。有的潟湖超过90米长，水温在30℃左右。尽管每年它们只存在几个月就会消失，但这些水潭中并非毫无生命。鱼通常能通过一些临时的水道游到其中一些水潭中。这些临时的水道将这些水潭和附近的河流，比如内格罗河相连通。然而，拉克伊斯·马拉赫赛斯国家公园的水世界只能短暂地存在一段时间。等到旱季卷土重来，随着赤道附近的炎热阳光将这片地区晒热，这些水潭很快就干涸了。

**有些地方，沙丘从海岸边向陆地绵延，达到5万米之宽。**

# 智利峡湾区

智利南部的一片迷宫般的世界，峡湾、岛屿和冰川雕琢而成的岩石地貌纵横交错、星罗棋布。

▽冰川天际线

比格尔海峡中，在一座孤零零的灯塔之后，南安第斯山脉高高耸立。这里很难见到晴朗的天空，因为饱含水分的太平洋空气在附近一带抬升冷凝并形成云彩。

智利峡湾区是智利南部的一片广阔的地区，包括火地岛的部分区域，火地岛被1万年前形成的大片冰盾所覆盖。现在，随着冰盾的退缩，这里成为一片纵横交错的广袤峡湾，一个个狭长的海港是往昔的一个个冰川槽谷被融化的冰水淹没而形成的，还有一座座星罗棋布的岛屿。峡湾区直达南安第斯山脉的西侧，总面积约为55 000平方千米。在一些峡湾地带的陆地尽头，有一些巨大冰川的冰舌，这些冰舌是从至今仍然存在于南安第斯山脉中的冰原中逶迤而下的。而这些冰川，仍在接连不断地将巨大的冰山崩解到海水中。在这些峡湾的边缘地带，一条条瀑布沿着花岗岩崖壁飞流而下。成千上百中鸟类在这些常常被薄雾笼罩的海滨和岛屿中觅食。生活在这一带海岸边的哺乳动物包括海獭、海狮和象海豹等。

◁清澈的潭水
这些水潭通常是新月形的，潭水清澈无比、晶莹剔透，最多能达到3米深。

**季节性变化**

在旱季（9～11月），吹过拉克依斯·马拉赫塞斯国家公园的劲风使土地表面变得干燥，并形成一座座沙丘，而沙丘之间间杂着小型谷地。在雨季，这些谷地中则蓄满了水，因为沙地下的一层无法渗水的岩石阻挡了积水向下渗漏。

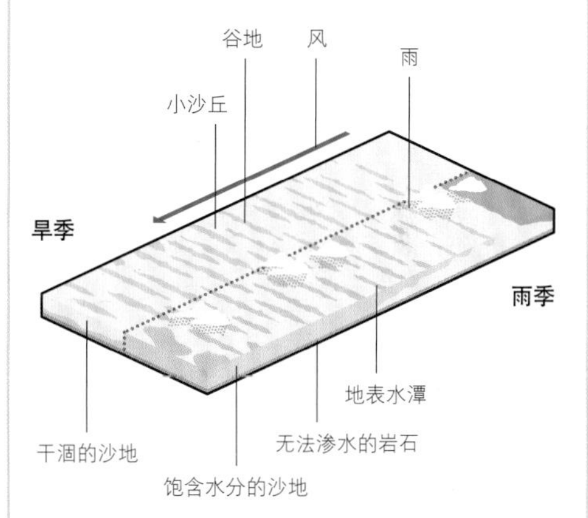


# 合恩角

南美洲最南端的岬角，以其附近常常出现的恶劣天气而闻名于世。

◁在合恩角繁殖后代
在合恩角附近的海岸边，人们发现了不少在此繁殖后代的麦哲伦企鹅群。

合恩角是一个叫作合恩岛的小岛南端的一块岩石岬角，合恩岛位于归属智利的那一部分火地岛中。它得名于荷兰的一个城市霍恩，那里是荷兰航海家威廉·斯豪滕（Willlem Corneliszoon Schouten）的故乡。斯豪滕曾在1616年绕着合恩角环行一周。

合恩角拥有重要地位，给人一种神秘感，这是因为它是一个航海地标，标志着德雷克海峡的北缘。德雷克海峡是介于南美洲最南端和南极洲最北端之间的一道海峡。“绕合恩角环行”是从大西洋穿越到太平洋的主要方式之一。此外，这一岬角周围的海域，以其恶劣的天气而著称，包括强风、巨浪和危险的冰山。因此，水手们理所当然地把它当成了一大挑战。从大西洋经过合恩角而进入太平洋的船只数量，从1914年巴拿马运河通航后大幅减少。

◁至高点
这块称为合恩角的嶙峋岩石，大致呈金字塔形的陆地，海拔至高点有425米。

# 蒙特维多云雾森林

全球生物多样、保护合理的生态区之一。海洋、群山、潮湿的气候共同造就了一片常年笼罩在云雾中的热带雨林。

云雾森林只占全球林地的1%，其特征是雾状云絮和全年接近100%的空气湿度。哥斯达黎加的蒙特维多云雾森林占地105平方千米，它是颇具生物多样性的生态区。

## 一个安全的避风港

受到高度保护的蒙特维多云雾森林位于西北部提拉蓝山脉中海拔1440米左右的地带。西北部提拉蓝山脉是穿越哥斯达黎加中部的大型山链的一部分。该地区雨水极为充沛，年平均降水量为2590毫米，而气温介于14℃～23℃。在东部森林中几乎总是云遮雾绕，这些云雾是温暖的大西洋空气爬升群山而形成的。因此这里形成了一片富饶的生物栖息地，拥有3000多种植物、成千上万种昆虫、400种鸟类，以及约100种哺乳动物。

◁生存策略
褐喉三趾树懒全身的皮毛上覆盖着藻类，使它能和周围草木繁茂的森林融为一体。对这样一种行动缓慢的哺乳动物而言，这是至关重要的生存策略。

△一片森林，多种树木
在蒙特维多保护区中，至少生长着755种树木。

哥斯达黎加是全球4%的动植物物种的原产地。

热带森林的面罩

在云雾森林的上层，长有多种苔藓、附生植物和繁茂的兰科植物。

# 安第斯央葛斯森林

一片独一无二的茂密森林带，位于一座山脉的山麓，拥有多个物种丰富的生态系统。

央葛斯地区位于安第斯山脉的东麓，从阿根廷北部地区一直延伸到玻利维亚和秘鲁境内。这一地区位于海拔1000～3500米，形成了一个介于安第斯高原和东部低地之间的过渡区域。在这片区域中，分布着许多对温度变化敏感的气候带，从亚热带高地云雾森林到潮湿的温带林地，变化万千。鉴于许多动物呈“鞋带分布”，局限于水平延伸数千千米、但垂直延伸仅几百米的地带中，央葛斯地区的生物多样性非常高。

▷在夹缝中求生存

陡峭的峡谷造就了许多复杂多变的微气候带，比如秘鲁马丘比丘遗迹附近的那些峡谷。由此而产生的生态系统，对当地一些特有的物种而言至关重要。

## 信风吹拂、雨雾笼罩的森林

从大西洋吹来的温暖潮湿的信风，形成了哥斯达黎加的云雾森林。随着温暖的空气向上抬升，水汽凝结成了云雾，形成了多雨的热带气候。一座座高山阻挡云层进入哥斯达黎加靠近太平洋的一侧，因此那里的气候更加干燥、没有那么潮湿。

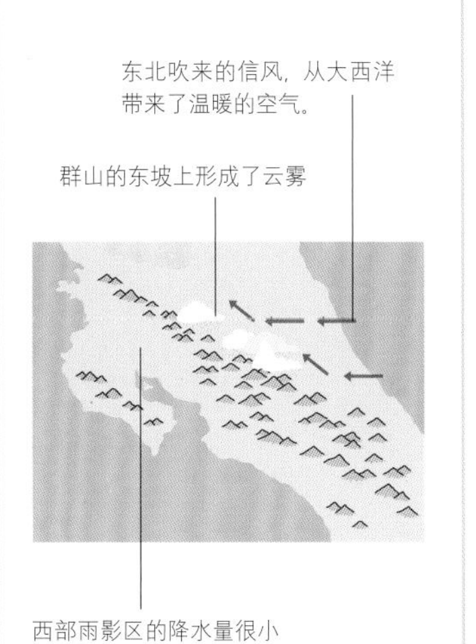


# 瓦尔迪维亚温带森林

全球第二大温带森林，近90%的植物种类，是这片森林中特有的。

瓦尔迪维亚温带森林是南美洲唯一一片温带雨林，也是世界上大型的温带雨林之一，规模仅次于太平洋西北海岸温带雨林。它的西面毗邻太平洋，东部和安第斯山脉接壤。瓦尔迪维亚温带森林主要沿着智利海岸一路延伸，部分地区位于阿根廷境内。这一带的植物的进化路线和北半球的植物不同，许多植物种类都是这一地区特有的，包括罕见的巴塔哥尼亚柏（一种巨大的针叶树）和智利南美杉。

▷来自史前的幸存者

智利南美杉是一种原始的常绿针叶树。生物学家认为，2亿年前，这种树木就已经出现在地球上。

# 亚马逊热带雨林

全球最大的热带雨林，是3900亿种树木和250万种昆虫的原产地。

亚马逊热带雨林覆盖着约600万平方千米的土地，是全世界最大的热带雨林，它位于世界上最大的河流流域。亚马逊热带雨林的大部分位于巴西北部，但部分地区延伸到其他8个南美洲国家境内。当地的降水量很充沛，多达每年3000毫米，而平均湿度超过80%，气温很少会降至26℃以下。

这一长期湿润、温暖的气候环境，孕育了令人难以置信的丰富多样的生态系统。据预测，这片热带雨林中有16 000种树木、1300种鸟类和令人震惊的250万种昆虫。科学家们认为，还有许多物种尚未被发现。然而，由于牛羊放牧和农业生产而导致的森林砍伐，仍然对亚马逊热带雨林形成了巨大的威胁。从1970年到2016年，在巴西境内，有768 935平方千米的热带雨林遭到砍伐，约占亚马逊热带雨林总面积的20%。

## 世界上有超过一半的物种，生存在热带雨林。

◁ **在树冠上采食**

大多数热带雨林地区的植物，依赖动物为它们播撒种子。绯红金刚鹦鹉以阿萨伊棕榈的果实为食，并在此过程中为这种植物散播种子。

▶ **动态的雨林**

一片热带雨林既是高度结构化的，也分布着稠密的物种。在仅仅0.01平方千米的土地上，就能发现300种木本植物。多种植物和动物互相影响，并依赖彼此生存。

**木棉**

这种热带雨林中的巨人，高高耸立在树冠层之上，高度可达60米左右。为木棉花传输花粉的动物是蝙蝠。

**阿萨伊棕榈**

生长在树冠层的一种细长的棕榈树，能长到15～30米高。

**地面层生态区**

一些体型较大的动物，在森林的地面上逡巡，搜索食物。从地面往上生长的藤蔓植物，自行开辟了通往雨林高层的“捷径”。

**倒下的树木**

如果一棵老树倒下了，树冠层中就会出现一小片阳光能够射入的空隙地带，其周围就会出现一次树木生长的狂潮。

### 热带雨林的层次结构

从上到下，热带雨林主要可分为5层。地面层上面是小型灌木层，各种灌木与其他层次的生物争夺阳光和食物。在下木层中，蕨类植物和藤蔓植物丛生在较为高大的树木上，大多数鸟类在这一层中筑巢。热带雨林中80%的生物生活在炎热、潮湿、距地面30米左右的树冠层中。只有那些最高大的树木的树梢伸展在树冠层之上，形成了最高的露生层。

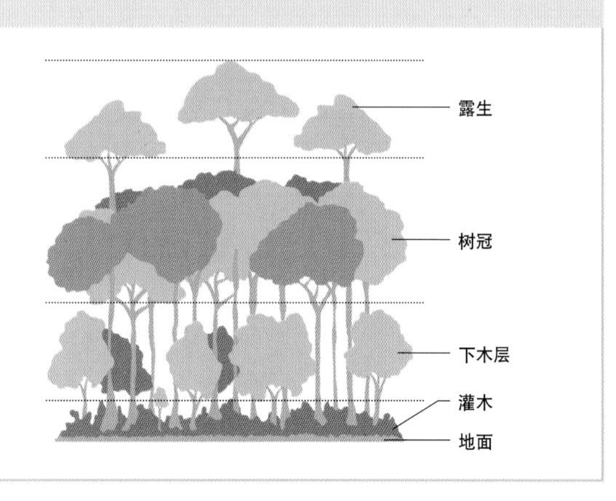

▷空中的生活
附生植物，或者气生植物不需要土壤，比如这棵卡特兰属的兰花。它们攀附在树木上，从湿润的空气中吸收水分和营养物质。
▷密闭的树冠层
热带雨林中的大多数动植物生存在树冠层中，树冠层的树木会尽其所能舒展枝叶、向四面扩张，以争夺更多的阳光。彼此重叠的枝条，形成了一个几乎无法穿透的“屋顶”。
巴西胡桃树
这棵生长到露生层的巴西胡桃树，高达40～50米。绝大多数巴西胡桃都产自于热带雨林中的野生胡桃树。
橡胶树
橡胶树生长得很快，因此它们很快就会在树冠的空隙中站稳脚跟。
可可树
可可树生长在下木层中其他树木的阴影之下。每一个可可豆荚中，裹着多达60颗可可豆。
落叶层
微生物将地面上正在腐烂的植物体作为能量来源，并使它们进入生物再循环的过程。
浅浅的根系
扎根较浅、根系向四周蔓延的根系，意味着树木能在表层土中的重要营养物质被雨水冲走之前，吸收这些营养物质。
板状根
这些庞大的根系从树干底部生长出来，和树干形成一定角度，为生长在质量不佳的土壤中的高大树木提供支撑。
表层土
热带雨林的地面上，只覆盖着一层薄薄的表层土。土壤中含有所有植物生长所需的有机物质和营养成分。
▷地面上的食物
一些热带雨林中的树木依赖在地表上活动的动物散播种子，比如巴西胡桃。为了吃到里面的坚果，刺鼠把落在地上的坚硬种荚啃出了洞。它们会将一些胡桃埋在地下，但常常过后就把它们忘得一干二净，新的巴西胡桃树就这样长出来了。

## 气候

潘帕斯草原属于温带气候区，微风几乎永不停歇地吹拂着这片草原，从而有效地缓解了高达75%以上的高湿度。尽管冬季气温偶尔会降至冰点以下，这里的年平均气温为12～18℃。沿海地区降雨更多，内陆逐步递减。年降雨量在500～1800毫米之间，沿着西南方向逐步递减。

△ **伞树**

常绿的翁布树是少数几种能在潘帕斯草原中更为干旱的地区中生存的树木之一。其伞形的树冠向四面八方伸展，能蔓延到15米宽。

# 潘帕斯草原

宽阔、平坦的潘帕斯草原沿着南美洲东南角延伸，形成了全球极为富饶的牧场之一。

---

南美洲的一片幅员辽阔的草原潘帕斯草原（The Pampas），从安第斯山麓向东延伸到大西洋海岸。由于“Pampas”意为“平坦的地面”，这个词被用于指代南美洲大陆上众多面积较小的平原，其中规模最大、最有名的是阿根廷的潘帕斯草原。

潘帕斯草原占地约为76万平方千米，主要由平坦、连续、略有坡度的平原构成，其海拔高度从西北方的500米，降至东南方的20米。这片辽阔的土地可以分成两个主要气候区域。较大的西部干燥区域，位于阿根廷中部，那里主要是茅草的天下，比如针茅草，草原中点缀着一片片沼泽地。而较小的湿润区域更加肥沃，动植物分布稠密，由草地和干燥的林地构成。潘帕斯草原的许多原生茅草已被替换成更适合家畜食用的青草品种 。人们在这片草原上放牧家畜，已经有200多年的历史。尽管如此，这片地区仍然是许多濒危物种的重要栖息地，比如潘帕斯鹿和阿根廷象龟。

**▷偷偷摸摸的行动**

乔氏虎猫是 种行动高效、喜欢投机取巧的小型食肉动物，在整片潘帕斯草原上都有它们捕捉、猎食啮齿动物、爬行动物、鸟和鱼类的身影。

## 潘帕斯草原野火频发，很少有树木能从多次大火中幸存，但野草能轻而易举地重生。

**△羽毛般的丛生植物**

蒲苇能长到3.6米或更高。每一个状若羽毛的头状花序中贮存的种子，多达10万颗。

**▷高瞻远瞩**

美洲鸵鸟站起来有1.5米高，它们不会飞行，但跑得很快，时速达60千米。人们经常看到它们与成群的潘帕斯鹿一起吃草。

**高高的沙丘**

大片沙丘在安第斯山脚下堆积，其中一个叫作梅达诺索山的沙丘，高达550米。

**△ 融凝冰柱**

在阿塔卡马沙漠，积雪很少融化，而是形成一簇簇参差不齐、表面结冰的融凝冰柱。融凝冰柱得名于西班牙忏悔者头上所戴的锥形尖帽。

**▷ 被俘虏的云**

太平洋上的洪堡海流，将寒冷的海水推向大洋的表面，在海面上形成了一片雾堤。当雾堤在海岸附近久久不散时，便给岸上带来了大量水汽。

# 阿塔卡马沙漠

全球海拔最高的沙漠，地球上最干旱的地区。这是一片寸草不生的多石高原，遍布着盐滩、沙地和活火山。

阿卡塔马地区位于安第斯山脉以西、与太平洋海岸线平行。在智利北部的这一地区，形成了一片干燥的沙漠，其平均宽度不到160千米，但它从智利与阿根廷的边境一路向南延伸，长达1000千米左右。这片沙漠的平均海拔为4000米左右，根据美国国家航空和宇宙航行局（NASA）的相关研究，这片地带是全球最干旱的地方。一些气象站甚至从未记录到一滴雨水。即便在海拔较低的地方，连续4年处于一个干旱期中的情况也非常普遍。在这片沙漠约105 200平方千米的区域中，年平均降水量仅1毫米。

### 在山影之下

阿塔卡马沙漠是一片双雨影沙漠，两座高高的山脉智利海岸山脉和安第斯山脉，分别挡住了来自太平洋和大西洋的水汽。在这样高度干旱的环境中，任何东西都不会腐烂。人们在这儿发现了地球上最古老的木乃伊，它形成于公元前7020年，但至今仍然完好无损。然而，这片沙漠的东部位于安第斯山脉的山麓地带，因而冬季仍然有少量降雨。

尽管阿塔卡马沙漠的部分地区被认为是“绝对的沙漠”，但其他地区的气候环境相对舒适一些。当云层被群山或沿海山坡给困住时，就在海拔较低的地区形成了被称为“洛马斯”的云雾区，从而带来充足的水汽，滋润着地衣、藻类植物，以及顽强的仙人掌和灌木丛。鸟类能根据天气情况自由飞进飞出，它们是沙漠中数量最多的野生生物。在阿塔卡马沙漠中，已经发现了三种火烈鸟，它们以生长在盐湖中的藻类植物为食。而蜂鸟和秘鲁歌雀都是这里的季节性访客。

然而，由于在这片沙漠的土壤中，硫磺、铜，以及硝酸钠等无机盐的含量很高，这片沙漠并不适合大多数动物生存，只有蜥蜴类爬行动物、昆虫和啮齿动物，以及以它们为食的南美灰狐例外。事实上，阿塔卡马沙漠的土壤成分，和NASA为了测试空间探测机器人从火星上收集的土壤样本的成分极为类似。

◁顽强的哺乳动物
适应性极强的南美灰狐，在低海拔云雾区捕食小动物，在阿塔卡马沙漠严苛的环境中努力生活着。

对沉积物的研究表明，阿塔卡马沙漠的部分地区，已经有2000多万年没有下过一滴雨。

**融凝冰柱是怎样形成的**

融凝冰柱是一种冰结构体，通常形成于海拔4000米以上的地区。科学家认为，这种物质的形成是多个因素共同作用的结果。当阳光照射在积雪上时，冰点以下的气温妨碍了积雪融化，因此部分积雪直接升华（从固态直接变成气态，没有经过融化）。于是，一些凹槽地带形成了。凹槽地带侧面的积雪反射阳光，使气温升高，进而融化了周围的积雪。随后，强风将正在融化的积雪冻成了一根根耸立的冰矛。

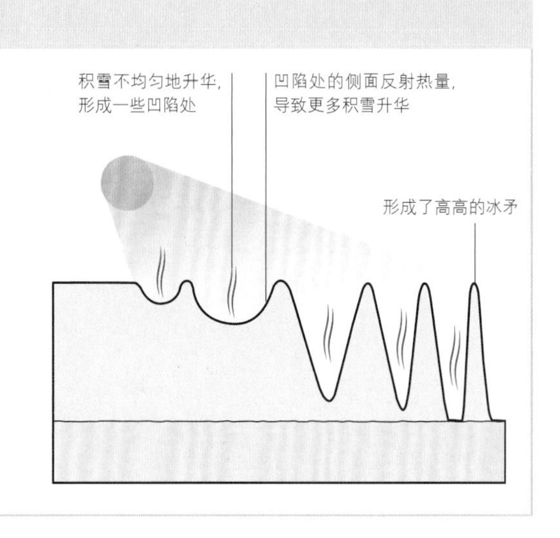

# 乌尤尼盐沼

地球上最大的盐沼，它是一个巨大的史前南美湖泊留下的遗迹。

玻利维亚西南部的乌尤尼盐沼，被公认为是全球最大、污染最少的盐沼。它位于一片高原上，约含有10 600平方千米的盐。一层几乎和面粉一样精细的盐形成盐结壳层，漂浮在盐湖上。人们认为，这个盐湖中含有丰富的锂资源，约占全球锂资源总储量的50%～70%。每年从这个盐湖中能产出约22 700吨的盐，然而迄今为止湖中剩下的盐还有90亿吨之多，体量之大令人瞠目结舌。

## 白色汪洋中的岛屿

乌尤尼盐沼的盐结壳层，厚度从区区几厘米到10米不等，其下湖水的深度，也相应地从2米至20米不等。尽管存在这样的差异，但盐结壳层的表面非常平滑，从盐沼一侧到另一侧的高低差不到1米。然而这一大片白茫茫的地带并非是全然完整的。一些地势抬高的区域，比如长满仙人掌的印加屋岛（又称为仙人掌岛），穿透盐结壳层、耸立在湖面上。然而在盐沼的大部分区域中，植被很少。

▽ 岩石嶙峋的绿洲

在这片白茫茫的世界中，只有少数几处绿洲，岩石嶙峋的印加屋岛就是其中之一。岛上生长着和树木一样高大的仙人掌，它们能长到10米高。

### 盐结壳层是怎样形成的

当富含矿物质的湖水的蒸发量超过降雨量的时候，就会形成盐沼。随着湖水干涸，之前溶解在水中的盐离子凝固，形成了一片坚硬的白色盐壳。随着这一过程继续，这一盐结壳层会逐渐增厚。

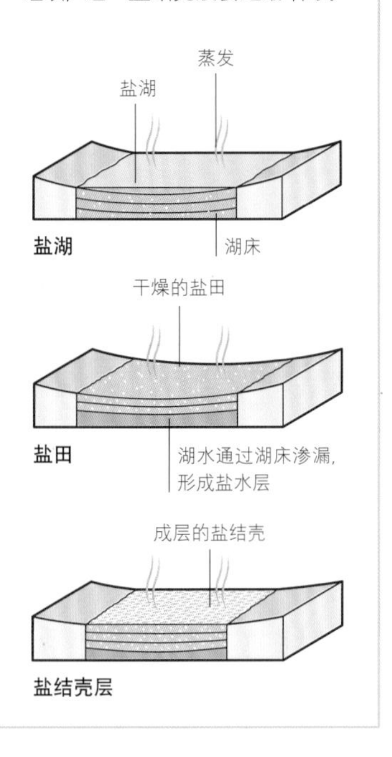


**雨水形成的小水塘，溶解了盐沼表面的隆起物。**

▽ 天然形成的几何结构

当盐水不受打扰地自然蒸发时，在盐结壳层上就会形成一个个六角形的图案。如果盐沼表面出现了大片大片、彼此类似的六角形图案，就说明整片盐沼风平浪静。

# 月亮谷

一个由峡谷和荒地构成的迷宫，数百万年来风力和水力的侵蚀，将其雕琢成一个奇诡、异域的岩石世界。

阿根廷西北部那片被称为“月亮谷”的地区，实际上是一系列沙岩和泥岩形成物。这片崎岖不平的沙漠盆地还有另一个名称“伊斯基瓜拉斯托”（Ischigualasto），即“月亮休息的地方”。在史前时期，这里是一片火山活动频繁的平原。曾经遍布在这片土地上的群山，如今只剩下了一些巨石以及一些扭曲变形的岩石结构。粉红、黄色和紫色的条纹带，表明这些岩石的沉淀物中含有不少矿物成分。巨大的球状泥岩和树干化石和稀疏的灌木丛、仙人掌共享这片空间。伊斯基瓜拉斯托地区也拥有一些世界上最古老的恐龙化石，其形成年代可以追溯到2.3亿年前。

### 细颈岩柱是怎样形成的

细颈岩柱是经过长期磨损而形成的。当疾风将沙土颗粒吹向露出地表的岩石时，沙土颗粒的力量就会迅速侵蚀、磨损较软的沉积岩层。岩石底部会比岩石顶部更快地磨损。

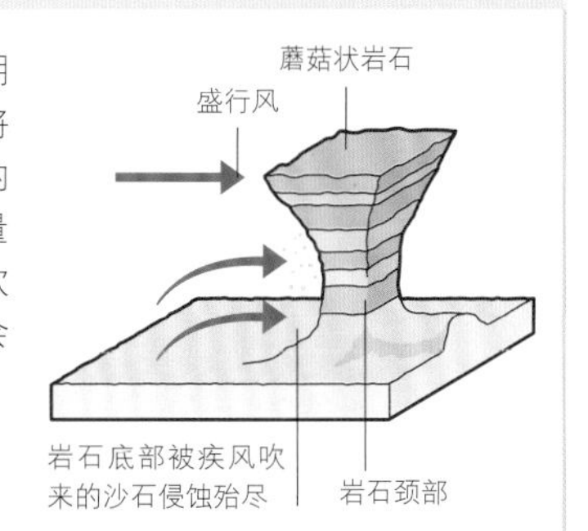


▷**蘑菇石**
伊斯基瓜拉斯托地区最著名的岩石形成物就是蘑菇石（El hongo），El hongo即西班牙语的“蘑菇”。

粗糙的毛发延伸到覆盖着毛皮的护甲之外。

△**多毛的护甲**
对于大多数动物，沙漠中心地区的自然环境太严苛了。但仍然有一些动物能在生长着草木的沙漠边缘地区生存下来，比如披毛犰狳。

# 巴塔哥尼亚沙漠

阿根廷最大的沙漠，一片疾风扫荡的寒冷地区，一年中7个月是冬天，5个月是夏天。

巴塔哥尼亚沙漠东邻大西洋，西接安第斯山脉，覆盖阿根廷南部673 000平方千米的土地，并止于刚越过阿根廷和智利边境的区域。该地区有两大典型气候带，在半干旱的北部，最高气温在12～20℃；而南部地区更为寒冷，最高温度在4～13℃。年平均降水量为200毫米。在这一沙漠地带的中心地区，主要由岩石嶙峋的贫瘠高原构成。但在靠近沙漠边界的地带，北方混合灌木地被南部较为稀疏的多草植被替代。

▷**石化森林**
巴塔哥尼亚沙漠曾经是一片一望无垠的史前森林，现在仅剩一些大树的化石遗骸，位于沙漠的中心地区，有的树木化石长达27米。

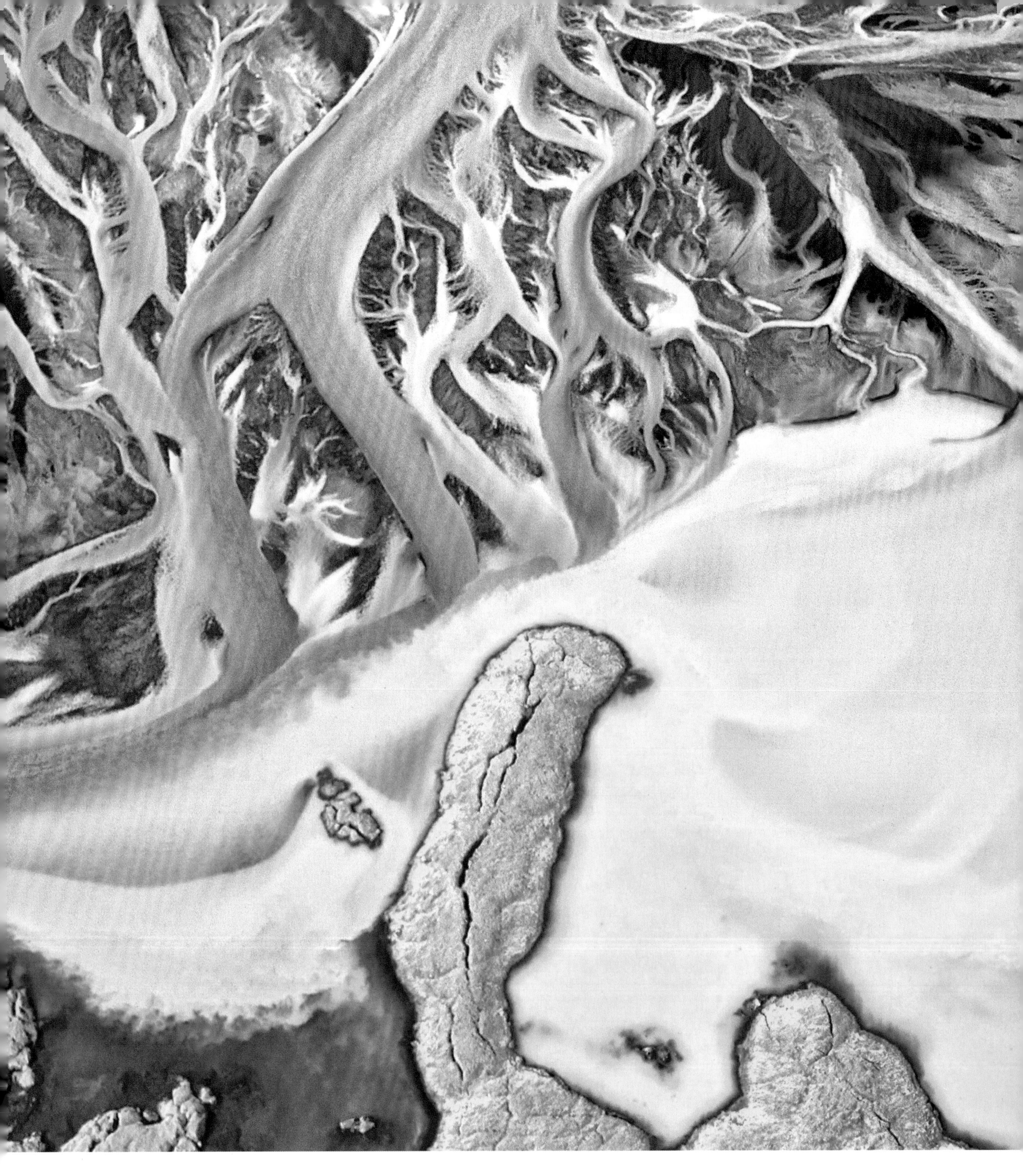

**输送网**

一条条河流将源自冰岛冰山的大量夏季融水输送到大西洋。在流到海滨的平坦土地上时，这些河流形成分支，构成了错综复杂的水道系统，这些水道称为支流。

# 欧洲

# 河流与平原之地

## 欧洲

欧洲是全球第二小的大洲，只有澳大利亚比它更小。然而欧洲拥有各种令人叹为观止的地理风貌。从向东流淌的多瑙河到向北流淌的莱茵河，众多河流穿行其中。

欧洲大陆向东延伸，和亚洲大陆相连。欧亚两洲的边界是俄罗斯境内的古老的乌拉尔山脉。欧洲北部被寒冷的北冰洋环绕着，西部濒临大西洋，南部则是温暖的、几乎被陆地全部包围的地中海。地中海附近的南欧地区温暖、干燥。但是，包括阿尔卑斯山脉和高加索山脉崎岖不平的重重高山是被潜没的非洲板块带来的向北的压力抬升起来的，将这片土地与更加潮湿、更加寒冷的欧洲北部地区隔开。群山以北是连绵起伏、覆盖着沉积物的平原地带。而这些平原以北，又是一座座古老的群山。在上一个冰河时代中，冰川将群山的顶峰磨平，并在群山之间刻蚀出了一道道深谷。

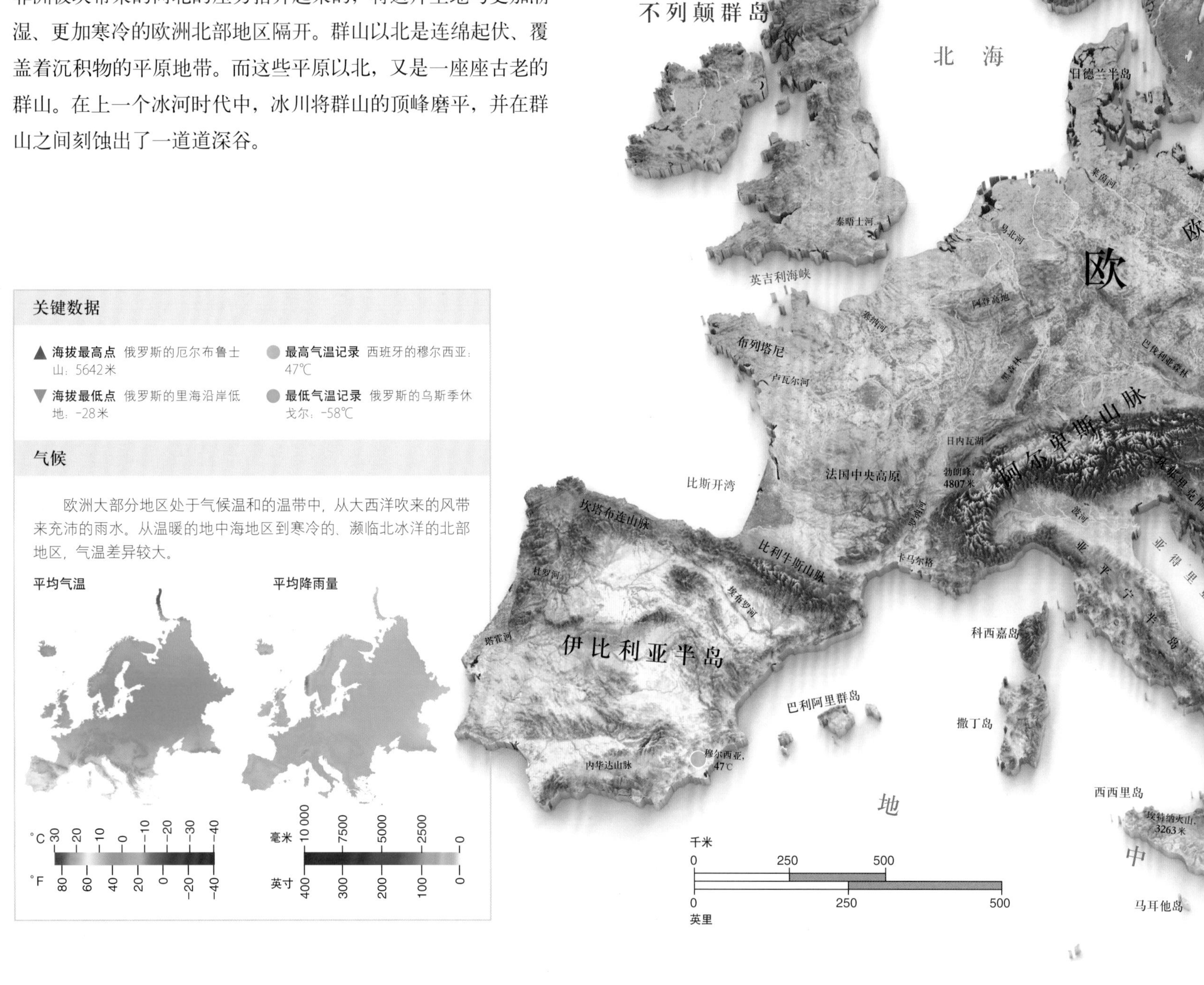


### 关键数据

▲ **海拔最高点** 俄罗斯的厄尔布鲁士山：5642米

▼ **海拔最低点** 俄罗斯的里海沿岸低地：-28米

● **最高气温记录** 西班牙的穆尔西亚：47℃

● **最低气温记录** 俄罗斯的乌斯季休戈尔：-58℃

### 气候

欧洲大部分地区处于气候温和的温带中，从大西洋吹来的风带来充沛的雨水。从温暖的地中海地区到寒冷的、濒临北冰洋的北部地区，气温差异较大。

**平均气温**

°C 30 20 10 0 −10 −20 −30 −40
°F 80 60 40 20 0 −20 −40

**平均降雨量**

毫米 10 000 7500 5000 2500 0
英寸 400 300 200 100 0

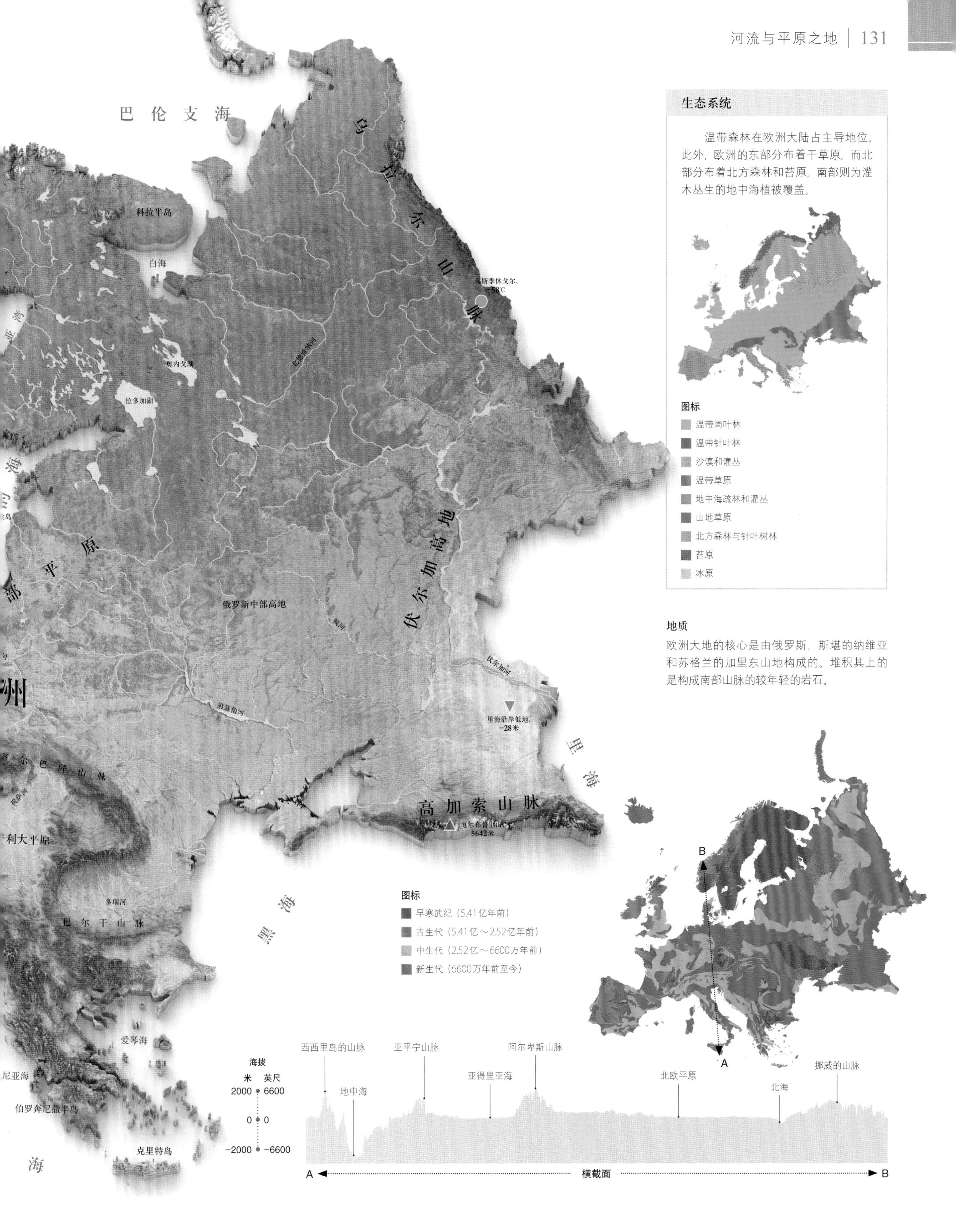


## 生态系统

温带森林在欧洲大陆占主导地位。此外，欧洲的东部分布着干草原，而北部分布着北方森林和苔原，南部则为灌木丛生的地中海植被覆盖。



### 地质

欧洲大地的核心是由俄罗斯、斯堪的纳维亚和苏格兰的加里东山地构成的。堆积其上的是构成南部山脉的较年轻的岩石。

▷高山
随着非洲板块向北漂移，它和南欧板块相撞，致使阿尔卑斯山脉和其他高山山脉——比如喀尔巴阡山脉和高加索山脉——向上抬升。

▷深谷
4亿年前两个构造板块之间的碰撞，撕开了一道横跨苏格兰高地的口子，即苏格兰大峡谷，现在这一峡谷被尼斯湖的湖水灌满。

# 欧洲的形成

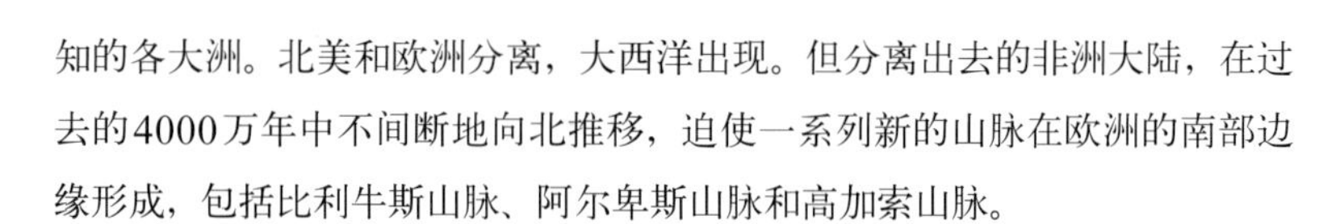

欧洲是一个相对较小的大洲，但它也拥有独一无二的地质构造。欧洲大陆的大部分是由几块稳定的陆壳（称为“克拉通”）构成的。而整个欧洲是随着东欧克拉通周边的小块陆壳不断形成和重塑而最终形成的。

## 欧洲的崛起

北欧平原从荷兰一直延伸到乌拉尔山脉，而东欧克拉通就位于北欧平原的沉积物之下。但在瑞典和芬兰境内，东欧克拉通露出在地表之上。

最初，东欧克拉通形成了波罗的古陆。随后，在4.3亿年前，波罗的古陆和一块被地质学家们称为劳伦大陆（现在的北美）的大陆与阿瓦隆尼亚古陆（现在的不列颠群岛和北美的部分地区）相撞，形成了超级大陆欧美大陆。沿着碰撞带一线，一些山峰在挪威和英国境内隆起。苏格兰高地就是这一山脉残存的遗迹。欧美大陆的许多地区是一片沙漠，有时它也被称为老红砂岩大陆，因为那儿分布着大量红色的砂岩。

后来，欧美大陆和一块超级大陆冈瓦纳大陆的南部相撞，致使巨大的超级大陆盘古大陆形成，并堆叠成新的山脉，比如孚日山脉和哈茨山脉，现在这些山脉都已受到侵蚀而被磨平了。盘古大陆最终分裂，形成了我们现在所知的各大洲。北美和欧洲分离，大西洋出现。但分离出去的非洲大陆，在过去的4000万年中不间断地向北推移，迫使一系列新的山脉在欧洲的南部边缘形成，包括比利牛斯山脉、阿尔卑斯山脉和高加索山脉。

## 深深的封冻

在过去200万年中的大部分时间里，在极端寒冷的冰河时代中，广袤无垠的冰盾覆盖着欧洲大陆的北部。冰盾的磨削作用打磨出了大片欧洲低海拔平原地区，并留下了大量的称为“冰碛”的碎屑沉积物，从而创造出了崎岖不平的地貌。在苏格兰和英国的湖泊地区，冰川蚀刻出了深深的、凹槽状的山谷。在挪威，冰川凿出的山谷非常地深。冰川融化后，它们立刻被海水淹没，形成了这个国家最负盛名的峡湾。

**560万年前，地中海盆地是一片沙漠。**

### 大事件

**9000万年前**
在未来将形成南欧的一片地域中，开始出现板块活动，这一板块持续活动，最终形成了阿尔卑斯山脉。

**7000万年前**
大西洋中脊正在扩张。在其中一个区域，来自地球地幔层的炽热岩浆冷凝成了新的地壳，形成了冰岛。

**3000万～2000万年前**
欧洲开始形成几乎可以辨识的陆地。现今西欧的大部分地区，当时都位于海平面之上。与此同时，一片分隔欧洲和亚洲的浅海消失了。

**530万年前**
板块活动导致直布罗陀海峡降至海平面以下，致使大西洋的海水涌入地中海盆地中。

**18 000～11 000年前**
在上一个冰河时代中的最寒冷的时期，一条条冰川蚀刻出欧洲许多最神奇瑰丽的地貌。

**10 000年前**
一望无垠的大片森林开始覆盖欧洲，森林取代了冰河时期长满野草的干草原。诸如比亚沃维耶扎森林这样的古老森林的遗迹，至今仍在世间存在。

**9000～8000年前**
一次海啸淹没了未来将成为不列颠群岛的地区和欧洲大陆之间的地带，形成了英吉利海峡。

◁**雕琢地貌的坚冰**
挪威的约斯特谷冰原是欧洲最大的冰原，它是一片远古冰盾的残留物，这片远古冰盾曾蚀刻出挪威峡湾的深谷。

◁**狭窄的通道**
地中海通过直布罗陀海峡和大西洋相连。这条通道是如此狭窄，以至于从西班牙境内就能遥遥看到摩洛哥。

▷**新生岛屿**
短短9000年前的海平面上升，隔断了不列颠群岛和欧洲大陆。

## 海平面的起伏变化

在冰河时期中，英国和欧洲之间由长长一段石灰岩相连。这段石灰岩起到了堤坝的作用，能防止冰川融水上涌。然而，在距今约45万年前，这一天然堤坝决堤，只剩下了多佛白崖。在随后的每一个冰河时期和间冰期之间，海平面多次上升、下降，直到距今9000～8000年前，随着最后一块冰盾融化，英国和欧洲大陆永远地分开了。

地中海曾经历过多次的兴衰起落。它一度和大西洋隔断，且地中海的大部分地区一度干涸，并形成了一片盐土沙漠。随后，非洲板块和欧亚板块的推撞，导致现今直布罗陀海峡之下的一块陆地突然塌陷。这导致海水形成一股急流，从大西洋涌入地中海盆地中。在随后数千年的漫长岁月中，海水一直缓缓地倾注到这一盆地中。然而，科学家们认为，地中海中90%的海水，最后是在短短数月或短短几年中，一下子涌入地中海盆地中的。

**地中海的形成**

约560万年前，地中海盆地和大西洋隔断，并几乎全部干涸。但30万年后，直布罗陀海峡塌陷，大西洋的海水涌入，重新灌满了地中海盆地。

大西洋
地中海盆地
560万年前

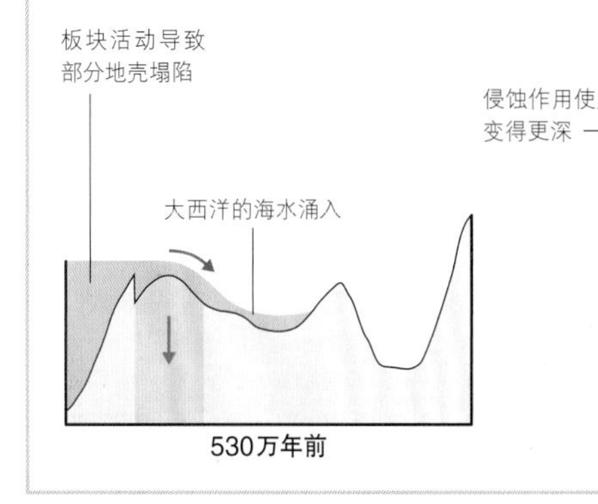


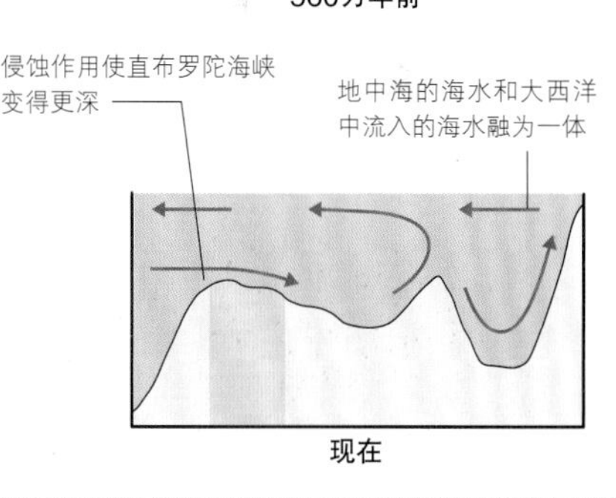


**欧洲大陆的形成**

图标 汇聚边界 离散边界

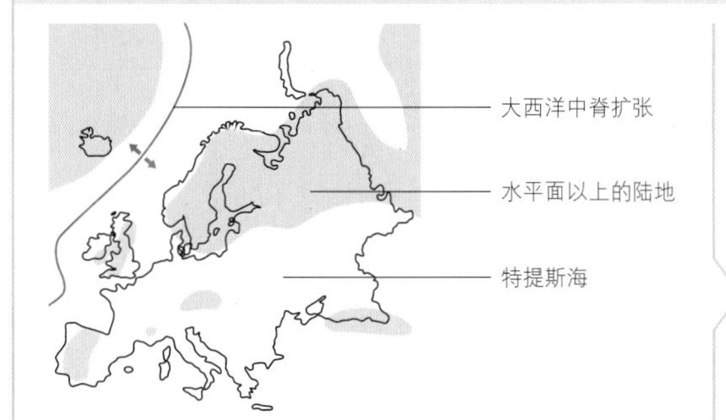


**9400万年前**
北大西洋不断扩张，将欧洲和北美洲推开。而南欧完全浸没在欧亚之间的特提斯海中。

亚平宁山脉形成
非洲板块潜没到欧亚板块之下

**5000万～4000万年前**
特提斯海受挤压而干涸，其沉积物在南欧陆地堆积起来，形成了亚平宁山脉等高山山脉。

欧洲通过陆地和亚洲相连
北海位于海平面之上
非洲板块继续向下潜没

**18 000年前**
随着大洋往后退，黑海、波罗的海和北海干涸，而欧洲开始通过陆地和亚洲相连

△ 斯凯岛景色

斯凯岛是苏格兰的第二大岛，拥有迷人的景色。照片中间那块最大的尖峭岩石，称为“老人岩”。

# 苏格兰高地

一个遍布古老山脉和死火山的地区，数个世纪以来，受到冰川蚀刻和雨水侵蚀的力量雕琢而成，拥有一种野生、粗犷之美。

### 加里东山地是怎样形成的

在加里东造山运动期间，板块活动导致古代大陆不断相互碰撞，并使群山不断隆起。后来，结合在一起的大陆分裂，致使群山散布在北大西洋沿岸地区。

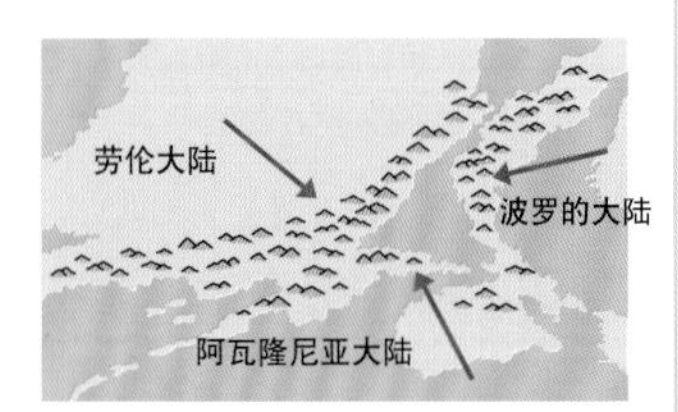


4.9亿～3.9亿年前

现在

苏格兰高地是加里东山地的一部分。加里东山地是一片比它大得多的古老山链，形成于一系列称为加里东造山运动的地质事件中（见左图）。苏格兰高地包括苏格兰西北高地和格兰扁山区，两者之间隔着一道长100千米的断层带，叫作大峡谷断层，以及苏格兰西部的各个多山岛屿。格兰扁山脉是不列颠群岛中海拔最高的地方，其最高峰是海拔1345米的本尼维斯山。

### 火山遗迹

苏格兰高地中零星散布着一些过去火山活动的遗迹。本尼维斯山曾经是一座大型火山，在3.5亿年前的一次火山喷发后，它向内崩塌。一些高地的山脉支脉是由花岗岩构成的，比如凯恩戈姆山脉。这些花岗岩是地下岩浆凝固后形成的，后来由于受到侵蚀而曝露在地表之外。崎岖的地貌是苏格兰高原的一大特色。但森林仍然覆盖着一些地区，为北欧雷鸟、松貂、野猫等野生动物提供了家园。

科谷是苏格兰高地中的一个山谷，它曾经是一座超级火山。

◁△ 高地的石楠

石楠是苏格兰的一大象征。夏末时分，紫色的石楠点缀着苏格兰高地的低处山坡，苏格兰高原牛常常在那里吃草。

# 史托克间歇泉

冰岛的一个著名间歇泉，每隔8分钟喷发一次。

史托克间歇泉坐落在距冰岛首都雷克雅未克以东约80千米的一片温泉地区中。在其附近还有另外一个闻名遐迩、但喷发没有那么频繁的间歇泉，称为盖歇尔间歇泉（又名大间歇泉）。公元1294年，首次有文献提到这一间歇泉，“间歇泉”这个名词也来于它。

1789年的一次地震后，史托克间歇泉首次喷发。这个间歇泉从一个水潭中喷发出来，通常能喷到15～20米高，但偶尔这座热水喷泉也能喷发到40米高。每次喷发仅仅持续几秒钟，喷发时还伴随着夸张的响声。

△ **有规律的喷发周期**

1963年，人们清理了间歇泉下面的通道，确保它能有规律地喷发。现在，它每8分钟喷发一次。

◁ **蓄势待发**

当史托克间歇泉喷发时，首先，一滴水珠鼓了起来。同时，一个蒸气泡从水珠下面升起。随后，一柱沸水对着天空猛烈喷射。

# 法国中央高原

法国的一片高原地区，拥有绝美的死火山景致。

中央高原覆盖着法国约七分之一的土地。罗纳河谷将它与尔卑斯山脉隔断。约6500万年前，这里开始出现火山活动了，很可能是因为地壳减薄和烫热的地幔岩层上涌。由于被称为“多姆山链”的火山群遗迹穿越这一高地的北部区域，目前这一地区受到火山影响的痕迹还很明显。中央高原的南部是高高耸立、切割深谷的石灰岩高原。在这些峡谷中，最著名的是景色壮观的塔恩峡谷，它长达53千米，部分地段深达600米。

**在一个火山渣锥中**

火山碎屑堆或火山渣锥，是相对较小、四壁陡峭的火山，主要是由松散的火山渣（凝固的熔岩的玻璃状碎屑）构成的，有的也含有火山灰。它们出现时，大多数只有一个主要的喷发期。在喷发、生长几个月或几年时，它们便永远沉寂了。

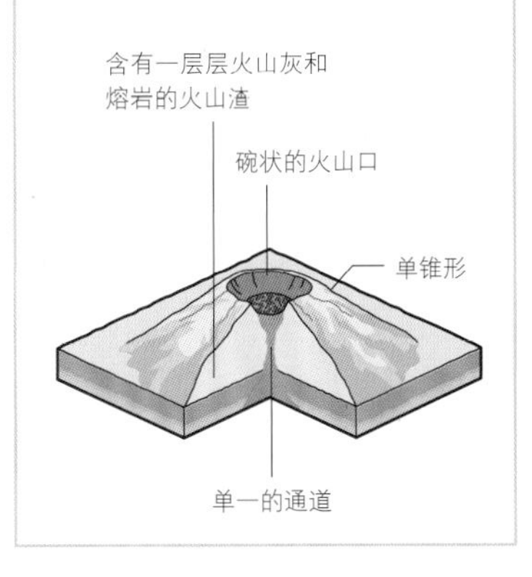


◁ **多姆山链**

这一连串小型的死火山，大多数以火山渣锥的形式出现，绵延约40千米。图中前景中的火山渣锥是冬季覆盖着皑皑白雪的多姆山。

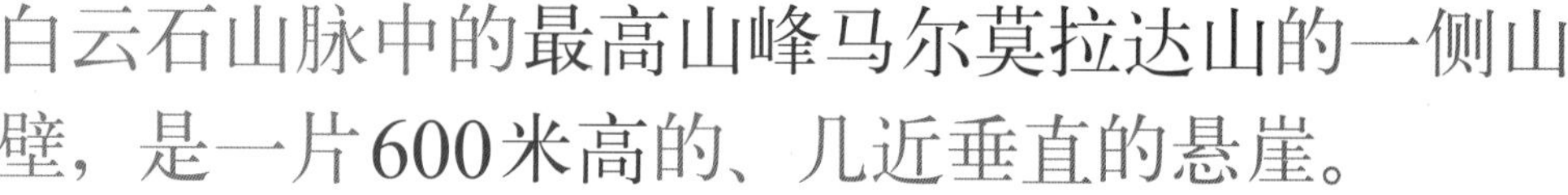

白云石山脉中的最高山峰马尔莫拉达山的一侧山壁，是一片600米高的、几近垂直的悬崖。

▽绝壁巉岩

白云石山脉的地形，以大量的岩墙、石塔和参差不齐的尖峰为主。

# 白云石山脉

意大利东北部的巍峨山脉，共有18座海拔高于3000米的高峰。

白云石山脉是阿尔卑斯山脉的支脉。这片山脉由一层又一层的沉积岩构成，厚达成千上万米。上亿年前刚形成时，它们是浅海中的珊瑚礁。后来，作为板块活动的产物，这些岩层被抬升起来，随后又被一条条冰川侵蚀，最终形成了现在这样壮观瑰丽的景色。这些山峰以其珊瑚礁动物化石而闻名四海。

## 白色山脉

白云石山脉得名于18世纪的法国矿物学家德奥达特·德·多洛米（Deodat de Dolomie），他是第一个提到白云石的人，而大部分白云石山脉是由白云石构成的。白云石和石灰石有点类似，通常是白色、奶油色或浅灰色的。正因如此，白云石山脉也常常被称为白色山脉。其最高峰是海拔3343米的马尔莫拉达山。它那壮观秀丽的景色，吸引了无数的登山客、滑雪者、滑翔伞爱好者和徒步爱好者。

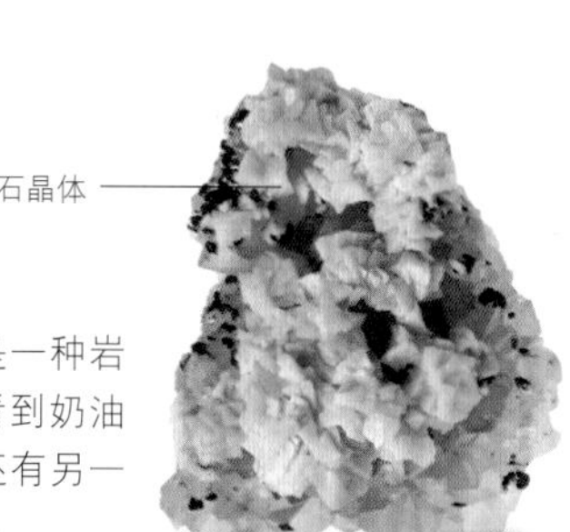

▷构成白云石山脉的岩石

白云石是一种矿物的名称，也是一种岩石的名称。在这一标本中，能看到奶油色的白云石晶体和石英晶体，还有另一种颜色较深的矿物质混杂在一起。

### 白云石山脉的岩石层

白云石山脉的绝大多数岩层是在三叠纪（2.52亿～2.01亿年前）形成的，但也有另外一些更加古老或者更加年轻的岩层。图中显示了一些主要岩层的形成顺序，这是根据对山脉不同区域的勘探研究而综合出来的。

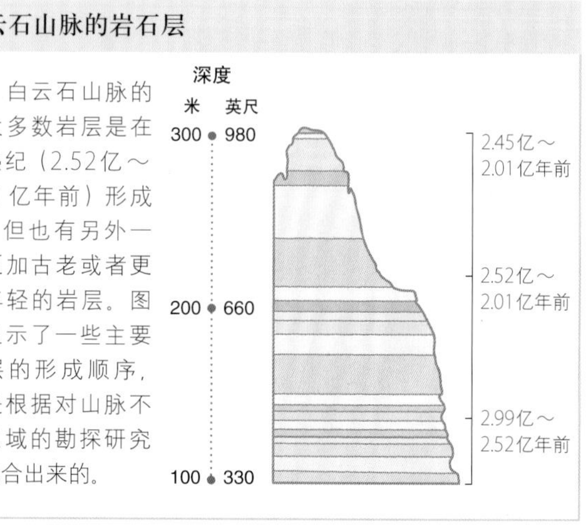

# 比利牛斯山脉

法国和西班牙之间的一道高高的天然屏障，在两个国家的历史中都曾发挥重要作用。

△ 蓝色的山岭

这一幅晨景展现了法国比利牛斯山脉西坡的风光。前景中独具特色的陡峭山峰，就是南奥索峰。

比利牛斯山脉主要形成于过去的5500万年中（见下图）。随着时间的过去，被抬高的土地受到侵蚀，于是形成了一系列彼此平行的山脉，以及一些平顶山丘，有的地方高达3000米以上。

## 峭拔的山谷和瀑布

能始终从低于海拔2000米的山道全线穿越比利牛斯山脉的路径，只有寥寥几条。在上一个冰河时代中，比利牛斯山脉受到了大范围冰川活动的巨大影响。这些山脉中的一座座锯齿状的山峰，在靠近法国的一侧最为陡峭。在这些山峰中，分布着一些全欧洲最壮观的瀑布。其中落差最高的瀑布垂直跌落422米，位于加瓦尔尼盆地谷。一些大河从群山间流出，比如法国的加仑河以及西班牙埃布罗河的一些支流。这一地区的野生生物，包括罕见的胡兀鹫、鹰、野猪和少数棕熊。

△ 铅的来源

比利牛斯山脉中蕴藏着一些有用的矿物，包括方铅矿（一种铅矿）。图中晶体的形状非常特别，这种形状称为截角八面体。

### 比利牛斯山脉是怎样形成的

在遥远的过去，伊比利亚是一个岛屿。当时，正在扩张的大洋中脊将它推远，使其远离欧亚大陆。但在约7000万年前，一个新的汇聚型板块边界在伊比利亚和欧亚大陆之间形成，并开始向两者靠近。这最终导致板块之间发生碰撞，致使比利牛斯山脉隆起。

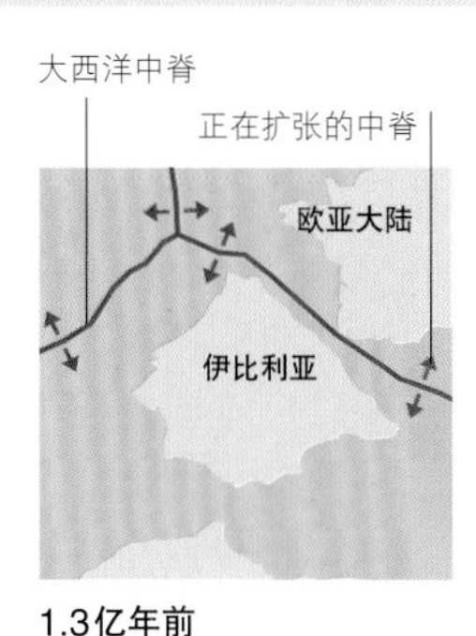


1.3亿年前

新的汇聚边界
欧亚大陆
伊比利亚

7000万年前

比利牛斯山脉
法国
西班牙

现在

# 阿尔卑斯山脉

欧洲最高大巍峨、绵延不绝的山脉，这一山脉中有许多著名的山峰。

阿尔卑斯山脉长约1200千米，最宽处超过200千米，覆盖着约207 000平方千米的土地。在过去的1亿多年中，由于非洲板块和欧亚板块互相靠近，阿尔卑斯山脉隆起并形成了一条呈弧形的山脉带，其中有50多座超过3800米高的山峰。

## 冰川塑造的山脉

阿尔卑斯山脉目前的地貌是过去200万年中冰川作用的结果。曾经覆盖在这些山峰之上的一条条冰川，凿出了一片片状如圆形剧场的巨大冰斗（山中的凹陷处）、尖峭的刃岭（刀锋一般的山岭），以及雄伟壮观、金字塔形的山峰，比如位于瑞士—意大利边境的马特洪峰，还有奥地利境内最高的山峰大格洛克纳山。随着冰川融化，在这片土地上留下了一片片U型的山谷，一条条自这些悬沟之中倾泻而下的壮观瀑布，一个个既深且长的湖泊。目前剩下的最长的冰川是阿莱奇冰川（参见第151页）。

## 欧洲的游乐场

在阿尔卑斯山脉中，有许多闻名遐迩的山峰，比如法国—意大利边境的勃朗峰、马特洪峰，瑞士境内的艾格尔峰。艾格尔峰的北面山脊一直被公认为是全球极有攀爬挑战性的山峰之一。夏季，这片地区吸引了无数的登山客和热衷于徒步、山地自行车和滑翔伞运动的人们。

◁**生活在高山上**
夏季，在高海拔牧场，一种大型松鼠旱獭非常常见。而在一年中的其他时间，旱獭一直藏身在它们的地下洞穴中冬眠。

**1991年，在厄兹塔尔阿尔卑斯山脉发现了一具有5000年历史的木乃伊。此后，这具木乃伊被命名为“奥茨冰人”。**

### 阿尔卑斯山脉的支脉

阿尔卑斯山脉有许多支脉，下图中标出了其中一些支脉。其中海拔最高的是本宁阿尔卑斯山脉。在阿尔卑斯山脉最高的20座山峰中，有13座在本宁阿尔卑斯山脉中，4座在伯尔尼兹阿尔卑斯山脉中，另外3座在格雷晏阿尔卑斯山脉的勃朗峰中。

尤里阿尔卑斯山脉
伯尔尼兹阿尔卑斯山脉
本尼阿尔卑斯山脉
格雷晏阿尔卑斯山脉
多芬阿尔卑斯山脉
科欣阿尔卑斯山脉
滨海阿尔卑斯山脉
利古里亚阿尔卑斯山脉
格拉鲁斯阿尔卑斯山脉
里申阿尔卑斯山脉
巴伐利亚阿尔卑斯山脉
高地陶恩山脉
尤利安阿尔卑斯山脉
白云石山脉
利旁廷阿尔卑斯山脉
厄兹塔尔阿尔卑斯山

▽**花儿的迁徙**
随着全球气温上升、冰山向后退缩，各种开花的植物，都生长到阿尔卑斯山脉中海拔更高、纬度更高的区域。

**标志性山峰**

马特洪峰是一座经典的阿尔卑斯山峰，冰川雕琢而成的峭拔崖壁非常壮观。人类于1865年首次登上了海拔4478米的顶峰。

# 埃特纳火山

欧洲最高、也是迄今为止最大的活火山，拥有大规模火山喷发的历史，这些喷发往往非常壮观。

埃特纳火山坐落在西西里岛东岸，占地1190平方千米，是全球庞大、著名、活跃的火山之一。它高高耸立在港口城市卡塔尼亚之上。人类记录其火山活动的历史可追溯到公元前1500年。对它的记录，是全世界悠久的火山记录史之一。埃特纳火山的形成，很可能与它靠近非洲板块和欧亚板块的边界这一事实有关。此外，这座火山也有可能位于一个地幔热点之上。

## 错综复杂的构造

埃特纳火山是一座成层火山，拥有错综复杂的构造。它一共有3个独立的山顶火山口，山坡上分布着300多个较小的火山喷口和火山锥。埃特纳火山的顶峰高3330米，熔岩流覆盖了山坡地表的大部分地区。尽管埃特纳火山总体上呈圆锥形，但它的东坡上有一片极明显的、马蹄形的深深凹地，这片凹地名为博韦山谷。

## 喷发类型

在过去的数千年中，埃特纳火山几乎始终处于活跃状态，其喷发活动主要可分为两大类型。第一种是壮观的爆裂式喷发，即从顶峰的一个或多个火山口中骤然爆发。这样的喷发会产生喷射到高空的一柱柱炽热的岩浆、火山弹、大量火山渣和大片的火山烟云。而在另一种相对安静的喷发过程中，大量熔岩也有可能从山坡上的火山喷口和裂缝中流出。埃特纳火山最毁灭性的一次喷发发生于1669年3月。那次喷出的大量熔岩流摧毁了卡塔尼亚的大部分城墙。尽管这座火山非常危险，但西西里岛的绝大多数居民，都将埃特纳火山当作他们的一笔巨大的财富。

◁**熔岩块**
从埃特纳火山中喷发出来的熔岩块的成分和温度，让它们多半会在凝固成图中所示的熔岩块之前，一路奔流数千米。

## 1999年，埃特纳火山喷发出来的熔岩泉高达2000米。这是迄今为止记录到的最高的熔岩泉。

### 历史上的熔岩流

这张地图显示了自17世纪以来，曾被埃特纳火山的熔岩流覆盖的区域。图中还显示了历史上每次熔岩流的覆盖范围。多次火山喷发都始于埃特纳火山的山坡，而不是山顶。一些熔岩流还侵入了都市地区。在埃特纳火山形成之前积累的沉积物已有超过50万年的历史。埃特纳火山的年龄应该与之相仿。

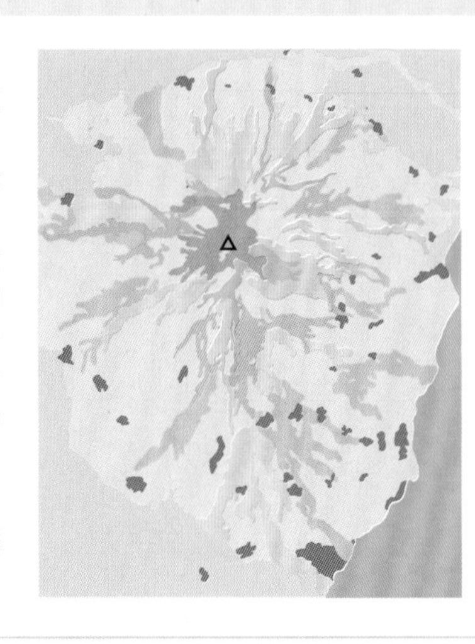

△ **烈焰的通道**
这个位于埃特纳火山西南坡下方的洞穴是一条熔岩管，一条天然形成的管道，它位于以前一片凝固的熔岩流的内部。

**火山灰柱**

2015年12月，埃特纳火山喷射出了高达8千米的火山灰，这条火山灰柱在高空中形成了一个巨大的“蘑菇”。

# 一座成层火山的内部

大型火山可以分为两种类型：盾状火山和成层火山。盾状火山坡度平缓，而成层火山四壁陡峭，形成圆锥形，这是一层层火山喷发物堆积而成的。形成这种差异的原因在于，这两类火山喷发出来的岩浆属于不同的类型。盾状火山喷发出来的岩浆流动性较强，在奔流很长一段距离之后才会冷却凝固。而成层火山，比如埃特纳火山，也会喷发出更有黏性、水分更多的熔岩，但它们不会奔流到很远的地方。相反，其熔岩会在附近凝固，有时还会堵塞住一座火山的一个或多个主喷口。因此，成层火山喷发出来的物质中含有大量的固体碎片，即火山灰、火山浮石和火山渣。这些物质会喷射到空中，然后随着火山排空其主喷口中的各种物质，再次回落到地面上。这样分类不仅有助于解释成层火山的结构和形态，还有助于解释它们的长期行为，猛烈喷发的阶段和相对安静的阶段互相间隔，持续几年到几千年不等。

## 成层火山的演变

成层火山是由其自身的喷发物，凝固的熔岩、火山灰和火山渣堆积而形成的。起初，这样的火山生长得很快，因为多次的喷发，在它原有的基础之上增添了许多物质。一旦成型后，火山增高的速度就放慢了许多。侵蚀作用带来的影响，是增速变缓的部分原因。

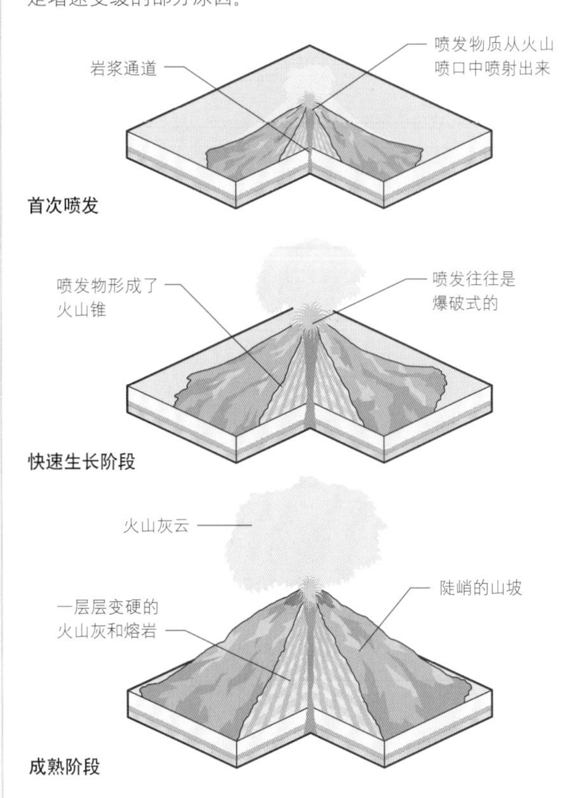


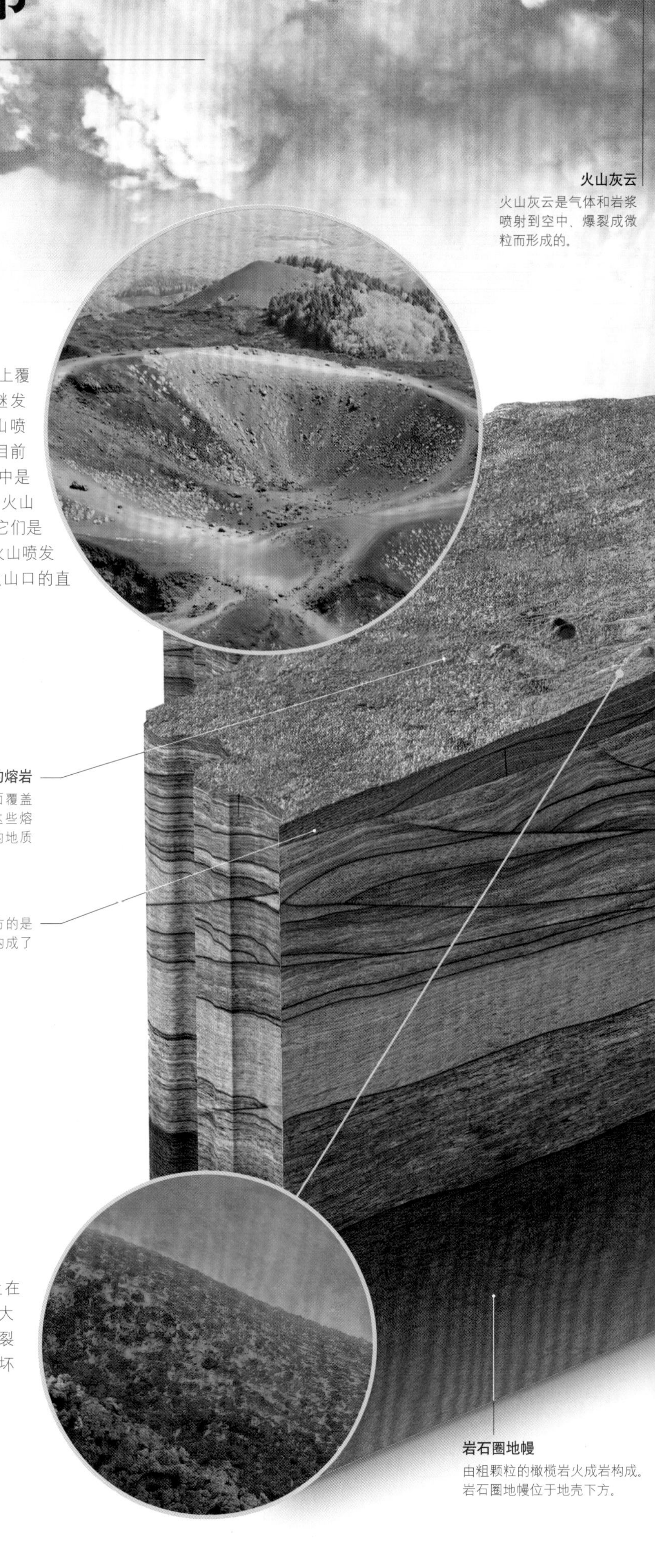

**火山灰云**
火山灰云是气体和岩浆喷射到空中、爆裂成微粒而形成的。

**▷山坡上的火山口**
埃特纳的四面山坡上覆盖着成百上千个继发性的火山锥、火山喷口和火山口，许多目前处于休眠状态。图中是西尔维斯特里双子火山口中的其中一个，它们是在1892年的一次火山喷发后形成的。这个火山口的直径有110米。

**凝固的熔岩**
埃特纳火山的表面覆盖着凝固的熔岩，这些熔岩来自各个不同的地质年代。

位于埃特纳火山正下方的是一层层古火山，它们构成了现在的火山锥的基底。

**▷熔岩流**
有的火山喷发发生在低处的山坡上，巨大的熔岩流从那儿的裂缝中奔涌而下，毁坏了大片农田。

**岩石圈地幔**
由粗颗粒的橄榄岩火成岩构成。岩石圈地幔位于地壳下方。

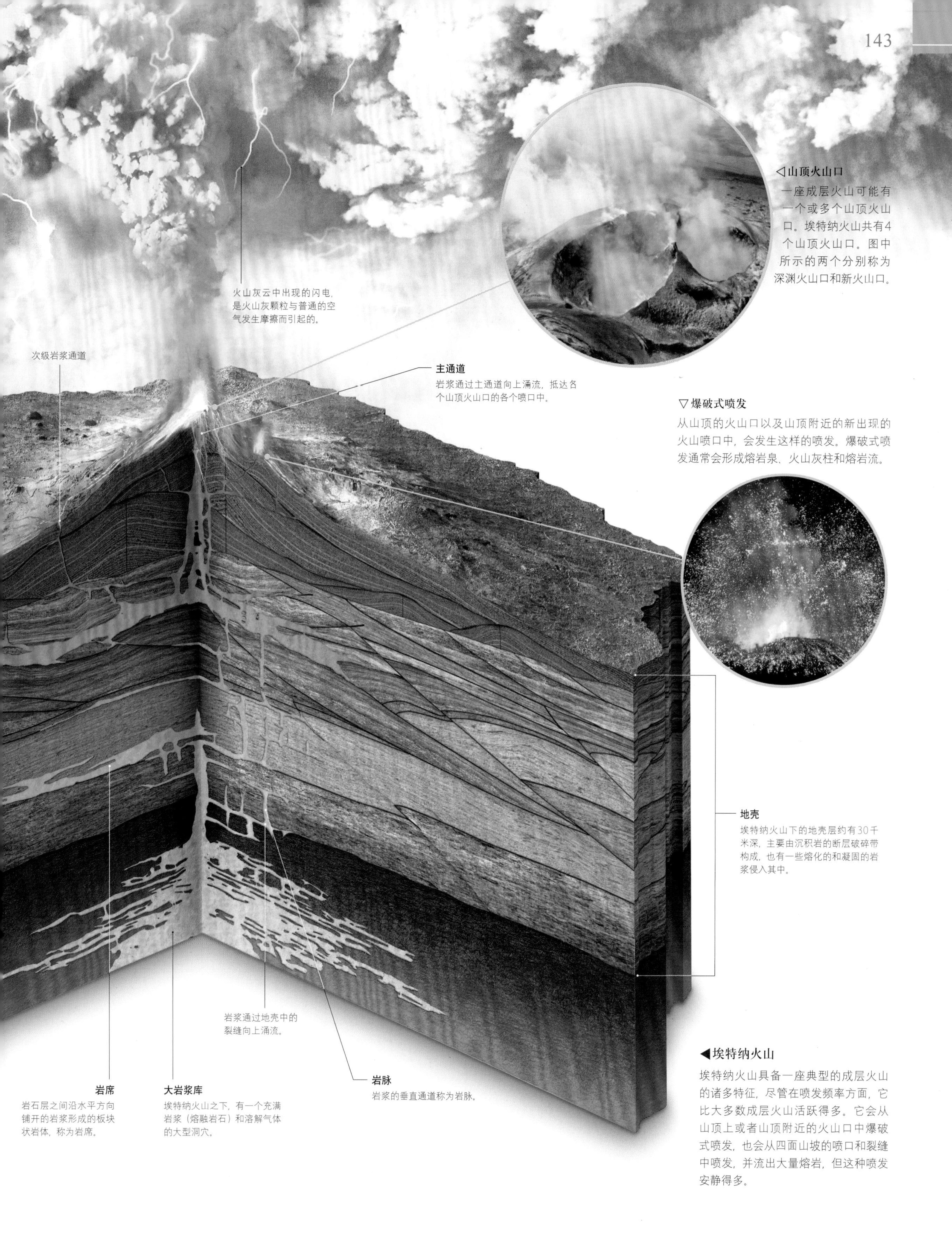


◁山顶火山口

一座成层火山可能有一个或多个山顶火山口。埃特纳火山共有4个山顶火山口。图中所示的两个分别称为深渊火山口和新火山口。

▽爆破式喷发

从山顶的火山口以及山顶附近的新出现的火山喷口中，会发生这样的喷发。爆破式喷发通常会形成熔岩泉、火山灰柱和熔岩流。

◀埃特纳火山

埃特纳火山具备一座典型的成层火山的诸多特征，尽管在喷发频率方面，它比大多数成层火山活跃得多。它会从山顶上或者山顶附近的火山口中爆破式喷发，也会从四面山坡的喷口和裂缝中喷发，并流出大量熔岩，但这种喷发安静得多。

# 斯特隆博利岛

一座小型火山岛，由于它的喷发有规律可循、极为可靠、耀眼夺目，千百年来被冠以“地中海的灯塔”之美名。

任何人都能随时游览、且能亲眼目睹火山喷发的地方，在地球上屈指可数，而斯特隆博利岛就是其中之一。大约每过20分钟，山顶的3个火山喷口中的一个，就会将一柱熔岩碎屑喷射到150米的空中。数千年来，这座火山一直在这样喷发着，具有自己鲜明的特色。因此，地质学家们用“斯特隆博利式”这个词描述其他火山的类似喷发活动。

### 造访斯特隆博利岛

斯特隆博利岛位于地中海中的西西里岛的北面，直径约5千米，高达924米。游客只有在一位当地向导的陪同下，才能获准徒步攀登其顶峰。

▷规模庞大的烟花秀
这张照片展示了斯特隆博利岛一次典型的火山喷发的景象。成千上万的炽热发光的熔岩颗粒，喷射到空中，然后坠落在地面上，形成一条条柔和的弧线。

**火山岛**

从两个岸边的村庄出发，沿着陡峭的道路，能抵达观赏火山喷发的最佳位置。在猛烈的火山喷发过程中，熔岩流沿着一片叫作“火焰流”的坡地，跌落到一片洼地中。

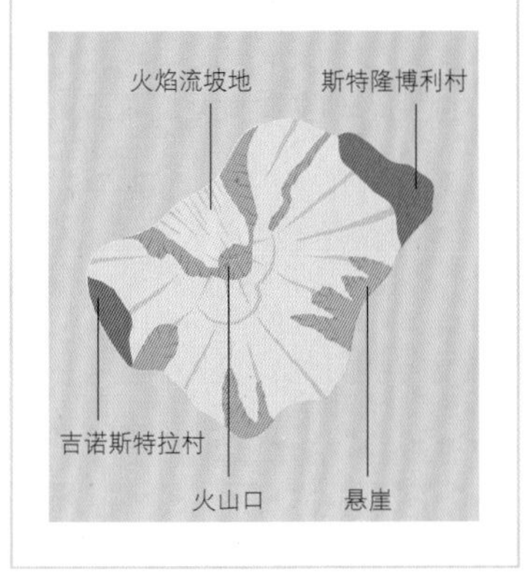


# 乌拉尔山脉

分隔欧亚大陆的一片高地，也是全球古老、矿产丰富的山脉之一。

南北走向的乌拉尔山脉约有2500千米长，从北冰洋一直绵延到咸海附近，拥有多种不同的地貌，从极北的荒地到半荒漠，不一而足。乌拉尔山脉位于俄罗斯和哈萨克斯坦境内，历来被认为是欧亚两洲的边境。

### 古老的群山

乌拉尔山脉并不是特别高，部分原因在于，乌拉尔山脉的群山在形成之后长期受到侵蚀。其最高峰是海拔1895米的纳洛德纳亚山。乌拉尔山脉的大部分地区覆盖着茂密的森林，但北部地区散布着一条条冰川，还分布着高山草甸和苔原。这片地区河湖密布，而在东面的山坡上，分布着一些洞穴密布、具有喀斯特地貌的区域。丰富多姿的地形地貌，使乌拉尔山脉成为俄罗斯美丽的地区之一。在乌拉尔山脉的森林中，生活着各种野生动物，包括棕熊、猞猁、狼獾等。乌拉尔山脉的自然资源极为丰富，盛产木材、煤炭、金属矿石和多种宝石。

◁晶体状的珍宝
从乌拉尔山脉中开采出来的宝石，有紫水晶、绿宝石和黄金等。图中的完整六方晶是一块绿宝石。

乌拉尔山脉形成于2.5亿～3亿年前，是世界上古老的山脉之一。

# 维苏威火山

欧洲最危险的火山，以其历史上的多次大型喷发而闻名于世，包括公元79年的那次导致大量伤亡的大型火山喷发。

维苏威火山是一座成层火山，距意大利城市那不勒斯只有8千米之遥，它位于全球人口最稠密的火山区。其地理位置，还有那猛烈的喷发，使它变得极为危险。维苏威火山海拔1281米，拥有一个锥形火山口。它位于一座更古老的火山索玛火山的破火山口之中。在维苏威火山的低处山坡上，点缀着一个个村庄和葡萄园。

## 毁灭性的过去

在维苏威火山历史上的无数次大规模喷发中，最臭名昭著的一次发生在公元79年。在那次喷发过程中，大量坠落的火山灰和火山碎屑岩涌，埋没了庞贝古城和赫库兰尼姆古城，并致使约2100人丧生。另一次大规模火山爆发发生在1631年，当时的遇难者超过3000人。而在1906年的一次喷发中，遇难者超过200人。自1944年以来，维苏威火山再也没有喷发过，这意味着一次大型喷发已然姗姗来迟。

△ 欺骗性的平静

从图中可以看到维苏威火山400米宽的山顶火山口的大致轮廓。从后面的背景中能看到那不勒斯海湾的一部分，而远处的卡普里岛遥遥在望。

**维苏威火山的演变**

在公元75年的那次喷发之前，维苏威是一座有着巨大火山口的独立火山锥。后来，在这个火山口中逐渐形成了一个新的火山椎。现在，这个新形成的、体积大增的火山锥被称为维苏威火山。而现在被称为索玛火山的更古老的火山锥的大部分，已经被侵蚀殆尽。

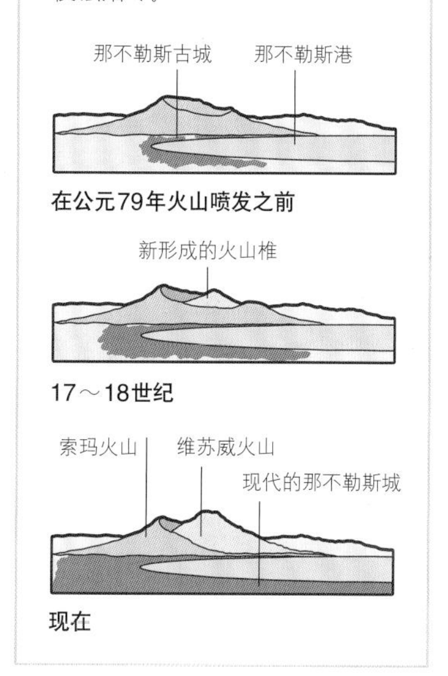

△ 冬季的森林

乌拉尔山脉的很大一部分地区是针叶树林地带，这片针叶林横跨欧亚大陆的北部地区。在寒冷的冬季，大片森林被积雪深深覆盖着。

◁ 岩石中的巨人

这些被称为曼普普纳岩石群的石柱，高达30多米，耸立在乌拉尔山脉西部的一座高原上。根据传说，它们原本是一些巨人，但被一个萨满巫师化为了石头。

△ **蓝色的洞穴**

在冰盖周围常常会形成冰洞。它们是一些冰川下的融水水流蚀刻出来的，而这些融水流早已干涸。它们的具体位置似乎每年都会改变。

◁ **海边的冰块**

在瓦特纳冰盖边缘附近的黑沙滩上，常常能看到大块的冰。这是那些坠入海水、但又被海浪冲回的冰山的残余物。

▷ **色彩的盛宴**

日出时分，瓦特纳冰川起伏的表面上，呈现各种绚丽的色彩，从柔和的淡赭色和黄色，变幻成浅灰蓝色和明亮的蓝绿色。

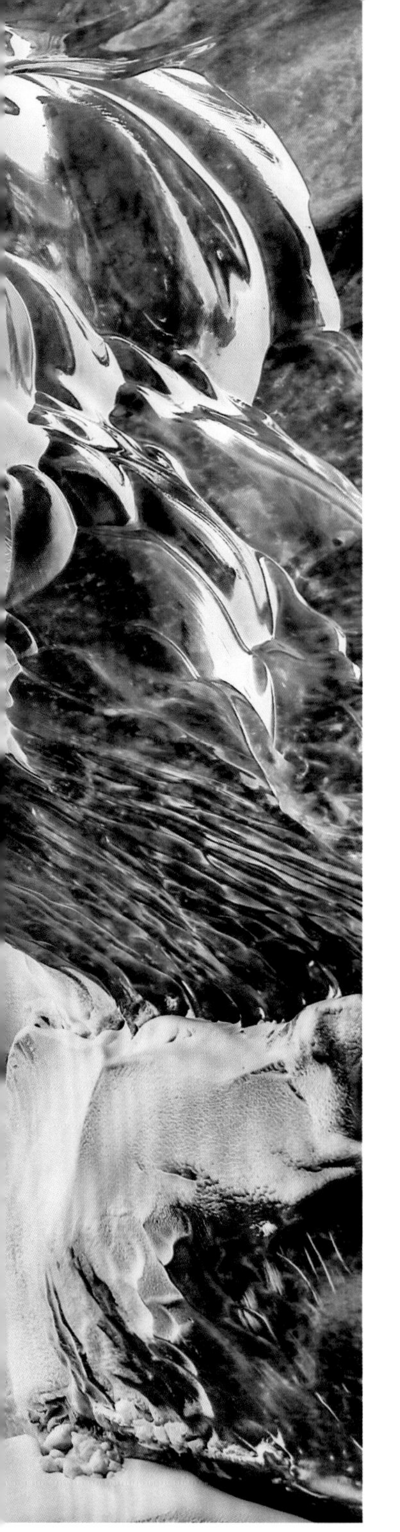

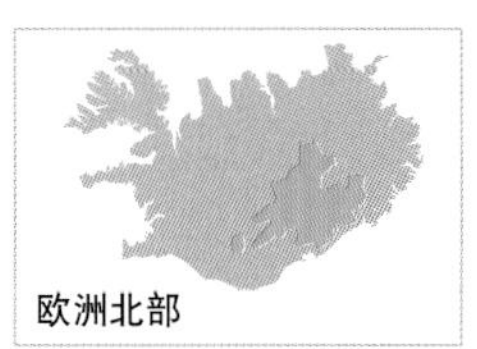


# 瓦特纳冰川

一块覆盖了冰岛地表8%的面积的庞大冰盖，也是欧洲体量最大的冰川。

冰岛拥有几片广袤的冰盖，瓦特纳冰原就是其中之一，它的名称来自于冰岛语词vatna（意思是水）和jökull（意思是冰川）。这片冰盖完全覆盖了冰岛南部的国土。在这片冰盖之下分布着山谷、群山和高原。

## 形状和规模

这一大致呈椭圆形的冰盖形成了一个冰洞的穹顶，其最高点位于海拔2000多米处。它占地约8100平方千米。约有30条注出冰川，将瓦特纳冰原的冰块运往海边。其中一些冰断裂后，坠入一个大型的冰川潟湖杰古沙龙湖，成为一座座冰山，随后通过各条水道进入海洋中。由于大气折射带来的光波折射效果，据说，有时在距其550千米的法罗群岛的一些最高峰的峰顶上，都能看到这一冰盖。据记载，这是世界上能用肉眼看到的最长一段距离。

## 潜伏在冰川下的火山

在瓦特纳冰原下，潜伏着3座活火山，还有一些火山裂缝。这3座活火山分别是巴达本加火山、厄赖法耶屈德尔火山和格里姆火山，前两座是成层火山，最后一座是破火山。当这些火山中的任何一座喷发时，除了火山喷发常有的影响和危险，还多了一种危险，大量冰块融化，引发灾难性的洪涝（见下图）。冰岛语中有一个专门的术语来形容这样的事件：jökulhlaup（意为冰川泛滥）。这样的冰川泛滥事件通常都和格里姆火山有关，在所有的冰岛火山中，数它喷发的频率最高。1996年11月，格里姆火山喷发导致瓦特纳冰原中数百万吨的冰融化，引发了一场持续两天的大洪涝。在冰川和海洋之间的泛滥平原上，缀满了一座座巨大的冰山。

◁**天生的游泳健将**
麻斑海豹是人们在冰岛发现的6种海豹中的一种。人们常常在 个名为杰古沙龙湖的融水潟湖中，看到它们的身影，这个湖泊坐落在瓦特纳冰原和大海之间。

**山洪暴发**

当瓦特纳冰原下的格里姆冰川喷发时，其上方的大量冰会融化。这将产生巨大的推力，导致冰盖被略微顶起，大量的融水从冰盖下奔涌而出。洪水将给毗邻这一冰川的沿海平原带来无妄之灾。

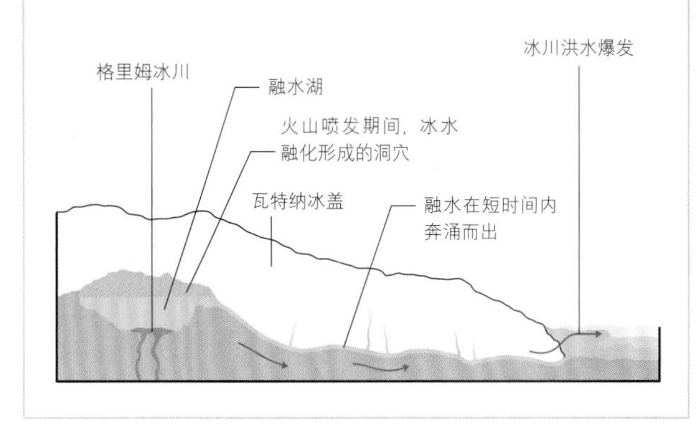


瓦特纳冰盖最厚的地方有1000米厚，平均厚度达到400米。

# 摩纳哥冰川

位于斯瓦尔巴群岛中的最大岛屿斯匹次卑尔根岛上的一条巨大的冰川。

挪威北部的斯匹次卑尔根岛距离北极约1850千米，岛上80%的地区被一条条冰川所覆盖。而横亘在岛上一片称为“哈康七世陆地”的地区中的冰川，是其中的大冰川之一。这一冰川将大量的冰排入冰川前端的爱情峡湾。

### 一条高贵的冰河

摩纳哥冰川约有4万米长，它是根据摩纳哥的阿尔伯特一世亲王命名的。阿尔伯特一世亲王是20世纪早期的一位极地探险先驱，他组织了第一支探险队，探索这条冰河并绘制了地图。根据相关测绘研究，在过去的50年中，这条冰川已经向后退缩了3000多米。环斑海豹、髯海豹、各种海鸟、北极熊是附近的冰原、海滨和岛屿上的主要居民。

△冰的海洋

从摩纳哥冰川以及其他冰川中断裂的冰，是那一座座漂浮在爱情峡湾中蔚为壮观、船只一般大小的冰山的来源。

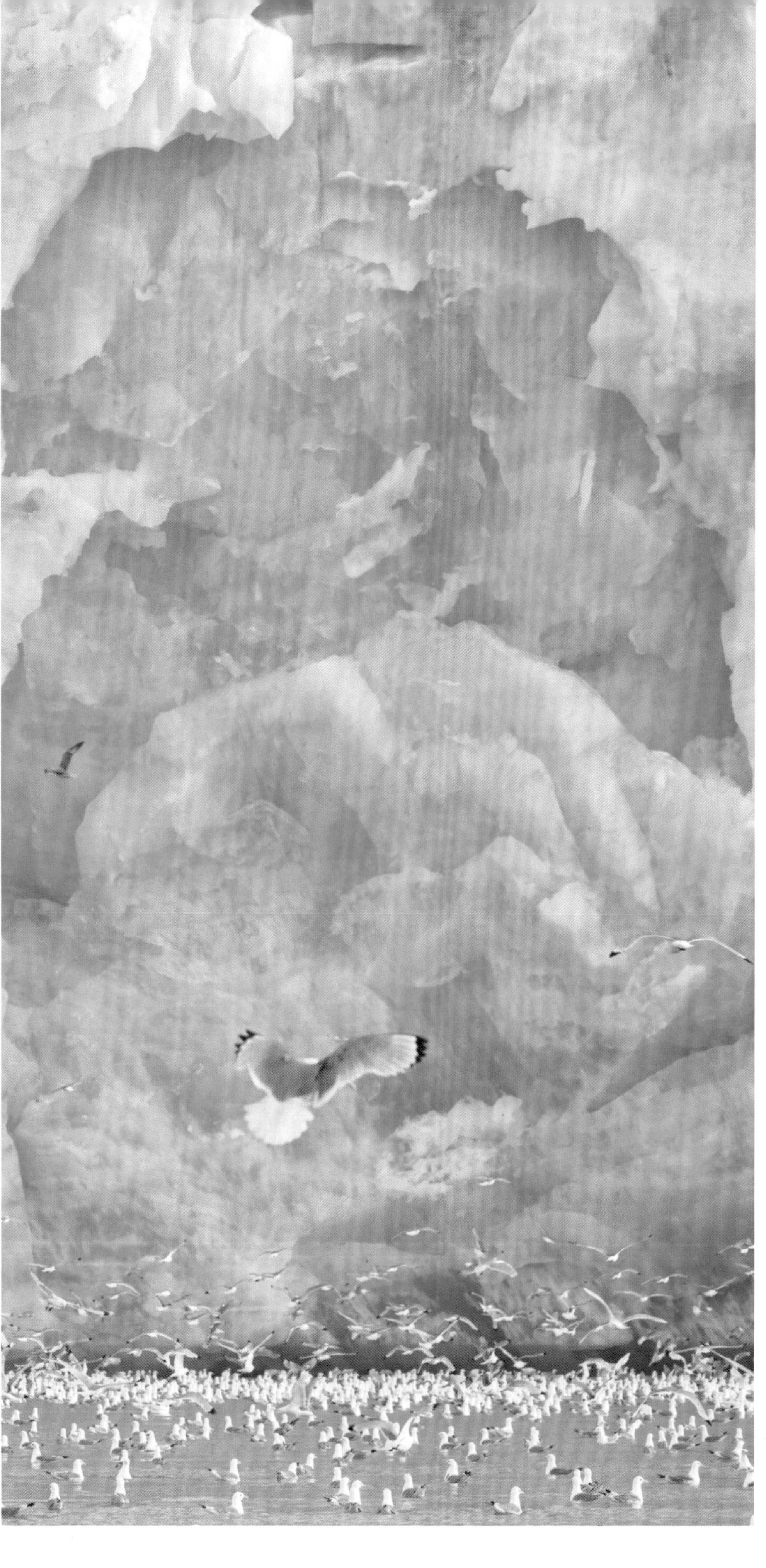

▷冰墙

一群三趾鸥在摩纳哥冰川末梢巨大的冰墙前觅食，这面冰墙高50多米、宽4000米。

冰川断裂时发出的震耳欲聋的声音，方圆数十千米之内都听得到。

# 约斯达布连冰原

欧洲大陆最大的冰川，是一片广袤的古老冰原留下的遗迹。在距今1万年之前，这片冰原一直覆盖着挪威全境。

约斯达布连冰原位于挪威西南部，占地约480平方千米，最高点位于海平面之上1957米。有的地方的冰超过400米厚。这片冰原能一直保留至今，主要是因为地区性的大量降雪，而不是因为那里的气温特别寒冷。

## 被锁住的冰水

这片冰原的上半段，或者其中心区域，地势略呈波浪起伏，毫无特色的白色冰雪世界一望无垠，这里是无数注出冰川的发源地。冰的总量，大致相当于3000亿只浴缸的水，或者大致相当于挪威100年的用水总量。然而，这片广袤的冰原正在缩小。约斯达布连冰原的各条注出冰川的高融化率就能反映这一点。

△ **蔚蓝的洞穴**

这个洞穴中透出如此深邃的蓝光的冰，极为厚重、坚硬，这样的冰中含有的气泡，比白色的冰中含有的气泡少。

**约斯达布连冰原的注出冰川**

约斯达布连冰原形态狭长，最大长度达65千米左右。约有50条注出冰川，从这片冰原中流向下方的山谷之中。下图中标出了其中最长的4条冰川。

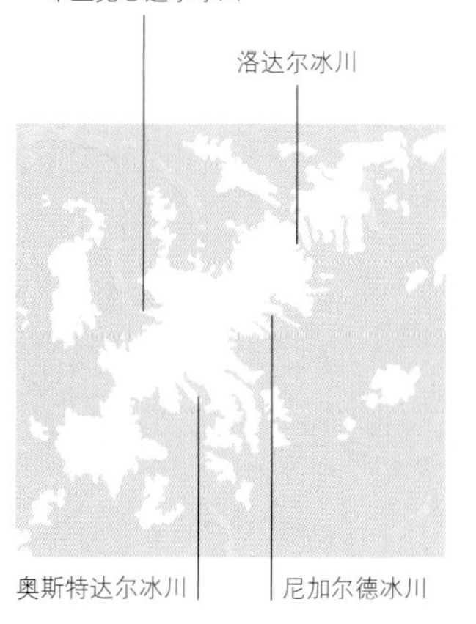


▽ **冰川之旅**

一队拿着雪杖、穿着钉鞋的登山者，正在艰难地攀登布里克思达尔冰川——约斯达布连冰原的一条最容易接近的注出冰川。

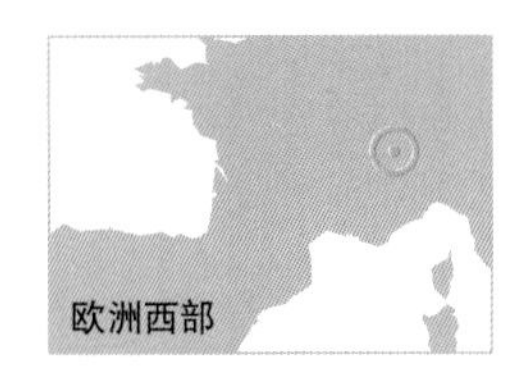


# 冰海冰川

勃朗峰北坡，或者勃朗峰位于法国一侧的一条冰川，以其表面壮观的带状外观闻名于世。

冰海冰川是一条峡谷冰川，一条两侧都是山峰的长长的冰川。从勃朗峰一直延伸到法国东部的沙莫尼山谷，长达11千米左右。

位于一条海拔3200米左右的冰瀑（陡峭下降的一段冰川）下的那部分冰川，拥有高低起伏的带状外观，冰海冰川即得名于此。这一表面图案被形容为暴风雨中被冻结的波浪。这些“波浪”其实是较厚、颜色较浅的冰和较薄、颜色较深的冰的彼此交替，是受到季节性因素的影响而形成的（见右图）。这些被称为“污线带”的带状图案，呈弯曲的弧线状。这是因为冰川中间的冰向山下移动的速度快于冰川两侧的冰。

## 冰海冰川的带状图案

夏季，从冰瀑中坠下的冰，在融化过程中体量减少，并在冰瀑底部形成了一个冰槽，积聚在其中的尘土使其变得黑乎乎的。而到了冬季，更厚、颜色更浅的冰在冰瀑底部出现。

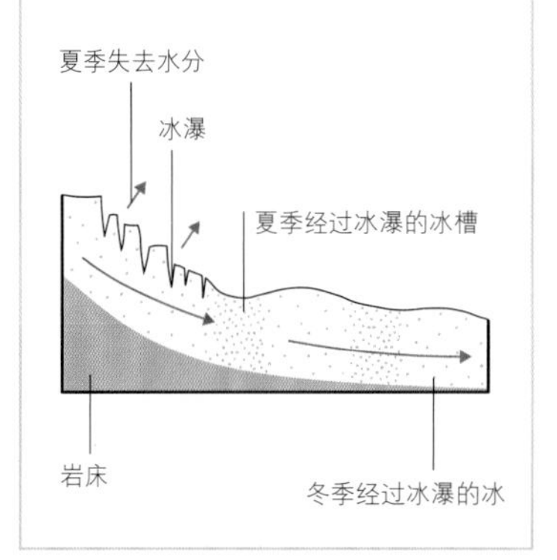


▽ 曲折而下

冰海冰川垂直跌落2500米左右，从图中左上角的勃朗峰下的堆积冰雪的地带，一路下降至冰川末端。

△ 冰雪大道

深色的中碛（纵向的带状条纹）沿着冰川一路而下，让蜿蜒曲折的冰雪大道显得更加壮观。

## 冰碛的几种类型

被冰川裹挟而下、随后沉积在路边的岩石碎屑称为冰碛。侧碛出现在一条冰川的两侧。而当两条较小的冰川汇合后，就会形成中碛。底碛出现在冰川底部，而内碛被困在冰的内部。终碛（图中没有显示）是落在开始融化的冰川嘴周围的岩石碎屑集合物。

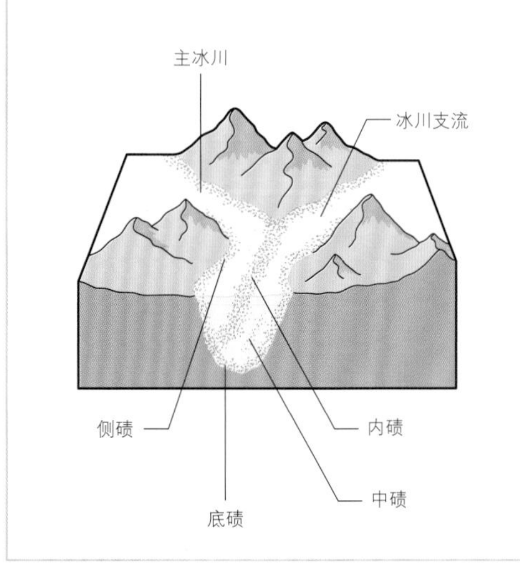

# 阿莱奇冰川

欧洲最长、最大的峡谷冰川，长约23千米，从风景如画的瑞士伯尔尼兹阿尔卑斯地区坠下。

阿莱奇冰川是由4条较小的冰川汇合而成的，这4条小冰川发源自引人注目的少女峰和僧侣峰的南坡。它们在一片平坦的、冰封的高原上汇合，这片高原叫作康多迪亚普拉茨高原，位于海拔2750米的地方，那里堆积的冰深达900米。

## 活动和退缩

这条冰川不同地段的行进速度差异悬殊。在康多迪亚普拉茨一段，以每年200米左右的速度向前推进，而在冰川嘴附近的一段，则以每年10米左右的速度前进。冰川嘴之下的终碛的外观表明，自1860年来，它已经向后退缩了约5千米。从少女峰能俯瞰壮观的阿莱奇冰川的全貌。少女峰是阿尔卑斯群山间的一个缓坡区，可以坐登山火车前往。

阿莱奇冰川覆盖着80平方千米的土地。

▽ 在阿莱奇冰川内部

融水汇成的溪流已经在冰川内部蚀刻出好几个冰洞。游客可以从阿莱奇冰川的边缘地带进入这些冰洞，并饱览冰川内孔雀蓝色的绚丽美景。

# 利特拉尼斯瀑布

一条令人惊艳的冰岛瀑布，从曝露在外、雄奇壮观的火山柱中直坠而下。

壮观的利特拉尼斯瀑布位于冰岛东部的亨吉福萨河，它周围遍布着一系列高高耸立、特别整齐的六边形玄武岩柱。瀑布全长超过30米，包括两段相对独立的瀑布。体量较小的上半段瀑布，和几近垂直的下半段瀑布形成了一定角度。下半段瀑布坠入一个湖蓝色的小水潭中。在冰岛的这片火山风光带中点缀着好几条美丽的瀑布，利特拉尼斯就是其中之一。冰岛落差最高的瀑布亨吉瀑布也是其中之一，它就位于利特拉尼斯瀑布上游约1000米处。

## 古老的熔岩流

利特拉尼斯瀑布从一片古老厚密的熔岩流中奔腾而下、一泻千里。而这片宽阔的玄武岩石柱是随着时间的过去、熔岩相对缓慢地冷却凝固而形成的。随着熔岩冷却、收缩，它形成了一些节理，这些节理沿着熔岩流的底部和表面构成90°的方向生长。一排笔直、整齐的柱状节理，如位于利特拉尼斯附近的一系列柱状节理，称为柱状节理带。科学家认为，这是在熔岩流自下而上的冷却过程形成的。

△ 马尾瀑布
利特拉尼斯瀑布中落差更高的下半段，呈马尾状飞流而下，瀑布中的水在跌落过程中成扇形散开。

▽ 上半段
利特拉尼斯的上半段较短一些，也没有那么陡峭。从瀑布上半段流下的水，先在底部汇聚成水潭，然后再跌落到下半段。

### 辐射状水系

整个湖区大致呈环形，其核心是中心地带的群山，一连串的山谷、湖泊和水道向外呈辐射状分布。这一地貌是数百万年前湖区地下的岩穹向上抬升而形成的。

△ 湖泊中的女王

图中这个弥漫着蒙蒙薄雾的湖泊是德温特湖，很多人认为它是湖区中最美的湖泊，称颂它是“湖泊中的女王”。

# 英国湖区

英国海拔最高、可能也是景色最秀丽的地区。冰山雕琢出来的地貌深受游客喜爱。

湖区是英国西北部坎布里亚郡的一个风景如画的地区，群山、荒原、深谷、湖泊星罗棋布。英国国内海拔高的地区大部分都在湖区，包括英国最高的山峰斯科费尔峰。此外，这里还分布着英国境内最长和最深的湖泊，分别是温德米尔湖和瓦斯特湖。这一地区得名于该地区中的16个湖泊和众多小型水体，这些水体分布在海拔更高的地区，称为山中小湖。然而，事实上，只有其中的一个湖泊巴森斯威特湖被称作“湖”。其他的水体都被称为“水域”或“池塘”。湖区的面积一般根据英国最大的国家公园的边界计算，为2362平方千米。

## 冰川地貌

英国湖区之下的地质构造是一片巨大的石灰岩穹隆，在其上部是一系列源自不同时代、不同起源的三片宽广的岩石带。湖区各个区域的岩床千变万化，从露出在外的火山到布满碎石的山坡，不一而足，从这些千变万化的地貌就能一窥端倪。

然而，湖区之中的许多地形，都是在过去的200万年间受到冰川作用的影响而形成的。事实上，这一地区以其经典的冰川地貌而闻名于世。在这些冰川地貌中，最明显的就是那些具有U形横截面的宽阔山谷，而在这些山谷的底部，往往分布着带状湖。

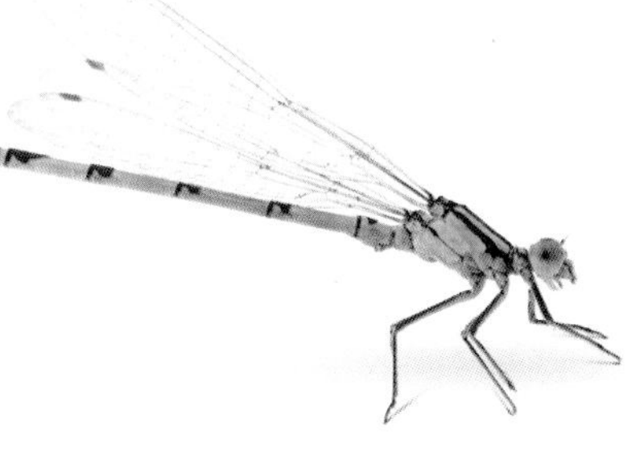

△ 常见的捕食者

这只蓝色的豆娘，是英国许多水道和大型湖泊中常见的捕食者。不同于蜻蜓，豆娘在休息时会将它们的翅膀沿着身体折叠起来。

英国湖区国家公园是英国游客最多的国家公园。

# 卡马尔格湿地

欧洲的一大海岸湿地，以其半野生的马匹和公牛闻名于世，被公认为一片具有国际影响力的重要湿地。

卡马尔格湿地是一片坐落在西欧最大的河流三角洲罗讷河三角洲中的广袤湿地，位于法国南海岸。它覆盖着930平方千米的土地，其中拥有各种各样的生态区，包括盐沼、沙洲、咸水潟湖、淡水池塘、芦苇地、地势低洼的岛屿等。在这片湿地中，不少呈现出这样的地貌地形的地区，都在不断变化之中。而泥沙也在逐渐累积，说明这片三角洲正在不断拓展之中。

历史上，卡马尔格湿地极易遭到水淹。为此，人们修筑了不少堤坝和运河，以控制这一地区的水势。该地区外围地带的大量地区原本都是湿地，但现在已被人们排干了水，用于农业用途，包括辟为稻田。自中世纪以来，丰饶的稻田一直是该地区的一大特色。卡马尔格湿地西南部的盐沼是商业化盐业生产的一大中心区域。

## 著名的野生动物

卡马尔格湿地最著名的动物是半野生的白马和黑牛。然而，丰富的鸟类是该地区具有吸引力的特色之一。人们已经在卡马尔格湿地中发现了300多种鸟类的踪迹。此外，对于那些在欧洲和非洲之间长途迁徙的候鸟大军，这片土地也是一个非常重要的中转站。

◁芦苇地特有的鸟类
大量文须雀被芦苇地吸引而来。夏季，它们啄食昆虫和幼虫果腹。冬季，它们则以芦苇的种子充饥。

**海岸湿地**

卡马尔格湿地位于一个大致呈三角形的地区，夹在罗讷河三角洲的两条支流小罗讷河、大罗讷河和地中海之间。西部支流以西的地区称为小卡马尔格湿地。

小罗讷河
大咸水潟湖
牧场区
大罗讷河
保护潟湖和沼泽地的沙洲
小沼泽地

卡马尔格马是一种本地马种，它们已经在那里生活了成千上万年。

▽成群结队的火烈鸟
卡马尔格湿地是大量大红鹳（又名大火烈鸟）的家园。它们以在咸水中繁衍生息的丰年虾为食。

# 韦尔东大峡谷

法国南部的一条河流切割而形成的壮观峡谷，有些人将它称为“欧洲的科罗拉多大峡谷”。

韦尔东大峡谷是一道深邃的河谷，坐落在阿尔卑斯山麓其中一段的石灰岩断层，而这段山麓从普罗旺斯阿尔卑斯省一直绵延到法国南部的瓦尔地区。大峡谷之下的那一截韦尔东河长25千米。在过去的数千年中，河水一直在蚀刻着峡谷。河水呈现出绿松石一般的碧绿色，美丽的水色来自于河水中悬浮的冰川石粉。而这条河流和这道峡谷也因此得名，vert在法语中的意思是“绿色”（韦尔东大峡谷的英文为Verdon Gorge）。在这片峡谷的尽头，韦尔东河汇入一个叫作圣十字湖的人工湖中。

◁**苍翠的峡谷**
大峡谷底部气候温和、湿润，因此那里郁郁葱葱、植被繁茂。但随着悬崖峭壁海拔的上升，苍翠的植被逐渐减少。

### 石灰岩崖壁

在与河水平齐的地方，这道峡谷有6～100米宽。而在峡谷两侧，陡峭的悬崖高达700米。形成韦尔东大峡谷的石灰岩，是在三叠纪（2.52亿～2.01亿年前）堆积起来的。当时，这片地区在一片汪洋大海之下。随后这一地区经历了多次构造抬升和岩石断裂。之后，则是冰川作用的时期。

# 日内瓦湖

法国—瑞士边境的一个大型高山湖泊，曾经受到一次巨大的湖啸的冲击。

▷**熙熙攘攘的湖岸**
在日内瓦湖的湖岸边，生活着100多万人，包括洛桑市和日内瓦市居民。

日内瓦湖（Lake Geneva）在法语中称为“莱蒙湖”（Lac Léman），是阿尔卑斯山脉北侧的一个新月形的湖泊，横跨在法国东南部和瑞士西南部的边境之上。日内瓦湖是阿尔卑斯众多湖泊中最大的一个，长73千米，最宽处宽14千米，湖岸线超过200千米长。

### 分成两半的湖泊

日内瓦湖位于罗讷河的水道之上。罗讷河从东面流入一个三角洲之中，流经三角洲后，从其西侧经由日内瓦城离开。从地理上说，这个湖泊被普朗曼苏斯水道分隔成了两个湖区。东边的大湖较宽广，湖水最深的地方有310米。而西面的小湖较为狭窄，湖水更浅。日内瓦湖的湖面上，湖水常常有节奏地波动起伏着。这称为湖面波动，是大风和气压的迅速变化造成的。

**日内瓦湖湖啸**

有关历史记载和湖床提供的证据表明，公元563年，日内瓦湖曾经发生过一次大型湖啸。科学家认为，这是罗讷河三角洲附近的一次岩石崩落，导致高达16米的波涛席卷整个湖面，并扫荡了湖岸地区。这股巨浪以70千米/小时的速度行进，只需一个多小时，就能抵达日内瓦。

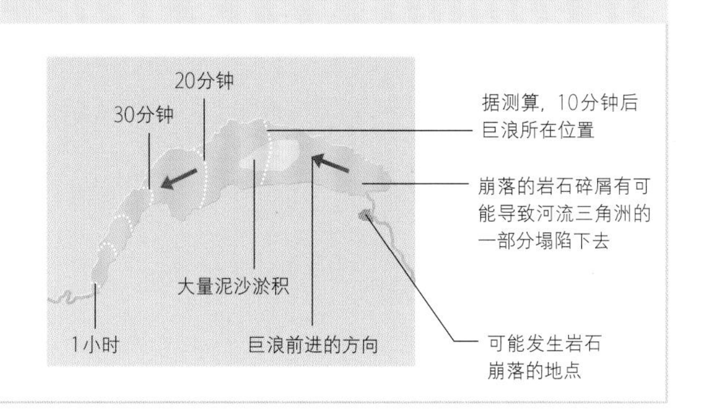

# 多瑙河

欧洲伟大的水道之一，东西走向，贯穿整个欧洲大陆，穿越或形成了多个国家的边境。

多瑙河是欧洲除伏尔加河之外的第二长河，它形成于德国西南部的黑森林中、布雷格河和布里加赫河交汇的地方，多瑙河一路向东流到黑海，全长2860千米。多瑙河完全可以当之无愧地宣称，它是全世界最国际化的河流。它先后流经10个国家（或者形成国度之间的部分边境线），比其他任何河流流经的国家更多。而且其庞大的流域还分布在其他9个国家的部分领土中。

## 三大河道

多瑙河的河道常被分为三大段。多瑙河的上游从其发源地向东流经德国南部、奥地利北部，直到维也纳以东的一道天然峡谷代温峡谷。在中游的起始处，多瑙河的流速开始变缓，并在一路上将大量碎石和沙子沉积在河底。随后，它向南拐弯，流经布达佩斯和匈牙利大平原后，继续向前流淌，并构成了罗马尼亚和塞尔维亚两国的边境线。在那里，多瑙河的河岸变成了一系列狭窄的石灰岩悬崖峭壁，这就是著名的铁门峡谷。多瑙河的下游河段，随着它开始穿越一片宽广、平坦的平原，河流变得更宽广，水更浅。随着多瑙河逐渐靠近黑海，它先沿着杜布鲁亚丘陵折向北面，然后向东打弯，分成三条支流，从而形成了仅次于伏尔加三角洲的欧洲第二大三角洲。

## 重要的大动脉

在中欧和东欧的社会史和经济史中，多瑙河扮演着重要的角色。有时，它形成了两个国家之间的边境线。有时，它成为各国贸易来往的重要一环，给它所流经的那些国家带来了繁荣。

◁**色彩鲜艳的青蛙**
池蛙生活在欧洲大部分地区的池塘、湖泊和流速缓慢的河流中。生活在欧洲中部和欧洲南部的池蛙，身上的色彩往往比它们生活在欧洲西部的近亲更为鲜绿。

多瑙河是唯一一条从西向东流经中欧和东欧的欧洲主要河流。

△**不断变化的生态区**
在漫长的前进过程中，多瑙河先后流经形形色色的生态区，包括落叶树林、针叶林、半干旱平原和沼泽地等。

### 河流如何携带沉积物质

一条河流所能携带的物质的多少，取决于河水的冲力和被携带物质的规模。溶解在水中的物质会随着河水流动，而一些最小的颗粒物质，比如泥土和泥沙，在水势足够迅猛时，会悬浮在水流中。而体积更大的沉积物质，无法在水中悬浮，这些物质称为推移质（水流带来的碎石等物质）。

当一条河流的冲力足够大时，它能使较小的推移质沿着河床一路向前推动、弹跃，从而携带这些物质。而冲力更大、水势更大的河流能移动大石头，比如山洪暴发时的洪水，使它们朝着下游不断向前滚动。

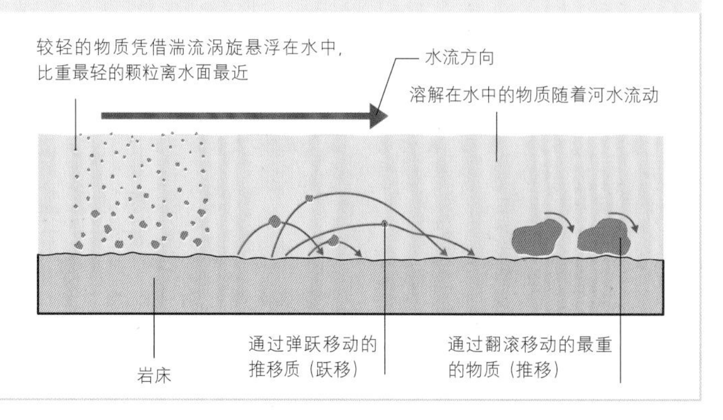


▷**鹈鹕的避风港**
多瑙河三角洲中栖息着全世界70%以上的白鹈鹕，那里也是300多种鸟类的主要避难所。

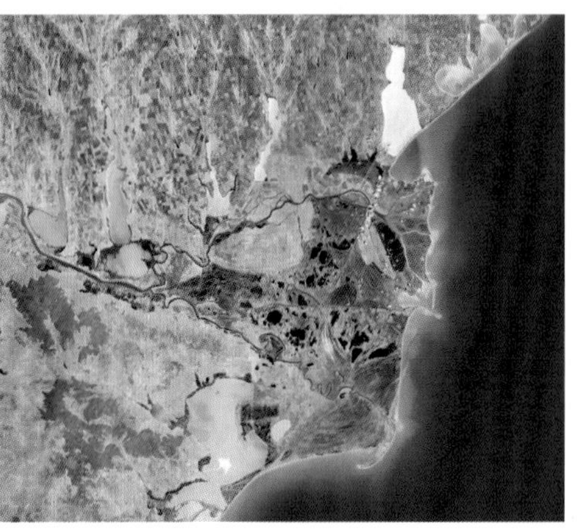

◁多瑙河三角洲

多瑙河三角洲横跨在4000多平方千米的土地上。它是欧洲大型的湿地之一，还拥有世界上最大的芦苇地 。

# 别布扎沼泽

欧洲中部的一片大型湿地，拥有多种不同的生态区，多种鸟类和哺乳动物在此繁衍生息。

别布扎沼泽位于波兰东北角的别布扎河谷的中央，是一片复杂多样的湿地，面积超过1000平方千米。该地区拥有多种生态区，包括一望无际的沼泽地和芦苇地（见右图）、草原、河道、湖泊、地势低洼的岛屿、地势较高的林地等。这片地区还拥有中欧最大、保存最好的泥炭沼泽地。别布扎沼泽的许多区域都是生态演替（参见第60页）的绝佳范本。因为，沼泽地首先会渐变成向上抬升的泥炭沼泽，然后再慢慢变成湿润的林地。别布扎丰富多样的生态系统为形形色色的野生动物提供了理想的栖居之所。这片地区已被公认为一个具有全球意义的生态地区。这片地区也是欧洲一个极为重要的湿地鸟类繁殖地。据记载，在这片地区中，已发现了270多种鸟类的踪影。生活在这里的哺乳动物包括一些湿地特有的哺乳动物，比如麋鹿、河狸、麝鼠等，此外还生活着若干狼群。

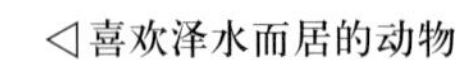

◁喜欢泽水而居的动物

麋鹿在北美洲也称为驼鹿，这些通常生活在水边的生物，它们是优秀的游泳健将。尽管它们也啃食树木和灌木丛，它们的食谱中有一半是水生植物。

# 霍尔托巴吉湿地

匈牙利大草原中的一片被水浸没的草地，被认为是全球重要的湿地保护区之一。

霍尔托巴吉湿地位于蒂萨河上游，处于匈牙利大平原中一片被称为普茨塔的地区中。它是一片经常遭受水淹的大草原——草原和灌丛构成的平原。这片原本干燥的地区由于遭受水淹，变成了一个布满沼泽、溪流、芦苇丛生的湖泊和潟湖的湿地生态系统。作为欧洲最大的首尾连贯的天然草原的一部分，霍尔托巴迹湿地是一个国家公园的关键区域，而这个国家公园的面积达到了800平方千米。

作为欧洲最佳观鸟地，霍尔托巴吉湿地全年都有各种鸟类出没。人们已经在这里观测到了340多种鸟类，其中有一半以上的鸟类都在这片区域中筑巢、繁殖。

**秋季，多达7万只灰鹤在霍尔托巴吉湿地中休憩、觅食。**

▷偷偷摸摸的捕食者

大白鹭在欧洲湿地地区中很常见，它蹚着浅水，主要以鱼类、青蛙和小型哺乳动物为食。它会将长长的、尖锐的鸟喙戳入水中捕食猎物。

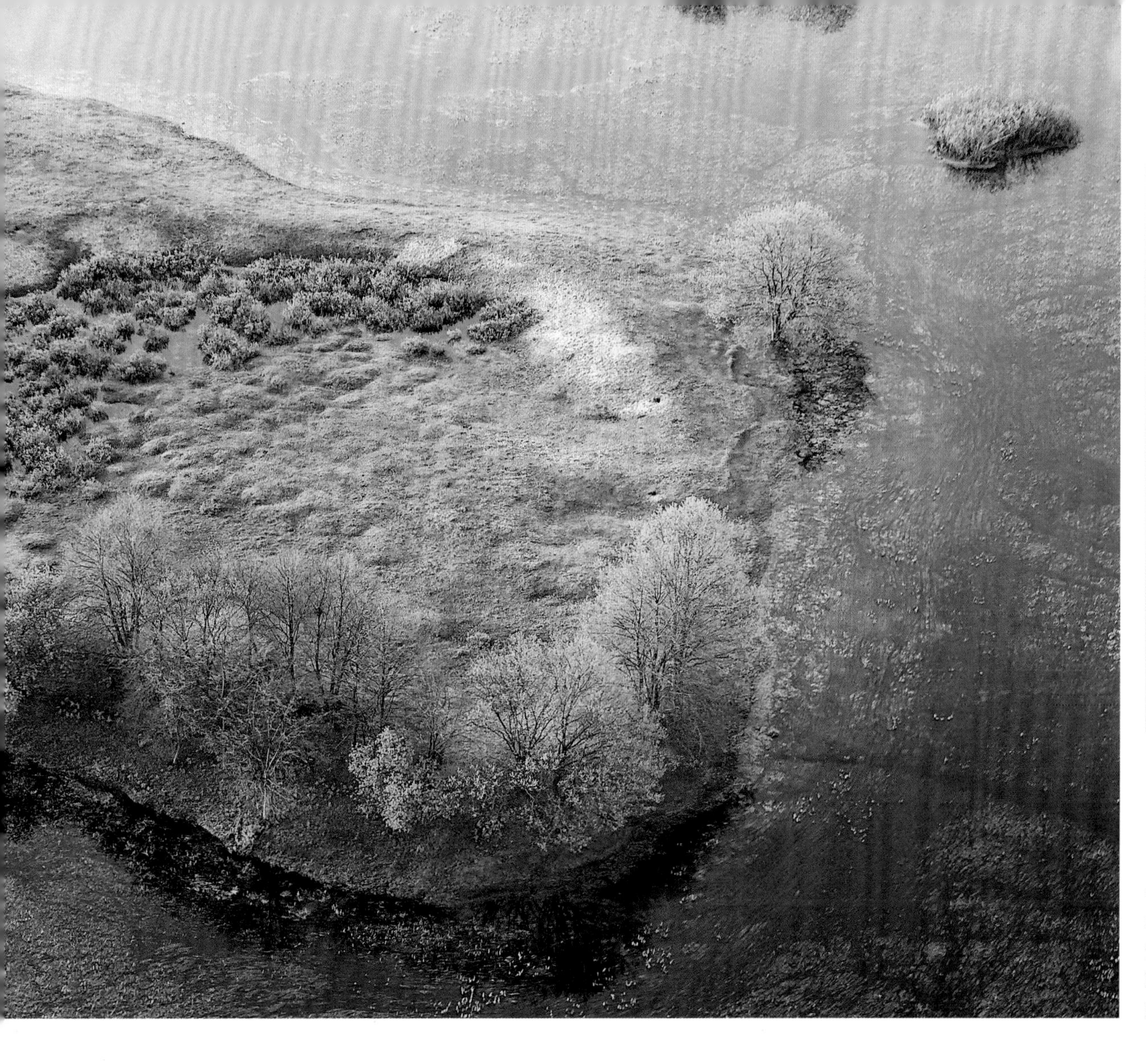

### 芦苇地的层次结构

嫩芦苇生长在开阔的水面上，而老芦苇生长在地势更高的陆地中。这一芦苇地的横截面图，展示了两者的更迭。浓密的老芦苇为那些在芦苇丛中筑巢的鸟儿，提供了最佳的掩护。而嫩芦苇为小鱼带来了庇护。

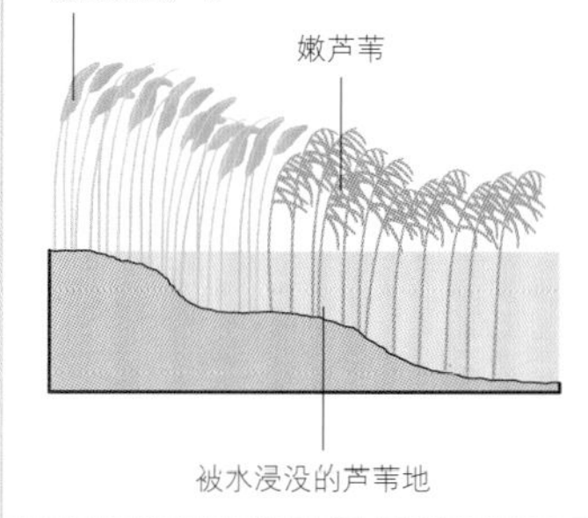


◁**丰富的植被**
在经常被水浸没的沼泽地中，生成了富饶的淤积土。富饶的土壤使包括许多珍稀植物的多种植物在这片沼泽地中茂盛地生长着。

# 斯洛伐克喀斯特洞穴

东欧的一个特大洞穴群，各个洞穴内遍布着形形色色、琳琅满目的岩石形成物，是一个具有重大地理和考古意义的洞穴群。

沿着斯洛伐克西南—匈牙利东北的国界线，在一片面积约为550平方千米的土地中，分布着1000多个洞穴，这就是斯洛伐克喀斯特洞穴群。这些形态各异、错综复杂的洞穴是石灰岩和白云石被水溶解后形成的。

## 洞穴的形成

这些洞穴中布满了各种各样的岩石形成物，令人目不暇接。长25千米的巴拉德拉—多米卡洞穴群是其中被人们研究得较多的洞穴之一。洞中分布着形态各异、色彩缤纷的钟乳石和石笋，精妙绝伦，其主段中还有一条溪流蜿蜒流过。和这一地区的其他洞穴一样，它提供了古人类曾经住在这些洞穴中的证据。斯洛伐克喀斯特洞穴群中还分布着不少冰洞，冰洞中布满了终年不化的冰积物。其中最出名的冰洞或许是1870年发现的多布欣斯卡冰洞。

◁**错综复杂的洞穴**
在亚索夫斯卡岩洞的顶部，点缀着形形色色的钟乳石，以及帘幕状的方解石流石。

△树木蓊郁的湖岸

拉多加湖的大部分湖岸地区覆盖着针叶林和落叶林。其中，针叶树有松树、云杉等，落叶树有柳树、桦树等。

# 拉多加湖

欧洲最大的湖泊。成千上万的小湖泊和小河流，构成了其庞大的流域盆地。

拉多加湖位于俄罗斯西北部，靠近俄罗斯与芬兰东南部的边境线。它是欧洲最大的湖泊，总面积达到17 700平方千米，从北到南长219千米，水面最宽处有138千米。湖中最深的一段位于北岸高耸天际、岩石嶙峋的悬崖附近。在瓦拉姆岛西侧，水深达到了230米。拉多加湖中共有650多个岛屿，瓦拉姆岛是其中最大的岛屿。湖泊的南部较浅，湖岸线也较低。

## 湖泊和海洋

拉多加湖形成于一个地堑带，位于两条断层线之间的一片洼地中。后来，冰川重新塑造了这一地区的外部轮廓。在上一个冰河时代中，它曾经是波罗的冰湖的一部分。当冰川退缩后，波罗的冰湖最终变成了波罗的海。现在，拉多加湖和波罗的海之间，由位于拉多加湖西南的卡累利阿地峡隔开。涅瓦河是唯一一条从拉多加湖流出的河流，从湖泊的西南角流出湖泊，流经圣彼得堡，最后汇入芬兰湾（波罗的海的一部分）。

▷水生花朵

两栖蓼，一种蓼科蓼属的水生植物，生长在拉多加湖的浅滩和涅瓦河河滨地带。

在拉多加湖的流域盆地中，共有5万多个湖泊、3500多条河流。

# 伏尔加河

欧洲最长的河流，欧洲最大的河川系统的核心，被公认为俄罗斯的母亲河。

伏尔加河是欧洲最长的河流，位于欧洲大陆最大的河川系统的中心地带。它发源自莫斯科西北的瓦尔代丘陵地带，向西南方向流淌3690米，穿越俄罗斯西部，最后注入里海。草木苍翠的伏尔加三角洲绵延约160千米，是欧洲最大的河口三角洲。伏尔加河流域一直延伸到和乌拉尔山脉交界处，伏尔加河灌溉着欧陆俄罗斯的大部分土地。在河流向前流淌的过程中，共有200多条支流汇入伏尔加河中，其集水区中包含11座大城市。俄罗斯人历来将伏尔加河尊为他们的母亲河。

△厚厚的鸟喙

里海燕鸥，燕鸥中最大的一种，在伏尔加三角洲非常常见。这种燕鸥的鸟喙，比其他品种的燕鸥粗厚得多。

▷浮冰

伏尔加河的大部分河道中都漂着浮冰的日子，每年约有100天。

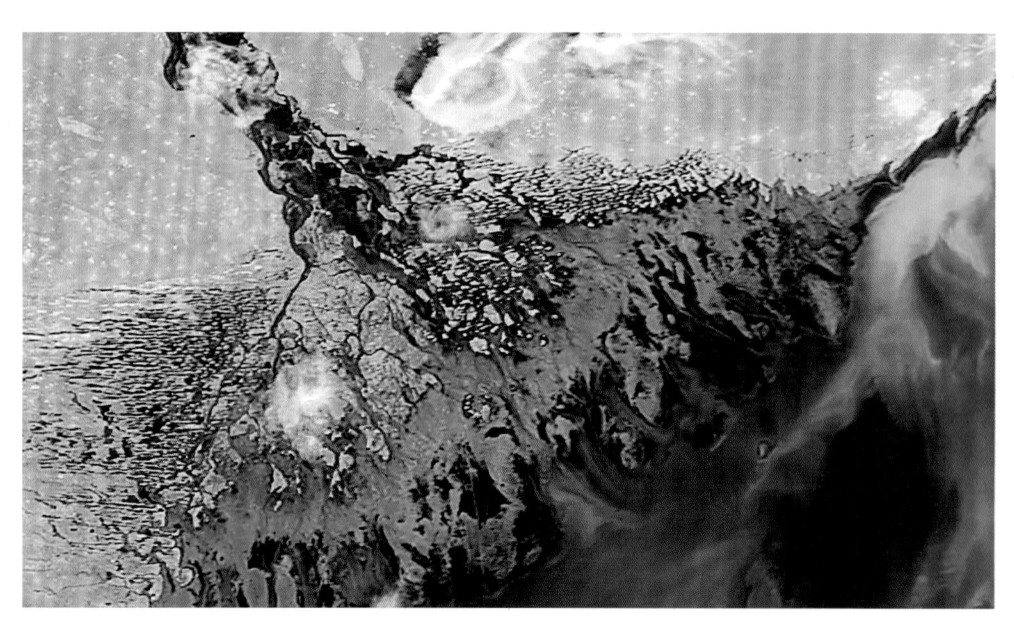

△绿色的三角洲

随着伏尔加河汇入世界上最大的内陆水体咸水湖里海，它给原本干旱的地区带来了生命。

△冰冻的入湖口

拉多加湖的入湖口和边缘地带，每年12月开始结冰。到次年2月下旬，整个湖面都被牢牢冻住了。

## 欧洲最长的河流

在欧洲较长的5条河流中，有4条河流的部分河段流经俄罗斯。而伏尔加河和顿河全部位于俄罗斯境内。多瑙河一路共流经10个国家。

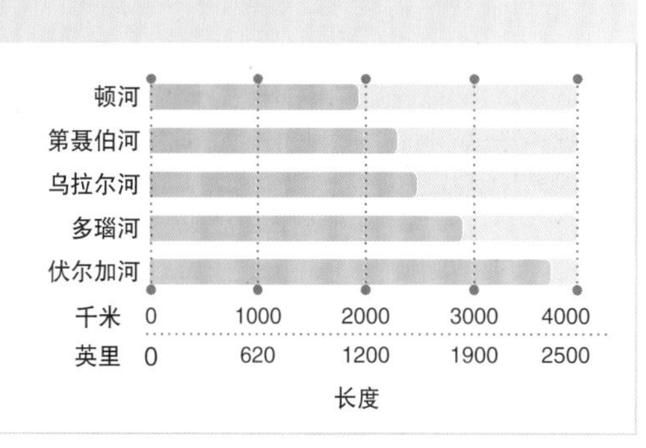

# 挪威峡湾

世界上最错综复杂的海岸线，一个由一条条既深且长的水道组成的迷宫。在其中不少水道上，是高高的悬崖。

峡湾是一种延长的海湾，最初是在从数千年到数百万年的漫长岁月中，经过冰川作用而形成的。尽管许多国家中都分布着峡湾，但挪威的峡湾特别壮丽、并且数量多得难以计数（约1000条），而且许多峡湾都特别长。

以峡湾为主的山山水水宛如一条带子，沿着挪威的海岸线不断延伸，形成了一道独特的景观。而一个个岛屿和半岛星罗棋布，点缀在峡湾之间。除了和大海交界的地段，这些峡湾比典型的海岸平原入海口的深度深得多。比如，松恩峡湾深达1300米。许多挪威峡湾的一侧或两侧，耸立着近乎垂直、高达千米的悬崖。

### 峡湾中的生命体

挪威峡湾区的生命集中在一个个风景如画的渔村中，这些渔村凭借发达的渡船网络系统彼此连通。这里的野生动物包括海豹、鼠海豚等海洋哺乳动物，以及海雕和数以百万的海鸟，包括色彩鲜艳的海鹦。所有海洋哺乳动物中体型最小的港湾鼠海豚，在这里十分常见，它们以成群游弋的鱼类为食。

## 蜿蜒的峡湾使挪威的海岸线从300万米延长到了3000多万米。

**峡湾是怎样形成的**

在上一个冰河时期，巨大的冰川从广袤的冰盾上延伸而下，凿出了不少U形的深谷。随着冰川融化，海平面上升，海水涌入这些深谷中，就形成了峡湾。

冰的移动

冰川蚀刻形成的深谷

发源自冰盾的注出冰川

15 000年前

海水灌满了冰川蚀刻出来的水道

现在

△ **巨大的落差**

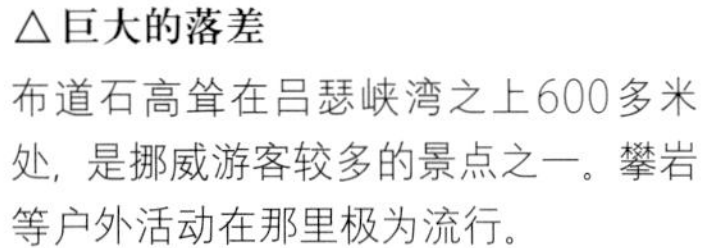

布道石高耸在吕瑟峡湾之上600多米处，是挪威游客较多的景点之一。攀岩等户外活动在那里极为流行。

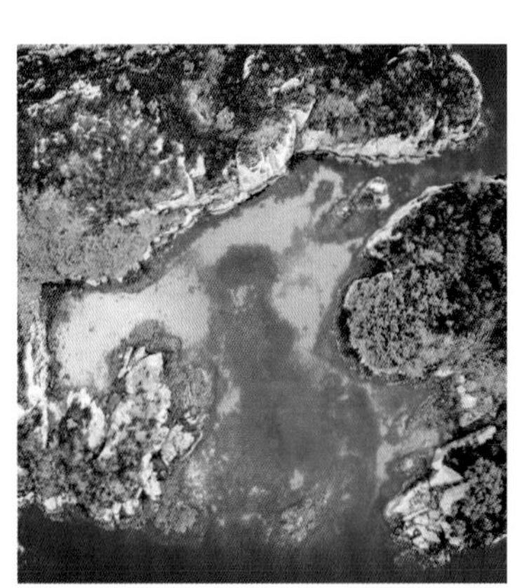

△ **蓝绿色的水道**

在挪威西南部的霍达兰郡境内，耶尔特峡湾的海水在一个个岛屿之间蜿蜒流淌着。耶尔特峡湾约有40千米长。

▷ **美丽的峡湾口**

在罗弗敦群岛的克尔恺峡湾的峡湾口，能看到一些传统的小渔屋。罗弗敦群岛离大陆很近，拥有得天独厚的自然美景。

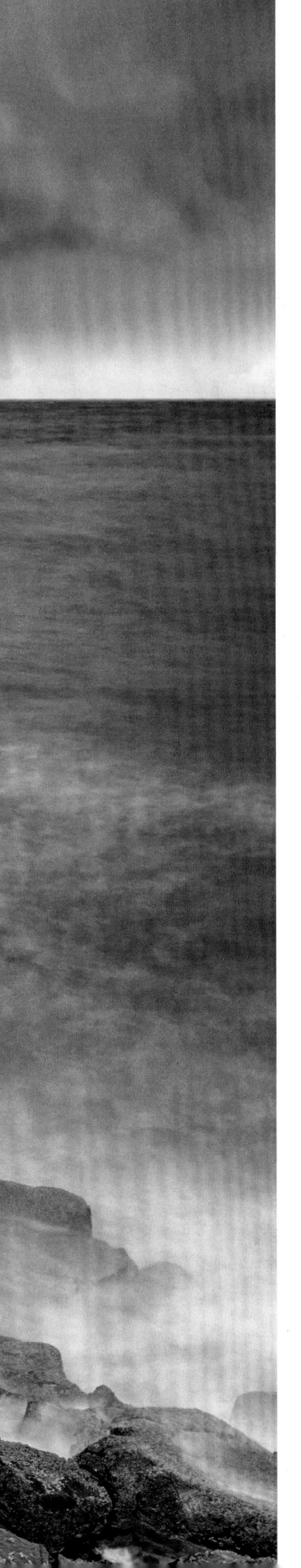

# 巨人堤道

大量巨型柱状岩体，以其壮观的、几何形的“踏脚石”外形而闻名世界。

在爱尔兰西北地区，在一片海岸边的一座悬崖下，分布着成千上万根彼此相连的玄武岩石柱，这就是巨人堤道。这些石柱的顶端形成了一段阶梯，从悬崖脚下往上延伸到一片丘形的地带，然后消失在海面之下。

## 炽烈的起源

根据传说，巨人堤道是一个名叫芬恩·麦库尔（Fionn MacCoul）的巨人，为了渡海去和一个苏格兰竞争对手比武而修建的。实际上，它源自5500万年前火山喷发时，从岩层裂缝中涌出来的火山熔岩。熔岩冷却、凝固之后，形成了厚厚的岩层，其中一些岩层在地表下断裂，形成了石柱。在经过冰川和海水数百万年的侵蚀之后，这些石柱曝露在了地表之上。除了这些堤道，周围的地区也是研究海鸟和植物的绝佳场所，因为这里生长着一些稀有的植物。

◁纹理细密的岩石

巨人堤道是由玄武岩构成的，玄武岩石是一种深色的岩石。当一种特殊的熔岩冷却并快速凝固后，就会形成玄武岩。

在形成堤道的4万多根玄武岩石柱中，一些石柱高达十一余米。

◁△遍布“踏脚石”的海岸

这些石柱曾经是大量正在冷却的熔岩，熔岩凝固、缩小、碎裂，形成了这样一些几何图形的石柱，正在变干的泥浆有时也会形成这样的图样。

▷受到侵蚀的悬崖

在巨人堤道后面，是一些安特里姆北部的高原受到侵蚀而形成的悬崖。这些玄武岩石柱突出于悬崖壁之外，形成了崎岖不平的石阶，最后这些石阶悄然潜没于海中。

# 芬格尔洞

位于荒无人烟的苏格兰岛屿斯塔法岛上的一个浪漫的海蚀洞，以其奇妙的声学效果闻名于世。

斯塔法岛是苏格兰西海岸外的内赫布里底群岛中的岛屿，靠近比它大得多的马尔岛。芬格尔洞得名于一首史诗中的一个英雄，它约有20米高，向岛屿内延伸约60米深。

夏季，当地的游轮公司会定期组织游客们乘船游览斯塔法岛。如果天气较为平静，游客们能一探芬格尔洞，并经由一条通道进入洞穴内部参观。这个洞穴的规模还有海浪的回声，赋予了它一种特殊的音质。德国作曲家费力克斯·门德尔松（Felix Mendelssohn）于1829年游览了这个洞穴后，深受打动，并因此创作了一支前奏曲《赫布里底群岛序曲》（*The Hebrides*）作为追忆。

◁六边形的框架
这个洞穴的拱形入口周围布满了六边形的玄武岩石柱。海水淹没了洞穴底部，海浪时不时冲刷着这个洞穴，白色的浪花四下飞溅。

# 莫赫断崖

爱尔兰西海岸边的一系列高耸天际、条纹状的灰色悬崖。在每年的筑巢繁殖季节，这儿有成千上万的海鸟逗留。

莫赫断崖沿着爱尔兰克莱尔郡的部分海岸线一路延伸，位于巴伦地区的边缘。巴伦地区的地貌以喀斯特地貌（溶解了一部分的石灰岩）为主。莫赫断崖得名于莫赫城堡。这个城堡一度耸立于最南端的一处悬崖尖女巫头之上。

## 远古的高地

莫赫断崖由页岩和沙岩沉积岩岩层构成，这些岩层最初形成于3亿多年前。在部分区域，它们耸立在太平洋之上200多米，而其顶部是观赏形形色色的沿岸岛屿、爱尔兰西部山脉，包括位于戈尔韦湾的阿伦群岛中的三大岛屿，还有莫姆特克山脉的绝佳地点。每年4～7月，3万多对海鸟，包括海鸠、刀嘴海雀、海鹦、鸬鹚等都在这儿筑巢繁殖。

△夏季访客
每年5～7月，成千上万对长着鲜艳鸟喙的海鹦，会在莫赫断崖上筑巢繁殖。

◁有条纹的巨人
莫赫断崖沿着西海岸蜿蜒伸展，长达8千多米。条纹状的纹理来自于沉积岩岩层中的色彩变化。

# 多佛白崖

英国著名的自然景观之一，一排高耸、辉煌、雪白的白垩土悬崖，朝着法国屹立着。

▽无以伦比的白

多佛白崖那闪闪发光的耀眼白色，应归功于其纯度接近100%的白垩土。

多佛白崖是英国肯特郡海岸线的一部分，它沿着最狭窄的一段英吉利海峡的西北岸一路延伸。这段白崖由白垩纪（距今1亿～7000万年前）形成的白垩土构成。现在的欧洲西北部的很大一部分土地，当时都位于水下。微小的海洋生命体的外壳堆积在海底，最后压缩成了厚达数百米的一层白垩土。后来，在海平面下降之后，这层白垩土在英国和欧洲大陆之间形成了一座陆桥。约8500年前，这座陆桥被一次灾难性的大洪水冲垮，留下了多佛白崖，还有法国白鼻岬的类似白色悬崖。

▷鲜艳的蓝

阿多尼斯蓝蝶对白垩土丘陵地情有独钟，比如多佛白崖后面的肯特郡地区。因此，在这片地区中栖息着不少阿多尼斯蓝蝶。

在多佛白崖周围发现的化石，包括鲨鱼的牙齿、海绵动物和珊瑚等。

# 皮拉沙丘

欧洲最高的沙丘，位于法国南部阿卡雄湾附近。站在沙丘顶峰，可饱览壮观的景色。

皮拉沙丘含有6000万立方米的沙子。它与海岸线平行伸展，高出法国西海岸110米左右。它有将近3000米长、500米宽。“Pilat”（皮拉）这个词来自法国加斯科涅方言中的词“Pilhar”，意思是“土墩”或“高地”。一个身体健康的人需30分钟左右，才能爬上沙丘的顶峰，那里的风有可能非常强劲。在秋季，这是观赏成群的候鸟的极佳地点。

**沙丘的演变**

对皮拉沙丘的沙子和土壤样本进行的分析说明：几个世纪以来，这片沙丘是怎样推进、扩张的。风力目前正以每年几米的速度，将沙丘推向前进，并蚕食其东部的森林。

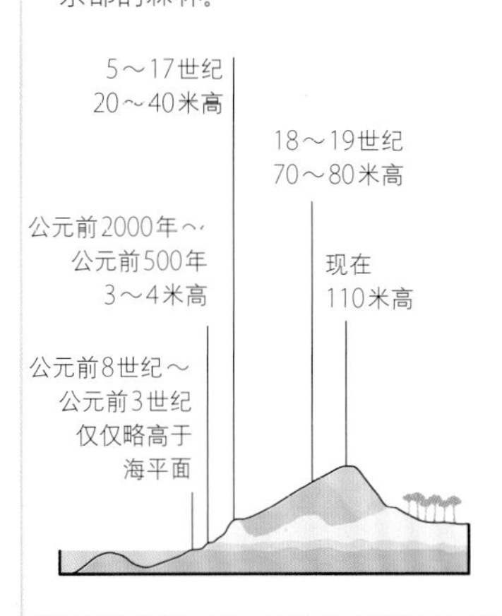

◁正在移动的沙丘

这片沙丘正在缓缓移动、远离海边。如果不能阻止它继续移动，那么这片沙丘最终将吞噬它旁边的一片小森林。

▷**沿海的珍宝**

这种石化在岩石中的菊石，生活在1.95亿年前。这种生物称作原微菊石，它的化石在侏罗纪海岸的部分地区极为常见。

### 什么是菊石

在侏罗纪海岸的岩层中，菊石化石特别多。菊石化石是一种螺旋状的化石，由一种叫作菊石的已灭绝的海洋生物的壳构成。这些食肉的软体动物生活在距今2亿～7000万年前，是一种在海中游动的生物体，它们身体中柔软的部分有点像现在的乌贼。

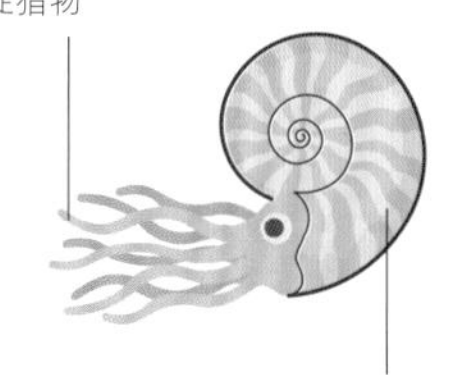


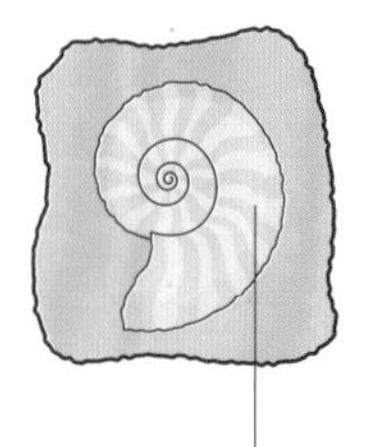


侏罗纪海岸的岩层承载着地球1.87亿年的历史。

# 侏罗纪海岸

英国的一片海岸线，以其所蕴含的多种远古、已灭绝的动植物化石而闻名于世，同时也以其秀丽的自然景观扬名天下。

侏罗纪海岸约长154千米，横跨英国的多塞特郡和德文郡。这片海岸以其分布在海岸线绝大部分的沉积岩岩层，吸引了全世界的目光。

## 探访地球往昔之旅

侏罗纪海岸的岩层几乎是对地球三叠纪、侏罗纪和白垩纪的完整记录。在时间长河的不同阶段，这片现在是连绵的海岸线的地方，曾经先后是浩瀚沙漠、热带海洋、远古森林以及草木繁盛的沼泽地。不同的岩层分别记录了这些不同的时期和环境。然而，这片地区对于古生物学的重大意义，直到19世纪早期才被人们发现。1811年，一个当地的化石收集者玛丽·安宁（Mary Anning）和她的兄弟，发现了一种大型海洋爬行动物的完整化石，这种早已灭绝的动物叫作鱼龙。随后，她又有了更多的发现，包括一条翼龙（一种已灭绝、会飞翔的爬行动物）的化石。她的发现激发了人们对这片地区的化石遗产的浓厚兴趣，且至今热情不减。古生物家们近期发现的一些化石包括，已灭绝的甲壳纲动物、昆虫、两栖动物的化石，还有远古针叶林和树蕨的化石森林。

除了吸引古生物学家，侏罗纪海岸还拥有形形色色的天然地貌，且堪称是绝佳的范本。这些天然形成的地形包括海蚀拱桥、尖峭岩石和超长的鹅卵石海岸。

化石的直径为2.5～5厘米。

密布着菊石遗骸的化石说明，这种动物大量群集在一起生活。

◁**亮晶晶的一簇**
呈结核状、闪闪发光的白铁矿，是一种硫化铁矿物，这种矿物质在侏罗纪海岸的岩石中十分常见。

△**与世隔绝的海滩**
这一非同一般的鹅卵石海滩是切希尔海滩，它有30千米长，一侧是汪洋大海，一侧是咸水潟湖。

◁**天然拱门**
杜德尔门是海水侵蚀而形成的一座石灰岩拱门。"杜德尔"这个名称来自于盎格鲁-撒克逊语词"thirl"，意为"孔"。

# 阿尔加维海岸

一片以惊险的悬崖、金色的海岸、石灰岩洞穴、奇特的岩石、扇形的海滩和多沙的海岛而著称的海岸。

欧洲东南部

△ 天空之眼

这个洞穴位于拉戈尔市附近的贝纳吉尔海滩，能通过坐船或游水抵达。洞穴顶部的巨大“眼睛”，直径达16米。

阿尔加维是葡萄牙大陆的最南端地区，其海岸可以分成两段。第一段海岸约有160千米长，面向南方。它从葡萄牙和西班牙的边境，向西一直延伸到伊比利亚半岛圣文森特角的最西南端。第二段海岸面向西方，从圣文森特角向北延伸50千米左右。

## 蜂蜜色的悬崖

阿尔加维海岸沐浴在温暖的北大西洋洋流（墨西哥湾流的延伸洋流）中，以其风景如画、蜂蜜色的石灰岩悬崖、大大小小的海湾、不受风雨侵袭的细软沙滩、绿松石色或翡翠色的海水而闻名于世。在很多地段，都能看到海水侵蚀所形成的典型地貌，包括悬崖脚下的一些大型洞穴、风蚀穴，以及一些从岬角中蚀刻出来、形成海蚀拱门的海蚀洞。一部分海岸线上点缀着一些海蚀柱（从岬角中分离出来的孤立石柱），其中一些海蚀柱似乎摇摇欲坠，勉强保持着平衡。石灰岩是这一地形的主要岩石成分，包括沙岩和页岩的其他岩石，也分布在漫长的海岸线。这一地区温暖的气候和惊人的美景，使其成为一个极受欢迎的海滨度假胜地。

◁ 淘金热

在古罗马时期，人们曾经在阿尔加维地区开采金矿。近期人们又在这一地区中发现了新的金矿床，也许又可以采矿了。

▷ 海蚀柱

在波尔蒂芒附近的普赖尔洛查地区，受到严重侵蚀的石灰岩海蚀柱星罗棋布，点缀着海岸线。其天然的色泽，在阿尔加维海滨地区极为典型。

# 达尔马提亚海岸

一片断断续续、景色绝美的海岸，由镶嵌在亚得里亚海的蔚蓝色海水中的无数岛屿和海峡组成。

达尔马提亚海岸沿着亚得里亚海（地中海中的一个大海湾）东部一路延展，构成了克罗地亚海岸线的很大一部分。达尔马提亚海岸始于南部的杜布罗夫尼克海港，沿着西北方向一路蜿蜒，全长约375千米。

## 被淹没的海岸

达尔马提亚海岸是同类海岸中的经典。靠近原海岸线的许多平行山脉所在的陆地，被海水淹没了，形成了这种特殊的被海水淹没的海岸。原来的群山之中地势较高的部分，如今变成了和现在的海岸线平行的狭长岛屿。举例来说，Dugi Otok岛（克罗地亚语，意为长岛）长44.5千米，但仅宽4.8千米。而原来陆地上的其他区域，现在变成了长长的岬角，它们沿着总体上和海岸线平行的方向延伸，或分裂成了数不清的小岛。

◁海豚点缀的海水
宽吻海豚是达尔马提亚海岸附近唯一一种常见的海豚。这些全身光溜溜的游泳高手，最快能达到超过30千米/小时。

达尔马提亚海岸是全世界群岛分布密集的地区之一。

### 达尔马提亚海岸是怎样形成的

约1万年前，这一地区分布着一些和海岸平行的山脉和山谷。随着时间的迁移，升高的海平面淹没了这一地区，形成了现在我们所见的海滨地形。

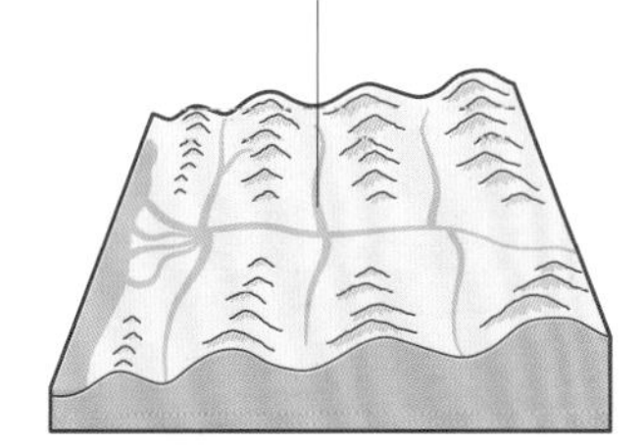


海平面在约1万年前升高之前

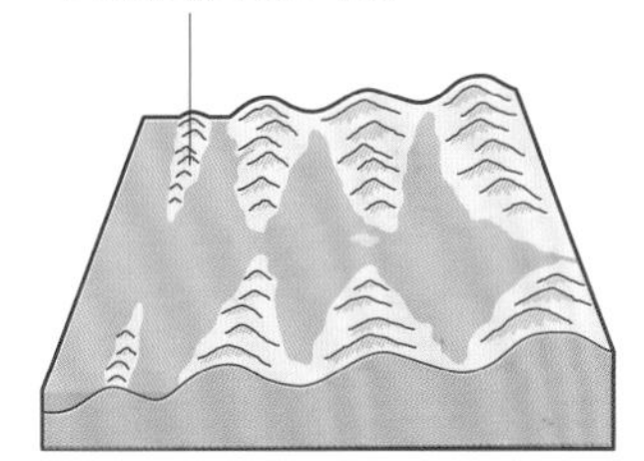


海平面在约1万年前升高之后

△干旱的岛屿
在达尔马提亚海岸北部，一连串岛屿组成了科纳提群岛的一部分。这些岛屿的外观在这一地区的众多小岛中极为常见。

▷清新的水域
克尔克岛南部的斯塔拉·巴斯卡（Stara Baska）水质清澈、风光秀丽，是一个非常受欢迎的旅游胜地。

# 哈勒波斯森林

一片历史悠久的比利时森林，森林中的一种野花带来季节的变换。

每年春天，比利时一片名为哈勒波斯的森林会经历一轮美轮美奂的色彩变幻。从4月中旬到5月，成千上万的风铃草竞相开花，用艳丽的蓝紫色覆盖了5平方千米的森林地面。这一变化是如此让人惊艳，以至于让这片森林拥有了蓝森林这个别名。

## 古老与年轻并存

本地的风铃草一般生长在古老的林地，但哈勒波斯森林中的大部分树木都是在1930—1950年重新栽种的。几棵古老的山毛榉和橡树是在经历第一次世界大战的浩劫后，硕果仅存的极少数树木。当时占领这片森林的军队，摧毁了这片古老的森林。历史文献中第一次提到哈勒波斯森林是在公元686年。在中世纪，哈勒波斯森林陆续在各种文献中出现。因此，官方文献将这一森林描述为“生长着年轻树木的古老森林”。

△别具特色的下垂茎秆
该地土生土长的风铃草长着美丽的钟形花朵，茎秆能长到50厘米高，花柄顶部是下垂的。

▽转瞬即逝的美丽地毯
在山毛榉刚刚抽出嫩叶的时候，正是哈勒波斯森林中的风铃草开放得最绚烂的时候。当山毛榉树叶完全长成时，树下的风铃草就没有那么绚丽了。

▷参天大树
云杉，包括高大的挪威云杉和生长在山腰上的山毛榉、冷杉，还有生长在山谷中的桤木、山毛榉和柳树，一起共享巴伐利亚森林。

▽久久不散的雾气
巴伐利亚森林中经常泛起薄雾，雾气也是该地区降水量的组成部分。在秋冬两季，在潮湿的山谷地面上，也会形成弥漫着冷空气的湖泊。在那些地带中，寒冷的雾气久久不散。

# 巴伐利亚森林

一片山地混合林，森林中最多的树木是云杉、冷杉和山毛榉。森林中的各种动植物必须和酸性的土壤、高强度雨水、持续多月的冬令严寒天气作斗争。

德国东南部的巴伐利亚森林，覆盖着多瑙河河谷和波西米亚森林（位于德国—捷克共和国交界地带）之间的高地。这两片森林共同构成了欧洲最大的连续林地。巴伐利亚森林所在的地域，主要由覆盖林木的花岗岩、片麻岩丘陵和圆顶山峰构成，其中也点缀着一些山谷和高原。本地的云杉是这里的主要树种，森林中也间杂着冷杉和山毛榉。这些树木必须适应这一地区高酸性、缺乏营养的土壤。当地的一句俗语准确地描述了那里的气候状况，“9个月的冬天，3个月的冷天”，年平均气温在3℃～7.5℃。根据海拔的不同，这片地区的年降水量在1100～2500毫米，其中有30%～40%以降雪的形式出现。

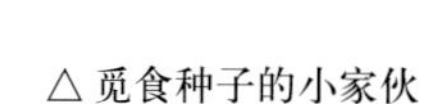
△ 觅食种子的小家伙

欧亚红松鼠充分利用了巴伐利亚森林中产量充足的云杉种子。每天日出之后，它们就会探头探脑地出现，开始一天的寻觅。

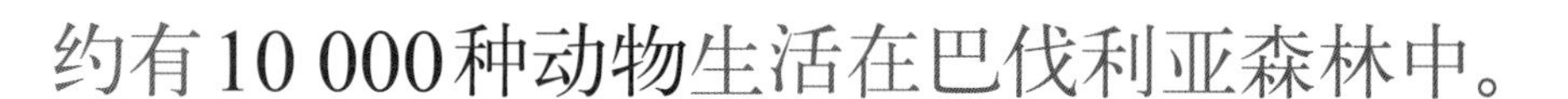
约有10 000种动物生活在巴伐利亚森林中。

# 比亚沃维耶扎森林

欧洲低海拔地区的唯一一片原始森林，也是数量最多的一群自由活动的欧洲野牛的庇护之所。

比亚沃维耶扎森林覆盖超过1500平方千米的土地，横跨波兰和白俄罗斯两国。在遥远的往昔，曾有一片广袤的原始森林覆盖整个欧洲的东北部。然而，在上一个冰川时代之后，比亚沃维耶扎森林就成了那片古老森林仅存的遗迹。但这片森林中仍然生长着一些欧洲大陆最高大的乔木。那些古老的云杉高达50多米。一望无际的中欧混合林生态区从德国东部一直延伸到罗马尼亚东北部。作为这一生态区的组成部分，比亚沃维耶扎森林中生长着多种树木，包括北方森林和低海拔混合落叶林中的各种树木。在低海拔混合落叶林中生长的树木包括英国橡树（其中一些橡树已存活了150～500年）、小叶酸橙树和鹅耳枥。在阔叶林和针叶林的混交林之中，也间杂着其他一些微型生态系统，比如日渐稀少的北方云杉沼泽森林。

◁带条纹的皮毛

野猪幼崽的皮毛上带有条纹，能和周围斑驳的林地环境融成一片。

## 枯木与新生

已经枯死或者依然挺立或者早已倒下的树木，它们在这片森林中占比不小。它们给难以计数的真菌、昆虫和鸟类提供了滋养，包括受保护的三趾啄木鸟。野猪、麋鹿、狼和猞猁等动物在这片森林中都很常见。

### 树木与真菌

许多树木和真菌存在互利互惠的关系，它们共享着一种叫作菌根的共生体。一个真菌会伸展出成百上千条根系一般的细线，这些细线叫作菌丝。这些菌丝生长在一棵树木的细小根系周围，吸收树木根系中的糖分。作为交换，树木也利用这些呈网状结构的菌丝，从土壤中吸取更多的营养物质。

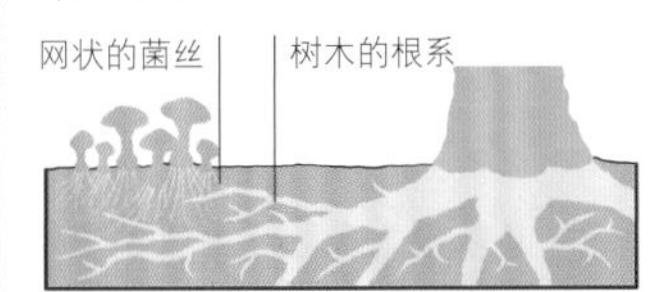

**沼泽禁猎区**

比亚沃维耶扎森林有几个不同的生态环境，其中的云杉林生长着多种珍稀植物。

# 科拉半岛苔原

一片没有树木生长的土地，具有一种严酷的美。永久的冻土、清澈的湖泊、一条条河流，这片土地也是许多北极动植物赖以为生的家园。

俄罗斯北部的科拉半岛夹在巴伦支海和白海之间，几乎完全位于北极圈内。它占地共10万平方千米左右，苔原几乎覆盖了全部土地。但是，其中约有58 800平方千米的地区被划分为濒临消失的沿海北极苔原。这片土地上覆盖着苔藓、地衣、野草和野花，生长着矮小的北极桦和云莓等灌木植物。苔原上冰冻的下层土，称为永久冻土（见右图），它们阻碍了树木的生长。科拉半岛的冬天非常漫长、极其寒冷。从每年8月到次年6月，会频繁地出现霜冻天气。一年中有120天会刮起凛冽的大风。尽管自然环境恶劣严苛，但科拉半岛的苔原、湖泊和河川系统是200种鸟类和32种哺乳动物的家园，包括迁徙途中的驯鹿群。然而，这片曾经的原始净土，早已遭受苏联核试验和大量采矿的严重破坏。

▷果实累累的幸存者

云莓能在低至零下40℃的气温中生存，它们那甜蜜的果实，在秋季为许多鸟类和哺乳动物提供了食物。

**永久冻土**

永久冻土是封冻长达2年或2年以上的土石层，通常形成于一层未冰冻的土壤层之上，并位于一层每年冰冻、每年融化的称为融冻层的土层之下。永久冻土可能是连续分布的，也可能是不连续的，也有可能在一片区域中零星分布。

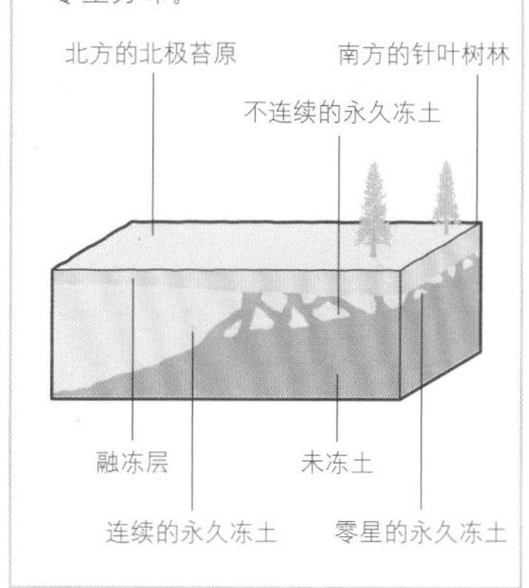


◁纤小的生命

为了避免刺骨的寒风，苔原上的植物长得很矮小。它们浅浅的根系无法深深扎入冻土层中。

# 西干草原

一片疾风扫荡、地势平坦的平原，绵延数千千米之长，并构成了地球上最大的温带草原的一部分。

西干草原主要位于乌克兰、俄罗斯和哈萨克斯坦境内。它向东延伸到阿尔泰山脉，构成了广袤的欧亚大草原——世界上最大的温带草原的半壁江山。草原上的降水量足以让野草茁壮成长，但不足以供树木生长。西干草原长达4000千米，常被人们称为“绿草的海洋”。尽管在河流和溪流潺潺流过的地方的确生长着一些树木，如果没有这些河流和溪流，这片草原将是连续完整的。西干草原的北部与针叶树林接壤，南部和沙漠接壤。与东干草原相比，西干草原的气候相对比较温和。但草原上仍然经常疾风呼啸，白天气温可达27℃左右，夜晚则会降至冰点之下。

◁草原上的食物链

在这片地区繁茂生长的青草和野花中，生活着蚂蚱、甲虫等许多昆虫，而这些昆虫又引来了许多鸟类，包括西黄鹡鸰。

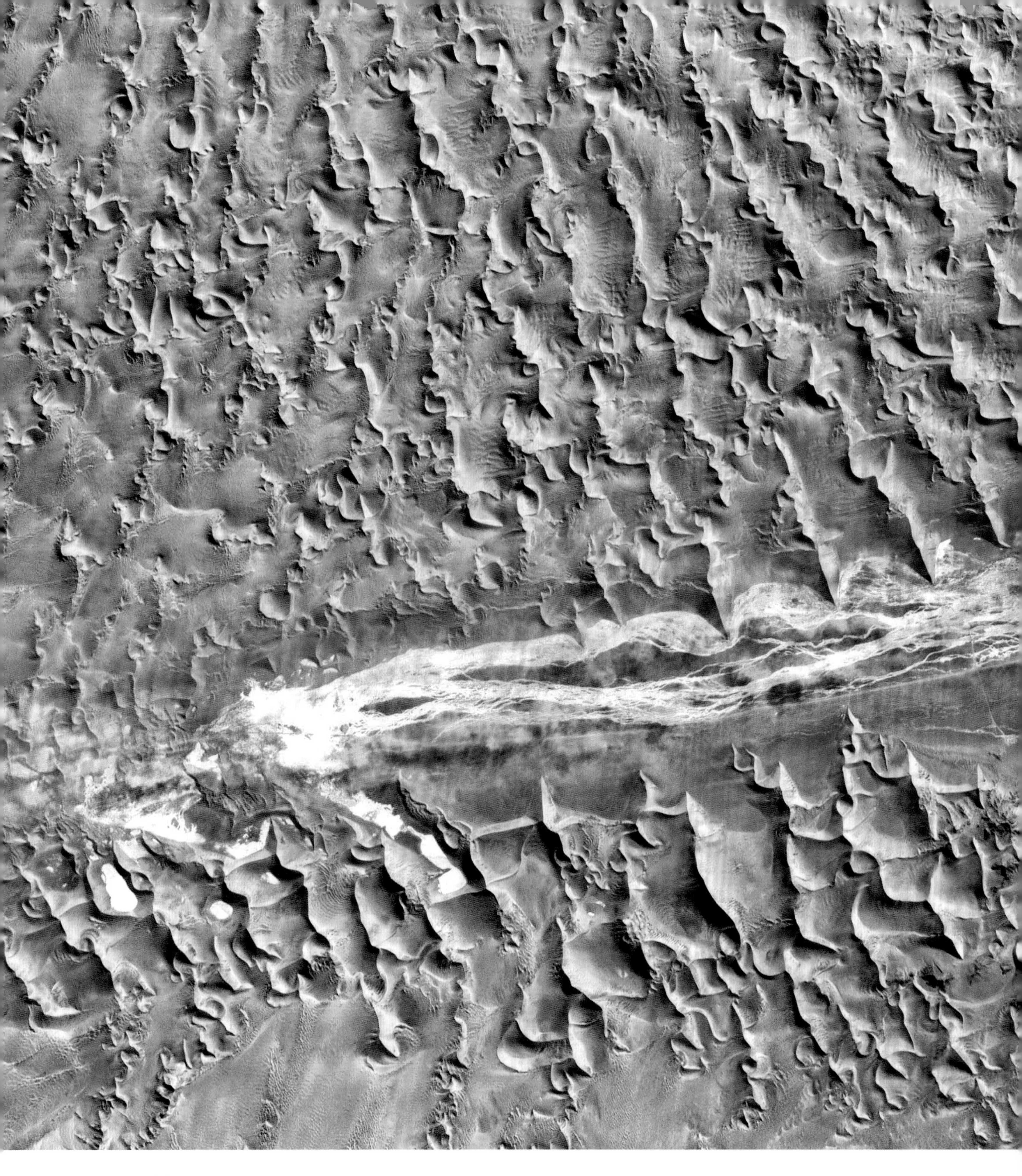

**高高的沙丘**

这些用可见光和红外光拍摄的沙丘，位于非洲古老的纳米布沙漠。从大西洋吹来的风，在这里形成了世界上最高的沙丘，有的沙丘高达300米。

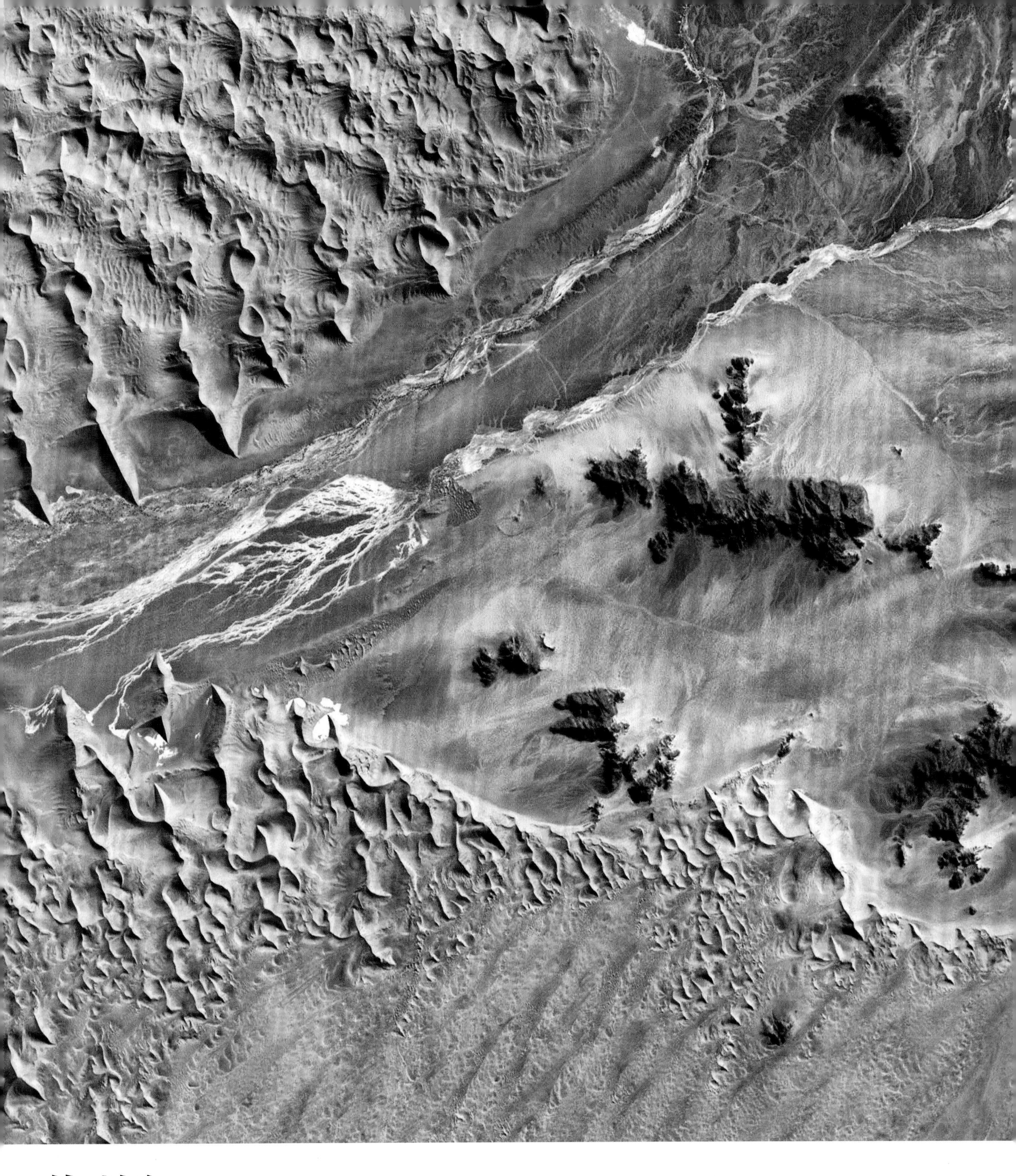

# 非洲

# 裂谷之地

## 非洲

非洲是一块仅次于亚洲的巨型大陆。非洲自北向南延伸近8000千米，最北端是突尼斯境内的本·塞卡角，最南端是南非境内的厄加勒斯角。非洲大陆横跨赤道，赤道将这块大陆一分为二。此外，非洲大陆有两个大凸角：北边的凸角一直向西延伸到大西洋中，而南边的凸角向南延伸，深入大西洋和印度洋之间。在非洲北半部唱主角的是全球最大的沙漠——撒哈拉沙漠。浩瀚无边的撒哈拉沙漠代表了极为重要的地理特征，因而非洲常被分为两个地区：撒哈拉地区和撒哈拉以南地区。撒哈拉以南地区的主要地形是西部的河流流域，流域中遍布着苍翠繁茂的热带森林；东部的高原，高原上是较干燥、多灌木的草地或稀树草原。

尽管地域辽阔，但除了极西北部的阿特拉斯山脉，在整片非洲大陆上并没有高耸入云的山脉。非洲东部和南部地区，大多是一片片广袤无垠的高原。在这片土地的东北部，这些高原被东非大裂谷这条深深的地堑一分为二，高原上点缀着呈带状分布的一个个巨大的湖泊。东非大裂谷是地壳下正在分裂非洲板块的板块构造作用力形成的。

**关键数据**

▲ **海拔最高点** 坦桑尼亚的乞力马扎罗山：5895米

▼ **海拔最低点** 吉布提的阿萨勒湖：-156米

● **最高气温纪录** 突尼斯的吉比利：55℃

● **最低气温纪录** 摩洛哥的伊夫兰：-24℃

**气候**

非洲大部分处于炎热的热带地区。除了西部的森林地区，降水量很少。稀树大草原中只有一个雨季，撒哈拉沙漠中几乎没有雨季。

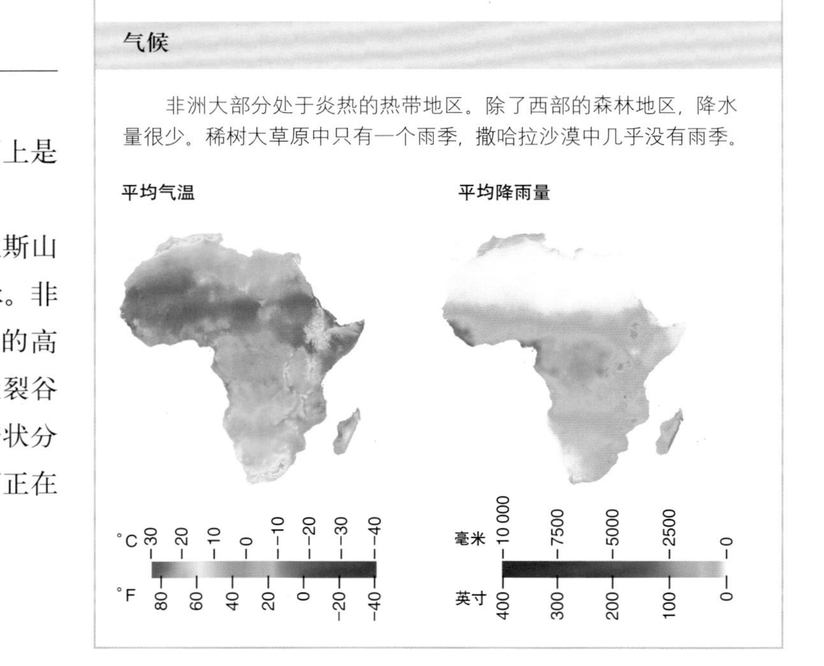


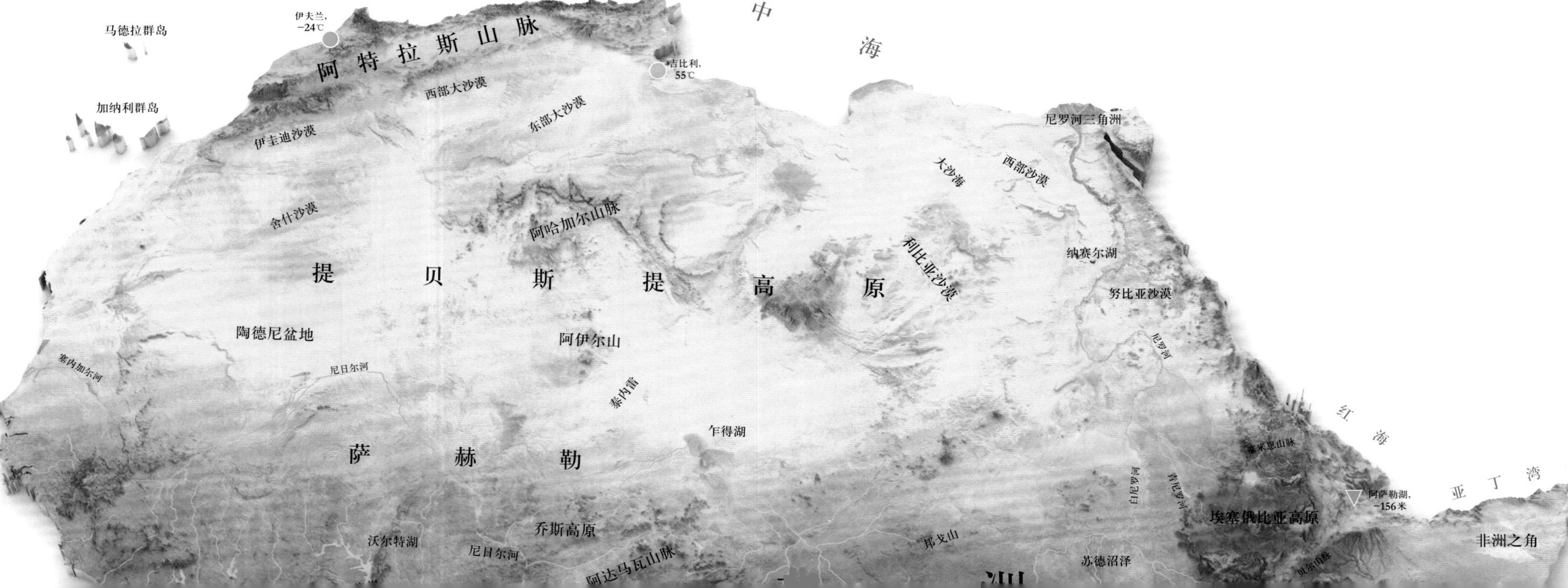

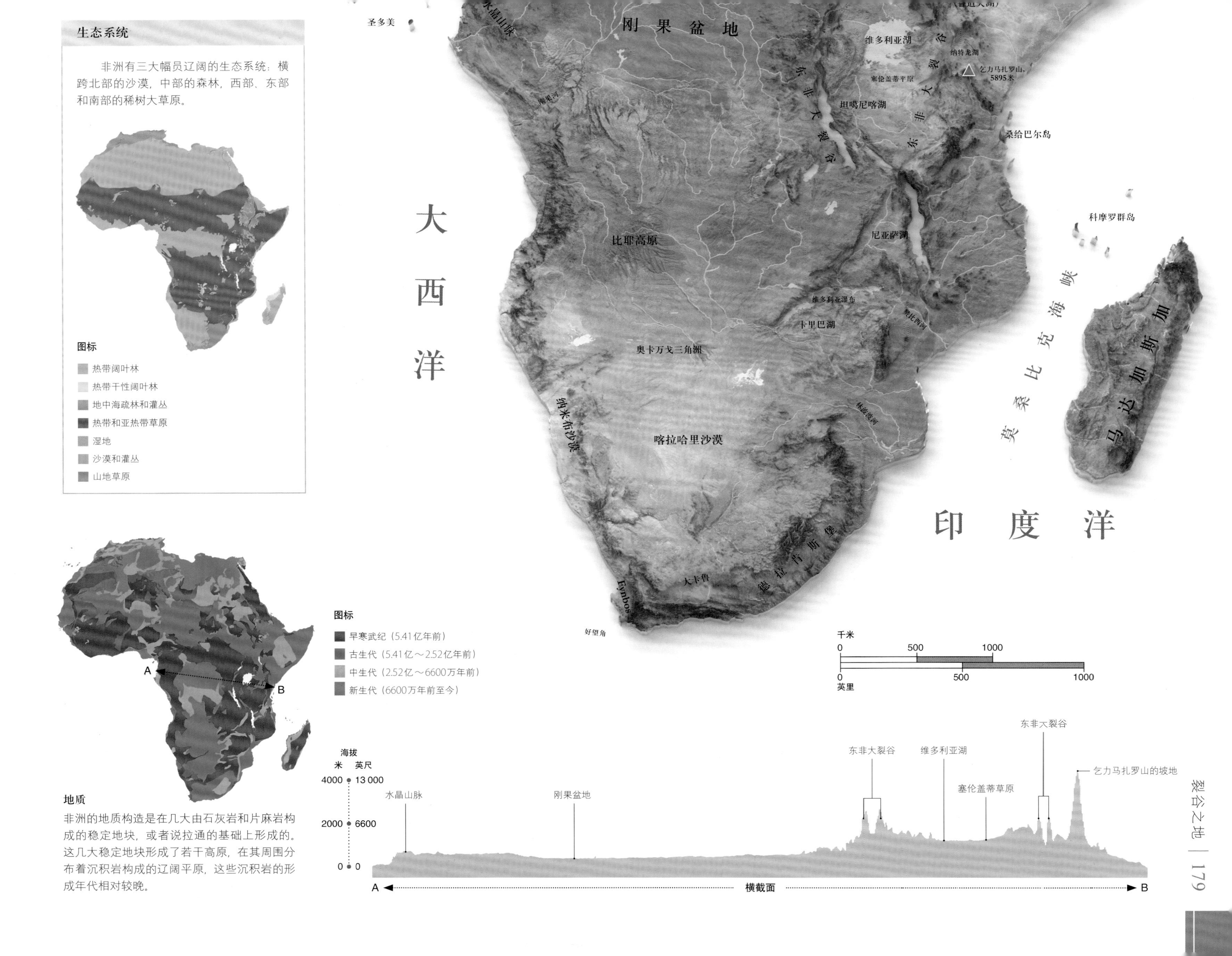


## 生态系统

非洲有三大幅员辽阔的生态系统，横跨北部的沙漠、中部的森林，西部、东部和南部的稀树大草原。



## 地质

非洲的地质构造是在几大由石灰岩和片麻岩构成的稳定地块，或者说拉通的基础上形成的。这几大稳定地块形成了若干高原，在其周围分布着沉积岩构成的辽阔平原，这些沉积岩的形成年代相对较晚。

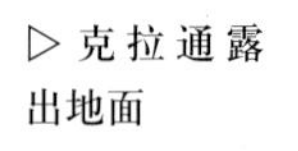

▷ **克拉通露出地面**
在南非的德拉肯斯堡山脉，布莱德河向下深切卡普瓦尔克拉通的古老岩石。

# 非洲的形成

非洲是以5块稳定的地壳单元为中心形成的，这些地壳单元称为“克拉通”。在恐龙出没的时代，它们是庞大的南方大陆，冈瓦纳古陆的核心区域。距今约6500万年前，这些克拉通周围的土地分裂出去，形成了非洲。

## 古老的心脏

这五大非洲克拉通，是在十多亿年前、随着岩浆从地球内部涌出并凝固而形成的。此后，在部分地区，它们在高温和压力的作用下发生了一些变化。而在其他一些地区，它们被沉积物覆盖了。形成这些克拉通的岩石极为坚硬。尽管其他的岩石先后出现或消失，尽管一个个大洲和一片片海洋在它们周围来来往往，它们仍然固守一方、毫不动摇。这些克拉通的核心区域非常古老，可以一直追溯到地球历史上的远古时代之一——距今25亿多年前的太古代。其中最古老的岩石当属南非、津巴布韦和坦桑尼亚部分领土中的花岗岩、片麻岩和绿岩。而卡普瓦尔克拉通以其与众不同的科马提岩闻名遐迩，这种岩石形成于地球诞生之初，当时的地球极为炽热。这一地区也以丰富的金矿、镍矿和铀矿而闻名于世。

非洲是在五大古代岩石克拉通的基础上形成的。在这五大克拉通中，最古老的是南边的卡普瓦尔克拉通。而阿拉伯-努比亚克拉通正被撕裂、分开。

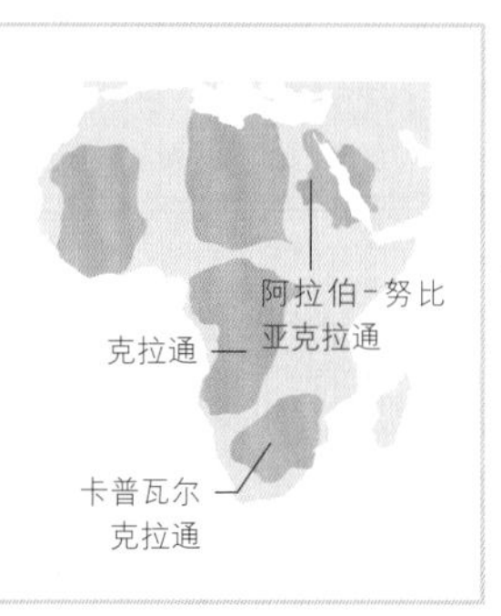


## 山脉的边缘地带

在地球历史上很长一段时间中，这些非洲克拉通都是彼此独立的大陆。约10亿年前，西边的一块克拉通附着在一块古代大陆上，这块大陆最终将亚马逊盆地固定在一块古代超级大陆之中。而中部和最南边的那几块克拉通都是一些岛屿。渐渐地，它们都被岩石的活动带黏合在一起，并在距今2.5亿年前，成为盘古大陆的一部分。与此同时，这些活动带在各大克拉通之间的地带受到碾压，岩石堆叠、形成了若干山脉，比如阿特拉斯山脉和开普褶皱山脉。其中有一些山脉位于南非（另外一些位于南美洲、澳大利亚和

### 大事件

**1.6亿年前**
马达加斯加（和塞舌尔群岛、印度一起）和非洲大陆分离。随后，约8400万年前，它和塞舌尔群岛、印度分离。这两大事件都是断裂作用引起的，同时印度洋形成。

**1.4亿年前**
由于中大西洋裂谷扩张，未来将形成非洲的大陆和未来将成为南美洲的大陆分离，一片新的大洋——大西洋——形成。

**3000万年前**
随着岩浆从地壳中涌流并凝固，阿拉伯半岛远离非洲大陆，由此形成了一块新的陆地。这块陆地比周围年代更久的陆地密度更高，因此它沉降下去，——形成了阿法尔洼地。

**3000万年前**
东非的多个板块之间出现断层，三个相邻板块之间的陆地“坠下去”，形成东非大裂谷。

**250万年前**
北非越来越干旱，最终形成了撒哈拉沙漠。地轴倾斜度发生改变，带来了一段湿度增加、植物滋长的短暂时期。

**180万年前**
东非大裂谷开始形成，与此相关的一些火山活动，致使乞力马扎罗火山形成。

**40万年前**
地壳倾斜，形成了一个盆地，河水汇聚于此，形成了维多利亚湖。在冰河时期中，随着降雨量的起伏变化，这个湖泊曾多次枯竭。

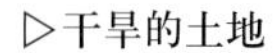

◁**相互碰撞的大陆**
欧萨萨地区北部的高阿特拉斯山脉形成于不到5000万年前、非洲板块和欧亚板块开始碰撞的时候。

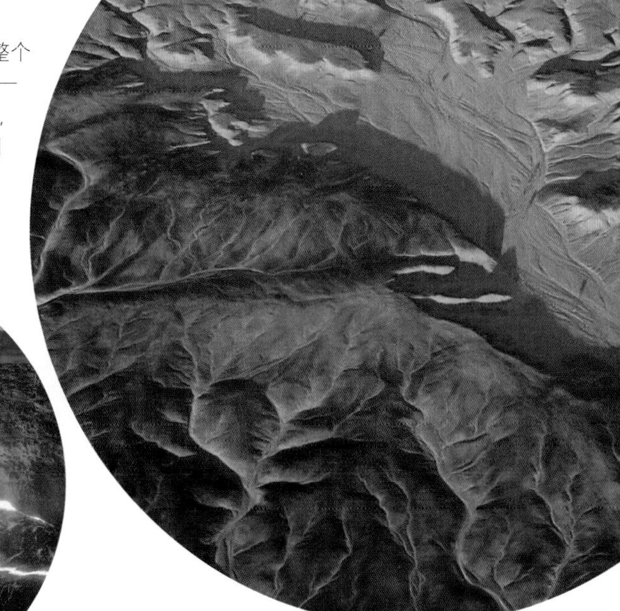

▷**干旱的土地**
巨人的撒哈拉沙漠几乎覆盖整个非洲北部。撒哈拉沙漠中有一半地区年降雨量不到2.5厘米，另一半地区的年降雨量不到10厘米。

▷**炽烈的裂缝**
尔塔阿雷火山坐落在非洲板块和阿拉伯板块的裂口中。

▷**活火山**
沿着非洲板块中正在扩大、形成了东非大裂谷的裂缝，分布着很多正在喷发的火山，坦桑尼亚的伦盖伊火山就是其中之一。但与其他火山不同的是，这座火山喷发的是钠碳酸岩熔岩。

南极洲）。随着时间的推移，火山活动迫使盘古大陆中出现裂缝，最后导致非洲和欧洲、南美洲分离，开始了自己的旅程。在距今约2000万年前，马达加斯加从冈瓦纳大陆中分裂出来。

## 正在分裂的大陆

在约2500万～2200万年前，随着炽热的岩浆柱从地下往上涌流，构造板块开始将其两侧推开，一条大裂隙开始将东非一分为二。不断拓宽的裂隙造就了世界上令人惊叹的地质景观之一——东非大裂谷。东非大裂谷全长6000多千米，从约旦的死海一直延伸到莫桑比克。在埃塞俄比亚北部，这条大裂隙正在将阿拉伯—努比亚克拉通撕开，至今形成的裂口已足够宽，导致印度洋的海水涌入，形成了红海和亚丁湾。在约1000万年后，东非大裂谷的两侧将被越推越远，最后在东非中部形成一片新的海洋。

## 干旱的非洲

非洲横跨南北回归线，形成了三大浩瀚无垠的沙漠。北部是穿越北回归线的撒哈拉沙漠，南部是穿越南回归线的纳米布沙漠和喀拉哈里沙漠。纳米布沙漠是全世界最古老的沙漠，形成于距今约8000万年前。撒哈拉沙漠是世界上最大的热带沙漠，但它从开始形成至今还不到250万年。短短5000年前的一次急剧的气候变化，导致骄阳炙烤非洲北部，使这片地带变干旱了。而在此之前，撒哈拉的大部分地区都是郁郁葱葱的。

**当马达加斯加分裂出去时，非洲仍然和南美洲连成一片。**

### 非洲大陆的形成

图标 汇聚边界 离散边界

南美大陆和非洲大陆相连

冈瓦纳大陆开始分裂

非洲南部位于水下

**2.37亿年前**
如今形成非洲核心区域的那些古老克拉通，被深锁在盘古超级大陆中。非洲夹在南美洲和亚洲之间。

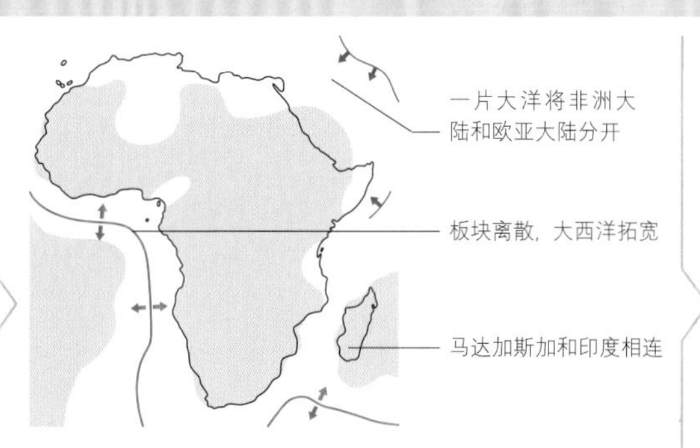


**9400万年前**
非洲和南美分离，随着南美大陆向西漂移，非洲和南美之间形成南大西洋。

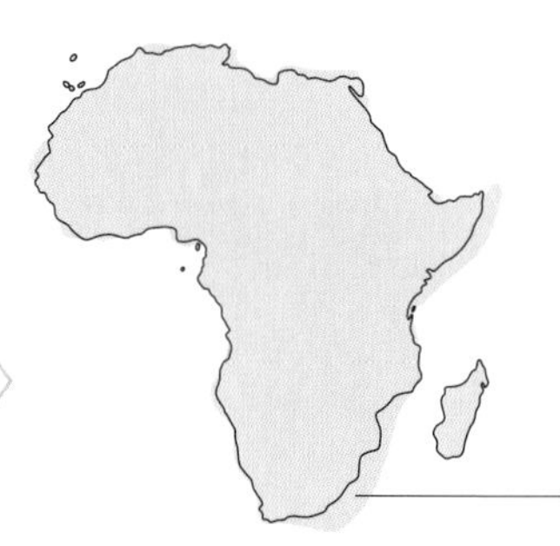


**18 000年前**
非洲大陆向北漂移，再次和欧亚大陆相撞，分隔两者的海洋受其挤压消失。但非洲仍然是一块独立的大陆。

# 阿特拉斯山脉

地中海和撒哈拉沙漠之间的一道天然屏障，从摩洛哥一直延伸到突尼斯。

阿特拉斯山脉绵亘约2500千米，它由几条各具特色的支脉组成，这些支脉之间零散分布着若干高原和峡谷。这些支脉包括摩洛哥境内的安蒂阿特拉斯山脉、高拉特拉斯山脉和阿尔及利亚的泰勒阿特拉斯山脉。

## 碰撞的产物

阿特拉斯山脉的大部分山体是在一次非洲板块和欧亚板块相撞的过程中隆起的。主要的山体抬升过程发生在距今3000万～2000万年前。然而，其中一部分山体是在年代更早的一次造山运动中形成的，大约形成于距今2.5亿年前。如今，阿特拉斯山脉中各个区域的面貌各异，从森林覆盖的北部山岭到更加干旱的南部支脉，差异悬殊。该地区中蕴藏着一些全球规模最大、最多样化的矿产资源。

◁**矿物资源**

在阿尔及利亚的泰勒阿特拉斯山脉中，有好几个铁矿、金矿和磷矿正在开采中。图中所示的这一大块铁矿石，称为赤铁矿。

△**图卜卡勒山**

这个冬日的小村庄，坐落在阿特拉斯山脉的最高峰图卜卡勒山的山脚下。尽管山顶白雪皑皑，但低处的山岭地带既炎热，又干燥。

尽管阿特拉斯山脉地处非洲亚热带地区，但在上一个冰河时代中，群山之巅仍然覆盖着一条条冰川。

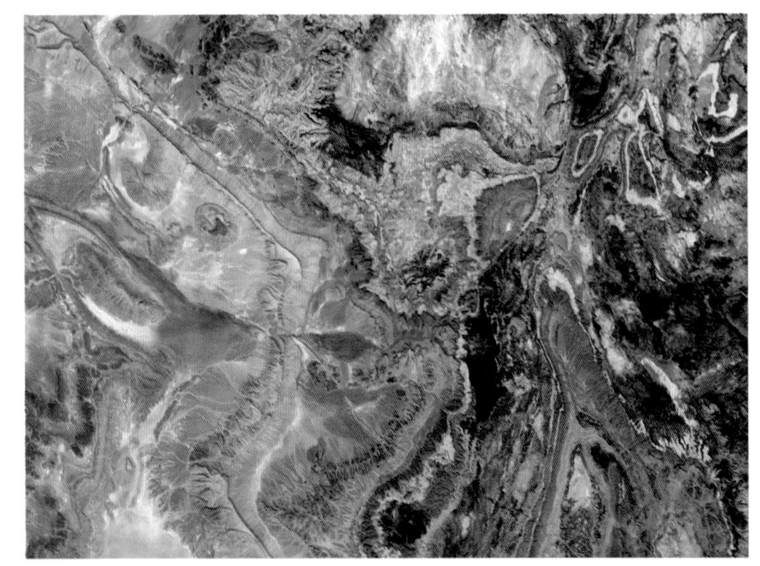

◁**复杂的褶皱**

安蒂阿特拉斯山脉的地质条件很复杂。这张用红外照相机拍摄的卫星图像，展示了岩石露头中的复杂褶皱。红外照相机能对不同的地表成分进行感光。

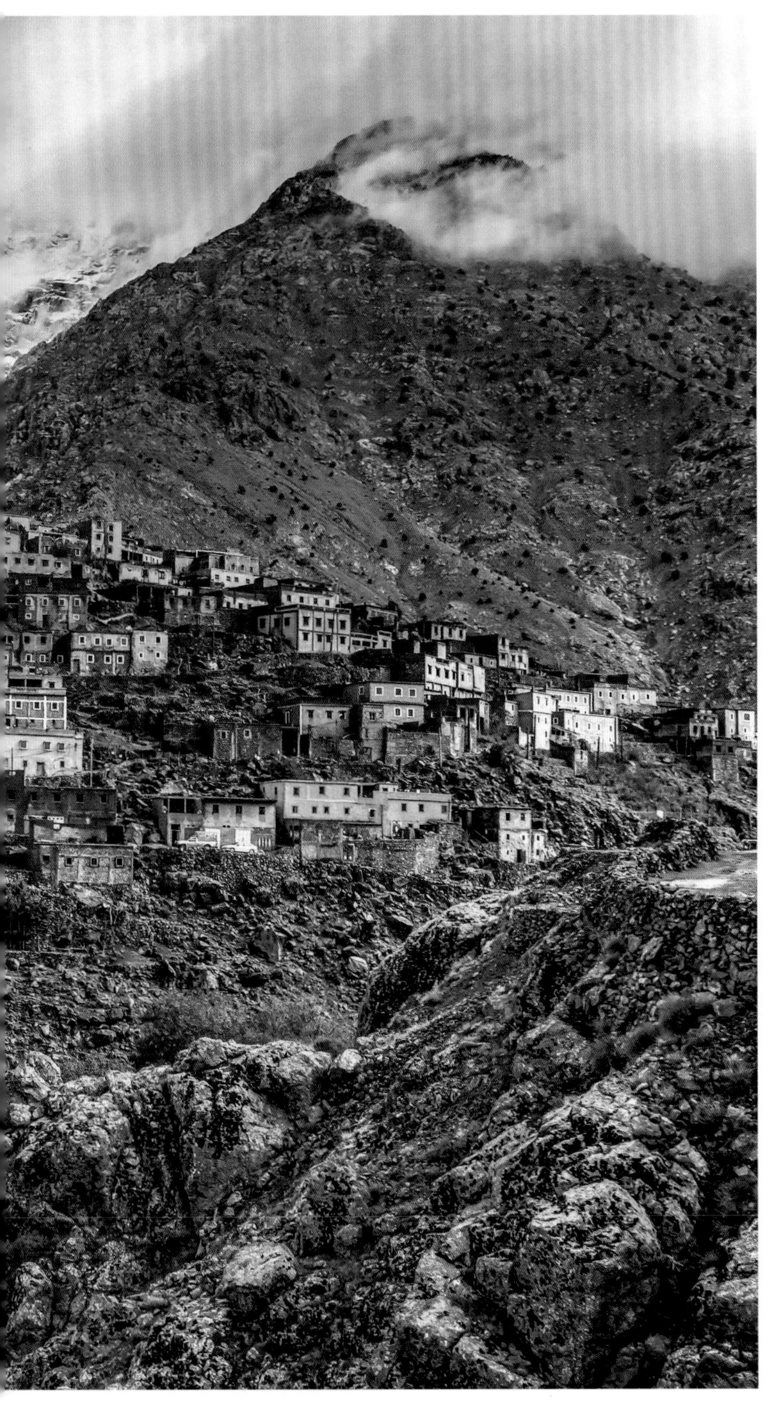

# 阿法尔洼地

地球上炎热、干燥的地区之一，遍布着火山、温泉和盐湖。

阿法尔洼地也称为阿法尔三角，因为它的形状是三角形。阿法尔洼地地势低洼，位于埃塞俄比亚、厄立特里亚和吉布提境内。地质学家认为，这片地带是向上喷涌的地幔热柱撕裂地壳，使地壳拉伸、变薄的地点。地下显然存在大量岩浆，表现为地表上存在多座火山，包括一座庞大的盾状火山（顶面宽阔、侧翼坡度和缓的火山），尔塔阿雷火山，这座火山上有一个永久存在的熔岩湖。阿法尔洼地是世界上的炎热地区之一。

### 阿法尔三联点

阿法尔三联点是地表上的一个点，这个点是阿拉伯板块和非洲板块中的两个组成部分，努比亚板块和索马里板块缓缓分开的地方。从这一点辐射出三条裂缝带（向下断裂的一部分地壳），其中的两条分别被红海和亚丁湾占据，而第三条裂缝带的北部就是阿法尔洼地。

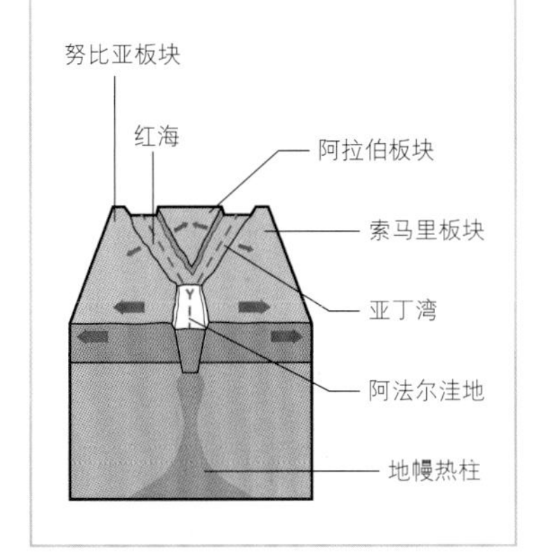


▽五彩缤纷的火山口

这些充满盐沉积物和硫沉积物的温泉，位于海平面以下45米处、阿法尔地区北部的宽干谷中。

◁北部地区的幸存者

巴巴利猕猴是唯一一种能在非洲撒哈拉沙漠以北地区中生存的灵长目动物。它们生活在阿特拉斯山脉中的岩石嶙峋的悬崖峭壁之间，以及高海拔地区的橡木林和雪松林中，它们已经适应了这样的环境。

# 非洲大裂谷

地壳中的一系列断层绵延6000千米，穿越亚洲东南部的部分地区，随后纵贯整个东非地区。

大裂谷说明：在这个地区，来自地球地幔中的炽热物质呈柱状向上喷涌，并致使地壳沿着一系列裂缝张裂。这些裂缝始于黎巴嫩南部，先后经过红海、阿法尔洼地（参见第183页），随后抵达非洲东部，终止于莫桑比克的海岸线。大裂谷平均宽50千米左右。在很多区域，部分地壳下陷，在其两侧形成了悬崖绝壁。这些崖壁非常陡峭，通常高达900米左右。大裂谷位于非洲的那一段称为“东非大裂谷”，它正在逐渐将非洲板块一分为二。

### 火山和湖泊

东非大裂谷中遍布着无数火山。在岩浆通过地壳中的裂缝向上喷涌、并在地表喷发的地方，形成了一座座火山。其中一些火山，比如坦桑尼亚的伦盖伊火山，曾在过去的50年中活动过。在东非大裂谷中，多个湖泊填满了一片片谷地，其中一些湖泊很深。在这一地区的不同区域中，发现了形形色色的已灭绝古人类的化石。

▷群居动物
东非大裂谷是当地许多特有生物（包括橄榄狒狒）的家园。它们成群生活，社会结构复杂。

## 东非大裂谷在过去约3500万年中形成。

### 大裂谷的东支和西支

最古老的裂谷，位于埃塞俄比亚的阿法尔地区。这片裂谷通常被称为埃塞俄比亚裂谷。在东非地区，大裂谷分成两支，分别称为东支裂谷（格雷戈里裂谷）和西支裂谷（艾伯丁裂谷）。这两支裂谷中，都分布着若干活火山和一系列湖泊。其中一些湖泊的含碱度很高，被称为碱湖。而另一些湖泊则非常深。

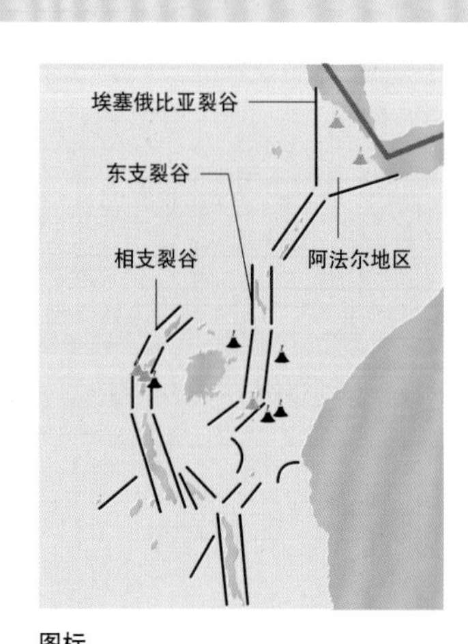

△咸水湖
肯尼亚的博格利亚湖是一个咸水湖，也是一个碱湖。那里栖息着全世界数量最多的小火烈鸟。湖岸边还分布着一些间歇泉和温泉。

▷独一无二的地貌
伦盖伊火山的火山口布满四壁陡峭的火山锥，还有一种独一无二的深色熔岩。当这种熔岩和空气中的水分接触并凝固后，就会变成白色。

# 裂谷的形成

▷水深火热

有时，尼拉贡戈火山的熔岩湖深达600米。熔岩湖与其下地壳中的一个岩浆库相通。由于受到张裂作用的影响，岩浆库侵入了熔岩湖中。

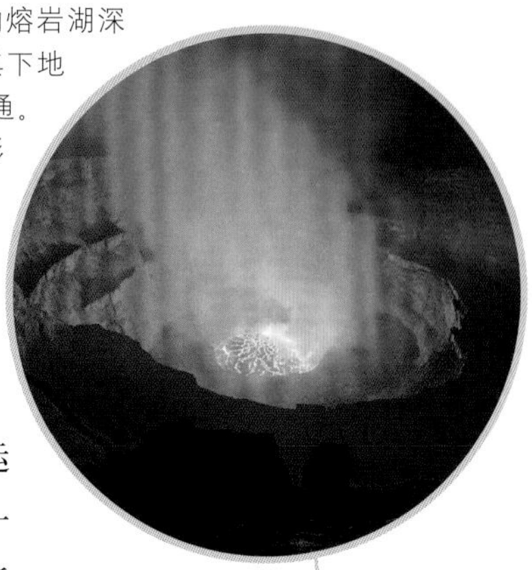

大陆张裂是一个过程。地球的一块构造板块（由地壳和上地幔组成，两者统称为岩石圈）的一部分受到拉伸、变薄，以至于产生裂缝和断层。一些地块向下坍塌，在地表上形成一系列洼地，这些洼地称为裂谷。裂缝形成后，岩浆（来自地幔、已熔化的炽热岩石）侵入地壳中，致使地表上出现火山活动。

## 东非的裂谷

东非地区展示了大陆裂谷的绝佳范例。这一地区之下的地幔热柱——很可能是若干地幔热柱——被认为是裂谷形成的原因所在（见下图）。东非大裂谷有两个分支，东支和西支（参见第184页），这两个分支分别位于维多利亚湖所在地区的两侧。约3500万年前，在位于维多利亚湖东北部的大裂谷东支的一部分区域中，出现了张裂运动和火山活动。这很可能是某一地幔热柱引起的。随后，张裂运动和火山活动向南、北两个方向蔓延。但是，当大陆张裂运动蔓延到岩石圈中位于维多利亚湖周围一带及其南部的一片稳定的核心区域后，无法继续向前推进，因此裂谷只能分成两支，沿着维多利亚湖的两侧继续进发。或者还有另一种可能，在大裂谷东支和西支之下，各有一根地幔热柱存在，或曾经存在过。

▷裂谷的断层

在一个断裂带中，一些地块沿着张裂运动形成的断层向下塌陷。在图中所示的截面图中，在裂谷的一侧已经形成了长长的主断层。主断层可能会沿着整个断裂带，在两侧不断切换，从而使裂谷总体上呈现出蜿蜒迂回的外观。

坦噶尼喀湖
坦噶尼喀湖最深处达到1470米，它是世界第二深的淡水湖。
湖泊沉积物
这个湖泊可能拥有1200万年的悠久历史，因此，湖底的沉积物有好几千米厚。
裂谷肩的陡峭悬崖
受到拉伸的地壳
主断层
地块沿着断层带下陷

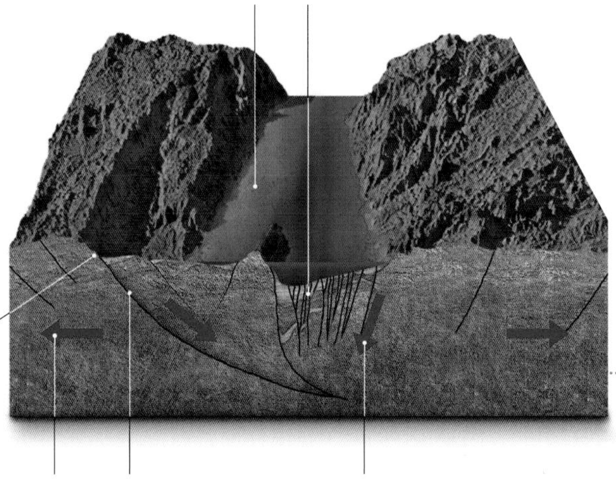

▶东非裂谷系

在东非地区，裂谷带的两个分支被一片宽广、稳定的高原隔开。这两条分支都是蜿蜒曲折的洼地，都有一些壮观非凡的自然景观，其中不少是火山活动后形成的。

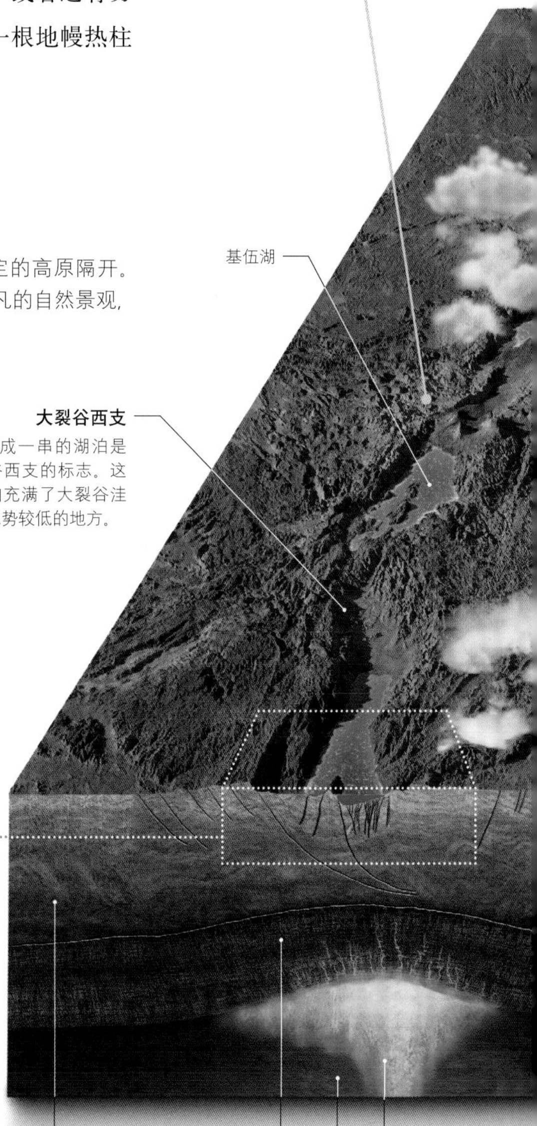

爱德华湖
基伍湖
大裂谷西支
4个连成一串的湖泊是大裂谷西支的标志。这些湖泊充满了大裂谷洼地中地势较低的地方。
陆壳
在裂谷地区，陆壳横向拉伸并出现断裂，一些地块向下崩塌。在一些地方，岩浆侵入地壳。
岩石圈地幔
地幔的最上层和其上的地壳共同构成岩石圈，岩石圈分成若干板块。
软流圈
软流圈位于地球的上地幔层，相对而言比较容易变形，它比上方的岩石圈更炽热。
四处钻营的地幔热柱
大裂谷西支的火山活动表明，在某些区域，岩浆肯定已经侵入地壳之中。

### 东非大裂谷是怎样形成的

当一根地幔热柱，或者很可能是若干地幔热柱导致地壳向上翘曲，而后随着非洲板块位于这一地幔热柱两侧的部分区域分开，导致地壳拉伸、变薄时，就形成了东非裂谷系。张性断裂出现，一些地块下陷，形成洼地，部分洼地被湖泊填满，而湖泊被峭壁悬崖或群山环绕。

地壳拉伸、变薄
地壳
岩石圈地幔
地幔热柱
以前

维多利亚湖
伦盖伊火山
尼拉贡戈火山
下陷的地块
现在

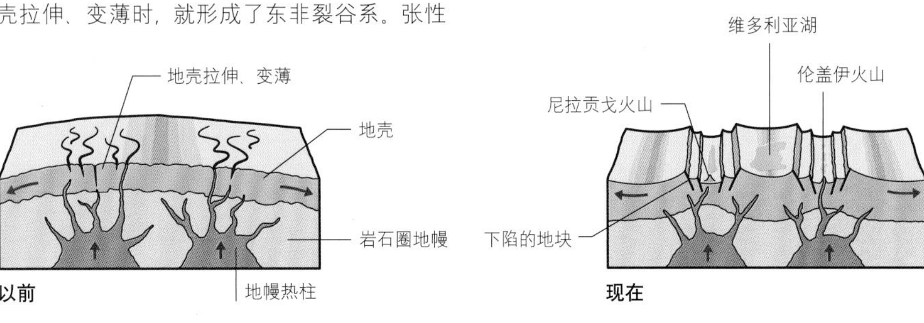

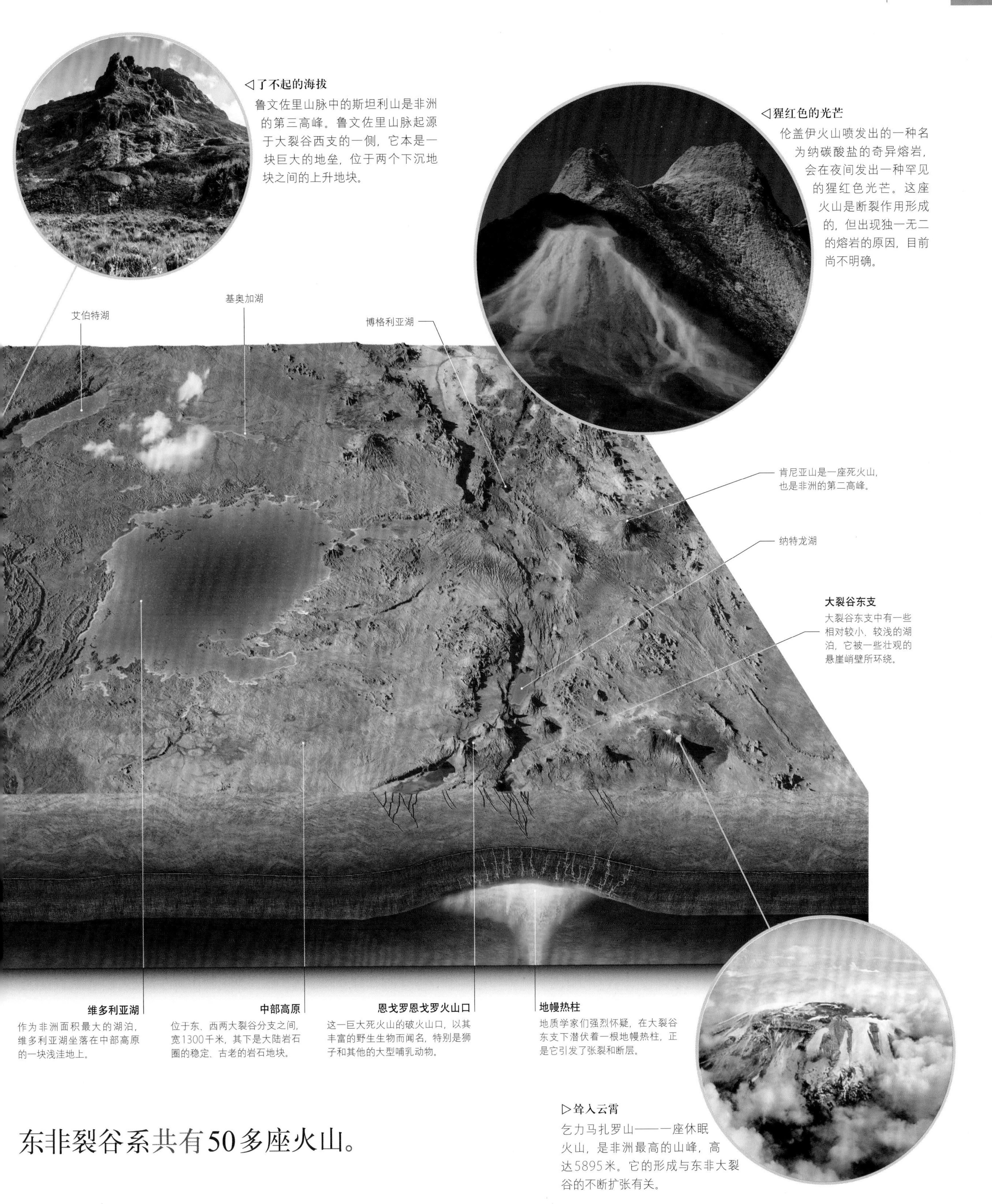


**◁了不起的海拔**
鲁文佐里山脉中的斯坦利山是非洲的第三高峰。鲁文佐里山脉起源于大裂谷西支的一侧，它本是一块巨大的地垒，位于两个下沉地块之间的上升地块。

**◁猩红色的光芒**
伦盖伊火山喷发出的一种名为纳碳酸盐的奇异熔岩，会在夜间发出一种罕见的猩红色光芒。这座火山是断裂作用形成的，但出现独一无二的熔岩的原因，目前尚不明确。

**大裂谷东支**
大裂谷东支中有一些相对较小、较浅的湖泊，它被一些壮观的悬崖峭壁所环绕。

**维多利亚湖**
作为非洲面积最大的湖泊，维多利亚湖坐落在中部高原的一块浅洼地上。

**中部高原**
位于东、西两大裂谷分支之间，宽1300千米，其下是大陆岩石圈的稳定、古老的岩石地块。

**恩戈罗恩戈罗火山口**
这一巨大死火山的破火山口，以其丰富的野生生物而闻名，特别是狮子和其他的大型哺乳动物。

**地幔热柱**
地质学家们强烈怀疑，在大裂谷东支下潜伏着一根地幔热柱，正是它引发了张裂和断层。

**▷耸入云霄**
乞力马扎罗山——一座休眠火山，是非洲最高的山峰，高达5895米。它的形成与东非大裂谷的不断扩张有关。

## 东非裂谷系共有50多座火山。

# 布兰德山

一座孤立耸峙的穹隆状山峰，高耸在纳米布沙漠西北部受到烈日炙烤的碎石平原。

布兰德山形成于约1.3亿年前，当时，一大团来自地壳深处的岩浆穿过周围的岩石层，在凝固前向上高高耸起。后来，由于周围的岩石受到侵蚀，这块花岗岩岩体便曝露出来。

## 燃烧的山峰

布兰德山是纳米比亚的最高峰，其最高点海拔是2573米。当地的原住民桑人称之为“燃烧的山峰”，因为在日落余辉的映衬下，这座山峰似乎会发出红光。鉴于其不俗的海拔高度和宽度，布兰德山给当地的气候带来了一定影响，山坡上的降雨量远远超过其下方的荒漠的降雨量。雨水缓缓通过泉水渗漏出去。一些当地特有的动植物在这一高海拔地区中繁衍生息。而一些史前的洞穴壁画，装点着山麓一带藏匿于峡谷深处的岩壁。

◁**一圈特别的岩石**

布兰德山约长23千米、宽20千米，表面崎岖不平、蜿蜒起伏。在其外围，一圈深色、陡峭的岩石包围了这一花岗岩体。

# 桌山

长长的平顶山构成了开普敦城壮观瑰丽的背景。

△**日落时的美景**

图中，日落前夕的桌山覆盖白云“桌布”。其下方和左侧是开普敦的万家灯火，右侧是坎普斯湾的郊区。

桌山约长3千米，四周悬崖陡峭，是非洲经典的地标之一。它高达1086米，位于一条沙岩山脉的最北端，这片山脉终止于好望角以南约50千米处。在遥远的往昔，桌山顶峰之上曾经覆盖着厚得多、软得多的岩层，但这些岩石已经被侵蚀殆尽。桌山平坦的顶部，正是这样形成的。桌山上常常笼罩着一层云雾的“桌布”。当向岸风吹向空气更冷的山岭时，其所携带的水汽冷凝，就形成了这样的云雾“桌布”。

◁**标志性的植物**

艳丽的红萼距兰被誉为“桌山的骄傲”，它们通常生长在溪流边和瀑布边。这种花卉是南非开普省的象征。

**桌山的内部构造**

桌山的上部是厚达600米的坚硬沙岩，形成于约4.5亿年前。这层沙岩位于好几层沉积岩之上，但在其一侧并不是这样的结构，而是分布着大片的花岗岩侵入岩体。

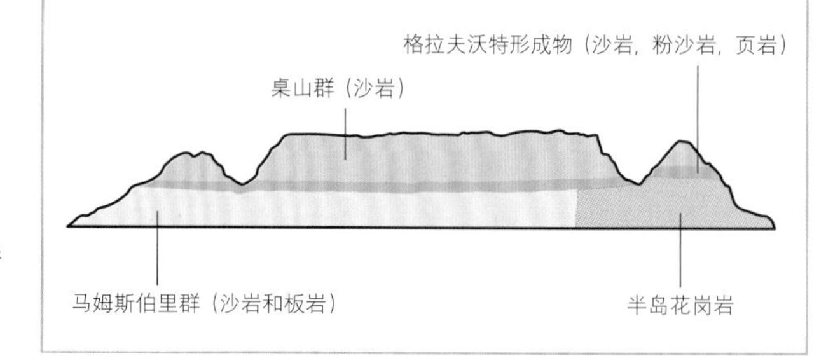

# 德拉肯斯山脉

一片一望无际、阶梯状、备受侵蚀的土地，将非洲南部狭窄的海岸平原及其内陆地区广袤的稀树草原和沙漠隔开。

非洲南部

△野性的竞技场
在喀什兰巴-德拉肯斯山脉公园，断崖的形状就像一个圆形竞技场。右边的尖峭岩石被称为“龙之獠牙”。

德拉肯斯山脉（The Drakensberg）在南非荷兰语中的意思是“龙山”。它构成了蜿蜒、绵长的大断崖的东段，而大断崖构成了非洲中南部一座高原的边缘地带。德拉肯斯山脉是南非最高的山脉。它穿越非洲东南部，绵延1000多千米，其中一些山峰超过3000米高。

## 受到侵蚀的巨大天梯

从山脚仰望，这片断崖就像一座巨大的天梯。它受到重力作用和流水侵蚀的影响而不断磨损。这里的地貌千姿百态，遍布着陡峭的悬崖、尖峰石林和洞穴。在断崖背后的高原中发源的河流，蚀刻出了一些壮观的峡谷。

### 德拉肯斯山脉的内部结构

大断崖陡峭的崖壁，由一层厚厚的玄武岩（熔岩冷却后形成的一种火成岩）构成，这层玄武岩是古代火山喷涌而形成的。其下方是多层更古老的沉积岩。这几层玄武岩和沉积岩，共同构成了一个岩石序列的一部分。这个岩石序列存在于非洲大片地区中，名为“卡鲁超群”。

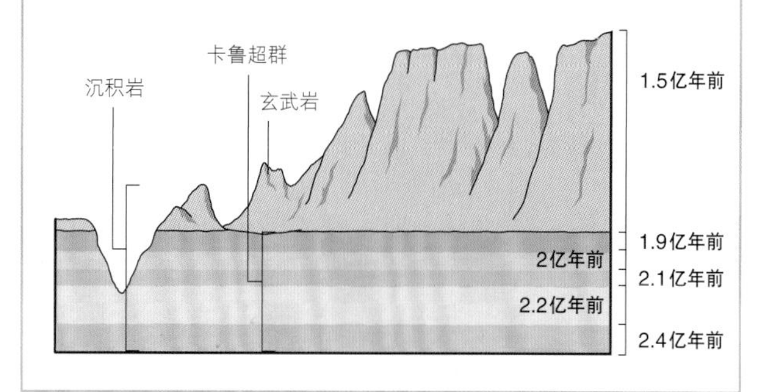


▽自由坠落
德拉肯斯山脉拥有一些全世界落差最高的瀑布，还点缀着不少美丽的小瀑布，比如图中所示的柏林瀑布。

◁地面上的居民
橙胸岩鹎是一种在地面上筑巢的本土鸟类，它们常常栖停在岩石上。

在部分区域，断崖自上而下高达1500米。

△ 沙漠中的生命线

尼罗河流经的大部分地区都极为干旱。因此可以说，尼罗河给这些地区提供了至关重要的饮用水源和灌溉水源。此外，尼罗河也是一条水上交通要道，成百上千万人每天的出行都依赖它。

## 世界上最长的河流

精准测量一条河流的长度，有时会变得十分棘手。在有的情况下，很难确定一条河流的源头或河口究竟在哪儿。此外，在河流流经的全程中，一条河流有可能会分裂成若干不同的水道。尽管关于世界上最长的几条长河的确切长度众说纷纭，但以下的数据得到了最广泛的公认。

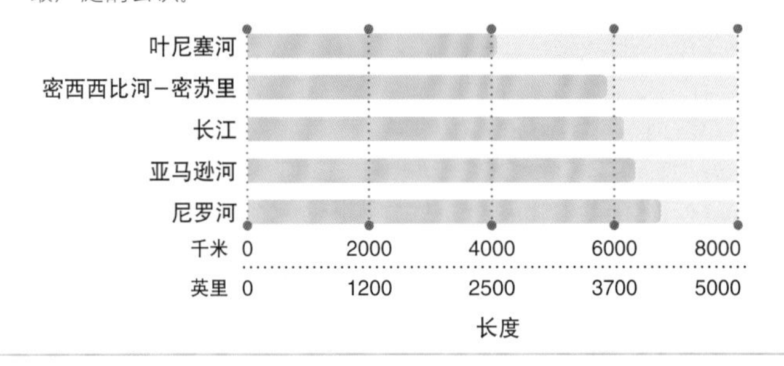

△ 万能的植物

纸莎草是一种水生莎草。尼罗河浅滩上，大片大片纸莎草构成的莎草地，宛如一片片高高的芦苇地。自古埃及时代以来，纸莎草一直被用于制造从卷轴到船只的各种器物。

# 尼罗河

地球上最长的河流，从非洲中部流向地中海。对于尼罗河沿岸上千万的当地人，它就是一条生命线。

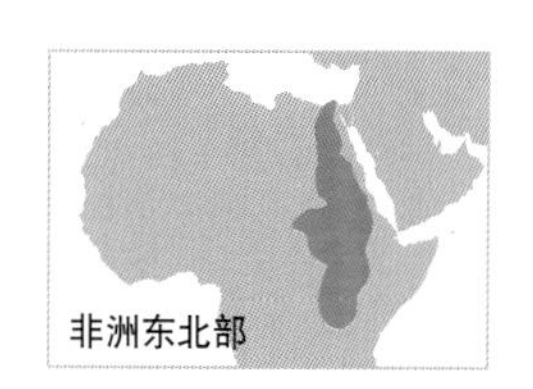


尼罗河是世界上最长的河流，全长6650多千米。它发源自赤道附近，流经非洲东部和东北部，最后抵达位于地中海边的河口。尼罗河流域面积超过300万平方千米，约占非洲陆地总面积的10%。

## 白尼罗河与青尼罗河

尼罗河有两大支流。白尼罗河被认为是尼罗河的主支流，它发源自乌干达境内的维多利亚湖（参见第196页）北部，经由默奇森瀑布向下流入东非大裂谷（参见第184—187页）。在穿过艾伯特湖后，它流经广袤无垠的萨德湿地平原。随后它在苏丹的喀土穆与青尼罗河交汇。而青尼罗河发源自埃塞俄比亚高原中的塔纳湖。随后，尼罗河流经一连串小瀑布或急流后，穿越埃及那一片片历史悠久的山谷。在开罗北部，尼罗河分成两股，分别是西面的罗塞塔支流和东面的杜姆亚特支流，从而形成尼罗河三角洲，随后尼罗河的河水流入地中海。

▽水雾迷濛的瀑布

埃塞俄比亚的青尼罗河瀑布，在当地被称为“Tis Abay”，意为“大片的雨雾”。在雨季，这片瀑布横跨400米。瀑布中的水飞流而下跌落底部，达到45米之深。

## 受欢迎的河水泛滥

尼罗河三角洲是埃及较文明、人口稠密的地区之一。发源自埃塞俄比亚高原的青尼罗河，一路向下流淌带来的沉积物，逐渐形成了这片三角洲。事实上，尼罗河泛滥已经成为一年一度的重要事件，不仅带来了水，还带来了肥沃的淤泥，供给整个灌溉平原的土壤。然而，自1970年阿斯旺水坝完工以来，尼罗河的水流被大大削弱，使传统农业受到了严重影响。

△孤独的觅食者

鲸头鹳是一种类似鹳的大型鸟类，常常独自搜捕鱼类。它会用硕大的嘴尖弯成钩状的鸟喙，衔起并吞下鱼。

尼罗河水从维多利亚湖流到地中海中需要3个月。

# 雷特巴湖

一个西非湖泊，在旱季湖水呈现出绮丽的粉红色，而且湖水很咸。

雷特巴湖也称为Lac Rose（在法语中意为“粉红的湖泊”）。它是西非塞内加尔境内的一个浅浅的小湖。它最出名的两大特色是，绮丽的色彩和湖水的高含盐量。水色在旱季（从11月到次年6月）更加浓艳。这种绮丽的色彩是一种名为盐藻（Dunalilla salina）的藻类植物带来的。这种盐藻会产生一种红色素，能帮助盐藻吸收阳光、提供能量（光合作用）。雷特巴湖的盐度能和死海（参见第236页）的盐度相提并论，湖中的鱼类为此做出了一些适应性改变。许多鱼类只有正常品种的四分之一大。

▷多盐的湖岸
大量采盐人在从湖床中手工采盐，并将湖盐出口到整个西非地区。采盐人用乳木果油涂抹在皮肤上，以免皮肤受到高盐度湖水的侵蚀。

# 刚果河

世界上气势磅礴的河流之一，它滋润着西非广袤的热带雨林。

刚果河是非洲仅次于尼罗河（参见第190—191页）的第二长河。刚果河汇入海洋中的河水比世界上其他河流汇入海中的河水都多，除了亚马逊河（参见第106—109页）。刚果河也是世界上最深的河流，有的河段深达200米。从赞比亚的高原中发源之后，刚果河沿着逆时针的弧线流淌，灌溉着广袤无垠的环形洼地，最后流入大西洋中。在全程中，它两次穿越赤道，总长超过4700千米，途中流经多条瀑布、急流、宽广的水道和湖泊。

▷遍布沼泽的河岸
刚果河的大部分河段蜿蜒流经热带雨林。热带雨林中大片大片的沼泽地点缀在河流两岸，并遍布在刚果河的各条支流之间。

**本土鱼类**
马拉维湖的热带水域，是多达1000种丽鱼科鱼类的家园，其中大多数鱼类是这一湖泊中的特有品种。

## 马拉维湖的湖水分层

马拉维湖的湖水分成若干层，界限分明，各层湖水的营养成分和氧气含量各不相同。一般来说，不同层级的湖水不会混为一体。从每年5月到8月，湖泊南部的水域会经历一番强风和寒潮的洗礼，并导致大量下层湖水上涌。这一水流循环使中层湖水中的营养物质随着水柱上升，并渗入更富含氧气的浅层水域中，从而形成了鱼类生长的理想环境。

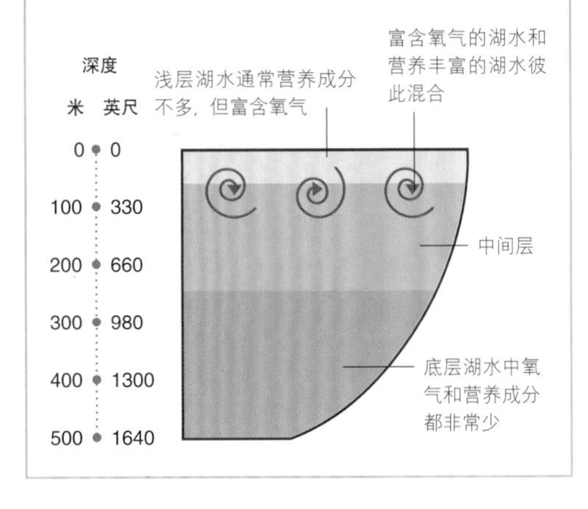

# 马拉维湖

一个又大又深的湖泊，位于东非大裂谷的最南端，湖中鱼类的品种极为丰富。

非洲东部

马拉维湖又名尼亚萨湖，是东非大裂谷的第三大湖，也是大裂谷最南端的湖泊。它位于马拉维、坦桑尼亚、莫桑比克三国交界处，约有580千米长，最宽处宽达75千米，深度超过700米。从北部流入的鲁胡胡河以及其他几条相对较小的河流，为马拉维湖提供了水源。马拉维湖唯一的注出河流赞比西河的支流之一希雷河，从这个湖泊的最南端流出。南北走向的马拉维湖分布在东非大裂谷（参见第184—187页）南端的一片盆地之中。一座座陡峭的山峰耸立在马拉维湖北岸和东岸之上，一些山峰上覆盖着浓密的森林。湖泊的南岸附近更加平坦，湖水更浅，岸边分布着许多白色的沙滩。

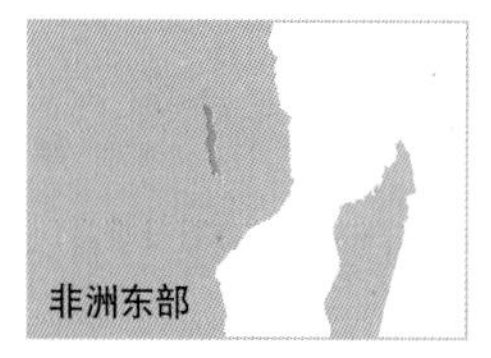

▷长翅膀的建筑师

这只雄性的乡村织布鸟，用草叶建造了一个厚密紧实的巢穴，并在巢穴底部留下了一个出入口。它将这个巢穴悬挂在一根树枝下。

## 成千上万的鱼

马拉维湖的湖水和湖岸分布着形形色色的生态区，是许多动物的栖息地，包括鳄鱼、河马和非洲鱼鹰等。该湖最负盛名的一点是，湖中生活着多达3000种鱼类，它是地球上鱼类品种最丰富的湖泊。

△星光湖

探险家戴维·列文斯通（David Livingstone）将马拉维湖誉为“星光湖”（Lake of Stars），因为在纹丝不动的水面上，常常闪烁着美丽的倒影。

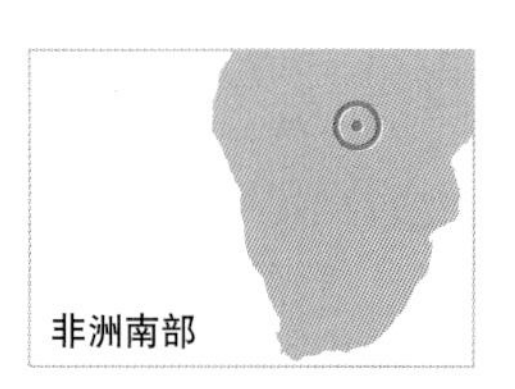


# 维多利亚瀑布

一片无边无际的非洲瀑布，拥有独一无二的地质历史。它跌落在一个狭窄的深渊中。

维多利亚瀑布是气势磅礴的赞比西河中的一段，它位于非洲南部，穿越津巴布韦和赞比亚的边境。唯有南美洲的伊瓜苏瀑布（参见第110—111页）能与其竞争世界最大瀑布的美誉。它横跨1700米，高达108米，落差是尼亚加拉瀑布的2倍（参见第52页）。它常常被称颂为世界上最宽的瀑布。

### 独特的构造

赞比西河沿着一片玄武岩高原向前奔流。这片高原中有不少大裂缝，这些裂缝和河流的流向大致垂直，裂缝中布满了相对较软的沙岩。在过去的10万年中，赞比西河的水流不断侵蚀沙岩，形成了一系列狭窄的峡谷。现在，赞比西河从最近形成的一片峡谷中跌落（见下图）。这一道道峡谷顺着上游瀑布的走向蜿蜒曲折，这是因为，一系列经过这一道道峡谷末端的汇合点"俘获"了这条河流，并改变了它的流向。瀑布下方狭窄的深渊前，形成了磅礴的水雾，在50千米之外就能看到这一壮观景象。

◁**可怕的掠食者**
非洲最大的鳄鱼尼罗鳄，是赞比西河沿线最可怕的掠食者。

## 当地人将维多利亚瀑布称为"莫西奥图尼亚"（mosi-oa-tunya），意思是"声若雷鸣的雨雾"。

◁**瀑布边缘**
维多利亚瀑布构成了两个国家公园的部分区域，这两个国家公园中都栖居着众多大象。

△**分成若干股流下**
在瀑布顶部的边缘地带，河流中的一些小岛将瀑布水流分成可以辨认的若干段（左起），分别是魔鬼瀑布、主瀑布、彩虹瀑布、东段小瀑布。

### 维多利亚瀑布附近的峡谷

维多利亚瀑布下方那些陡峭、狭窄的峡谷的位置，会随着时间推移而改变具体位置。最西侧的魔鬼瀑布所在的位置，正是一条新的瀑布开始往后退缩并开始形成的位置。

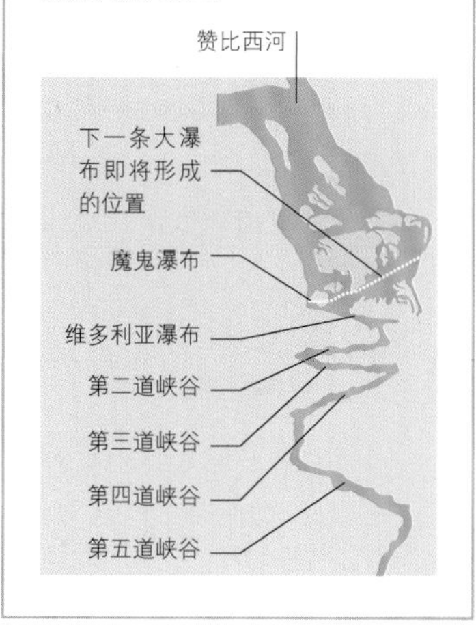

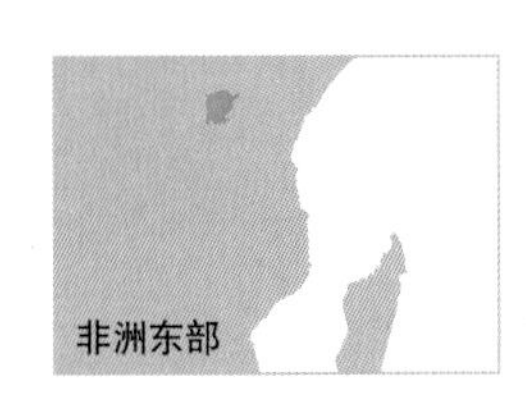


# 维多利亚湖

## 非洲最大的湖泊、全球第二大湖泊，它是尼罗河的主要源头。

在东非大裂谷（参见第184—187页）的东西两支之间，坐落着一片高原，高原上有一片洼地，维多利亚湖就坐落在这片洼地中，并被乌干达、肯尼亚和坦桑尼亚等国包围。维多利亚湖是非洲大湖地区中最大的湖泊，总面积超过68 800平方千米。它是世界上第二大淡水湖，仅次于苏必利尔湖（参见第50—51页）。然而这样庞大的湖泊却很浅，平均深度只有40米。

维多利亚湖是其唯一一条注出河流白尼罗河（参见第190—191页）的源头。刚从维多利亚湖中流出的那段白尼罗河，称为维多利亚尼罗河。卡盖拉河从西面流入维多利亚湖中，是流入这一湖泊的最大河流。但维多利亚湖的主要水源是从天而降的雨水。

**▷长长的脚趾**
非洲水雉是一种热带涉禽，长长的脚趾和爪子能帮助它们穿越浅水，从浮在水面上的植物，比如睡莲的叶片上走过。

**△错综复杂的湖岸线**
从这张空中鸟瞰图中可以看到，维多利亚湖的湖岸蜿蜒漫长，因此这个湖泊为无数本地居民供应了淡水，包括好几座大城市，比如乌干达的首都坎帕拉的居民。

**▽水羚**
这种生活在非洲南部湿地中的羚羊，叫作红水羚。那长长的、张开的蹄子，能帮助它们在软土地面上奔跑。而防水的皮毛，能帮助它们在水中快速穿行。

# 奥卡万戈三角洲

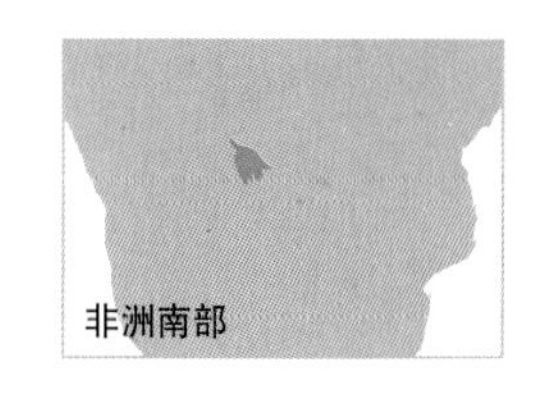


非洲南部的一片广袤的内陆三角洲、喀拉哈里沙漠中的一片绿洲，吸引数以百万的年度大迁徙的动物。

奥卡万戈三角洲是博茨瓦纳西北部的一片坡度缓和的内陆三角洲。它是奥卡万戈河形成的一片三角洲。从安哥拉发源后，这条河流向西南方向流淌，流经喀拉哈里沙漠，但始终未能抵达海边。河水最终注入喀拉哈里盆地中的一片洼地中。随后，河水向四下漫延，形成了一片绿洲。这片绿洲中包括永久性和季节性的河漫沼泽地、平原草甸、岛屿和水道。每年到了一定时间，远在1000多千米之外的安哥拉高原上的降雨，将给三角洲带来洪涝，使三角洲的面积膨胀到平时的3倍。而那段时间正是博茨瓦纳的旱季，因此大量动物受到洪水泛滥的吸引，纷纷涌入这一地区，包括水牛、大象等食草动物。这会导致非洲的野生动物大量群集，达到最大规模。流入三角洲的河水97%以上会被蒸发掉，或最终渗入喀拉哈里沙漠的沙地中。剩下的河水将流入三角洲西面的恩加米湖。

◁鲜艳的纹理
理纹非洲树蛙展现出多种色彩和纹理，这些纹理包括多种条纹、斑点和线条。

◁平坦的三角洲
奥卡万戈三角洲的大部分区域都很平坦，整个三角洲中，各地的海拔差距不到2米。其水道分布每年都会变化，因为往年的水道会被淤泥堵塞住。而缓慢流淌的河水每年都会找到新的行进路线。

**内流流域**

奥卡万戈三角洲是一片内流流域的一部分，即没有流向海洋的河流的流域。这些内流流域通常汇聚于一个湖泊或一片沼泽地。大多数内流流域都位于干旱区中，进入这一流域的水，大多数都蒸发了。

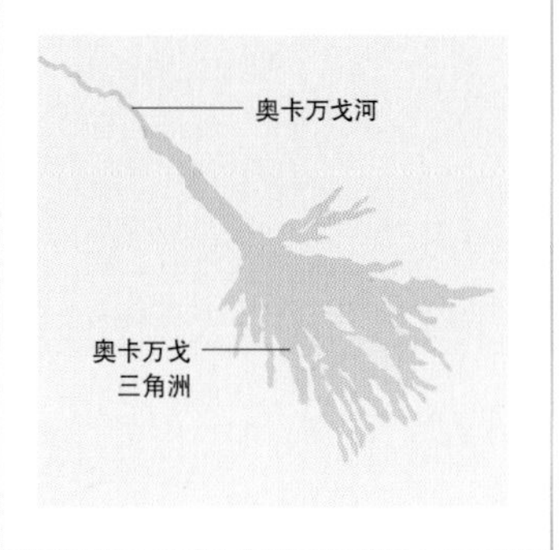

# 巨人悬崖

一连串令人叹为观止的高耸悬崖，位于加纳利群岛特纳里夫岛的西海岸。

巨人悬崖由玄武岩火成岩构成，有的地方高达800米。这些悬崖继续延伸到水下约30米深处，给多种海洋生物提供了避风港。

特纳里夫岛源自于三座古老的火山。约300万年前，这三座火山合并成一座更大的火山。巨人悬崖是大量凝固的熔岩受到侵蚀而形成的。

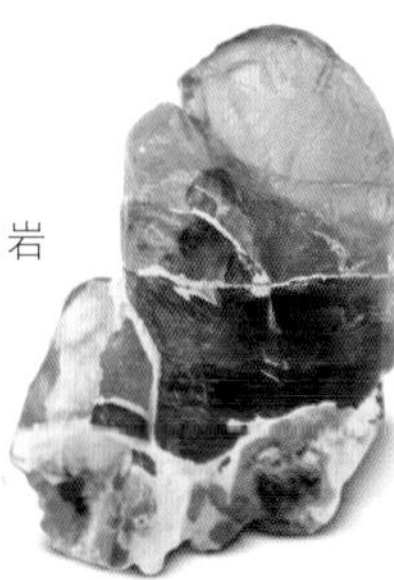

▷**悬崖中的宝石**
在特纳里夫岛的岩石中和海滩上，偶尔能发现呈橄榄绿色的矿物——橄榄石晶体。

### 巨人悬崖的地理位置

巨人悬崖位于多层玄武岩岩层，从特纳里夫岛原来的三座火山中的一座喷发出来的凝固熔岩被海水侵蚀掉的地方。在特纳里夫岛的西部，大量玄武岩形成了一个叫作塔诺山脉（Teno Mountains）的地区。

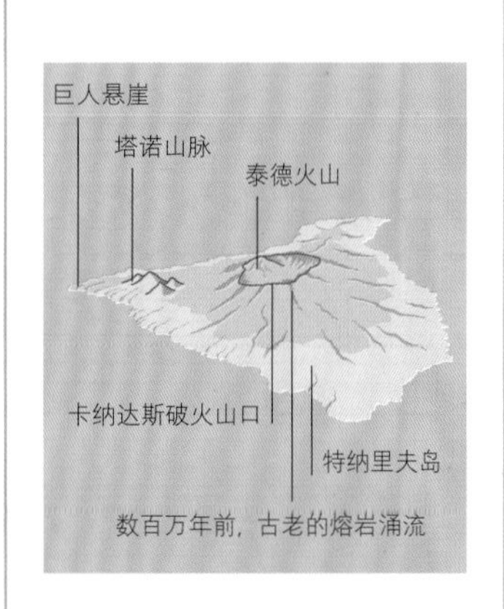

△**世界的尽头**
在古典时代，水手们认为，这些悬崖标志着陆地的尽头，再往前只有汪洋大海了。

### 珊瑚岸礁的各个区域

一片珊瑚岸礁可以分成几个区域。面向大海的前礁，分布着不同深度的各种珊瑚。其顶部是礁顶，礁顶承受着波浪作用的冲击力。靠岸边的一侧是内礁（或礁坪），低潮时也许会有一部分露出水面。

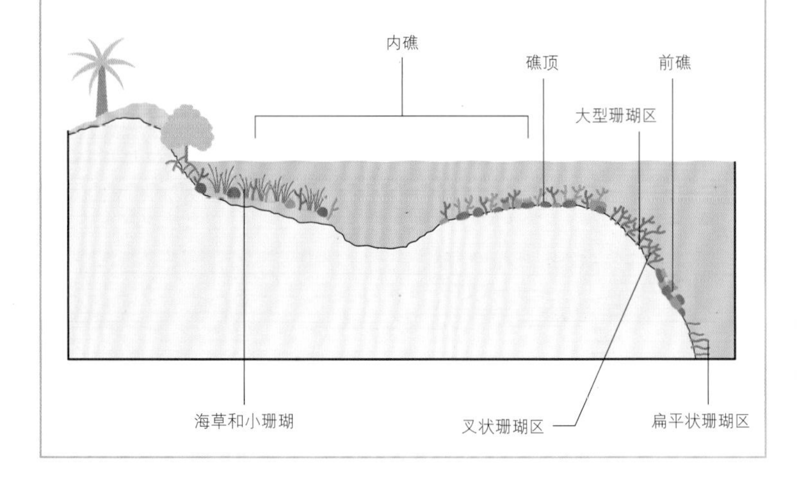

# 红海海岸

世界上最北端的热带海洋的边缘地带，分布着一片片美丽的珊瑚礁。在这里，一片新的海洋正在形成。

非洲东北部

△五光十色
在一片典型的红海珊瑚礁中，小小的绿色光鳃鱼环绕着鲜红色和品红色的软珊瑚。无数的水螅珊瑚（一种微型生物）构成的集合体正游动着。

红海是印度洋的一个海湾，红海周边共有7个国家：埃及、以色列、约旦、沙特阿拉伯、苏丹、厄立特里亚国和也门。红海沿着一个板块边界绵延2250千米。在这一板块边界，阿拉伯板块正在缓缓远离非洲板块。这一过程最终将形成一片新的海洋（参见第185页）。

## 红海珊瑚礁

红海中心地区深达2211米，这反映出一个事实，红海位于一个地壳正在裂开的地区中。然而，红海海岸的大部分地区，都镶嵌着浅浅的海底大陆架和一望无际的珊瑚礁（见对页图）。这些珊瑚礁中的生物种类极为丰富，拥有1000多种无脊椎动物、1200种鱼类、几百种硬珊瑚和软珊瑚。丰富的海洋生物、清澈见底的海水，让红海海滨成为备受水肺潜水爱好者追捧的目的地。不幸的是，过于密集的潜水旅游业以及海滨地区的过度开发，已经破坏了一些地区的珊瑚礁。

▽鲜艳的珊瑚
人们已在红海珊瑚礁中发现了300多种硬珊瑚，图中的蘑菇珊瑚便是其中一种。

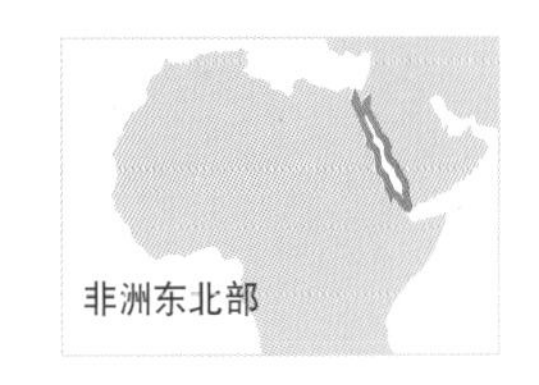

# 刚果雨林

全球第二大热带雨林，这片雨林是11 000多种植物的故乡。

---

作为全球重要的、所剩不多的自然荒野地区之一，刚果雨林覆盖着中非刚果河流域的约200万平方千米的土地，横跨6个国家。

## 最后的避难所

在规模上，刚果雨林仅次于亚马逊雨林。这片温暖、潮湿的地区生物种类繁多，共有600多种树木、10 000多种动物。在雨林中的部分地带，植被极为茂密，让这些地带成为一些世界上最濒危物种的最后避难所。罕见的森林象、霍加皮（一种非洲鹿）、倭黑猩猩，还有东部大猩猩和西部大猩猩，都生活在刚果境内。此外这儿还生长着成百上千种当地特有的植物。

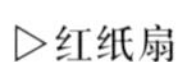

▷红纸扇
在雨林中的溪流边，往往能看到热带山茱萸（又名红纸扇）的靓影。

### 世界各地的热带雨林

热带雨林分布在赤道地区附近，介于北回归线（北纬23°）和南回归线（南纬23°）之间。世界上最大的两片热带雨林，正好和南美洲的亚马逊流域、非洲的刚果河流域重合。东南亚和印度也分布着大面积的热带雨林。澳大利亚东北部也有一小片热带雨林，位于东部沿海地区，从沿海的丘陵地带一直绵延到海边。

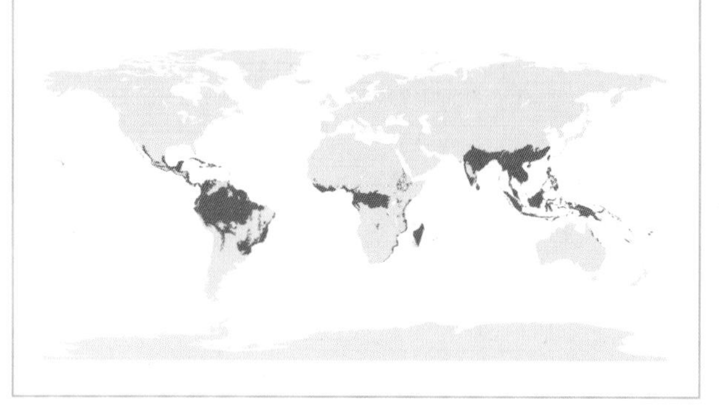

△多才多艺的模仿大师
非洲灰鹦鹉以坚果、种子和水果为食。它们能模仿其他鸟类和哺乳动物的叫声，也能模仿人类的语言。

△讲究的食物

极度濒危的山地大猩猩（东部大猩猩的一个亚种）生活在刚果境内海拔2440～3960米的地区。它们的食物包括野芹菜、竹子等植物。

◁茂密的森林

刚果雨林的植被极为茂密，因此雨林中的许多地区人类至今尚未涉足。在有的地区，只有1%的阳光能照射到地面上。

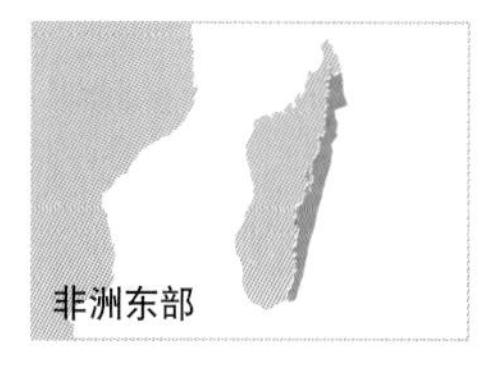


# 马达加斯加雨林

一片狭长的雨林，由于与世隔绝，培育出了大量罕见的本地特有物种。

马达加斯加雨林沿着马达加斯加岛的东部沿海地区分布。一条山链——察拉塔纳纳山、安卡拉特拉山、伊瓦库阿尼山——将这一地区与岛屿西部地区隔离。此外，这一地区的东部毗邻印度洋。因此，这一带每年的降雨量超过2540毫米。长期温暖、潮湿的环境，正是热带植物，包括约1000种兰花繁茂生长的理想生境。这片地区中还生活着不少特有的动物，比如狐猴。马达加斯加与世隔绝的生物进化环境也孕育了数量极为可观的本地物种，在这片雨林中生存的80%～90%的动植物，无法在地球上其他地方找到踪影。

△黎明的薄雾

一团团水汽经常在马达加斯加雨林中逡巡不去。这个岛屿上约有12 000种本土植物。因此，雨林的部分地区被列入了联合国教科文组织的世界遗产名录。

# 马达加斯加干性森林

一个独特、多样化、正在快速消失的生态系统，一个本地特有动植物种类占比极高的地区。

马达加斯加的热带干性森林覆盖着约151 000平方千米的土地，这些森林主要沿着马达加斯加岛的西部和西北部海岸呈小片分布。其特征是，一年中干季长达8个月。这一生境中生长着多种独一无二、有时显得奇形怪状的植物。为了适应极度缺水的环境，它们成了现在的模样。这里生长着7种猴面包树，其中6种是本地特有的。此外，这些森林中还生长着一些较为矮小的树木，它们也适应了干旱的环境，比如辣木树和棒槌树属的长着尖刺的多肉植物。不少动物也是本地特有的，许多动物在世界上其他地方都找不到，比如无数的狐猴、变色龙，还有这个岛屿上最大的食肉动物，外形像猫的马岛獴。刀耕火种式的农业已经毁坏了97%的森林，并威胁着剩下的森林。

◁**紧紧攀附**
在马达加斯加所剩无几的干性热带森林中，无数种变色龙攀附在树枝上。豹纹变色龙白天在低矮的树丛或灌木丛中觅食。

## 适应干旱的环境

不同树木有不同的抗干旱生存策略。猴面包树在树干中贮存水分。它们的根系很浅，但蔓延很广，以吸收地表附近的水分。金合欢树拥有四下蔓延的地表根，还生长着深深的主根，以吸取更深处的地下水。

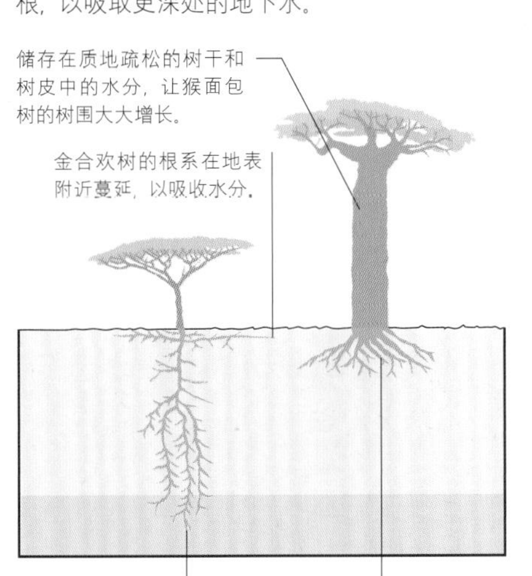

**△垂直跳跃**

金冠狐猴长长的、有力的后腿，使它们能在树木间垂直地向上跳跃，搜寻种子、水果和树叶。

**◁干旱中的幸存者**

马达加斯加的波达卡树（boadaka）在树干中贮存水分，就像仙人掌一样，它的树干和树枝也能进行光合作用。这意味着，在干旱时期，它可以通过树叶的掉落来减少水分流失。

**树木剪影：没有一片树叶**

在旱季，猴面包树的树叶纷纷飘落，等到雨水到来时，它们才会再长出来。因此，在一年中的大多数时间，它们似乎是枯死的。

# 埃塞俄比亚山地草原

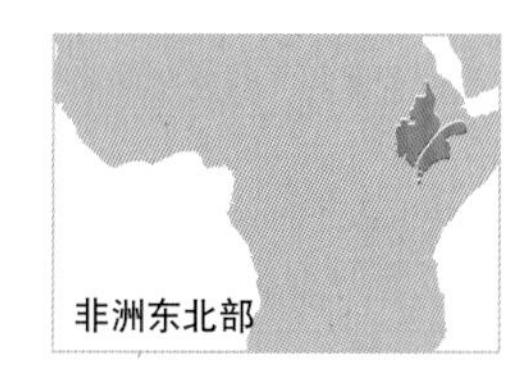


一片罕见的高海拔草原，坐落在一些非洲最高的山峰之间，它们是许多濒危物种的避难所。

非洲东北部的山地草原主要分布在埃塞俄比亚的东部和西部高原，部分延伸到厄立特里亚的高原。这一地区的西北部是塞米恩山脉，西南部是贝尔山脉，两大山脉之间是东非大裂谷（参见第184—187页）中的一段，景色令人神往。一座座崎岖的山峰，环抱着一片片草原和灌木丛高地，中间点缀着一片片树林、长满石楠的高沼地和高山草原。其中土壤最肥沃的山地草原分布在海拔介于1800～3000米的区域中。这样的山地草原不仅吸引了大量当地特有的爬行动物、鸟类和小型哺乳动物，还分布着稠密的人口。人类的农耕活动、大肆掠夺该地区自然资源的行为，导致该地区丧失了约97%的原生态植被。即便如此，对于非洲大陆中的一些极度濒危的生物来说，这些草原仍然是它们赖以生存的栖息地，包括全球绝无仅有的瓦利亚野山羊群和非洲唯一的埃塞俄比亚狼群。

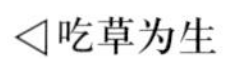

◁**吃草为生**

狮尾狒几乎只吃高海拔草原上的野草。它们也被称为“红心狒狒”，因为它们的胸口有一块皮毛是红色的。

在埃塞俄比亚高原中，迄今为止已发现了84种小型哺乳动物，其中许多是当地特有的物种。

△**无边无际的绿色草原**

南苏丹的博马国家公园，在每年的雨季过后就会变得绿意盎然、青翠欲滴，为迎接100多万头食草动物的到来而做好了充足的准备。在食草动物的大军中，包括克利根牛羚和白耳赤羚。

# 苏丹稀树草原

一大片无边无际的干性树林和草原，一个极具生物多样性的地区。

这一大片被称为苏丹稀树草原的广袤地带中，混杂着若干草原和树林。这片草原横跨非洲西部和中部地区，从大西洋一路向东绵延到埃塞俄比亚高地。其北面是萨赫勒地带，一片介于稀树草原和撒哈拉沙漠之间的过渡地带；而其南面则是几内亚和刚果的大片森林。

## 东西交汇的地带

这一生态区总共覆盖着约917 600平方千米的土地，可以把它分为两为两大地理区域：西苏丹稀树草原和东苏丹稀树草原。两大草原之间隔着一片地势比它们高得多的高原，这片高原地带位于喀麦隆境内。在大片炎热、干燥的林地中，生长着金合欢树和其他落叶树，构成这一地区的典型景观。林下层中生长着灌木柳等灌丛，还有象草等野草。象草外形酷似竹子，平均能长到约3.5米高。此外，还生长着一些更为矮小的野草，比如最高能长到80厘米的苞茅草。在西苏丹稀树草原中发现的动物更多，而东苏丹稀树草原中植物品种丰富得多，生长着1000种左右的本土植物。

### 气候

埃塞俄比亚高原属于热带季风气候。由于这片地区的海拔较高，尽管邻近赤道，气温比预期中的低一些。从每年4月到10月，这片地区的雨水增多。其中以西南部地区的降雨量最大，而其余地区的年平均降水量在1600毫米左右。

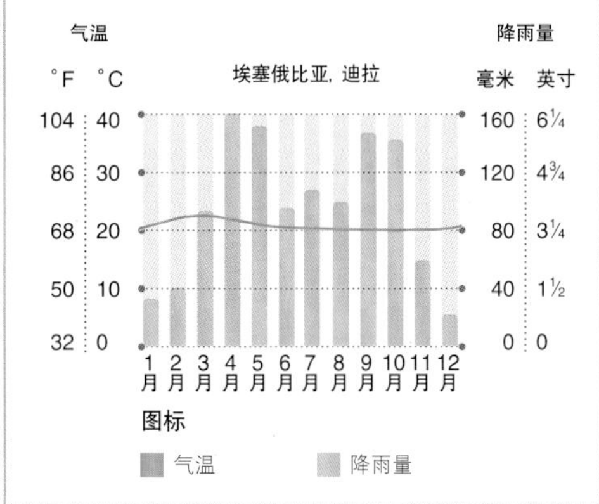


◁锯齿状山峰

埃塞俄比亚塞米恩山脉崎岖不平的玄武岩悬崖和峡谷是在3000万～2000万年前火山喷发形成的。

# 开普植物王国

一个生物热点地区，世界上植物品种最丰富的地区。生长在这里的成千上万种植物，在别处无迹可寻。

开普植物王国位于南非最西南端，是南非八大世界遗产地之一。这一非比寻常的地区，从开普半岛延伸到东开普省。其总面积只有10 947平方千米，只占非洲总面积的0.04%，但这弹丸之地却拥有非洲大陆全部植物品种的20%。在开普植物王国的近9000种植物中，罕见的高山硬叶灌木群落（又译为“凡波斯”）的植物占很大比例，这种灌木林分布在该地区的部分区域。高山硬叶灌木植被包括海神花属和石楠属植物。除了南非，这样的灌木群落在世界各地均无分布。这些植物在开普的地中海式气候中繁茂生长着。

由于许多植物品种只分布在当地很小的一片区域中，这一生态环境极为脆弱。哪怕只是开垦一片土地或者建造一所房屋，也有可能导致某一个物种灭绝。

▽▷开花时节

“凡波斯”这个术语源自一个荷兰语词，意为“细叶植物”。凡波斯植物包括成百上千种海神花属植物，比如一年四季都会开花的帝王花（下图）。

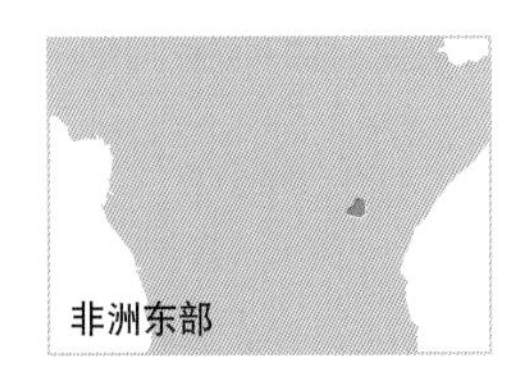


# 塞伦盖蒂草原

一片广袤的非洲草原，举世闻名，是地球上最壮观的年度大迁徙的所在地。

塞伦盖蒂草原覆盖着30 000平方千米的土地，横贯肯尼亚和坦桑尼亚，邻近赤道。它主要由东南部的草原、北部生长着金合欢属树木的开阔林地、西部的草原和金合欢林地混生的地区组成。附近一些火山的火山灰，让这片地区中上下起伏的平原地带更加肥沃，滋养着高低不等的各种野草。

## 大规模迁徙

“塞伦盖蒂”源自一个马塞族语词，意为“无边无垠的平原”。但是，这里无边无际的草原也时不时地被一些南非小山——一些风化了的石灰岩露头——隔断。这些小山丘为稀树草原上的野生动物提供了迫切需要的阴凉地带。此外，多岩石的洼地能够蓄积雨水，为各种动物提供了喝水的小水坑。成群结队的动物，特别是大群大群的食草动物，是塞伦盖蒂草原中不可或缺的美丽风景之一。每年雨季之后，100多万头正在迁徙的牛羚和无数的斑马、瞪羚聚集在一起，组成了一个浩浩荡荡的“超级兽群”。它们将长途跋涉1000千米，路途之长令人震惊。季节性的雨水给这片非洲的干燥地区带来了新鲜的绿草和生命之源——水。

◁伟岸的身躯

作为地球上最高的陆地生物，长颈鹿能长到4.5～6米长。伟岸的身躯方便它们采食金合欢属植物的树叶。

△塞伦盖蒂草原的象征

金合欢树长满了塞伦盖蒂草原的部分地区。该地区树木稀少，金合欢树为多种动物提供了食物，还有至关重要的阴凉地带。

△自然界的再循环

蜣螂负责在塞伦盖蒂草原清除垃圾，它们会滚动并埋藏动物的粪便。

◁喝水时间

对于迁徙中的食草动物，比如斑马，小水潭就是它们的生命线。但这些水潭也是那些伺机捕食它们的食肉动物的生命线。

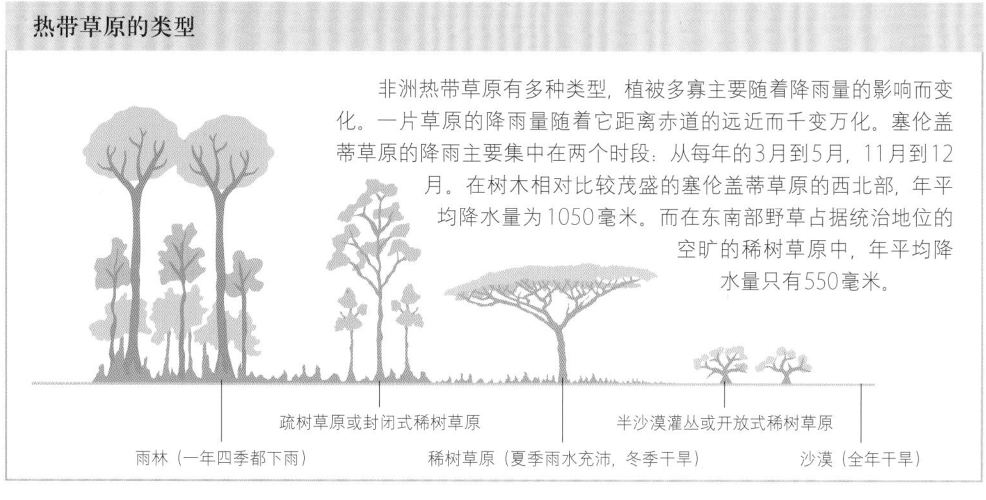


**非洲大陆中，食草动物和啃食植物枝叶的动物数量最多的地方就是塞伦盖蒂草原。**

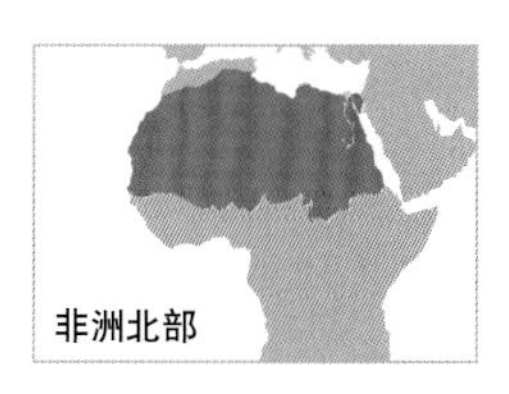


# 撒哈拉沙漠

世界上最大的热带沙漠，无情的风，还有永不停歇的流沙塑造了这片沙漠。

撒哈拉沙漠从西边的大西洋一直延伸到东面的红海，几乎覆盖着北非全境。它的总面积约为940万平方千米，比美国国土面积稍大一些。有关勘测表明，这一大片无边无际、几乎没有中断的干旱地区仍然在继续扩张。自1962年来，撒哈拉沙漠已经扩大了647 500平方千米。

### 不仅仅是沙子

尽管一提起撒哈拉沙漠，浮现在人们脑海中的往往就是大片大片的红色沙丘，但撒哈拉沙漠的大部分地区其实是由多岩石的贫瘠高原构成的，这些高原称为哈马达。这些地带中沙子很少，因为大多数沙子都被风吹走了。强劲的风，在永不间断地把这个沙漠地区转变成布满岩石、卵石和沙砾的荒凉土地。而在其他一些区域中，沙子高高堆起，形成了一片片沙丘地。其中最大的一片沙丘地称为“沙质荒漠”——绵延125多平方千米的广大地区。许多沙丘地中存在着流动的沙丘，有的流动沙丘高达150米。大片的沙丘地带都是一些松散沙子构成的，极不稳定，因此这些地区是出了名的难以穿越。

撒哈拉沙漠中耸立着好几条山脉，其中许多山脉中都有火山。这片沙漠中也分布着不少碎石地和盐滩，以及干涸的河流和湖床。尽管环境恶劣、降水很少甚至没有，撒哈拉沙漠中有一半地区的年降雨量少于25毫米，其他一半地区有可能最多达到100毫米。撒哈拉沙漠中生存着约500种植物和70种动物。

◁**沙漠中的狐狸**

世界上最小的狐狸是生活在沙漠中的耳廓狐，大小和家猫差不多。它长着超大的耳朵，能帮助它排出多余的体热，保持身体凉爽。

**风中的尘沙**

撒哈拉地区的风会影响整个地球的气候，引发气旋这样的天气事件。春季的西洛可风，将潮湿、炎热、饱含尘沙的云团和雾气吹向南欧。而凉爽、干燥、东北风向的哈麦丹风，会在冬季将无数吨的尘沙吹过大西洋。而炎热、干燥的喀新风，会在每年2月到6月吹到亚拉伯半岛和欧洲南部。

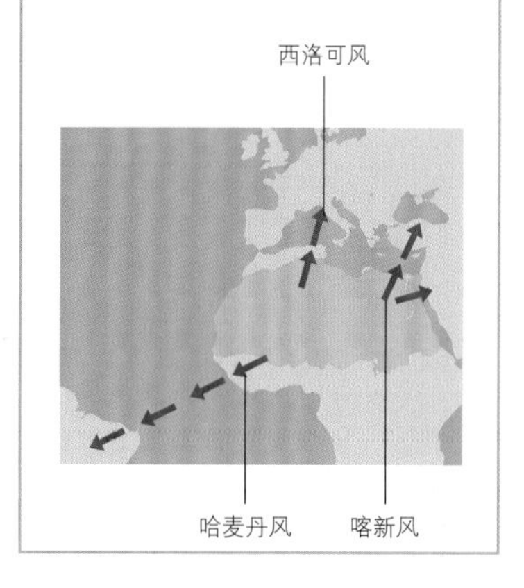


## 每年，成千上万吨的撒哈拉磷尘会吹到亚马逊热带雨林。

△**牛眼**

这一巨大的理查特结构物称为“撒哈拉之眼”。过去，该地形被认为是流星撞击地球而形成的。现在科学家们认为，这是火成岩受到抬升，随后受到侵蚀而形成的。

◁**沙波**

在阿尔及利亚的塔吉特绿洲附近的西部大沙丘地中，一座座红色沙丘酷似奔涌的海浪。

◁**岩石嶙峋的山峰**

在阿尔及利亚南部的霍戈尔高原，撒哈拉中部的风，将一片广袤的砂石高原蚀刻成了崎岖不平的山峰、石拱门和尖塔，像极了一个被遗忘的城市留下的废墟。

# 白沙漠

一片白垩土构成的沙漠。风沙将其雕塑成了庞然大石构成的奇异景观。

非洲东北部

白沙漠位于埃及法拉弗拉绿洲的东北部，拥有宛如月球般的地貌。这片闪闪发光的地域曾是一片古代的海床。

### 从白垩到小鸡

在曾经覆盖这片广袤地区的史前海洋干涸之后，数以百万计的海洋生物的遗体钙化，形成了一片无边无际的白垩土和白垩质石灰岩高原。成百上千万年来，风的强力侵蚀作用，将这片高地蚀刻出了尖峰石林、尖塔、巨砾和其他形状。有的岩石千奇百怪，就像巨大的蘑菇、冰淇淋球，甚至一只超大的小鸡。偶尔，一座座白垩质的孤山（突出在平原上的孤立的、塔状山丘），也会点缀在众多更小的岩石形成物之间。这些奇形怪状的岩石周围的沙子，闪耀着石英晶体一般的光芒。

▽ 沙漠中的雕塑

风沙雕刻出了这些令人叹为观止的岩石景观，它们似乎在已经受到严重侵蚀的基底之上摇摇欲坠。

# 阿德拉尔高原

毛里塔尼亚的一片炎热的高原，拥有独一无二的各种沙漠地形，还拥有自己的地质“眼”。

可以把阿德拉尔高原看作缩微版的撒哈拉沙漠（参见第208—209页）。巨大的流动沙丘、崎岖不平的峡谷、长满棕榈树的绿洲、石漠和耸立约240米之高的岩石峭壁，这片非洲西北部地区让人联想起撒哈拉沙漠的总体地貌特征。这片高原的中部地区位于毛里塔尼亚中部，非常干燥，几乎完全没有植被。但在周围高地的底部附近，却蓄积着足够的水分，因此一些庄稼能够生长。

### 沙漠之眼

在阿德拉尔高原西部，这座高原融入了理查特结构之中。人们首次在太空中注意到这一结构。这一同心圆结构称为撒哈拉沙漠之眼（参见第209页），直径达40千米。

△ 定制的鸟喙

拟戴胜百灵用它那长而弯的鸟喙，戳探白蚁和沙地中的其他昆虫。

▽ 平顶山

阿德拉尔高原黑黝黝的平顶山，耸立在几乎光秃秃的沙地上。

# 喀拉哈里沙漠

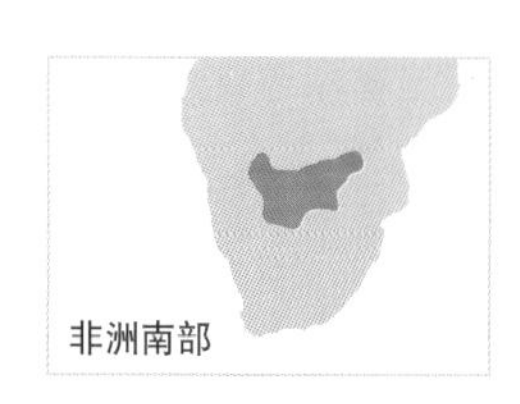


喀拉哈里并不是一片真正的沙漠，而是一片广袤多沙的大草原，降水量充足，部分地区覆盖着植物，但地表和泥土中没有水分。

尽管夏季气温超过40℃，且一眼看去似乎是一望无际的沙地，但准确地说，喀拉哈里并不是沙漠地区。在这片半干旱地区的部分区域——包括博兹瓦纳的大部分地区、纳米比亚和南非的一些地区，每年的降水量超过250毫米，而降水量是否达到250毫米，正是界定沙漠地区的一个惯例标准。尽管喀拉哈里沙漠西南半部地区的降水量少于250毫米，但东北半部地区的降水量，几乎达到了这个临界点的两倍，可是那里无法留存地表水。雨水一旦降落在地面上就会渗入深深的沙地中，彻底排干，从而形成一片没有丝毫水分的土壤。尽管土壤中没有水分，尽管在这一沙漠的西区，巨大的沙丘一个连着一个，但喀拉哈里地区中仍然生长着大量植物。在这片干旱地带的中部地区，生长着深深扎根于地下的金合欢树、灌木丛和一些野草。而北部地区覆盖着森林。北部地区的动物相对更多一些。

**降雨量**

总降雨量仅仅是给沙漠分类的标准之一。尽管喀拉哈里沙漠和卡鲁沙漠的降雨量是真正沙漠地区降雨量的一倍以上，但在上述沙漠中，只有季节性的降雨。也就是说，在一些区域中，有可能一连6～8个月不下一滴雨。

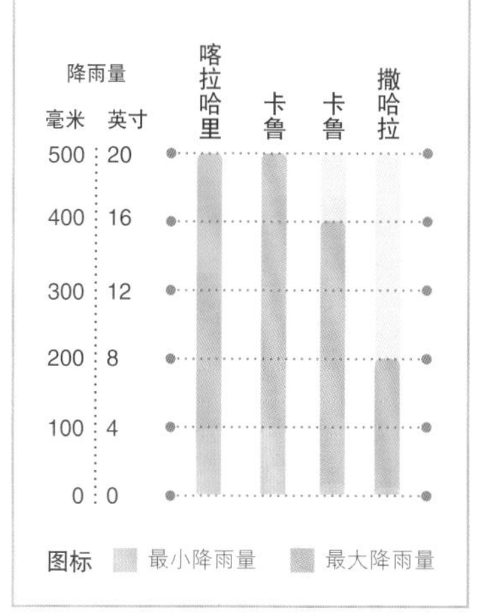

◁铁锈红

一群南非剑羚在红色喀拉哈里沙地的映衬下更加醒目。沙土鲜明的色彩来自氧化铁。

# 卡鲁地区

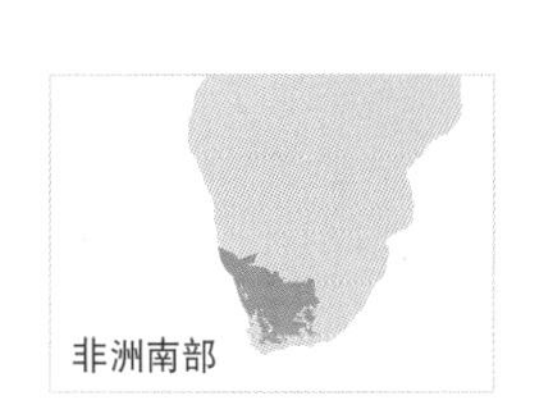


开普地区的一片半干旱地区，生长着多肉植物。

卡鲁地区覆盖着南非约三分之一的土地是南非的干旱地区之一。这片点缀着卡鲁丘陵（平顶小山丘）、崎岖不平的山脉和化石沉积物的土地，广袤开阔、举世闻名。其中海岸边的一片区域，土地肥沃，世界上三分之一品种的多肉植物都生长在这一带。在卡鲁地区的西部，春季的降雨改变了地貌。美丽的花朵，给大地铺上了一层层金黄色和粉红色的地毯。

这个地区可分成几个亚区，更像沙漠的上卡鲁地区、低洼的高原盆地大卡鲁地区和相对肥沃的小卡鲁地区。

▷分叉的多肉植物

箭袋树是一种和树木差不多高的多肉植物，其茎秆的直径能长到1米。沙漠中的布希曼族人会挖空其管状的树枝，将它们做成箭袋。因此，这种植物叫作“箭袋树”。

# 纳米布沙漠

一片如梦似幻的沿海沙漠，从裸露的岩床一直延伸到海边高高的流动沙丘，地形多变。

狭长的纳米布沙漠从大西洋沿岸延伸到一片内陆高原，沿着非洲西南海岸线绵亘1300千米。纳米布沙漠被认为是世界上古老的沙漠之一。它北部一直延伸到安哥拉境内的卡奥科费尔德沙漠，南部和南非的卡鲁沙漠相邻。在大多数地区，狭长的纳米布沙漠还不到160千米宽。尽管如此，人们常常把它分成三大区域：显著受到大西洋影响的海岸地带；外纳米布地区，包括除海岸地带之外的纳米布沙漠的西半部地区；以及由沙漠东半部构成的内纳米布地区。纳米布沙漠的沿海地带，通常称为骷髅海岸，这片地区几乎没有降雨，依赖经常出现的海雾补充水分。这片地区的海拔从海平面上升到900米之高，位于这片沙漠与其东部的大断崖交界的地带。在内纳米布地区，年平均降雨量只有50毫米左右。

## 干燥中求生存

干燥是纳米布沙漠的一大特征。据考证，至少在最近的5500万年中，纳米布沙漠一直处于干燥状态，但这片沙漠仍然是许多动物——从蝰蛇、壁虎到斑马、大象等许多动物的家园，令人备感惊讶。纳米布沙漠中的不少地区也拥有丰富的植物种类，包括匍匐地面生长、叶片凹凸不平的百岁兰。这种植物会从海雾中吸收水分，能活上1000多年。

▽适应环境的足部
蹼趾虎特殊的足部，使它能轻松地在沙漠的沙子上行走，也能帮助它钻到沙地下面，避开白天的酷热。

▷沙海
在这片沙漠的核心地区是横跨31 000平方千米的纳米布沙海。它由两大沙丘带组成，分别是古老、半稳定的下层沙丘带，和年轻、活跃的上层沙丘带。

在纳米布南部地区，一些沙丘长达32千米，高达240米。

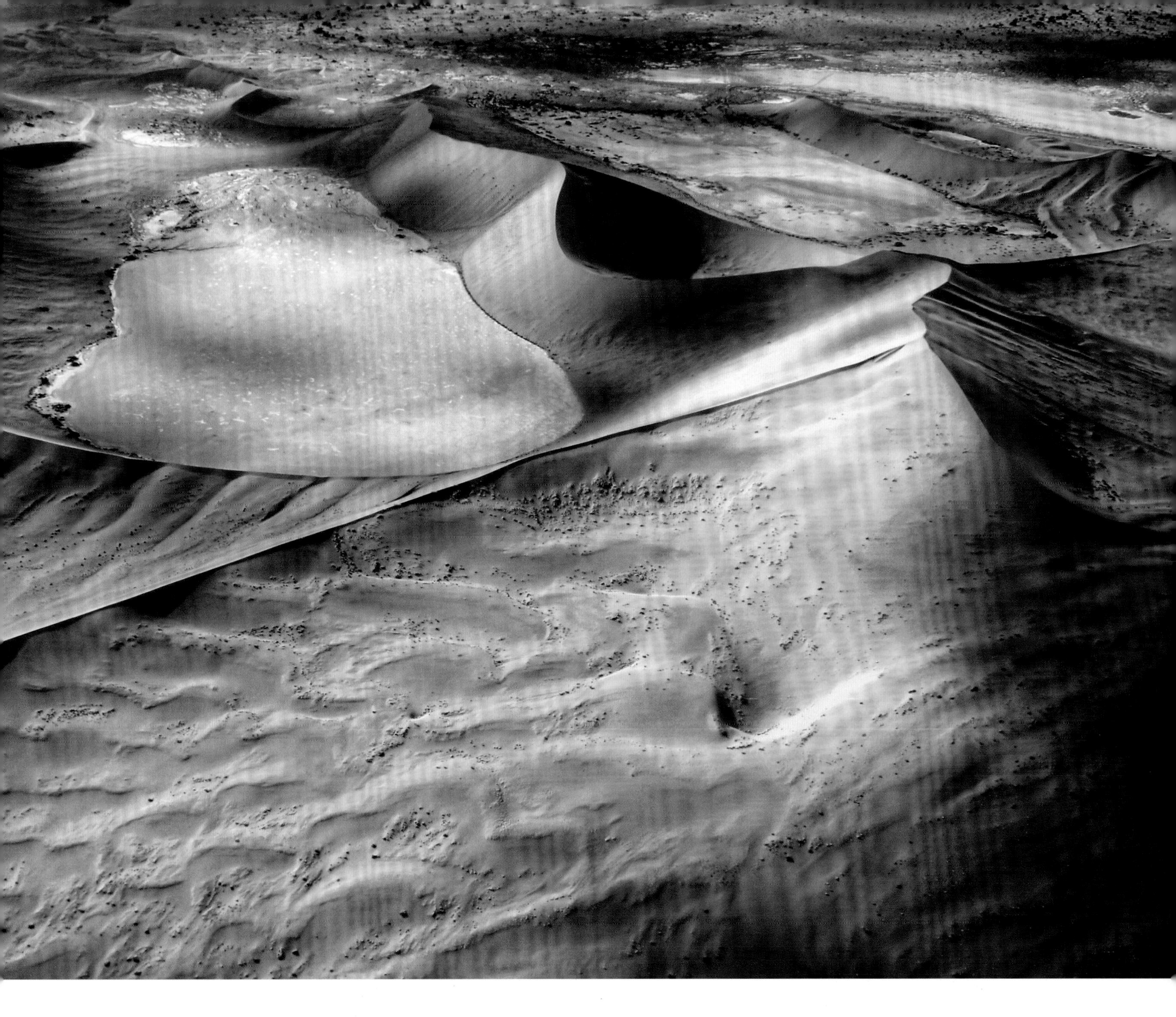

△善于收集水雾的虫子

拟步甲能在纳米布沙漠中生存下来，靠的是利用自己的身体收集水汽。它用前翅的细微纹沟收集水滴。当它抬起后腿时，水就流入嘴中。

◁一个骸骨遍地的地方

沙丘中埋藏了散落在骷髅海岸上的无数船只残骸和人体骸骨。图中，曾导致无数水手驾驶的船只搁浅的浓雾，将宝贵的水汽散布到了内陆地区。

### 骷髅海岸的浓雾

随着大西洋寒冷的本吉拉洋流沿着纳米布海岸地区北上，海洋上空的潮湿空气逐渐冷却下来。当冷空气和炎热的沙漠空气交汇，就会形成浓浓的雾堤。浓雾翻滚，长驱直入100千米，深入纳米布沙漠的中心地带，直到浓雾最终在阳光下散去。

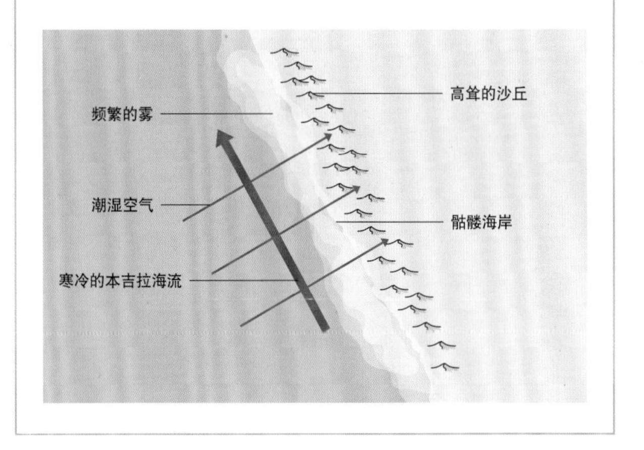

**红色岩柱**

在中国南部天子山附近的张家界，沙岩岩柱耸入天际200米之高。这些岩柱是在流水的侵蚀作用，冰和植物的风化作用下形成的。

# 亚洲

# 从苔原到热带

## 亚洲

亚洲是世界上最大的大洲，几乎占据了地球陆地总面积的三分之一。亚洲北部很大一片地区是西西伯利亚平原——世界上面积最大的平原地区。其中点缀着一片片庞大的沼泽地，覆盖着一座座黑黢黢的西伯利亚森林。它止于极北地区荒凉空旷的苔原中。在冬季，那里常常比北极地区更加寒冷。西西伯利亚平原以南是中亚的大片草原，草原最后融入戈壁滩中而渐渐消失。亚洲的另一片大沙漠是鲁卜哈利沙漠的浩瀚沙海，这片炽热的沙漠横跨在阿拉伯半岛之上。

青藏高原雄踞在亚洲中部。在这片地区，一座座世界上最高的山峰高耸云天，北部是阿尔泰山脉和天山山脉，南部是喜马拉雅山脉和世界最高峰珠穆朗玛峰。在群山以南和以东地区，广袤的土地一直延伸到印度洋和太平洋。一条条雨水和雪山融水汇成的河流。

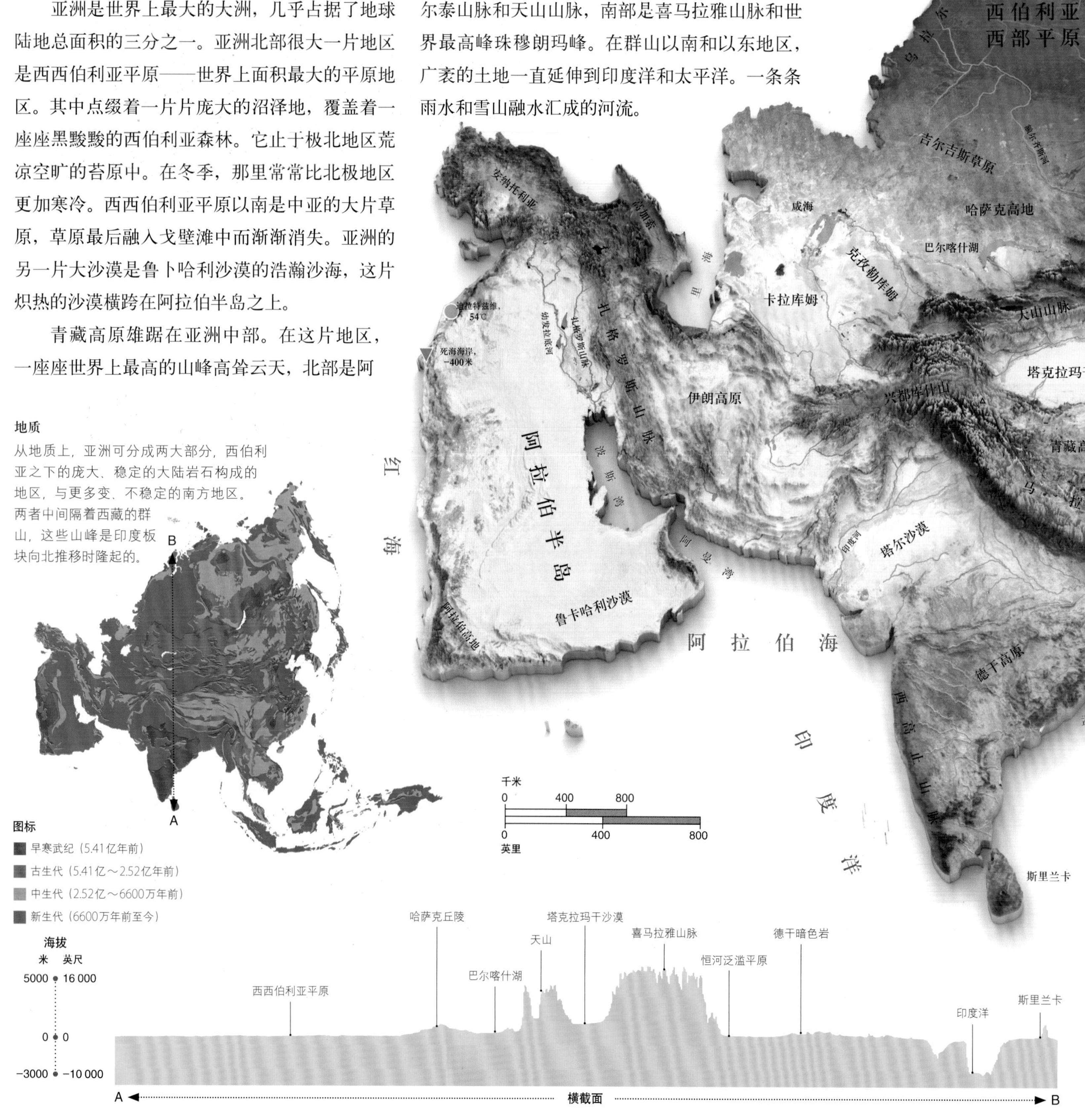


**地质**

从地质上，亚洲可分成两大部分，西伯利亚之下的庞大、稳定的大陆岩石构成的地区，与更多变、不稳定的南方地区。两者中间隔着西藏的群山，这些山峰是印度板块向北推移时隆起的。

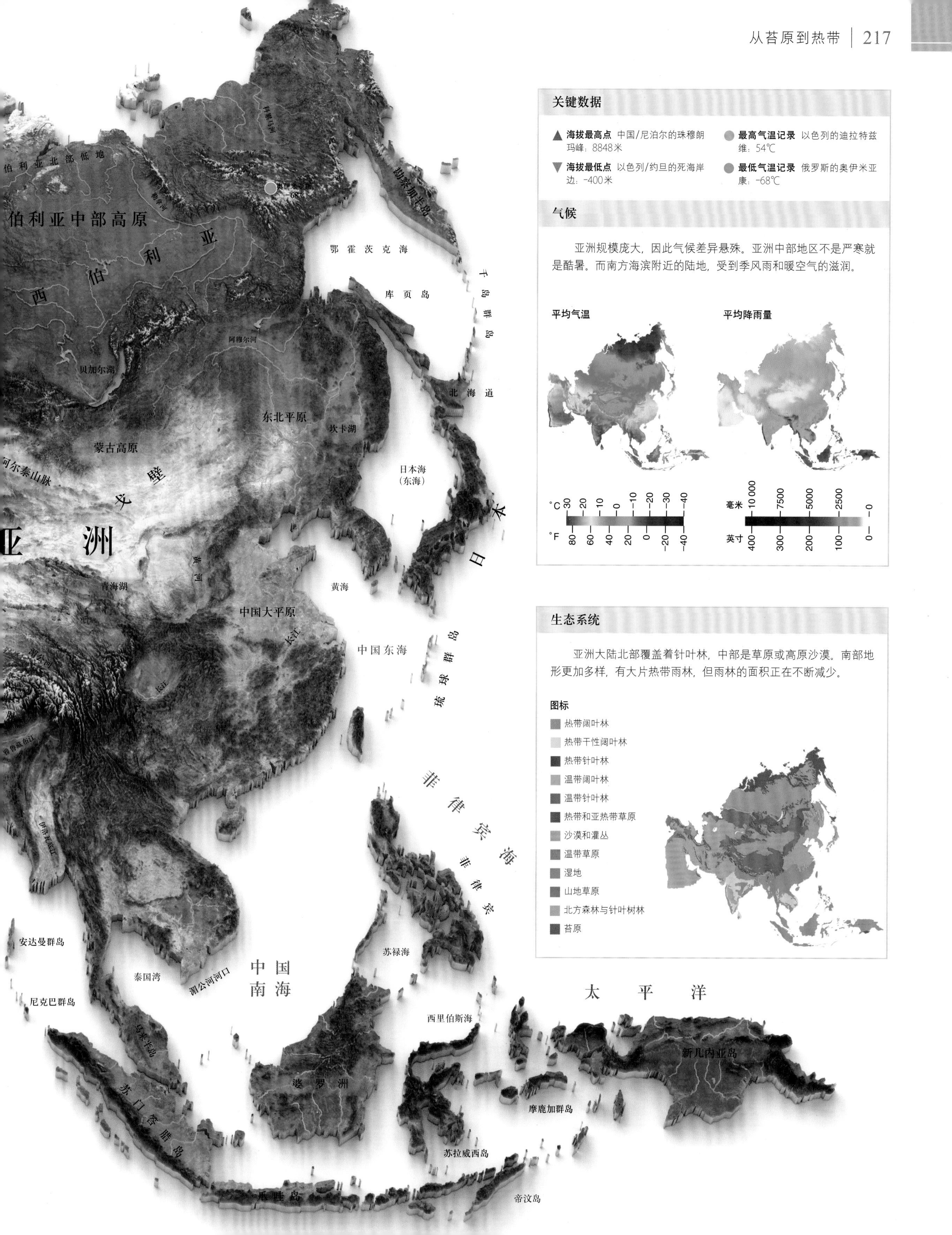


## 关键数据

▲ **海拔最高点** 中国/尼泊尔的珠穆朗玛峰：8848米

▼ **海拔最低点** 以色列/约旦的死海岸边：-400米

● **最高气温记录** 以色列的迪拉特兹维：54℃

● **最低气温记录** 俄罗斯的奥伊米亚康：-68℃

## 气候

亚洲规模庞大，因此气候差异悬殊。亚洲中部地区不是严寒就是酷暑。而南方海滨附近的陆地，受到季风雨和暖空气的滋润。



## 生态系统

亚洲大陆北部覆盖着针叶林，中部是草原或高原沙漠。南部地形更加多样，有大片热带雨林，但雨林的面积正在不断减少。

▷**受到磨蚀的山脉**
乌拉尔山脉是世界上古老的山脉之一。数百万年的风化和侵蚀已经将群山磨平了不少，现在这些群山已经远远低于原来的高度。

▷**残余的熔岩**
6600万年前，玄武岩熔岩喷发，形成德干暗色岩。存留至今的岩石，由于周围抗侵蚀性较差的岩石被侵蚀殆尽而裸露出来。

◁**古老的陆地**
哈萨克草原下的古老岩石，曾经是一片完全独立的岛洲，地质学家称之为“哈萨克大陆”。现在，它完全深陷于亚洲腹地之中。

# 亚洲的形成

亚洲是世界上最大的大洲，拥有世界上最高的山峰、最大的山脉。但亚洲也是一个年轻的大洲，是由多个零散的地块通过复杂的拼接而形成的。

## 庞大的大陆

世界各大洲都经历了多次合并和分裂，只有亚洲除外。在地球的历史上，它在很大程度上始终是完整的。而且亚洲是在不久前由多个地块聚合而形成的。西伯利亚之下的大块古代岩石层，称为西伯利亚地台或安加拉地台，它构成了亚洲大陆的核心。但后来在相对较晚的时期，又有其他地块与它合并。即使在2亿年前，当西伯利亚地台仍然是超级大陆盘古大陆的一部分时，东南亚地区就已经成为形形色色、彼此独立的岛洲地区。

在距今1亿～5000万年前，这些零散的地块开始快速汇聚。首先，中国东部和南部地区、东南亚地区开始和亚欧板块的东南角接合。随后，在遥远的南方，印度开始了非比寻常的旅途。约8000万年前，印度和南非连成一片，但印度板块随后分裂出来，向北穿越一片古代海洋，并在6000万～4000万年前撞上了欧亚大陆的南缘，并帮助将其他零散的地块固定到位。我们所熟悉的亚洲就这样形成了。

## 多火山活动的印度

印度的德干高原最显著的地貌是德干暗色岩——全球最大的火山地形之一。地质学家们将德干暗色岩称为火成岩区。德干暗色岩由多层火山玄武岩构成，厚达2000多米。即便现在，它仍然散布在一个面积达到50万平方千米的区域。而在被侵蚀磨损之前，它覆盖了半个印度。

**德干高原的形成**
玄武岩通过地幔柱上方的地壳裂缝喷发出来，岩浆冷却后变硬形成德干高原。

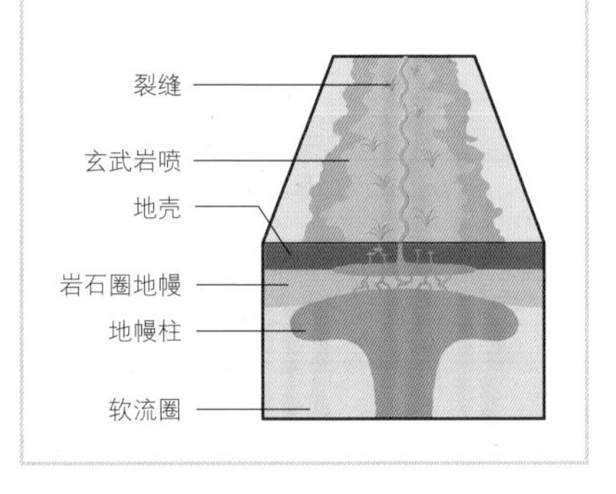


和其他一些熔岩不同，玄武岩熔岩非常稀薄，因此会大量流到地表上。那次火山喷发始于约6650万年前，当时印度刚刚和非洲分离不久。有一个

**大事件**

**2.52亿～2.5亿年前**
由于地幔热柱导致强烈的火山活动，引起很大一片地区中出现火山喷发，这一带未来将成为西伯利亚东部地区。此外，火山活动还形成了一片火山岩构成的广袤平原，这一平原地区称为西伯利亚暗色岩，至今仍然存在。

**1.3亿年前**
在未来将成为马来西亚的地区，形成了一片雨林。在塔曼·内加拉国家公园，目前还存留着一部分古老雨林的遗迹。

**6600万年前**
在未来将成为印度的陆地上，出现了多次大规模的火山喷发。熔岩四下漫延，凝固成了德干暗色岩。

**6000万～4000万年前**
印度板块撞向欧亚板块的南缘，致使地壳隆起，并形成喜马拉雅山脉。

**5000万～4000万年前**
喜马拉雅山脉隆起，挡住了输入这座新兴山脉北部的雨水，导致这片地区严重干旱，形成戈壁沙漠。

**550万年前**
一片从东欧延伸到西亚的古代海洋干涸，陆地抬升，海平面下降，最后只剩下里海、咸海、黑海和尔米亚湖。

**11 000年前**
随着海平面上升，苏门答腊、爪哇和婆罗洲都成了岛屿。

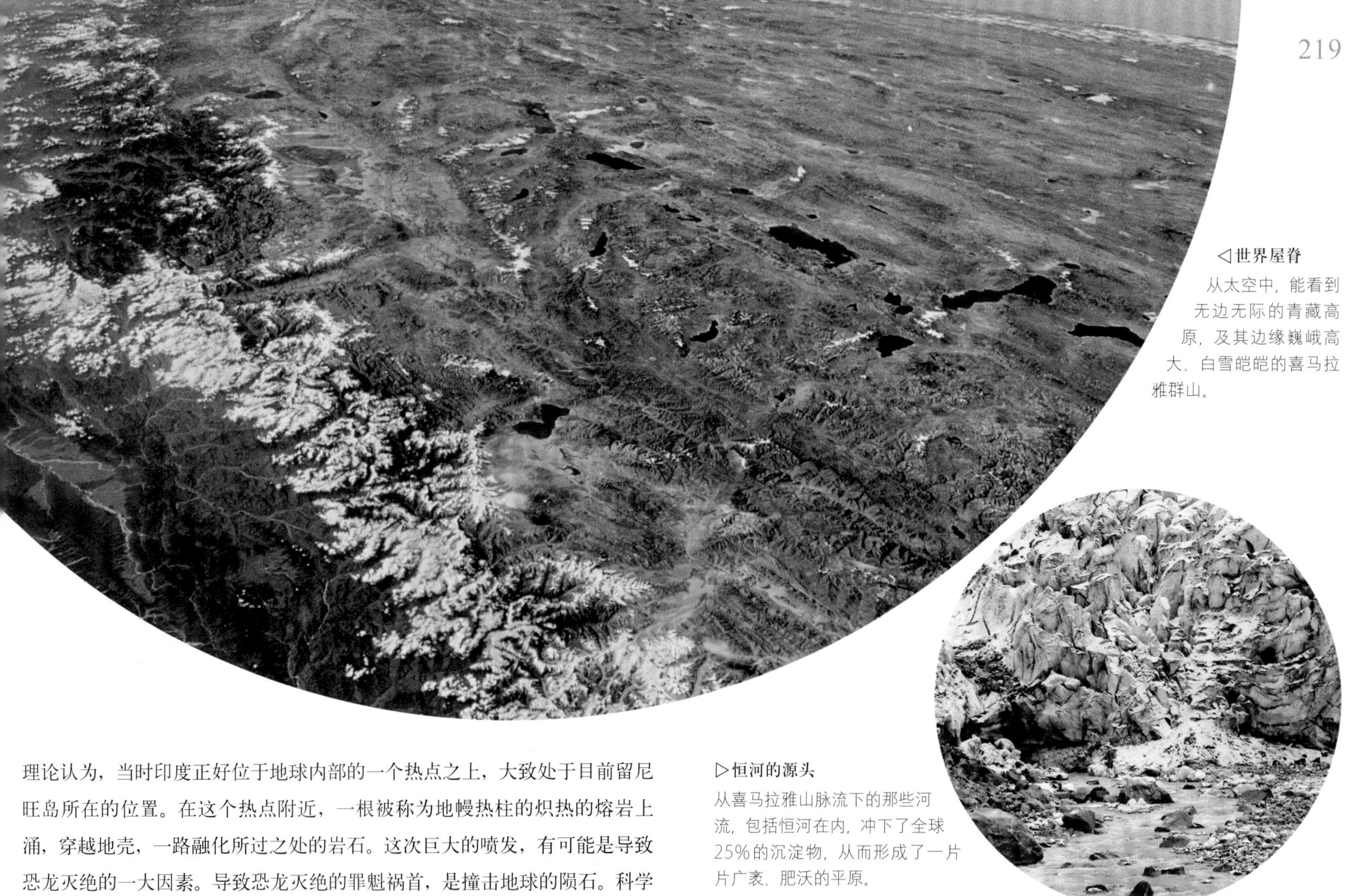

◁世界屋脊
从太空中，能看到无边无际的青藏高原，及其边缘巍峨高大、白雪皑皑的喜马拉雅群山。

▷恒河的源头
从喜马拉雅山脉流下的那些河流，包括恒河在内，冲下了全球25%的沉淀物，从而形成了一片片广袤、肥沃的平原。

理论认为，当时印度正好位于地球内部的一个热点之上，大致处于目前留尼旺岛所在的位置。在这个热点附近，一根被称为地幔热柱的炽热的熔岩上涌，穿越地壳，一路融化所过之处的岩石。这次巨大的喷发，有可能是导致恐龙灭绝的一大因素。导致恐龙灭绝的罪魁祸首，是撞击地球的陨石。科学家们曾经一度认为，那次火山喷发释放出来的气体使全球气候变冷，导致恐龙灭绝。

### 山脉的隆起

在和非洲分离之后，印度板块以每年20厘米左右的速度向北移动，比其他已知板块移动的速度都快。当它撞上亚洲板块南缘的时候，便产生了巨大的冲击力。

在两个板块相互碰撞时，其中一个板块往往会潜没到另一个板块之下。但这两个板块在密度上几乎势均力敌，因此没有一个板块甘愿就此潜没。于是，介于这两个板块之间的地壳出现褶皱、隆起，形成了世间最高、最大的山脉——喜马拉雅山脉。在短短5000万年的时间，这些岩石隆起了9千多米，形成了若干参差不齐的山峰，包括珠穆朗玛峰这座海拔8848米的世界第一高峰。事实上，板块碰撞产生的冲击力，并没有阻止印度板块继续向前移动，它仍然在以每年3厘米的速度向前移动，因此喜马拉雅山脉每年都会隆起1厘米左右。地质学家们认为，这些山峰没有变得更高的原因是，随着岩石不断堆积，山体也在不断向外延展，实际上，喜马拉雅山脉就像一艘行驶中的船舶前方的船首浪。

## 6650万年前，印度出现剧烈火山喷发，这很可能是导致恐龙灭绝的一大原因。

### 亚洲大陆的形成

**9400万年前**
亚洲比现在的面积小得多。中国才刚刚并入亚洲大陆，印度仍然在遥远的南部与非洲相连。

**5000万～4000万年前**
印度和欧亚大陆南缘相撞，形成了亚洲现在的形状，并使喜马拉雅山脉隆起。中亚的浅海渐渐消退。

**18 000年前**
曾经将亚洲和非洲隔开的浅海已经完全消退。由于大量水分被锁在了冰盾中，海平面变得更低。

# 棉花堡温泉

土耳其西部阶梯状的温泉阶地。

Pamukkale在土耳其语中是“棉花堡垒”之意，其纯白色的地貌、蓝绿色的水潭会唤起一种人心深处的敬畏感。那一个个蓝绿色的小水潭，排列成一系列梯级或者说阶地，温泉中的水从这些小水潭中依次流下。

### 石灰华梯级

棉花堡的阶地是由石灰华构成的。石灰华是一种亮白色的物质，是瀑布水沉淀下来的碳酸钙形成的。在棉花堡温泉群中，共有17个水温从35℃到97℃不等的温泉。成千上万年来，已经深深渗入地壳、并在地壳深处被加热的水，重新在一座约100米高的山丘顶部出现。当温泉水流下山时，便会经过这一连串石灰华水潭。这些富含矿物质的水潭，具有非凡的健身功效，因此闻名于世。

**▷梯级水池**
棉花堡温泉的梯级水潭区共有65米长、27米宽，约20层。水潭中所蓄的水，温度在36℃左右。

# 札格罗斯山脉

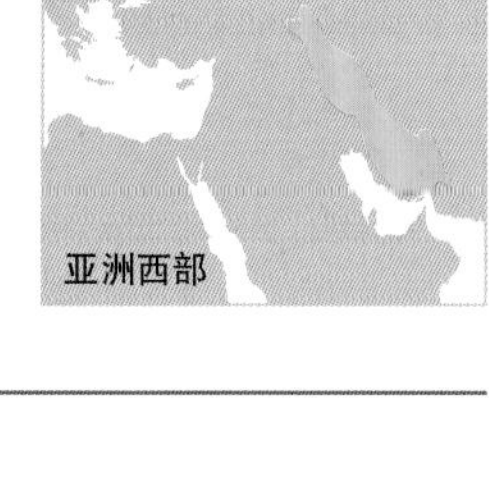

横跨中东地区的一道雄伟壮观的天然屏障，它显示了板块碰撞带来的持续效应。

札格罗斯山脉是伊朗最大的山脉，它还延伸至土耳其和伊拉克境内。有的山峰高达4000米以上，终年覆盖着皑皑白雪。这一山脉的最高峰是海拔4435米的盖什·马斯坦山（Ghash Mastan）。荒凉、半干燥的扎格罗斯山脉在约3000万～2500万年前开始形成，当时阿拉伯板块和欧亚板块相撞，导致下方的岩层出现褶皱。那一次碰撞带来的后果是，这一带至今还在发生大规模的褶皱变形。这一地区也经常发生地震。

**◁波澜起伏的地表**
众多平行的山岭，使札格罗斯山脉呈现出波澜起伏的外观。

**▷夜间捕食的动物**
在整个札格罗斯山脉，都能看到条纹鬣狗——一种夜间活动的食肉、食腐动物——结成小群出没的身影。在中东的民间传说中，这种动物常常扮演主要角色。

### 石灰华阶地是怎样形成的

当一座含有碳酸钙的温泉在一座山丘上喷发时，就会形成石灰华阶地。流水将石灰华沉淀在泉眼下方的山坡上，而泉眼处积累的矿物质最终堵住了泉眼。于是，一个新的泉眼被迫在略高于老泉眼的位置形成。于是，温泉泉眼的所在位置逐渐移向山上。一片石灰华阶地就这样形成了。

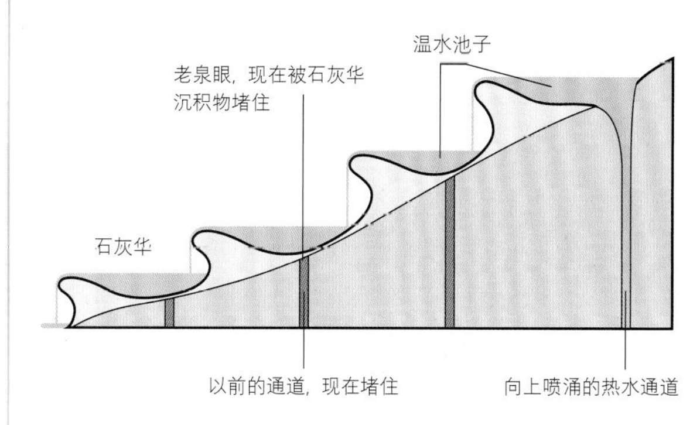


这些温泉以每秒钟约400升的速度流淌。

---

### 高加索山脉的起源

当一块包含现在的伊朗、土耳其、亚美尼亚和附近国家部分地区在内的大陆和欧亚大陆相撞时，高加索山脉就开始形成了。人约在同一时期，副特提斯海分裂，形成了现在的黑海和里海。

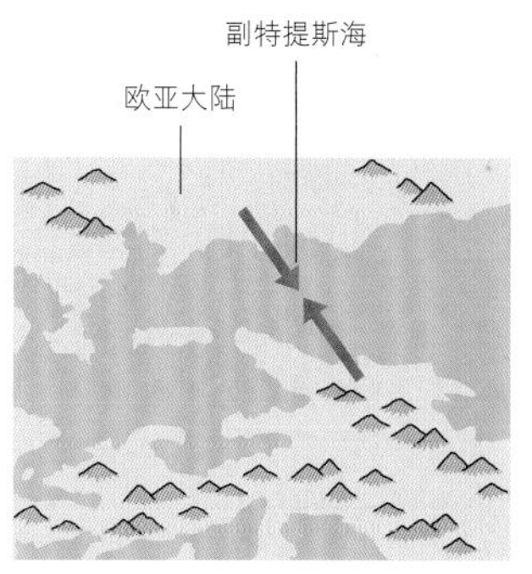


约3000万年前

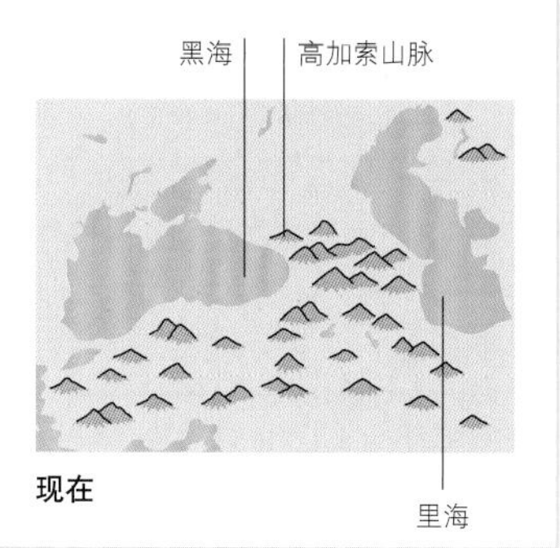


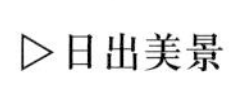

现在

# 高加索山脉

一连串沿着欧亚交汇点延伸的崇山峻岭。

令人望而生畏的高加索山脉，主要位于格鲁吉亚、亚美尼亚、阿塞拜疆等亚洲国家境内，但也有部分位于欧陆俄罗斯境内。它由大高加索山脉和小高加索山脉构成。其最高山峰是位于俄罗斯境内的厄尔布鲁士山，海拔为5642米。这些群山中分布着多种植被带，点缀着森林、高山草甸、高原半沙漠。这片地区中还拥有全球已知的最深洞穴——格鲁吉亚的库鲁伯亚拉洞穴。

**▷磁性矿物**

小高加索山脉的达什卡桑地区是富铁矿——磁铁矿——的产地，磁铁矿在所有矿物中磁性最强。

**▷日出美景**

高加索的群山山高坡陡、峭壁林立、相对都比较年轻。很多山峰上有冰川。在整个高加索山脉中，共分布着2000多条大大小小的冰川。

# 喜马拉雅山脉

世界上海拔最高的山脉，共有50多座海拔高度达到或超过7200米的山峰。

## 喜马拉雅山脉的各个区域

尽管喜马拉雅是一片总体呈弧形的连贯山脉，但它可以分成两大主要区域：西喜马拉雅山脉和东喜马拉雅山脉。很多世界高峰都集中在东喜马拉雅山脉中，比如，珠穆朗玛峰、洛子峰、干城章嘉峰。邻近的山脉包括西北部的喀喇昆仑山脉和兴都库什山脉、东北部的横断山脉。通常认为，这些山脉和喜马拉雅山脉是彼此独立的。喜马拉雅山脉以北是青藏高原。

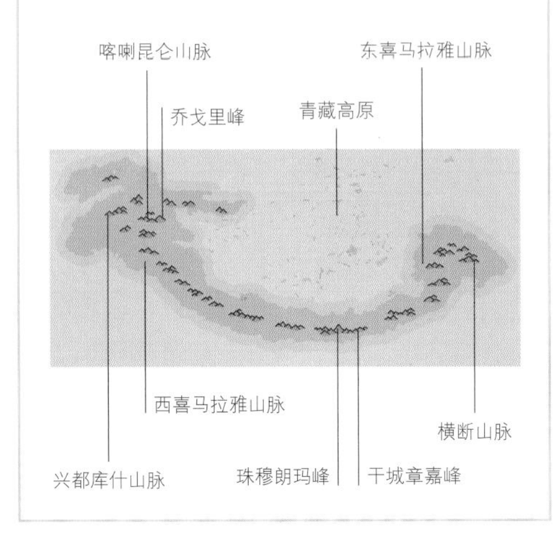


喜马拉雅山脉横跨巴基斯坦北部、印度北部、尼泊尔和不丹，还有一部分位于中国。喜马拉雅山脉不仅是全球最高的山脉，也是一条相对年轻的山脉，它是在近5000万年间形成的。

### 冰雪之乡

喜马拉雅山脉长约2300千米，宽250～350千米，构成了介于北面的青藏高原和南面的印度次大陆之间的一道天然屏障。这条山脉得名于梵文Himalaya，意思是“雪的故乡”。尽管喜马拉雅山脉中的一些山峰极其荒凉、环境恶劣，但对于那些寻求最刺激挑战的登山爱好者，它们具有无法抗拒的吸引力。

△ 高山上的猎手

有好几千只雪豹生活在喜马拉雅的群山之中。到了夏季，它们的活动范围扩展到了海拔6000米的地方。

# 喜马拉雅山脉的部分地区，仍然在以每年4毫米左右的速度隆起。

△ **第一道曙光**

每天黎明时分，白雪皑皑的群山之巅被照亮，而山谷地带仍然处于一片黑暗之中。

◁**鲜花铺成的地毯**

在7月和8月，一些低坡上长满了颜色鲜艳的花朵，比如图中的这一片喜马拉雅密穗蓼。

## 喜马拉雅山脉的形成

喜马拉雅山脉是受到构造板块运动的影响而隆起的。这一板块活动导致此前是岛屿的印度板块和欧亚板块相撞。在此过程中，地壳层的岩石发生皱褶，并被推起8000米之高。

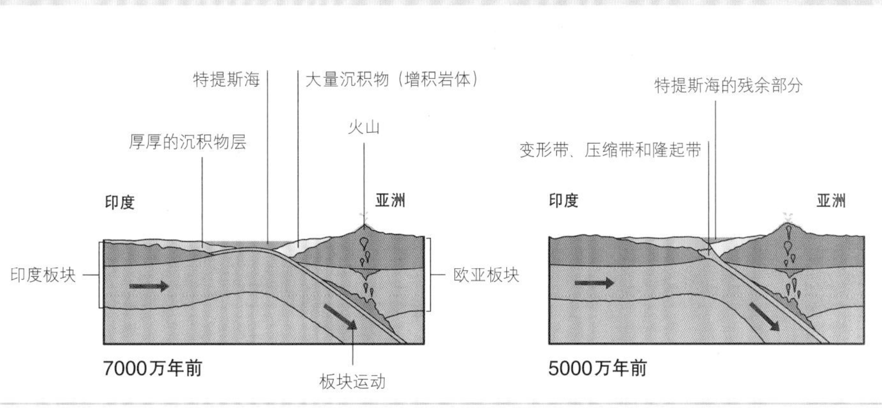


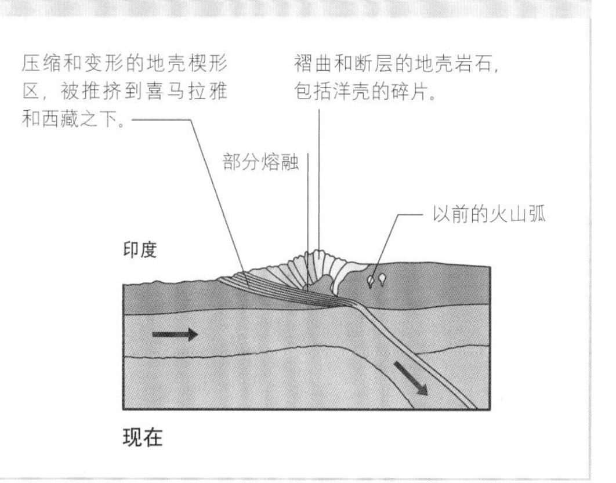

# 阿尔泰山脉

一条由巍峨群山构成的壮丽山脉，几乎位于亚洲的正中央。

阿尔泰山脉斜跨在俄罗斯、中国、蒙古和哈萨克斯坦等国的交界处，横亘于亚洲中部，绵延2000千米。这一山脉中的大部分地区，海拔超过3000米。而在蒙古境内耸立着无数高于4000米、覆盖着冰川的山峰。其最高峰别卢哈山，位于俄罗斯西伯利亚地区、鄂毕河-额尔齐斯河这一河川系统的发源地以北。阿尔泰山脉的东部，最后渐渐融入戈壁沙漠（参见第266—267页）的高原与蒙古的寒冷草原之中。阿尔泰山脉是多种野生动物的家园，包括西伯利亚北山羊，好几种鹿、狼、猞猁和灰熊。其部分原因是，这一山脉中拥有多种生境，比如苔原、森林和高寒植被区等。

◁身强体壮
西伯利亚北山羊外形上酷似体型健壮的山羊。它们通常出没在林木线上的陡峭岩石坡上。这种山羊以小灌木和野草为食。

▽金色山脉
Altai（阿尔泰）在蒙古语中的意思是"金色的山峰"。图中前景中的黄色草原，映衬着阿尔泰山脉中白雪皑皑的群峰。

# 天山山脉

世界上又长、又高的山脉之一，拥有60多座6000米以上的高峰。

天山山脉由一系列支脉组成，延伸至吉尔吉斯斯坦、哈萨克斯坦的部分地区以及中国西部地区。其全长约为2800千米，比喜马拉雅山脉更长。在那些高达4000米以上的山峰附近，覆盖着一条条冰川，包括海拔7439米的最高峰胜利峰。在中文中，"天山"意为"天上的群山"。天山山脉已被列为世界遗产保护区，这一山脉拥有独特、丰富的生物种类，是其中一大原因。此外，天山山脉丰富多样的地形和邻近的浩瀚沙漠形成了鲜明对比。

▷蓝色的群山
图中是天山的支脉之一博罗科努山中的一段。由于蓝色波长的光在大气中散射，群山一片蔚蓝、如梦似幻。

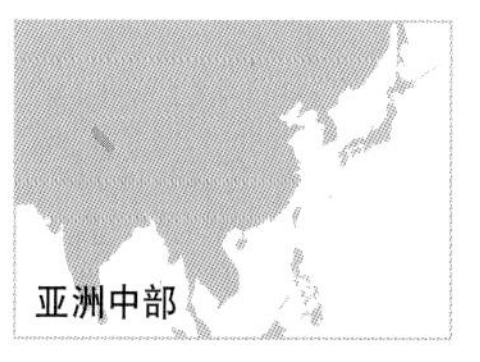


# 喀喇昆仑山脉

世界上高峰最密集的地域。

喀喇昆仑山脉横跨巴基斯坦和印度北部，还有一部分位于中国和塔吉克斯坦境内。这一山脉位于喜马拉雅山脉的西北方。在全球100座最高的山峰中，它几乎囊括了所有不属于喜马拉雅山脉（参见第222—223页）的世界高峰，包括世界第二高峰——海拔8611米的乔戈里峰。

### 攀登挑战

喀喇昆仑山脉约长500千米，群山之中遍布着大量冰川。其中一些冰川，比如巴尔托洛冰川（参见第233页），是地球上除极地之外最长的冰川。喀喇昆仑山脉人烟稀少，游客们来到这儿，几乎都是为了攀登其中的一座或多座山峰。但有的山峰极难攀登，包括乔戈里峰和巴尔托洛冰川附近的一组花岗岩山峰川口塔峰。

在每五个试图攀爬乔戈里峰的登山者中，就有一个在登山途中不幸罹难。

△无名塔峰
图中这座被称为无名塔峰的花岗岩山峰，是川口塔峰的组成部分。它那近乎垂直的山崖，耸立在山脊线之上约900米。这座无名塔峰的塔顶高达海拔6239米。

▷野蛮巨峰
图中的前景是一座冰塔（冰川上面的塔形冰柱）。乔戈里峰（K2）也称为戈德温-奥斯汀峰，是著名的“野蛮巨峰”，因为这座山峰极难攀登。

**喀喇昆仑山脉中的最高峰**

1 乔戈里峰 8611米
2 加舒尔布鲁木Ⅰ峰 8080米
3 布洛阿特峰 8051米
4 加舒尔布鲁木Ⅱ峰 8035米
5 加舒尔布鲁木Ⅲ峰 7952米

# 珠穆朗玛峰

地球上最高的山峰，位于喜马拉雅山脉。

埃佛勒斯峰（Mount Everest）海拔高度为8848米，高耸云霄。这座山峰在尼泊尔称为“萨加马塔峰”（意为“天空的脑袋”）；在中国称为珠穆朗玛峰（意为“圣洁的母亲”）。

## 峭壁和山脊

珠穆朗玛峰是一个环境极其严苛的地方，攀登珠峰是非常危险的。主要的致死原因包括雪崩、失温和高原反应。珠穆朗玛峰大致呈三面金字塔形，一共有西南壁、北壁和东壁这三面崖壁直抵峰顶，这些崖壁都极为陡峭。在这些崖壁之间，还有三道山脊——东南山脊、东北山脊和北山脊——通向山顶。1953年，丹增·诺尔盖（Tenzing Norgay）和埃德蒙·希拉里爵士（Sir Edmund Hillary）经由东南坡的一条路线，登上珠穆朗玛峰，这是人类首次确切无疑地登顶珠峰。现在，能够成功登顶的路线，至少已探索出18条。这些路线难度各异，并经由不同的山脊和峭壁。

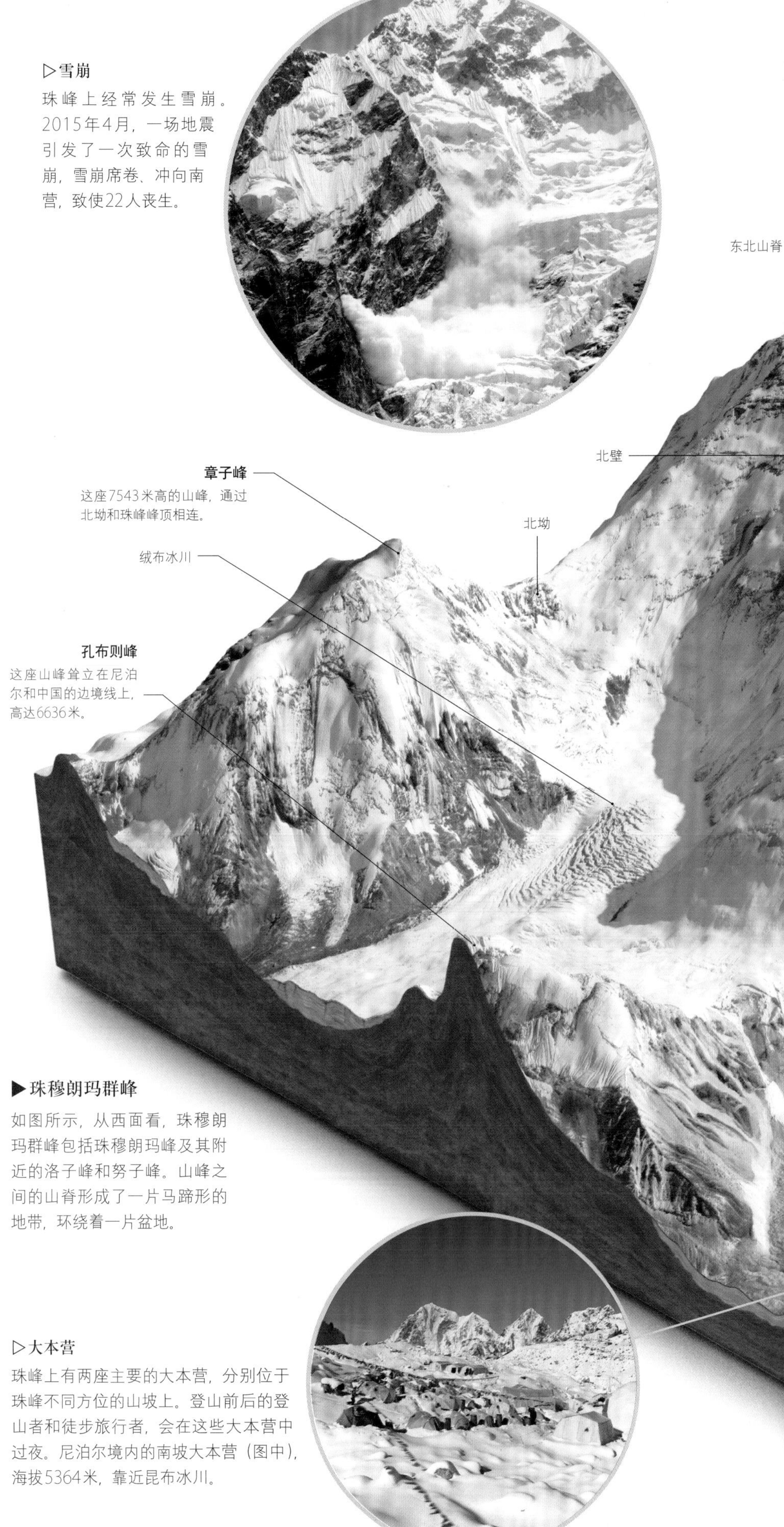


▷雪崩

珠峰上经常发生雪崩。2015年4月，一场地震引发了一次致命的雪崩，雪崩席卷、冲向南营，致使22人丧生。

▶珠穆朗玛群峰

如图所示，从西面看，珠穆朗玛群峰包括珠穆朗玛峰及其附近的洛子峰和努子峰。山峰之间的山脊形成了一片马蹄形的地带，环绕着一片盆地。

▷大本营

珠峰上有两座主要的大本营，分别位于珠峰不同方位的山坡上。登山前后的登山者和徒步旅行者，会在这些大本营中过夜。尼泊尔境内的南坡大本营（图中），海拔5364米，靠近昆布冰川。

### 珠穆朗玛峰的地质

珠峰的顶峰金字塔，是由约4.7亿年前（属奥陶纪）在海底形成的石灰岩构成的。其下方是其他的沉积岩层。在这些沉积岩层之下的更深处是片麻岩等变质岩，且有部分火成岩侵入的迹象。

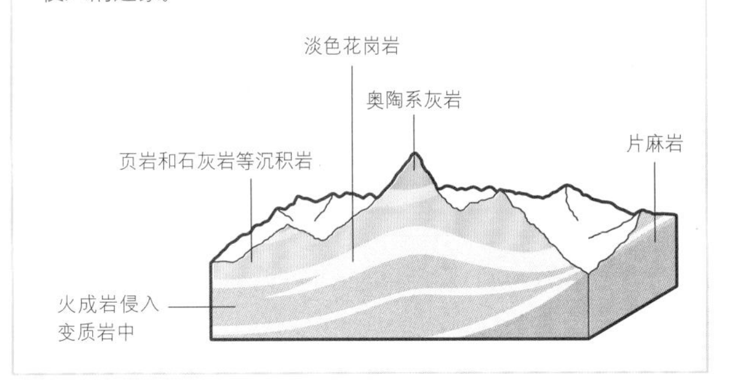


珠穆朗玛峰顶峰的氧气含量，比海平面少66%。

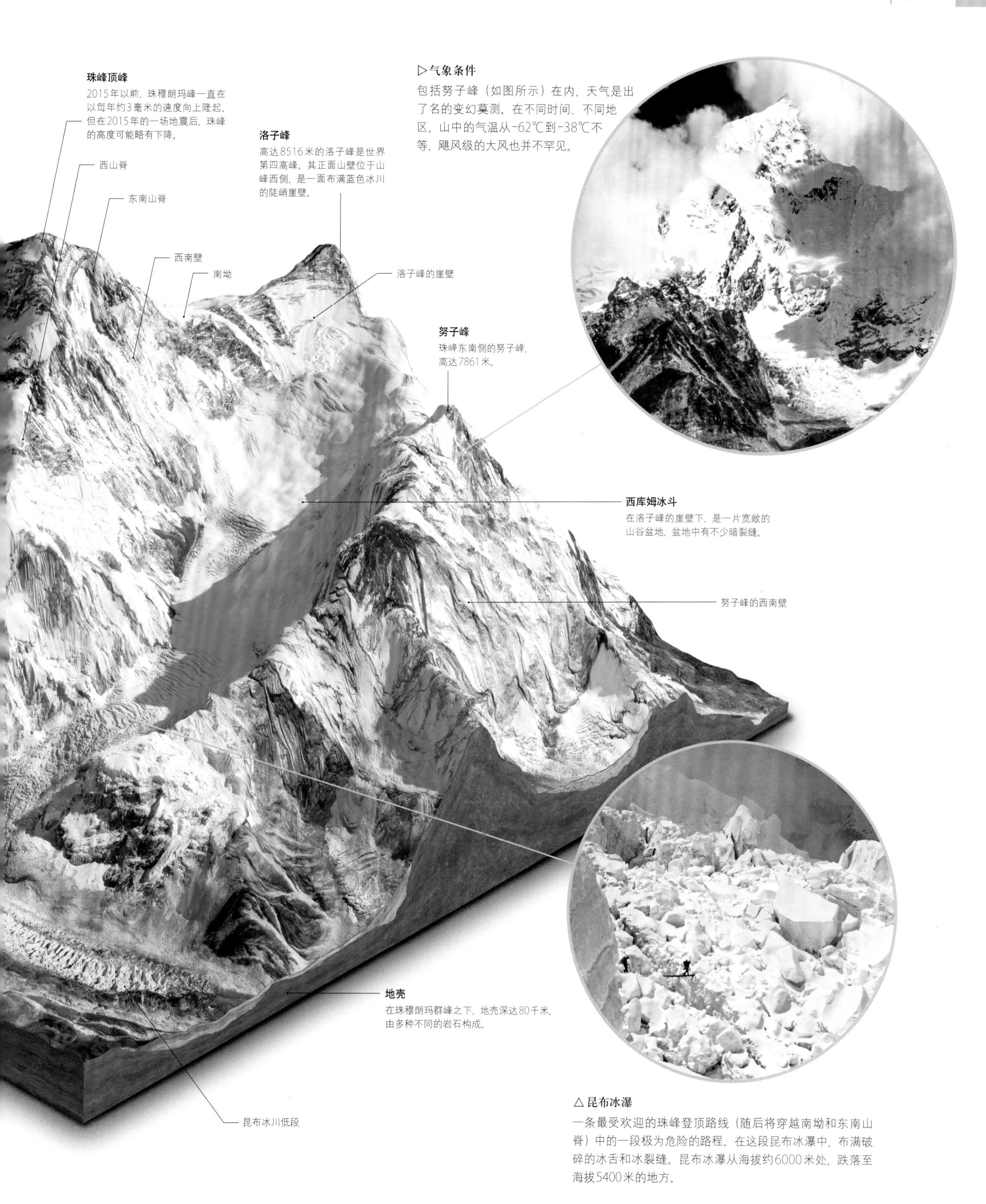


**▷气象条件**

包括努子峰（如图所示）在内，天气是出了名的变幻莫测。在不同时间、不同地区，山中的气温从-62℃到-38℃不等，飓风级的大风也并不罕见。

**△昆布冰瀑**

一条最受欢迎的珠峰登顶路线（随后将穿越南坳和东南山脊）中的一段极为危险的路程。在这段昆布冰瀑中，布满破碎的冰舌和冰裂缝。昆布冰瀑从海拔约6000米处，跌落至海拔5400米的地方。

# 张掖丹霞

中国北方一大片色彩斑斓的沉积岩，呈现蚀刻地貌，极为壮观、震撼。

△ **彩虹山脊**

在张掖丹霞地质公园的岩层中，呈现红色调的岩层占了绝大多数，但其中也间杂着不少橘黄色、黄色、淡蓝色和绿色调的岩层。

张掖丹霞地质公园位于中国甘肃省境内，绵延500平方千米，以其沉积岩层那非比寻常的绚丽色彩和奇异形态而闻名于世。在部分地带，山脊起伏不平、主要呈现出红色调，就像一片波涛汹涌的火焰海洋。“丹霞”是一个广义的术语，指的是存在于这片地区中的一种地质构造类型，而“张掖”是毗邻这一地质公园的一座城市。

### 绚丽色彩的来源

从距今约8000万年前起，由于沉积物在湖泊中不断沉积，这一地区中开始形成不少沉积岩。而各种沉积物所含的矿物成分各不相同，因而带来了如今我们看到的绚烂多变的色彩。从距今2000万年前开始，整片地区抬升隆起。在构造应力的作用下，沉积层出现了倾斜。

▷ **岩石堡垒**

张掖丹霞地质公园以西是冰沟丹霞景区，景区中遍布着形态酷似人造堡垒的、沙岩构成的露出岩石。

张掖丹霞地质公园色彩斑斓的岩层，是在千百万年的漫长岁月中形成的。

# 富士山

一座标志性、形态对称的美丽火山，在晴朗的日子，可以从东京远眺它的靓影。

富士山位于东京西南方90千米处，高达3776米，是日本最高的山峰。其魅力无穷的火山锥大多形成于距今11 000～8000年前。富士山是日本著名的标志之一，文学艺术作品中常常赞美它，吸引了无数观光客和登山者慕名前来。尽管富士山被划分为活火山，但富士山上一次喷发是在1707年12月。那次喷发的火山灰覆盖了富士山以东的大片地区。自此之后，富士山再也没有出现过火山活动的迹象。

△**大名鼎鼎的火山锥**
富士山火山锥的锥底宽约20千米，几乎是完全对称的。从每年10月到次年6月，山顶覆盖着皑皑白雪。

▷**花开时节**
在富士山地区，春季开花的樱花极受人们追捧，甚至出现了一个正式的樱花观赏季，称为"花见"。

**在富士山中**

富士山是一座成层火山，一座四壁陡峭的火山，由一层层凝固的熔岩、火山灰，以及喷发出来的其他物质构成。不断增加的熔岩层，使这座火山成为一座高耸云天的锥形火山。

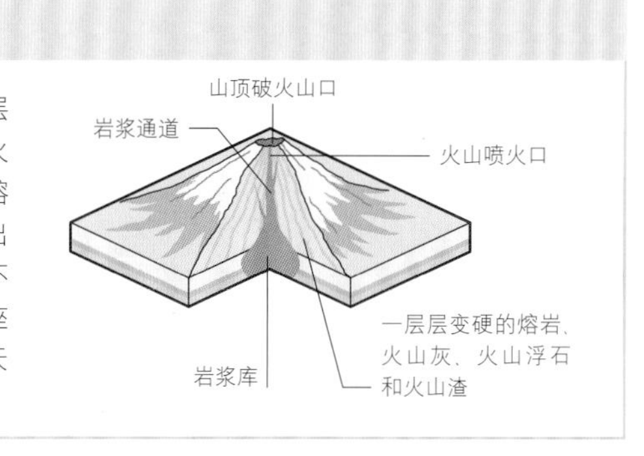


# 克柳切夫火山

全球除美洲地区之外最高的火山，位于俄罗斯的勘察加半岛上，当地人把它视为一座神圣的火山。

在穿越整个勘察加半岛的密集火山链中的160多座火山中，克柳切夫火山是其中的活跃火山之一。这些火山是体量较小的鄂霍次克板块，潜没到太平洋板块和北美板块之下而形成的。勘察加半岛就处于这样一个地带之上。板块潜没的过程会导致地下深处形成岩浆，岩浆向上喷涌就形成了火山。

## 危险的美丽

克柳切夫火山最初形成于约6000年前。至少从17世纪晚期以来，这座火山几乎一直在连续不断地喷发，比如，在2007年、2010年、2013年和2015年都出现了大规模喷发。由于这座火山经常喷发，攀登这座火山的登山客并不多。

▽**熔岩流**
在这张摄于2015年的照片中，一道熔岩流笔直流下克柳切夫火山，而大量蒸气、火山灰和其他火山气体，散逸到了空气中。

# 腾格尔火山群

一组拥有异域景致的火山锥，位于一个古老的破火山口中，其周围覆盖着茂密的热带植被。

腾格尔火山群坐落在印度尼西亚爪哇岛的一个国家公园内。这一火山群位于一个巨大的破火山口中。在4.5万多年前，一座巨大的火山在一次灾难性的喷发中坍塌，这一破火山口就是那座火山的残余部分。在过去的数千年，一些新火山锥从那个火山口的底部冒出来，其中最容易辨识的就是布罗莫火山，因为它的顶部已经在喷发后塌陷，如今只剩下了一个宽大的山顶破火山口。

△ **腾格尔火山群全景**

图中正中央就是腾格尔火山群的一连串火山锥，滚滚浓烟正从布罗莫火山中冒出来。远处是塞莫鲁火山。

### 近期喷发状况

布罗莫火山是这一火山群中最年轻、最活跃、游客最多的火山。自1590年来，它一直在不断喷发。在其破火山口外，是一座更大的火山——塞莫鲁火山。塞莫鲁火山也经常喷出硕大的蒸气和烟雾云团，它是爪哇岛最高的山峰。

**腾格尔火山和塞莫鲁火山**

腾格尔破火山口大致呈正方形。其平坦、布满沙子的底部称为“沙海”。在这个破火山口中，共有5座彼此交叠的成层火山。再往南几千米，就坐落着活跃的大型成层火山——塞莫鲁火山。

## 腾格尔火山群所处的那个破火山口，宽16千米。

▽ **晨景**

从图中能看到腾格尔破火山口的边缘地带，火山口上有一个小村庄，是探索火山群的大本营。右侧是薄雾笼罩的破火山口。

# 皮纳图博火山

菲律宾境内的一座令人恐惧的火山，历史上曾多次猛烈喷发。

△ 山顶湖泊

自1992年来，皮纳图博火山宽2.5千米的破火山口，被一个蓝绿色的湖泊注满。这个深达600米的湖泊是菲律宾最深的湖泊。

这座位于菲律宾吕宋岛的火山不会频繁喷发，但它一旦喷发，就格外猛烈。每过500～8000年，这座火山就会出现一次特大喷发。

## 1991年和现在的皮纳图博火山

皮纳图博火山最近一次喷发是在1991年6月。当时，一系列强烈喷发将大量岩石和火山灰送入大气中，喷发所产生的火山碎屑流（炽热气体和火山灰飞速向下蔓延），把方圆17千米之内的土地烧成了一片焦土。这次喷发致使800多人丧生，成千上万人失去家园、背井离乡。一部分火山山顶崩塌，留下了一个山顶破火山口。现在这个破火山口之中，被一泓宁静的湖水所注满。那次喷出的火山灰遮天蔽日，致使天空一连多日昏暗无光。细微的火山尘和小滴的硫酸扩散到了整个地球表面。这些颗粒状物体挡住了大量阳光。在整整一年中，全球气温因此下降了0.5℃。

直到今天，人们还能看到那次喷发造成的影响，火山周围的大地上积满了深深的火山灰。

### 1991年皮纳图博火山大喷发

如果以火山灰、熔岩、火山浮石和其他喷发物质的体量来衡量，皮纳图博火山1991年的大喷发，是过去100年中规模最大、最猛烈的一次火山喷发。下图中简单对比了那次喷发和1950年以后的另四次大规模火山喷发的情况。

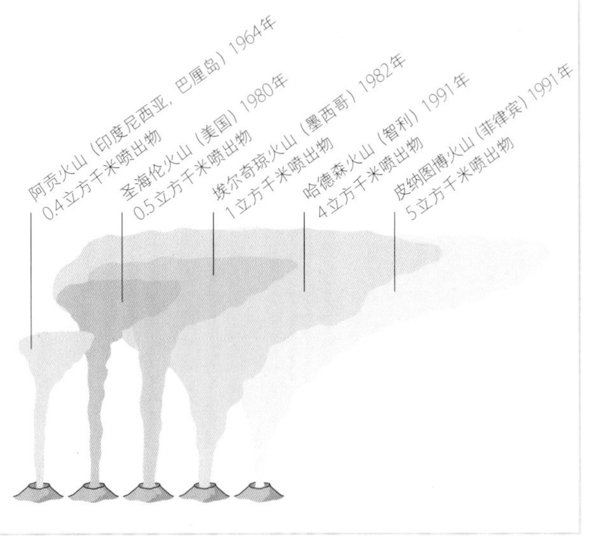


△ 蘑菇云

在1991年皮纳图博火山喷发过程中，一大团火山灰被喷射到34千米高的空中，形成了一团蘑菇云，这一高度远远高于大多数商业航班能飞的高度。

# 费琴科冰川

除极地外世界上最长的冰川位于塔吉克斯坦境内，流经帕米尔山脉的各个山谷。

费琴科冰川是一条特别狭长的冰川。根据卫星图像勘测结果，其长度为77千米，比其他一些非极地地区的长冰川略长一些，比如喀喇昆仑山脉中的锡亚琴冰川和巴尔托洛冰川（见对页）。费琴科冰川的总面积约为700平方千米，拥有数十条支流。它地处偏远地带，因此直到1878年才被人们发现。直到1928年，才有探险家深入考察。随后，这条冰川就以俄罗斯探险家阿列克谢·费琴科（Alexei Fedchenko）的名字命名，这位探险家以其在中亚地区的游历和探险而闻名于世。

▷**狭窄的河道**
图中，这条冰川的地段从左下方向右上方流淌、呈对角线蜿蜒穿过这片土地。从图中还能看到它的好几条支流。

# 玉龙冰川

中国著名的冰川之一，位于玉龙雪山。

在中国西南部云南省境内的玉龙雪山，一座座山峰紧密相连，这些山峰中共分布着19条小型冰川，玉龙冰川就是其中之一。玉龙冰川是一条冰斗山川（盘踞在高山上的一片洼地中的冰川），其下带有一条额外的冰舌，这条附带的冰舌称为悬冰川。它是中国最容易抵达的冰川之一，因为它就位于玉龙雪山缆车上站的附近。不幸的是，这条冰川在不断萎缩，按照目前的冰损失量，预计这条冰川将在未来约50年内消失。

▷**布满裂缝的冰川表面**
玉龙冰川中陡峭下坠的"垂悬"部分，位于海拔约3650米的地方。其上布满冰裂缝，支离破碎。

△**雪白、蓬松**
一场粉雪崩中坠落的积雪，从加舒尔布鲁木诸峰中的一座山峰上，滑坠到图片前景中的巴尔托洛冰川上。

在攀登这条冰川的跋涉中，能一次看到全球17座最高山峰中的6座。

# 巴尔托洛冰川

一条穿越喀喇昆仑山脉部分区域的大型冰川，沿途可饱览众多全球最高山峰的壮丽美景。

巴尔托洛冰川长63千米，大致呈由西向东的走向，穿越巴基斯坦控制的克什米尔地区。这条冰川构成了登山者攀登世界第二高峰乔戈里峰，或者攀登加舒尔布鲁木诸峰的一段路径。

## 一览高山美景

这条冰川的表面粗糙不平，布满裂隙、支离破碎，覆盖着冰塔和岩屑。在巴尔托洛火山及其最大的支流——戈德温－奥斯丁冰川——交汇处是一个名为肯考迪亚(Concordia)的开阔区域。在这里，登山者能看到壮观的美景，从不同方向欣赏乔戈里峰和其他3座海拔超过8000米的高峰。

◁冰锥
在整条冰川周围，都能看到巨大的冰锥。这些冰锥称为"冰塔"，其中有一些和房屋一样大。

### 冰裂隙和冰塔是怎样形成的

冰裂隙是冰川经过隆起或倾斜不均衡的岩床时，因为冰川的张性应力所产生的。冰裂隙有可能是横向或纵向的，也有可能是两种类型的结合，从而在两者交互影响下产生冰柱或冰锥——冰塔。

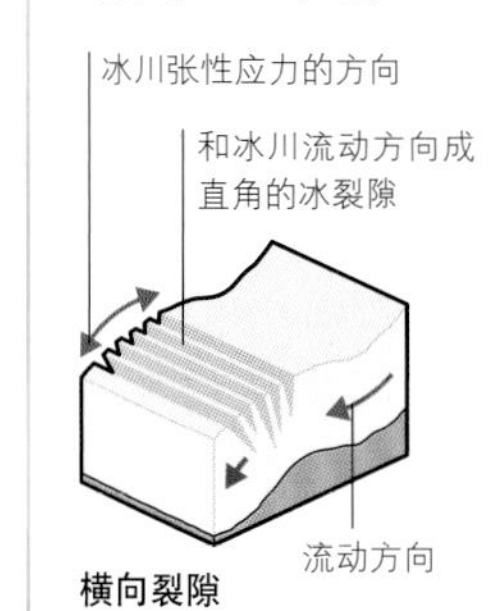


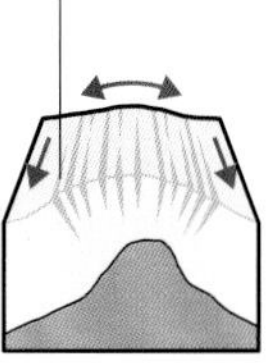


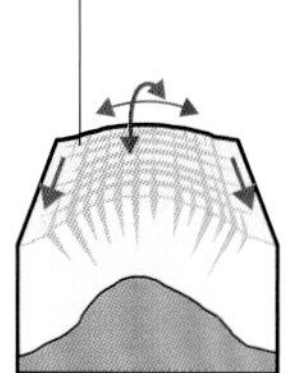

# 比阿佛冰川

喀喇昆仑山脉中一条长长的、几乎笔直的冰川，位于巴基斯坦境内。

比阿佛冰川长63千米，从西北方向东南方延伸。它位于喀喇昆仑山脉（参见第225页）的西部地区，其低段部分覆盖着厚厚的岩石碎屑。如果沿着这条冰川徒步跋涉，就有可能登上其海拔5128米的至高点。在其顶端，这条冰川和另一条冰的“高速公路”喜士帕尔冰川交汇。交汇处附近就坐落着雪湖，这是全球除了极地地区之外的最大的冰雪盆地。在这条冰川附近也能看到多种野生动物，包括北山羊、捻角山羊（一种野山羊），以及雪豹。

**冰川碎屑的来源**

从周围的群山中松动、坠下的岩石，是冰川中或冰川上的碎屑物质的主要来源。风也会不断将尘埃吹到冰川表面上。此外，岩石被冰川的冰冻住后，被坚冰从岩床上“摘”了下来。

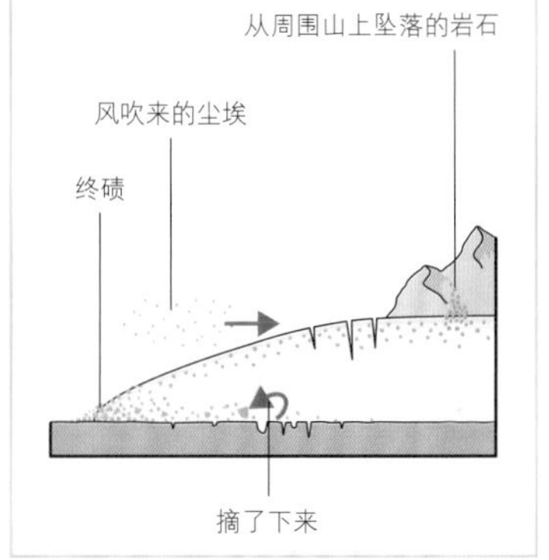

△冰的高速公路

低段冰川的表面遍布着深深的冰裂缝、融水溪流、岩石碎屑和大堆岩石。巍峨的群山和冰川的支流，分布在这条逶迤而下的冰川两侧。

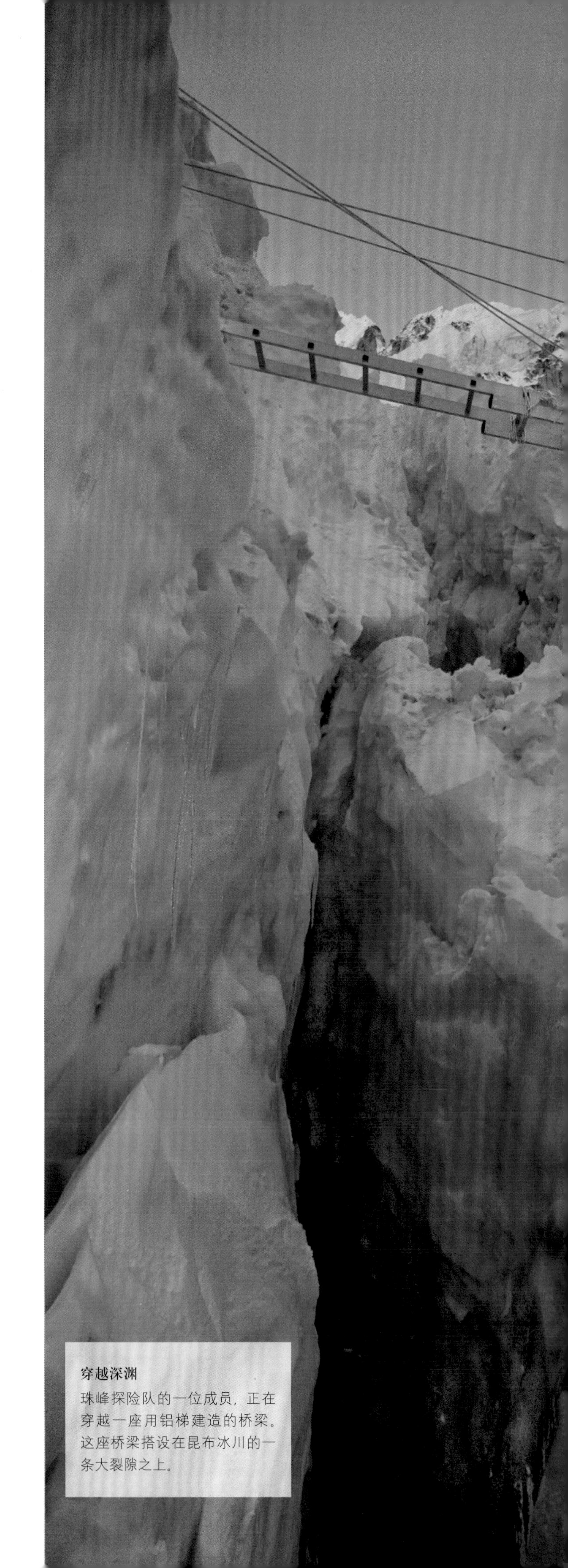

**穿越深渊**

珠峰探险队的一位成员，正在穿越一座用铝梯建造的桥梁。这座桥梁搭设在昆布冰川的一条大裂隙之上。

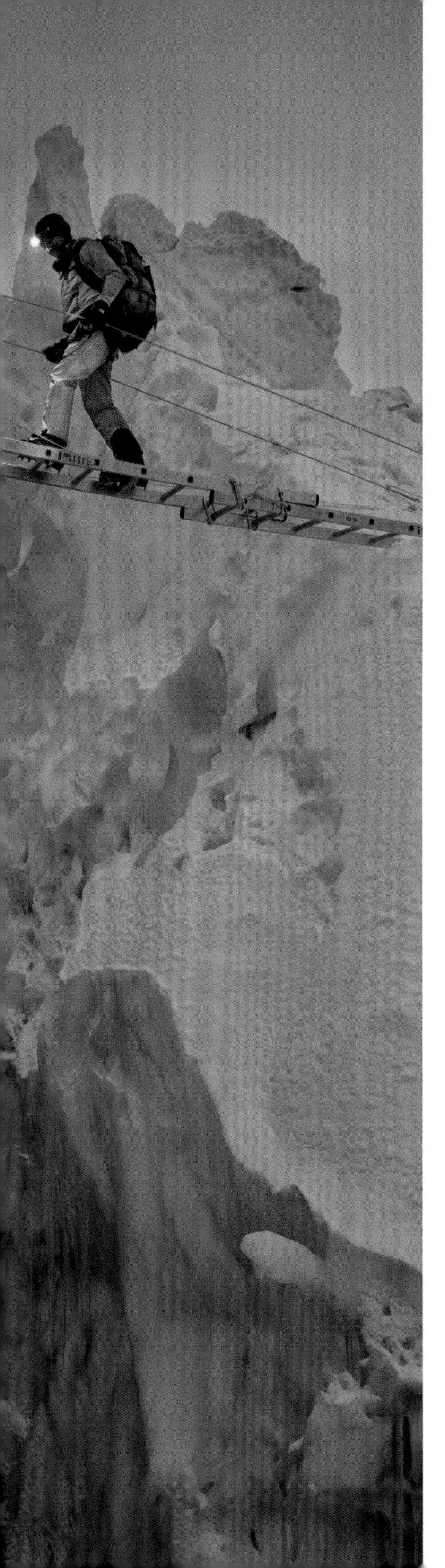

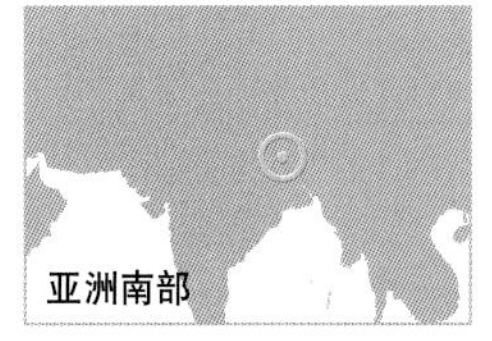


# 昆布冰川

尼泊尔的一条大型冰川，部分区域覆盖着岩石。这条冰川非常出名，主要因为它是攀登珠峰的若干热门路线中的必经之路。

昆布冰川可以分成两大部分（见下图）。其上半部分位于珠穆朗玛峰（参见第226—227页）的山体西侧，是一条硕大的冰瀑，一段由大量碎冰构成的陡峭下降的冰川，冰瀑中布满深深的冰裂隙。昆布冰川发源于海拔7600米的地方，因此这条冰瀑流向山下的速度相对较快，约为每天1米。因此，冰瀑中的一些大裂隙，很可能在毫无预警或者几乎没有预警的情况下突然出现。而较小的裂隙有可能埋藏在雪白的积雪之下，形成危险的雪桥。粗心的登山者如果不慎从雪桥上经过，就有可能坠入裂隙中。穿越冰瀑是一种非常危险的体验。但现在大部分上山和下山的路径，一路都有梯子或绳索作为辅助。

**▽尖锐的碎片**
在昆布冰川上常常会形成冰塔，这些冰塔随时都有可能坠落，并致使大块坚冰滚落陡坡。

**▷清晨走下冰瀑**
从图中能看到，一行登山客正沿着冰瀑下行。清晨时分，这条冰瀑中的冰是最稳定的，因此清晨是穿越冰瀑的最佳时机。

## 昆布冰川中的冰裂隙，有的深达50米以上。

### 昆布冰川的侧面图

昆布冰川由两个部分组成。冰川上段是陡峭下跌且布满散乱裂隙的昆布冰瀑，它构成了攀登珠峰的多条主打路线中的一段。冰川下段坡度平缓，覆盖着岩石碎屑，沿着一条长长的、几近笔直的山谷一路向下滑坠。

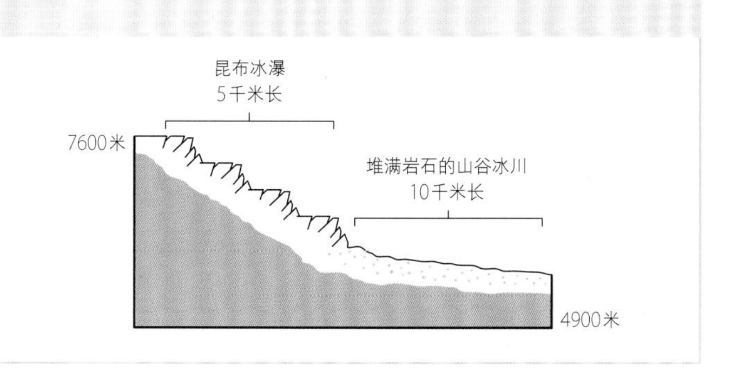

# 死海

中东一个极咸的湖泊，其快速后退的湖岸线标志着全世界陆地的最低点。

△ 过去的湖岸线

这片同心状阶地显示了死海的湖岸线是如何随着时间流逝而向湖心前进的。随着水位继续下降，湖泊面积缩小，湖水变得更咸了。

死海是一个位于以色列、巴勒斯坦和约旦边境的盐湖，被陆地所包围。它坐落在一片洼地上，这片洼地是两块构造板块之间的一个地堑带，位于约旦裂谷。死海湖岸边位于海平面以下约430米处，是全球陆地的最低点。死海的含盐度约为35%，是普通海水含盐度的10倍。死海是地球上最咸的水体。因而，几乎没有什么生物能在死海中生存，死海之名可以说是名副其实。

### 死海的海拔

死海海拔低，是因为它位于两块构造板块之间。首先，在死海所在地区的西部，一块陆地隆起，将这一区域和地中海隔断，从而在这一区域中形成了一个湖泊。随着两个板块逐渐移开，湖床渐渐下降到了海平面之下。

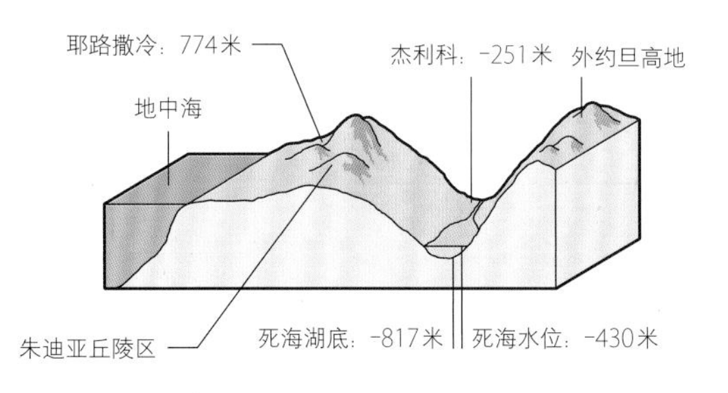


### 不断萎缩的“海”

死海的一大主源泉是约旦河。尽管死海没有注出河流，但在近些年，其水位出现了飞速下降。主要原因是，人类引水用作商业用途。湖水不断后退、利桑半岛延伸到了岸边，导致整个湖泊被一分为二。从那时起，南湖又被分割成了一系列用于采盐的蒸发池。

▽ 湖盐供给

在死海岸边各地，都能发现这种结晶盐。死海中出产的盐可用于烹调和医学，长久以来一直备受推崇。

死海的水位正在以每年超过1米的速度下降。

# 鄂毕河-额尔齐斯河

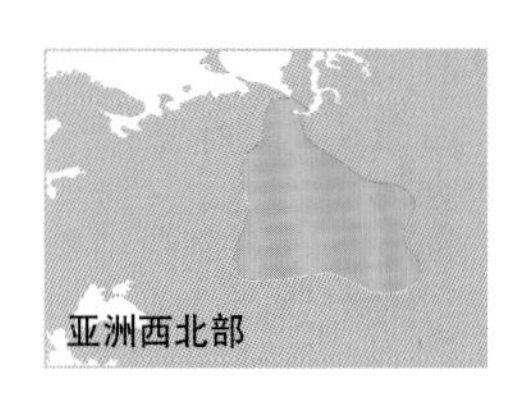


亚洲西北部的一大河川系统，蜿蜒流经地球上一些偏远荒凉、人烟稀少的地区。

鄂毕河-额尔齐斯河河川系统共由两条亚洲大河组成，它们分别发源于阿尔泰山脉（参见第224页）的不同方位。这两条河流向北流淌，在流经西伯利亚低地后汇入北冰洋。

### 冰冻和洪水

这一河川系统从额尔齐斯河发源后，一直延伸到鄂毕河的入海口，全长5568千米，堪称西伯利亚最长的河川系统。在规模上，它的下游集水区和庞大的密西西比河-密苏里河（参见第53页）流域不相上下。在其下游，这条河流进入一片无边无垠、多沼泽地的平原地带，这片平原常常遭受季节性冰冻和洪水的肆虐。

▷浮冰
每年秋季，鄂毕河-额尔齐斯河从北方的河口开始结冰，一路向南封冻。在长达半年多的时间中，河面冻结、不能通航。

# 勒拿河

一条史诗般的横贯西伯利亚地区的水道，其流域占俄罗斯五分之一的领土。

勒拿河与鄂毕河-额尔齐斯河、叶尼塞河并列为西伯利亚三大河流。勒拿河全长4400千米，发源于位于贝加尔湖（参见第238—239页）以西不远处的贝加尔山脉中，随后穿越西伯利亚，直到位于拉普捷夫海（北冰洋的陆缘海之一）边的河口。勒拿河拥有非常大的流域，灌溉着俄罗斯五分之一的领土。在其下游河段，每年在季节性洪涝之后，只有4～5个月不结冰。

在其河口地区，这条河流形成了北冰洋地区最大的三角洲，同时也是全世界第二大三角洲。这片三角洲在陆地上横贯280千米，并延伸到海洋中120千米，有湖泊、水道、沙洲和岛屿，以及含有大片泥炭的沼泽地等。

◁勒拿石柱
这些石灰岩石柱矗立在萨哈（雅库特）共和国境内的勒拿河两岸。它们是约5亿年前在一个海洋盆地中形成的。

# 贝加尔湖

地球上最深的淡水湖，湖水总量超过地球上其他湖泊，是地方特有生物的家园。

贝加尔湖是位于俄罗斯的湖泊，坐落在西伯利亚中部高原以南，靠近蒙古。从湖水总量来衡量，它是全球最大的淡水湖，湖水总量占全球地表淡水总量的约20%，相当于北美五大湖（参见第50—51页）的湖水总量。贝加尔湖长达636千米，最宽处宽达79千米，是亚洲湖面表面积最大的淡水湖。湖水最深处深达1637米，是全球最深的淡水水体。

### 历史悠久，充满活力

贝加尔湖也是世界上最古老的湖泊。在2500万年前，它在一片深深的裂谷（即地壳被撕裂的地带）中形成。那条西南-东北走向的断裂带和湖泊的走向一致。至今这一断层仍然处于活跃状态。因此，贝加尔湖以每年超过2厘米的速度变宽。贝加尔湖的湖水以纯净、清澈而闻名天下。湖水中从上到下富含氧气、混合均匀，因而生长着多种动植物。而且，其中超过80%的动植物种类是贝加尔湖中特有的。

**▷结冰晚**

贝加尔湖每年有4～5个月的时间完全封冻。这一湖泊水量极大，这意味着，到了冬季，贝加尔湖的湖面会比西伯利亚地区的其他湖泊更晚结冰。佩斯恰纳亚湾和贝加尔湖的其他几个湖湾，是整个湖泊中最先结冰的地段。

**▶三大湖盆**

贝加尔湖盆可以分成三大部分：北部、中部和南部。湖泊中最深的地方位于中部和南部湖盆。贝加尔湖的主要注入河流及其唯一的注出河流，都位于南部湖盆。

**唯一的注出河流**

绝大多数的湖泊都拥有一条注出河流。贝加尔湖的湖水流入安加拉河中，安加拉河是叶尼塞河的一条支流。

南部湖盆

**△淡水海豹**

贝加尔湖中特有的贝加尔海豹，是世界上唯一一种淡水海豹。作为世界上的小型海豹之一，它们只能长到1.4米左右。

**自然保护区**

湖泊周围的几片地区均为自然保护区。近西南岸的贝加尔湖自然保护区，是世界生物圈保护区网络的组成部分。

### 箕状断陷盆地

贝加尔湖下的湖盆属于箕状断陷盆地（又称为半地堑盆地）。这种类型的盆地，是地壳沿着断层垂直移动而形成的。这一断层只和下陷盆地的一侧相邻。而在完整的地堑盆地中，沉降地块的两侧都分布着断层。

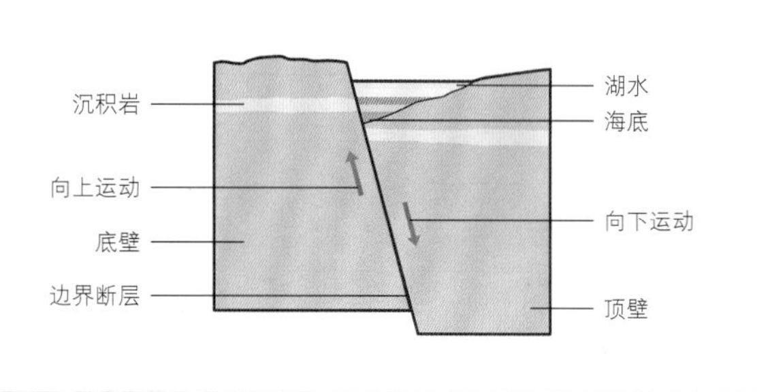

△最大的岛屿

在贝加尔湖的27个岛屿中，奥利洪岛是目前最大的岛屿。它长72千米、宽21千米，是世界上第四大湖中岛屿。

△厚厚的沉积物

在贝加尔湖中部湖盆的部分区域中，湖床上的沉积物厚达7千米。这些沉积物是在千百万年间堆积的。其中留下了不少气候变迁的记录，为科学家所重视。

◁主要的注入河流

大多数流入贝加尔湖的河水，都是携带着大量沉积物的地表水。贝尔加湖的主要注入河流色楞格河流入贝加尔湖时，形成了世界上最大的内陆三角洲之一。

贝加尔湖的湖水清澈，甚至能用肉眼看清水下40米的物体。

# 印度河

亚洲的一大河川系统，横贯喜马拉雅山脉，流经整个巴基斯坦。

印度河是亚洲的大河之一，约长3180千米，其下游盆地覆盖着超过110万平方千米的土地。

印度河发源于青藏高原中的玛旁雍错湖附近，向西南方向流经存在争议的领土查谟和克什米尔，转向西南方，进入巴基斯坦境内。随后，在其穿越喜马拉雅山脉的过程中，流经南迦·帕尔巴特群峰附近的一系列巨大的峡谷。从群山中再次出现之后，流速飞快的印度河一路下跌，进入旁遮普平原。在这片地区，一些主要支流与它汇合，开始缓缓流过一片广袤无垠的泛滥平原。在季风季节中，印度河的部分河段能暴涨到好几千米宽。随着印度河逐渐靠近阿拉伯海，它分成了多股支流，这些支流形成了印度河三角洲。

▷**河流交汇点**
在印度河上游的一个山区中，印度河（底部）和它的一条主支流赞斯卡河，在印度北部的尼穆附近交汇。

△**水道纵横的海滨网络**
图中以深绿色表示的孙德尔本斯生态区，深入内陆地区80千米左右。其北面大多是农田地区。

▷**曝露在外的树根**
这些木榄树长出了气生根，在低潮时，这些树根伸向空中。

# 恒河

世界上的大河之一，一条神圣的河流，一个朝圣之地。

恒河是印度的物质和精神命脉。在印度人眼中，恒河是神圣的，他们崇拜这条河流。恒河抚育了全球十分之一的人口。若根据水量来衡量，恒河是世界上第三大河流，仅次于亚马逊河和刚果河。

### 蜿蜒的旅程

流经印度次大陆的恒河，全长2500多千米。在若干条从喜马拉雅山脉流出的冰川河汇聚后，恒河在印度北部的北阿坎德邦形成。在流经若干狭窄的山谷后，它出现在德里以东的一望无际的印度河–恒河平原上。随后，它缓缓地一路蜿蜒，流经一片广阔的冲击平原，经过了多处神圣的朝圣中心，包括阿拉哈巴德和瓦拉纳西，随后流向孟加拉国。途中，它与雅鲁藏布江、梅克纳河等河流汇合。

△**广阔的泛滥平原**
恒河的中游河段慢吞吞地蜿蜒流经一片广袤的泛滥平原。在长达1600多千米的旅程中，恒河的海拔只下降了180米左右。

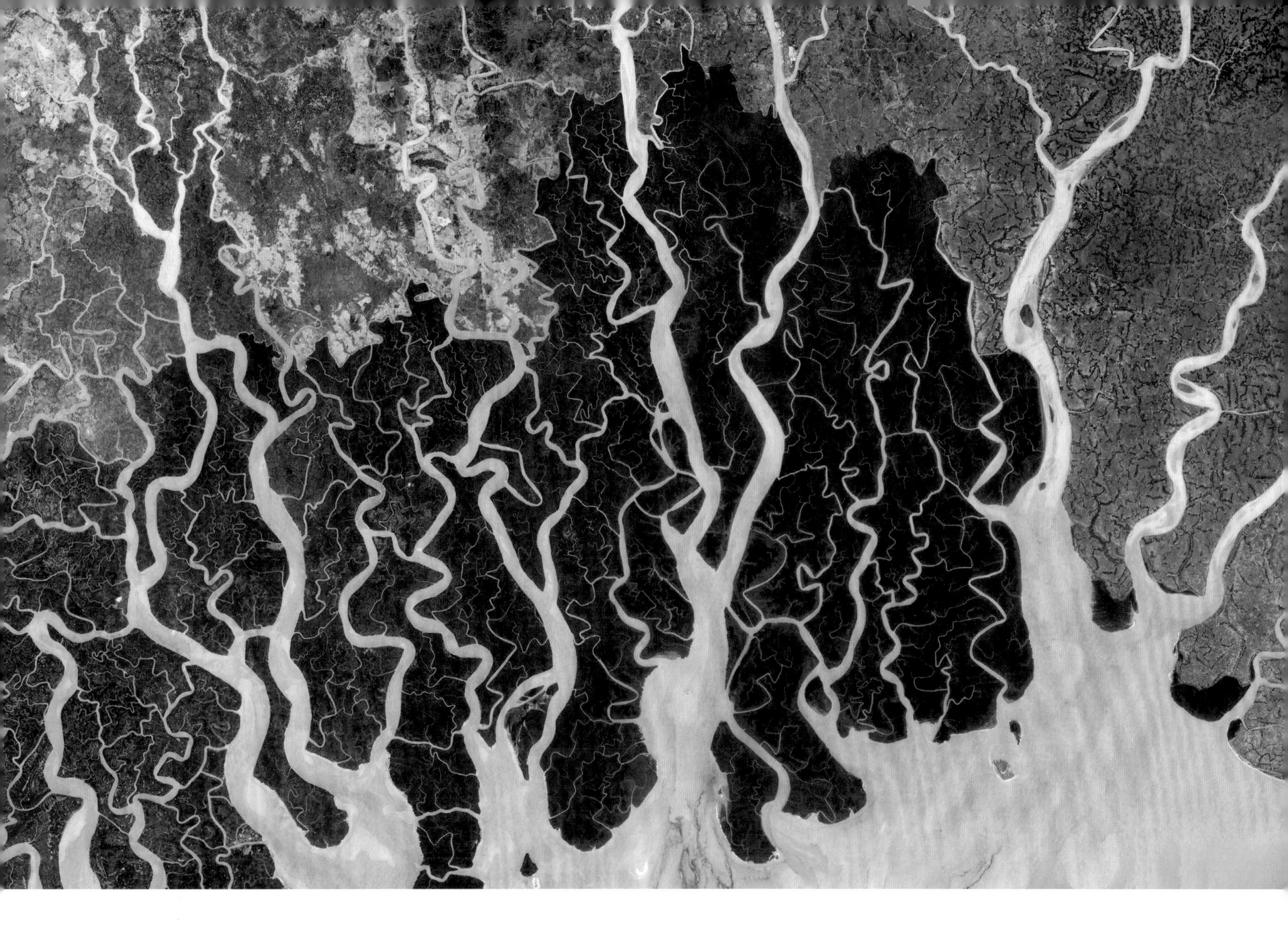

# 孙德尔本斯三角洲

一大片红树林和沼泽地，位于全球最大的三角洲。

孙德尔本斯三角洲在孟加拉－印度边境地带绵延250多千米，那里正是恒河三角洲并入孟加拉湾的地方。潮间带中星罗棋布的水道、河口、泥沼地和岛屿，在孙德尔本斯地区纵横交错。

▽ 多样化的食谱
除了鱼类，黑顶翠鸟拥有一份多样化的食谱，其食物包括对虾和小螃蟹等。

## 红树林

孙德尔本斯三角洲内陆一侧的主要生境，是季节性淹没于水中的淡水沼泽森林，森林中以阔叶树居多。而沿海一侧则是世界上最大的红树林带。这个地区得名于其中最常见的银叶树。

### 红树林地区

红树植物可以分成三大类，它们分别适应于不同的潮汐区环境。红茄苳和木榄树生活在潮间带，它们长着特殊的根系，能从空气中直接吸收氧气。而在海拔更高、更干旱的地区，比较常见的白骨壤没有这样的适应能力。

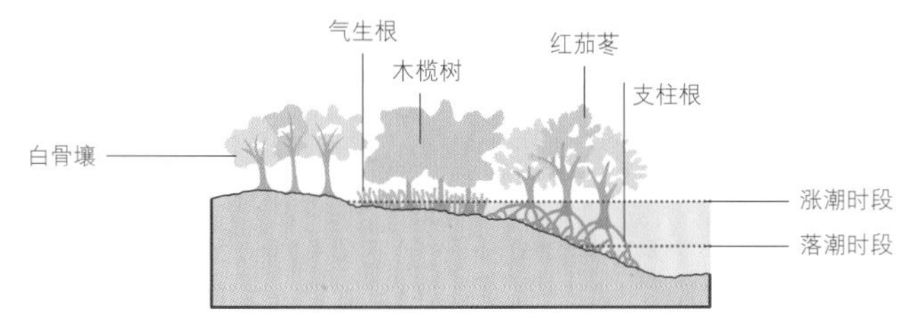

# 黄河

亚洲最长的河流之一，也是世界上最泥泞的河流。黄河是中华民族的“母亲河”。

黄河是世界上裹挟泥沙最多的河流，其名称来自被风吹到河水中的细微沉淀物的颜色。这种沉淀物称为黄土，黄河下游河段的河水中，始终含有这种沉淀物。黄河是中国的第二大长河，仅次于长江，也是世界上最长的河流之一。在流经青藏高原后，黄河循着一条弓形的路线一路向东流淌，穿越华北平原，直达黄海，全长5460千米。

△黄河第一湾

位于四川省的黄河上游河道中，形成了一个巨型的S弯，这就是著名的黄河第一湾。

## 从摇篮到坟墓

黄河是中华民族的母亲河，也是中华文明的摇篮。历史上，黄河曾经滋润着中国最肥沃、最多产的地区。然而黄河流域特别容易遭受洪涝灾害。多次毁灭性的洪水泛滥，也使黄河蒙受“害河”“中华之忧患”等恶名。为此，人们在黄河下游的大多数地段修筑了大堤，在黄河的许多支流上都修建了大坝，目的是控制黄河水泛滥。

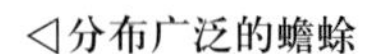

◁分布广泛的蟾蜍

中华蟾蜍在中国很常见，它们生活在各种潮湿的生态区中，包括黄河的各个河谷和泛滥平原中。这种蟾蜍以甲虫、蜜蜂、蚂蚁和软体动物为食。

# 长江

亚洲最长的河流，从青藏高原一路流淌至中国东部地区，最后直达东海。长江是中国最具商业意义的重要河流。

长江是亚洲第一长河、世界第三长河，仅次于尼罗河和亚马逊河。它源自青藏高原中的唐古拉山脉的冰川水，最后抵达东海边的河口地区，全长6300千米。长江的下游流域覆盖着中国五分之一的面积，中国有三分之一的人口生活在长江下游流域。

## 史诗之旅

在穿越中国东部的旅程中，长江流经陡峭的山谷、高耸的峡谷、密布湖泊的平原和农田，最后形成了一片三角洲，而国际大都市上海就位于这片三角洲上。2006年，中国建成了三峡大坝——世界上最大的水电站堤坝，对长江中游的河水进行调节。三峡大坝建成后，形成了一个长600千米的水库。京杭大运河——地球上最长的人造水道，全长1700千米——连接长江的下游段和北方的黄河、北京。

△金沙江

在长江上游段，长江流经层峦叠嶂的多山的云南省。长江的这一段称为金沙江，因为从这段江水中能淘出沙金。

◁浑浊的河水
裹满泥沙的黄河在穿越了无数深谷之后，才向下流入华北平原。

## 多次改道

千百年来，黄河曾多次改道，有时是受到人类活动影响导致的。从公元前602年至公元1938年，它曾改道26次，并泛滥近1600次，导致成百上千万人丧生。

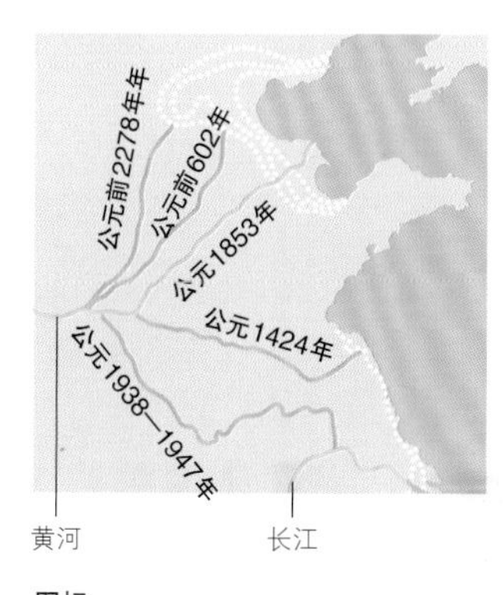

# 湄公河

作为东南亚最大的河川系统，湄公河先后流经6个国家。

湄公河和黄河、长江一样，发源自青藏高原。它沿着东南方向流经中国西部地区、缅甸、老挝、泰国、柬埔寨和越南，几次穿越或形成国家之间的边境线。在其位于中国南海的河口地区，它形成了一片三角洲，这片三角洲就在越南胡志明市以南不远处。湄公河全长约4350千米，它是东南亚地区最长的河流。它的河流流域极广，囊括了多个气候带和形形色色的生境，包括山地高原、森林、稀树草原、草甸、湿地和红树林等。因此，这是一个物种极其丰富多样的地区。

△三角洲泛滥平原
这一鸟瞰图展现了越南南部庞大的湄公河三角洲的一部分。三角洲南部平坦的泛滥平原，与三角洲其他方向的丘陵地区形成了鲜明的对比。

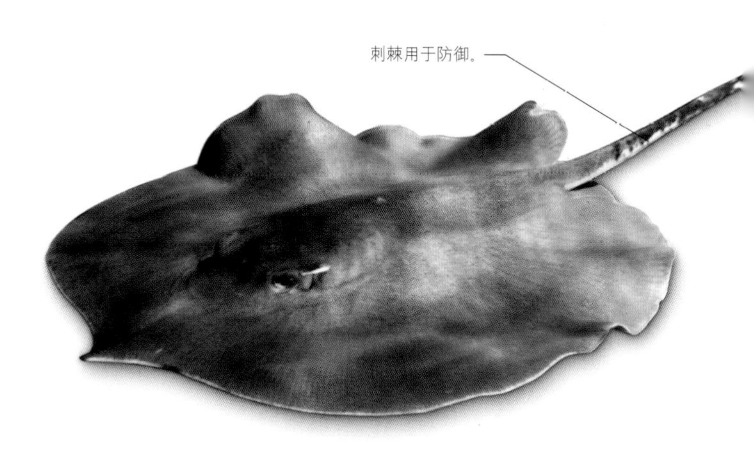


▷湄公河中的“巨人”
湄公河中生活着许多大型鱼类。这种巨大的淡水魟鱼长5米多、宽2米，它身上的刺棘，是所有魟鱼中最长的。

**在一个落水洞中**

这一名为“小心恐龙”的落水洞体量庞大，洞中完全可以盖起一栋摩天大楼。

# 韩松洞

一个硕大无朋的石灰石洞穴，位于越南偏远的深山老林。

作为世界上已被发现的最大的洞穴之一，韩松洞高达250米、宽达200米、绵延9千米。它位于越南中部、越南与老挝的边界。在安南山脉的洞穴群中共有约150个洞穴，韩松洞正是这一洞穴群的组成部分。1991年，韩松洞才首次被人们发现。2009年，才有探险者进入韩松洞中勘探。

### 山水洞

在当地语言中，韩松洞（Hang son Doong）意为“山水洞”。韩松洞是在过去的500万～200万年中，湍急的饶同河（Rao Thuong River）蚀刻亚洲一些古老的石灰岩而形成的。那些巨大的开口（落水洞）是洞穴顶部大面积塌陷形成的，有的区域中覆盖着植被，包括一些高达30米的树木。人们还在洞穴中发现了一些高达75米多的石笋，堪称世界上最大的石笋。这些高大的石笋使那些树木相形见绌。

**洞室和通道**

韩松洞沿着一条相对平坦的直路逐渐深入，两旁没有别的岔道。这是因为，韩松洞是沿着石灰岩中的一个断层形成的。韩松洞中有许多不连续的路段和特色鲜明的景观，它们往往拥有一些形象、生动的名称，包括“狗爪”——一根形似狗爪的硕大石笋、“小心恐龙”和“伊丹花园”——分别为两片树木繁盛的地区。

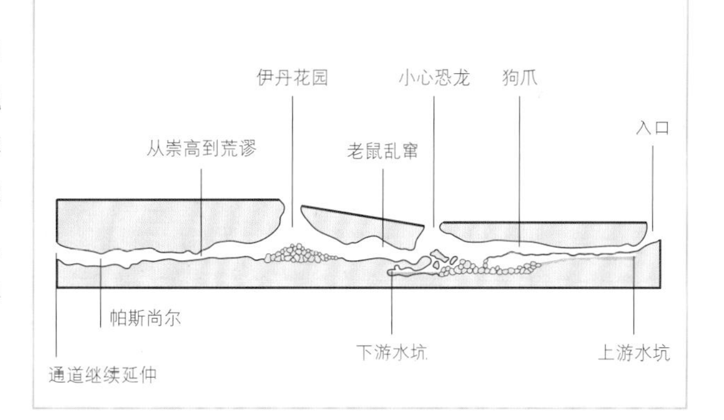


韩松洞是如此巨大，它甚至拥有自己的微气候，包括风与云。

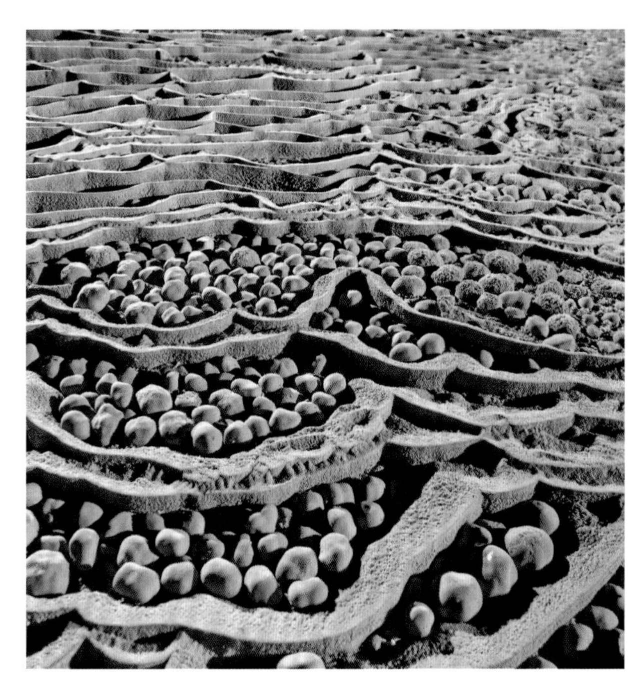

◁**地上的珍宝**
在韩松洞中的部分区域发现了穴珠——一种方解石沉积物。一般的穴珠还不到1厘米宽，但这里的穴珠和橙子一样大。

△**绿植覆盖的地面**
在露天区域的边界地带，昏暗的光线能照射到地面上。因此，一些丛生的蕨类植物和藻类植物覆盖了石灰岩阶地。

# 中国南方喀斯特地貌

世界上规模最大、最为精美的喀斯特地貌，形形色色的石灰岩形成物，千姿百态、美不胜收。

中国南方喀斯特地貌区覆盖着约50万平方千米的土地，大多数分布在贵州、广西、云南、重庆等地，是全球最大的喀斯特地貌区——以各种风化的石灰岩形成物为主要特色的地区。中国南方喀斯特地貌丰富多样、雄伟奇特、数量众多，足以成为全球气候潮湿的热带和亚热带喀斯特地貌中的最佳范本。自2007年以来，它一直被列为联合国教科文组织的世界遗产地。

## 洞穴、峰林、石林

在中国南方喀斯特地貌中，也许最负盛名的就是彼此孤立的山峰构成的峰林，这些山峰常常耸立在广袤斑驳的一片片农田之上，高达100多米。一座座锥形的山峰覆盖着一片片郁郁葱葱、云遮雾绕的森林。事实上，地质学家们将这一地区看成是各种喀斯特地貌的样本区，包括塔状喀斯特（峰林）、锥状喀斯特（峰丛）和针状喀斯特（石林）。这片地区中还有许多落水洞（或称为斗淋）、峡谷、天生桥和平顶山。地下则分布着漫无边际的洞穴系统，包括地下暗河和布满钟乳石、石笋和其他洞穴沉积物的庞大洞穴。

▷训练鸬鹚捕鱼
利用鸬鹚在河中捕鱼，是遍布中国南方喀斯特地区的一种传统捕鱼方法。普通鸬鹚最受渔民们欢迎。

## 成熟的地貌

形成中国南方喀斯特的石灰岩，在漫长的时间长河中堆积于海底，后来才抬升隆起，因此形成极厚、极硬的水平基岩。而这一大片相对稳定的喀斯特地貌，就是从这样的水平基岩中蚀刻出来的。尽管这一地区气候温暖、湿润，导致石灰岩风化的速度相对较快，但贵州和广西的峰丛、峰林喀斯特地貌，在过去的1000万～2000万年中一直在不断变迁。最终形成的地貌通常被描述为“发育成熟的喀斯特地貌”。

在这片地区中的一个宽敞的洞穴，能容纳一个有100多位村民的村庄。

▷石林
这些紧密簇拥在一起的石灰石尖峰，构成了云南省石林县附近的石林。它们被视为石林喀斯特地貌中的范本。

△ **广阔的平原**

在中国南方喀斯特地区，尽管千百年来，人类一直在高耸的山丘之间的平原地带辛勤耕种，但由于一些地区土层较薄，水分难以保留，对农民来说，耕种仍然是一大严峻的挑战。

△ **塌陷的洞穴**

月亮山——广西阳朔附近的一个巨大的石拱，是过去一个石灰石洞穴仅剩的残余部分。

### 中国南方喀斯特地貌的类型

峰丛喀斯特地貌，常常被视为高高耸立的峰林喀斯特地貌的前身。在位于中国南方喀斯特地貌区北部和西部的云贵高原等区域中，基岩是在不久之前隆起的，并受到新一波侵蚀作用的影响，因而这些区域中以峰丛喀斯特地貌居多。峰林喀斯特地貌主要分布在地质已经稳定了很长时间的地区，比如位于这一地貌区南部和东部的广西低海拔地区。

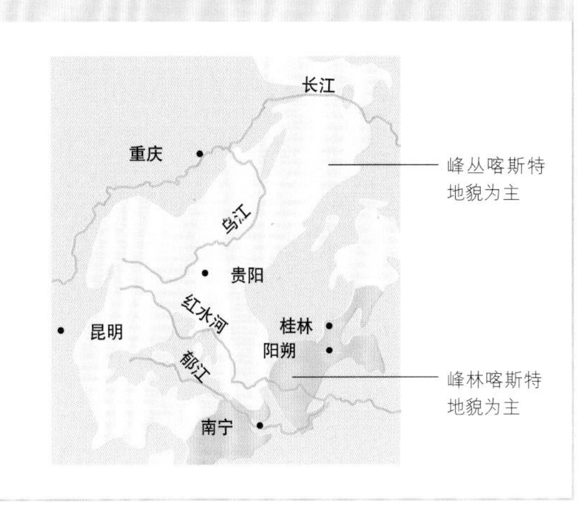

# 喀斯特地貌的形成

喀斯特地貌是一片土地之下的碳酸盐岩——比如石灰石和白云石——受到风化而形成的。在一个被称为“溶解”的过程中，被空气中的二氧化碳和土壤中的有机物质酸化的雨水、地表水和地下水，开始沿着各条裂隙、各个断层和层理面溶解岩石。随着时间的推移，岩石降解，岩石中的裂缝变得越来越大，地表形成了形形色色的地貌。与此同时，地下排水系统也开始形成。

## 潜蚀作用

向下渗透的水有可能会汇成地下河，而这些地下河最终会蚀刻出宽广的洞穴系统。落水洞——喀斯特地貌的标志性特征之一，不是在地表开口变大的过程中逐渐形成的，就是洞穴坍塌时突然出现的。随着它们扩大、合并，一些沉降地区就形成了。而这些沉降地区之间余留下的高地，就成为彼此相连的锥状山丘，比如中国南方喀斯特地貌中的峰丛。随着时间的推移，在地表水的侵蚀之下，这些山丘有可能会变成喀斯特峰林地貌中彼此孤立的塔状山丘。潮湿的气候和繁茂的植被在岩石腐蚀时提供二氧化碳，也有助于这种喀斯特地貌的形成。因此最成熟的喀斯特地貌往往分布在热带地区。

中国南方喀斯特地区的基岩是约2.5亿年前在海床上形成的。

△ **生活在洞穴中的生物**

洞穴为一些动物提供了庇护之所。一大群的大蹄蝠，栖息在中国南方的喀斯特洞穴中。

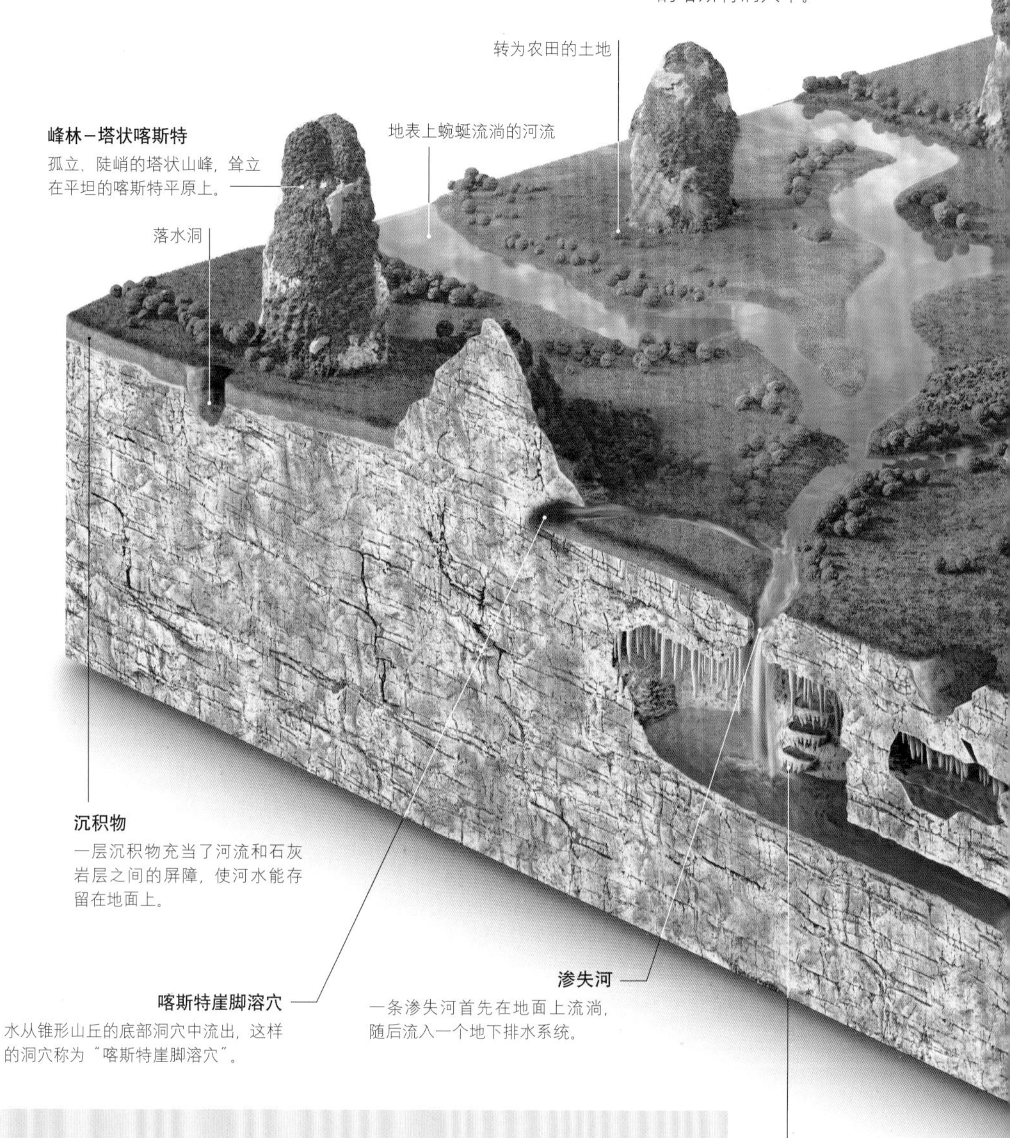


▶ **中国南方喀斯特地貌**

这一喀斯特地貌的横截面图，囊括了中国南方喀斯特地貌区的诸多特征。它代表了一个在目前的地质和环境条件下形成、且发育完备的喀斯特体系。

### 喀斯特地貌的演变

我们看到，喀斯特地貌是按一定的次序逐渐形成、演变的。从平坦的喀斯特平原，过渡到峰丛喀斯特地貌，最后形成峰林喀斯特地貌。在地下排水系统形成后，落水洞就会越来越大，并连成一片，形成一座座底部相连的小山丘，这属于峰丛喀斯特地貌。

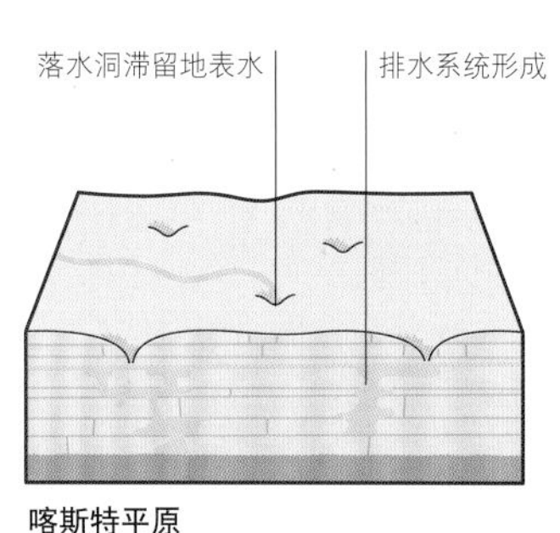


喀斯特平原



峰丛喀斯特地貌逐渐形成

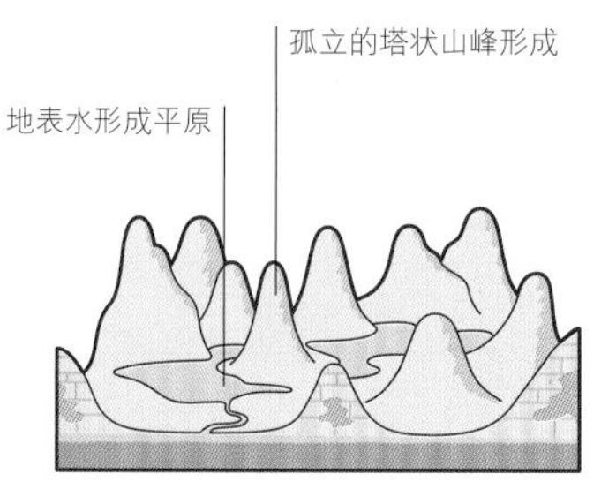


峰林喀斯特地貌形成

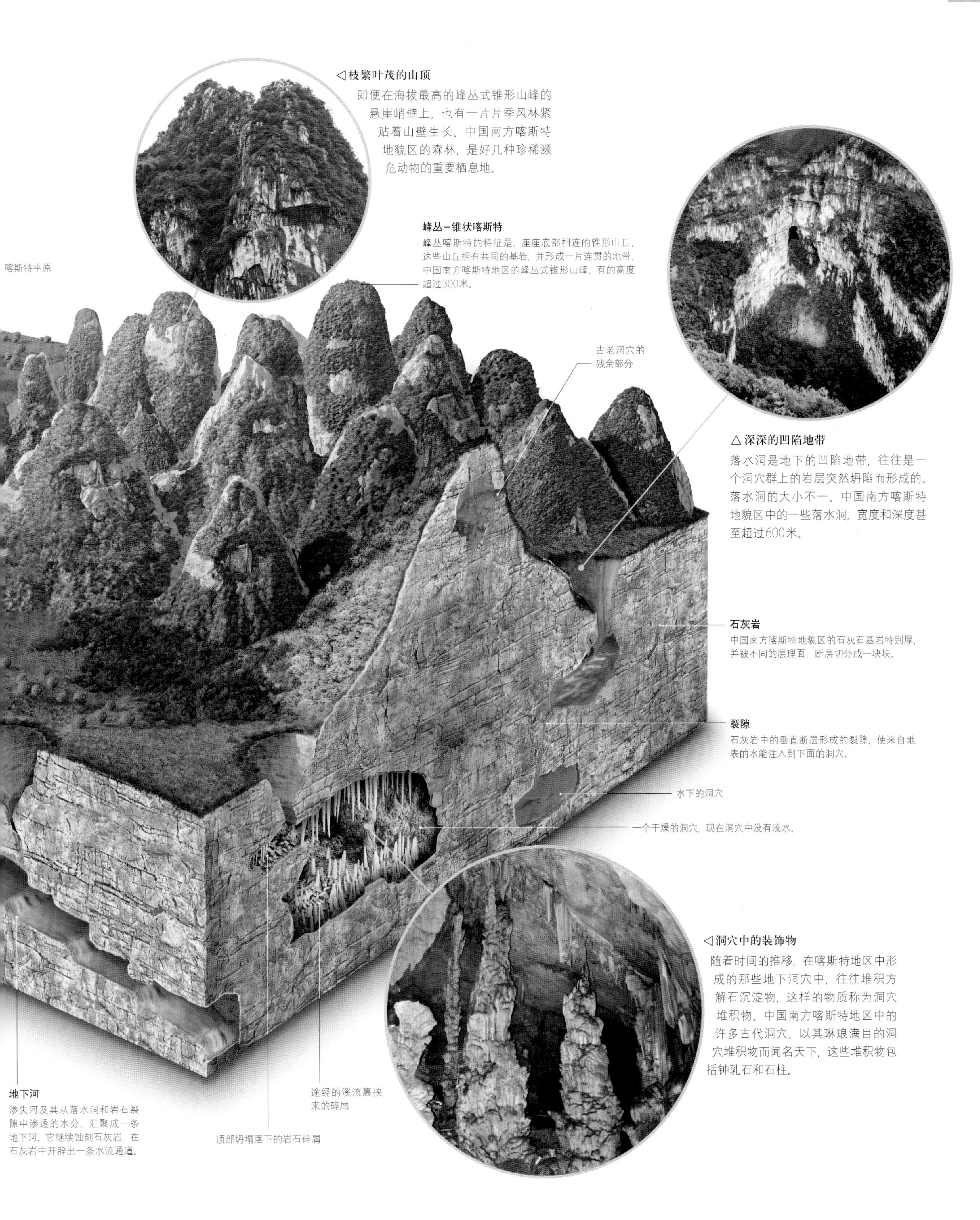


**◁枝繁叶茂的山顶**

即便在海拔最高的峰丛式锥形山峰的悬崖峭壁上，也有一片片季风林紧贴着山壁生长。中国南方喀斯特地貌区的森林，是好几种珍稀濒危动物的重要栖息地。

**△深深的凹陷地带**

落水洞是地下的凹陷地带，往往是一个洞穴群上的岩层突然坍陷而形成的。落水洞的大小不一。中国南方喀斯特地貌区中的一些落水洞，宽度和深度甚至超过600米。

**◁洞穴中的装饰物**

随着时间的推移，在喀斯特地区中形成的那些地下洞穴中，往往堆积方解石沉淀物，这样的物质称为洞穴堆积物。中国南方喀斯特地区中的许多古代洞穴，以其琳琅满目的洞穴堆积物而闻名天下，这些堆积物包括钟乳石和石柱。

# 亚龙湾

深入到东京湾中的一个海湾，散布着成百上千个瑰丽的喀斯特岛屿。

亚龙湾覆盖着越南滨海约1500平方千米的水域。约8000年前，海平面升高，淹没了一片早已存在的喀斯特地貌区，进而形成了亚龙湾。喀斯特地貌是在漫长的时间长河中，石灰岩部分被雨水溶解而形成的。在热带地区，通常会形成锥形山丘和塔形山峰，山丘和山峰中分布着一些岩洞和落水洞（见右图）。当海水涌入亚龙湾时，这些锥形山丘和塔形山峰，就变成了约1600个岛屿，大多数岛屿的边缘都是悬崖峭壁。在这些岛屿中，分布着成百上千个洞穴，但没有一个洞穴特别深或特别长，因为它们的大小受到了岛屿规模的限制。由于地势险峻，大多数岛屿上都荒无人烟。然而，仍然有好几个部落的土著人生活在水上的漂浮屋中，靠捕鱼业和水产养殖业维生。亚龙湾的浅水中滋养着多种生物。这里有数百种鱼类、软体动物和甲壳纲动物。生活在各个岛屿上的动物，包括蜥蜴、猴子、蝙蝠和多种鸟类。

◁少得濒临灭绝

吉婆岛是位于亚龙湾南缘的一个相对较大的岛屿，它是吉婆岛叶猴的故乡。这是一种极度濒危的猴子，预计其总数不到100只。

△错综复杂的海岸线

亚龙湾的不少岛屿都拥有蜿蜒曲折的海岸线。其中一些岛屿被赋予了形象有趣的名称，比如人头岛、石狗岛、斗鸡岛等。

一些洞穴中有通向内陆湖的通道，除此，这些洞穴中没有其他出入口。

**峰丛、峰林和洞穴**

亚龙湾喀斯特地貌大多由锥形山丘（称为峰丛）和彼此孤立的塔型岛屿（称为峰林）组成。洞穴的类型：海浪侵蚀形成，和海平面平齐的海蚀穴，略高于海平面、水平分布的崖脚溶穴，高出海平面不少、规模更大、也更古老的潜流带洞穴。

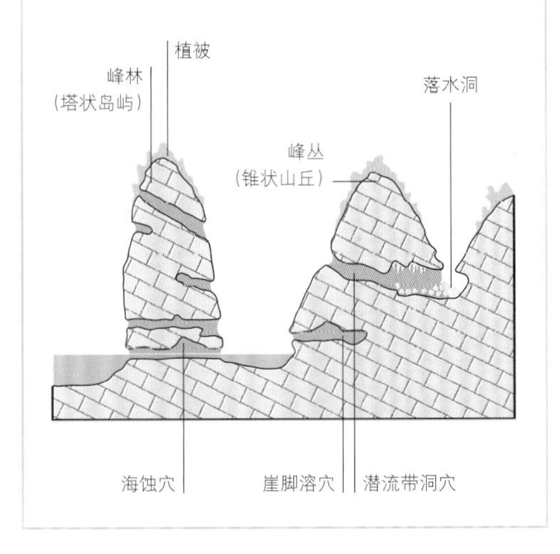


▽宁静的海水

一队皮船在喀斯特岛屿之间穿梭，这些岛屿耸立在亚龙湾海面上，有的高达200米。

# 石垣岛珊瑚礁

日本的一片珊瑚礁，生长着一种独一无二的珊瑚。

石垣岛珊瑚礁绵延3千米。20世纪80年代，人们才第一次注意到，这一片珊瑚礁中约有120种珊瑚，300种鱼类，堪称生物多样性的绝佳范本。这片水域中还有一种不太常见的珊瑚，叫作蓝珊瑚。蓝珊瑚属于八射珊瑚亚纲，这一亚纲的珊瑚大多拥有柔韧、分支的骨骼。然而，蓝珊瑚的骨骼很坚韧、僵硬。不幸的是，近年这一片珊瑚礁的珊瑚覆盖率大幅减少，相关的保护工作已经展开。

◁分支的珊瑚

蓝珊瑚宽阔的珊瑚枝上，聚集着大群大群的珊瑚虫。尽管名叫蓝珊瑚，但它们的色彩缤纷多样，包括蓝色、蓝绿色、绿色、黄棕色等。

# 龙洞

世界上最深的水下坑洞，位于中国南海的一处暗礁上。

龙洞深度超过300米。2016年，第一次有人测量它的深度，这才发现它竟是如此之深。而在此之前，巴哈马群岛中深达202米的迪安蓝洞，一直被认为是世界上最深的蓝洞。蓝洞是大片石灰岩受到侵蚀而形成的坑洞，当时这些石灰岩位于干燥的陆地上，随后这些坑洞由于海平面上升而被淹没。当地的渔民们相信，这里正是16世纪的中国小说《西游记》中，美猴王喜得金箍棒的地方。

▷蓝色的眼睛

从上方俯瞰，深不可测的龙洞呈现出一片深蓝色，而周围珊瑚礁上的海水是浅蓝色的，两者形成了强烈对比。

# 甲米海岸线

泰国南部的一片地区，以其瑰丽的喀斯特景色闻名天下。

甲米海滨的石灰岩，最初形成于约2.6亿年前。当时，浅浅的海水覆盖着现在的亚洲南部地区，并渐渐堆积贝壳、珊瑚碎片等沉积物，最后形成石灰岩层。后来，在约5000万年前，印度板块开始和欧亚板块相撞，致使石灰岩层向上隆起并发生倾斜。在其北部的甲米湾和攀牙湾附近，雨水侵蚀这些石灰岩层，雨水和溶解的二氧化碳结合、形成碳酸，随后海平面上升，从而形成了这片由成千上万个崎岖的喀斯特岛屿和山丘构成的地带，其中间杂着若干座孤立的塔状山峰，最高的塔状山峰高达210米。

## 甲米海岸线是如何形成的

甲米海岸线是一片淹没在水中的喀斯特地区，一片早已存在的石灰岩山丘和塔峰，被海水淹没而形成的地带（参见第248页图）。

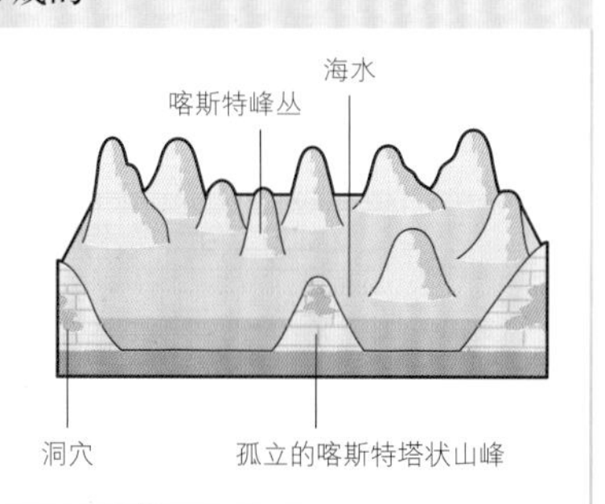

△隐秘的天堂
皮皮岛的海岸线被周围的海水淹没了，于是形成了一个隐蔽的潟湖和一处秘密的海滩。

▷垂悬的岩石
在一个小洞穴的入口处附近，一根覆盖着热带植被的钟乳石，从大块受侵蚀的石灰岩上垂悬下来。

# 安达曼海珊瑚礁

东南亚大规模、连贯的珊瑚礁地区之一，生活着多种鱼类、珊瑚和其他无脊椎动物。

安达曼海位于印度洋的东北角，其东侧是泰国和缅甸的海岸和沿海岛屿，西侧是尼科巴群岛。这一带的大多数珊瑚礁都属于裙礁，其总面积约为5000平方千米。珊瑚礁中生活着多种海洋生物，包括500多种鱼类、200多种珊瑚。这些珊瑚礁和附近的岛屿也是濒危海龟重要的觅食地和繁殖地。

△ 梳状珊瑚

这种软珊瑚以其独特的梳子状外形而闻名。它那长长的、没有任何分叉的珊瑚柄能长到1.5米宽。

# 努沙登加拉群岛

印度尼西亚南部的一连串珊瑚岛。环绕在岛屿边缘的大片礁石中，生活着多种海洋生物。

努沙登加拉群岛从巴厘岛一路向东延伸，包括龙目岛、松巴哇、弗洛勒斯岛等好几个大型岛屿，以及500多座较小的岛屿。这些岛屿周围的很多裙礁，还没有被人类勘探过。但总的来说，这片地区中约有500种造礁珊瑚。在这些珊瑚礁周围能看到的常见动物包括：燕魟、突额鹦嘴鱼、多种裸鳃类动物（海蛞蝓）、章鱼等。

△ 密集的栖息地

就在水面以下，一大片石珊瑚覆盖着一片裙礁，一直铺展到离弗洛勒斯岛东部海岸线几百米外。

# 西伯利亚针叶林

北极圈边缘的一大片森林，以针叶林为主。在那里，漫长的冬季几乎可持续半年。

广袤的西伯利亚针叶林是一片北方森林，覆盖着约670万平方千米的地区，从乌拉尔山脉以东一直绵延到太平洋。它从俄罗斯北部针叶林和苔原融成一片的北极圈边缘，一路向南延伸到蒙古。和其他的北方森林一样，西伯利亚针叶林中生长的树木主要是针叶树，从最西面的云杉、松树和落叶松的混合林，逐渐过渡到俄罗斯东部和蒙古境内清一色的大片落叶松。

### 不断变化的林冠

在南部地区，生长茂密的树木形成了"郁闭冠层"森林。几乎没有什么阳光能穿透茂密的枝叶，抵达下方布满苔藓的森林地面。然而，随着森林向北方延伸，森林中的植被越来越稀少，地面上地衣取代了苔藓。在更温和的地区，占主导地位的针叶树和桦树、山杨、柳树等阔叶树混合生长。在东部地区，沼泽和泥塘滋养着蔓越橘、覆盆子等下层灌木。而在西部地区，排水不良和永久霜冻意味着这些地区不得不让位于没有树木生长、海绵状的浅沼泽地。

▷**精准定位猎物**

乌林鸮主要捕食小小的啮齿动物。它凭借自己杰出的听力，精准定位猎物的位置——甚至能找到藏身在雪地之下的猎物。

### 寒冷的气候

西伯利亚针叶林的冬季长达6～7个月，气候受寒冷的北极空气的影响。四季气温差异较大，从冬季的−54℃到夏季的21℃。但−60℃和40℃这样的极端气温并不罕见，年平均气温在0℃以下。

## 西伯利亚针叶林中的树木种类，等于所有热带雨林中的树木种类的总和。

◁**雪林**

在西伯利亚针叶林，积雪一直持续到每年5月，在9月或9月之前又会卷土重来。然而，覆盖着白雪的树木起到了隔离作用，因此地面比森林上空暖和。

△ **不断变化的地形**

在西伯利亚针叶林中的许多区域，针叶树簇拥在河流两岸。河岸边更肥沃的土壤给树木提供了更好的生长环境。

### 从针叶林到苔原

针叶树的生长情况根据纬度的不同而千差万别。南部地区的树木更加高大、密集。但树木的密度和高度会随纬度变高而逐渐下降。最后，在针叶林彻底被苔原取代之前，广阔的大地上只有稀稀拉拉的几棵矮小树木。

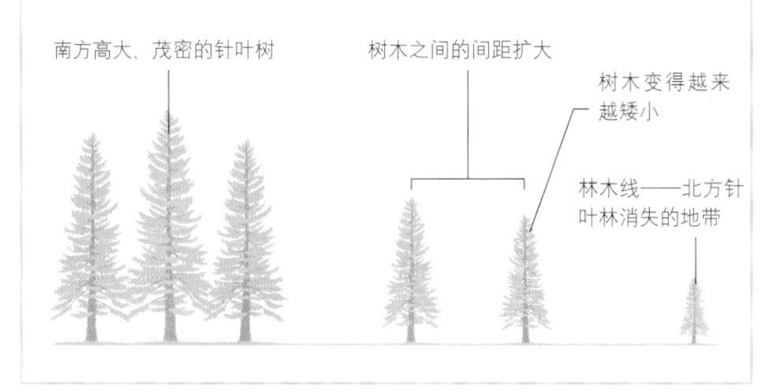

# 喜马拉雅东部森林

生长在世界最高山脉上的大片树木，森林中有多种动植物。

喜马拉雅东部地区以温带常绿阔叶林和落叶林居多，位于海拔2000～3000米处，面积约为8.3万平方千米，从尼泊尔中部向东绵亘到不丹境内，随后进入印度东北部。

## 植物宝库

这是 个生长着多种植物的生态区，树木种类随着海拔和地形的不同而千变万化。在温带常绿林中，橡树、木兰、肉桂等树木和杜鹃灌木丛交错生长。在有些地区，比如不丹境内，光是杜鹃就有60个品种。温带落叶林中主要生长着枫树、桦树和胡桃。而在更加潮湿的尼泊尔境内的东部地区，这些树木让位给了木兰和枫树，以及更多的热带灌木丛，比如鹅掌柴，以及一丛丛的竹子。

在这一生态区中，至少已发现了125种哺乳动物，包括一些本地特有的动物，比如比氏鼯鼠。生活在这一带的濒危动物包括短尾猴和云豹等。

▷花卉展览
杜鹃花点缀着朝南的山岭。除了这些长势兴盛的杜鹃，这一带还生长着橡树、附生兰、蕨类植物和苔藓等植物。

▽彩虹色的羽毛
这种棕尾虹雉，是生活在这片森林中的约500种鸟类中的一种。色彩斑斓的雄性棕尾虹雉是尼泊尔的国鸟。

# 太平洋山地森林

这片海拔高、多丘陵的地带，是日本的七大森林生态区之一，阔叶林和冷杉林覆盖着三个岛屿的部分地区。

落叶硬木林和冷杉林、竹林间杂，是太平洋山地森林的主要特色。这片森林沿着日本最大的岛屿——本州岛 一靠太平洋的一侧绵延，并延伸到四国岛和九州岛。这一温带生态区覆盖着约42 000平方千米的土地。

在这片森林中，一年四季气候潮湿，但树木必须适应变化巨大的季节性气温。冬季寒冷多雪，平均气温低于0℃。但到了夏季，气温会上升到25℃甚至更高。山毛榉和冷杉是这片森林中的优势树种，除此，森林中还生长着枫树和橡树。其下层林中生长着菲白竹，一种矮小的竹子。各种树木的种子、坚果和树皮，给亚洲黑熊、梅花鹿等哺乳动物，以及灰腹绣眼鸟等鸟类提供了美味佳肴。而这些动物反过来为树木散播种子，让这片树林得以不断更新换代。

◁粉红色的山中小径
些地区中，除了山毛榉和枫树，还生长着其他阔叶树，比如橡树和日本山樱。鲜艳的山樱在成片的冷杉林中显得格外亮眼。

# 长江上游森林

位于长江和黄河之间的大片常绿林和阔叶林，是中国的国宝大熊猫的故乡。

长江上游森林从横断山脉一路向东延伸，穿越四川、陕西等省。这一生态区面积约为39万平方千米，由四川盆地的常绿阔叶林、大巴山常绿林和秦岭落叶林组成。

这一地区北部的森林由落叶林和混合针叶林构成，这些树木能适应该地区较为凉爽、相对温和的气候。地势较低的秦岭山脉中的森林中，生长着茂密的竹子，为珍稀的大熊猫等物种提供食物和庇护之所。在较为温暖的四川盆地，亚热带常绿阔叶林生长兴盛。20世纪40年代，人们正是在这里发现了水杉——一种落叶针叶树。在此之前，只有化石中才有这种树木的遗迹。

▽绚美的秋叶

到了秋季，秦岭山麓一带的橡树、胡桃木和枫树，创造出了一派色彩斑斓的美景。这片地区也是古老的银杏树的故乡，银杏树的树叶会在秋季变成金黄色。

**气候**

因为海拔较高，长江上游的气候大体比较温和，冬季不是特别寒冷。而海拔较低的四川盆地，温度能上升到29℃。该地区的湿度总体较高。

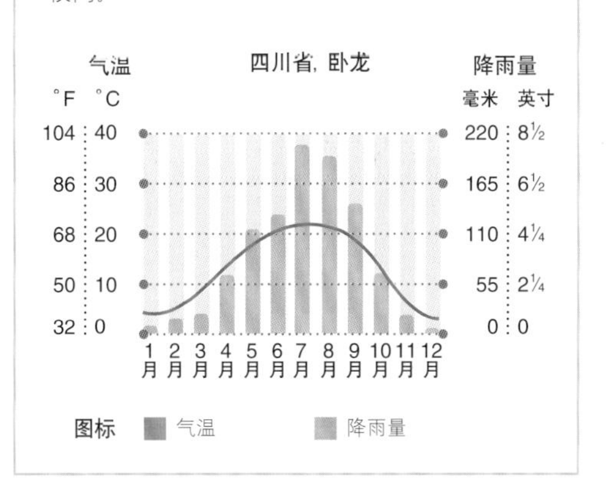


长江上游森林中的哺乳动物的种类，占中国哺乳动物种类的五分之一。

▽以竹子为食

由于人类的扩张，曾经在低海拔地区极为常见的大熊猫，现在迁居到山区。由于竹子构成了大熊猫99%的食物，它们只能生活在竹林长势兴盛的地区。

# 婆罗洲雨林

一片由3个国家共同管辖的生境，目前其生态受到了威胁，是15 000多种植物的原产地，也是世界上历史悠久、物种丰富多样的雨林之一。

婆罗洲岛分属马来西亚、文莱、印度尼西亚三国，岛上分布着亚洲最大的雨林、同时也是世界上古老的雨林之一，拥有1.3亿年的悠久历史，比亚马逊热带雨林（参见第120—121页）老7000万年左右。婆罗洲雨林极具生物多样性，在这片只占地球陆地总面积1%的岛屿雨林中，拥有全球约6%的动植物物种。

## 大量的硬木

在这片雨林的植物中，有一类称为“龙脑香科树”的热带硬木。这一科中的许多树木，能长到60米。龙脑香科树共有600多个品种，其中绝大多数品种生长在海拔最高可达1000米的东南亚地区。而生长在婆罗洲的低海拔雨林中的龙脑香科树的数量，超过其他地区。该地区拥有270多种龙脑香科树，包括备受赞誉的坤甸铁樟木。这种树木的木质是如此细密，因此无须进行任何加工处理。婆罗洲的热带雨林，包括许多分布在内陆山地地区的雨林，也是形形色色的其他多种生物的家园。自1995年以来，人们已经在这片地区发现了超过360种新的植物。此外，这个岛屿是1400多种两栖动物、哺乳动物、鸟类、爬行动物和鱼类的家园，很多动物是其他地区找不到的。

## 受到威胁的雨林

然而，这一物种的宝库却面临着重重危机。直到20世纪70年代早期，在婆罗洲743 330平方千米的土地上，超过四分之三的土地都覆盖着茂密的热带雨林，且热带雨林在低海拔地区分布最为稠密。自那时起，至少有三分之一以上的热带森林遭到了破坏。森林火灾和种植油棕榈树是部分原因。但人们对价值极高的龙脑香科树的需求，导致这片雨林遭到工业级的大量砍伐，特别是在岛屿北部的马来西亚沙巴州和沙捞越州中，预计在这一区域中，有80%的雨林遭到了损毁。为了保护这一生境，2007年，位于岛屿中部的22万平方千米的雨林被划入保护区中，这就是“婆罗洲心脏”计划。

**◁独特的叫声**
这种夜间活动、生活在树上的大壁虎，只是婆罗洲众多爬行动物中的一种。大壁虎（tokay gecko）能长到40厘米，这种动物得名于它发出的类似“to-kay”的叫声。

**△受保护的树木**
在马拉西亚沙巴州丹浓谷自然保护区的一片低海拔龙脑香科树森林保护区中，一些高大乔木的树冠（称为露出层）露出在清晨的薄雾之上，而雨林的其他部分全都笼罩在晨雾之中。

**在婆罗洲雨林的小小0.01平方千米土地中，能找到240种不同的树木。**

### 绞杀榕怎样生长

在大多数情况下，一颗黏黏的绞杀榕种子会在热带雨林中的一棵大树的枝干上发芽生长。这颗种子是猴子、鸟儿或蝙蝠吃了果实后留在树干上的。幼苗会长出长长的根、根系顺着宿主的树干往下伸展，直到钻入土壤中。最后，绞杀榕的根系像脚手架一样将大树树干牢牢围住，宿主的根系不得不和绞杀榕的根系竞争。而绞杀榕茂密的树叶也会遮蔽宿主树木的树冠。最后宿主死亡，而绞杀榕生存了下来。

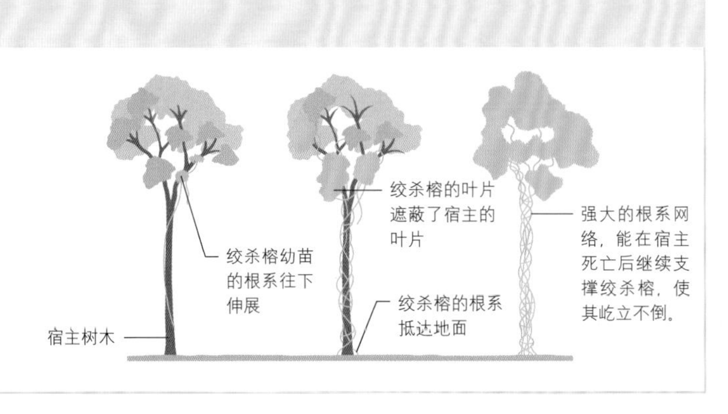


**▷维持生命**
婆罗洲雨林中生活着多种高度濒危的动物，包括极度濒危的婆罗洲猩猩。它们依赖龙脑香科树生存，这些树木是它们食物之源、庇护之所。

◁**巨型兰花**

巨型兰花是兰花中的女王，被认为是世界上最大的兰花品种。在高大树木的分杈中，也许能觅得它的芳踪。婆罗洲有1700多种兰花品种，巨型兰花是其中之一。

# 特赖－杜阿尔稀树草原

喜马拉雅山麓的一片肥沃的狭长地带，生长着世界上最高的野草。

特赖－杜阿尔稀树草原是一片由稀树草原和多沼泽的草甸构成的狭长地带，草原中点缀着一片片残余的古老森林。这一地区从尼泊尔境内的喜马拉雅南麓，向东延伸到不丹和印度境内。包括恒河在内的好几条河流流入这一地区，形成了一大片沙子、淤泥和碎石构成的冲积扇地区。这正是野草和芦苇生长的理想环境。

△ **最早开花的植物**

甜根子草是特赖-杜阿尔地区的洪水退却之后，第一种发芽的野草。

### 青草的森林

特赖地区生长着世界上最高的青草，一些品种的青草（合称象草）能长到7米以上。这些“青草森林”为泽鹿、姬猪和水牛等有蹄动物提供了完美的掩护。而该地区的各个国家公园，则是印度犀、孟加拉虎的避难所。此外，这一生态区中也生存着沼泽鳄、罕见的印度鳄，以及多种鸟类，包括3种当地特有的鸟类。

# 东干草原

世界上最大的温带草原，是一片无边无际、连绵不断、清风吹拂的平原，易于出现季节性的极端气温。

东干草原是广阔无垠的欧亚大草原的一部分，在这片面积达887 330平方千米的地域中，绝大多数是草原。它从西伯利亚南部一直延伸到中国东北部的沿海山丘，从阿尔泰的山脉向东绵延到大兴安岭山脉。

◁ **草原国度**

蒙古境内，广袤无边的东部大草原看似空空荡荡、一无所有，但其实十分富饶，足以养活形形色色的野生动物，包括旱獭、食草动物和多种猛禽。

### 气候极端的严酷环境

这一地区的环境比欧洲的西干草原（参见第175页）严酷得多，因此这一地区较少受到农业活动的影响。然而对这一极为脆弱、极易退化的生境来说，放牧绵羊和山羊仍然是一大持续性的威胁。该地区的年度降水量只有250～500毫米，气温在冬季低至-20℃，而夏季高达40℃，但这些坚韧的野草仍然能够茁壮生长。在海拔较高的地区，降雨量有所增加。而堆积在各个山峰上的白雪也会以溪流的形式流淌下来，滋润下方干涸的土地。

## 气候

特赖-杜阿尔地区终年炎热、潮湿，但气温常常在旱季快结束时飙升到40℃。每年的季风雨会引发全境洪水泛滥，带来肥沃的淤泥，给土壤补充沉积物。

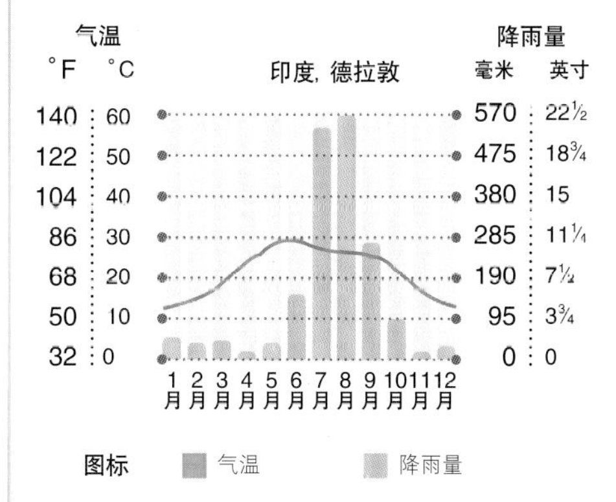


◁渡河
在尼泊尔的皇家奇旺国家公园中，一只罕见的印度犀在河水中纳凉。在5种犀牛中，这种犀牛最喜欢在水中生活。

# 西伯利亚苔原

一片非常寒冷、经常冰冻的土地，大部分位于北极圈内，但即便在最严苛的环境中，也有生命存在。

俄罗斯东北的西伯利亚苔原，从南方针叶林的边缘地带（参见第254—255页）穿越中间的北部海岸地区，一直向东延伸到楚科奇半岛。

气温跌至-40℃的漫长冬季，在西伯利亚苔原地区可谓司空见惯。夏季短暂而凉爽，天气变得暖和起来，但气温也只上升到12℃左右。劲风速度可达100千米/小时，而冰冻的土壤层（称为永久冻土，见第175页）有可能厚达600米。然而，一簇簇野草、菌类和长势低矮的灌木丛，仍然设法生存了下来，给大群大群的昆虫、候鸟和哺乳动物提供了关键的营养来源。

▷雪中的幸存者
驯鹿身上的两层皮毛提供了绝佳的隔热，它们靠莎草、苔藓和地衣生存下来，它们甚至能找到雪下的食物。

▷大片的羊胡子草
北极羊胡子草生长在潮湿的土壤中，每年在短暂的夏季中开花，它们给驯鹿崽子提供了食物。

# 阿拉伯沙漠

亚洲最大的沙漠，分属于9个国家，位于群山环抱之中，是世界上较大的不间断沙漠。

阿拉伯沙漠面积约为230万平方千米，它浩瀚无边，几乎横贯整个阿拉伯半岛。阿拉伯沙漠的大部分位于沙特阿拉伯境内，但它也向西南方延伸到也门境内，向东南方延伸到阿曼境内，向东沿着波斯湾延伸到阿拉伯联合酋长国和卡塔尔境内，向东北方进入科威特和伊拉克境内，向西北方进入约旦境内，并伸向埃及一角。

## 气候极端的地区

阿拉伯沙漠的南部是一望无际的沙漠地带，东部是砾石或盐沼平原，西部是火山区。夏季气温可高达50℃，冬季的夜晚则会降至0℃以下。生物在这样严苛的环境下似乎难以生存，然而，这里生活着令人吃惊的大量生物，特别是蝗虫、蜣螂等昆虫，还有大量蜘蛛、蝎子等。这些生物为多种蛇类和蜥蜴提供了食物。而哺乳动物，包括跳鼠、山羊、瞪羚等，在沙漠的绿洲中和沙漠的边缘地区找到了足以维生的丰富植被。

在阿拉伯沙漠的地表下，储藏着丰富的地下水。这些地下水，从距今260万～11 700年前的更新世时代一直存留至今。近年来，这一地下水资源和该地区丰富的原油资源，得到了人类的开发利用。

▷沙漠中的幸存者

罕见的阿拉伯剑羚曾一度在大自然中绝迹，后来这种动物被重新培育，现在它们在阿拉伯沙漠中自由漫步，以野草和植物根系为食。其明晃晃的白色皮毛，过滤了沙漠阳光中最有害的成分。

◁**流动的沙海**
在阿拉伯沙漠的南部，坐落着鲁卜哈利沙漠（又名空白之地），这片沙漠的面积大致和法国国土面积相当。名为“夏马风”的强劲大风，一年两次吹动体量巨大的沙子，重塑一片片沙丘的面貌。

**星形沙丘是怎样形成的**

尽管大多数沙丘是月牙形的，但地球上有近10%的沙丘呈星形。从几个不同方向吹来的风将一堆堆沙子吹在一起，形成了星形沙丘的三条或更多条“手臂”，这些“手臂”是从位于星形沙丘中央的一个高点，向四面辐射出来的。阿拉伯沙漠中的星形沙漠，位于鲁卜哈利沙漠的东部地区。

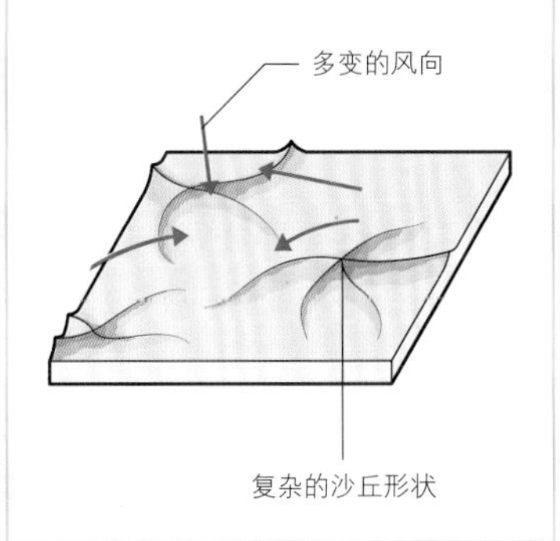

△**月球般的地貌**
约旦南部的瓦迪伦地区（又名月亮谷）存在着过去火山活动的迹象。火山活动形成的花岗岩和沙岩平顶山，在沙漠的地表上耸起800米之高。

阿拉伯沙漠的年平均降雨量不到100毫米。

# 卢特沙漠

一片拥有壮观沙丘的盐沙漠，是地球上最炎热的地方之一。

伊朗东南部的卢特沙漠（意为寸草不生）是一片炎热的盐沙漠。一次针对全球地表温度的卫星成像研究结果显示，卢特沙漠的气温，在7年中有5年达至世界最高温。2005年，曾在该地区测量到高达70.7℃的高温。

## 黑沙与高温

这片沙漠的地质条件，是造成极端炎热气候的一大原因。卢特沙漠地表上大多数是黑沙，主要成分是磁铁矿。磁铁矿物比浅色的沙子吸收的辐射能更多，导致地表温度升高。雅丹风蚀地貌是卢特沙漠的另一显著特征。季节风蚀刻而形成的巨大的、高高的岩石山脊，赋予了卢特沙漠波澜起伏的外观，特别是在其西部边缘地带。

△**移动的沙丘**
预计卢特沙漠的面积为51 000平方千米左右。在这片沙漠的东部地区，沙漠中的风将沙子更多的地区塑造成一片片庞大的移动沙丘地。

# 卡拉库姆沙漠

里海东部、咸海南部的植被稀疏的沙漠地区，由三片沙漠地带组成。此外还包括一个已经燃烧了数十年的火山口。

中亚的卡拉库姆沙漠面积约为35万平方千米，占据了土库曼斯坦约70%的领土。

### 三片沙漠形成

南部是盐沼地区，中部是富含矿物质的平原，北部贫瘠、海拔更高。中部地区有一些高达75～90米的沙脊，以及一些新月形沙丘和四周布满泥土的洼地，后者的年平均降雨量为70～150毫米，雨水积蓄起来会形成暂时性的湖泊。野草、苦艾和树木，为野生动物提供了食物和遮风挡雨的地方。

黄棕色的毛皮是一种保护色

不锋利的爪子有助于刨土

◁保护良好的足部
沙丘猫的脚垫上覆盖着厚厚的毛皮，方便它们在卡拉库姆沙漠炎热多石的地面上行走。

▷地狱之门
1971年，苏联的一次钻探事故导致达瓦札村附近形成了一个巨坑，这个巨坑中常年喷出有毒的甲烷气体。气体燃烧的烈焰至今没有熄灭。

# 塔克拉玛干沙漠

中国最大的沙漠，由一片片移动的沙丘地组成，不时会遭到龙卷风般的沙尘暴肆虐。

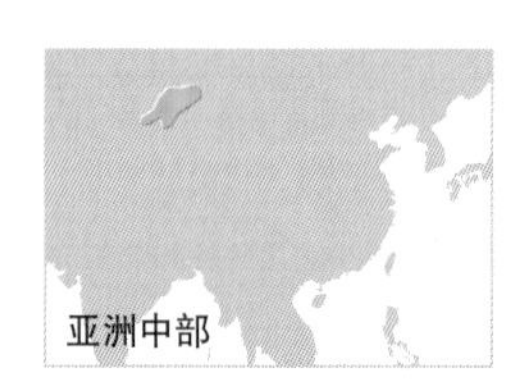


塔克拉玛干沙漠是世界上第二大流沙沙漠，仅次于撒哈拉沙漠，在中国被称为“死亡之海”。在20世纪50年代，在它下方的塔里木盆地油田被发现之前，几乎无人敢于直面这片沙漠极端严苛的气候环境。

### 黑沙暴

塔克拉玛干沙漠面积达到32万平方千米，浩瀚的沙漠中沙丘（见右图）不断移动变幻，因此很难顺利穿越，尽管在位于其北部边界的天山山麓零散分布着一系列孤立的绿洲。除了经常移动之外，这些沙丘本身也令人望而生畏。有的沙丘链宽达500米、高达150米，而各个沙丘链之间的距离从1千米到5千米不等。猛烈的狂风也常常引发黑风暴，或者称为“黑色的飓风”，突如其来的强烈沙砾风暴，飞沙走石、遮天蔽日，完全挡住了阳光，并形成了高达4000米的尘埃云。

尽管群山从三个方向环绕在这片沙漠周围，从山间流下的融雪水汇成好几条河流，流入这片沙漠之中，但这片沙漠中真正的降水却微乎其微，一年只有10～38毫米。沙漠中的地下水位于地表之下3～5米处。但将石油和天然气通过1995年修建的一条高速公路运出塔里木盆地的做法，正在破坏所剩不多的地下水。

尽管塔克拉玛干沙漠被划分为寒漠，这里的夏季气温仍有可能会飙升到38℃。

# 塔尔沙漠

塔尔沙漠是世界上人口最稠密的沙漠，它得名于标志性的沙脊，这些沙脊是在过去180万年中形成的。

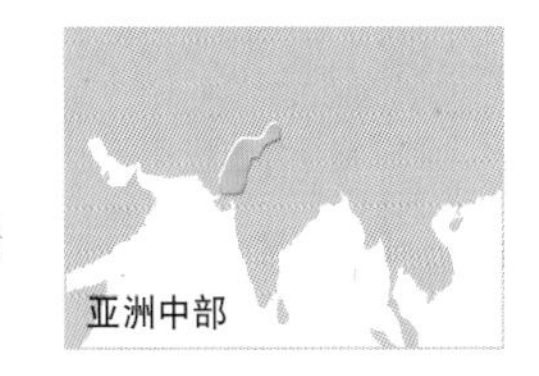


▷濒临灭绝

塔尔沙漠为埃及秃鹫（又名白秃鹫）提供避难所。这种秃鹫在其他地方已经濒危，它们的栖息地遭到破坏是一大原因。

塔尔沙漠又称为印度大沙漠，分属于两个国家，其中约15%的面积属于巴基斯坦，绝大部分位于印度境内，主要分布在印度的拉贾斯坦邦。

一座座起伏不平的沙丘，赋予了塔尔沙漠（Thar Desert）名称，Thar源自于当地语词thul，意为“沙脊”。这片地区由变质片麻岩、沉积岩和冲积矿床构成。在过去的约180万年，这片地区逐渐被风吹来的沙子所覆盖。塔尔沙漠的部分地区是多沙的平原，而其他区域则是不断移动的沙丘地。在沙漠中还零散分布着一些光秃秃的山丘和大片的盐湖床。

从每年3月到7月，季节性的干燥西南风在这片沙漠中刮起，这段时间气温最高可升至50℃。从7月到9月，季风会给西部地区带来平均100毫米的降水，给东部地区带来多达500毫米的降水，这足以滋润沙漠中稀疏的灌木丛和野草，还有金合欢树等耐寒的树木。

△沙海

巨大的新月形沙丘像翻滚的海浪一样覆盖塔克拉玛干沙漠的西部。

## 纵向沙丘是怎样形成的

大多数沙丘是不同风向的风合力形成的。当两股从不同方向吹来、通常呈锐角的风相交时，就会形成纵向沙丘（或称为沙垄）。这样的纵向沙丘能延伸100千米甚至更长。

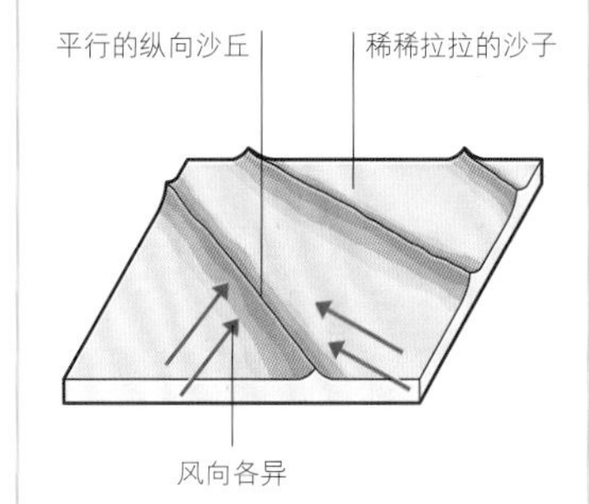

◁古老的白杨

塔克拉玛干沙漠相对温和的气候，使包括胡杨的一些植被能在这片沙漠中茁壮生长。生长在塔里木河附近的那些胡杨，在一定程度上加固了沙丘。

## 沙丘的位移

在盛行的东北风的吹拂下，塔克拉玛干的那些沙丘，每年会移动9米。吹到一座沙丘顶端的沙子，会落到沙丘的另一侧，从而逐渐使沙丘发生位移。

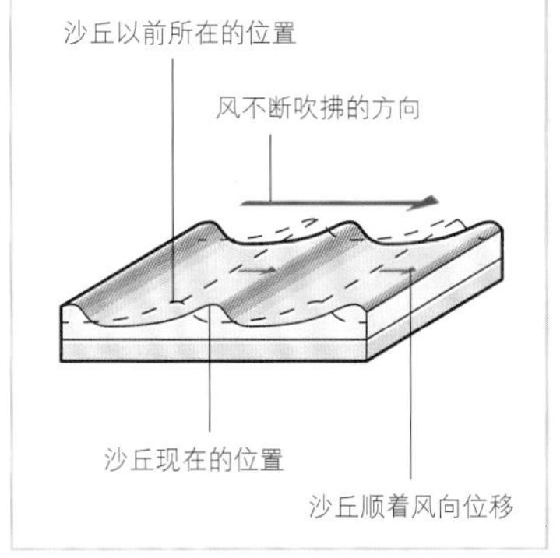

# 戈壁沙漠

海拔高、严酷、干燥。一片气候极端的沙漠，具有一种原始粗犷的美，而且戈壁沙漠中的沙子很少。

戈壁沙漠横亘在偏远的亚洲腹地，绵延130万平方千米，令人震惊。它是亚洲大陆的第二大沙漠，现在横跨在中国北部和蒙古南部。

### 没有水的地方

戈壁沙漠北临西伯利亚，南临青藏高原，位于喜马拉雅山脉的雨影区。喜马拉雅山脉挡住了大部分的积雨云。事实上，戈壁沙漠在蒙古语中称为gebi，意为“没有水的地方”。季风偶尔会湿润这片沙漠的西南角落。但这片沙漠以干旱气候为主，年平均降雨量只有100～150毫米，尽管飞雪会从西伯利亚大草原袭来，降落在沙漠北部地区。

夏季，这片沙漠中酷热难当，白天气温会升到50℃～66℃。而到了冬季，夜间气温会跌至-38℃。在短短24小时之内，温差有可能高达33℃。

戈壁沙漠的大部分地区是多岩石的，地表形成了荒漠砾幂。受到这样的地形的吸引，古代的商人们冒险穿越这片沙漠，使这片沙漠成了古代丝绸之路的一段必经之路。沙漠中点缀着一些崎岖不平的山谷、白垩或沙砾平原、岩石嶙峋的山丘，但在大部分地区，地面上的沙层都很薄。但在蒙古南部的戈壁阿尔泰山脉的山麓下，存在着一些庞大的沙丘，这是少数例外情况。

◁天生的强者
野生动物们以各种惊人的方式适应着戈壁沙漠的环境。长耳刺猬白天藏身于地下洞穴中。它们能不吃不喝撑10个星期。

## 戈壁沙漠中只有5%的沙子。

### 荒漠砾幂是怎样形成的

水力和风力共同形成了坚硬的荒漠砾幂。成千上万年来，极端干燥的地面上的粉沙颗粒，不是被风吹走了，就是在水分偶尔抵达沙漠地表时渗漏到地下。因此，地表上只剩下了沙砾。当沙砾中的矿物质，比如石膏，从土壤中吸收了足够的水分而溶解时，就会结合、凝固成团。荒漠砾幂就这样形成了。

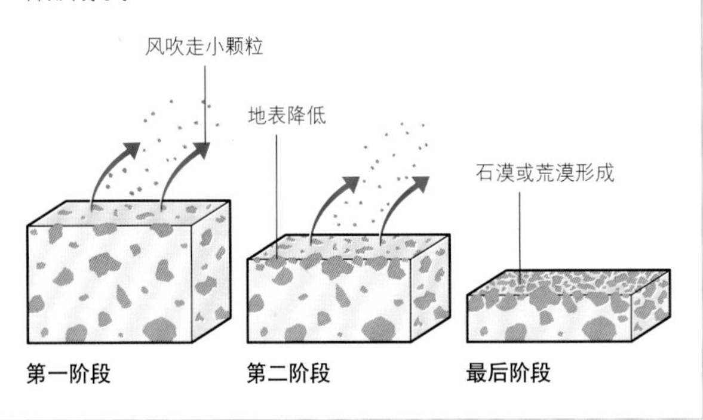

△红色岩层
红色是戈壁地区的主色调，因为那里的岩石中含有大量氧化铁。红色岩层通常由沙岩、沙泥岩和页岩构成。

▷会唱歌的沙丘
在蒙古的地干中，阿尔泰群山脚下的那一座座“会唱歌的沙丘”，有的高达300米。它们得名于风掠过这些沙丘时发出的声音。

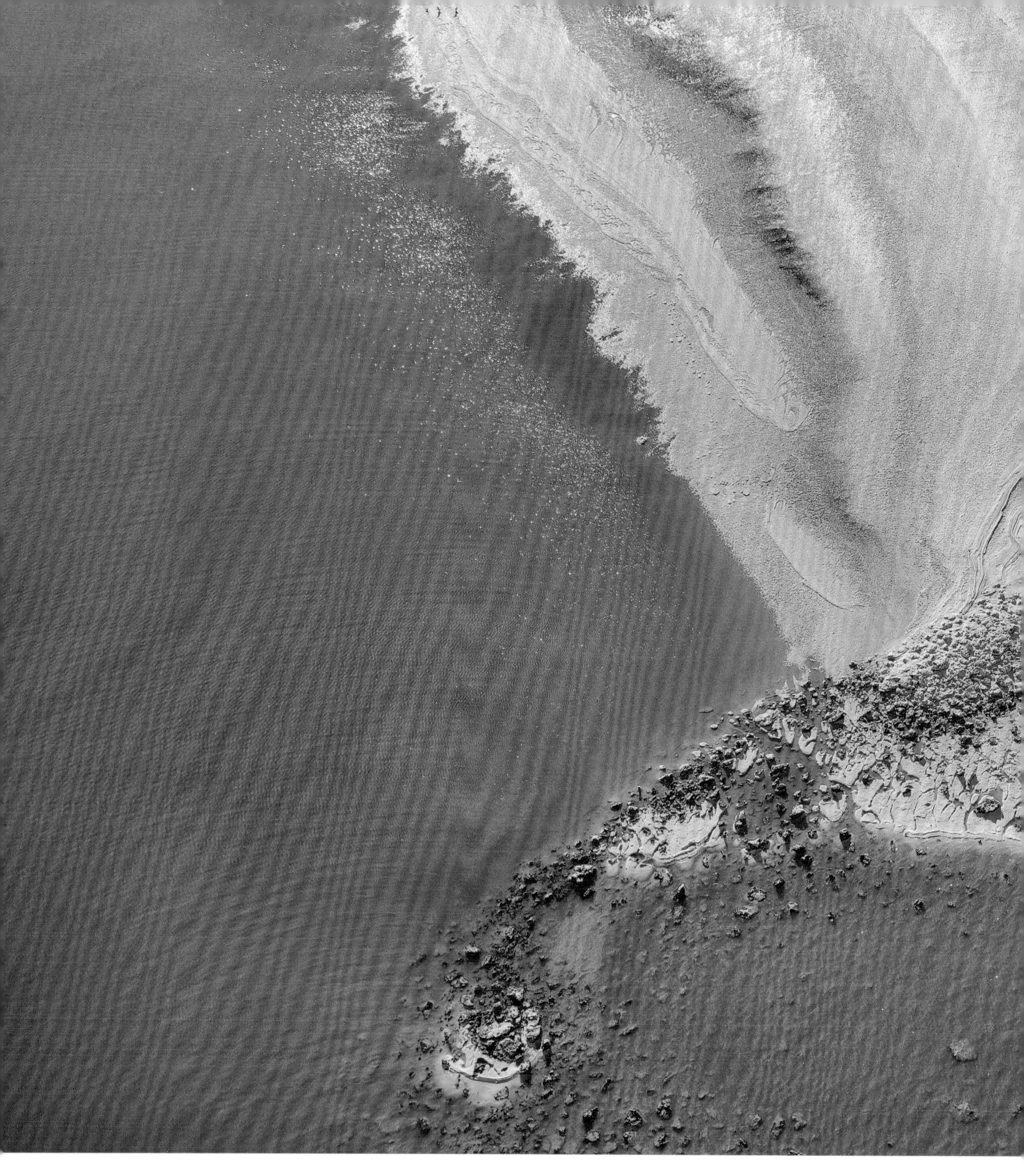

**古老的生命**

澳大利亚南部的艾尔湖，其面积随着不稳定的降雨量而增减。粉红色的湖水源自湖中一种嗜盐细菌的细胞膜中的色素。这种嗜盐细菌是世界上古老的生命体之一。

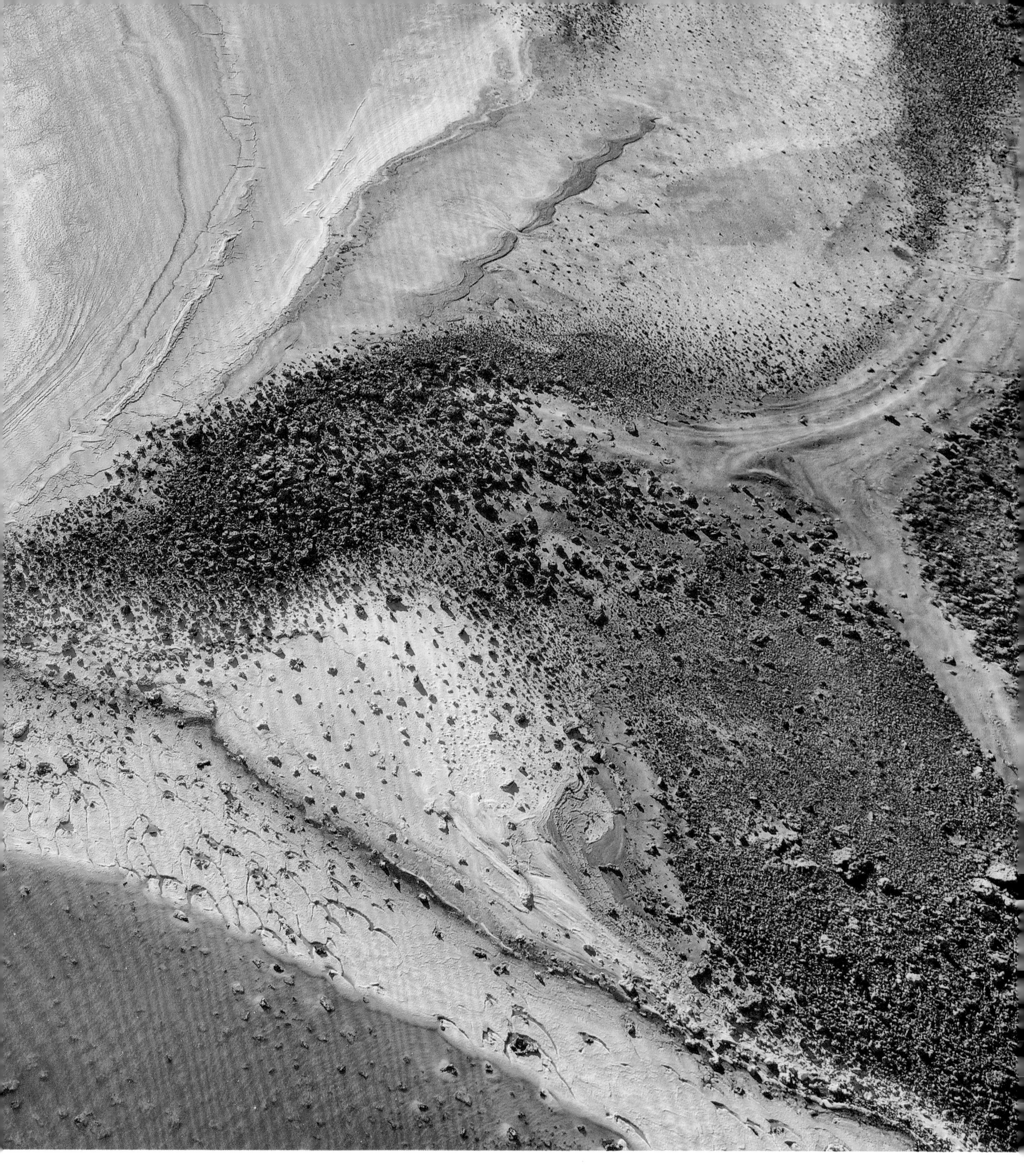

# 澳大利亚和新西兰

# 古老的土地

## 澳大利亚和新西兰

澳大利亚是世界上最小的大陆，四面环海，位于庞大的澳洲板块中间。澳洲板块的大部分被太平洋和印度洋淹没，但大大小小的岛屿在海面上星罗棋布，大的如新几内亚岛，小的如斐济群岛。新西兰横跨在澳洲板块和邻近的太平洋板块的边界上。

广袤、平坦、受到热带阳光猛烈炙烤的内陆地区，是澳洲大陆的主体。东部，群山连绵的大分水岭高高耸立，下方是气候潮湿、温和的海滨平原。世界上最大的一片珊瑚礁沿着澳大利亚东北角海岸延伸。而在遥远的东面，坐落着新西兰的两个岛屿，地处温带、白雪皑皑的崇山峻岭，波澜起伏的平原和活跃的火山地貌交错分布。

图标

- 早寒武纪（5.41亿年前）
- 古生代（5.41亿～2.52亿年前）
- 中生代（2.52亿～6600万年前）
- 新生代（6600万年前至今）

**地质**

澳洲大陆是海拔最低、最古老、最平坦的大陆。古老的东部山脉的，只有2228米。澳洲大陆远离所有板块边界，地质上非常稳定，没有火山活动。

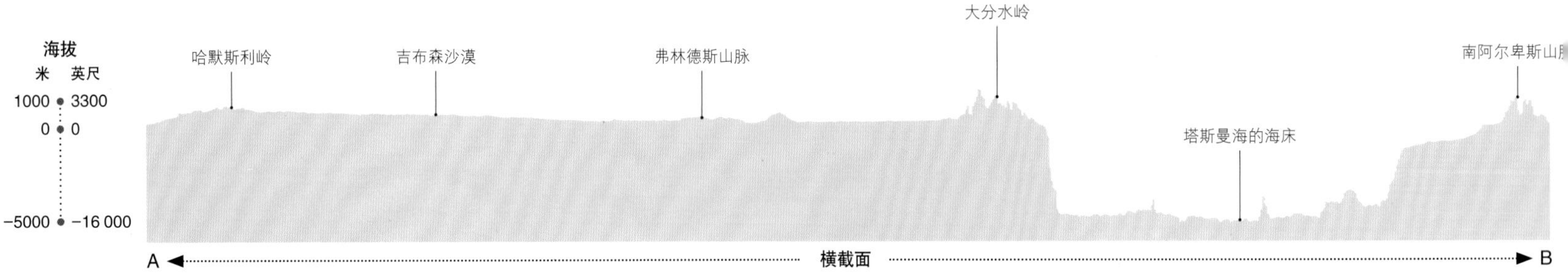

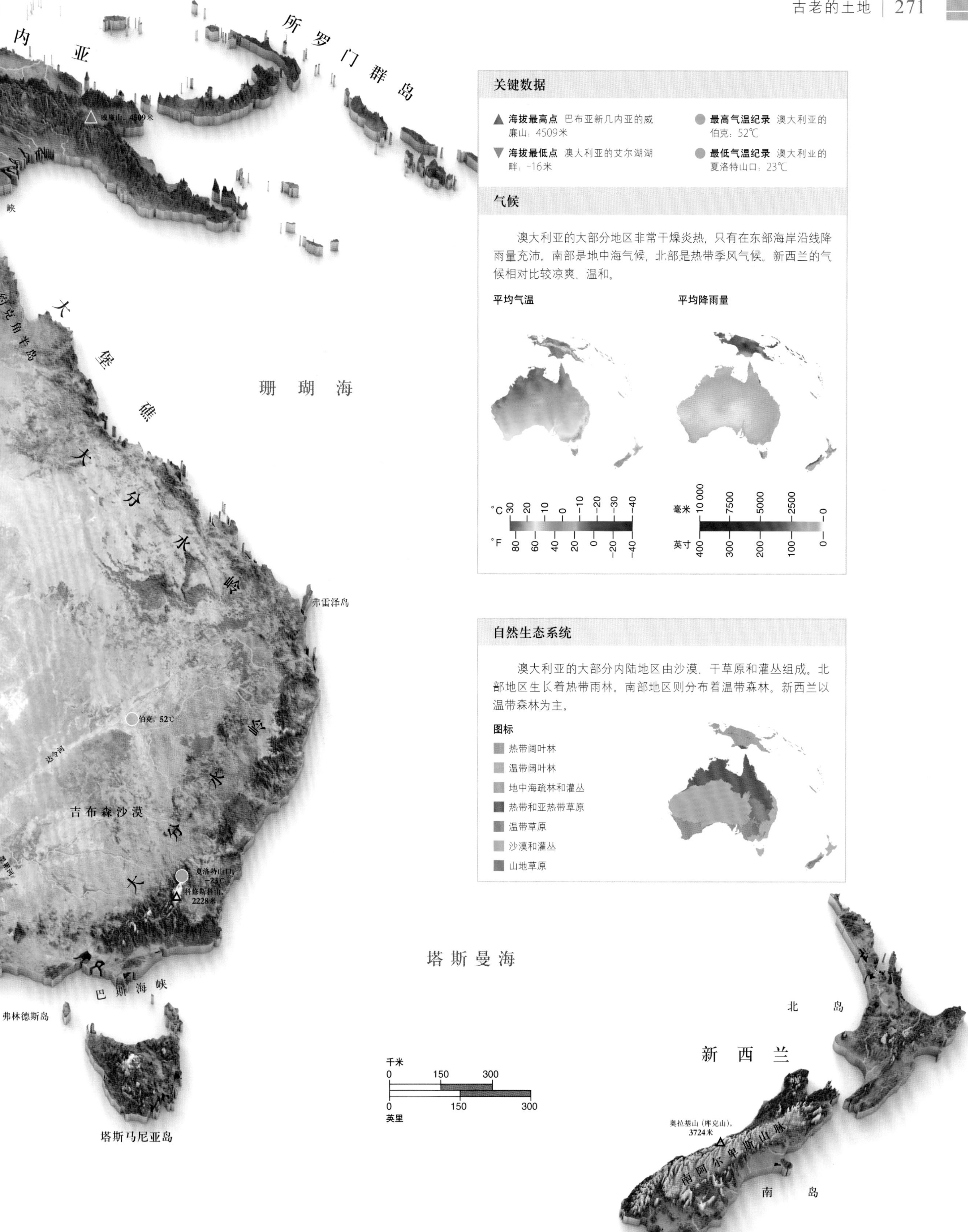


## 关键数据

▲ **海拔最高点** 巴布亚新几内亚的威廉山：4509米

▼ **海拔最低点** 澳人利亚的艾尔湖湖畔：-16米

● **最高气温纪录** 澳大利亚的伯克：52℃

● **最低气温纪录** 澳大利业的夏洛特山口：23℃

## 气候

澳大利亚的大部分地区非常干燥炎热，只有在东部海岸沿线降雨量充沛。南部是地中海气候，北部是热带季风气候。新西兰的气候相对比较凉爽、温和。



## 自然生态系统

澳大利亚的大部分内陆地区由沙漠、干草原和灌丛组成。北部地区生长着热带雨林。南部地区则分布着温带森林。新西兰以温带森林为主。

▷来自远古的铁
图中，在澳大利亚的一块克拉通上，曝露在哈默斯利岭中的带状铁形成物（富含铁矿的互层），已经有25亿年的历史。

▷古老的河流
芬克河从3.5亿多年前就开始流淌了。当时，它自由自在地流过一片平原，而现在平原已经变成了峡谷，峡谷在原来的平原之下。

◁浓烟滚滚的岛屿
塔弗弗火山是拉包尔破火山口中最活跃的喷火口。位于巴布亚新几内亚的新不列颠岛上的拉包尔火山，地质极不稳定、经常喷发。

# 澳大利亚和新西兰的形成

澳洲大陆是一片平坦、古老的大陆。它拥有一些地球上最古老的岩石。澳洲大陆景色卓绝的地貌是大自然在数亿年中逐渐雕琢而成的。

## 古老的地壳

澳洲大陆的西半部分是古老地壳岩石构成的澳洲地盾，它围绕三块称为“克拉通”的稳定地壳而形成。在其中一块克拉通的岩层中发现的杰克山锆石晶体，已经有44亿年的历史了，是地球上可确定年代的最古老的岩石。澳洲大陆的另一块克拉通，是地球上仅有的两块从未改变的太古宙地壳之一，另一块是南非的卡普瓦尔克拉通。澳大利亚阿尔卑斯山脉是在距今3.6亿多年前形成的，因此它们已经被磨平了不少，没有其他山脉那样高大，也没有锯齿状的山峰。一座座高原、一片片峡谷构成了这片土地的地貌。

澳大利亚拥有最古老的土地和地球上最古老的岩石。

## 火山群岛

澳洲板块沿着其北部边缘，压向巴布亚新几内亚北部的若干混乱无序的小型地壳构造板块。那一带有超过5个小型地质板块，包括新不列颠岛下面的南俾斯麦板块和北俾斯麦板块。由于庞大的澳洲板块和太平洋板块从两旁聚拢，这些夹在中间的小板块受到挤压、被来回推挤。有的小型板块坚持不了太久，纷纷潜没到其他板块下面，并融入地球的地幔。地幔中的熔融岩浆以一连串火山的形式，从上方的板块中出现，从而形成了美拉尼西亚（西南太平洋群岛）——世界上火山活动最活跃的地区。22座火山先后喷发、并形成了一座座火山岛屿，而其他一些火山则在海底先后喷发。坐落在新不列颠岛北端的拉包尔破火山口中，分布好几个猛烈喷发的火山喷火口。

## 孤单的旅程

在距今约1.5亿年前，澳大利亚和印度、南极洲相连，是南部超级大陆冈瓦纳大陆的一部分。但在约1.3亿年前，一条大裂缝在冈瓦纳内部出现，超级大陆分裂成了三块。约1亿年前，印度也分离出去，向北漂移，而澳大

### 大事件

**4.5亿年前**
在最终将成为澳大利亚的地方，形成了一片古老的海洋。随后，沙岩海床将在板块活动的影响下隆起。乌卢鲁岩和奥尔加山就是这一海床留下的遗迹。

**3亿～2.8亿年前**
随着澳大利亚和未来将成为南美洲和西兰蒂亚的陆地相撞，大分水岭形成。

**1.8亿年前**
在澳大利亚南部，雨林出现并保留下来，成为了冈瓦纳雨林。

**8500万年前**
一片最终将沉到海平面之下，并成为西兰蒂亚的陆地，从澳大利亚分离出去，当时澳大利亚仍然和冈瓦纳大陆相连。

**8000万年前**
一片未来将成为澳大利亚和巴布亚新几内亚的陆地，和冈瓦纳大陆的其他区域分离。

**5000万年前**
澳大利亚和巴布亚新几内亚，从南极洲分离出去并向北漂移，而南极洲向南漂移，靠近南极。

**2500万年前**
由于板块活动，曾经的远古海底向上隆起，形成了纳拉伯平原。

**50万年前**
大堡礁首次形成，但自此之后它曾多次退缩和扩张。

**6000年前**
冰河时代后，随着海平面上升，新几内亚成为了一个岛屿。

▷ **不可能的山峰**

沿着横贯新西兰的水平断层，出现了足够多的垂直位移，致使南阿尔卑斯山脉隆起。

△ **独一无二的野生动植物**

由于澳大利亚大陆和其他大洲隔绝，这里的不少野生动植物都是独立进化的，是澳洲大陆的特有物种。

利亚板块被南极洲拖向寒冷的南极。从距今8500万年前开始，澳大利亚逐渐从南极洲分裂出去。在约4500万年前，它终于彻底自由了，并开始向北漂移，现在澳大利亚板块仍然在继续向北移动。

尽管澳大利亚板块现在紧贴着欧亚板块，但和印度板块不同，澳大利亚板块的陆地从未和欧亚板块直接接触。澳大利亚及其附近的岛屿和欧亚大陆之间，仍然隔着深深的海水。澳大利亚的野生动植物独立进化，出现了一些澳大利亚独有的物种。

## 隐秘的大陆

那片在未来成为新西兰的大陆，在约8000万年前和南极洲、澳洲分离。沿着澳大利亚的西缘和南极洲的玛丽·伯德地的边缘地带，出现了一条大裂缝。新西兰向北漂移，塔斯曼海形成，将两个岛屿隔开。

2017年，科学家们肯定了长久以来的猜测，这条大裂缝所分开的不仅仅是现在的新西兰，而是一整片大陆。这片大陆90%以上的面积，现在已经沉没在水下。

这一潜没的大陆称为“西兰蒂亚”。根据构成这一大陆的地壳岩石所属的类型，现在它被认为是世界第八大洲。实际上，新西兰一半位于澳洲板块之上，一半位于太平洋板块之上。2500万年以来，随着这两大板块沿着相反方向漂移，新西兰的国土顺着阿尔卑斯断层（正是它导致南阿尔卑斯山脉隆起）逐渐分开。

**隐秘的大陆**

尽管现在新西兰和新喀里多尼亚的各个岛屿远隔重洋，但它们曾经是现已潜没的西兰蒂亚大陆中的至高点。

图标　汇聚边界　离散边界　转换边界

澳大利亚大陆开始从南极洲分离出去

西兰蒂亚

海平面以上的陆地

**9400万年前**

作为冈瓦纳大陆的一部分，澳大利亚大陆、西兰蒂亚仍然和南极洲相连。但这些陆地之间，很快就会出现一条大裂缝。

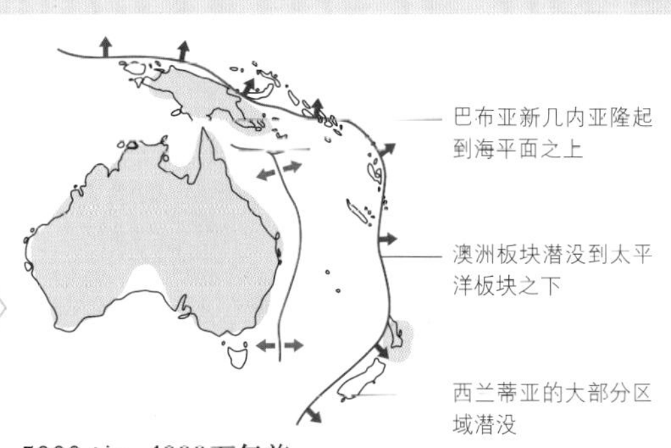


**5000万～4000万年前**

现在，澳大利亚大陆和西兰蒂亚脱离了南极洲。澳大利亚大陆快速向北方热带地区漂移，而西兰蒂亚向东北方向漂移，其大部分区域位于水下。

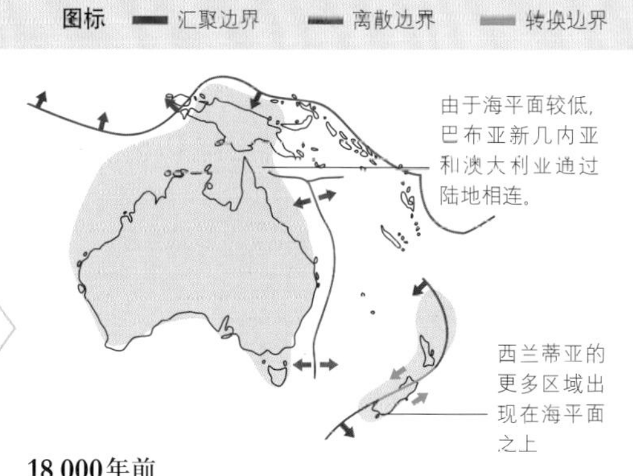


**18 000年前**

澳大利亚大陆离亚洲南部很近。冰河时代海平面下降，导致西兰蒂亚的部分区域露出水面，并导致巴布亚新几内亚和澳大利亚大陆相连。

△ 刀锋一般锋利

这一名为“面包山”的尖峰石林，以及沃伦本格山脉中的类似岩石露头，都是古火山留下的遗迹。

# 大分水岭

澳大利亚的主要山脉，沿着澳大利亚的东侧绵延3500多千米。

大分水岭是世界第三长的陆基山脉，它由多个部分组成，比如，南方的澳大利亚阿尔卑斯山脉、新南威尔士州的蓝山山脉和沃伦本格山脉、昆士兰州的克拉克山脉。大分水岭形成的原因很复杂，1亿多年前澳洲大陆从冈瓦纳超级大陆中分离出来是其中一个原因。

## 多姿多彩的景致

这一山脉中的各个区域地貌多样，景色多姿，从昆士兰州那些被郁郁葱葱的雨林覆盖的低矮山丘，到南部那些白雪皑皑的崇山峻岭，应有尽有。这一带的群山是澳大利亚许多大河的发源地，包括墨累河（参见第282页）。最高峰科修斯科山（2228米）位于澳大利亚阿尔卑斯山脉。该地区的野生动植物和地貌景观一样缤纷多样，有袋鼠和鸭嘴兽等。该地区也以丰富的农产品、木材和矿产资源而著称。

◁工业宝藏

宝贵的类金属元素锑，具有多种工业用途。大分水岭中分布着若干锑矿。

**粗犷的荒野地带**
位于蓝山山脉中的格罗斯谷，是一片混杂着干燥开阔的森林、壮丽的峡谷、峭壁和山谷的荒野地带。

## 澳大利亚阿尔卑斯山脉是怎样形成的

大分水岭的历史极为复杂，但从理论上说，它的一部分——澳大利亚阿尔卑斯山脉，是在一片叫作“西兰蒂亚”（参见第273页）的微型陆块从澳大利亚的东南部分裂出去时，开始形成的。现在，西兰蒂亚陆块的大部分淹没在水下（露出水面之上的部分就是新西兰）。而靠近澳大利亚一侧的裂谷边缘，经过岁月侵蚀磨平后，就形成了澳大利亚阿尔卑斯山脉。

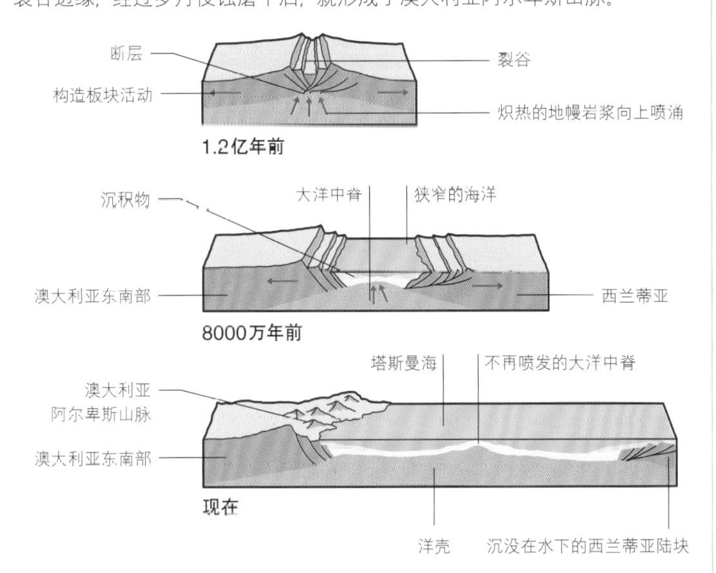

# 汤加里罗火山公园

位于新西兰北岛中央地区的一片火山胜境。

汤加里罗火山公园是新西兰的一个大型国家公园，其核心是三座活跃的成层火山，包括结构复杂的汤加里罗火山，它至少有12个彼此交叠的火山锥，还有数不清的火山口；瑙鲁赫伊火山，它只有一个高度对称的火山锥；鲁阿佩胡火山，它是新西兰最大的活火山。在当地毛利人的眼中，瑙鲁赫伊火山和鲁阿佩胡火山的顶峰是神圣的，其中鲁阿佩胡火山高达2797米，是新西兰北岛的至高点。整座公园中布满远古的火山口、凝固的熔岩流等火山景观，令人赏心悦目。

### 汤加里罗公园中的火山

这一公园的大部分区域都是火山区（灰色区域），其四周被森林（绿色区域）所环绕。一些小型火山主要集中在公园北端，它们分布在汤加里罗火山的周围地带。而每隔50年左右会出现一次大规模喷发的鲁阿佩胡火山，远远地在公园南部若隐若现。

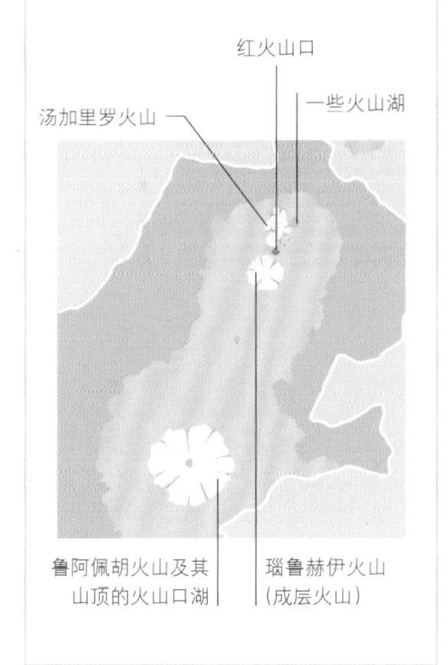


**▽火山口与湖泊**
从这张汤加里罗火山的照片中，能看到好几处火山口和湖泊。湖水的色彩源自周围岩石中渗漏的矿物质。

# 罗托鲁瓦地区

新西兰北岛的一个地区，拥有丰富多样的地热景观，包括间歇泉、五彩缤纷的温泉和不断冒泡的泥浆池。

在新西兰北岛的很大一部分地区，火山星罗棋布，具有悠久的火山活动历史。陶波湖位于北岛中心附近，是一座超级火山的所在地。这座火山的最近一次喷发约发生在1800年前。其南面是汤加里罗火山公园（参见第275页）。陶波湖的东北方是一个地热活动频繁的地区，通常被称为罗托鲁瓦地区，尽管这一地区中只有一部分地热活动，发生在罗托鲁瓦这个城市附近。除了间歇泉、温泉、火山喷气孔和泥浆池，这一地区中还有一些更加罕见的景观，包括一条温泉瀑布卡卡西瀑布、若干酸性的沸腾湖、若干泉华和大理石阶地、一座泥火山和一处泥浆温泉。

**▷硫黄阶地**
不断流动的温泉会将一些类石灰石的矿物质沉积下来。图中沉积的矿物质是硫黄，从而形成阶地。

**▽鲜艳的沉积物**
在一个称为怀欧塔普的地区中，分布着好几处温泉。图中这片温泉边缘的色泽，是含砷和含锑的矿物质沉积导致的。

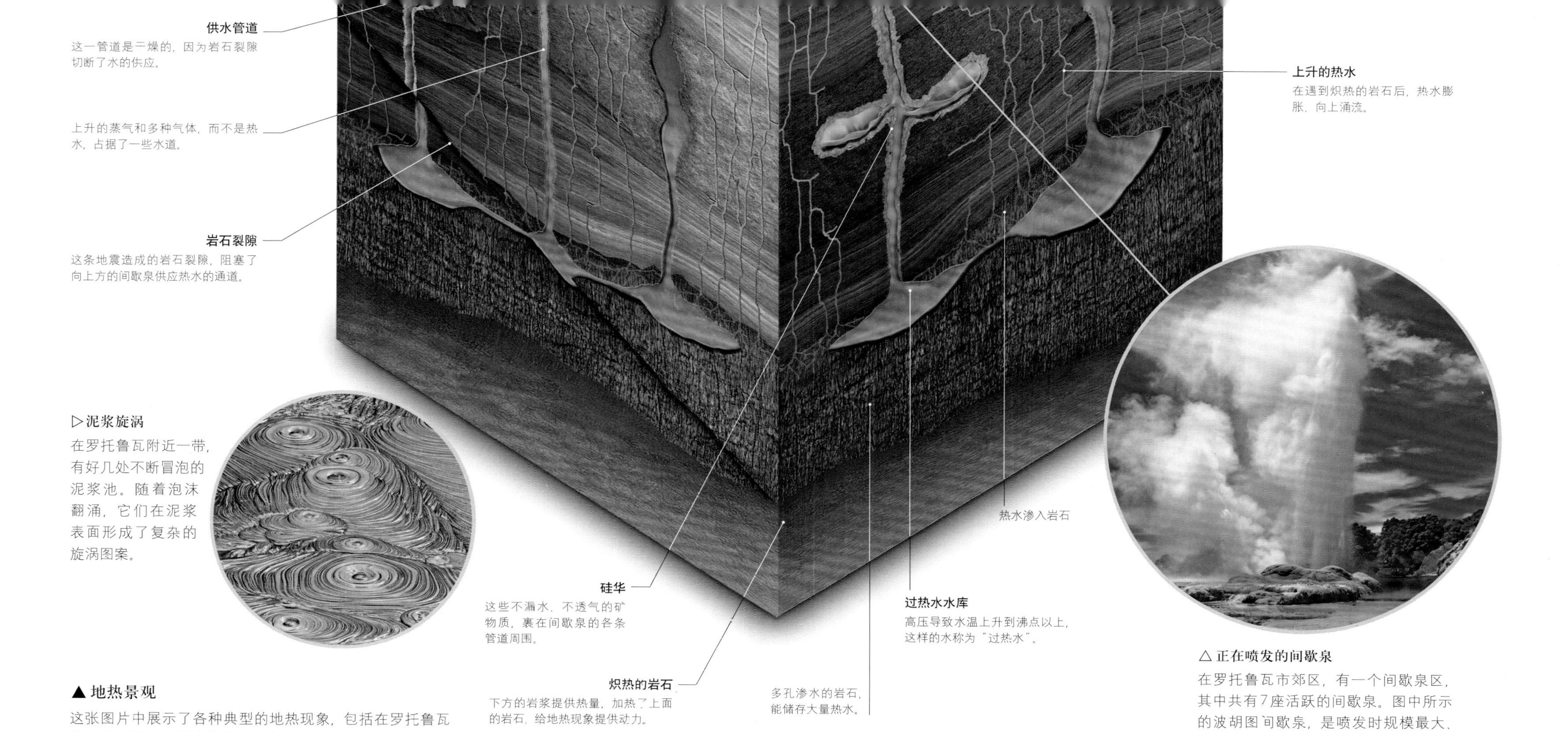


▷泥浆旋涡

在罗托鲁瓦附近一带，有好几处不断冒泡的泥浆池。随着泡沫翻涌，它们在泥浆表面形成了复杂的旋涡图案。

△正在喷发的间歇泉

在罗托鲁瓦市郊区，有一个间歇泉区，其中共有7座活跃的间歇泉。图中所示的波胡图间歇泉，是喷发时规模最大、声音最响的一座。

▲地热景观

这张图片中展示了各种典型的地热现象，包括在罗托鲁瓦地区能看到的多种地热景观。地热区坐落在破火山口之上。岩浆加热了上方的岩石，而岩石加热了往下渗透的水。这些热水形成了各种地热景观。

## 间歇泉是怎样喷发的

当温热的地下水占据了一个地下管道系统，而这些管道四壁都被一种称为硅华的矿物质裹住时，就会形成间歇泉。在这些通向地表的热水通道中，还得有一个狭窄的瓶颈地带。过热水从下往上涌流，导致管道系统的压力上升，最后高压迫使泉水从细窄的出口中喷出。随后，随着地下的压力值下降，一些过热水在转瞬间变成了水蒸气。水蒸气膨胀，使喷发过程继续，直到最后压力值下降至零。然后，这一循环过程又开始了。

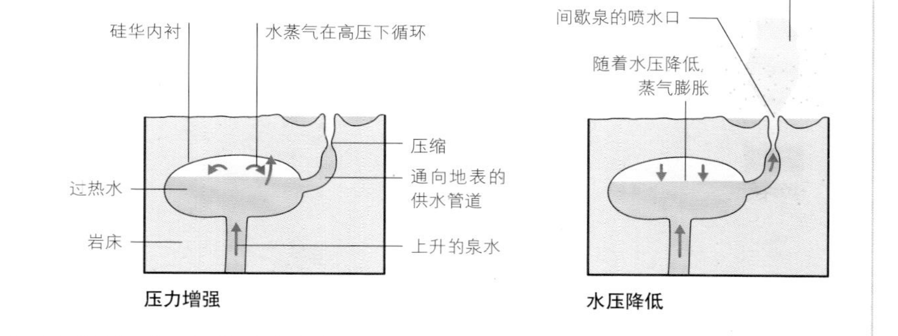


# 波胡图间歇泉一天最多会喷发20次，水柱能达到30米高。

# 海登岩

澳大利亚西部的一片古老的花岗岩山丘，沿着山体底部一侧分布着一些波浪一般的绝壁。

海登岩以其非同一般的岩石构造物而闻名于世。在其山体底部的部分区域，它的外形酷似滔天汹涌的海浪，因而被称为波浪岩。它被认为是山丘底部受到风化和侵蚀而形成的。在一开始，风化发生于地下。微酸性的地下水分解花岗岩，从而在之前稳定的山体底部，形成了一个由花岗岩碎片构成的凹坑。随后，海登岩周围的地表受到侵蚀而变得低矮，而花岗岩碎片构成的凹坑也消失了，只剩下波浪岩。据考证，采自其中的晶体已有27亿年的漫长历史，因此海登岩无疑是澳大利亚古老的岩石体之一。

◁波浪岩

这一岩体长约110米，高14米。灰色和琥珀色的条纹是雨水溶出矿物质而形成的。

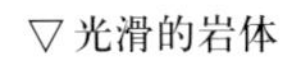

▽光滑的岩体

在很大程度上，宛如阵阵海浪袭来的幻觉感，是圆圆的崖壁带来的。在崖壁上方，岩石的顶面是光滑的，呈穹顶形。

◁高处不胜寒

奥拉基山（或称为库克山）极具攀登挑战性。其周围地区是一片一望无垠、遍布裂隙的冰原，好几条大型冰川沿着这片冰原逶迤而下。

## 阿尔卑斯断层

太平洋板块和阿尔卑斯断层擦肩而过，并略微压向澳洲板块，速度为每100年3～4米。这导致太平洋板块的地壳沿着断层带隆起，从而形成了南阿尔卑斯山脉。

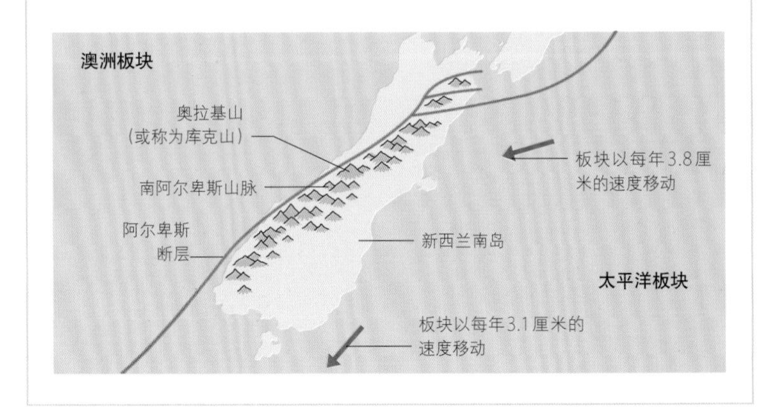

**秋景**
秋季，南阿尔卑斯山脉的东翼相对干燥、植被稀疏和气候潮湿、草木茂盛的山腰地区形成了鲜明对比。

# 南阿尔卑斯山脉

一片巍峨、陡峭的山脉，几乎纵向延伸至整个新西兰南岛，冰川、湖泊、森林构成的原始景色，令人陶醉不已。

新西兰南部

南阿尔卑斯山脉是新西兰最重要的山脉，几乎纵向横跨新西兰南岛全境，呈西南—东北走向。新西兰的最高峰奥拉基山（或称为库克山），在这一山脉中部拔地而起、巍然耸峙，高达3724米。此外这一山脉中还有16座海拔超过3048米的山峰。新西兰南岛的大部分河流，包括最长的克鲁萨河，均发源自这一山脉。

## 缓缓插入云霄

在这一带，两大板块的边界称为阿尔卑斯断层，沿着南阿尔卑斯山脉干线的西侧延伸。对这一山脉的形成和不断上升过程来说，这一断层带具有重要意义（见左图）。南阿尔卑斯山脉以每年几毫米的速度不断隆起，但它也在以同等速度不断受到风化侵蚀。这一山脉极为陡峭的东坡上降雨量很大，而且还分布着好几处冰川，这些因素加剧了风化侵蚀作用。这一山脉的西坡降雨充沛，年降水量最高达到1万毫米。而在海拔约1000米以下的区域，大多覆盖着温带雨林。由此产生的罕见奇观是，那些冰川的终端，离郁郁葱葱的雨林距离很近。而山脉东侧的各个山岭则干燥得多，其中坐落着好几个大型冰川湖，比如湖水呈现鲜亮的粉蓝色的特卡波湖和普卡基湖。这一地区的特有鸟类包括，啄羊鹦鹉、罕见的不会飞行的南岛褐几维以及新西兰岩鹪。

▽ **聪明的鸟儿**
啄羊鹦鹉是世界上唯一一种高山鹦鹉，它以强烈的好奇心和高智商而闻名世界。它会使用工具，能够解决逻辑谜题。只有在南阿尔卑斯山脉，才会有这种鸟类的踪迹。

这一山脉被称为南阿尔卑斯山脉，因为它酷似欧洲的阿尔卑斯山脉。

# 法兰士·约瑟夫冰川

从南阿尔卑斯山脉陡然跌落至新西兰南岛西海岸的冰川共有两条，这是其中一条。

法兰士·约瑟夫冰川是1865年根据奥地利国王命名的，它长约12千米。以前，它的下半段常常流经海岸附近的一片温带雨林。然而，自2008年以来，冰川终端快速退缩，现在这条冰川勉强流淌到林木线附近的区域。

据人所知，这条冰川会根据区域性气候的变化，周期性地前进或后退。目前它正在往后退缩中。但从1983年到2008年，它大踏步前进了1.5千米。整条冰川之所以能够存在，其背后的推动力是，南阿尔卑斯山脉的高海拔地区降水率极高，每年有高达30米的白雪，堆积在冰川的聚冰区中。降水量的年度变化，将影响这条冰川在未来几年的表现。

△ 水中隧道

在冰川的一片区域中，分布着若干由冰川融水蚀刻出来的通道。这条被戏称为“水中隧道”的溶蚀通道宽数米，游人完全可以从中穿越。

△ 破碎的浮冰

冬季，冰川融水湖的湖面有时会结冰。大浮冰（大片平坦宽阔的冰块）随后会碎裂成一块块棱角分明的碎冰。

▷融水湖

在法兰士·约瑟夫冰川脚下，坐落着一个长7千米的融水湖。而仅仅在一个世纪之前，这条冰川仍然充满了整片山谷。

# 塔斯曼冰川

新西兰最大的冰川，冰川顶部有滑雪场，冰川脚下有一个多泥沙的湖泊。

在新西兰最高峰奥拉基山（或称为库克山）的东翼，塔斯曼冰川沿着一片长长的山谷逶迤而下。这条冰川发源于海拔2800米处的一个大型聚冰区，全长24千米。

## 滑雪道、裂缝和湖泊

这条冰川的上半段长约11千米，非常平缓，是全世界较长的滑雪道之一。在这条滑雪道的下方，冰川分流，形成了若干冰裂缝和冰隧洞，地形宛如迷宫一般错综复杂。最底下的三分之一段冰川覆盖着厚厚一层岩石碎屑，这是冰融化的结果。在冰川脚下，坐落着一个大型融水湖。在最近的数十年中，这个湖泊的面积扩大了不少。共最深处有250米。由于水中存在大量悬移质泥沙，湖水是灰蒙蒙的。湖水的温度稳定在0℃左右，因为不断有冰山从冰川的终端坠入湖中。

在2011年的一次地震后，
数百万吨的冰，
从冰川坠入湖泊中。

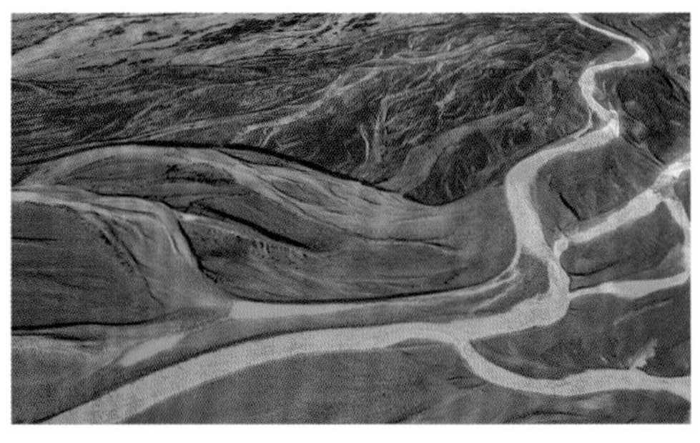

△ 辫状的河流

一条错综复杂的辫状河流（间杂着沙洲和砾石小岛的分支河道网络），带走了冰川上流下的融水。

### 正在退缩的冰川的地貌特征

一条正在退缩的冰川，比如塔斯曼冰川，会在其终端（或称为冰川鼻）留下一些典型的地貌特征。这些地貌特征包括，鼓丘（沿着冰川退缩方向分布的流线型岗丘）、锅状湖（部分埋在地下的冰融化时形成的积满了水的洼地）和蛇形丘（沙子和砾石构成的狭长的、蜿蜒的垅岗）。

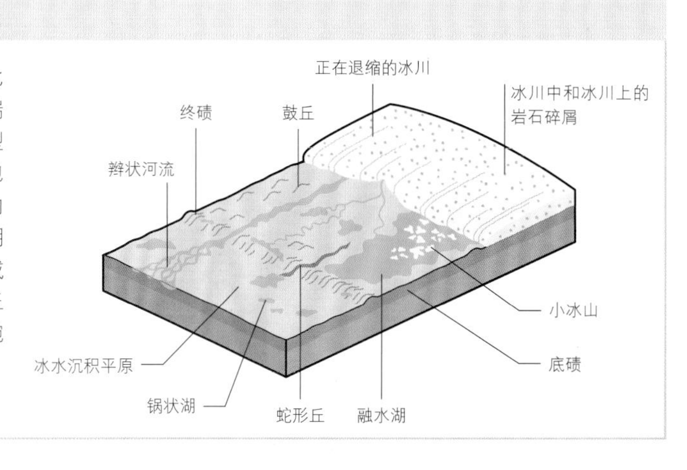

# 墨累—达令水系

墨累—达令水系是澳大利亚最大的水系，拥有世界上最大的集水区之一。它负责灌溉澳大利亚的“食品篮”区域。

墨累—达令水系由澳大利亚最长的河流墨累河及其主要支流达令河组成，是澳大利亚最大的水系。它灌溉着澳大利亚东南部地区，其流域覆盖着100多万平方千米的土地，流域面积约占澳大利亚陆地总面积的14%。墨累—达令流域是澳大利亚最重要的农业区，因为澳大利亚的大部分地区都是干旱的不毛之地。这片流域中种植的灌溉作物，占全澳洲作物总产量的四分之三。而这片区域的食物供应量，占全澳洲总供应量的三分之一。

### 从群山之间到河口地带

墨累河发源于大分水岭南端的澳大利亚阿尔卑斯山脉，它流经平坦的内陆平原，其中很长的一段河道形成了新南威尔士州和维多利亚州的分界线。墨累河的绝大多数主要支流都在这段旅程中从北面汇入墨累河中，包括达令河在内。达令河发源于昆士兰州边界线，向西南方向流淌，几乎流经整个新南威尔士州。在墨累河和达令河流经的大部分区域，海拔起伏都不大，因此河流流速缓慢，水道蜿蜒曲折。

墨累—达令水系被认为是全球最干旱的主水系。

在墨累河与达令河汇合后，墨累河进入澳大利亚南部，流经古老的峡谷。在那一带，高耸入云的砂岩峭壁，被一连串浅浅的湖泊隔断。从发源地一路奔流了2530千米后，墨累河经过充满活力、两侧都是沙丘的墨累河口，在大澳大利亚湾流入南冰洋内。

△ 东澳长颈龟

东澳长颈龟长有蹼足，它们能在水下逗留很长时间。和其他海龟、陆龟不同，东澳长颈龟的脖颈是从侧面缩入龟壳中的。

△ 平静的水面

在澳大利亚南部的河地区域，一只澳洲鹈鹕在墨累河中游动着。墨累—达令流域是近100种水禽的故乡。

▽ 河流的尽头

在汇入大海之前，墨累—达令水系和位于扬哈斯本半岛后的一个潟湖的狭窄水道库隆河相连。

# 珍罗兰石窟

一个错综复杂的澳大利亚洞穴系统，各种洞穴形成物美轮美奂，是迄今为止人类发现的最古老的洞穴群。

珍罗兰石窟坐落在澳洲新南威尔士州中的蓝山山脉的西侧，是澳大利亚最富盛名的石灰岩洞窟。这些洞穴位于一片约在5亿年前形成的、狭长的石灰岩山岭之中，当时这片地区淹没在大海之中。珍罗兰石窟由一系列流水蚀刻出来的、高低不同的通道和洞穴组成，绵延超过40千米长，共有300多个出入口。其中的大洞穴之一卢卡斯洞由若干庞大的区域组成，包括54米高的“大教堂”石室，“大教堂”最出名的是其卓越的音响效果。科学家们推测，珍罗兰石窟的历史能追溯到3.4亿多年前，因此它是迄今为止人类发现的最古老的洞穴群。

▷ 大块晶体

在珍罗兰石窟的一些水潭中，发现了一种叫作“犬牙石”的方解石沉积物，它们由漫长岁月中形成的大块晶体组成。

△ 富丽堂皇的装饰物

这些洞穴以其富丽堂皇、多姿多彩的沉积物而闻名于世，包括钟乳石、石笋、石柱子、石拱和其他错综复杂的方解石形成物。

# 怀托摩石窟

新西兰的一个地下洞穴网络，大量萤火虫发出的璀璨光芒，照亮了其中不少洞穴。

在位于新西兰北岛西部的怀托摩地区中，在一片开阔的农田之下，分布着一片长达45千米，由多个洞穴、通道和洞窟构成的洞穴网络。怀托摩的这些洞穴形成于一片石灰岩中，这片石灰岩拥有3000万年的悠久历史，最厚的地方达100米。岩石中的裂隙和断层线使水分能够渗透而下，形成了一个地下排水系统。随着时间的推移，这一地下排水系统渐渐变得越来越庞大、复杂。在许多洞穴和洞穴通道中，一道道溪流潺潺流淌，一条条瀑布汇入这些溪流之中。大部分洞穴中都生长着形形色色的方解石形成物，包括棕色、粉红色和白色的钟乳石、石笋和石柱。

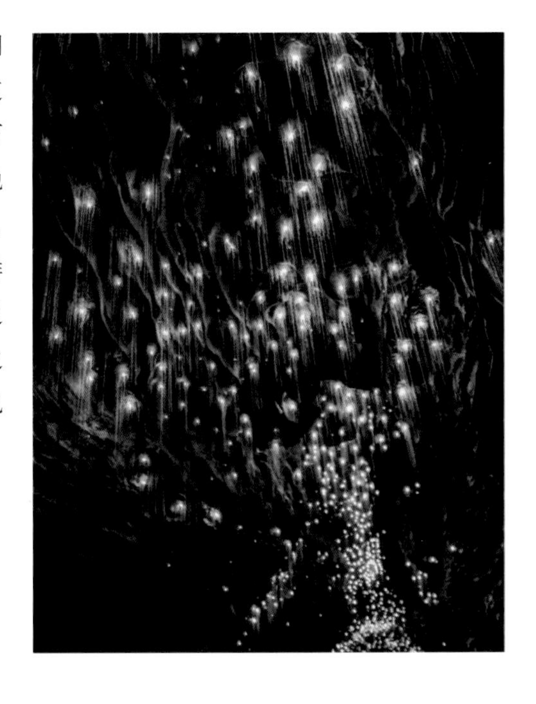

▷ 萤火虫洞穴

在怀托摩石窟中，许多洞穴的顶部被成千上万的萤火虫照亮，这种萤火虫是新西兰特有的昆虫。

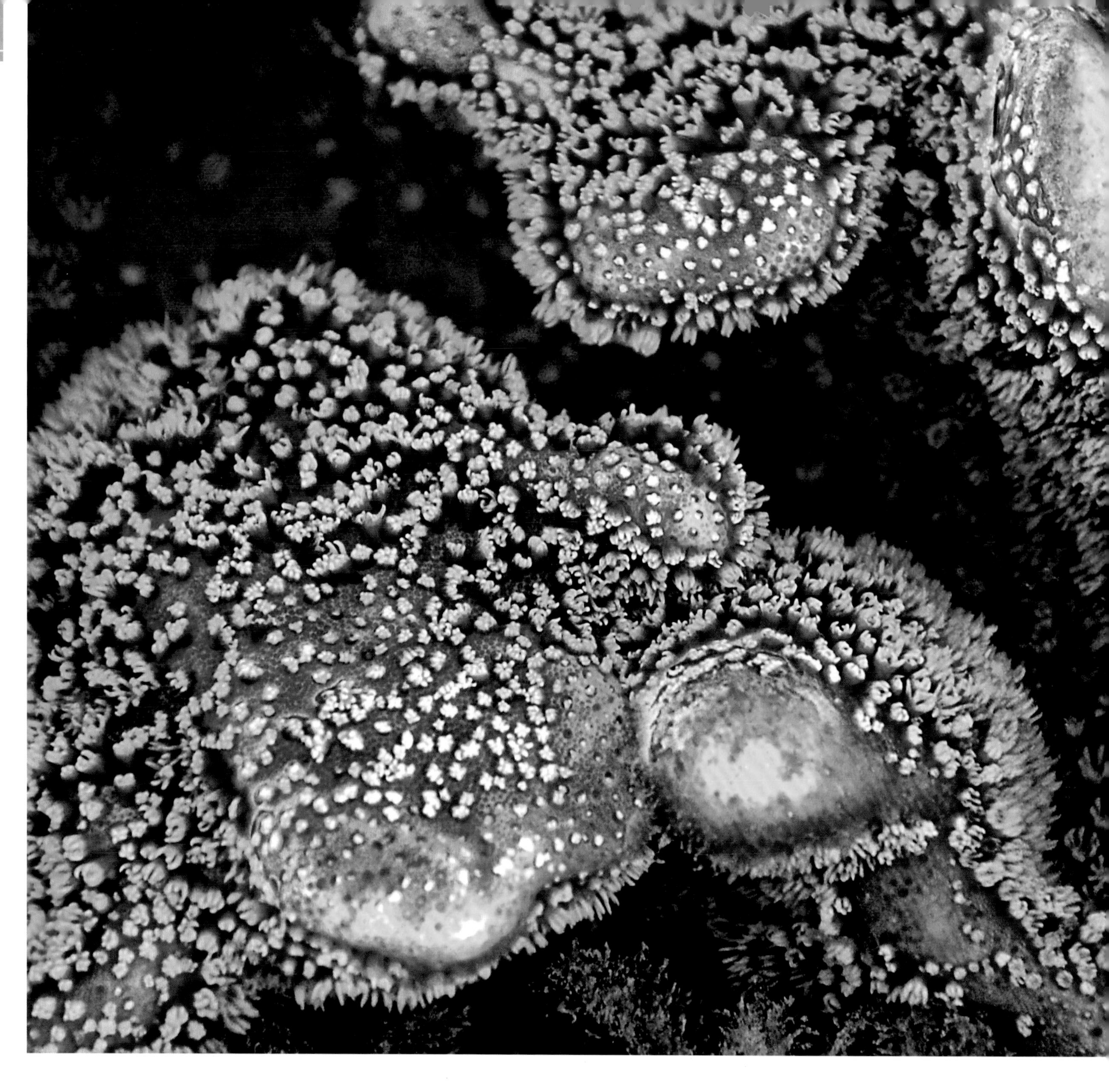

▷大堡礁

这张照片显示了大堡礁十分之一左右的区域。从图中左侧能看到昆士兰州的一部分，而图中右侧的虚线就是大堡礁的礁缘。

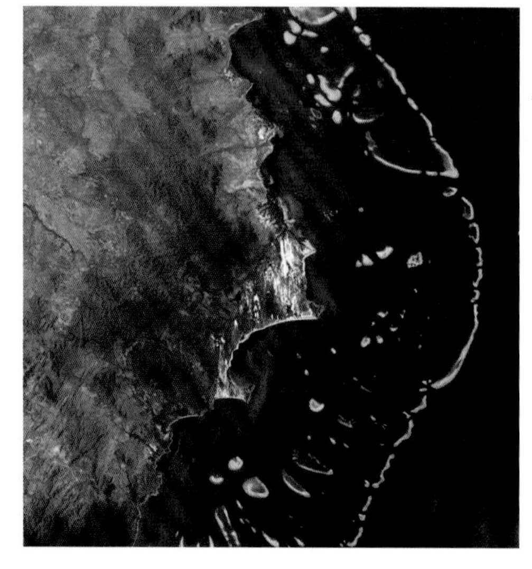

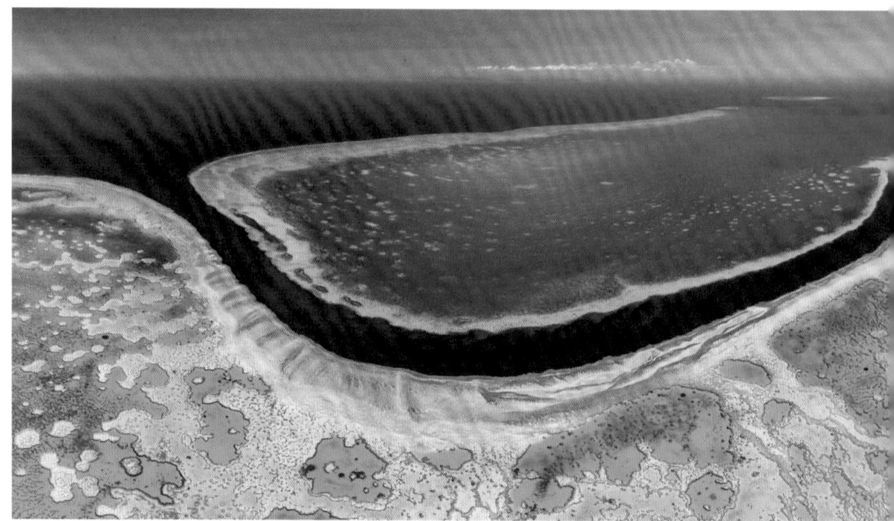

# 大堡礁

世界上最广阔的珊瑚礁系统，常常被描述为生命有机体建造的最庞大结构体。

在澳大利亚昆士兰的海岸附近，大堡礁绵延2300千米，它位于一部分珊瑚海之上。大堡礁并不是一整片连续不断的礁石，而是由2900多片各种类型的独立礁石与900个珊瑚岛构成，其总面积达到344 400平方千米左右。整个大堡礁是一种叫作珊瑚虫的动物建立的（见下图）。事实上，大堡礁被看成是挡在澳大利亚海岸和太平洋的惊涛巨浪之间的一道屏障，它也因此而得名。

### 生物多样性

大堡礁中盛产各种海洋生物，生物种类非常丰富，包括约350种石珊瑚、数百种软珊瑚、1500种鱼、17种海蛇、30种鲸鱼、海豚、鼠海豚、6种海龟。此外，还有200多种鸟类会光顾大堡礁，或者在那些岛屿上筑巢、栖息。

不幸的是，近年来，大堡礁的生态受到了严重威胁。人们担心，引起这一问题的最大原因在于全球气候变幻，导致海洋温度升高。这将导致珊瑚白化（参见第286页），而珊瑚白化过程最终将使珊瑚永久绝灭。

◁**活化石**
在大堡礁中生活着4000多种软体动物，鹦鹉螺是其中之一。上千万年来，这种生物几乎没有进化。

## 大堡礁相当于约4800万个国际足球场那么大。

△**萌芽的生命**
当一只珊瑚虫把自己附着在水下的一块岩石上时，就形成了珊瑚。珊瑚虫随后分裂，形成一个种群，这个种群中有成百上千只珊瑚虫。

◁**复杂的结构**
即便在小小的一片礁石中，也存在多种礁石形态，包括石灰石点礁、石灰石礁坪，以及带状的礁石。

### 石珊瑚和软珊瑚

珊瑚是由许多名为珊瑚虫的动物个体组成的。珊瑚主要可以分为两大类型：六射珊瑚（石珊瑚）和八射珊瑚（软珊瑚）。两者的一个重大区别就是，会分泌碳酸钙的主要是六射珊瑚，因而六射珊瑚是主要的造礁珊瑚虫。

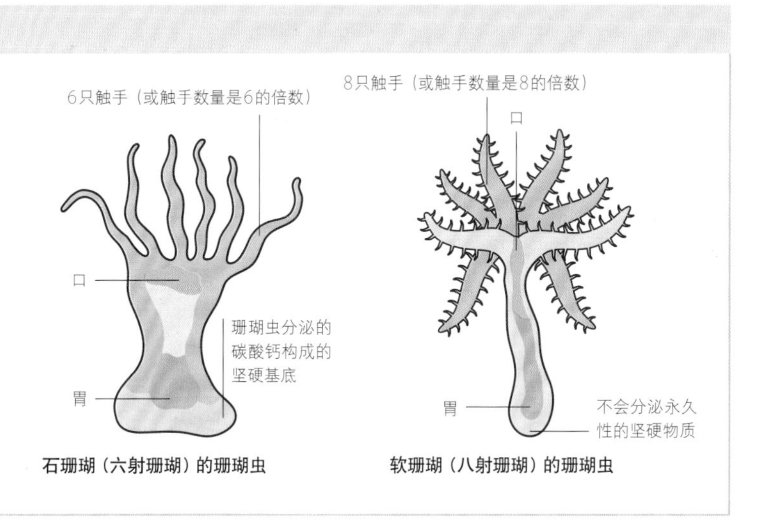


石珊瑚（六射珊瑚）的珊瑚虫

软珊瑚（八射珊瑚）的珊瑚虫

# 堡礁的结构

堡礁是珊瑚礁的一种，堡礁与大陆或岛屿相距甚远，两者之间往往隔着深深的海峡或潟湖。形成这类堡礁的第一种情况是，热带地区的火山岛开始沉没（通常会在火山活动停止时发生）。随着火山岛沉降，沿岸的裙礁继续向上抬升。那么，在礁体和岛屿之间，一个潟湖就会出现，并且渐渐变宽。形成堡礁的第二种情况是，当海平面上升时，在大陆架之上和大陆架周围会形成堡礁。世界上最大的堡礁——澳大利亚昆士兰附近的大堡礁就是这样形成的。

## 大堡礁的形成

大堡礁是在约2000万年的岁月中逐渐形成的，尽管现在能看到的大部分礁体是从冰河时代以来形成的，它们主要形成于一个更古老的大陆架礁坪之上。约1.8万年前，海平面比现在低120米左右。因此，现在的大堡礁的外缘，当时是澳大利亚大陆的边缘地带。随着海平面上升，海水和珊瑚开始先后侵蚀澳大利亚海岸平原的那些山丘。约1.3万年前，不少这样的山丘已经变成了大陆架上的岛屿。最后，这些岛屿沉没在水下，上面长满了珊瑚。在最近的6000年间，大堡礁一带的海平面没有出现过大起大落。

### 珊瑚白化

当赋予珊瑚色彩的虫黄藻（一种微型的藻类生物），由于海水温度的变化而离开珊瑚虫时，就会出现珊瑚白化现象。如果水温变化的时间不是特别长，或者温度变化不是很剧烈，那么这一珊瑚白化的过程是可逆的。但是，白化的珊瑚更容易患病，如果珊瑚被其他类型称为"植皮"的藻类大量侵入，便标志着损伤已经不可逆转。

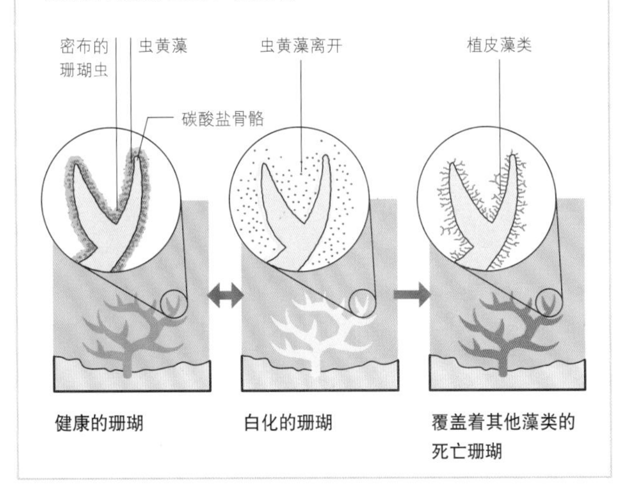

▽**造礁工人**

一些石珊瑚或六射珊瑚的珊瑚虫，会分泌少量的碳酸钙（石灰石），作为它们身体机构的一部分。这些物质会在原来的基底上不断累积。当珊瑚虫死亡时，它们的石灰石骨骼仍然保留了下来，就这样渐渐形成了珊瑚礁。

▶**大堡礁**

图中展示了昆士兰北部附近的一段长达250千米的礁体的整体结构。大堡礁中有许多形态万千的独立礁体，从形成礁体外缘的带状结构，到圆形和月牙形的点礁和岸礁，不一而足。

**岸礁**

这种礁体比点礁大，其轮廓往往呈现线形或半圆形。岸礁有可能环绕在岩礁或小岛周围。

◁**白化的珊瑚**

由于失去了赋予珊瑚色彩的藻类生物，白化珊瑚呈现出死寂的白色。这种藻类生物为珊瑚虫提供了大部分的能量。因此，在它们离开后，珊瑚虫开始挨饿，最后会死亡。

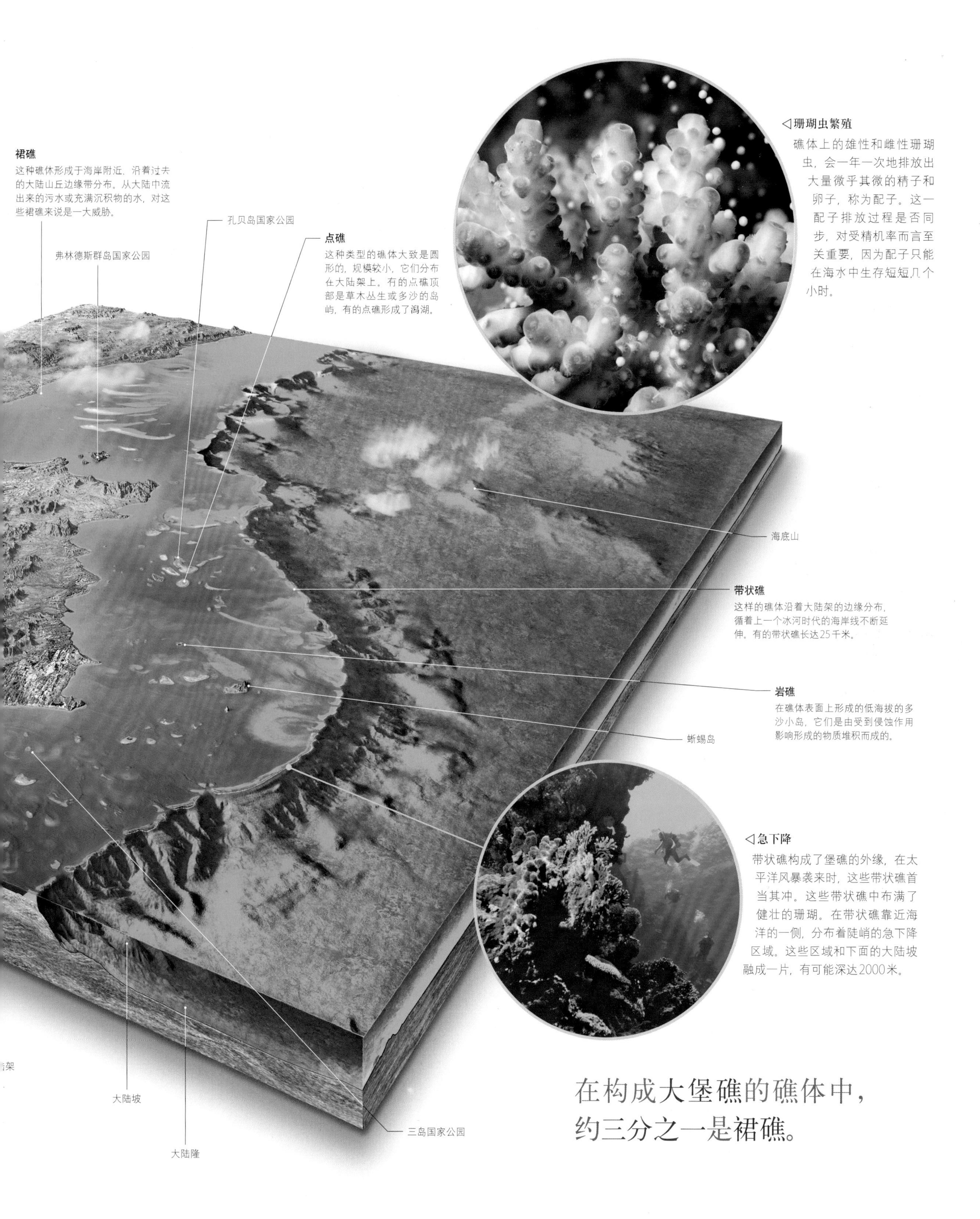


在构成大堡礁的礁体中，约三分之一是裙礁。

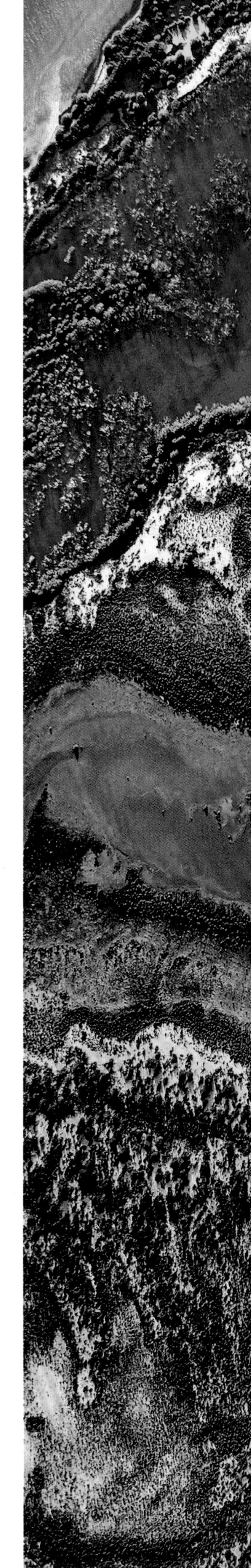

# 鲨鱼湾

一片拥有非同一般的自然地貌的海岸，这些非凡的自然景观包括海草床、垫藻岩和种类丰富的动物。

鲨鱼湾位于澳大利亚西海岸、珀斯以北800千米处，拥有长达1500多千米的海岸线，其中包括约300千米长的壮观的石灰石悬崖。鲨鱼湾的另一特征是一大片耀眼的白沙滩，它几乎全是由一种海扇的外壳构成的。鲨鱼湾拥有世界最大的大海草床之一，这片海草床为约1万头儒艮，一种长相酷似海牛的大型哺乳动物提供食物。而这些儒艮则是各种鲨鱼捕食的对象，包括大白鲨和虎鲨。鲨鱼湾正是得名于这些鲨鱼。这一地区还是100多种爬行动物和两栖动物、240种鸟类、820种鱼类、80多种珊瑚的家园。

但最让鲨鱼湾闻名遐迩的景观，应该是垫藻岩，这是一些曾在地球上出现的最早生命类型的现代对等物。这些微生物群落形成了坚硬的、穹顶状的增生物（见下图）。

**▷带刺的蓝色动物**

如果被这种当地的硝水母蜇了一口，也许会很疼，但并不像被一些体型更小的水母，比如伊鲁康吉水母蜇了一口那样危险。

**◁层层叠叠的生命**

在一片称为“哈美林池”的地区，分布着全世界规模最大的一片活体垫藻岩。从约1000年前起，这些垫藻岩就开始在这里生长。

**▷五彩缤纷的岸边**

这张鸟瞰图呈现了鲨鱼湾中的一段景致。长满红树的小溪、碧绿的海水、沙丘、矿物质丰富的水潭，一同出现在这张照片中。

**垫藻岩是怎样形成的**

在活体垫藻岩的表面，遍布着微生物垫，这些微生物称为蓝藻菌。有些蓝藻菌群形成了长长的、黏黏的丝状体，这些丝状体和泥沙颗粒缠结在一起，形成一层坚硬的物质。这种坚硬的物质和死亡的蓝藻菌丝状体一层层交替、逐渐积累，垫藻岩就形成了。

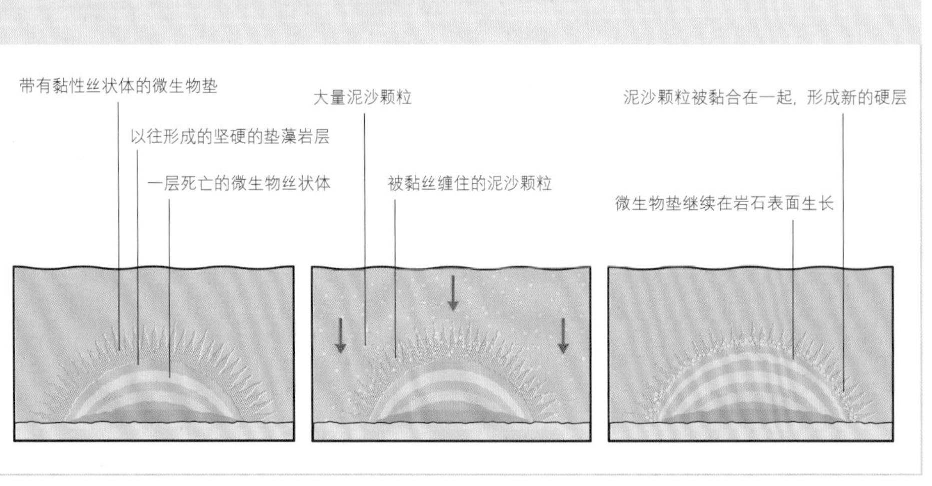

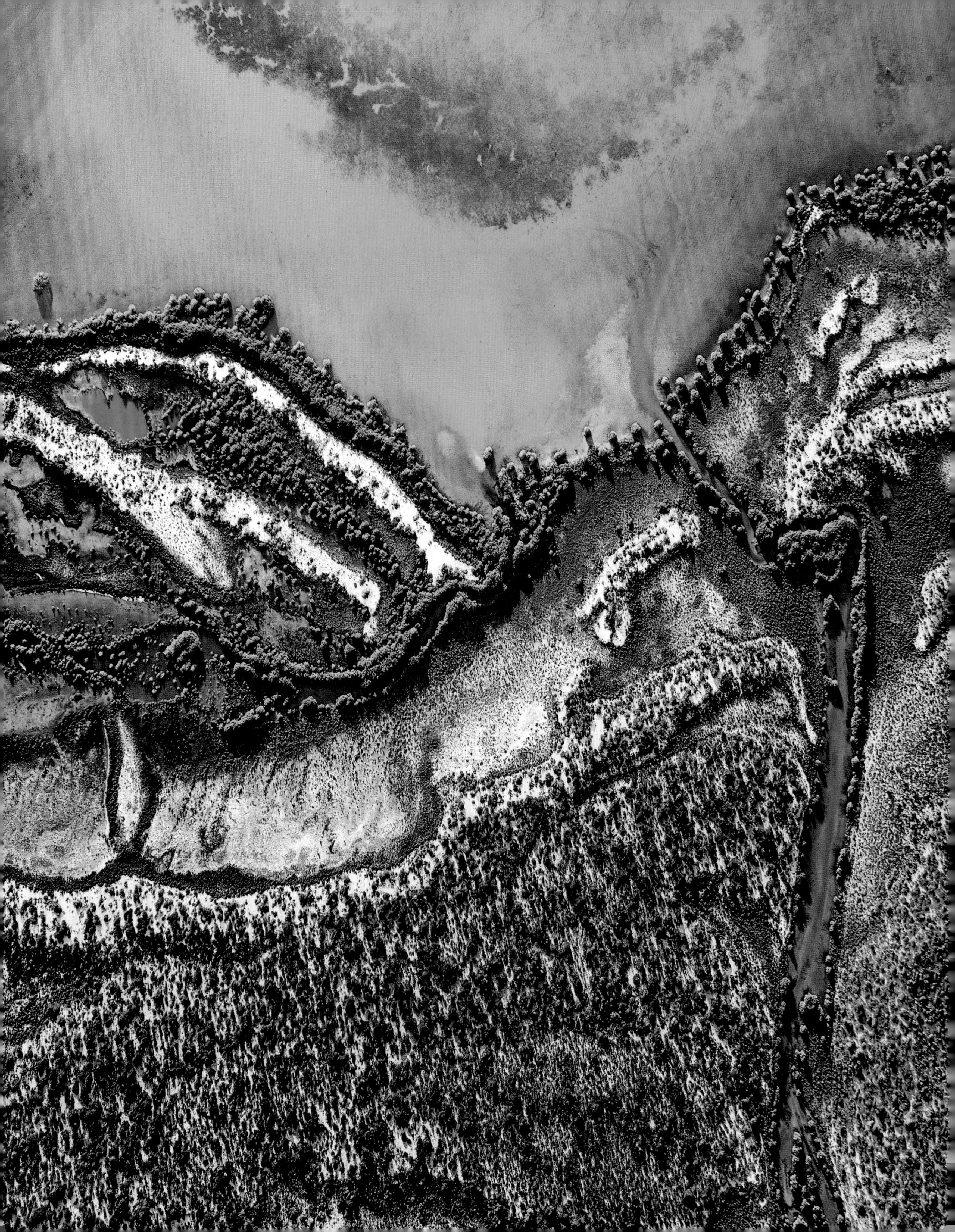

# 十二门徒岩

一组标志性的大型海蚀柱，由于石灰石绝壁受到侵蚀而形成，这些石灰石绝壁已有2000万年的漫长历史。

十二门徒岩位于维多利亚州海滨、坎贝尔港国家公园中。这些海蚀柱沿着约5千米长的海岸线分布，其中有的海蚀柱高达50米。十二门徒岩是澳大利亚最著名的地标性地质景观，但其名称其实不够准确。因为，在当初命名时，那一带一共只有9根海蚀柱。而且，后来又坍塌了一根，现在只剩下8根。然而，鉴于附近的好几处突出的岬角和岛屿，继续受到波浪作用的侵蚀（见右图），因此新的海蚀柱有望在不久的将来形成。和其他地区的海岸线一样，十二门徒岩附近的海岸线也在不断变化之中。

在20世纪20年代之前，这些海蚀柱一直被称为“母猪和小猪”。

▷正在形成的新海蚀柱

在这张鸟瞰图的左侧，有一根现已存在的孤立的海蚀柱。此外，从图中还能看到其他的岬角和岛屿。随着它们不断受到侵蚀，未来有望形成新的海蚀柱。

### 海蚀柱是怎样形成的

波浪的侵蚀作用，会在岬角的岩壁上形成洞穴，直至凿刻出一条穿透岬角的洞穴通道。洞穴通道上方的拱门最后坍塌，形成一个岛屿。岛屿继续受到侵蚀，最终形成海蚀柱。

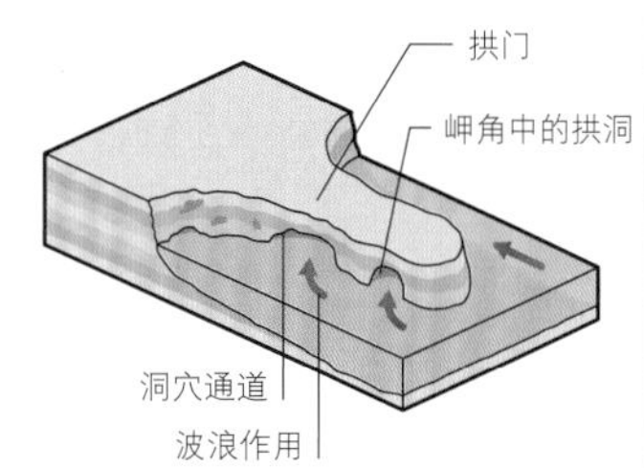


洞穴通道在岬角中形成

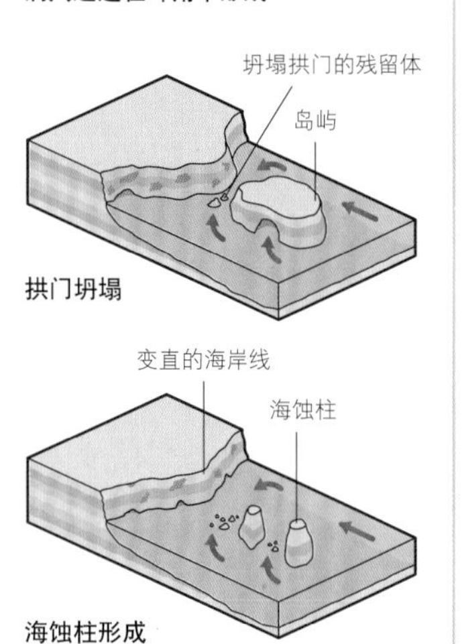


拱门坍塌



海蚀柱形成

# 摩拉基海滩

新西兰东南部的一片海滩，海滩上散布着一些极为罕见的、近似球形的大圆石。

摩拉基海滩位于但尼丁东北约70千米处。一眼望去，那里似乎是巨人玩保龄球或玩滚球的游乐场。在长50米的一段海滩中，散布着不少近似球形的灰色大圆石。从科学的角度来看，这些巨石实际上是在约6000万年前，通过一个名为“结核”的过程，在海床上的黏土和淤泥沉积物中形成的。在这一过程中，一种正在凝结的矿物质黏合其他的矿物质颗粒，形成了一大团坚硬、抗腐蚀的物质。这一过程有可能需要数百万年的漫长时光。后来，嵌在泥岩中的结核被抬升上来。现在，大多数结核体被掩埋在摩拉基海滩后的一片悬崖中。在那里，由于泥石受到侵蚀，这些大圆石逐渐曝露出来，并一一滚落在了海滩上（见右图）。

△庞大的大圆石

这些大圆石主要有两种规格，直径约0.9米左右的和直径在1.8米左右的，每一个重达好几吨。很多大圆石半埋在沙地中。

### 大圆石是怎样形成的

大圆石一开始在海洋沉积物中不断变大，而这些海洋沉积物硬化、变成岩石。后来它们隆起到海平面之上，形成了一片海岸峭壁。每过一段时间，就有一块大圆石，滚落到海滩上。



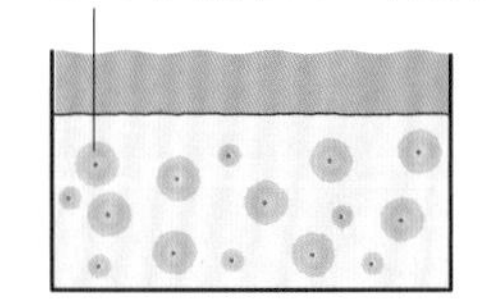

在海底形成

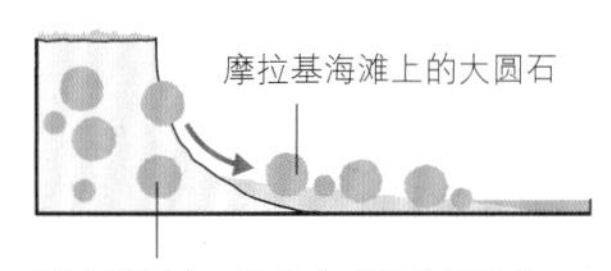


现在

# 新西兰峡湾

新西兰西南角的一组峡湾，其特色是丰富的海洋生物、壮观的悬崖和瀑布。

新西兰的这些峡湾在距今约1.5万年前形成，当时处于地球历史上最后一个冰川时期的末期，一条条冰川纷纷向后退缩。随后，海水灌入这些冰川，凿刻出深不可测的U形海岸山谷。

## 危险的发现

在这一带的14条大峡湾中，最著名的是神奇峡湾和米尔福德峡湾。神奇峡湾是新西兰最大的峡湾之一，长30千米。神奇峡湾是1770年詹姆斯·库克（James Cook）船长命名的。当年，库克船长没敢驶入这条峡湾，因为他担心进去之后会出不来。米尔福德峡湾比神奇峡湾小一些，但这条深入内陆15千米的峡湾更加有名。一条条壮观的瀑布飞流直下，坠入这条峡湾。此外，一座海拔1692米的大山—麦特尔峰高耸在这条峡湾之上。这两条峡湾和附近其他的峡湾，都是宽吻海豚、暗黑斑纹海豚、新西兰毛皮海豹、小蓝企鹅和罕见的黄眉企鹅的家园。盛行的西风将湿润的空气从塔斯曼海吹来，给这一地区带来了极为充沛的降雨量，滋润着附近郁郁葱葱的温带雨林。

**◁古怪的矿物**
在这一地区，发现了一些小块的砷黄铁矿矿石。在经过加热后，这种矿物质会散发出有毒的烟雾，并产生磁性。如果用锤子敲打这种矿石，它会释放出一种类似大蒜的气味。

**▽薄雾迷蒙的小瀑布**
落差151米的斯特林瀑布，是米尔福德峡湾中的两条永久存在的瀑布之一。在毛利语中，这条瀑布名称为“Wai Manu”，意思是“天上的云”。

# 戴恩树雨林

澳洲最大的热带雨林，是世界上最古老、最具生物多样性的雨林之一，拥有极为丰富的动植物种类。

戴恩树雨林覆盖着昆士兰州东北部1200平方千米的土地，是澳大利亚最大的热带雨林，也是地球上最古老的热带雨林之一。人们对其具体年龄有诸多推测，具体数字在1.35亿到1.8亿年之间。作为湿热带世界遗产地区的组成部分之一，戴恩树雨林中生长的一些植物，是最接近一些史前雨林植物的亲缘品种。而那些史前植物，曾经在成百上千万年前覆盖这一地区，包括椅子树属的树木，这种植物也称为“白痴果”或“绿恐龙”。绿恐龙是一种原始的常绿树，其历史可以追溯到1.2亿～1.7亿年前。专家认为，这种植物直至1971年才从地球上灭绝。澳大利亚的一半鸟类、三分之一的蛙类和四分之一的爬行动物，都能在戴恩树雨林中找到踪迹，很多生物是戴恩树雨林中特有的。

◁**雨林的看守人**
现已濒危、不会飞翔的食火鸡，是戴恩树雨林中的常住居民之一，它们是散播树种的得力干将。

## 戴恩树雨林是澳大利亚鸟类密集度最高的地方。

# 澳大利亚东部温带森林

澳大利亚超过五分之一桉树品种的原产地，挥发的桉油使附近的群山常常笼罩在蓝色的雾霭中。

澳大利亚东部温带森林生态区从新南威尔士中部海岸开始，一直延伸到昆士兰州东南部，覆盖着22.21万平方千米的土地。不同区域中不同的海拔、不同的微气候，带来了多样化的植被，但桉树始终是这一地区的优势植物，这一带一共生长着100多种桉树（也称为胶树）。人们认为，通过空气传播的桉油油滴能折射蓝光，使该地区的蓝山山脉笼罩在蓝色的雾霭中。更重要的是，这些胶树林也是多种濒危动植物的原产地，包括澳大利亚考拉。

▷**抓紧不松手**
一开始时，考拉把它的幼崽（或称为幼兽）放在育儿袋中。后来，当妈妈采食桉树叶时，幼兽会紧紧攀附在妈妈的后背上。

▽**高大的树木**
大分水岭构成了这一生态区的内陆边界。在大分水岭附近地带，一棵棵桉树高耸在其他较为矮小的树木之上。

△站岗

皮耶特博特山的花岗岩顶峰守护着戴恩树国家公园中罕见的黑色贝壳杉。

◁史前地貌

由于地理位置与世隔绝、气候特殊，戴恩树雨林自形成之后，基本没有变化。目前，在全球19个科的原始开花植物中，有12个科生长在这片雨林中。

# 怀波阿森林

一片古老的新西兰森林，是全球规模最大的贝壳杉生长地。

地处亚热带的怀波阿森林，位于新西兰北岛北地大区的西海岸。这片森林于1952年被列为保护区，拥有世界上规模最大、生长最密集的贝壳杉。贝壳杉是一种高大的、结球果的硬木针叶树，是世界上古老的树种之一，也是极度濒危的树种之一。尽管这些贝壳杉的祖先们曾在侏罗纪时代繁茂生长，但怀波阿森林中最古老的贝壳杉（被称为森林之父）也只有2000岁。但其树围达到16米、高达37米，是所有现存于世的贝壳杉中直径最大的一棵，而且它还在不断生长。

◁不容小觑的高度

贝壳杉能长到50米之高。因此，在森林中，它们高耸在其他针叶树，比如芹叶松和新西兰杉木之上，鹤立鸡群，独占优势。

▽雌球果

一棵贝壳杉能长出两种球果，圆柱形的雄球果和圆形的雌球果。雌球果长到25～30年之后，才会释放出有翼的种子，这种种子具有繁殖能力。

# 澳大利亚北部稀树草原

一片多样化的草原，草原上有干湿两个季节。这片草原是成百上千种本地动植物的故乡。

△完美适应环境的棕榈

高度抗旱的蒲葵，能从容应对各种季节性极端天气，因为它们既能忍受频发的大火的煎熬，也能经受暴雨如注的洗礼。

澳大利亚北部稀树草原，是世界上大型的热带草原之一，它和非洲的那些草原有许多共同之处。然而，非洲的大草原中有许多大型食草动物，而在澳大利亚大草原中，白蚁等大量昆虫、一些有袋动物——从小个子的澳洲针鼹到大个子的红大袋鼠——吃掉了大部分的植物。在这一地区较为潮湿的区域中，生活着多种水禽、涉禽和爬行动物。仅仅一个约克角半岛，就拥有澳大利亚60%的蝴蝶品种。

由于这一草原处于中纬度地区，它受到厄尔尼诺–南方涛动气候循环的影响显著，因而季节变化鲜明。

◁专为奔跑而设计

高达2.1米的鸸鹋是全澳大利亚最大的鸟类。这种鸟不会飞，但其长长的、有力的双腿，使它们能以48千米/小时的速度飞快奔跑。

## 气候

澳大利亚的草原上有两大对比鲜明的季节。在炎热、潮湿的雨季（12月至次年3月），西北风带来猛烈的暴风雨。而从5月到10月是旱季，气温低、湿度低。

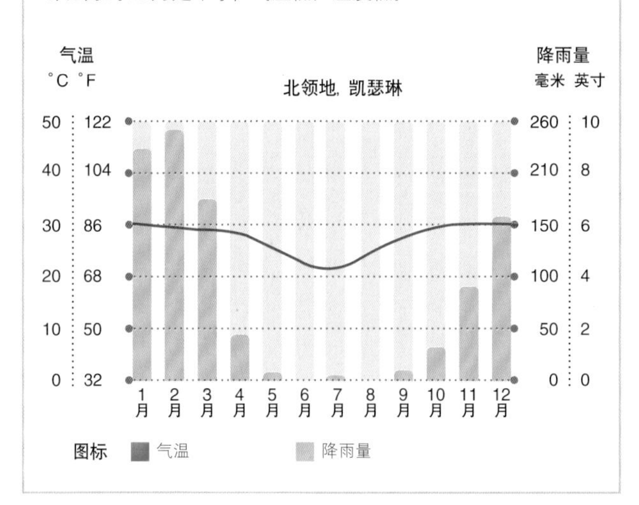


▽带有磁性的蚁丘

磁石白蚁会建造高达3～4米的庞大蚁丘，令人叹为观止。它们建造的蚁丘呈现楔形结构，因此蚁丘最长的一面是南北走向的，这样的构造能让蚁丘内保持凉爽。

在距今约4万年前，身形巨大的食草动物曾在这片草原上昂首阔步。

△生命支持

耸立在奥克维河之上的一片悬崖标志着大沙沙漠的西部边界。这条河流是许多动物的生命线。

# 大沙沙漠

一片流动、多沙的沙漠，气候比澳洲大陆的中部地区湿润一些。在澳洲中部地区，由于天气炎热，雨水降落的速度几乎和雨水蒸发的速度同样快。

▽不断变幻的沙丘

这片沙漠的沙丘被认为形成于约1万年前。然而，恒定的风在继续重塑沙丘的沙脊。

位于澳大利亚西北部的大沙沙漠，东部和塔纳米沙漠的岩丘接壤，南部和碎石遍布的吉布森沙漠相邻。除了沙子，让大沙沙漠和其邻近沙漠不同的一点，是其与众不同的气候，该地区的降水量非常高。年平均降雨量高达250毫米，在其北部区域甚至更高。按常理来说，这片土地上应该生长着大量植物。然而，在夏季，大沙沙漠白天的气温在40℃左右徘徊。这意味着，水分蒸发率非常之高，因此大部分水分根本没机会渗透到土壤中。盛行风大多从东往西吹，因而形成了以经常流动的红色线性沙丘为主的地貌。

◁不足为奇

小小的北澳窜鼠拥有哺乳动物中最高能的肾脏，因而它们能在滴水不进的情况下，生存很长时间。

### 澳大利亚的沙漠

沙漠的面积约占澳大利亚土地总面积的五分之一左右，因而澳洲是地球上最干燥的有人居住的大洲。但由于沙漠地带环境严苛，只有不到3%的澳大利亚人生存在沙漠中。下图中列出了澳洲最大的5片沙漠。

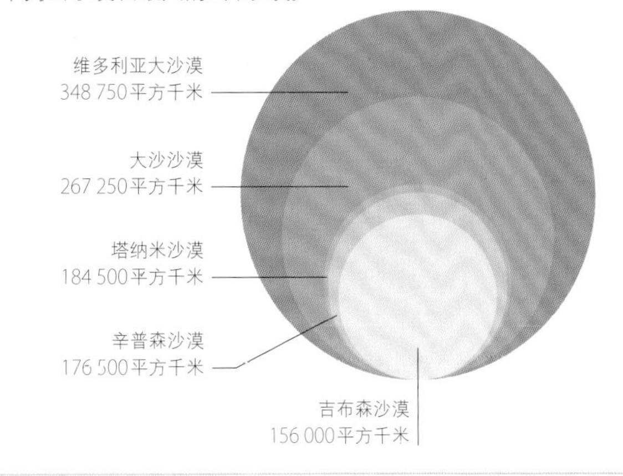

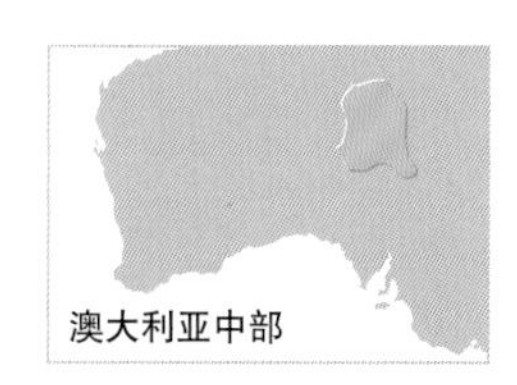


# 辛普森沙漠

位于澳大利亚最中心地带的沙漠，那里的沙子从粉色到深红色，色彩各异，并形成了全球最大的平行沙丘体系。

辛普森沙漠构成了澳大利亚红土中心的一部分。“红土中心”是澳洲北领地南部沙漠地区的俗名，因为那儿的沙子以红色的居多。辛普森沙漠从北领地著名的内地城市爱丽丝泉开始，一路向南延伸并穿越澳大利亚南部边界线，总面积约为176 500平方千米。辛普森沙漠中分布着全世界最大的平行沙丘体系。这些沙丘的高度差异悬殊，从西部沙漠3米高的沙丘，到东部区域高达30米的沙丘，应有尽有，而且这些沙丘能延伸200千米甚至更长距离。

## 鲜花盛开的沙漠

辛普森沙漠的降雨很少，而且不规则，年平均降雨量只有125毫米。然而，这片沙漠全年之中都有三齿稃、灌丛和金合欢树生长。在一场罕见的阵雨之后，各种五彩缤纷的野花会突如其来地盛开在沙漠上。附近地区的降雨也会导致辛普森的部分区域洪水泛滥，因为一些流入沙漠中的河流会决堤。因此而生长出来的植被，为形形色色的动物提供了避风港，包括罕见的肥尾袋小鼠。在沙漠的部分区域，已经建立国家公园和保护区，确保这方水土的动植物资源能够得到应有的保护。

△ 平原上的居民

从漠澳鵙的名称能看出它们的主要栖息地，澳大利亚沙漠中的风棱石平原，一种荒漠砾幂。这种鸟儿很少飞行，它们更喜欢在地面上觅食、筑巢和栖息。

# 乌卢鲁岩比自由女神像、埃菲尔铁塔和大金字塔都高。

△ **紫色的花朵**
茄属植物中的灌木番茄，能在辛普森沙漠的干燥环境中旺盛地生长。

▷ **平行的沙丘**
辛普森沙漠这一片多沙的广袤地区究竟有多大，在沙丘之间生长着什么样的植被。这一切都能从空中清楚地看到。

## 乌卢鲁岩之下

构成乌卢鲁岩的那些岩石，最初位于阿玛迪斯盆地——一片形成于约9亿年前的洼地。不断积聚的沉积物被压缩成一层沙岩，随着板块活动将它向上推举，这一沙岩层发生折叠、断裂、旋转。专家们认为，乌卢鲁岩只是地下一块延伸6千米长的岩体露出地面的尖端部分。

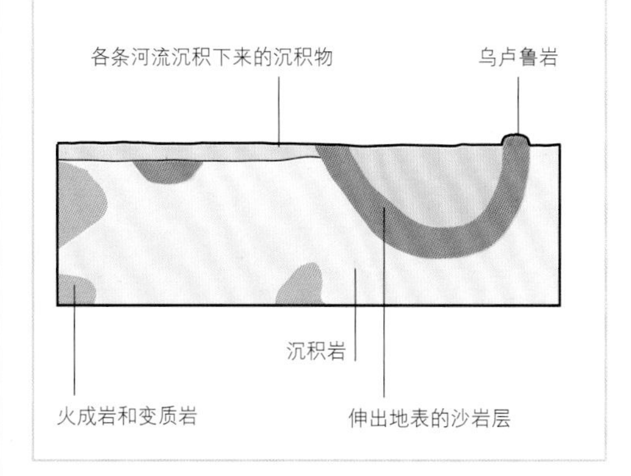


▽ **乌卢鲁岩**
乌卢鲁岩比周围的沙漠地表高出348米。它约有3.6千米长、1.9千米宽，绕着它走一圈需要3.5小时。

# 吉布森沙漠

一片环境严苛、大部分地区尚无人问津的沙漠，位于澳大利亚西部的中心地区。

吉布森沙漠和另外3片沙漠接壤，即北面的大沙沙漠、西面的小沙沙漠和南面的维多利亚沙漠，是澳大利亚原始的沙漠地带之一。酷热、严苛的环境使其至今尚未受到人类活动的影响。几乎没什么人生活在这片沙漠中，这不足为奇，因为这片沙漠是以探险家阿尔弗雷德·吉布森(Alfred GIbson)的名字命名的。1874年，他试图穿越这片沙漠时不幸身亡。这片沙漠面积约为15.6万平方千米，大部分地区是起伏不定的低海拔沙丘地和多沙平原地带。这片地区中也分布着一些砾石堤，它们是由表面覆盖氧化铁的卵石构成的，以及若干小型盐湖。尽管夏季气温高达40℃并且几乎没有水，袋鼠和鸸鹋等动物仍然在这片沙漠中生存了下来。

△红色的大个子

澳大利亚最大的有袋动物——红大袋鼠，在吉布森沙漠中很常见。单足跳跃等适应性改变，既能节约能量，又能最大程度地减少袋鼠身体和炽热沙石的接触。

▷黄色的“花朵”

吉布森沙漠中偶尔下雨之后，成千上万簇黄色的三齿稃，从沙地上冒了出来。三齿稃是少数几种能在这片沙漠中发芽生长的植物之一。

# 尖峰石阵

一片崎岖不平的土地，成千上万的石柱耸立在黄色的沙地上，不断被掩埋、又不断曝露出来，这些都拜天上的雨水和植物的根系所赐。

在澳大利亚西部的南邦国家公园的中心地区，有一片不同寻常的海岸沙漠。尖峰石阵指的是这片沙漠中成千上万的石灰岩柱，这些石柱耸立在一片片沙丘之上。这些石柱是怎样形成的？为什么它们出现在这里，而不是在其他的海岸沙丘中？对此一直存在争议，但有一点可以确定，它们形成于3万～2.5万年前，最初只是一些碎贝壳，而最后成为了一个沙丘带下的石灰岩。

## 根本原因

随着植被在这片地区中蔓延，雨水渗入酸性土壤。因此，在一层较软的石灰岩上，形成了一层坚硬的物质。植物往下扎根，最后植物的根系通过一些裂缝扎入这一硬质地层之中，在石灰岩中引发了一个垂直侵蚀的过程。

◁尖尖的石塔

大多数尖峰石柱高1～2米，少数石柱高达5米。风不断移动沙丘，在遮掩了一些尖峰石柱的同时，让另外一些尖峰石柱露了出来。

# 维多利亚大沙漠

澳大利亚最大的沙丘沙漠，分属两个州。沙漠中点缀着荒漠砾幂，而一片片灌丛带横向贯穿这片大沙漠。

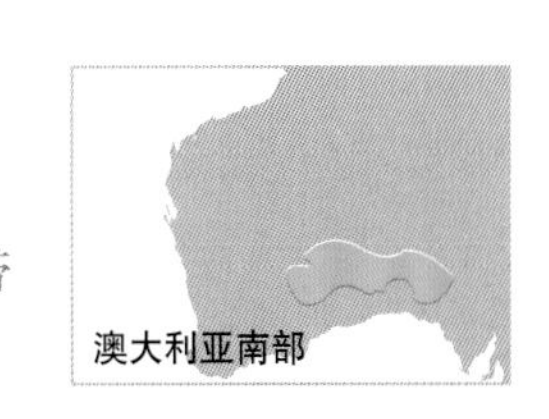


维多利亚大沙漠绵延700多千米，自西向东横跨澳大利亚西部和南部的部分地区。它是澳洲最大的沙漠，但它很可能也是澳洲最不像沙漠的沙漠。尽管这片沙漠中的年平均降雨量只有162毫米，而且白天气温高达30～45℃，但数量多得惊人的植物仍然能在这里兴旺生长。

## 受到保护

在这片沙漠的部分区域中生长着桉树，而金合欢树和灌木丛共同构成了一条狭长、连续不断的植物带，这一植物带称为“贾尔斯走廊”（Giles Corridor），它横向贯穿整个沙漠。一丛丛三齿稃、三芒草和其他耐旱的野草，也从沙丘地和风棱石平原（常常覆盖着一层氧化铁的卵石构成的紧密地层）中破土而出。由于这片沙漠中有大量植被，因而吸引了许多动物。这片沙漠以种类丰富的爬行动物著称，这里共生存着100多种爬行动物，其中尤以壁虎和小蜥蜴的种类最为丰富。这一地区也是一些濒危哺乳动物的原产地，这些哺乳动物包括袋鼹和沙漠袋貂，以及澳洲野狗和古尔德巨蜥——一种平均身长达到1米的大型巨蜥——等食肉动物。由于维多利亚大沙漠中拥有种类丰富的生物，大片区域已被保护起来、禁止人们随意开发。

**半月形沙丘**

半月形沙丘是位置固定的月牙形沙丘，它们分布于一些短暂存在的盐湖边缘。一些半月形沙丘是风吹起的波浪形成的，波浪将沉积物卷入植被之中，随后沉积物就积在那里。

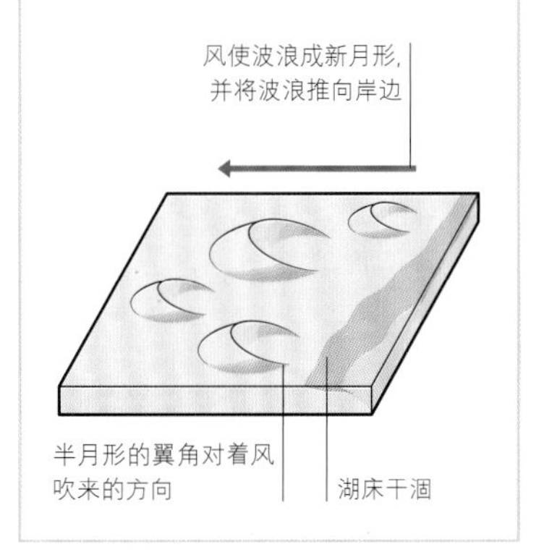


▷**强大的掠食者**

眼斑巨蜥是澳大利亚最大的蜥蜴，也是巨蜥中最大的品种。它能长到2米长。这种令人望而生畏的掠食动物，能以32千米/小时的速度冲向猎物、发起攻击。

▽**不仅仅是沙子**

在澳大利亚最大的盐湖艾尔湖周围，沙丘和三齿稃让位给了一片片台地，台地顶部覆盖着硅结砾岩，一种由二氧化硅胶合在一起的坚硬沙砾层。

**穿越沟壑**

当马图谢维奇冰川流向南极洲东部的海岸时，会经过山丘之间的一道狭窄的沟壑，导致冰川中出现裂缝或裂隙。在穿越这一狭窄地带后，冰川的冰将汇入海洋中。

# 南极洲

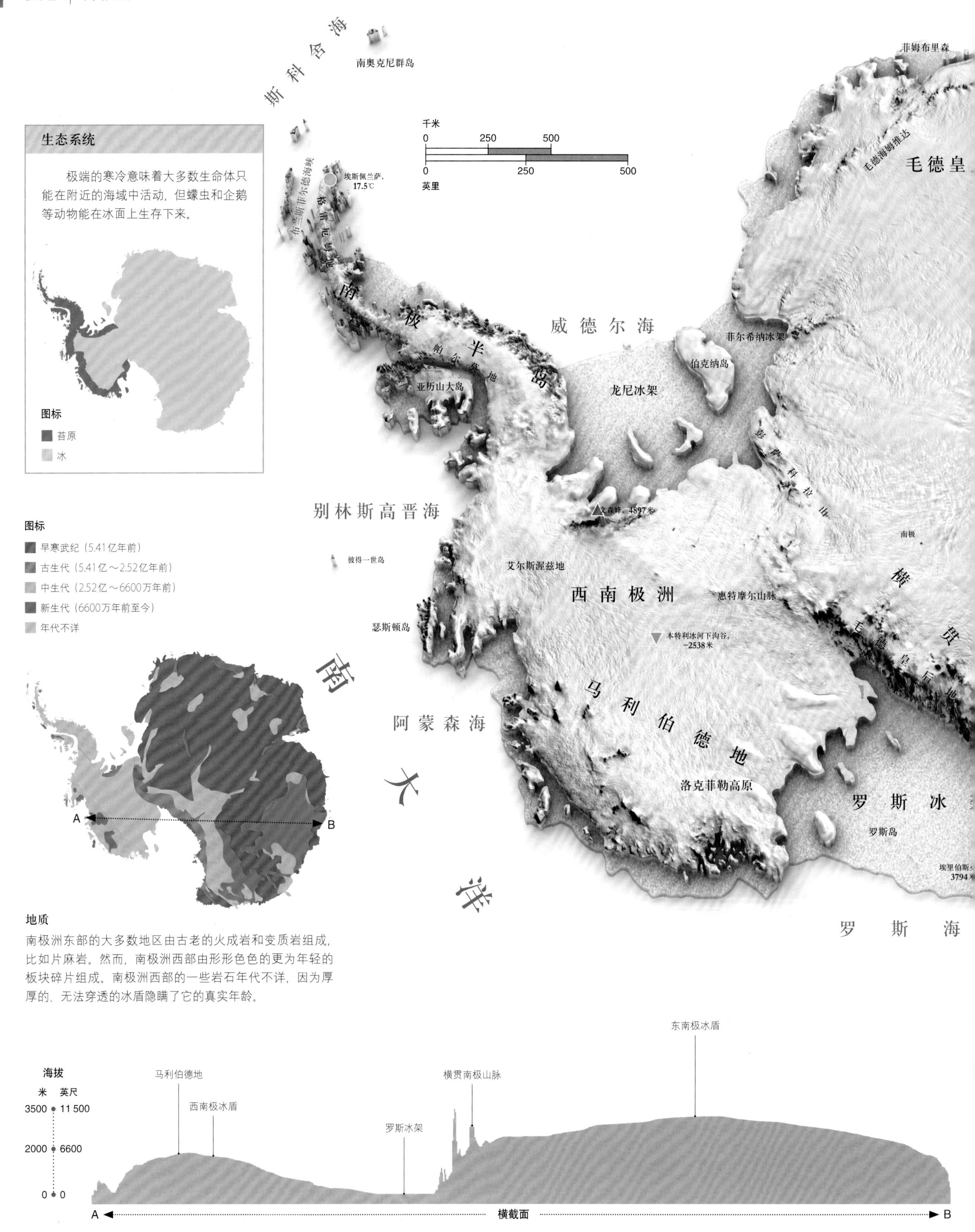
斯科舍海
南奥克尼群岛
菲姆布里森
千米
0 250 500
0 250 500
英里
毛德海姆维达
毛德皇
埃斯佩兰萨，17.5℃
布兰斯菲尔德海峡
格雷厄姆地
南极半岛
帕尔默地
亚历山大岛
威德尔海
菲尔希纳冰架
伯克纳岛
龙尼冰架
彭萨科拉山
文森峰，4897米
别林斯高晋海
南极
彼得一世岛
艾尔斯渥兹地
西南极洲
惠特摩尔山脉
横贯
毛德皇后地
瑟斯顿岛
本特利冰河下沟谷，−2538米
马利伯德地
阿蒙森海
南大洋
洛克菲勒高原
罗斯冰
罗斯岛
埃里伯斯，3794米
罗斯海
生态系统
极端的寒冷意味着大多数生命体只能在附近的海域中活动，但蠓虫和企鹅等动物能在冰面上生存下来。
图标
苔原
冰
图标
早寒武纪（5.41亿年前）
古生代（5.41亿～2.52亿年前）
中生代（2.52亿～6600万年前）
新生代（6600万年前至今）
年代不详
A
B
地质
南极洲东部的大多数地区由古老的火成岩和变质岩组成，比如片麻岩。然而，南极洲西部由形形色色的更为年轻的板块碎片组成。南极洲西部的一些岩石年代不详，因为厚厚的、无法穿透的冰盾隐瞒了它的真实年龄。
海拔
米 英尺
3500 11 500
2000 6600
0 0
马利伯德地
西南极冰盾
罗斯冰架
横贯南极山脉
东南极冰盾
A
横截面
B

# 冰冻的大陆

## 南极洲

南极洲完全被南大洋所包围，是世界上最偏远的大洲，距南美洲和澳大利亚分别是1000千米和2500千米之遥。但它并非一直这样与世隔绝。在2亿年前，南极洲是冈瓦纳超级大陆的一部分。后来，在约3500万年前，它脱离超级大陆，向南漂移，并在南极稳定下来。

南极冰盾是世界上最大的冰盾，冰层厚度平均超过1.6千米。厚厚的冰层重重压在下方的岩石上，以至于南极洲的一些区域，向下沉降到海平面下2.5千米深的地方。

南极洲可以分成两大地区，东部地区和西部地区，两者被横贯南极山脉隔开。在横贯南极山脉以东，一片广袤、平坦的冰的高原，覆盖在古老的地盾之上。而在这一山脉以西，冰景和地质更加多样，并且和南美洲的安第斯山脉有很多共同之处。

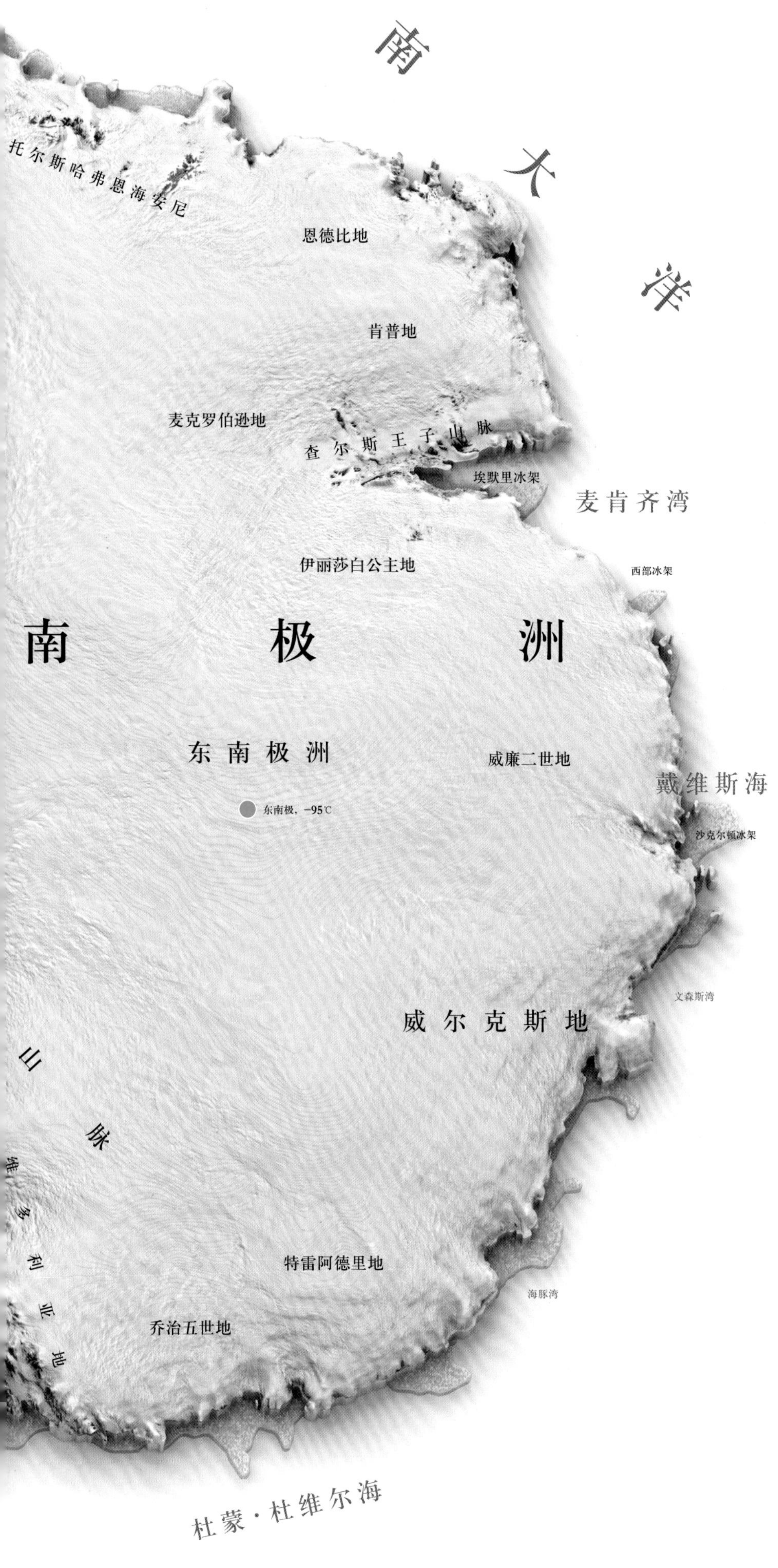


### 关键数据

▲ **海拔最高点** 文森峰：4897米

▼ **海拔最低点** 本特利冰河下沟谷：-2538米

● **最高气温纪录** 埃斯佩兰萨：17.5℃

● **最低气温纪录** 东南极：-95℃

### 气候

南极洲是世界上最冷的大洲。99%的陆地被冰雪覆盖，零度以下的寒冷气温持续全年。强劲的大风往往会带来猛烈的暴风雪，暴风雪会一连持续多日。

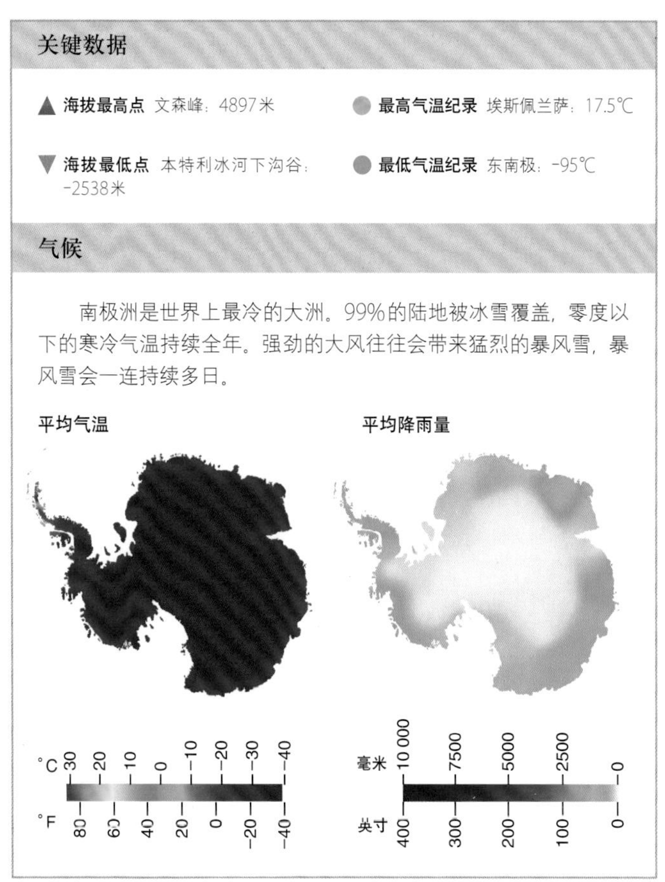

# 横贯南极山脉

南极洲最长的山脉，直至1841年才首次被世人发现。

横贯南极山脉是一座弧形的山脉，长约3500千米，纵向横贯整个南极洲。其中一段山脉将南极大陆分成东南极洲和西南极洲两大部分。而这一山脉带的其余大部分沿着东南极洲的海岸绵延，包括和罗斯冰架相邻的长长一片山脉。在这片广袤的地区中，一些大型冰川流经这一山脉中的一些沟壑。

这一山岳带中有许多支脉，包括毛德皇后山脉和皇家学会岭。在横贯南极山脉中的十大山峰中，有8座都位于同一个支脉——亚历山德拉皇后山脉。横贯南极山脉的部分地区，1841年被英国航海探险家詹姆斯·罗斯（James Ross）船长首次发现，但亚历山德拉皇后山脉直到1908年才被世人发现（发现者是一个英国南极探险家）。在这一山脉的纵深地区，只有一些微生物才能生存，比如细菌和藻类。然而，在遥远的过去，曾经有多种动植物生存在那片地区。古老岩石中的一些原始两栖动物和爬行动物的化石，足以证明这一点。这些化石形成于距今4亿～1.8亿年前。

**横贯南极山脉中的最高峰**

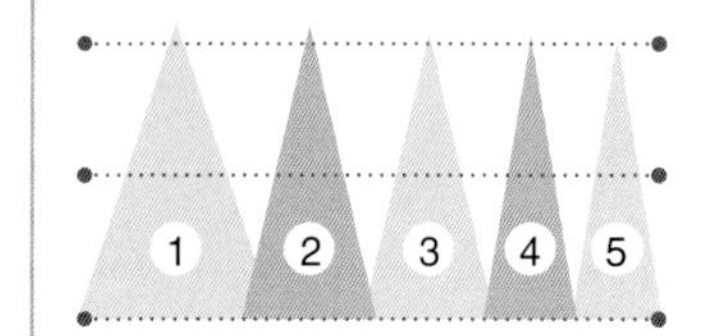


1 柯克帕特里克山 4528米
2 伊丽莎白山 4480米
3 马卡姆山 4351米
4 贝尔山 4303米
5 麦克拉尔山 4297米

**▽ 突破冰的重围**
群山之巅是没有被埋藏在冰雪中的少数地貌之一，这些巅峰由位于花岗岩和片麻岩之上的沉积岩层构成。

**△ 白色的穹隆**
这座火山的顶峰正在喷发出大量蒸气。埃里伯斯火山呈不规则穹隆形，不是特别陡峭。

# 埃里伯斯火山

地球上最南端的火山，曾经喷发过，火山上有一个熔岩湖和若干冰洞。

南极洲最活跃的火山埃里伯斯火山是一座高达3794米的成层火山，它坐落在罗斯岛上，离南极洲东部的海岸线不远。罗斯岛上还有另外3座火山，它们显然都是死火山。

### 冰与火

当英国航海探险家詹姆斯·罗斯船长于1841年首次发现埃里伯斯火山时，它正在喷发。现在它仍然喷发得很频繁，但不是特别猛烈的那种。这座火山中有一个长期存在的熔岩湖，在地球上，这样的火山是屈指可数的。这个熔岩湖占据着顶峰火山口中的一个喷火口，会定期喷发出熔岩，但喷发的规模不大。炽热的岩浆在这个熔岩湖中打着旋涡，其温度高达900℃。这个熔岩湖可能有好几百米深。在火山的山腰上分布着好几个冰洞。蒸气和其他从岩石地表的火山喷气孔中逸出的温暖气体，从厚厚的冰毯中凿刻出了这些冰洞。在一些冰洞上方有一些“冰烟囱”，它们是这样形成的：逃逸的蒸气汇成细小的液态水流。随后，当这些细流一遇到外面寒冷的空气，就凝结成了冰。

△冰的世界

这个埃里伯斯火山上的冰洞，约有12米高。随着各种温暖的气体融化部分区域的冰，而冷凝的蒸气在其他区域不断积冰，它的外观被不断重塑。

◁巨坑

埃里伯斯火山的山顶火山口有400米宽、120米深。火山口的底部有好几个坑洞，其中一个坑洞被这座火山的熔岩湖所占据。

#### 埃里伯斯火山之下

专家认为，埃里伯斯火山，还有特罗尔火山以及罗斯岛上其他两座目前并不活跃的火山，位于上升的热柱上，这些热柱中是南极洲板块下形成的岩浆。这些热柱的存在，是从古至今火山喷发的原因。

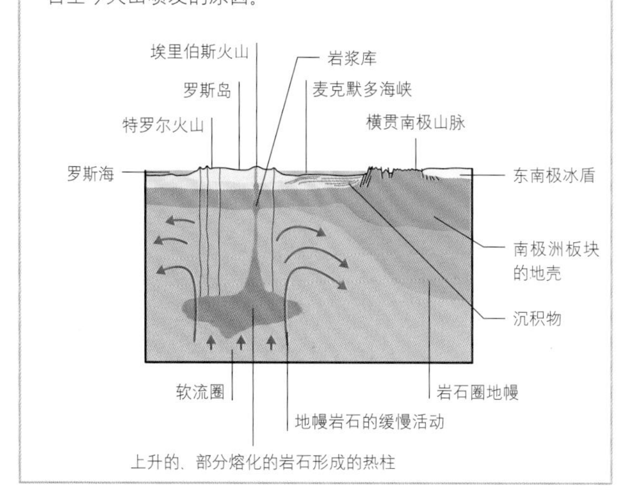

# 南极冰盾

世界上最大的冰原，冰的体量达到3000万立方千米，占全球淡水总量的60%。

南极冰盾是目前为止地球上最广阔无垠、连绵不断的冰盾，占地1400万平方千米，由相邻的两大部分组成：东南极冰盾和西南极冰盾。较大的东南极冰盾部分区域超过4.5千米厚，它位于一大片陆块之上，面积约为1200万平方千米。而较小的西南极冰盾面积约为200万平方千米，最厚的地方厚达3.5千米，位于一片大部分位于海平面之下的基岩之上。这两大冰盾都略呈圆顶状，冰从最高处流向海岸边。在不同区域，冰流动的速度差异很大。在一些相对较高的地区，冰的流速每年还不到1米。而一些注出冰川和冰流的流速，每年可达数百米。在有的地方，若干注出冰川合并，形成了大面积的浮冰，称为冰架，或以较小的冰舌的形式，延伸到海洋。

**横贯南极山脉**
群山沿着横贯南极山脉中的一段，构成了南极冰盾东西两大部分的分界线。

多山的南极洲半岛约有80%的土地被冰雪覆盖。

南大洋从四面八方环绕着南极洲。

西南极洲

**▶南极冰盾**
图中是从罗斯冰架切入的南极冰盾的横截面图。南极冰盾覆盖着南极洲大陆99%的土地。极少数没有冰的地区是一些最高山峰的峰顶和一些范围有限的海滨地区。

**▷迅捷的冰川**
巨大的伯德冰川将东南极冰盾的一部分冰运往罗斯冰架。它约有136千米长、24千米宽。作为一条冰川，它的流速很快，约为每年750米。

**▷海面浮冰**
在南极洲周围都是海冰，尽管其规模大小会随着季节而变化。与源自陆地的冰架和冰山不同，海冰是冻结的海水，并且含有一些盐分。平坦、自由移动的大片海冰也称为海面浮冰。

**埃尔斯沃斯湖**
南极洲多个冰下湖中的一个，藏身于冰面下3.4千米深的地方。

龙尼冰架是世界第二大冰架。

# 在南极冰盾之下、陆壳之上的地带中，分布着数百个湖泊。

### 冰流向线

飘落在南极冰盾上的雪，压缩后形成了冰。在其自重的作用下，这些冰缓缓变形，并沿着冰流向线流向海岸。这些假想线称为海冰分界线，它们将不同区域的冰分开，使其流向不同的海岸地区。

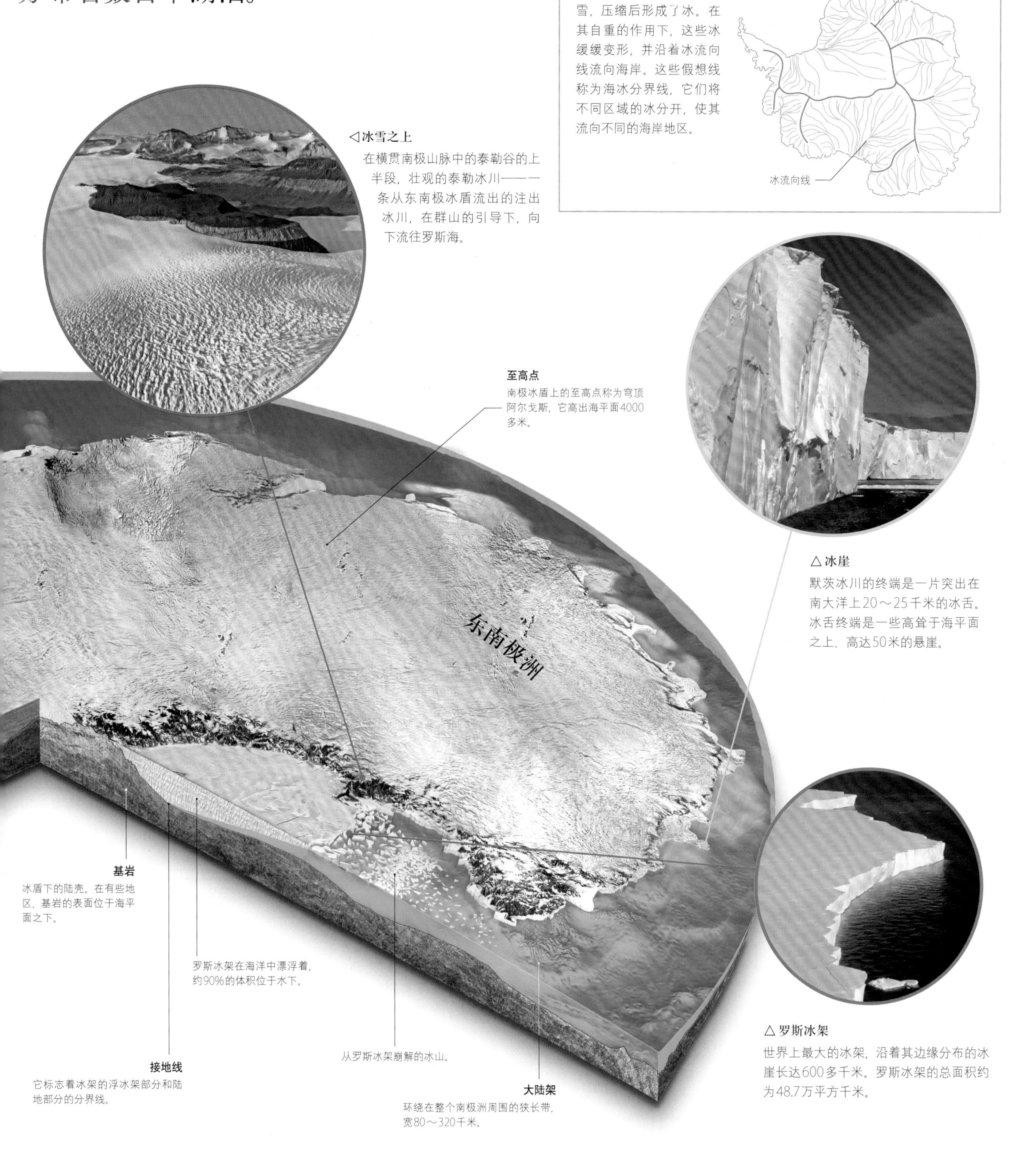


◁冰雪之上

在横贯南极山脉中的泰勒谷的上半段，壮观的泰勒冰川——一条从东南极冰盾流出的注出冰川，在群山的引导下，向下流往罗斯海。

**至高点**

南极冰盾上的至高点称为穹顶阿尔戈斯，它高出海平面4000多米。

△冰崖

默茨冰川的终端是一片突出在南大洋上20～25千米的冰舌。冰舌终端是一些高耸于海平面之上、高达50米的悬崖。

**基岩**

冰盾下的陆壳。在有些地区，基岩的表面位于海平面之下。

罗斯冰架在海洋中漂浮着，约90%的体积位于水下。

从罗斯冰架崩解的冰山。

**接地线**

它标志着冰架的浮冰架部分和陆地部分的分界线。

**大陆架**

环绕在整个南极洲周围的狭长带，宽80～320千米。

△罗斯冰架

世界上最大的冰架，沿着其边缘分布的冰崖长达600多千米。罗斯冰架的总面积约为48.7万平方千米。

# 罗斯冰架

世界上最大的漂浮冰架，约等于法国的面积。

△ 屏障
罗斯冰架前端的近乎垂直的冰崖，高出海平面50米，此外，它还深入水下300米左右。

罗斯冰架是一片大致呈三角形的浮冰区，从南极洲海岸一直延伸到罗斯海南部。罗斯冰架各个区域的厚度不等，前端的厚度为350米左右，而在其大后方、靠近它与陆地接壤的基地附近，厚750米左右。罗斯冰架是以詹姆斯·罗斯船长命名的，后者在1841年发现了这一冰架。在此之前，它被称为“大屏障”（The Barrier）。构成冰架的冰，以每年900米的速度流向海洋。从南极冰盾（参见第306—307页）流下的若干条注出冰川和冰流，汇入罗斯冰架。这些冰川包括伯德冰川、尼姆罗德冰川、比尔德莫冰川、沙克尔顿冰川和阿蒙森冰川。罗斯冰架的上半段是一个寒风凛冽、气候恶劣的地方，强劲的大风塑造出了一系列的冰脊和冰沟。

◁冰架上的避难所
一些帝企鹅群落占领了距离冰架起始处不远的一片罗斯海海岸。那一带陡峭的悬崖，给它们遮挡了不少寒风。

### 冰架得到和失去的冰

冰架得到的冰，来自其向岸侧的冰川，来自在其下方冻结的海水，还来自新的降雪。而冰川损失的冰，主要是从冰架前端崩解的冰山。另外，冰水融化和蒸发也会导致冰架的冰减少。

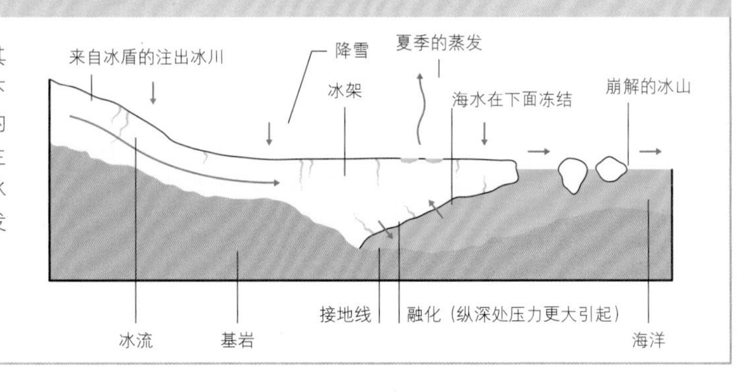

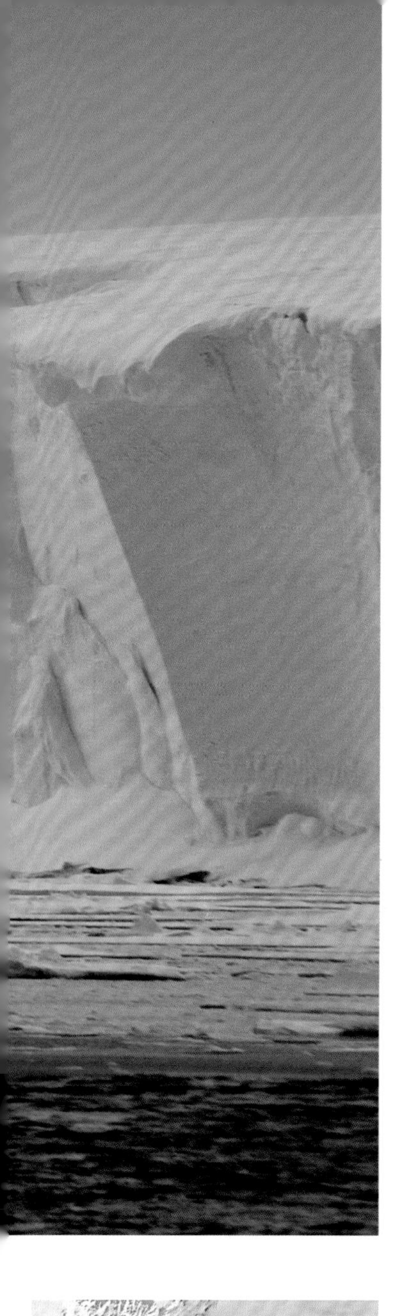

# 南极苔原

世界上最不适合植被生长的大陆，只有1%的土地覆盖着些许植物。

鉴于南极洲99%的土地都覆盖着冰雪，那么竟然有植物能在地球最南端、海拔最高的大陆上生存，委实令人惊讶。冰盾、冰川和群山构成了南极洲内陆的主体，但南极洲大陆上依然有小块的苔原存在，这些苔原主要分布在南极洲半岛和几个亚南极岛屿上，以及一些被称为“冰原岛峰”的曝露在地面之上的内陆岩峰。南极洲苔原上只有两种开花植物，南极洲发草和南极漆姑草。此外还有约100种藓类植物、25种苔类植物、300～400种地衣。由于该地区气候极端，刺骨的寒风一年到头吹个不停，年平均气温介于-10℃～-60℃之间，一些藻类植物和地衣类植物选择在岩石中求生存，它们生长在微小的岩石孔隙中。

▽ 花垫

南极漆姑草一簇簇生长，呈垫状，能长到约5厘米高。

# 麦克默多干谷带

世界上的极端沙漠地带之一。在这样极端寒冷、干燥的环境中，也有生命体在奋力求生。

麦克默多干谷带位于麦克默多海峡以西，和罗斯海相邻。尽管这片干谷带只占南极洲大陆面积的0.03%，却拥有南极洲最大的无冰区，并构成了极端寒冷的沙漠生态系统，气温有可能跌至-68℃，狂风会以322千米/小时的速度呼啸而过。环绕在其周围的群山，将这些山谷和东南极冰盾隔开。此外，这一带的湿度极低。然而，除了部分干燥区域，微生物遍布在这一干谷带的各个角落中。

△ 被“玷污”的土地

血瀑布从一个盐湖中流出，它呈现红色，是因为水中含铁量很高。

◁ 咸到极点

浅浅的唐胡安池是如此之咸，以至于它和干谷带中的其他水体不同，在冬季也从不结冰。

△ 最大的冰山

2000年，被称为B-15（中间偏左）的史上有记录的最大冰山，从罗斯冰架（图中底部）脱离。

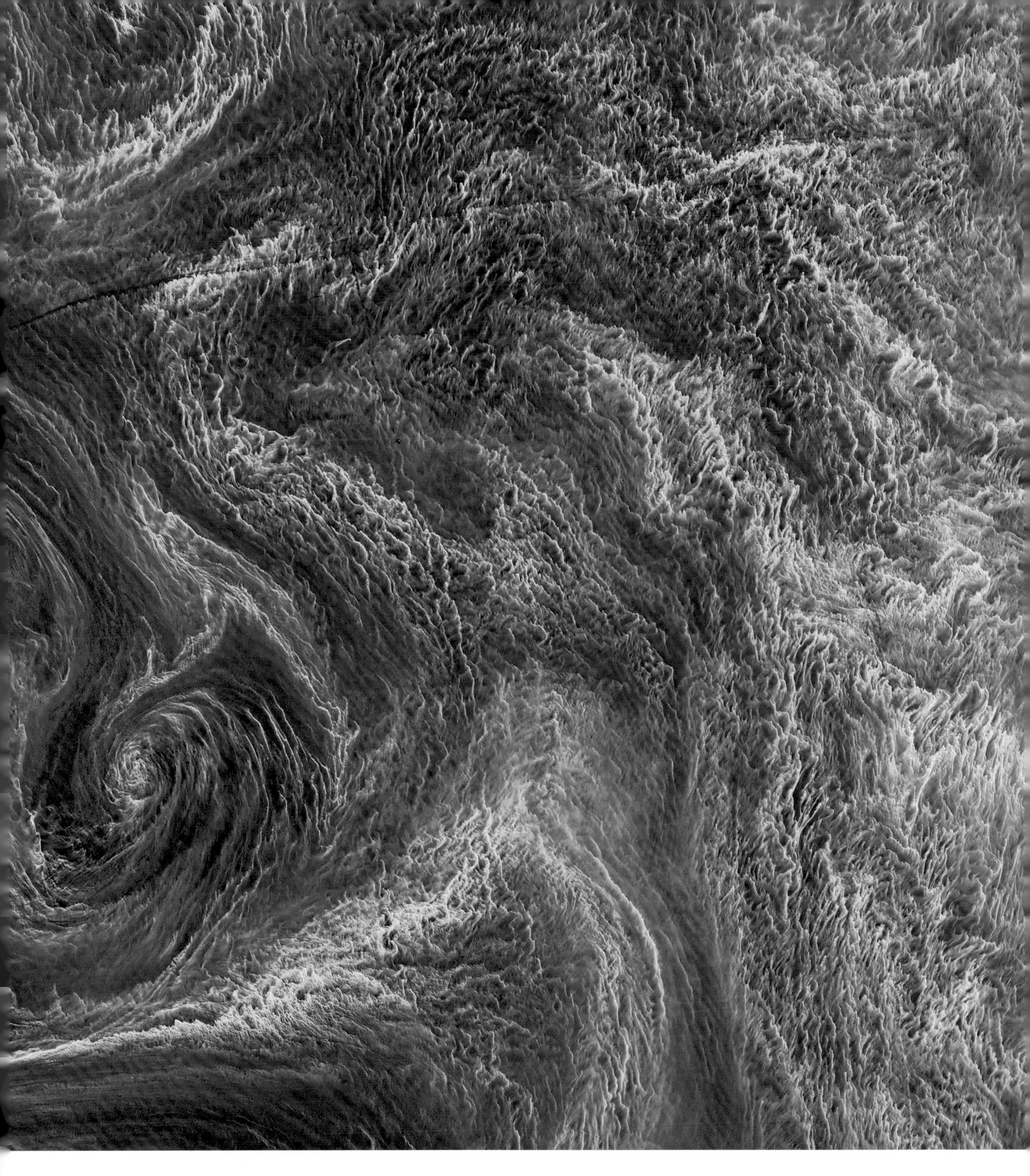

**怒放的海洋**

在南极洲夏季永恒的阳光之下，大片蓝藻细菌——一种古老的海洋细菌绚丽绽放，它们蔓延到波罗的海位于瑞典和拉脱维亚之间的全部水域。

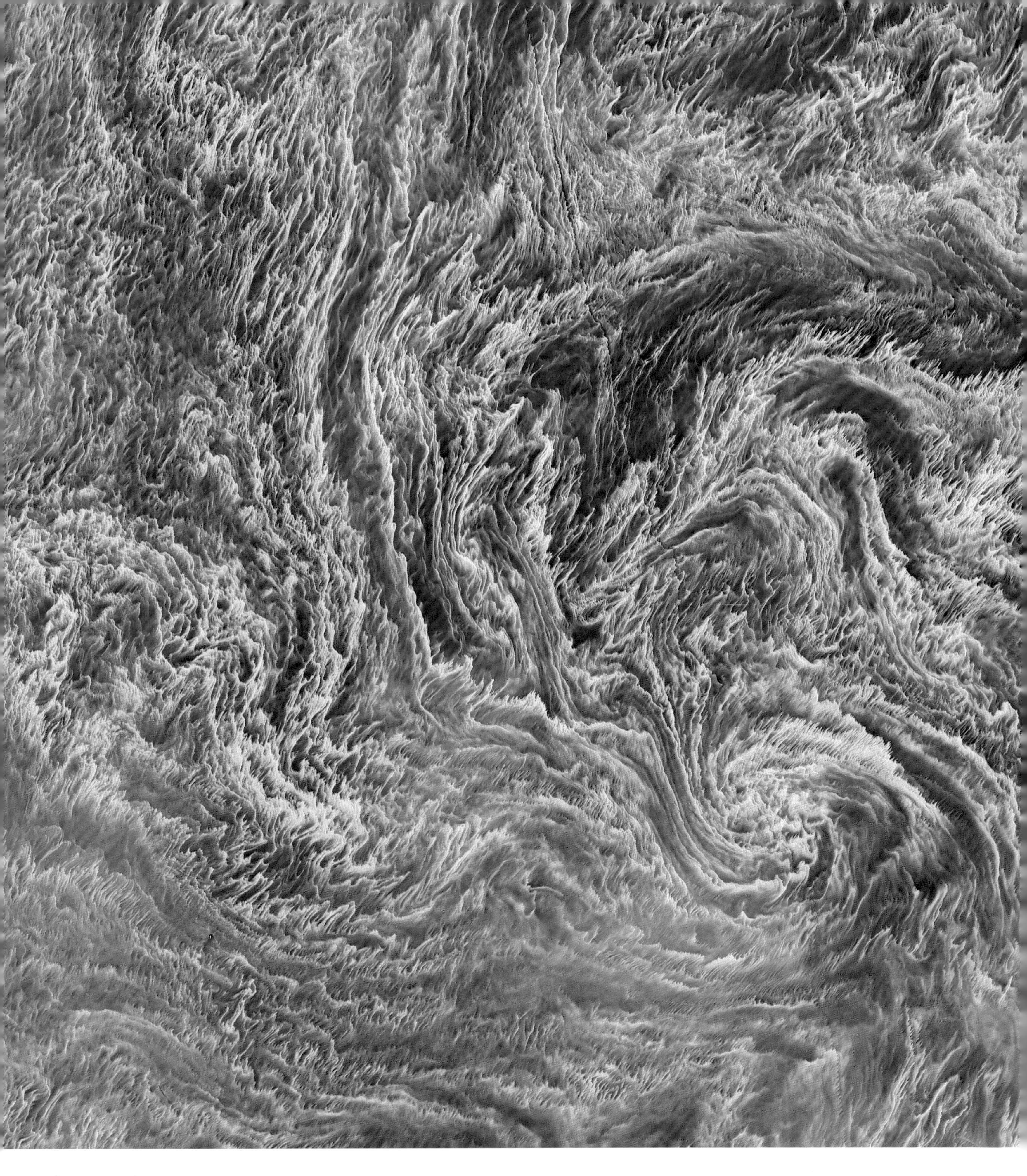

# 海洋

# 大西洋中脊

全球海岭体系的一个组成部分。一个庞大的水下山系，它正在将两旁的大陆推开。

沿着大西洋中间一路延伸的大西洋中脊，是一个慢速扩张的海底山脉体系。它从北极地区一直延伸到非洲最南端附近，全长约1.6万千米。大西洋中脊标志着几大分离板块的边界地带。在它附近，南美洲板块、北美洲板块正在逐渐远离欧亚板块、非洲板块。

## 山脉和山谷

大西洋中脊的走势说明各个大陆不仅在彼此分开，还在以每年2～5厘米的速度彼此远离，这一速度比东太平洋海隆（参见第322—323页）每年16厘米的速度慢得多。大西洋中脊从海底隆起2～3千米，由长长的一连串水下山峰构成。沿着其顶峰一线，分布着一片深深的中央大裂谷。在大西洋中脊隆起到海平面之上的地方，形成了诸如冰岛、亚速尔群岛等火山岛地貌。

### 扩张洋脊的磁力带

地球的磁场会定期反转，将北磁极变成南磁级，将南磁极变成北磁极。为什么会发生这样的现象，原因目前还不明确，但大洋中脊两侧的玄武质岩石的磁力带，记录了这种现象。扩张的大洋中脊形成了新的地壳。当玄武岩熔岩出现时，新地壳中的金属元素与地球的磁极是保持一致的。对这些磁力带的研究成果为板块构造理论提供了关键的证据。

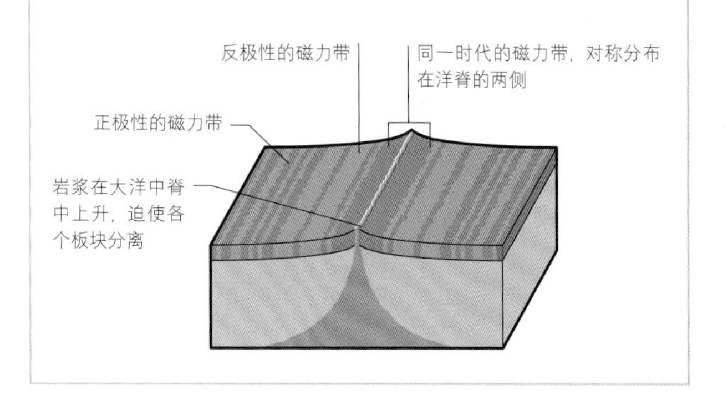


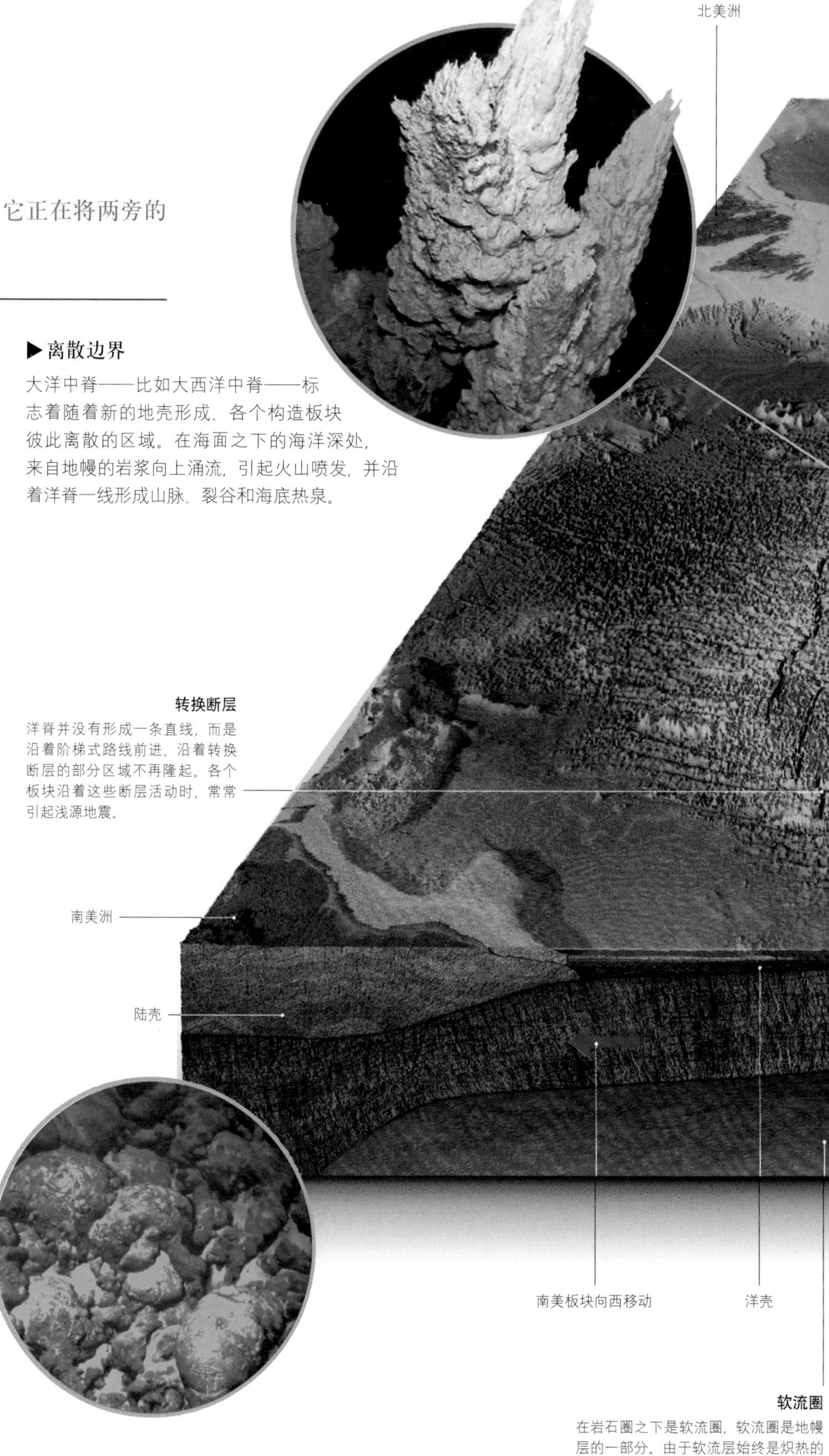


▽ **碳酸盐岩塔**

2000年，一个海底研究团队拍摄到了一簇幽灵般的、高27～61米的岩塔。这就是“失落之城”，地球上已知的唯一一处全部由白色碳酸盐烟柱组成的深海热泉群。

▶ **离散边界**

大洋中脊——比如大西洋中脊——标志着随着新的地壳形成、各个构造板块彼此离散的区域。在海面之下的海洋深处，来自地幔的岩浆向上涌流，引起火山喷发，并沿着洋脊一线形成山脉、裂谷和海底热泉。

**转换断层**

洋脊并没有形成一条直线，而是沿着阶梯式路线前进，沿着转换断层的部分区域不再隆起。各个板块沿着这些断层活动时，常常引起浅源地震。

△ **海底的枕头**

沿着洋脊喷发出来的熔岩，在寒冷的海水中快速冷却，形成了0.5～1米宽的小丘，这些小丘叫作枕状熔岩。

**软流圈**

在岩石圈之下是软流圈，软流圈是地幔层的一部分。由于软流层始终是炽热的液体，它充当了构造板块下的润滑剂，使板块能够自如移动。

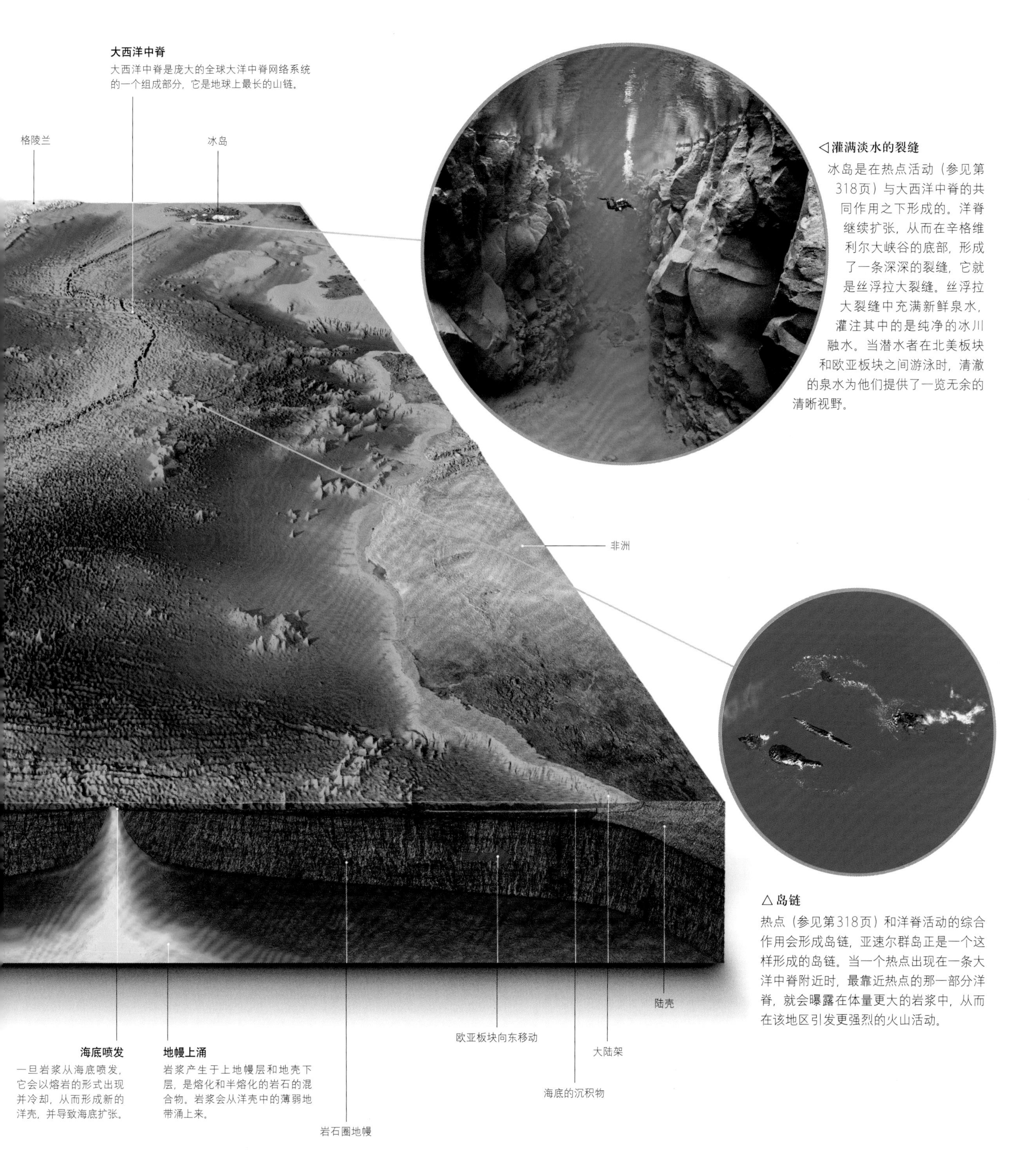


**大西洋中脊**
大西洋中脊是庞大的全球大洋中脊网络系统的一个组成部分，它是地球上最长的山链。

**◁灌满淡水的裂缝**
冰岛是在热点活动（参见第318页）与大西洋中脊的共同作用之下形成的。洋脊继续扩张，从而在辛格维利尔大峡谷的底部，形成了一条深深的裂缝，它就是丝浮拉大裂缝。丝浮拉大裂缝中充满新鲜泉水，灌注其中的是纯净的冰川融水。当潜水者在北美板块和欧亚板块之间游泳时，清澈的泉水为他们提供了一览无余的清晰视野。

**△岛链**
热点（参见第318页）和洋脊活动的综合作用会形成岛链，亚速尔群岛正是一个这样形成的岛链。当一个热点出现在一条大洋中脊附近时，最靠近热点的那一部分洋脊，就会曝露在体量更大的岩浆中，从而在该地区引发更强烈的火山活动。

**海底喷发**
一旦岩浆从海底喷发，它会以熔岩的形式出现并冷却，从而形成新的洋壳，并导致海底扩张。

**地幔上涌**
岩浆产生于上地幔层和地壳下层，是熔化和半熔化的岩石的混合物。岩浆会从洋壳中的薄弱地带涌上来。

大西洋中脊中央大裂谷的大部分地区，比科罗拉多大峡谷更深、更宽。

# 塞舌尔群岛

100多个美丽绝伦的热带岛屿，世界上最稀有的棕榈树的故乡，也是世界上最大的露出海面的珊瑚环礁之一。

△ 潮汐通道

在阿尔达布拉环礁上，潮汐通道形成了许多生境，包括一个高盐潟湖，若干红树林沼泽地和海草床，它们附近生活着多种海洋生物。

塞舌尔群岛的115个热带岛屿，位于远离非洲东海岸的西印度洋中。这些岛屿可以分成两大类。第一类是多山的花岗岩内岛，共有41座，大多数位于赤道以南、南纬4°左右的地带，它们是庞大的马斯克林深海高原露出海面的部分，而这一深海高原一直延伸到留尼汪岛。普拉兰岛是塞舌尔群岛的内岛之一。在普拉兰岛的五月谷世界自然遗产地中，生长着世界上规模最大的濒危的海椰子树林。第二类是地势低洼、珊瑚密布的外岛，它们分布在深海高原之外、赤道以南南纬10°附近的地带。其中包括阿尔达布拉群岛，这是一片露出海面的珊瑚环礁，自1976年来一直被列为自然保护区。

共有152 000多只亚达伯拉象龟生活在这些环礁上。

▷复椰子

海椰子树是普拉兰岛和库瑞尔岛的特有物种。它的果实复椰子是地球上最重的种子，需要7年才能成熟。

▽奔向大海

鸟岛是一个野生动物保护中心。濒危的玳瑁和绿海龟在这里产卵。这些卵在孵化出来之前一直受到保护中心保护。孵化出来的小海龟随后将启程奔向大海。

# 查戈斯大环礁

地球上面积最大的珊瑚环礁，四面环绕着世界上最清澈的海水。

查戈斯大环礁位于马尔代夫（见本页下图）以南几百千米之处，是地球上面积最大的珊瑚环礁，尽管总面积达12 640平方千米，但查戈斯大环礁的绝大部分都位于水下。只有总面积为5.6平方千米的8个岛屿上，分布着地势低洼的沙滩。有的岛屿上遍布着椰子树和茂密的植被。这一大环礁是查戈斯海洋保护区的组成部分。这是一片“禁渔”的海洋保护区，也就是说，在这片海域中，禁止钓鱼、用网捕鱼和带走海洋生物的行为。无比清澈的纯净海水、世界上健康的礁石系统之一，既有海底山和海底丘陵，也有浅海平原，这一切赋予查戈斯大环礁世界上最丰富多彩的海洋环境。

◁海洋中的天堂

查戈斯大环礁由220多种珊瑚构成，它们为约800种鱼类——包括小丑鱼提供了一片珊瑚礁栖息地。

# 马尔代夫

亚洲面积较小的国家，拥有**1000**多个岛屿，它们都听任大海的摆布。

约1190片活珊瑚礁和沙洲岛，形成了马尔代夫的环礁双链。地处热带的马尔代夫，位于印度的西南海岸附近。马尔代夫一共有多少岛屿？具体的数字一直有出入，因为马尔代夫是世界上海平面最低的国家，其平均海拔只有1.8米。岛屿会随着海平面的高低和气候的变化而出现或消失。但所有岛屿都是水下的马尔代夫-拉卡代夫火山山脉的各个山峰之巅。在每一片环礁中，都坐落着若干有人居住或荒无人烟的岛屿。

△荧光点点的浪潮

在马尔代夫，当波浪涌向岸边时，发光的浮游生物荧光点点，将拍岸的碎浪照得雪亮。

# 夏威夷群岛

世界上最长的列岛，持续不断的火山活动，创造出了一个独一无二的热带生境。

太平洋中的夏威夷群岛，位于美国大陆西南约3800千米、日本东南约6200千米的地方，是世界上离大陆最遥远的群岛。它长达2450千米，因而也是世界上最长的群岛。

## 正在扩张的土地

夏威夷群岛的8个大岛和100多个小岛，是夏威夷群岛－皇帝海山链的一部分。后者由一系列海底火山构成，这些火山在约7000万年前就开始喷发了。夏威夷群岛的每一个大岛上都有一座或多座火山，目前夏威夷岛上共有3座活火山（参见第318—319页）。从地下接连涌出的熔岩，仍然在不断增加夏威夷群岛的陆地面积。自1983年以来，由于基拉韦厄火山不断喷发，夏威夷的陆地已经增加了约2平方千米。夏威夷的动植物和它们的岛屿家园一样独一无二，超过90%的动植物种类是当地特有的，但这个生态系统非常脆弱。在美国所有已经列出的濒危物种中，夏威夷群岛的特有生物种类就占了至少三分之一。

◁州花
濒危的夏威夷木槿，生长在夏威夷群岛的所有大岛上，除了尼豪岛和卡胡拉威岛。这种花主要在春季至初夏开花。

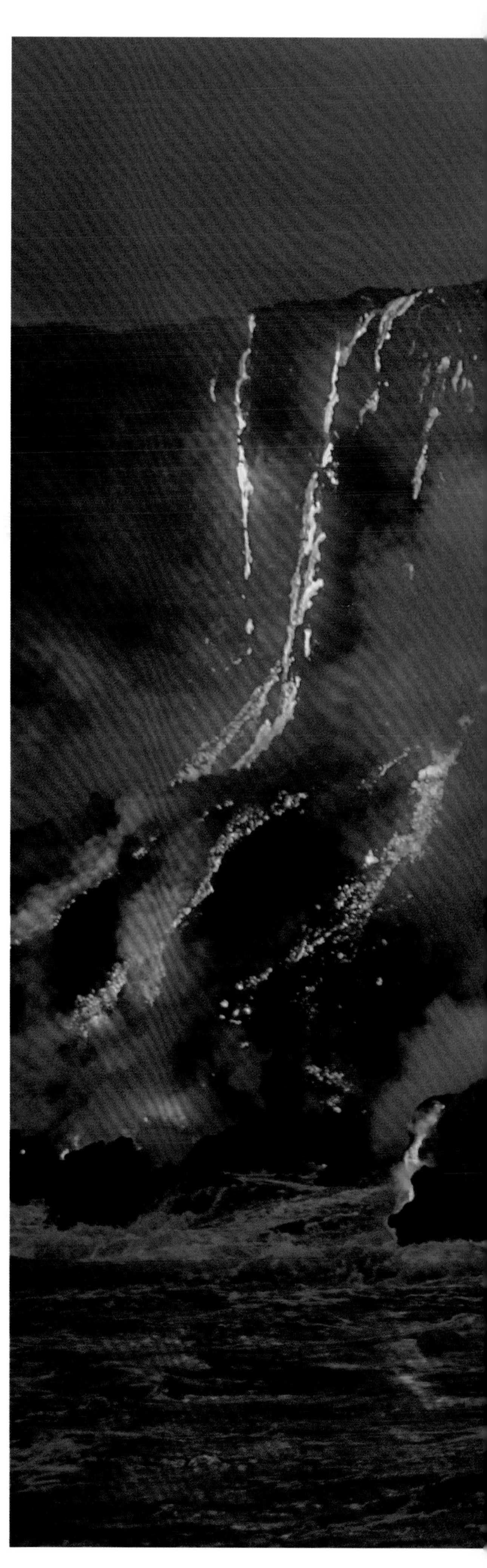

▷一条条熔岩河
夏威夷的基拉韦厄火山每天排出20万～50万立方米的熔岩，足以给一条长32千米的双车道道路重铺路面。幸运的是，大多数熔岩都流入了海洋。

### 世界上最高的火山

测量一座山的高度时，人们通常测算从海平面到山顶的高度。但水下火山的高度，是从它们位于海底的底部开始测量的。夏威夷的莫纳罗火山是世界上最高的火山，它的底部是在海底之下形成的一片凹地。因此，这座火山总共高达17 170米，比珠穆朗玛峰还要高8230米。

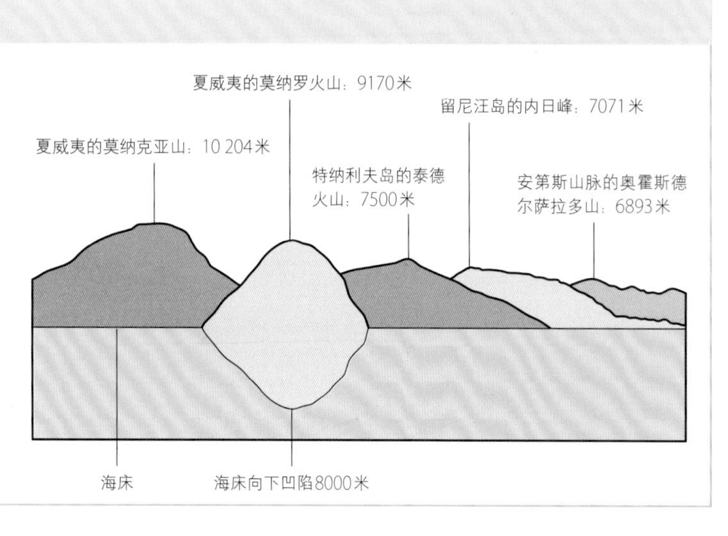

# 火山岛链的形成

基拉韦厄火山中喷发的熔岩，足以环绕地球三遍。

在两个大洋板块汇聚，或一个大洋板块和一个大陆板块汇聚的地方，会形成一连串火山岛，这些火山岛呈弧形或者链状分布。环绕太平洋的火山岛链被称为太平洋火山带，它是在以上两种情况的共同作用下形成的。而夏威夷群岛的形成，还受到了热点火山活动的影响。

### 炽热之地

热点是地幔中一些允许岩浆通过岩石圈上升、直至岩浆喷发的区域，这样的热点常常位于水下的海床上。形成夏威夷岛链的热点，位于太平洋板块中间位置。热点的位置是固定的，而板块却在不断移动。随着构造板块经过这一热点，在这一热点上方就形成了若干盾状火山。夏威夷群岛的132处岛屿、环礁、礁石、浅滩和海底山，都和这些盾状火山有着千丝万缕的联系。目前，这一热点位于夏威夷岛下方，导致岛上的3座年轻火山持续喷发。它还导致这一火山岛链中最年轻的成员罗希火山蠢蠢欲动。罗希火山是一座海底山，在夏威夷岛以南约30千米处。罗希火山上次喷发是在1996年，那次火山喷发后，出现了一连串小地震。

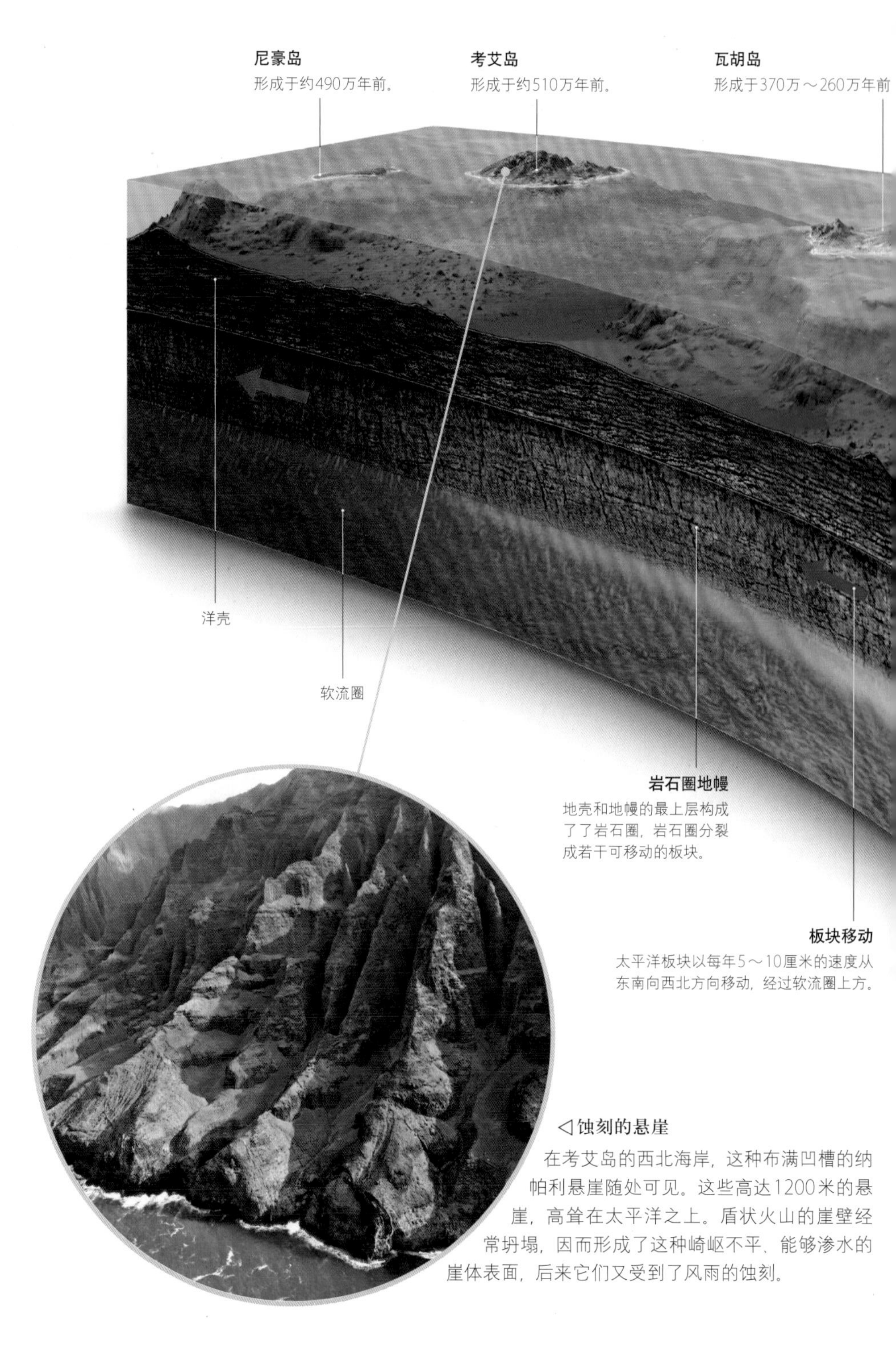


◁蚀刻的悬崖

在考艾岛的西北海岸，这种布满凹槽的纳帕利悬崖随处可见。这些高达1200米的悬崖，高耸在太平洋之上。盾状火山的崖壁经常坍塌，因而形成了这种崎岖不平、能够渗水的崖体表面，后来它们又受到了风雨的蚀刻。

▲夏威夷群岛

这一横截面图展示了地球的内部构造是如何导致夏威夷群岛形成的。太平洋板块从一个地幔热点上经过，在地球表面引发火山活动。随着一众岛屿距热点的距离不断增加，这些岛屿逐渐冷却、火山活动逐渐消失。

### 热点和泛布玄武岩

热点的位置被认为是固定不变的。当构造板块经过这些热点时，一系列火山就会沿着热点轨迹形成，而且这些火山的年龄随着离热点的距离增加而逐渐增加。热点轨迹顺着板块移动的方向形成。人们发现，最年轻、最活跃的火山和海底山，位于离热点最近的地方。而不活跃的火山和死火山，则离热点最远。大范围的玄武岩熔岩区，往往是热点轨迹的标志。在火山喷发的高峰时期，这些玄武岩熔岩遍布在这片地区中。

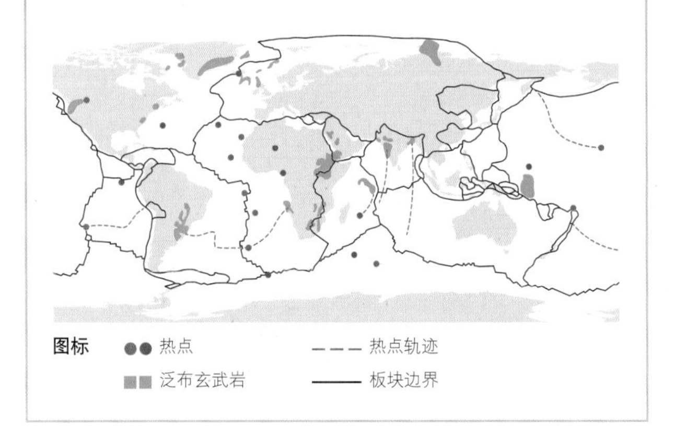

▷绿色的沙子

全世界的绿色沙滩屈指可数，帕帕科立海滩就是其中之一。它位于夏威夷大岛南端，毗邻马哈纳湾。那里的沙子呈现绿色，这是一种叫拜橄榄石的矿物质，是一座现已进入休眠状态的火山以前多次喷发出来的。那座火山的火山渣锥形成了这一海湾的三面。

▽造土大师

基拉韦厄火山是世界上活跃的火山之一，喷发时看似挺猛烈，但和爆发性更强的陆地上的火山相比，就显得温顺多了。这座火山的玄武岩熔岩流一层层堆积，日后这些都会变成肥沃的土壤。

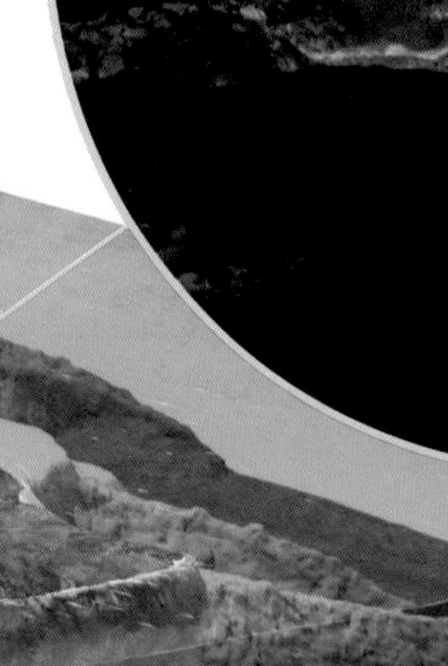

**莫洛凯岛**

形成于190万～180万年前。

**毛伊岛**

形成于130万～80万年前。

**夏威夷岛**

也称为“夏威夷大岛”，在不到50万年前开始形成，现在仍然在继续形成。因为在这座岛上的5座火山中，有3座是活火山。

板块移动，拖曳着地幔热柱的上端。

◁含铁的山坡

以火山喷发物中的铁矿物质为食的一些细菌，在使金属生锈（氧化）时，制造出一些黄橙色的垫状物或絮状物。在罗希海底山——夏威夷最年轻的海底火山的山腰上，发现了一些这样的絮状物。

**岩浆库**

当地幔热柱的热量融化了一部分岩石圈时，就形成了岩浆库。当板块从一个岩浆库的上方移过时，熔融岩石就会从薄弱地带往上涌流，于是火山就穿越板块、向上隆起。

**岩浆侵入**

岩浆上升到或侵入低密度的岩石中，形成岩墙。最后出现了足够多的岩墙，使岩浆能汇集在一个岩浆库。

**地幔热柱**

随着形成于地球深处的熔融岩石（岩浆）从地幔中上升，地幔热柱就开始形成了。在抵达岩石圈的底部后，岩浆四下散布，形成了帽状结构或热柱。

# 加拉帕戈斯群岛

一组太平洋岛屿，其独一无二的生态系统和野生生物为观察生物进化提供了绝佳的视角。

岩石嶙峋的加拉帕戈斯群岛簇拥在赤道附近，离厄瓜多尔海岸线约有1000千米。它由13个大岛、6个小岛和100多个小岩石露头组成，这些大小岛屿都位于纳斯卡板块之上。纳斯卡板块缓慢而稳定地向东移动，导致这一带火山喷发频繁。三大海流在此汇合，带来了多种海洋生物，并形成了比普通的热带地区凉爽的气候。

## 进化之窗

由于加拉帕戈斯群岛地处偏远，并且火山活动频繁，群岛上的生物是在相对与世隔绝的环境中独立进化的。而且很多物种，比如当地的鬣蜥蜴和巨型陆龟，自史前时期以来一直没有太大的变化。不同岛屿上的动物出现了不同的适应性改变，进而演变成了不同的物种。在这一现象的启发之下，19世纪的英国自然学家查尔斯·达尔文（Charles Darwin）提出了具有划时代开创意义的进化论。如今，从自然科学和生物学的角度来说，加拉帕戈斯群岛是世界上重要的地区之一。当地独一无二的物种种类，在这些岛屿的野生生物中占比极高。

▷树菊

形似灌木的圣地亚哥岛树菊，只生长在圣地亚哥岛和巴托洛梅岛上。它长有类似雏菊的头状花序，会结出蒲公英一般的种子。

# 从地质学角度来说，加拉帕戈斯群岛的众多岛屿都很年轻，其中最古老的岛屿在420万年前才出现。

◁巨大的破火山口

伊莎贝拉岛上共形成了6座火山，内格拉火山是其中之一。其中有5座火山是活火山，包括内格拉火山在内，它有一个椭圆形的破火山口。

△特殊的鸟喙

仙人掌地雀用特殊进化的鸟喙，采食仙人掌属植物的花粉、花蜜、果实以及种子。

**加拉帕戈斯植被带**

在加拉帕戈斯群岛上，降雨量大致沿着海拔的升高而递增，从而形成了三大主要植被带。在海拔最低的干旱带，生长着仙人掌和其他耐旱植物。而在一些较大的岛屿上，矮小的树木和灌木丛占领了海拔较高的过渡带，最后这些植被让位于湿润带的茂密森林。

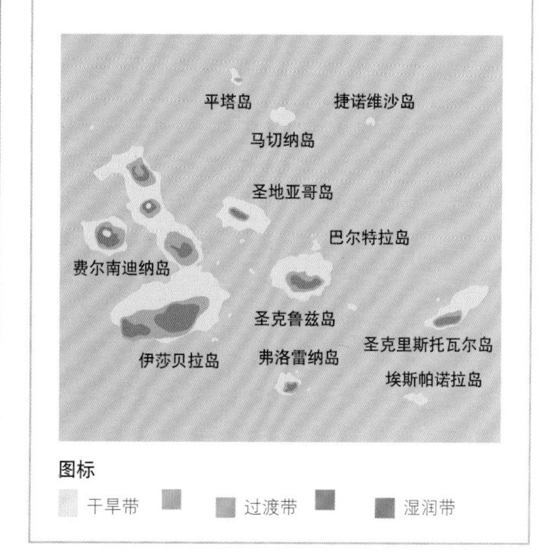


▽小火山岛

巴托洛梅岛是加拉帕戈斯群岛中的年轻岛屿之一，它离圣地亚哥岛的海岸线不远。巴托洛梅岛生活着一个加拉帕戈斯企鹅繁殖集群，它们是世界上第二小的企鹅。

# 东太平洋海隆

一片位于大洋深处的海底火山脊岭，各种生物在最严苛的环境中求生存。

东太平洋海隆是沿着太平洋东南部海底延伸的大洋中脊系统的一个组成部分，位于水下约2400米的深处，且高出海底1800～2700米。

当各个构造板块彼此离散（参见第312—313页）时，就会出现洋脊。这一称为“断裂作用”的地质过程，会使海床上形成若干裂隙，从而释放出地下的熔岩，熔岩冷却后就形成了洋脊。随着不同板块渐行渐远，在群峰峰顶的两侧，新的玄武岩熔岩出现了。和大西洋中脊相比，东太平洋海隆扩张得更快，并且它没有显著的中央裂谷带。这一断裂过程致使若干类似间歇泉的深海热泉形成，这些热泉中会排出热腾腾的、富含矿物质的海水。尽管含有有毒的硫化物、温度极高，并且水压巨大，这些深海热泉附近仍然生活着令人诧异的大量生物，从单细胞生命体到管虫都有。

◁奇异的“花朵”

蒲公英水母是一种深海管水母目动物，海蜇和僧帽水母都属于这一目。图中的蒲公英水母并不是一个生物个体，而是共享身体组织的一群生物个体的集合。

**喷口区的蛤类**
这些蛤将自己固定在海床上的玄武岩中，簇拥成群生活。

**喷口区的贻贝**
深海贻贝上附生着共生菌，这些共生菌能将热泉喷口中排放出来的蒸气，转化成生命所需的能量。

**菌毯**
以热泉喷口中的矿物质为食的细菌，形成了厚厚的菌毯，而这样的菌毯，正是其他生物的食物。

**寒冷的海水下沉**
2℃左右的冰冷海水，不断渗透到海床中的裂缝中，这些裂缝是火山活动形成的。海水在地下被岩浆加热。

**▶黑烟是怎样形成的**

火山活动造就了新的地壳。当海水渗透到这些新地壳的裂缝中时，就会形成喷黑烟的热泉喷口。岩浆将水温加热到400℃以上，并溶解了周边岩石中的矿物质。这种超热的液体从海床上的一些开裂口重新回流上来。随着这些液体变冷，之前溶解在水中的矿物质就冷凝成了固体物质，于是富含矿物质和金属物质的、类似烟囱的黑烟喷口就这样形成了。

**地球上的深海热泉（热液活动区）**

人类已知的海底第一座深海热泉，是一支致力于探测加拉帕戈斯群岛附近的一条扩张洋脊的探险队，于1977年偶然发现的。自那时起，在世界各个海域中，均发现了热液活动区。它们往往形成于火山活动频繁的地区。在离散板块边界与大洋中脊交汇的地方，竟然发现了那么多深海热泉，这就是原因所在。而其他一些深海热泉是地幔热点（参见第318页）造成的。此外，一些深海热泉形成于各个板块汇聚、其中一个板块潜没在另一个板块之下的地方。

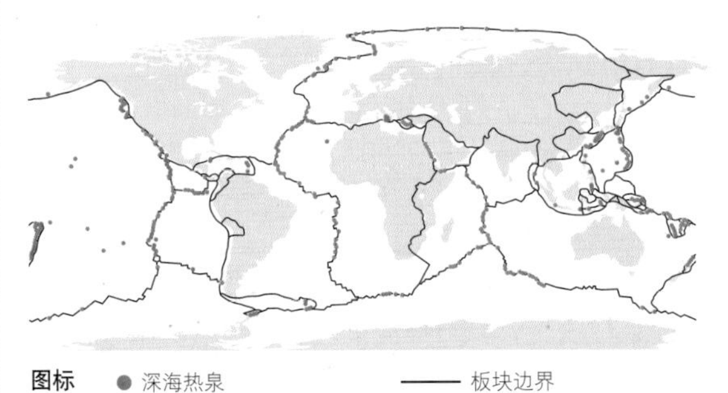

图标 ● 深海热泉 —— 板块边界

在深海热泉中已经发现了500多个物种。

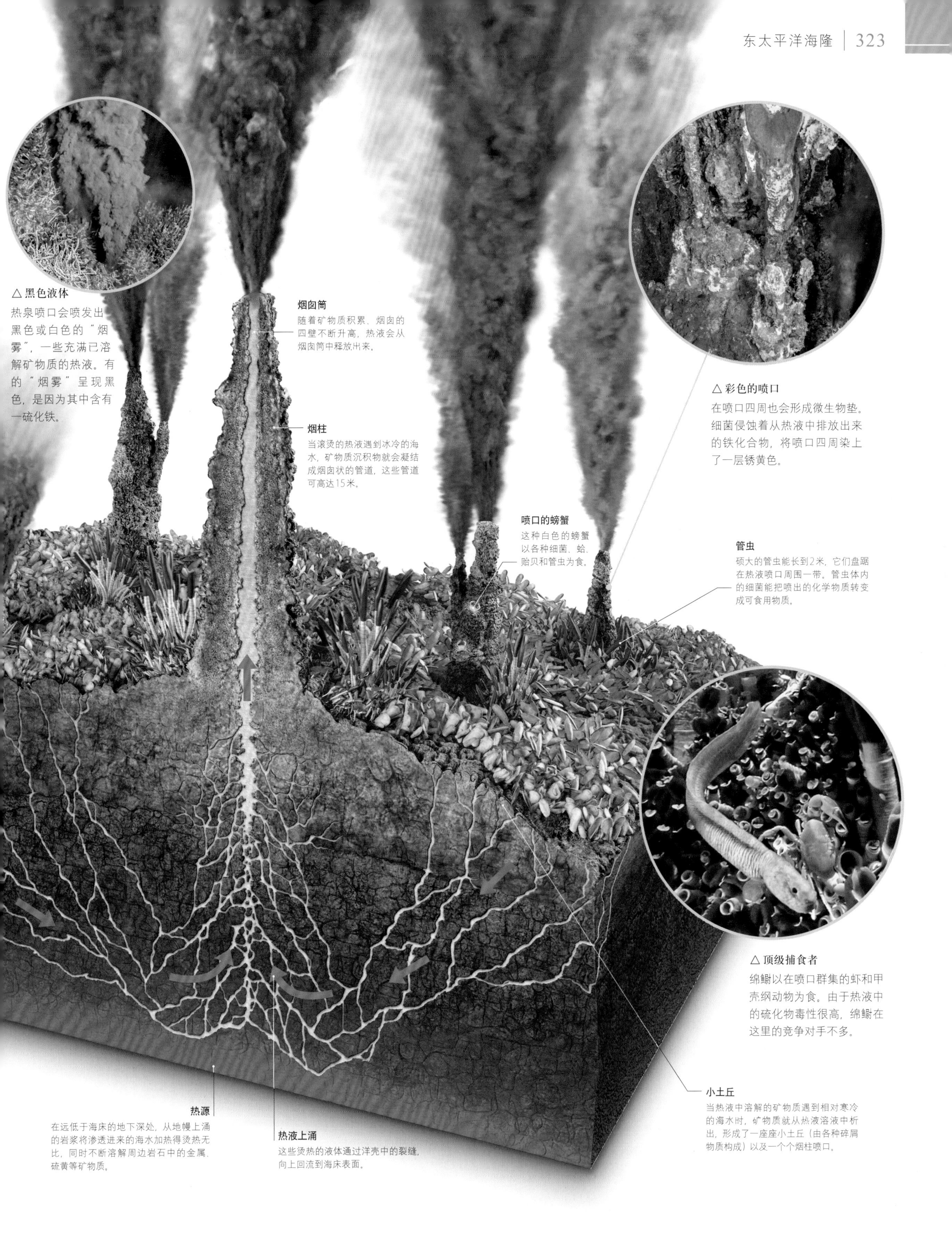


**△黑色液体**

热泉喷口会喷发出黑色或白色的“烟雾”，一些充满已溶解矿物质的热液。有的“烟雾”呈现黑色，是因为其中含有一硫化铁。

**△彩色的喷口**

在喷口四周也会形成微生物垫。细菌侵蚀着从热液中排放出来的铁化合物，将喷口四周染上了一层锈黄色。

**△顶级捕食者**

绵鳚以在喷口群集的虾和甲壳纲动物为食。由于热液中的硫化物毒性很高，绵鳚在这里的竞争对手不多。

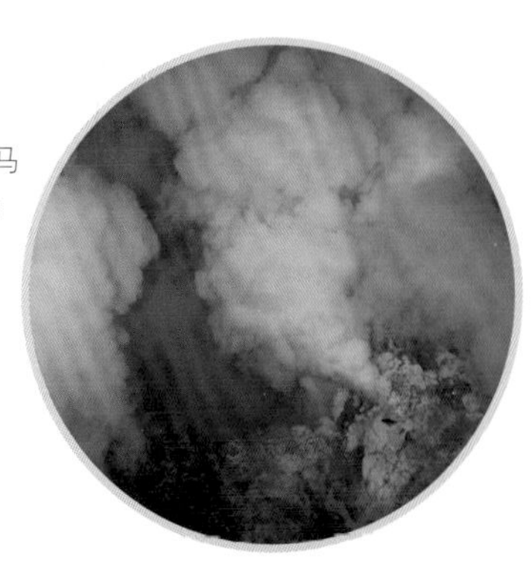

▷白色烟雾

由于海底火山的活动，沿着马里亚纳火山弧形成了若干深海热泉，比如这个白烟柱，所谓的“香槟喷发口”。它会喷发出液态的二氧化碳气泡。

# 马里亚纳海沟

地球上已知的海底最低点，是两大洋壳碰撞形成的。

在西太平洋的海床上、距关岛西南约322千米处，马里亚纳海沟的其中一段“挑战者深渊”，跌至水下11 034米，这是迄今为止地球上已知的海底最低点。如果将地球上最高的山峰珠穆朗玛峰放在这条海沟中，那么在珠穆朗玛峰峰顶之上，仍然还有2183米深的海水。

## 当板块互相碰撞

马里亚纳海沟标志着一个俯冲带——一个大洋板块沉降到另一个大洋板块之下的地带——的具体位置。在这里，庞大的太平洋板块，无比夸张地沉降到比它小得多的菲律宾板块和马里亚纳微型板块之下，形成了这一道两侧极其陡峭的海沟。这条海沟的长度超过2540千米，是科罗拉多大峡谷全长的5倍多，但其平均宽度仅69千米。

### 海底的各个部分

和陆地上一样，海底也有平原、山岭、山峰和峡谷。大陆架从海岸线开始逐渐下降，随后突然急剧跌入大陆坡开阔的深水中。如果这片海域中没有大洋中脊体系，那么这一深度会保持稳定，进入一片深海平原地带，随后再跌至一道深海沟，比如“挑战者深渊”。

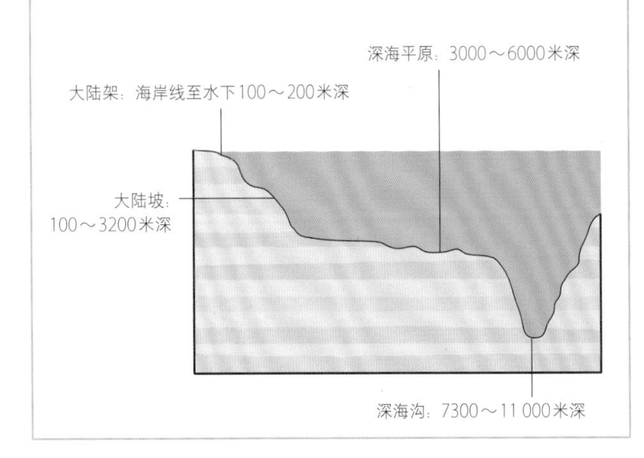


▶俯冲板块

这一马里亚纳海沟俯冲带的横截面图，展示了各个相关的地质过程。随着两个大洋板块汇聚，一个板块俯冲到另一个板块之下。这一过程不仅形成了马里亚纳海沟，还启动了若干地质过程，不仅形成了一系列海底山和岛屿，还塑造出了新的海底。

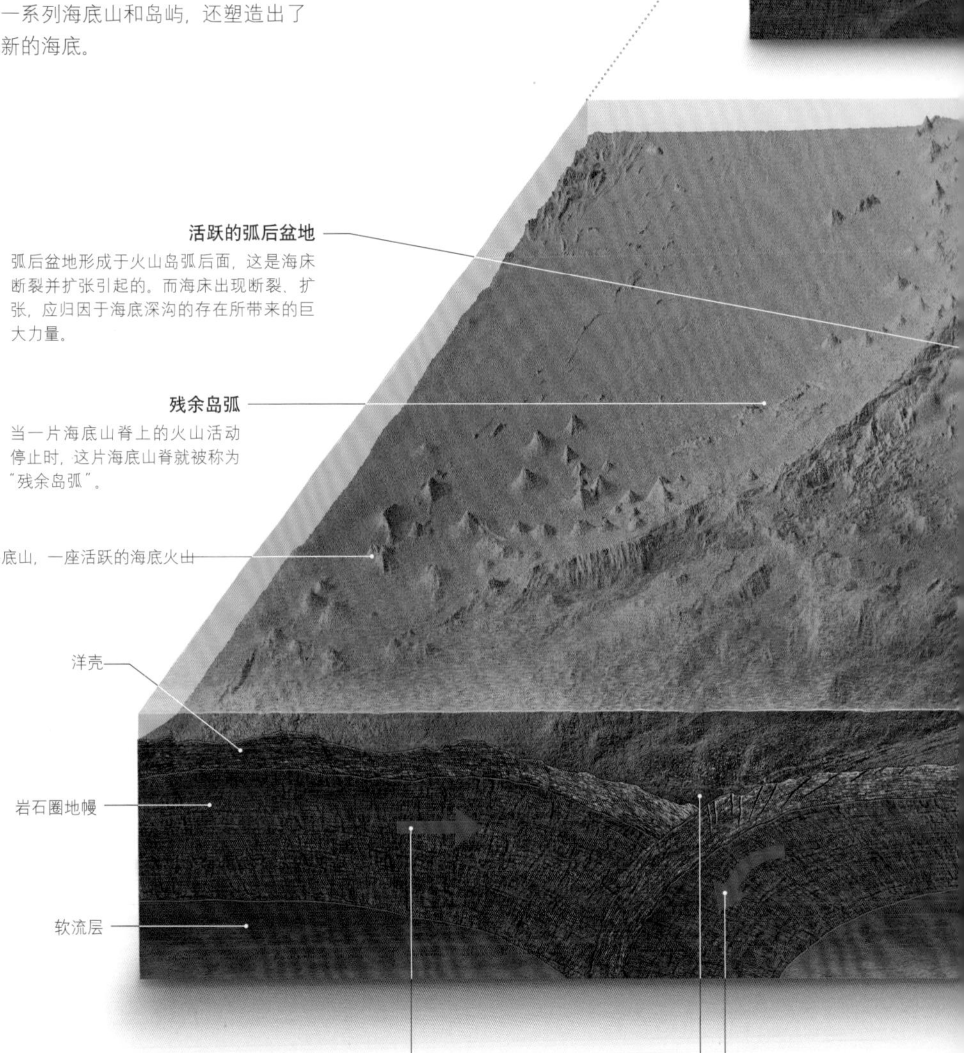

**挑战者深渊底部的压力，相当于将220层的帝国大厦堆叠在一起后，大楼底部的巨大压力。**

**海床扩张**

在火山弧的后面，有一片活跃的扩张脊。在这一带，菲律宾板块和马里亚纳微型板块正在相互离散。随着岩浆从下方的地幔中上涌，密集的火山活动在附近形成了新的洋壳。

**活跃的火山弧**

活跃的火山弧中的大多数火山是海底火山，但一些火山上升到足够高的高度后就成为海上的岛屿。

**火山活动**

随着太平洋板块深深沉降到地幔层中，排出的海水引发其上方的岩石熔融。

**弧前区**

位于火山弧和海沟之间的地区，称为弧前区。从弧前区中的切分弧前区岩石序列的无数断层，能明显地看出太平洋板块俯冲力的存在。

**太平洋板块**

太平洋板块中存在断层，使这一板块能够弯曲并近乎垂直地俯冲到菲律宾板块之下。

**△岛弧**

马里亚纳岛弧和马里亚纳海沟的弧度大致平行。类似这样的火山岛弧，是岩浆沿着和马里亚纳海沟大致等距的一条曲线喷发而形成的。随着时间的推移，它逐步在海床上形成了一座座火山，一些火山高出于海面、耸立在海浪之上。关岛就是两大火山合并而形成的。

**海底平顶山**

海底平顶山曾经位于海平面之上。在海浪的侵蚀下，其山顶逐渐被削平了，形成了平坦的表面。随着海床沉降，这些平顶山就沉降到了滚滚波涛之下。

**马里亚纳微型板块**

正在沉降的太平洋板块连带着它上面的海床一起沉降，从而在大洋底部形成了一道深深的海沟。

**太平洋板块活动**

相对于位于其下的软流层而言，太平洋板块和菲律宾板块都在向西北方向移动，但太平洋板块漂移的速度更快一些。

**◁五彩缤纷的鱼**

个头小小、色彩鲜艳的鱼儿，比如这条丽拟花鮨（groppo），在离马里亚纳海沟距离最近的一些海底山周围、350～500米深的海域中非常常见。

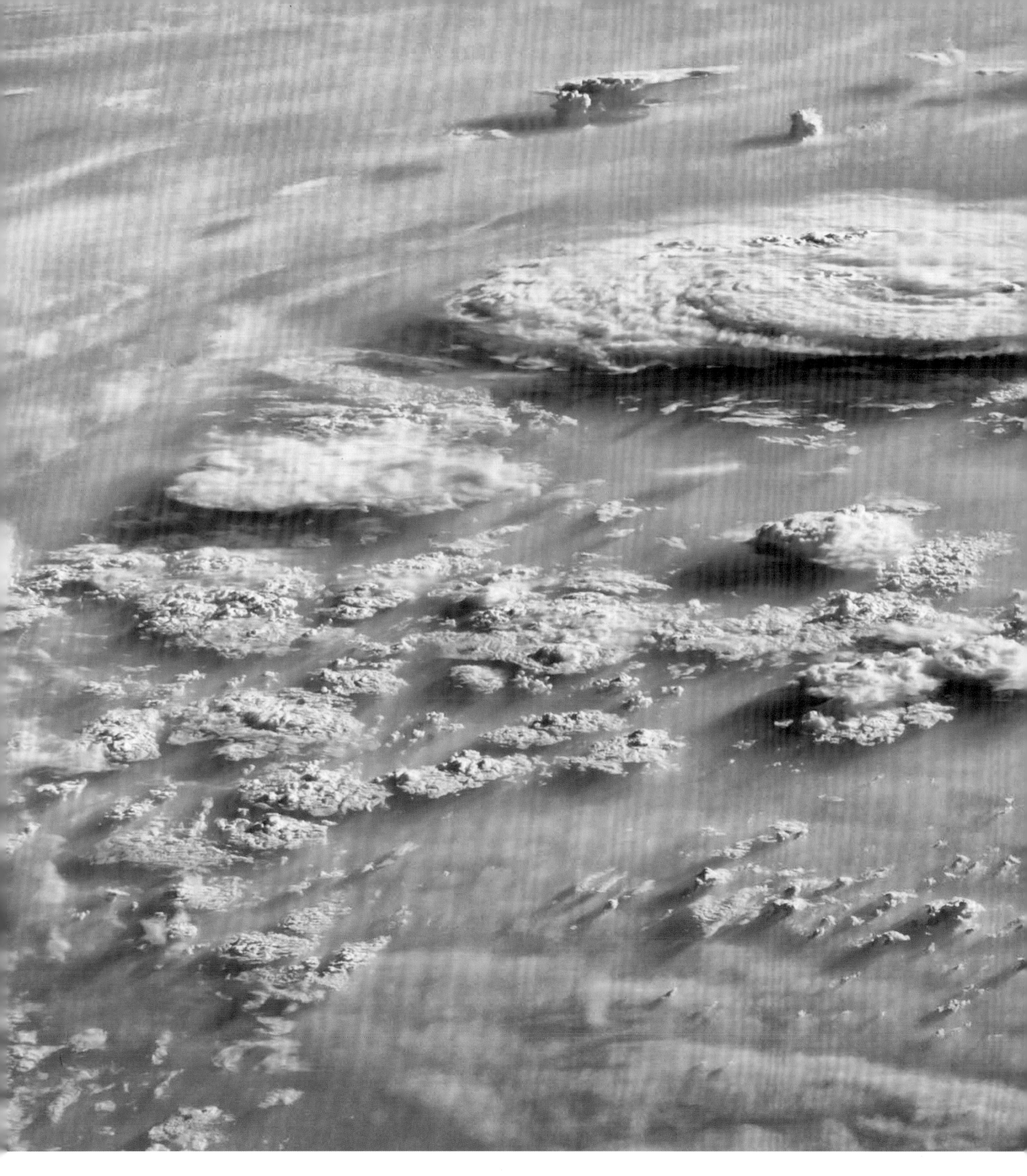

**四处飘扬的尘土**

在无边无垠的撒哈拉沙漠中，一场风暴将尘土送入空中。图中的云层表明，尘土被一种称为哈布的沙漠风带走了。全球各大海洋中的尘土，有一半以上是从撒哈拉沙漠中吹来的。

# 极端天气

一个大型热带气旋释放的能量，和半个地球的发电功率旗鼓相当。

# 气旋

气旋不可小觑的强度和规模，使其成为地球大气层中破坏力最强的自然现象。

气旋是以一片低气压地区为中心的不断旋转的风暴系统。当温暖、湿润的空气上升，导致气压下降、并从各个方向引来更多潮湿的空气时，就会形成气旋。在科里奥利力（地球自转偏向力）的作用下，空气就会出现螺旋形上升，在北半球沿着逆时针方向、在南半球沿着顺时针方向上升。

## 热带气旋

在温带地区，气旋往往被称为低气压，这样的低气压破坏性较低。在热带地区，气旋的强度才达到峰值。出现在北大西洋上空的气旋被称为飓风，出现在印度洋上的气旋称为气旋，出现在太平洋西部的气旋则被称为台风。当海面温度超过26℃，并且微风徐徐的时候，热带气旋就会在洋面上形成，通常发生在夏末或秋初。当风速超过118千米/小时的时候，就会生成一个完整的气旋，尽管产生气旋的持久风速有可能超过320千米/小时。气旋和暴雨的共同作用，有可能导致洪水泛滥、引发泥石流、冲垮建筑物。在威力最大的时段，气旋会向西进发。只有在气旋登陆后，其威力才会减弱，而它们带来的温暖海水，也就到此告一段落。

### 容易生成热带气旋的地区

大多数热带气旋形成于两个地带：北纬10°～30°和南纬10°～30°。在纬度更高的地区，海洋表面的温度不够温暖，不足以形成风暴。而在离赤道更近的距离，科里奥利力不够大，不足以启动这一循环。

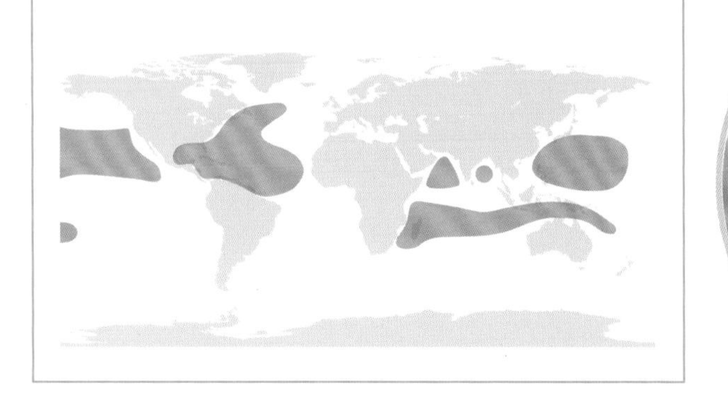

**▶热带气旋**

这是一张热带气旋的剖面图，从图中能看到气旋中心的风暴眼——一片下沉空气区域，被一系列云带所环绕。

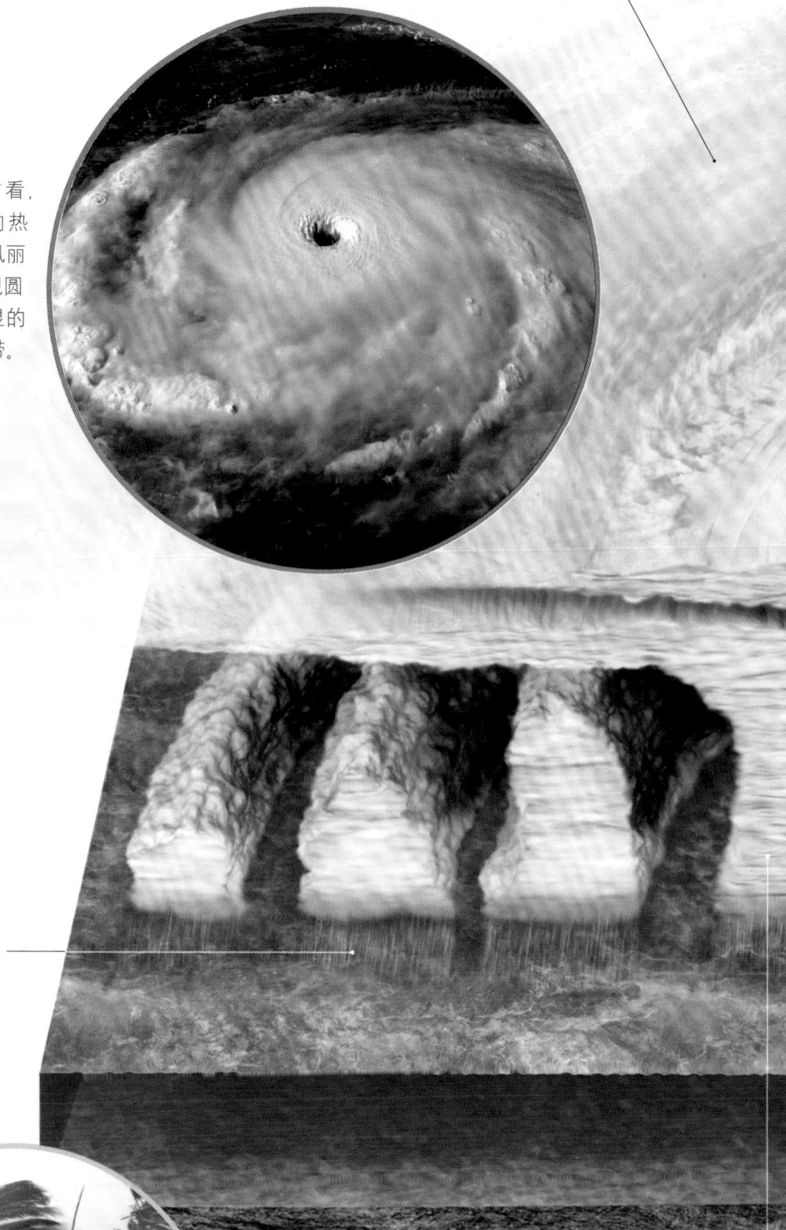

**平坦的顶部**

风暴区的顶部有可能位于海平面以上15千米的高空中。

**▷成熟阶段**

从气旋的正上方看，一个充分发展的热带气旋，比如飓风丽塔，云系大致呈现圆形，并且具有明显的风暴眼和螺旋雨带。

**倾盆大雨**

气旋云带下的地区，往往暴雨、强风、闪电肆虐。

**云带**

云带环绕着风暴眼盘旋，能从气旋中心向外延伸成百上千千米，而其高度向外逐渐递减。

**◁自然的力量**

2005年7月，当飓风丹尼斯袭击美国佛罗里达海岸时，海边的一棵棵棕榈树纷纷被狂风吹弯了腰。风暴大浪造成的破坏比狂风更大。

## 风暴大浪

吹向岸边的飓风级大风，将海中的海水卷起，涌起的海浪达到了不正常的高度。这就形成了风暴大浪，海水不正常地涨高，比预期的天文潮汐更高。当它与正常的高潮重合时，就会形成汹涌的风暴潮，这将导致沿海地区发生特大洪涝灾害。

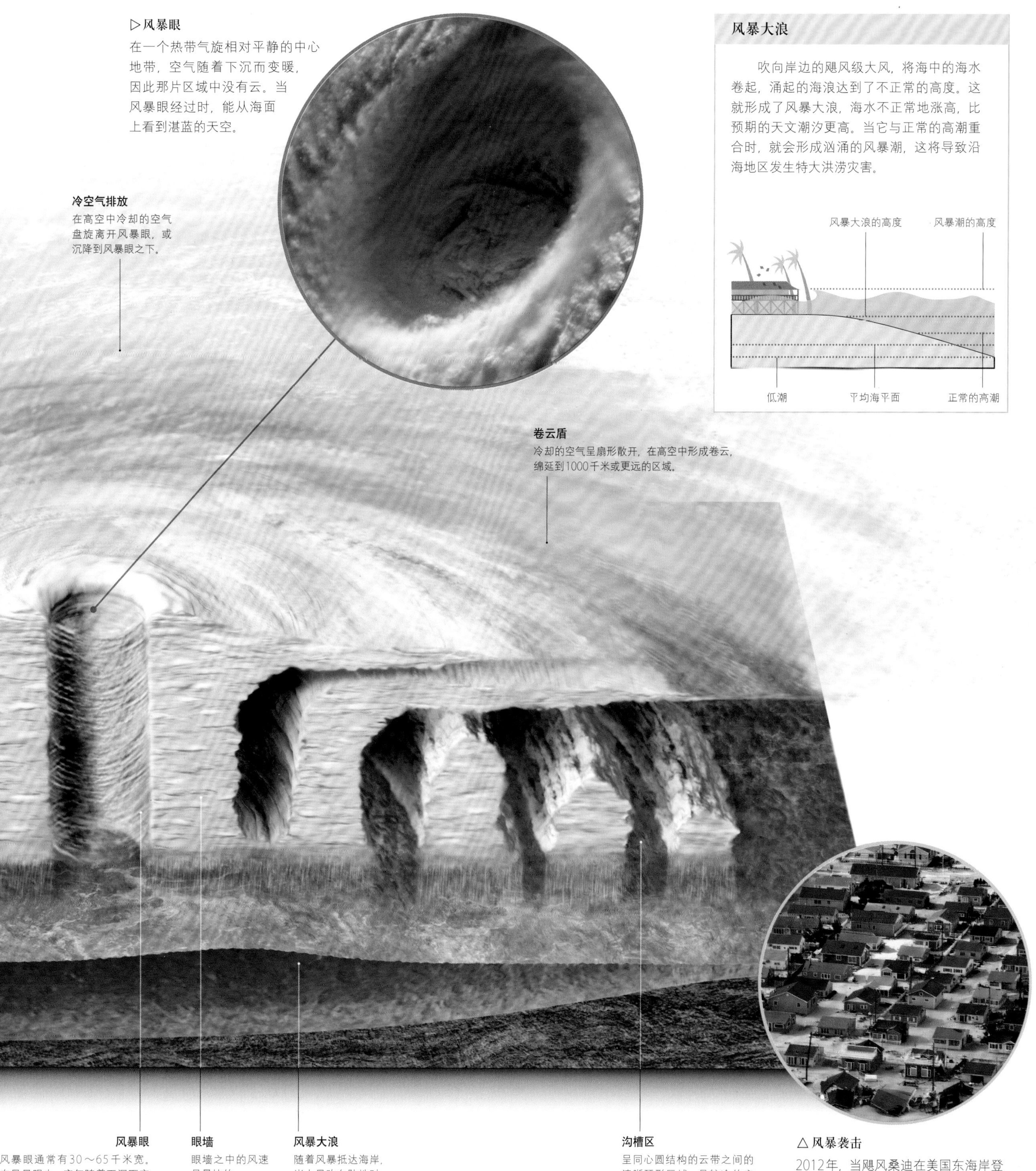


**风暴眼**
风暴眼通常有30～65千米宽。在风暴眼中，空气随着下沉而变暖。风暴眼中的风比气旋中其他区域的风都小，但风暴眼正下方的洋面风大浪急，波涛汹涌。

**眼墙**
眼墙之中的风速是最快的。

**风暴大浪**
随着风暴抵达海岸，当大风吹向陆地时，就会出现风暴大浪。

**沟槽区**
呈同心圆结构的云带之间的清晰环形区域，是较冷的空气缓慢下沉的地带。

**△风暴袭击**
2012年，当飓风桑迪在美国东海岸登陆时，约20万栋住房遭到破坏，大多是被风暴大浪引发的洪水冲毁的。

# 雷暴

雷暴是伴随强烈放电——称为“闪电”的阵雨。

雷暴有多种形态和规模。单体雷暴通常持续20～30分钟，有可能出现强降雨和冰雹。比它规模大一些的多单体雷暴，有可能引发弱龙卷风。最强烈的雷暴是超级单体雷暴，它的规模更大，有可能引发强龙卷风。冰雹直径超过2.5厘米，风速超过90千米/小时，或者出现有龙卷风的雷暴，被列为强雷暴。

## 雷击

随着寒冷的高空云层中的细小水珠和冰晶互相碰撞，并形成体积更大的雨滴和冰雹粒时这些微粒就会产生阳电荷和阴电荷。正是这些微粒之间的带电状态的差异（电位差）形成了闪电，电子会从带负电荷的粒子流向带正电荷的粒子。闪电极为炽热，当它从空气中经过时，会立即导致空气膨胀。空气膨胀产生了冲击波，我们熟悉的隆隆雷声拜它所赐。闪电在云层之间、云和空气之间、云和地面之间穿行，多呈“之”字形。

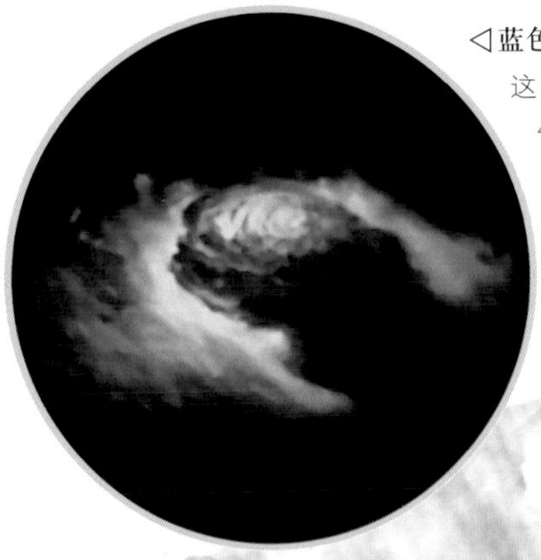

**◁蓝色喷流**

这种类型的闪电出现在距地40～50千米的高空中，从一个大型单体雷暴中射向高层大气中。

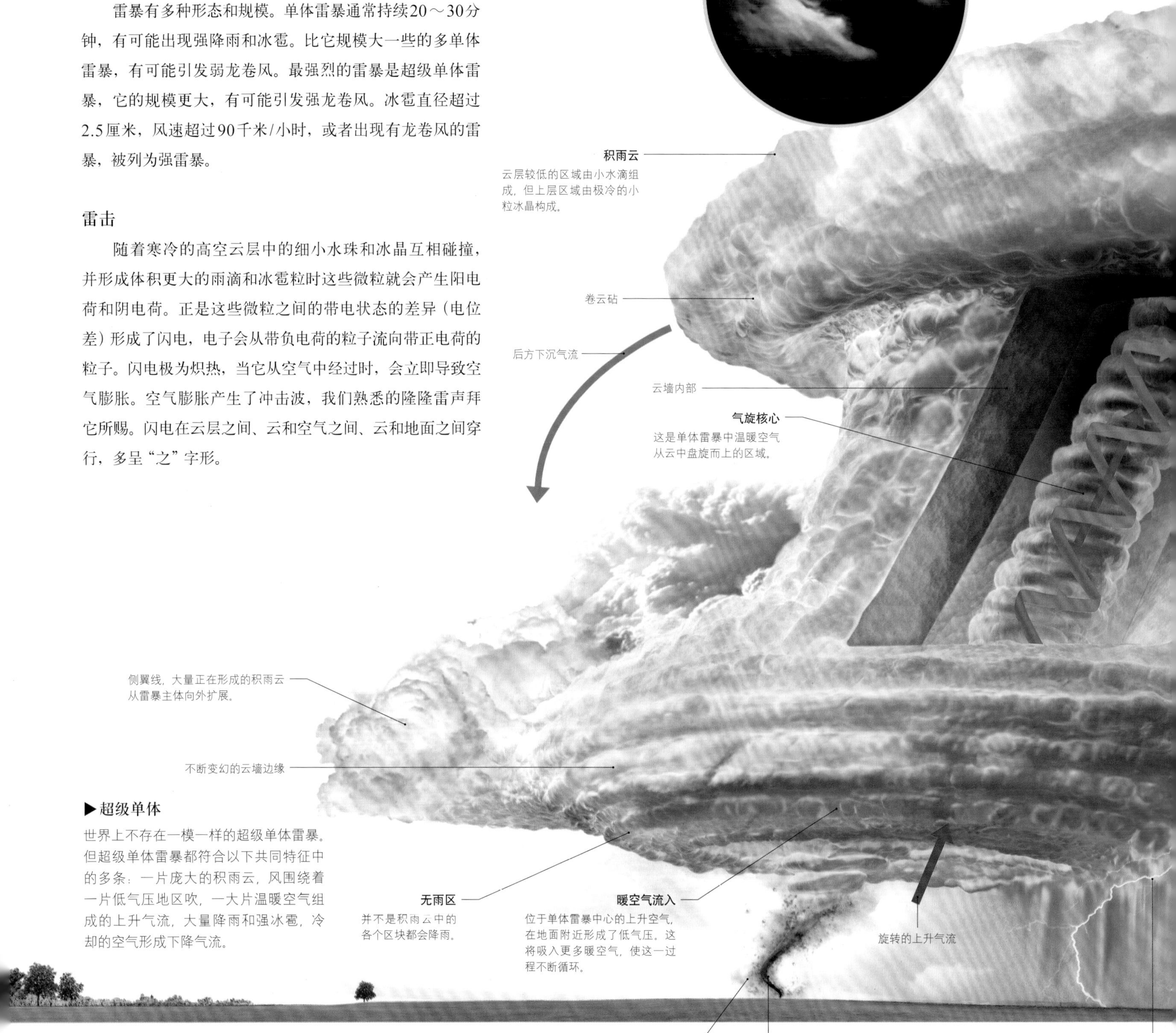

**积雨云**

云层较低的区域由小水滴组成，但上层区域由极冷的小粒冰晶构成。

卷云砧

后方下沉气流

云墙内部

**气旋核心**

这是单体雷暴中温暖空气从云中盘旋而上的区域。

侧翼线，大量正在形成的积雨云从雷暴主体向外扩展。

不断变幻的云墙边缘

**▶超级单体**

世界上不存在一模一样的超级单体雷暴。但超级单体雷暴都符合以下共同特征中的多条：一片庞大的积雨云，风围绕着一片低气压地区吹，一大片温暖空气组成的上升气流，大量降雨和强冰雹，冷却的空气形成下降气流。

**无雨区**

并不是积雨云中的各个区块都会降雨。

**暖空气流入**

位于单体雷暴中心的上升空气，在地面附近形成了低气压，这将吸入更多暖空气，使这一过程不断循环。

旋转的上升气流

龙卷风的急速涡流，卷起了地面上的土壤和杂屑。

**龙卷风**

约有30%的大型超级单体雷暴，会在雷暴云底部形成破坏性极强、不停快速旋转的涡流。

**云地闪电**

这种强放电会产生3万℃的高温。

# 无论什么时候都有2000次雷暴正在地球上空发生，大多数发生在潮湿的热带地区。

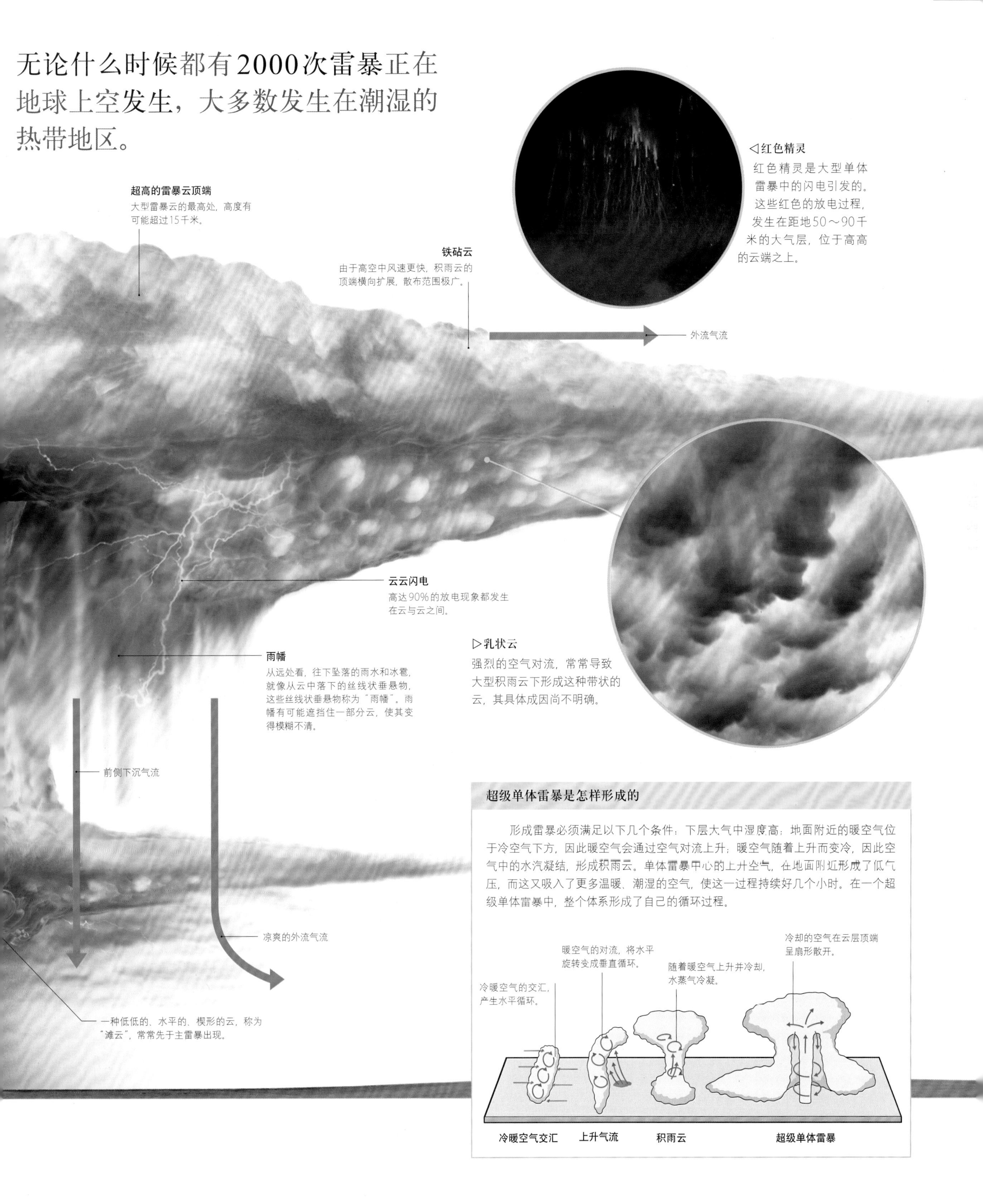


◁红色精灵

红色精灵是大型单体雷暴中的闪电引发的。这些红色的放电过程，发生在距地50～90千米的大气层，位于高高的云端之上。

▷乳状云

强烈的空气对流，常常导致大型积雨云下形成这种带状的云，其具体成因尚不明确。

## 超级单体雷暴是怎样形成的

形成雷暴必须满足以下几个条件：下层大气中湿度高；地面附近的暖空气位于冷空气下方，因此暖空气会通过空气对流上升；暖空气随着上升而变冷，因此空气中的水汽凝结，形成积雨云。单体雷暴中心的上升空气，在地面附近形成了低气压，而这又吸入了更多温暖、潮湿的空气，使这一过程持续好几个小时。在一个超级单体雷暴中，整个体系形成了自己的循环过程。

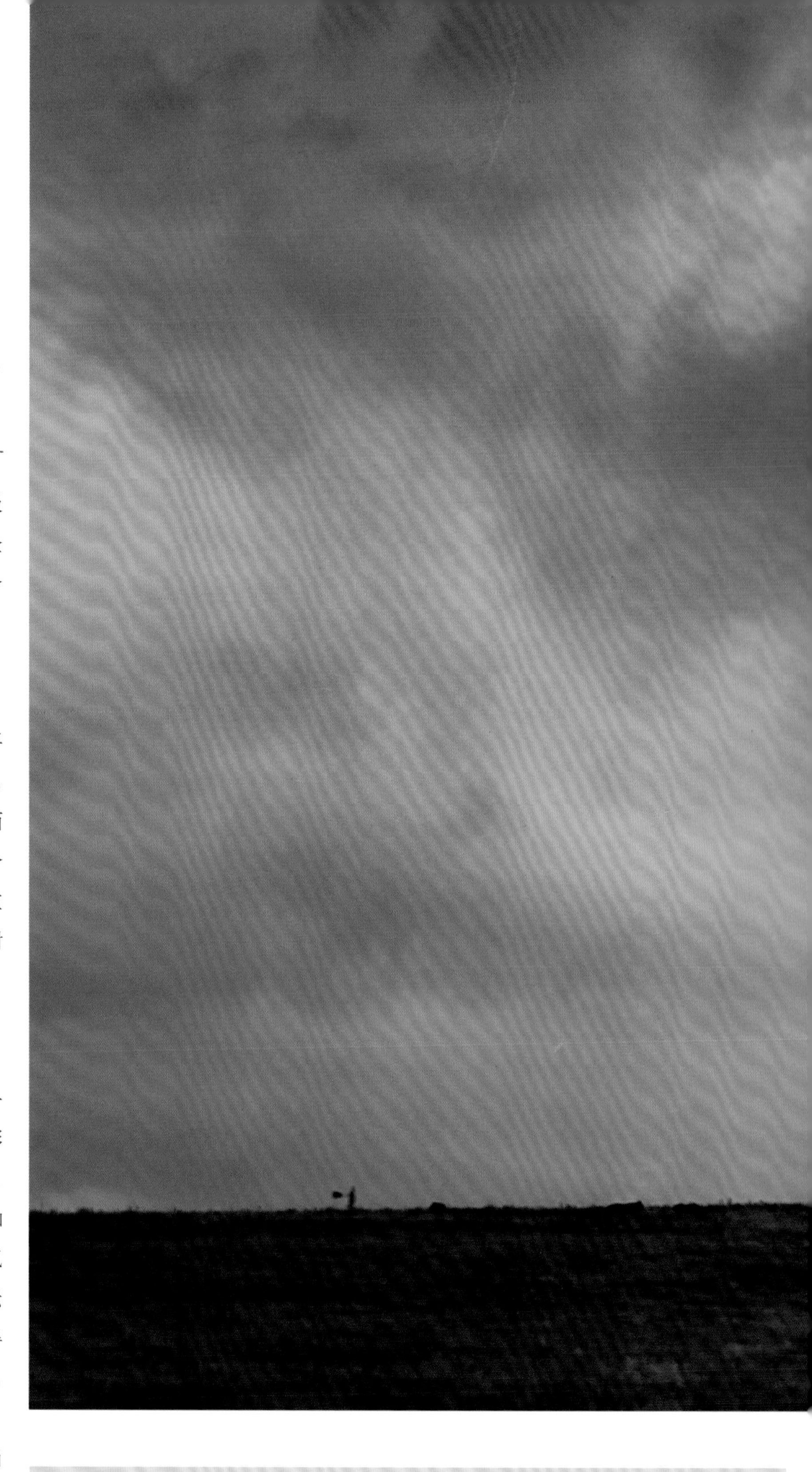

# 龙卷风

几乎不可能准确预测的龙卷风，它是最反复无常的天气现象，也是暴烈的天气现象之一。

飞速旋转的涡旋、空气以高达480千米/小时的速度打着旋涡，F级的“龙卷风”是自然界上演的最可怕的一幕，它能将所过之处的物体全部摧毁。只有涡旋从云团底部向下延伸、且和地面直接接触时，才符合龙卷风的定义。

### 龙卷风的类型

世界各地都有可能出现龙卷风，但大多数龙卷风发生在美国的大平原地区。龙卷风有各种形态和规模：绳状龙卷风有一个狭窄的“漏斗”，而楔状龙卷风靠近地面的一端拥有宽阔的直径，靠近云层底部的一端面积更加宽广。龙卷风的颜色会随着吸入强烈涡旋中的碎屑和尘土的成分而改变，可能是近白色、棕色、略带红色或将近黑色的。龙卷风的严重程度是以藤田级数衡量的。F-0级的龙卷风是最常见的类型，能折断树枝，而F-5级的龙卷风能将汽车卷入空中，抛到100米开外。

### 龙卷风生成机制

龙卷风形成的理想状态是一个被称为“龙卷风生成”的过程。当一个冷空气气团和一个温暖、湿润的气团交汇时，就带来了不稳定，并形成了高耸的积雨云。当同时出现风切变（风速和垂直风向的改变）时，就有可能形成一个慢速旋转的超级单体雷暴（参见第328—329页）。如果一股温暖的上升气流汇入，并和雷暴后侧下降气流中快速下沉的空气相遇，就会形成一柱快速旋转的狭窄气柱。旋转的空气继续下沉，在云层下形成了一个“漏斗”。被吸入这个漏斗中的空气进入了一个气压低得多的区域，因此这些空气膨胀、冷却、并且水汽凝结。在一碰到地面后，这个漏斗就成为龙卷风。

史上最大的龙卷风，是发生于1925年3月的美国三州龙卷风。当它接触地面时，风速达到了352千米/小时。它给密苏里州、伊利诺伊州和印第安纳州造成了巨大破坏，导致695人丧生。在孟加拉国，平均每年有近200人死于龙卷风。孟加拉国是因龙卷风年度死亡概率最高的国家。

1989年4月26日，孟加拉国的道拉特布尔-萨图里亚龙卷风，导致1300人丧生。

### 龙卷风巷

每年，在美国中部的这一地区记录到的龙卷风，多达成百上千次，这些龙卷风大多数出现在春季和初夏。在美国南部大平原上，典型的龙卷风生成机制是寒冷、干燥的空气从洛基山脉向西南方向移动，而极为暖和、湿润的空气从墨西哥湾向北前进，两者的共同作用导致大气不稳定和大型单体风暴大量增加，其中一些单体导致了龙卷风。

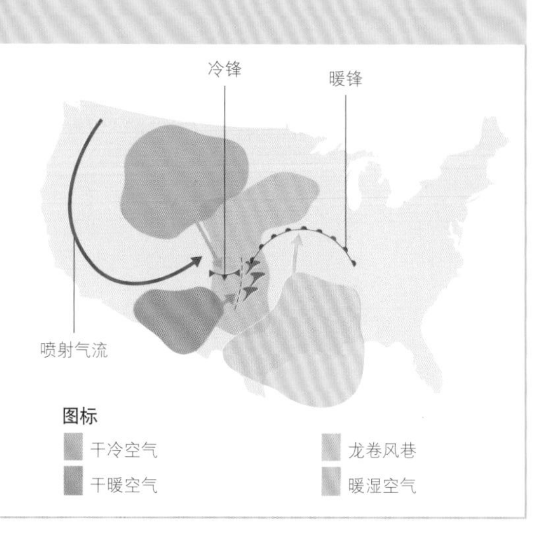

△ **自然的力量**

在美国堪萨斯州，专业的风暴追逐者在监测一场即将到来的龙卷风。当它们和地面接触时，就会卷起大量尘土和碎屑。

△ **绳状龙卷风**

迂回的绳状龙卷风蹂躏着堪萨斯平原，肆虐在美国乡间。堪萨斯州是美国遭遇龙卷风袭击频繁的州之一。

◁ **在海上横行**

当龙卷风经过海面时，就会形成海龙卷。大多数海龙卷不会吸起海水，但会激起浪花，比如这个地中海上的双龙卷。

# 沙暴与尘暴

在干旱和半干旱地区，狂风能扬起尘沙，形成强大的风暴，遮天蔽日，卷走大量土壤。

一场严重的沙暴或尘暴能使白昼骤然变成黑夜，让世界陷入伸手不见五指的黑暗中。当强风和干旱气候导致地表的一些物质——尘土、土壤或沙子——在一个称为“跃移”的过程中飞扬起来时，风就会卷起这些颗粒，携带着它们掠过一小段距离。随后它们会落回到地面上，并再次卷起更多颗粒物质，使这一过程不断加速。这些地表颗粒物质会在低层大气中保持悬浮状态。

沙尘暴的高度和范围取决于风力和风的持续时间，以及地面颗粒物质的大小。阵风的速度往往超过80千米/小时。尘土颗粒比沙子颗粒更小，因此会被卷得更高，偶尔高达6100米。有的沙尘暴受到冷锋（推挤到暖空气之下的冷空气气团的前锋）驱动而产生，而有的沙尘暴称为哈布沙尘暴（见下图），是单体风暴中的强大下降气流所创造的。

## 冷锋

1935年4月14日，史上最臭名昭著的尘暴袭击了美国的高地平原地区。在美国俄克拉何马州、得克萨斯州、堪萨斯州、内布拉斯加州和密苏里州的部分地区，一个明媚温暖的下午，被肆虐的尘暴变成了令人窒息、能见度为零的黑夜。大面积干旱、不良的土壤管理，还有快速移动的冷锋带来的强风共同作用，在这些地区造成了好几场大规模尘暴。2009年，澳大利亚出现的大规模尘暴也是冷锋制造的。那次大尘暴将澳洲大陆250万吨的沙土吹入大洋。

### 哈布沙尘暴是怎样形成的

哈布（Haboob）源自阿拉伯语habb一词，意为风。当狂风从一个单体风暴中吹出时，就形成了哈布沙尘暴。当暖湿空气上升、但上升气流中的空气被不断蒸发的雨水冷却时，就会形成单体风暴。这样的空气在阵风锋面的引导下，有可能形成强大的下降气流和向外气流。随着前锋在风暴之前抵达干燥的地面，就会扬起地表的尘土或沙土。阵风锋面形成了一面“尘墙”，它有可能会扩散到比风暴本身更广大的地区。

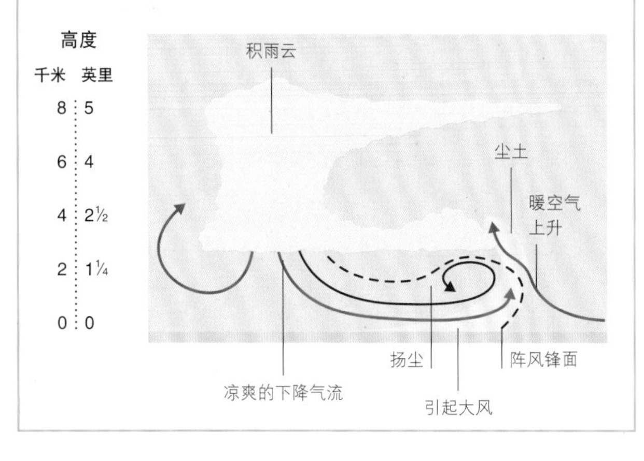

▷被吞没的城市

图中展现了2011年7月，巨浪一般汹涌翻滚的尘墙，即将吞没美国亚利桑那州凤凰城的那一幕。这片尘埃云是哈布沙尘暴形成的。那年夏天，好几场哈布沙尘暴先后袭击了凤凰城。

▽红色尘土

2009年9月的大尘暴使悉尼海港大桥笼罩在一片红色尘土中。根据相关记录，这是过去70年中袭击澳大利亚东部地区的沙尘暴中，最严重的一次。

2009年9月，在澳大利亚的尘暴气焰最嚣张时，尘暴的前锋由北而南延伸3450千米。

◁干涸的大地

2010—2011年，中国南部发生严重干旱，致使水库枯竭、农田干裂。在此之后，该地区沙尘暴的频率大大增加，形成了大量地表尘土。

△美丽的冰结构

冰暴会形成一些美丽的结构。2015年1月的一场冰暴，使密歇根湖湖岸边的圣约瑟夫灯塔上挂满雨凇，正如图中所示。

▷深度冻结

这张卫星照片展示了2014年2月一场冰暴发生时，深度冻结的五大湖。这次冰暴导致一百多万人得不到供电，数千航班停飞。

# 冰暴

独一无二的天气现象，在带来瑰丽壮观的美景之时，也带来了重大的破坏。

和其他类型的风暴不同，冰暴的发生过程中，天气往往很平静。但说到给生命和财产带来的损失、对交通和电力系统的干扰、造成的其他破坏，一场大冰暴引发的混乱局面绝不亚于龙卷风或飓风。引发这一天气现象的关键因素包括，从一团暖空气中降落的大雨、下方的区域中空气极冷、冰点之下的地面温度。当雨水落在地面上或者邻近地面、温度在0℃以下的结构体上时，雨水就会结冰，并形成一层名为“雨凇”的薄冰。随着雨水继续降落，雨凇层就会越来越厚。

## 在重压下坍塌

雨凇的厚度能超过5厘米。1961年，在爱达荷的部分地区，人们测量到厚达20厘米的雨凇。由于冰的重量是同等厚度的湿雪的十倍，厚厚的雨凇往往会带来戏剧化的效果。除了将一切物体变成白色，雨凇还会压断电线、树木和不牢固的建筑物，导致道路无法通行、飞机无法起飞。1998年1月，一次冰暴袭击了美国新英格兰和加拿大东南部的广大地区。这一地区特别容易遭受冰暴袭击，至少有44人因此不幸丧生、数百人受伤；约有129 000千米的电线坍塌，导致400万人得不到电力供应。

◁**冰封的水果**

在1998年1月的冰暴中，纽约州数以万计的苹果树受损严重，数年之后才得到恢复。

**雨夹雪、雪和冻雨**

如果降雪先经过一团暖空气，再经过一层薄薄的冷空气，它就会先变成雨水，然后在落到地面上时冻结成冰。如果雪从暖空气下的厚厚一层冷空气中穿过，它就会部分结冰，成为雨夹雪。如果它没有从暖空气中穿过，那么落地的时候还是雪。

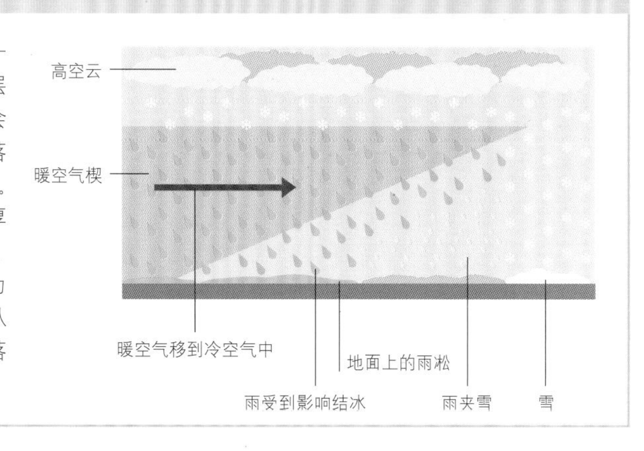


冰能让树枝承受的重量增加30倍。

# 极光

绚丽多彩的闪亮光芒，壮观美丽、令人神往。

北半球的北极光和南半球的南极光，分别出现在北纬和南纬60°以上的地区。当来自太阳的带电粒子集中于地球两极上空的磁场中，并和上层大气中的分子碰撞，从而引发一系列反应、产生一道道光束（见右图）时，就出现了极光。有的极光几乎是静止不动的、其光芒是散射的。而有的极光表现为不断移动的光，就像在微风中不断飘荡的帘幕。每一帧“帘子”由多道平行光束组成，每一道光束都和地球磁场的局部方向平齐。极光的色彩取决于其所在的高度，以及它激活了大气中的哪一种气体。绿色的极光是最常见的，但偶尔也会出现红色、蓝色、紫色甚至粉红色的极光。

漫长冬夜中远离光污染的无云晴空是观赏极光最理想的环境。阿拉斯加、加拿大、斯堪的纳维亚半岛北部和俄罗斯北部，都是欣赏北极光的最佳地点。南极光可以从南美洲南部地区、塔斯马尼亚岛、新西兰的南岛观赏，但在人类难以抵达的南极洲上演的极光演出才是最精彩的。

△ **一帘秀色**
从冰岛的杰古沙龙冰川潟湖的湖水中，能看到炫目的极光秀。

极光的光芒大多数产生于地球上空90～150千米处的高空。最高的（红色）极光可能出现在距地1000千米的高空中。

▷ **太空中的视野**
绕着轨道运行的宇宙空间站中的宇航员，能看到独一无二的极光美景。

△ 极光冕

北极光有时会在天空中呈现出冕状的光束。图中壮观炫丽的美景摄于冰岛上空。

## 极光是什么原因导致的

极光是从太阳中高速冲出的带电粒子流（电子和质子）引起的。地球的磁场提供了一层防护罩阻挡它们，但很多电子循着磁力线冲向地球两级，并在那边和上层大气中的氧气、氮气原了和分子相撞。电子激活了这些原子。随后，当这些原子回到它们先前的状态时，会以光子的形式释放能量，从而创造出了炫丽舞动的极光。

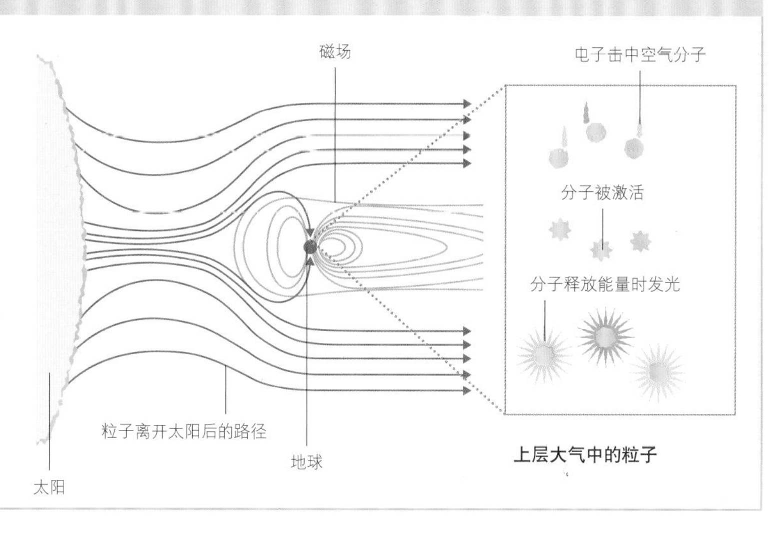

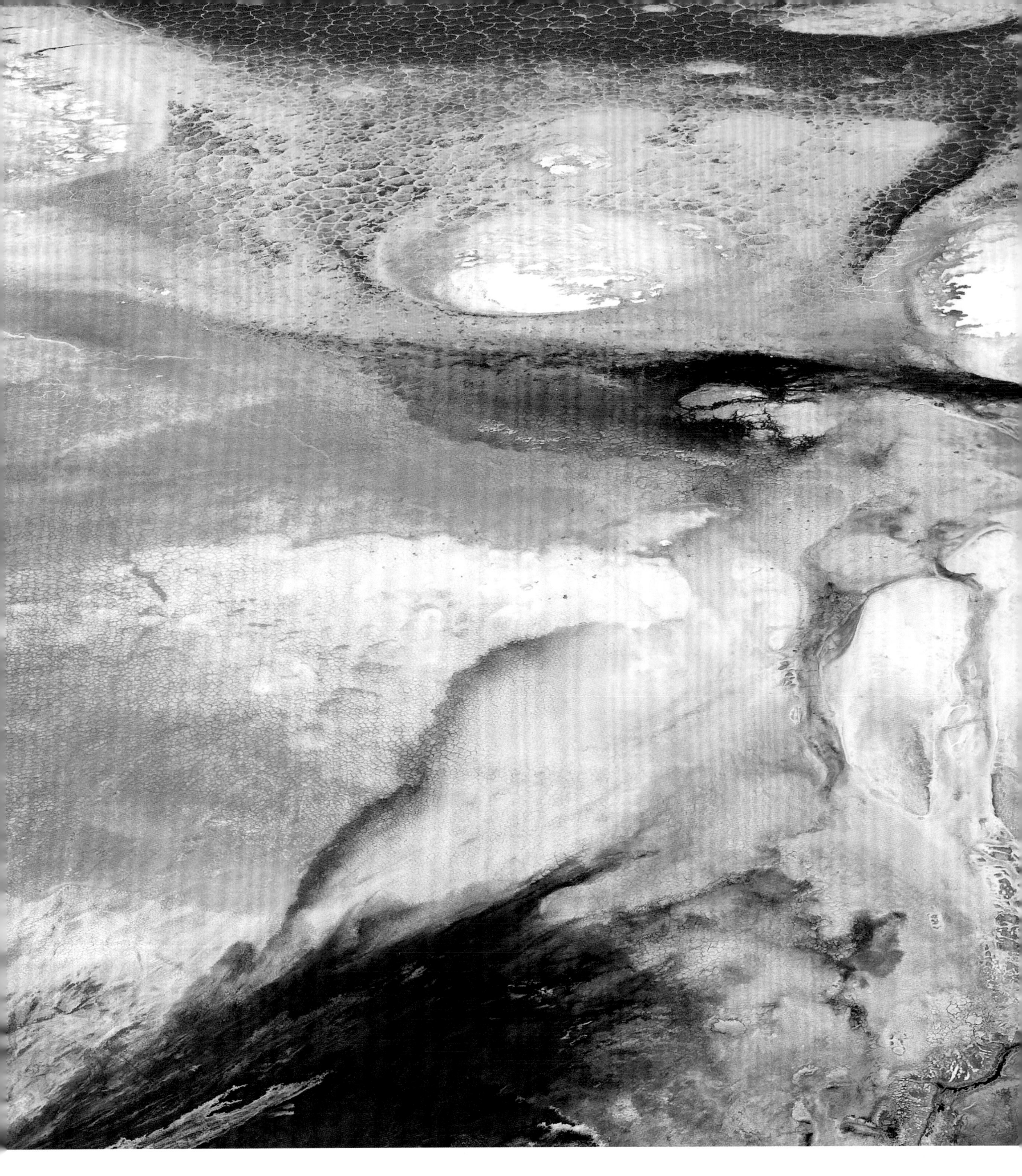

**咸咸的浅滩**

水流经由一个河流三角洲流入坦桑尼亚的纳特龙湖。若干温泉给这个湖泊提供了其他的水源。极高的蒸发率导致这个湖泊很浅——只有3米深，并且湖水极咸。

# 名录

# 山岳与火山

在两个或两个以上的地壳构造板块相互碰撞的地方，会形成山链。大多数山峰都是这样形成的山链的一部分。一条几乎连绵不断的山系（环太平洋山系），沿着太平洋洋盆边缘的大部分区域延伸4万千米之长，其中坐落着全球四分之三的活火山和休眠火山。这一带的山脉包括南美洲的安第斯山脉、北美洲的科迪勒拉山脉、日本的阿尔卑斯山脉等。另一条几乎没有中断的山岳带（阿尔卑斯–喜马拉雅山系）从摩洛哥开始，经由欧洲、南亚直至东南亚，其中包括世界上最大的山脉喜马拉雅山脉。

## 北美洲

### 卡特迈火山

**所在地：**美国西北部，阿拉斯加。

这座白雪皑皑的火山，直径约为10千米，中央的一个巨大破火山口中注满湖水。它一度被认为是20世纪最大的一次火山喷发的主因。但后来科学家们发现，附近的诺瓦鲁普塔熔岩穹丘才是1912年6月发生的那次世纪大喷发的罪魁祸首。在诺瓦鲁普塔熔岩穹丘喷发时，卡特迈火山山下的一个岩浆库变空了，导致山顶塌陷，并形成了这个破火山口。在那次大喷发后，成千上万的蒸气喷发口遍布在这一区域中，持续喷发长达数年，“万烟之地”由此而得名。

### 麦肯齐岩墙群

**所在地：**从北美五大湖地区直至加拿大西部的北极圈内。

麦肯齐岩墙群是全球最大的岩墙群，一大片近乎垂直的层状火成岩形成物。在约3000千米长、500千米宽的区域中，这些岩墙出露在地表之上。它们在约13亿年前侵入加拿大地盾，主要由玄武岩构成。

### 帕里赛德岩席

**所在地：**沿着美国东部哈德逊河西岸的部分区域。

帕里赛德岩席由一些引人注目的峭壁构成，沿着哈德逊河（参见第363页）的西岸绵延32千米，从泽西城延伸到奈亚克。这些峭壁的高度从90米到165米不等，它们是帕里赛德岩席受到侵蚀的边缘地带。帕里赛德岩席是一大块辉绿岩火成岩，约有2亿年的历史。

### 内华达山脉

**所在地：**主要位于美国西部加利福尼亚境内。

雄伟壮丽的天际线、冰川蚀刻出来的壮观山谷，使内华达山脉成为美国风景优美的地区。遍布松树林的山谷、山地草甸、花岗岩山峰，都是这一地区的显著特色。内华达山脉中的惠特尼峰高4421米，是美国海拔较低的48个州中的至高点。内华达山脉由南至北约640千米长，从东向西约为110千米宽。

### 魔鬼岩柱堆

**所在地：**美国西部加利福尼亚州的内华达山脉中。

魔鬼柱国家公园位于内华达山脉的西坡、海拔2300米高的地方。作为全球精美的柱状玄武岩景观之一，魔鬼岩柱堆的那些垂直的六角柱体高耸在山谷上方18米处，有的柱体直径超过1米。它们形成于距今10万～8万年前。当时，一股巨大的熔岩流淹没了该地区，深达125米，后来这些熔岩冷却并凝固。随

▶帕里赛德岩席的秋叶

后，在冰川作用下，玄武岩受到侵蚀，使这些壮丽的柱体露出来。

## 太平洋海岸山脉

**所在地：** 位于北美洲西部、加拿大的不列颠哥伦比亚省和美国加利福尼亚州西南部之间。

这一连串山脉绵延2700多千米，从不列颠哥伦比亚省的海岸山脉延伸到南加州的横断山脉，其走向大致和这一段的太平洋海岸线平行。华盛顿州的奥林匹克山脉是其中最巍峨壮阔的山脉。褶皱、断层的火成岩、变质岩和沉积岩构成的山峰，是复杂的地壳构造板块运动的产物。在一些地区，板块俯冲触发了不少火山活动。而在另一些地区，一些主断层极为活跃，比如圣安德烈亚斯断层。

## 帕里库廷火山

**所在地：** 墨西哥中西部的米却肯州。

1943年2月的一天，在连续几天发生小地震，并且地下隆隆作响之后，在一个农民的田地中，一条裂缝出现了。从裂缝中开始喷涌火山灰、熔岩和火成碎屑物。在短短24小时之内，火山渣锥就堆积了50米之高。到1952年喷发停止时，火山峰顶已高出周围地面424米。在附近的两个村庄被熔岩吞没前，村庄中的人口已被安全疏散。尽管帕里库廷火山现在已经熄灭，但火山口仍然滚热无比，降雨时会散发出蒸气。

## 科利马火山

**所在地：** 大部分位于墨西哥中西部的哈利斯科州境内。

这座庞大的成层火山，是北美洲的活跃火山之一，自1576年至今已喷发了40多次，最近一次喷发是在2017年。火山喷发产生了黏性熔岩流，导致火山碎屑物爆炸，并产生了巨大的火山灰云。这座火山附近生活着30万人，因此它是北美大陆较危险的火山之一。科利马火山的峰顶高出海平面3850米。

## 萨尔瓦多奇诺火山

**所在地：** 墨西哥南部的恰帕斯州。

在1982年3月下旬之前，萨尔瓦多奇诺火山一直被认为是一座死火山。600多年来，这座火山从未喷发过。然后，在短短几天之中，3次巨大的火山喷发，将成百上千万吨的火山气体和火山灰喷到了大气中，摧毁了9个村庄，致使2000人不幸丧生。岩浆中富含硫黄，因此，平流层中形成的硫酸微滴给全球带来了绚丽的晚霞。这次火山喷发

▶从科利马火山升腾的蒸气

形成了一个新的火山口，它有1千米宽，现在这个火山口中注满了酸性的湖水。这座火山海拔1150米，自此之后它一直很平静。

北美洲的其他山岳与火山


- 阿拉斯加山脉 » 参见第24页
- 阿巴拉契亚山系 » 参见第35页
- 埃尔卡皮坦和半圆丘 » 参见第26页
- 喀斯喀特山脉 » 参见第27页
- 水晶洞 » 参见第36页
- 火山口湖 » 参见第28—29页
- 魔鬼塔 » 参见第35页
- 波波卡特佩特火山 » 参见第37页
- 落基山脉 » 参见第24—25页
- 圣安德烈亚斯断层 » 参见第30页
- 希普罗克峰 » 参见第34页
- 马德雷山脉 » 参见第37页
- 黄石公园 » 参见第30—33页


# 中美洲和南美洲

## 培雷火山

**所在地：** 加勒比海小安的列斯群岛中的马提尼克岛。

培雷火山是一座成层火山（复合火山），位于安的列斯岛弧。在沉寂多年之后，1902年，它喷发了。从伤亡人数来看，这次喷发是20世纪全球破坏性最强的火山喷发。一股股火山碎屑流从火山上奔流而下，摧毁了圣皮埃尔城，导致约3万人丧生。自此之后，这一类型以火山灰、火山气体和火山碎屑流的猛烈爆发为主要特征的火山喷发，被命名为“培雷式火山喷发”。

## 阿雷纳火山

**所在地：** 中美洲哥斯达黎加西北部。

阿雷纳火山是哥斯达黎加最年轻、活跃的火山。它位于一个活跃的俯冲带之上，科克斯板块推进到加勒比板块之下的地方。在1968年7月的突然猛烈喷发之前，这座成层火山成百上千年来一直处于休眠状态。这次喷发一共摧毁了三个小镇。重达好几吨的岩石在离火山1千米之外的地方炸裂。在随后的30年中，这座火山又先后喷发了7次。但2010年，官方宣布，这座火山再次进入了休眠状态。

## 加勒拉斯火山

**所在地：** 安第斯山脉北部，哥伦比亚西南部

这座火山是哥伦比亚最活跃的火山，也有可能是哥伦比亚最危险的火山，因为它就位于帕斯托城附近，而这座城市有45万居民。这是一座大型成层火山，山顶高出海平面4276米。这一地区的火山活动史可追溯到至少100万年前。在距今56万年前，这座火山曾发生过一次规模超大的喷发。这一火山活动是纳斯卡板块（洋壳）俯冲到北安第斯地块（陆壳）之下而引起的。

▼阿雷纳火山的熔岩喷泉

## 奥霍斯德尔萨拉多山

所在地：智利－阿根廷边界的中部地带，安第斯山脉南部。

这座白雪皑皑的成层火山有好几个出名的原因：它高达6893米，是世界上最高的活火山，也是美洲第二高峰；而距其顶峰不远的一个小火山口湖泊，很可能是地球上最高的湖泊。这座火山上有若干不断喷发的喷气口。此外，据有关报道，1993年，这里还发生了一次火山气体喷发。但最后一次大规模喷发，发生在距今1500～1000年前。

## 赛罗阿苏尔火山

所在地：智利中部，安第斯山脉南部。

赛罗阿苏尔火山位于一条名为“迪斯卡布扎多格兰德－赛罗阿苏尔喷发系统”（Descabezado Grande-Cerro Azul eruptive system）的火山链的最南端。1932年4月，这座火山喷发是南美历史记录中规模最大的爆裂式火山喷发。当时，赛罗阿苏尔成层火山的基扎帕火山口，在这次经典的普林尼式火山喷发中，排放出了9.5立方千米的火山灰和熔岩。基扎帕火山高3292米，是世界上较高的普林尼式火山口之一。自1932年来，这座火山再也没有喷发过，但它会不定期地喷出小规模的火山灰云。

中美洲和南美洲的其他山岳与火山


- 阿尔蒂普拉诺高原 » 参见第96—97页
- 安第斯山脉 » 参见第92—95页
- 塔蒂奥间歇泉区 » 参见第97页
- 圭亚那高原 » 参见第90—91页
- 十四彩山 » 参见第98页
- 马萨亚火山 » 参见第89页
- 圣玛利亚火山 » 参见第88页
- 苏弗里埃尔火山 » 参见第89页
- 面包山 » 参见第98页
- 托雷德斐恩国家公园 » 参见第99页


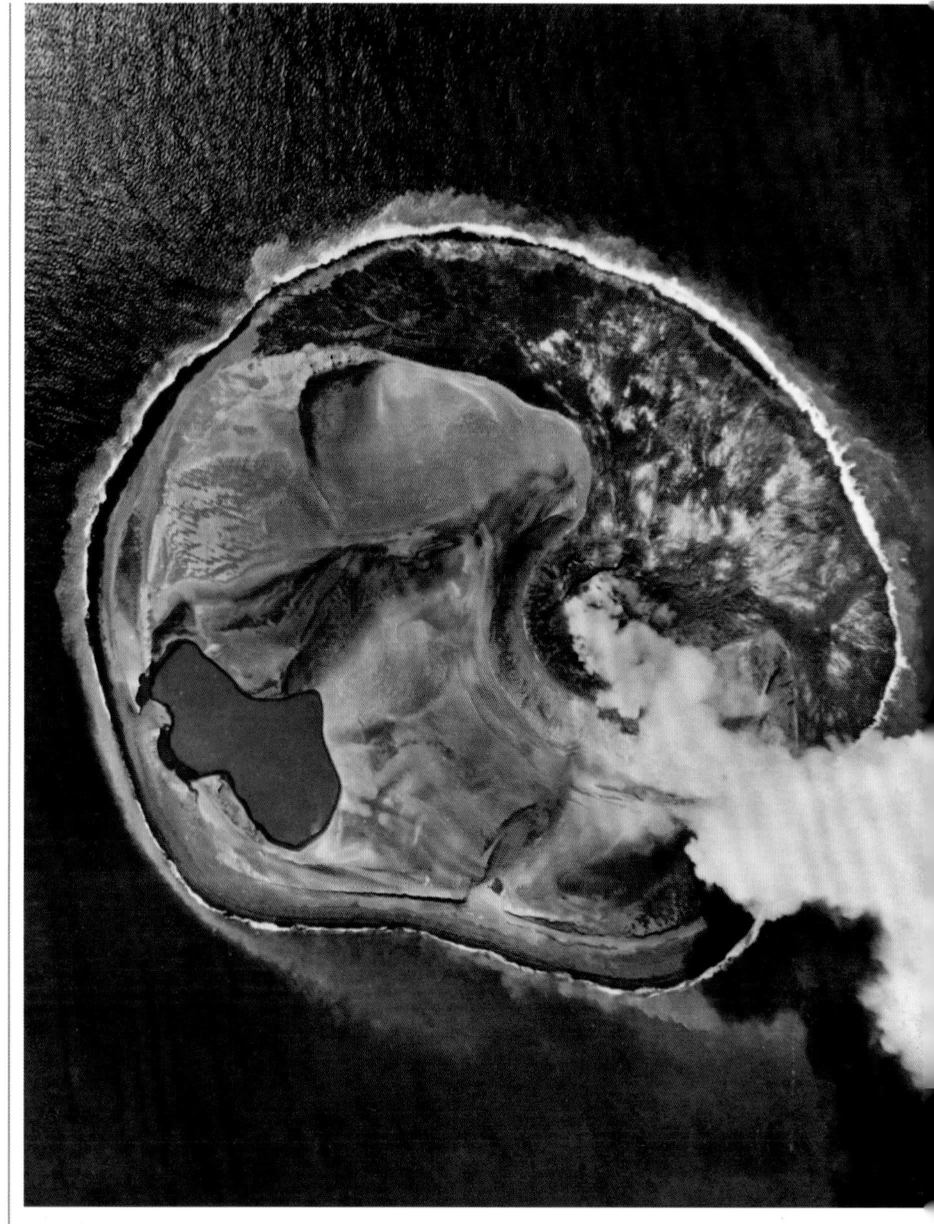

▲ 从叙尔特塞岛升腾的蒸气

# 欧洲

## 格里姆火山

所在地：冰岛东南部高地。

异乎寻常的是，这座全冰岛最活跃的火山，大部分区域被瓦特纳冰盖所覆盖，埋藏在冰川之下。在一次火山喷发开始之后，大量的冰川冰融化成水并灌满格里姆破火山口。随后，压力不断增高，巨大的压力足以掀起并穿透冰盖。此外，一个名为“冰下火山浊流”的过程会排放大量的水。在2011年的那次喷发中，格里姆火山产生了高达12千米的火山灰，致使空中交通一连中断多日。

## 叙尔特塞岛

所在地：冰岛南部海岸外。

1963年11月，一系列地颤先后发生、硫化氢的气味弥漫在空中……最后，一柱黑色烟雾从大海中升起，这标着着在离冰岛海岸线不远的海域中，发生了一次海底火山喷发。在随后的几周中，一座新的火山从海底隆起，并形成了叙尔特塞岛，这个新的岛屿主要是由一种名为“火山渣”的低密度火山岩构成的。零星的喷发一直持续到了1967年夏，至此该岛达到了它的最大规模。自那时起，波浪作用开始渐渐侵蚀这个岛屿，使其逐渐变小。

## 莱茵裂谷

**所在地：**德国东南部和法国东部。

莱茵河（参见第370页）的上游流经欧洲最令人叹为观止的裂谷——一个宽敞、底部平坦的河谷，它全长350千米，介于巴塞尔和法兰克福之间。这一裂谷——或称为“地堑带”——的两侧都是断层带。在断层带之外，莱茵裂谷以西是孚日山脉的高地，以东是黑森林（参见第393页）。这一裂谷约在距今3000万年前形成，当时正是阿尔卑斯山脉开始隆起的时期，因此地壳正在被大规模拉伸并形成断层。

## 侏罗山脉

**所在地：**法国东部和瑞士西部。

侏罗山脉是一片美丽迷人、部分区域覆盖着森林的石灰石沉积物构成的山峦，可追溯到距今2亿～1.45亿年前。这一山脉沿着法国－瑞士的边境延伸约360千米之长，夹在罗纳河（参见第372页）和莱茵河（参见第370页）之间。它是在阿尔卑斯造山运动期间褶皱并隆起的，而在这一过程中，也形成了大片断层带。侏罗山脉的最高峰是海拔1718米的内日峰。靠近这一山弧外围的那些山岭相对海拔较低。

## 多姆山链

**所在地：**法国中部的中央高原。

中央高原之中的这一长约40千米、宽约5千米的地区中，密密麻麻地分布着70多座火山，其中至少包括48个火山锥、8个熔岩穹丘和15个低平火山口（熔岩和地下水接触时形成的宽阔火山口）。这一地区的火山活动出现在距今95 000～6000年前。受到阿尔卑斯山脉隆起的影响，这一地区地壳变薄、出现断层，诱发了这些火山活动。

▼多姆山链中的佰欧火山锥

## 坎塔布连山脉

**所在地：**西班牙北部。

坎塔布连山脉由两大山脉组成，从比利牛斯山的最西端一直延伸到加利西亚山脉，全长300千米。相比之下，有时高耸在海边，其主要特征是不长但湍急的河川规模小得多的海岸山脉。而在内陆地区，南部山脉更加巍峨高大、引人入胜，其中包括欧罗巴山，一座巨大的石灰岩山体，它曾经受到冰川作用的强烈影响，尽管现在那一地区已经没有冰川了。坎塔布连山脉的最高峰是海拔2648米的托雷塞利多峰。

▲萨图尼亚温泉群的温泉和阶地

## 内华达山脉

**所在地：**西班牙南部的安达卢西亚境内。

这一由变质岩构成的穹顶山体高耸在地中海之上，其最高峰是海拔3481米的穆拉森峰，它也是西班牙大陆的最高峰。在这一长达42千米的山脉中，共有23座海拔超过3000米的山峰，穆拉森峰只是其中之一。总的来说，内华达山脉的地形较为平缓，除了冰冻严重的西部群峰。西部群峰多四周陡峭、冰雪雕琢的山谷和冰斗。冰川早已荡然无存，但冬季的降雪使这一地区成为一个备受欢迎的滑雪胜地。随着海拔不断升高，山上的植被从亚热带森林渐渐过渡成高山植被。

## 亚平宁山脉

**所在地：**从意大利的卡迪波纳山口直到埃加迪群岛。

亚平宁山脉是阿尔卑斯造山运动时期形成的相对比较年轻的山链之一，由一系列平行山脉组成，全长约1400千米。绝大部分山峦由隆起的页岩、石灰岩和沙岩构成，此外还有一些火成岩。这一山脉提供了大量火山活动的证据，比如，现在仍处于活跃期的维苏威火山和埃特纳火山。卡尔德隆冰川是这一山脉中唯一的一条冰川，它位于亚平宁山脉的最高峰科尔诺山的山坡上。在整个山脉中，地震活动都很普遍。

## 萨图尼亚温泉群

**所在地：**意大利托斯卡纳。

这里有托斯卡纳南部地区规模最大、形态最美的温泉。这些由地热加热的地下水，涌出地表时的水温是37.5℃。泉水经由穆利诺瀑布和格雷洛瀑布倾泻而下，以每秒超过500升的速度注入石灰华池中，这种石灰华池是由于石灰华（碳酸钙的一种形式）沉积而形成的，石灰华来自富含矿物质的泉水。尽管泉水带有硫黄的气味，但自古罗马时代，人们就开始在这些池子里沐浴了，以充分利用它们的疗效。地下水是地下深处的炽热岩石所加热的，这些炽热的岩石和附近阿米亚诺山的熔岩穹丘的那些火山活动颇有渊源。

## 索尔法塔拉火山

**所在地：** 意大利那不勒斯附近。

这座火山是神话传说中罗马火神伏尔甘的家。这一浅浅的火山口是坎皮佛莱格瑞大型火山区的一部分，后者分布着多个火山口。在索尔法塔拉火山中，分布着多个火山喷气孔和滚热的泥浆池。从那些火山喷气孔中，会喷射出一柱柱蒸气和硫化烟雾。但这座火山自1198年起一直处于休眠状态。在3根罗马柱上方约7米处，发现了一些软体动物藏身的洞穴。这说明，这一地区曾经沉降到海平面之下，随后又被抬高到海平面之上，因为那里已经竖起了罗马柱。地下的岩浆库被先后灌满、清空，这一破火山口也随之隆起、降低，这一过程称为“地壳的缓慢升降运动”。而这些软体动物洞穴为这一理论提供了有力的证据。

## 武尔卡诺火山

**所在地：** 意大利西西里岛北部海岸之外。

和这一地区的其他火山一样，这座小小的岛屿上的火山活动，是非洲板块和欧亚板块相撞引发的。这一带的火山锥分别形成于三个不同的年代。最古老的是三座远古时期的复合火山，大部分火山锥顶现已坍塌，形成了破火山口。时代较近的佛萨火山锥，上次喷发是在1888—1890年。这次受到人们广泛关注和充分研究的火山喷发，喷射出了大块岩石、熔岩弹、火山灰，但没有出现熔岩流。后来，这种类型的火山喷发被称为“武尔卡诺式火山喷发”。而武尔卡内诺火山锥的形成年代最近，它形成于公元前183年，上次喷发是在1550年。

## 狄那里克阿尔卑斯山脉

**所在地：** 从意大利直至欧洲东南部的科索沃。

这 山脉绵延645千米，大部分区域沿着亚德里亚东海岸一路延伸。这些山体由石灰岩和白云石组成，展现了世界上一些最为壮丽瑰奇的喀斯特地貌，包括落水洞、地下河、溶洞和洞穴坍塌而形成的峡谷。斯洛文尼亚的斯科契扬溶洞，是全球最大的地下洞穴群之一。雷卡河中的一段长达34千米的地下暗河，就从这一洞穴群中蜿蜒流过。

## 品都斯山脉

**所在地：** 从阿尔巴尼亚边境直至希腊的伯罗奔尼撒半岛。

从地质学角度来说，希腊最长的山脉品都斯山脉是狄那里克阿尔卑斯山脉（见上文）的延伸。有的山峰，包括这一山脉中的最高峰斯莫利卡斯山是由变质蛇绿岩构成的，部分古代洋壳被抬升

▲卡帕多西亚的奇形石

到海平面之上，随后又受到了侵蚀。而其他地区由石灰岩和白云石构成，形成喀斯特地貌。这一山脉北端的维科斯峡谷，是世界上最深的峡谷之一，有的地方跌落900米之深。

## 圣多里尼火山

**所在地：** 希腊爱情海的基克拉迪群岛。

这一椭圆形的群岛，是一个巨大的破火山口突出在海平面之上的所有痕迹。锡拉岛、阿斯普朗尼斯岛和锡拉希亚岛，环绕着一个84平方千米的潟湖。公元前1610年，圣托里尼火山喷发，这是过去5000年中规模较大的火山喷发之一。那次喷发将100立方千米的熔岩颗粒和火山灰喷射到空中，并引发了一次海啸，那次海啸摧毁了克里特岛的北部海岸。

## 卡帕多西亚高原

**所在地：** 土耳其安纳托利亚中部。

这一高原上曾经发生的远古火山活动，形成了世间奇特的地貌之一——格雷梅国家公园的“仙女的烟囱”（奇形岩）。随着一座座火山喷发，火山灰厚厚堆起，随后凝固成一种名为“凝灰岩”的岩石。而后，凝灰岩被玄武岩所覆盖。在此之后，暴雨产生的径流，在抗侵蚀

▲品都斯山脉

的玄武岩上蚀刻出了一道道水沟，并快速侵蚀玄武岩下方、抗侵蚀性较差的凝灰岩。在成千上万年之后，就形成了由无数高而薄的凝灰岩尖峰构成的尖峰塔林，而凝灰岩的上方则覆盖着保护性的玄武岩“帽子”。

## 曼普普纳岩石群

**所在地：**俄罗斯联邦科米共和国境内，乌拉尔山脉北部以西。

7根巨大的变质岩结晶片岩石柱，峭然耸立在北部乌拉尔山脉的西面山坡上，宛如巨人一般。这些石柱酷似人形，因此产生了许多关于它们起源的美丽传说。这些岩石形成物的高度从30米到42米不等。它们都是一些顶部平坦、四壁垂直的石塔或孤峰，是在无数个世代的冻融作用和风化侵蚀的影响下形成的。

欧洲的其他山岳与火山


- **阿尔卑斯山脉** » 参见第138—139页
- **白云石山脉** » 参见第136页
- **法国中央高原** » 参见第135页
- **埃特纳火山** » 参见第140—41页
- **比利牛斯山脉** » 参见第137页
- **苏格兰高地** » 参见第134页
- **史托克间歇泉** » 参见第135页
- **斯特隆博利岛** » 参见第144页
- **乌拉尔山脉** » 参见第144页
- **维苏威火山** » 参见第145页


# 非洲

## 泰德峰

**所在地：**加纳利群岛中的特纳里夫岛。

如果以顶峰高出于海底的海拔高度（7500米）来衡量，这座位于非洲大陆架上的复合火山，是地球上除了夏威夷群岛之外最高的火山。它高出海平面3718米，顶峰是拉斯加拿大破火山口。自这座岛屿在1402年形成之后，泰德峰和其他火山喷火口已经喷发了好几次。最近的一次喷发从1909年开始，当时涌出的熔岩流造成了一定破坏。

## 霍佳尔山脉

**所在地：**阿尔及利亚南部，撒哈拉沙漠中部。

阿尔及利亚境内的这一片广袤无垠的类月球地貌，由已有约20亿年历史的古老岩石构成，它们是非洲古老的岩石之一。这一山脉也被称为“阿哈加尔山脉”。这一地区大部分是岩石嶙峋的荒漠，植被稀少，位于海拔900米以上的地域中。塔哈特山是这一山脉的最高峰，峰顶海拔为2908米。其岩床以古老的变质岩为主。而其他一些更引人入胜的山峰，是若干现已熄灭的火山锥受到风化侵蚀而形成的。2006年，人们曾在这里的崇山峻岭之中，发现了极度濒危的撒哈拉猎豹的粪便。此外，这一地区中还生活着一些多加瞪羚。

## 卡普西基峰

所在地：喀麦隆北部、曼达拉山脉中。

在由一系列火山组成的曼达拉山脉之中、在离鲁姆斯基不远的地方，一连串火山栓从周围的草地上拔地而起，宛如站得笔直的哨兵。其中最高的就是卡普西基峰，它高出海平面1224米。当熔岩冷却并凝固，成为火山喷火口中的抗蚀岩石时，就形成了火山栓。随后在侵蚀作用的影响下，相对不耐侵蚀的火山锥被侵蚀殆尽，最后只留下了坚硬的火山栓。

## 尼奥斯湖

所在地：喀麦隆西北部。

尼奥斯湖位于一座死火山的侧翼，是世界上三个“正在爆炸的湖泊”中的一个。其深深的湖水中饱含二氧化碳，这些二氧化碳来自于地下深处的岩浆储源。1986年8月21日，当一次山崩扰乱了湖水的平静之后，这些气体上升到了低压区域，从湖水中溶解出来，冒着气泡大量逸出，大量的二氧化碳云团，约有1立方千米，从山腰滚滚而下，导致下方山谷中的1746个居民不幸窒息身亡。

## 大狗峰

所在地：圣多美和普林西比民主共和国境内，靠近圣多美岛南端。

大狗峰也称为“Pico Cão Grande”，是圣多美岛上的一根青苔密布的岩柱，它高出周围地面365米、高出海平面668米。它是一个火山栓，是岩浆在一座活火山的喷火口凝固时形成的。这座火山的火山锥后来被侵蚀殆尽，而这一地区的火山活动也早已停止。

## 埃塞俄比亚高原

所在地：非洲之角、大部分位于埃塞尔比亚的中部和北部。

这一地带被称为“非洲屋脊”是有充足理由的，这是非洲大陆中面积最大的一片海拔高于1500米的地区，且其最高峰拉斯达什恩峰高达4550米。青尼罗河和塔纳湖的源头也位于这片高原之中。这一地区被东非大裂谷一分为二。这里也是好几种当地特有生物的栖息地，包括极度濒危的埃塞俄比亚狼和山薮羚。

▲埃塞俄比亚高原的悬崖和断崖

## 博戈里亚湖

**所在地：**肯尼亚西部、东非大裂谷中。

这一含盐量极高的浅湖位于断陷的东非大裂谷中的一段，以西是马吉莫托地块，以东是博戈里亚断崖。湖水的深度从11米到14米不等，湖水最深的区域位于南部湖盆，那是一个残留的火山口。这个湖泊中和湖泊周围分布着许多温泉和间歇泉，它们足以证明这一带的地热活动仍在持续。有时，150万只火烈鸟会齐聚在此，饮用碱性的湖水。

## 津巴布韦大岩墙

**所在地：**津巴布韦境内，沿着南北走向从布拉瓦约以东延伸到津巴布韦和莫桑比克的国境线以南。

尽管有这样一个名字，但津巴布韦大岩墙并不是一片岩墙，而是一种侵入岩浆，大片横截面或多或少呈碟状的入侵火成岩，其下是一片垂直的岩墙。在地表之上，它表现为一系列狭长的山岭，由南向北延伸550千米之长。它在约25亿年前侵入到周围的岩石之中，其中富含金、银、铬、铂金、镍等矿物质。

## 弗尔乃斯火山

**所在地：**马达加斯加东海岸之外，印度洋中的留尼汗岛。

弗尔乃斯火山是世界上最大、最活跃的火山之一。据相关记录，自17世纪以来，这一火山已喷发了150多次，最近一次喷发是在2017年。这一盾状火山已有超过53万年的历史。它在留尼汪热点之上形成，而这一热点在过去的6600万年中一直处于活跃状态。在其大部分历史中，它的熔岩流和弗尔乃斯火山的熔岩流一直混合在一起。这一破火山口宽达8千米，其中分布着不少火山口。

非洲的其他山岳与火山


- **阿法尔洼地** » 参见第183页
- **阿特拉斯山脉** » 参见第182页
- **布兰德山** » 参见第188页
- **德拉肯斯山脉** » 参见第189页
- **东非大裂谷** » 参见第184—187页
- **桌山** » 参见第188页

▲从间歇喷泉谷升腾的蒸气

# 亚洲

## 西伯利亚暗色岩

**所在地：** 俄罗斯，西伯利亚西北部。

这一暗色岩（阶梯状的山丘，多为玄武岩地貌）是地球历史上已知的一次规模最大的火山喷发留下的痕迹。在距今约2.5亿年前，从西伯利亚西部的无数裂隙和火山喷火口中，排放了约300万立方千米的泛布玄武岩，覆盖在大片地区之上。引起这些火山喷发的，很可能是一根地幔热柱，但科学家们对此一直存有争议。随后不久，就出现了史上最严重的物种大灭绝，这是大气成分发生了戏剧性的改变而引发的。

## 间歇喷泉谷

**所在地：** 俄罗斯，西伯利亚东部的堪察加半岛。

这一全球第二大间歇泉区位于水流湍急的盖瑟纳亚河的山谷中，这条河流携带的是来自附近一座成层火山的地下热水。在这一河谷中至少分布着20座大型间歇泉，其中最壮观的是威利坎间歇泉，它能喷射出高达40米的水柱。有的间歇泉每过几分钟就喷发一次，而有的间歇泉每隔3小时甚至更久时间才喷发一次。2007年的一次大型泥石流淹没了这个山谷，致使很多间歇泉不再喷发。但自此之后，又有许多新的间歇泉开始喷发。

## 阿塞拜疆泥火山

**所在地：** 阿塞拜疆境内，高加索东部和里海海岸。

全球已知的泥火山有400多座，有半数以上都位于阿塞拜疆境内。泥火山也被称为“沉积火山”，当高达100℃的地下水和矿物质沉积物混为一体并向上喷涌时，就会形成泥火山。这种泥水混合物通过地壳中的裂隙抵达地表后，会形成一个小小的火山锥，通常不会超过4米。有的泥火山也会喷发出甲烷。在1977年和2001年，当洛克–巴丹泥火山锥壮观无比地喷发出熊熊烈焰时，就曾喷发出甲烷。

## 阿拉伯高原

**所在地：** 亚洲西南部，也门和沙特阿拉伯西南部。

位于这一高原南部的哈杜尔舒爱卜峰海拔3666米，这座岩石嶙峋的山峰是阿拉伯半岛的至高点。在这一高原的西部，一片和红海平行的断崖在帖哈麦的海岸平原上拔地而起，一路向北延伸到麦加地区。在其东部，一片高原向着沙特阿拉伯的沙漠腹地的方向延伸，地势缓缓下降。在这片高原中，既有气候潮湿的落叶林、高海拔梯田，也有闪闪发亮的山间小溪，各种不同的景象形成了鲜明的对比。

## 德干暗色岩

**所在地：**印度，绝大部分位于马哈拉施特拉邦、古吉拉特邦、中央邦境内。

德干暗色岩构成了地球上大规模的火山地貌之一。这是一片广袤的地区，由多层阶梯状的凝固玄武岩构成，这些玄武岩是在约6500万年前从地下涌出的。在有些区域，这种玄武岩甚至超过2000米厚。它们覆盖着约50万平方千米的土地。有一种理论认为，这些火山喷发是留尼旺热点，一个曾经潜伏在南亚下面的地幔热柱所引发的。

## 锡吉里耶

**所在地：**斯里兰卡的中央省。

锡吉里耶（或称为"狮子峰"）几近垂直的四壁，兀然耸立在下方的森林之上，高达180米。在其平坦的顶峰上，还保存着古代皇宫的遗迹。这一大块岩石是一座火山的火山栓，由凝固的岩浆构成，而其火山锥早已被侵蚀殆尽。火山喷火口中的岩浆逐渐冷却，而各种矿物质结晶的速度不同，因此锡吉里耶岩体的构成成分，随着高度不同而变化。

## 城山日出峰

**所在地：**韩国，济州岛东海岸附近。

这一世界自然遗产是一个凝灰岩火山锥，它由压实的火山岩，岿然耸立在韩国海岸附近的海面之上。这座曾经的火山，高出海平面180米。约5000年前的一次海底火山喷发，形成了日出峰。峭壁高高耸起，构成峰顶的环形边缘，将一个火山口包围其中。这个火山口几乎呈完美的碗形，深90米、宽450米。

▶锡吉里耶的峰顶

## 别府温泉群

**所在地：**日本九州岛。

别府温泉群是全球第二大高度集中的温泉群，共有近3000个温泉，主要分布在8处。这些温泉为各个汤池供应最高达到99℃的热水。池水呈现出各种不同的色泽，根据所含矿物质的不同而变幻，比如，“海地狱”呈现钴蓝色，“血池地狱”呈现血红色。这些地热活动的热源是附近的鹤见熔岩穹丘。

## 云仙岳

**所在地：**日本九州岛。

这座火山应为日本史上最惨重的火山灾害负责。1792年，云仙岳的一个熔岩穹丘坍塌，引发了巨大的海啸，致使约1.5万人丧生。这座火山最近的活动期是1990—1996年。在这期间的一次火山喷发产生的火山碎屑流（炽热气体和熔岩的）导致43人丧生，其中有3位火山学家。云仙岳的最高峰是海拔1486米的平成新山。

## 樱岛火山

**所在地：**日本鹿儿岛。

1914年之前，这座复合火山曾经是一个岛屿。但那一年规模庞大的熔岩

▲天子山的沙岩石柱

流，充填了岛屿和大陆之间的海峡。樱岛火山是日本活跃的火山之一，几乎每天都会喷发，并经常扬起高达5000米的火山灰。其顶峰由三座山峰构成，但自2006年以来，火山活动主要集中在南岳的昭和火山口。

## 天子山

所在地：中国湖南省。

天子山自然保护区是秀丽的武陵源风景区的一部分。最让天子山闻名四海的是3000多根石英沙岩石柱，其中不少石柱都超过200米。此外，天子山中还遍布着深谷、洞穴、急流和瀑布。郁郁葱葱的森林覆盖着这一地区，而这些森林常常被包裹在或浓或淡的雾气中。这些壮观的石柱是水分侵蚀沙岩的垂直节理而形成的，这些沙岩已有3.8亿年的悠久历史。

## 青藏高原

所在地：中东亚，大部分位于中国（西藏）和印度境内。

青藏高原是世界上最大、最高的高原，这片一马平川或者起伏不平的草原一望无际，约为法国国土面积的5倍，平均海拔为4500米。青藏高原南接喜马拉雅山脉，北邻昆仑山脉，东北方向和祁连山接壤。这一高原上分布着成千上万条冰川，也是几条大河的发源地之一，包括印度河和雅鲁藏布江在内。

## 白水台温泉台地

所在地：中国云南省

白水台位于云南高地、哈巴雪山山麓。白水台拥有世界上最美丽的石灰华（一种碳酸钙）阶地。地热温泉中涌出的泉水，从成百上千个白色的半圆形台幔上奔流而下。这一台地长140米，宽160米。当温度降低时，水中高浓度的碳酸钙析出，从而形成石灰华阶地。白水台台地是东巴文化中的一大圣地。

## 黄山山脉

所在地：中国安徽省。

成百上千年来，黄山如诗如画的美景是文学艺术（比如山水画）赞美不绝的对象之一。千姿百态的奇松、高耸入云的花岗岩峰峦峭壁、飞流直下的瀑布、星罗棋布的湖泊和苍翠繁茂的森林，有时这一切都被笼罩在轻烟薄雾之中。黄山山脉中共有77座海拔超过1000米的山峰，其中莲花峰高达1864米。山间的不少松树都是从岩石中长出来的。黄山山脉中共有19种当地特有的植物。1990年，黄山山脉被联合国教科文组织列为世界自然遗产。

▲樱岛火山昭和火山口的猛烈喷发

## 马荣火山

所在地：菲律宾吕宋岛南部。

这座菲律宾最活跃的火山，在过去的400年间至少喷发了49次。这座成层火山高出阿尔拜湾2462米，被认为是世界上完美对称的火山之一。马荣火山最猛烈的一次喷发发生在1814年。那次喷发致使1200多人不幸丧生，并摧毁了好几个城镇。在2006年的一次喷发之后，台风带来的暴雨将刚刚沉积下来的火山灰变成了火山泥流，至少导致1000人丧生。

## 塔尔火山

所在地：菲律宾吕宋岛西部。

菲律宾第二活跃的火山，活跃程度仅次于马荣火山。据人们所知，塔尔火山自1572年来，已喷发了33次，其中

▲塔尔火山及破火山口中的湖泊

以1754年和1911年的喷发规模最大。近期的喷发活动集中于塔尔湖中央的火山岛上。这个湖泊填满了一个庞大、古老的破火山口的绝大部分。欧亚板块俯冲到菲律宾板块之下，形成了一条火山链，而塔尔火山正处于这一火山链中。

## 多巴湖

**所在地：**印度尼西亚苏门答腊岛北部。

多巴湖是世界上最大的火山湖。2500万年前，地球上已知的规模最大的火山喷发就发生在这里。距今7.5万年前的一次火山爆发，将苏门答腊岛的部分区域覆盖在600米深的火山灰下。这次喷发后火山塌陷，形成了一个巨大的破火山口，随后这个破火山口中灌满了湖水。现在这个湖泊长100千米、宽30千米、深505米。

## 默拉皮火山

**所在地：**印度尼西亚爪哇岛。

这座成层火山是印度尼西亚129座活火山中能量最大的一座，它是环太平洋火山带的组成部分。在过去的500年中，它定期喷发，造成了不少伤亡。默拉皮火山现在高2968米，比2010年喷发之前低了几米，那次喷发致使300多个生活在山上的居民丧生。这座火山位于一个俯冲带上。在这一带，印澳板块正在渐渐俯冲到巽他板块之下。

## 坦博拉火山

**所在地：**印度尼西亚松巴哇岛。

坦博拉火山1815年的喷发，是有史以来最大的火山喷发之一，造成约1.2万人丧生。大量火山灰和火山浮石被喷射到大气中，遮住了阳光，导致全球气温降低，并致使1816年成为“没有夏天的一年”。这次喷发使坦博拉火山的高度降低了1500米，现有的那个巨大的破火山口也是当时形成的。这个破火山口有6千米宽、1110米深。在海平面的高度，坦博拉火山的直径达60千米。

## 克利穆图火山

**所在地：**印度尼西亚的佛罗勒斯岛。

这座复合火山有三个火山口湖。尽管它们都位于在同一座火山的顶峰上，但湖水却呈现出不同的色泽。氧化物和盐成分的不同，赋予了它们不同的色彩。老人湖通常是蓝色的，而通常情况下，与之共享同一火山口壁的魔力湖和情侣湖，分别呈现红色和绿色。这些湖泊受到水下火山喷气孔的影响，会定期变换色彩。

亚洲的其他山岳与火山


- **阿尔泰山脉** » 参见第224页
- **高加索山脉** » 参见第221页
- **喜马拉雅山脉** » 参见第222—223页
- **喀喇昆仑山脉** » 参见第225页
- **克柳切夫火山** » 参见第229页
- **珠穆朗玛峰** » 参见第226—227页
- **富士山** » 参见第229页
- **皮纳图博火山** » 参见第231页
- **棉花堡温泉** » 参见第220页
- **天山山脉** » 参见第224页
- **腾格尔火山群** » 参见第230页
- **札格罗斯山脉** » 参见第220页
- **张掖丹霞** » 参见第228页

# 澳大利亚和新西兰

## 拉包尔火山

所在地：巴布亚新几内亚新不列颠岛的东端。

拉包尔火山的巨大破火山口，是在约1400年前形成的。随后，东侧的一个大型决口导致海水涌入，淹没了这个破火山口的绝大部分，并形成了布兰奇湾——俾斯麦海的一个掩蔽的水湾。在这个破火山口边缘之外，矗立着三座小火山。1994年（在沉寂了多年后），这3座活火山中的2座——塔乌鲁火山和伏尔甘火山——猛烈喷发，摧毁了拉包尔镇的绝大部分地区。拉包尔镇位于这一破火山口之内，当时已发展成一个港口。现在，塔乌鲁火山仍然是其中最活跃的喷火口，从中会不断喷出火山灰。

## 班古鲁班古鲁山脉

所在地：澳大利亚境内，西澳大利亚省的东北部。

这一山脉中的一座座布满横向条纹的蜂窝状山峰，形成了世界上最令人叹为观止的沙岩喀斯特地貌。这些沙岩是在3.6亿年前沉积下来的，由于受到大雨、化学风化和风力侵蚀的共同作用，已被磨损了不少。一条条冲沟和峡谷，比如教堂峡谷，是自然的伟力凿刻出来的。沙岩的红色岩层中含有氧化铁，不能蓄水。而灰色岩层中含有更多的黏土，因而能存留更多水分，使蓝藻细菌得以生长，这些细菌保护着沙岩的表层。

▼班古鲁班古鲁山脉中布满横向条纹的沙岩

▲鲁阿佩胡火山的火山口与火山口湖

## 卡塔丘塔

所在地：澳大利亚北领地南部。

这一造型独特的石阵由36座沉积岩圆顶小丘组成，它们耸立在周围的乡野地带，从很远的地方就能看到。这些小丘由砾岩——混合在沙岩岩基中的圆石——构成，它们呈橘红色，这是因为其上覆盖着一层薄薄的氧化铁。其中最大的圆顶小丘被称为“奥尔加山”，它高耸在一片平原之上，高达546米。

## 怀芒古火山裂谷

所在地：新西兰北岛。

1886年6月，新西兰700年来最大的一次火山喷发形成了怀芒古火山裂谷。自此之后，它成了一个热液活动的热点地区，具有一系列显著特征。其酸性的煎锅湖，是地球上最大的温泉。而附近的地狱火山湖，拥有全球规模最大的类间歇泉地貌。

## 鲁阿佩胡火山

所在地：新西兰北岛。

鲁阿佩胡火山是新西兰最大的活火山，也是北岛最高的山岭。这座火山的三座山峰环绕着一个火山口。在火山喷发的间歇期，这个火山口就成了一个火山口湖。鲁阿佩胡火山喷发的特征是，湖岸决堤，随着水和火山沉积物混合并向山下奔流，形成毁灭性的火山泥流。1953年的一次火山泥流致使151人丧生。这座火山上一次大喷发，发生于1995年，尽管在此之后还出现过几次小喷发。

### 澳大利亚和新西兰的其他山岳与火山


- **大分水岭** » 参见第274页
- **海登岩** » 参见第278页
- **罗托鲁瓦地区** » 参见第276—277页
- **南阿尔卑斯山脉** » 参见第279页
- **汤加里罗火山公园** » 参见第275页

# 冰川与冰盾

地球上的绝大多数冰川冰集中在南极洲和格陵兰，但在全球的各片主大陆上，都有冰川存在，只有澳大利亚例外。大多数冰川不是位于极地，就位于至少全年中有一段时期气候足够寒冷的山区。这样才能让白雪堆积，并最终形成坚冰。降雪量的多少决定了一条冰川能否存续。因此，一些冬季气温足够寒冷、但降雪量很少的地区，比如西伯利亚地区，就缺乏必不可少的冰雪积累，因此无法形成冰川。

## 欧洲

### 孔斯冰川

**所在地：**斯匹次卑尔根岛。

在斯匹次卑尔根岛上共有1500多条冰川，这条冰川是其中之一。孔斯冰川的终端位于伊斯峡湾的海水中，并在那儿与另一条冰川克朗冰川汇合。这两条冰川都将大块的冰崩解在这片峡湾之中。尽管这条冰川的终端在缓慢后移，但它是一条跃动冰川。也就是说，它会周期性地快速前进。1948年，它就向前跃动了，沿着伊斯峡湾往前推进了好几千米。它也是一座冷温复合冰川，即靠近冰川底部的区域比靠近表层的区域温暖一些。

### 罗纳冰川

**所在地：**瑞士伯恩阿尔卑斯山脉。

罗纳冰川位于一道引人入胜的U形山谷的上端。这道山谷大致呈东北-西南走向，位于巍峨的芬斯特腊尔霍恩峰之下。罗纳冰川是罗纳河（参见第372页）的发源地，也是日内瓦湖的一大水源。它约有8千米长，尽管自1880年以来，冰川已向后退缩了1千米。每到夏季，人们会将白色的毯子覆盖在部分冰面上，以减少冰的融化。

### 帕斯特尔兹冰川

**所在地：**奥地利，阿尔卑斯山脉东部。

帕斯特尔兹冰川从其源头到终端刚过8千米长，是阿尔卑斯东部地区最长的冰川。此外，它所处的地理位置也非常显眼，奥地利的最高峰大格洛克纳山，就耸立在这条冰川之上。这条冰川的源头是海拔3453米的约翰尼斯伯格，在其前锋则形成了摩尔河。帕斯特尔兹冰川目前正在以每年10米的速度向后退缩。而且，自19世纪中叶第一次勘测这条冰川以来，其体量已削减了一半。

#### 欧洲的其他冰川与冰盾


- **阿莱奇冰川** » 参见第151页
- **约斯达布连冰原** » 参见第149页
- **冰海冰川** » 参见第150页
- **摩纳哥冰川** » 参见第148页
- **瓦特纳冰川** » 参见第146—147页

▲ 帕斯特尔兹冰川的冰洞和融水

▲锡亚琴冰川附近布满冰川的群峰

# 非洲

## 乞力马扎罗冰盖

**所在地：**坦桑尼亚西北、东非大裂谷东支的最南端。

尽管乞力马扎罗山位于赤道附近，但山顶（乞力马扎罗山海拔5895米）的低温必然会导致积雪形成，并且在距今不远的过去，形成了冰川冰。在1912年至2011年之间，全球气候的变化导致这一冰原上永久积冰的区域减少了85%。峰顶的北部冰原是最大的积冰区，但现在其面积只剩下了1平方千米。自2000年以来，已经缩减了29%。

# 亚洲

## 伊内里切克冰川

**所在地：**亚洲中部，吉尔吉斯斯坦、哈萨克斯坦和中国的天山山脉中。

在全球除极地地区的冰川中，这条冰川的长度排名第六，它有北支和南支两条支流。这条冰川发源自天山山脉的汗腾格里山。其最高峰托木尔峰海拔7439米，高耸在伊内里切克冰川的南支之上。这一冰川有60千米长，覆盖着17平方千米的土地，最厚处厚达200米。这条冰川是天山山脉中长度最长、流速最快的冰川，它还为季节性湖泊梅尔巴赫湖提供了水源，这一湖泊是以奥地利探险家戈特弗里德·梅尔巴赫（Gottfried Merzbacher）的名字命名的，他于1903年发现了伊里切克冰川的下半段。每年冰坝融化时，梅尔巴赫湖就会将湖水排入其下方的河流中。

## 锡亚琴冰川

**所在地：**印度查谟和喀什米尔地区，喀喇昆仑山脉中。

锡亚琴冰川夹在喀喇昆仑山脉和萨尔托洛山脉之间，全长76千米，从海拔5753米处跌落至海拔3620米处。它是全球除极地之外的第二长冰川。主冰川和各条冰川支流，一共覆盖着700平方千米的地区，但它正在快速向后退缩。它在冬季气温有可能会跌至−50℃的极寒环境中，每年至多高达10 000毫米的降雪量和一次次雪崩。

## 绒布冰川

所在地：中国藏南。

两条冰川支流（东绒布冰川和西绒布冰川）汇聚，形成一条22千米长的冰川，堪称从珠穆朗玛峰向北流向青藏高原的山谷冰川中的典范。攀登者们利用东绒布冰川的中碛，攀登珠峰的北坳，并称赞它为“神奇的高速公路”。在这条中碛的两侧，竖冰被风搅动成了一座座冰塔（高耸的、参差不齐的冰锥），其中有的高达30米。而一座座冰桥和一根根冰柱，让这里的景象更显凌乱。

亚洲的其他冰川与冰盾


- 巴尔托洛冰川 » 参见第233页
- 比阿佛冰川 » 参见第234页
- 费琴科冰川 » 参见第232页
- 昆布冰川 » 参见第235页
- 玉龙冰川 » 参见第232页


## 喀拉霍伊冰川

所在地：印度查谟和喀什米尔地区。

在喀拉霍伊峰金字塔形的岩体之下，这条冰川从一个冰原中流出，这个冰原也是另外三条冰川的发源地。喀拉霍伊冰川平均海拔4700米，它是里德河的源头。从1963年到2005年，这一冰川区从14平方千米缩减到了11平方千米，现在它仍然在以每年3米的速度向后退缩。人们认为，这条冰川已经中空。

## 德朗-德龙冰川

所在地：印度查谟和喀什米尔地区。

作为喜马拉雅地区美丽的冰川之一，德朗-德龙冰川在高耸入云、白雪皑皑的扎斯加尔山脉的群山之间缓缓蜿蜒流动。这是一条庞大的高山冰川，长23千米，平均厚度达到150米，它哺育了多达河（也称为“斯托德河”），发挥着灌溉山下肥沃良田的重要作用。

# 澳大利亚和新西兰

## 福克斯冰川

所在地：新西兰，南岛的南阿尔卑斯山脉。

这条汇合了4条高山冰川的海洋性冰川上裂隙密布。它从塔斯曼山流向新西兰南岛海岸边，全长13千米，总共跌落2600米。它的注出河流是高出海平面300米的福克斯河。世界上终端位于繁茂苍翠的温带雨林中的冰川为数不多，而福克斯冰川就是其中之一。在上一个冰河时代中，这条冰川一直延伸到现在的海岸线之外，自那时起，这条冰川已经往后退缩了不少。自1985年到2009年间，这条冰川再次前进，有时前进速度很快。但在2009年后，它又开始向后退缩。

澳大利亚和新西兰的其他冰川与冰盾


- 法兰士·约瑟夫冰川 » 参见第280页
- 塔斯曼冰川 » 参见第281页


▼福克斯冰川的裂隙

# 河流与湖泊

每一个大洲中都有河流和淡水湖，就连绝大部分水分被锁在坚冰之中的南极洲也不例外。地下泉、湖泊、冰川和地表径流，为各条河流提供了水源。如果以流经河道的水量计算，南美洲的亚马逊河–奥里诺科河盆地是世界上最大的流域。而非洲的尼罗河是世界上最长的河流，亚马逊河是世界第二长河。从体量来看，全球最大的湖泊是俄罗斯的贝加尔湖，这一湖泊是地壳被撕裂而形成的。在没有注出河流的火山口盆地中，以及天然堤坝和人工堤坝之后，也会形成湖泊。

## 北美洲

### 大熊湖

**所在地：** 加拿大西部，西北领地。

如果从表面积来衡量，大熊湖是世界第八大湖。大熊湖也非常深，深达413米。它向西排水，经由大熊河流入浩浩荡荡的麦肯齐河中。由于这个湖泊远离海洋而靠近北极圈，湖水很冷，每年11月到次年7月都会封冻。大熊湖是地球高纬度地区规模最大的内陆水体。在上一个冰河时期，距今约1万年前，大熊湖是一个更大的湖泊麦康内尔湖的一部分，后者也是一个冰川湖泊。

### 斑点湖

**所在地：** 加拿大西部，不列颠哥伦比亚。

斑点湖也称为“欧肯那根湖”。在其咸碱性湖盆中，蓄纳着地球上含矿物质最丰富、色彩最缤纷的湖水，湖水中含有硫酸镁、钙和硫酸钠，以及少量的银和钛。每年夏天，随着湖水蒸发，约300个浅浅的小水潭，就是斑点湖所剩下的一切。每个水潭的色彩，会根据水潭中富含的矿物质的不同，而呈现蓝、绿、黄、橘黄等斑斓的色彩。这个湖泊是欧肯那根印第安原住民的传统疗养地，他们使用这里的泥浆和湖水，来治疗各种各样的伤病。

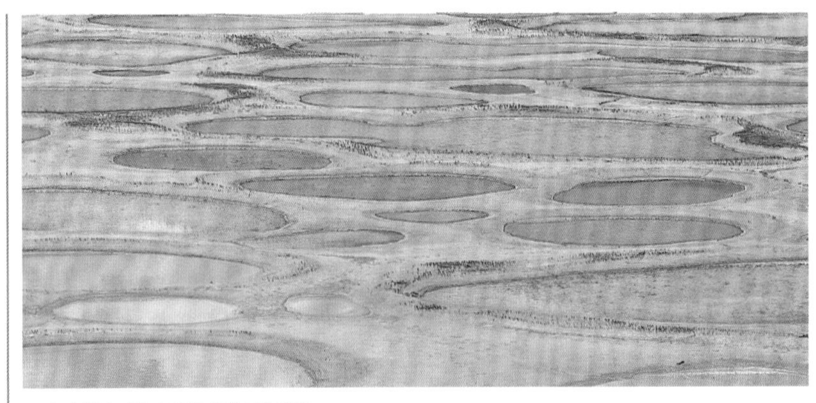

▲ 斑点湖中五色斑斓的矿物质沉积物

### 哥伦比亚河

**所在地：** 北美洲西部，从加拿大的不列颠哥伦比亚省直至美国的俄勒冈州。

在所有从美洲流入太平洋的河流中，这条河的水量最大。它发源于加拿大不列颠哥伦比亚省的落基山脉，流经一个和法国国土面积相当的流域盆地，绵延2000千米，最后在美国俄勒冈州和华盛顿州之间汇入太平洋。这条河流陡峭的坡度和庞大的水量，使其成为利用水力发电的理想场所。美国水力发电力的将近一半是这个流域所贡献的。

## 马尼夸根湖

所在地：加拿大东部，魁北克省。

这个环形的陨石坑湖，被称为“加拿大之眼”。因为，从地图上可以看到，这个湖泊呈现环形，边缘参差不齐。它是距今约2.14亿年前，一颗直径约5千米的巨大流星撞击地球形成的。在形成之初，这个陨石坑方圆约有100千米，而现在这个湖泊的直径为72千米。位于马尼夸根湖中心一个岛屿上的巴别塔山，是这个陨石坑的中央峰，它是地壳在经受最初的撞击后发生回弹而形成的。马尼夸根湖的湖水排入南部的马尼夸根河。

## 塞尼卡湖

所在地：美国东部，纽约州。

塞尼卡湖是纽约州的11个淡水指状湖中最大的湖泊，也是蜚声世界的优良鳟鱼渔场。这些湖泊位于一些南北走向的河谷中。这些河谷最初是河水蚀刻出来的，但后来在距今约200万年前，又经向南流动的冰川刨刻而大大加深了。塞尼卡湖最深的地方有188米深，远远低于海平面。若干大型地下泉为其提供了水源。由于地下泉水在不断涌动，这个湖泊的绝大部分区域都不会结冰。

## 哈德逊河

所在地：美国东部，从阿迪伦达科山脉直至纽约州境内。

尽管哈德逊河并不是特别长，全长为507千米，但这条河流形成了若干鲜明的对比。它发源于人口稀少的阿迪伦达科山脉中，却向南流入世界上繁忙的港口、大城市之一——纽约市。自上一个冰河时代以来，由于海平面上升，哈德逊的下游地带被“淹没”。这就是说，哈德逊河的一半河段会随着潮汐涨落而出现或消失。以前，在海平面比现在更低的时候，哈德逊河的入海口位于纽约城以南320千米处、大陆架的边缘地带。

## 莫诺湖

所在地：美国西部，加利福尼亚州。

莫诺湖是一个浅浅的、含盐量高的水体，它没有注出河流。它位于内华达山脉东边的一个盆地中。这个湖盆很可能有300万～400万年的悠久历史，而据人们所知，这个湖泊已经存在约75万年。尽管现在湖水不超过50米深，但过去湖水深得多。在靠近地下泉的一些湖岸地带，形成了一些石灰华（一种石灰岩）构成的岩塔。咸咸的湖水滋生了大量丰年虾，而丰年虾为多达200万的水禽提供了美味佳肴。

## 格兰德河

所在地：美国西南部及美国-墨西哥边境线。

这一标志性的河流，构成了美国和墨西哥之间的很长一段边境线。在其发源地科罗拉多州的圣胡安山脉附近，格兰德河是一股融水汇成的清澈溪流，流经得克萨斯州大转弯地区的一系列深谷，随后慢吞吞地蜿蜒穿过一个宽广的灌溉平原，最后抵达墨西哥湾。格兰德河全长3100千米，在世界各大长河中排名第20位。这条河流拥有广袤的流域盆地，但大量河水被人为抽取，以满足工农业生产和居民使用的需求。因此，只有20%的河水最终流入海洋。这条河流不深，唯有小船才能在河道中自如通行。

▼莫诺湖的石灰华岩塔

## 阿肯色河

所在地：美国南部，从科罗拉多州直至阿肯色州。

阿肯色河是密西西比河－密苏里河水系的第二长支流，源于落基山脉。它的上游河段长193千米，经由多段湍流，总共跌落1400米。在它从群山中流出之后，由于无数支流汇入，河道大大变宽。随后，阿肯色河在阿肯色州的拿破仑港附近汇入密西西比河中，至此它已流淌了2364千米。人为地大量抽水致使河流的水量大幅锐减，但它仍然是俄克拉荷马州东部和阿肯色州用于驳船运输的重要水道。

## 南方红河

所在地：美国南部，从科罗拉多州、得克萨斯州直至路易斯安那州。

南方红河是北美较长的河流之一。除此，这条河流的一大特征是，普雷里多格敦河，构成南方红河上游源头的两条分叉河流中的一条，流经得克萨斯州北部的帕罗杜洛峡谷——美国第二大峡谷，仅次于科罗拉多大峡谷。南方红河全长2190千米，约有一半河道构成了得克萨斯州和俄克拉何马州的边界线。这条河流一度汇入密西西比河中，现在它却流入阿查法拉亚河中。这条河流的绝大多数交通运输，集中于路易斯安那州境内的那一部分河段。

## 猛犸洞

所在地：美国东部肯塔基州中部的阿巴拉契亚山脉。

猛犸洞是地球上已知的最长洞穴群，已探出的石灰石洞穴通道、竖井和地下洞穴总共长达652千米，它们已有超过3.2亿年的悠久历史。抗侵蚀性的沙岩盖层覆盖在石灰石岩层之上。但在流水已侵入沙岩盖层的一些区域，形成了若干落水洞。水由此流到地下，溶解石灰岩，并形成了无数钟乳石、石笋，还有一处名为“冰冻的尼亚加拉瀑布”的碳酸钙沉积物形成的壮丽景观，因为它的外观酷似一条瀑布。

## 大迪斯默尔沼泽

所在地：美国东部，弗吉尼亚州和卡罗来纳州北部。

尽管这片沼泽的名称令人沮丧，(英文名The Great Dismal Swamp，dismal有“凄凉、阴郁”之意)，但它实际上是一片美丽的湿地生境。这片排水不畅的林地，是美国最大的沼泽地之一，总面积超过450平方千米。这片沼泽地的中央是德拉蒙德湖。地下水从沼泽地西面海拔更高的区域流入，却被无法渗水的黏土滞留在了地表上。冬春两季，随着水位上升，沼泽地被淹没。到了夏季，大量水分蒸发，沼泽地的绝大部分区域都会干涸。这儿的生物种类极为丰富，有美国水松、大西洋花柏、枫树、山茱萸和其他多种树木，还有多种鸟类、爬行动物、黑熊和山猫等。

## 奥克斯贝尔哈洞穴

所在地：墨西哥南部，金塔纳罗奥州。

在玛雅语中，Ox Bel Ha(奥克斯贝尔哈)的意思是“三条水路”。这是世界上已知最长的水下洞穴群。它位于尤卡坦半岛东海岸附近和下方，由长270千米的洞穴通道构成。这一洞穴群是水分溶解石灰岩而形成的，后来随着海平面升高，这些洞穴就被淹没了。浸没这些洞穴的水，既包括加勒比海的海水，也包括地下淡水。色泽较浅的淡水，在比重更重、几乎停滞不动的咸水层之上流动。人们可以通过若干落水洞抵达这些洞穴。

## 西斯蒂玛·瓦乌特拉洞穴群

所在地：墨西哥南部，瓦哈卡州。

在马萨特山脉的古老石灰石高地，有一个世界上最精美的洞穴群。这个洞穴群于1965年首次被发现。随后人们发现，它是美洲最深的洞穴，深入到地表下1545米。探险家们不得不在漫无止境

▼阿肯色河的源头

的水下洞穴中潜水，才能抵达这个全长64千米的洞穴群中的最深处。探险者们在洞穴群的水中放入染料，结果发现，后来水从圣多明戈峡谷的一处泉水中喷了出来，而那里儿的地势更低。这表明，还有更多更深的洞穴通道，有待人们去发现。由于这个峡谷被流水蚀刻得更深，导致洞穴群地貌发生了改变。在现在已经废弃的一些通道之下，形成了一些新的水流通道。

## 白色洞穴

**所在地：**墨西哥南部，金塔纳罗奥州。

“Sac Actun”在玛雅语中意为“白色洞穴”。洞穴群已勘探部分的全长为331千米，它是墨西哥最长的洞穴群，也是地球上第二长洞穴群。这一沿海洞穴群的顶部位于海平面之上，但洞穴群的绝大多数区域，被来自内陆的淡水和来自加勒比海的海水所淹没。人们能经由约170个落水洞抵达这一洞穴群。部分被水淹没的深井尚未被勘探过，这说明在这一洞穴群中，还有更多的洞穴通道有待人们发现。

**北美洲的其他河流和湖泊**


- **亚伯拉罕湖** » 参见第49页
- **卡尔斯巴德洞窟** » 参见第58页
- **佛罗里达大沼泽地** » 参见第60—61页
- **科罗拉多大峡谷** » 参见第54—57页
- **五大湖** » 参见第50—51页
- **密西西比河－密苏里河** » 参见第53页
- **尼亚加拉瀑布** » 参见第52见
- **奥克弗诺基沼泽** » 参见第59页
- **育空河** » 参见第48页

▶猛犸洞“帷幔厅”的钟乳石和石笋

# 中美洲和南美洲

## 温莎洞穴群

**所在地：**加勒比海，牙买加。

在牙买加科克皮特地区植被繁茂的石灰石山丘中，有不少地下洞穴，而温莎洞穴群中的一些洞穴是其中最大的。“Cockpit”指的是在这一地区中多见的四周陡峭、深度可达100米的洼地。一层层厚厚的白石灰石形成物被雨水和地下水风化后，形成了一个个地下洞穴和其他喀斯特景观。长3千米的温莎大溶洞中有一条地下河、无数钟乳石和石笋，还有一些美丽的扇形洞顶岩石。这里还保留着一个高水平的古代排水系统的遗迹，现在绝大部分区域被方解石沉积物堵住，成了这个岛屿上最大的蝙蝠窝。

▼凯厄图尔瀑布的巨大落差

## 尼加拉瓜湖

**所在地：**尼加拉瓜的太平洋海岸边。

这一庞大的淡水湖形成于一个地堑带断陷在两侧陆地之间的地壳断层区域——底部的部分区域，和它的邻居马那瓜湖一样。尼加拉瓜湖是中美洲最大的淡水湖，长177千米、宽58千米。尽管它与太平洋之间只隔着窄窄的一道地峡，但其湖水却经由圣湖安河，排入相对来说遥远得多的加勒比海。

## 奥里诺科河

**所在地：**委内瑞拉和哥伦比亚，从圭亚那高原直至大西洋。

奥里诺科河与亚马逊河、巴拉那河、托坎廷斯河并列为南美洲的四大河流。它发源于植被茂密的圭亚那高地，并在这一高地中呈弧形绕行，随后穿过拉诺斯草原这一季节性泛滥平原。最后，它在一个广袤的三角洲中，分裂成众多支流。当河水抵达大西洋时，距其源头已经有2740千米。奥里诺科河的流域，覆盖委内瑞拉80%的国土面积、哥伦比亚25%的国土面积。这条河流的流速在不同时段中差异巨大。比如，在玻利瓦尔城，其深度根据季节的不同而变化，从15米到50米不等。

## 凯厄图尔瀑布

**所在地：**圭亚那，马扎鲁尼-波塔罗区。

综合落差、宽度和水流量来衡量的话，凯厄图尔瀑布是世界上最长的单级瀑布之一。在圭亚那高地的原始森林中，波塔罗河垂直跌落226米，最后落在一块沙岩峭壁上的抗侵蚀的砾岩边缘。冲溅而下的瀑布水，不断侵蚀着底部耐侵蚀性较差的沙岩，从而形成了一块突岩。随后波塔罗河经由若干小瀑布奔流而下，跌入一道32千米长的峡谷

▲69号湖的蓝绿色湖水

中。尽管不少瀑布的落差更大，但令凯厄图尔瀑布与众不同的是它的水流量，平均每秒钟达到663立方米。

## 69号湖

所在地：秘鲁中部，安卡什地区的瓦斯卡兰国家公园。

在瓦斯卡兰国家公园的400多个湖泊中，69号湖很可能是最美的一个。其超凡脱俗的周边环境足以弥补规模上的缺憾。蓝绿色的湖水来自冰川侵蚀并运送来的细泥沙。这个湖泊海拔4600米，四面被雪山所环绕。夏季，从恰克拉拉朱山的山坡上飞流而下的一道瀑布，为湖泊补充新的水源。冬季湖面结冰封冻。这个国家公园中的大多数湖泊没有传统的名称，都是用数字序号命名的。

## 三姐妹瀑布

所在地：秘鲁中部，胡宁大区奥蒂什国家公园。

三姐妹瀑布仅次于委内瑞拉的安赫尔瀑布和南非的图盖拉瀑布，是世界落差第三大的瀑布，也是唯一一条总落差达到905米的瀑布。在一片静谧的热带雨林中，一条不知名的安第斯溪流一跌三叠，形成了三姐妹瀑布。瀑布水飞流而下，在第一叠和第二叠之下形成了大型的天然的集水池。最后一叠瀑布，将瀑布水注入库提维列尼河中。

## 科塔华西河

所在地：秘鲁西南部，阿尔蒂普拉诺高原和奥科尼亚河之间的阿雷基帕大区。

科塔华西河是世界上最佳的激流皮划艇河之一，它那并不起眼的源头位于阿尔迪普拉诺高原之中。这条河流经的科塔华西峡谷，是世界上较深的峡谷之一，最深处有3501米，化作一条条急流、一道道瀑布，飞快地降低自身的海拔高度，随后汇入马兰河中，合成了秘鲁最大的河流奥科尼亚河，并流入太平洋。科塔华西河全长240千米，海拔总共降低3500米。

## 科尔卡河

所在地：秘鲁南部，安第斯高原和太平洋之间的阿雷基帕大区。

在科尔卡河从安第斯山脉西部的高山中流向太平洋海岸的450千米的旅程中，它总共跌落4500米，先后拥有三个不同的名称，科尔卡河、马赫斯河和卡马那河。科尔卡河最出名的一点是，它流经科尔卡峡谷，世界上最深的峡谷之一。在最深的地方，科尔卡河的河道比两岸的高峰至少低3500米。这条峡谷共长120千米，是一个急流漂流的胜地。

▲科罗拉达湖富含藻类的湖水

## 科罗拉达湖

所在地：玻利维亚西南部，安第斯高原。

这一盐度超高的湖泊坐落在玻利维亚干旱的阿尔蒂普拉诺高原上，海拔4278米。这个湖泊也被称为“红湖”，因为湖水中含有的大量藻类，将湖水染成一片红色。而一个个由硼砂矿物构成的岛屿，点缀在一望无际的湖泊中。这一内流湖面积为60平方千米，但其平均深度只有30厘米。湖泊底部是熔灰岩——一种火山岩。大量濒危的詹姆斯火烈鸟在浅水中觅食，此外这里还有数量相对较少的智利火烈鸟和安第斯火烈鸟。

## 巴拉圭河

所在地：南美洲南部，从巴西直至玻利维亚、巴拉圭、阿根廷。

巴拉圭河是南美第五大河，发源于巴西的马托格罗索州高地，在穿越各种地形的土地，流淌2621千米之后，巴拉圭河和巴拉那河在阿根廷的科连特斯市汇合。在其大部分河段中，季节性河水泛滥都很常见。在巴西柯龙巴以北的河段，它在每年2月达到最大水量。但在柯龙巴以南的河段，每年7月才是水量最大的时候。在离开马托格罗索州后，这条河流向南蜿蜒流经广袤的潘塔纳尔湿地，随后将巴拉圭一分为二。在巴拉

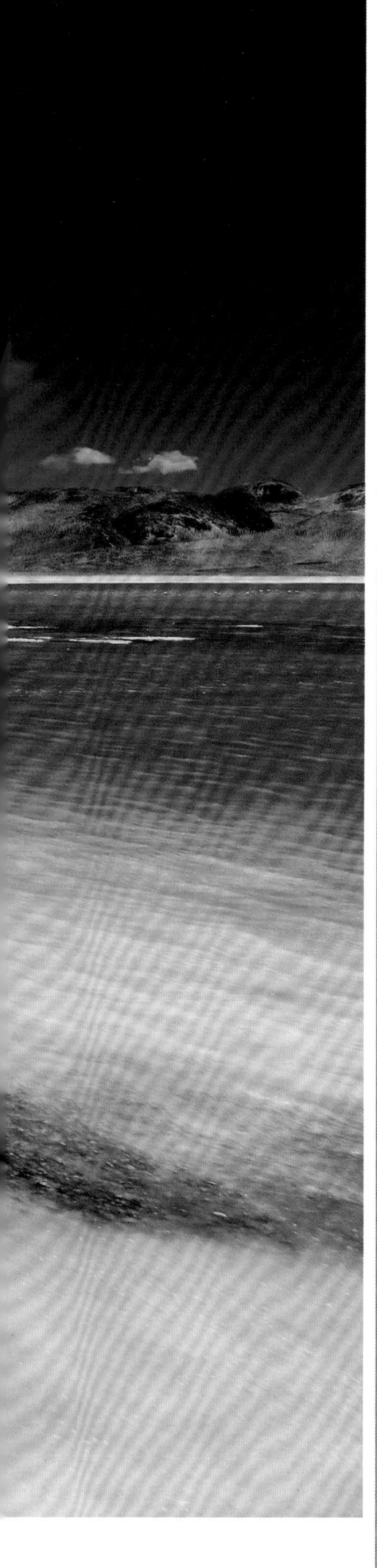

圭河以西是冲积平原式的热带大草原（格兰查科地区），以东是林区。这条河流是南美洲可通航河段第二长的河流，仅次于亚马逊河。巴拉圭河中生活着酷似鲑鱼的剑鱼、水虎鱼和酷似鲈鱼的帕库食人鱼。

## 窗洞

**所在地：** 巴西东部，米纳斯吉拉斯州

这一引人入胜的石灰石洞穴群，位于佩鲁亚苏河的河谷。它有许多有趣的特色，但其中最著名的是岩画，这些岩画有4000多年的悠久历史。佩鲁亚苏河从这个长达4.7千米的洞穴群的部分区域中穿流而过。这一洞穴群中的奇观包括，世界上最高的无其他支撑物的石笋，它总共高达28米。此外还有一个从地面到顶板高达100米的洞室。在有的地方，足够的光线从落水洞中射入溶洞之中，使溶洞中长出了各种植物。

**中美洲和南美洲其他的河流与湖泊**


- **亚马逊河** » 参见第106—109页
- **彩虹河** » 参见第105页
- **卡雷拉将军湖** » 参见第113页
- **伊瓜苏瀑布** » 参见第110—111页
- **拉诺斯草原** » 参见第104页
- **潘塔纳尔湿地** » 参见第112页
- **的的喀喀湖** » 参见第105页


# 欧洲

## 黛提瀑布

**所在地：** 冰岛东北部，瓦特纳冰川国家公园。

黛提瀑布的水源自瓦特纳冰川的融水。它常常被描述为欧洲最气势磅礴的瀑布，因为这条瀑布落差达44米，宽100米。富含沉积物的菲约德勒姆冰河是这条瀑布的水源。它从瓦尔纳冰川流出，穿越柱状玄武岩，然后经由黛提瀑布的陡峭崖壁奔涌而下。水色从略带灰色的白色到略带褐色的白色不一，根据沉积物的成分而变化。这条瀑布的平均流量为每秒钟175立方米。

## 塞里雅兰瀑布

**所在地：** 冰岛南部区。

这条瀑布裹挟着塞里雅兰河的河水，从一片高60米的古老海蚀崖上奔腾而下，落在一个水潭中，随后流向海岸。不同寻常的是，人们可以走到这条瀑布后面，因为这条瀑布是从一块突岩上流下来的。抗侵蚀性较强的凝固熔岩覆盖在抗侵蚀性较弱的冰碛岩（一种冰川沉积物）上，形成了突岩。塞利雅兰河的水源是埃亚菲亚德拉冰盖，它位于一座同名的活火山（上一次喷发在2010年）上。

▼斯科加瀑布的水从玄武岩峭壁上飞流而下

## 斯科加瀑布

**所在地：** 冰岛南部区。

斯科加瀑布是冰岛著名的瀑布之一。斯科加河咆哮而下，直坠60米，溅起茫茫水雾。在晴朗的日子，还能形成彩虹。在这一带，多条瀑布从若干玄武岩崖壁跌落，这些崖壁标志着曾有3000年历史的海岸线所在地。而斯科加瀑布是多条瀑布中气势最磅礴的一条。那条古老的海岸线的遗迹，现在位于距离海洋5千米的内陆，它的历史可以追溯到上一个冰河时代。当时整个冰岛被冰雪所覆盖。随着坚冰融化，大陆向上回升，而海岸线随之下降。

## 耶加拉瀑布

**所在地：**爱沙尼亚约埃莱赫特梅。

这条爱沙尼亚最大的瀑布，位于离耶加拉河汇入芬兰湾所在地不远的地方。它有8米高、50多米宽。在下游地区，耶加拉河穿过一条长300米的小峡谷，侵蚀着坚硬的石灰石岩床，记录着瀑布上游地带河水的缓缓流动。冬季这条瀑布结冰，从而在瀑布和背后的岩石之间形成了一条通道。

## 尼斯湖

**所在地：**英国北部的苏格兰大峡谷。

尼斯湖是一个深而狭的淡水湖，沿着大峡谷的底部一路延伸37千米，这条笔直的峡谷是大峡谷断层带创造的，后来又在冰川蚀刻下最终形成。尼斯湖最深处深230米。大峡谷断层带是古老的平移断层，其北面的地壳相对于南面的地壳向东北方向移动。现在绝大部分区域处于不活跃状态。

▲ 耶加拉瀑布的冰水

## 德格湖

**所在地：**爱尔兰共和国，克莱尔郡、戈尔韦郡和蒂珀雷里郡。

这一狭长的湖泊是爱尔兰共和国第二大河。香农河流入这一湖泊，随后从这一湖泊中流出。德格湖长39千米，面积为130平方千米。虽然它的平均深度只有8米，但最深处深达36米，这是上一个冰河时代中香农谷被各条冰川不断刨深的结果。

## 塞汶河

**所在地：**英国，从坎布里安山脉到布里斯托尔海峡。

塞汶河是英国最长的河流，长354千米。它也是英国水流量最大的河流，流速为平均每秒60立方米，但有时会比这一速度快上多倍。它发源于威尔士的普林利蒙山地，并经由一个潮汐河口汇入布里斯托尔海峡之中。这一海峡的潮汐涨落范围很大。在最高潮时，涌起的海水会呈漏斗状逆流而上，灌入塞汶河的下游。这一现象称为“塞汶潮”。

## 泰晤士河

**所在地：**英国，从科茨沃尔德希尔斯直至北海。

泰晤士河是英国第二长河，全长346千米。它发源于科茨沃尔德希尔斯，大致向东流淌，流经伦敦，最后经由一个宽阔的河口汇入北海。大量河水被人工抽取，以供工业和民用之需，因此它的水流量比塞汶河小得多。然而，泰晤士河却给人们带来了一大威胁。肆虐的暴雨和汹涌的浪潮曾多次让伦敦遭受洪灾。泰晤士河最下游的89千米长的一段河道会遭受潮汐的侵袭，直到特丁顿水闸为止。

## 莱茵河

**所在地：**欧洲中部，从阿尔卑斯山脉直至北海。

莱茵河是西欧和中欧地区的第二大河，仅次于多瑙河。它发源自瑞士境内的阿尔卑斯山脉，有两条源流（前莱茵河和后莱茵河），全长1230千米。它沿

途经过康斯坦茨湖（参见第373页）、莱茵河上游地堑（沉降于两个断层带之间的一块地壳）、莱茵河峡谷，穿过德国北部平原，最后抵达鹿特丹附近的河口三角洲。莱茵河是全球最重要的工业运输大动脉之一。

## 塞纳河

**所在地：** 法国北部，从勃艮第直至英吉利海峡。

塞纳河是法国的第二长河，它发源自勃艮第的石灰岩丘陵中，从发源地开始向西北方向流淌，全长777千米。在流经法国的农业心脏法兰西岛地区后，塞纳河穿越巴黎市，在勒哈弗尔和翁弗勒尔之间倾入英吉利海峡之中。塞纳河负载着法国的大多数内河交通。塞纳河与莱茵河（见上图）、卢瓦尔河、罗纳河（参见第372页）之间，都有运河相互连通。塞纳河河口会出现潮涌，称为“怒潮”，当最高潮到来时，汹涌的潮水激荡堆积、涌向上游。

▲ 莱茵河在瑞士大峡谷中蜿蜒流淌

## 卢瓦尔河

**所在地：** 法国，从中央高原直至比斯开湾。

卢瓦尔河是法国最长的河，发源于中央高原的一个名为“杰比耶－德容克山”的熔岩穹丘附近的三个泉眼。卢瓦尔河向北流至奥尔良地区，随后向西转弯，最后经由一个潮汐河口流入比斯开湾中。它全长1012千米，流域面积占法国国土面积的20%以上。

▲韦科尔洞穴群中的石灰石钟乳石

## 拉斯科洞穴

**所在地：**法国西南部多尔多涅。

韦泽尔河从一片石灰岩喀斯特地貌区穿流而过。韦泽尔河河谷中的数十个洞穴的岩壁上，画着或刻着不少古代壁画。在联合国教科文组织世界自然遗产地拉斯科洞穴中，也有不少这样的壁画，其中一幅描摹正在打斗的欧洲野牛（一种现已灭绝的野牛）的壁画，被认为已有17 000年的历史。拉斯科洞穴的主洞室宽20米、高5米。

## 罗纳河

**所在地：**瑞士和法国东南部，从阿尔卑斯山脉直至地中海。

瑞士境内阿尔卑斯山脉中的罗纳冰川（参见第359页）的融水是罗纳河的水源。罗纳河流淌813千米，最后在马赛市以西汇入地中海中。罗纳河沿着大型冰川谷流入日内瓦湖中，随后朝西南方向流到里昂，并在里昂和其最大的支流索恩河汇合。随后，罗纳河转向南流淌，在阿尔卑斯山脉和法国中央高原之间穿行，最后在阿尔勒附近的河口三角洲中分成若干支流。

## 韦科尔洞穴群

**所在地：**法国东南部，阿尔卑斯山脉西南部，普罗旺斯-阿尔卑斯地区。

这一大型石灰岩地块由一系列高原构成，这些高原被两侧崖壁陡峭的山谷（包括伯恩峡谷和菲龙峡谷）割裂。在地表之下有许多洞穴群，冬雪融化或天降大雨之后，这些洞穴就会被迅速淹没，变得非常危险。这一洞穴群的亮点包括布尔尼龙洞窟，这个洞窟的入口处高达80米、宽30米，据说是欧洲最大的洞窟；十三大厅——高弗·伯杰洞的主通道，其中布满硕大的石笋和精美的钟乳石。高弗·伯杰洞是地球上第一个被勘探到1000多米的洞穴。

## 卡斯特雷岩洞

**所在地：**西班牙，阿拉贡地区的比利牛斯山脉。

这一石灰岩洞穴群坐落在海拔高于2600米的地方，其中有一个巨大的洞室，称为“大厅”。这一地下大厅长70米、宽60米，它有一层由透明的冰构成的冰冻地面层，面积达到2000平方米。而其中更深的一些冰层被认为具有悠久的历史。洞中还有一些壮观的石柱以及高达20米的冰壁。这个洞穴是在1926年发现的。

## 科瓦东加的湖泊

**所在地：**西班牙，阿斯图里亚斯欧洲峰。

在坎塔布连山脉中，巍峨高耸的欧洲峰中一些易渗水的石灰岩地带，以其魅力无穷的喀斯特地貌峡谷、溶洞、落水洞而闻名于世。这片地带中缺乏长期存在的地表水体，只有恩诺湖和埃西纳湖例外。这两个湖泊位于海拔1100多米之处，它们之所以能够蓄水，是因为在上一个冰河时代之后，那里一直有不渗水的冰川沉积物存在。

## 塔古斯河

**所在地：**西班牙和葡萄牙境内，从阿尔巴钦山脉到里斯本。

塔古斯河是伊比利亚半岛上最长的河流，全长1007千米，其流域盆地为该地区面积第二大的流域盆地，仅次于埃布罗河流域盆地。这条河流发源于西班牙东部的阿尔巴钦山脉中，在流经若干石灰岩沟谷和峡谷后，抵达卡斯提尔一望无际的半干旱平原。在那一带，人们在这条河上修建了好几处水坝，以作供水和水力发电之用。随后它抵达葡萄牙的低洼地区，在里斯本附近汇入大西洋。

## 多纳纳地区

**所在地：**西班牙安达卢西亚。

这片地势和海平面平齐或接近海平面的广袤地区，被开辟成一个国家公园。因为在这片地区中，沼泽地、芦苇床、浅浅的溪流、水潭和沙丘纵横交错、星罗棋布，并且在这些生境中生活着种类繁多的动物，特别是在此繁殖后代的鸟类和迁徙经过此地的鸟类，种类特别丰富。在过去，多纳纳地区中既有淡水，也有咸水，但现在这一区域正在缓缓干涸。人们从蓄水层中抽水耕地，是造成这种情况的主要原因。一片辽阔的沙丘就像屏障一样保护着这片区域，使其免遭海水淹没。

## 康斯坦茨湖

**所在地：**奥地利西部，瑞士东部和德国南部。

这一淡水水体位于一片冰舌凹地中。莱茵冰川凿刻出了一个狭长的坑洞，在冰川后退时，这个坑洞留了下来。后来，坑洞中灌满了水，成为康斯坦茨湖。现在这个湖泊宽63千米，最深处深达252米。莱茵河（参见第370页）和其他几条河流不断将泥沙沉积在这个湖泊

▼康斯坦茨湖浅浅的湖水

中，使其湖岸线不断延伸，同时也使湖泊不断变浅。

## 波河

**所在地：**意大利北部，从阿尔卑斯山脉到亚得里亚海。

意大利最长的河流——波河，全长652千米，它从意大利最大的流域盆地，包括其最肥沃的平原中吸收水分。它发源于科蒂安阿尔卑斯山脉，随后一路陡降。但从都灵开始，它开始流经一片广袤平坦的平原，水流下跌的过程较为平缓。波河经由一系列水渠连通米兰。随后它基本上往东流淌，一直流向河口三角洲。这一三角洲是欧洲所有河流三角洲中最复杂的，至少有14个河口通向亚得里亚海。

## 普利特维采湖群

**所在地：**克罗地亚，韦莱比特山脉。

在韦莱比特群山之中，在草木葱茏的石灰岩体之间，这16个高低错落的湖泊，以及连接这些湖泊的一条条瀑布，顺着科拉纳河奔流而下。在长8千米的行程中，这条河流的地势降低了133米。由于河水中含有大量碳酸钙，部分碳酸钙沉积，形成了不少石灰华屏障，它们构成了这些湖泊的堤岸。当湖水超过堤岸时，就会流淌出来并形成瀑布，其中最高的一处瀑布落差高达78米。科拉纳河流经一道山峡，在其河谷中还形成了其他一些喀斯特地貌，比如溶洞和地下河。

## 比格尔瀑布

**所在地：**罗马尼亚西南部的阿尼纳山脉。

这一罗马尼亚最出名的瀑布，位于卡拉什－塞维林县。它并不是特别壮观高大，也不是特别气势磅礴，但它那动人心魄的美，足以弥补气势上的不足。一条溪流从8米高的一块穹顶岩石上跌落至下方的米尼斯河谷中，形成了比格

▼普利特维采湖群国家公园中的瀑布和石灰岩山丘

尔瀑布。随着瀑布的水从长满青苔的岩体上坠落，它散成了无数道涓涓细流，形成了一道精美的水帘，跌落到下方的水潭中。

## 乐观主义洞穴

**所在地：**乌克兰捷尔诺波尔州。

这一洞穴是世界上最长的石膏岩溶洞，也是欧亚大陆最长的洞穴，其洞穴通道长达230千米。尽管如此，其石膏岩层只有20米厚。石膏岩是一种较软的硫酸盐矿物，它比石灰石更易溶解。只要接触到略呈酸性的雨水，它就会溶解，并形成类似石灰岩溶洞的地下景观。这一洞穴拥有上下多层的特别密集的网状结构，因此它也被称为“迷宫洞穴”。这一洞穴只有一个洞口可以出入，是在1966年，当地的洞穴探索者从一个落水洞的底部开挖出来的。

## 黑海

**所在地：**保加利亚、罗马尼亚、乌克兰、俄罗斯、格鲁吉亚和土耳其。

这一含盐的水体常被描述为一个被大陆困住的洋盆。它几乎被陆地全部包围，但其下方是地壳构造板块碰撞后被困在那儿的洋壳。在其西南方，黑海通过博斯普鲁斯海峡、马尔马拉海、达达尼尔海峡与地中海相通，向北与亚速海相连。不包括后者在内的话，黑海面积为436 000平方千米，最大深度达2200米。多条河流汇入黑海，包括多瑙河与第聂伯河。

欧洲的其他河流和湖泊


- **别布扎沼泽** » 参见第158页
- **卡马尔格湿地** » 参见第154页
- **多瑙河** » 参见第156—157页
- **日内瓦湖** » 参见第155页
- **霍尔托巴吉湿地** » 参见第158页
- **英国湖区** » 参见第153页
- **拉多加湖** » 参见第160页
- **利特拉尼斯瀑布** » 参见第152页
- **斯洛伐克喀斯特洞穴** » 参见第159页
- **韦尔东大峡谷** » 参见第155页
- **伏尔加河** » 参见第161页


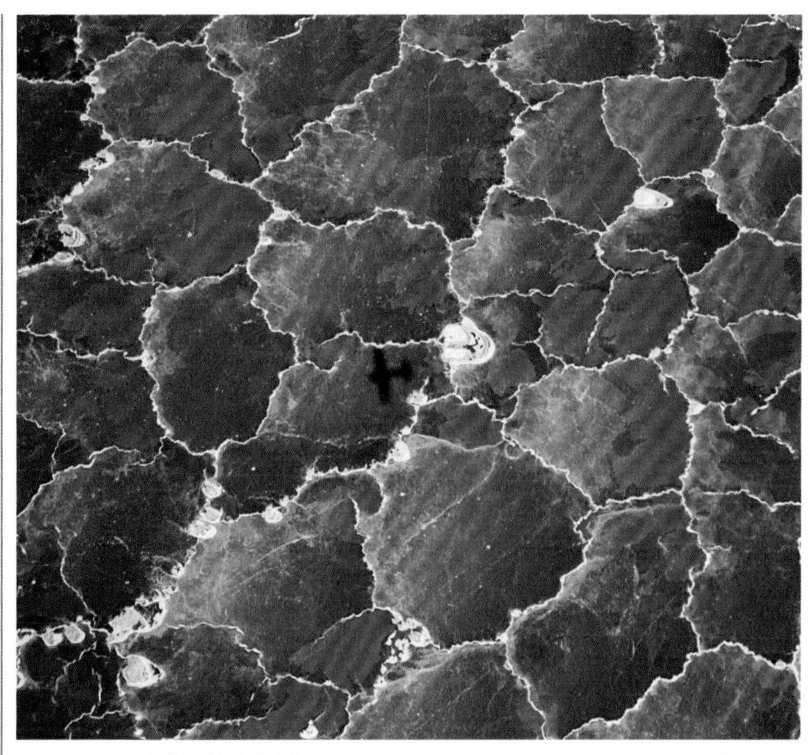

▲ 聚集在纳特龙湖中的大量蓝藻细菌

# 非洲

## 乍得湖

**所在地：**尼日利亚、尼日尔、乍得和喀麦隆的乍得盆地。

这一淡水湖坐落在乍得流域盆地，世界上第二大内流（闭合的）流域盆地。从1963年到1998年，它的面积从26 000平方千米缩减到了1350平方千米，尽管后来又略有增长。这个湖泊的大部分边缘地带都是沼泽地，它的平均水深只有1.5米，但其深度每年都不一样。恩加达河和科马杜古·尤贝河等河流流入乍得湖，且没有河流从乍得湖中流出。这个湖泊是当地居民的重要水源，也是鱼类资源的重要来源地。

## 纳库鲁湖

**所在地：**肯尼亚西部，东非大裂谷的东支。

在断层下盘的东非大裂谷的底部，有若干超碱性的碱湖，纳库鲁湖就是其中之一。让这一水体闻名遐迩的是，这个湖泊养育了无数火烈鸟，它们爱吃湖中的藻类。纳库鲁湖的表面积在5～45平方千米之间变化，但其最大深度只有3米。在约1万年前，纳库鲁湖和它邻近的湖泊埃尔门特塔湖和纳瓦沙湖共同组成了一个深邃的淡水湖，但随着气候变得干燥，湖泊面积大量缩减，分成了三个独立的湖泊。

## 纳特龙湖

**所在地：**坦桑尼亚北部的阿鲁沙地区。

纳特龙湖的水源是若干富含矿物质的温泉和埃瓦索恩吉罗河。这一湖泊的不寻常之处在于，湖水中含有天然碳酸钠和天然碱这两种蒸发盐矿物；湖水色彩极其亮丽；大群火烈鸟在此觅食和繁殖。这一浅浅的碱湖位于格里高利裂谷（东非大裂谷的东支）之中，水温高达60℃，不适合大多数生命体生存，但大量蓝藻细菌却能生存下来，它们将湖水染成了深红色和橘黄色。

## 赞比西河

**所在地：**从赞比亚西北部到莫桑比克海岸。

赞比西河是非洲第四长河，位列尼罗河、刚果河和尼日尔河之后。它全长2574千米，从其发源地到最后汇入大海，先后流经6个国家。它发源于一片多沼泽的短盖豆树林中，靠近赞比西和与刚果盆地的分水岭；最后在莫桑比克海岸的一个大三角洲汇入印度洋。在经由维多利亚瀑布跌落之后，人们在这条河流上修建了水坝，从而形成了卡里巴湖和卡布拉巴萨湖，这两个湖泊分别位于赞比亚和莫桑比克境内。

## 布莱德河峡谷

**所在地：**南非姆普马兰加省的德拉肯斯山脉。

布莱德河峡谷也称为“莫特拉茨峡谷”。当布莱德河蜿蜒流经德拉肯斯山脉时，它凿刻出了这一世间最大的峡谷。布赖德河峡谷长约25千米，平均深度750米。峡谷中拥有一些非同寻常的奇岩怪石，包括三块顶部覆盖着极抗侵蚀的黑礁石英岩的平顶孤丘。这一景点称为“三茅屋岩”（Three Rondavels，Rondavel指的是传统的圆形茅屋，而这些岩石的形态酷似圆形茅屋，因此得名）。这一峡谷还有一处石英岩柱群，被人们称为“岩石塔”。在峡谷的底部，卡蒂什瀑布——第二高瀑布——从石灰华上流过。

## 甘果洞

**所在地：**南非西开普，斯瓦特贝赫山脉。

这一位于斯瓦特贝赫山脉的一处山脊中的石灰岩洞穴群，很可能是非洲最有名的洞穴群。尽管这个洞穴群相对规模较小，已知的通道和洞穴只有约4千

◀布莱德河峡谷的“伯克幸运壶”

▲巴尔喀什湖的淡水和咸水

米长，却以其历史悠久（可追溯到旧石器年代）的洞穴壁画和琳琅满目的一屏屏钟乳石、巨大的石笋和其他滴水石而闻名遐迩。洞中的一些滴水石酷似各种形态和结构，惟妙惟肖，被赋予了各种生动形象的名称，包括“圣母子”“克娄巴特拉之针”“干烟叶”“比萨斜塔”等。

非洲的其他河流与湖泊


- **刚果河** » 参见第192页
- **马拉维湖** » 参见第193页
- **雷特巴湖** » 参见第192页
- **维多利亚湖** » 参见第196页
- **尼罗河** » 参见第190—191页
- **奥卡万戈三角洲** » 参见第197页
- **维多利亚瀑布** » 参见第194—195页


# 亚洲

## 阿穆尔河

**所在地：**东亚，从中国东北直至鄂霍茨克海。

阿穆尔河（在中国的一段称为黑龙江）是亚洲最长的河流之一，它始于石勒喀河和额尔古纳河的汇流之处，随后在流淌2824千米后，汇入鞑靼海峡。如果将上游河段包括在内，那么这条河流共有4444千米长。它那引人注目的流域盆地中分布着沙漠、干草原、针叶林和苔原等各种地形地貌，总面积达180万平方千米。夏秋时节，由于受到季风雨的影响，这条河流的水位常常大幅上升，比当季正常水位高出14米左右，并会在俄罗斯哈巴罗夫斯克下游的沼泽地带溢出河堤。阿穆尔河的很长一部分河段构成了中俄两国的边界线。

## 巴尔喀什湖

**所在地：**哈萨克斯坦东部。

在这一宽广的浅湖中，西部的淡水和东部的咸水由萨雷伊希科特劳半岛隔开，这一半岛几乎将巴尔喀什湖分成两半。这个湖泊的东部变窄变深，东西两半的湖水几乎不会混在一起。巴尔喀什湖的绝大多数湖水来自伊犁河。伊犁河是流经巴拉喀什－阿拉套洼地（一个闭合盆地或内流盆地，绝大部分区域都很干旱）的几条河流之一，它最后汇入这个湖泊中。巴拉喀什湖的表面积为16 400平方千米。

## 咸海

**所在地：**乌兹别克斯坦北部和哈萨克斯坦南部。

在20世纪60年代，这个内陆湖泊是全球第四大湖泊，面积达到66 000平方千米。但自从汇入这个湖泊的几条河流被人为改道用作灌溉之后，湖泊面积飞速缩减。到2007年，咸海的湖水是如此之浅，以至于它分裂成4个较小的湖泊，而其表面积缩减到过去的五分之一。曾经是湖泊的地带现在沦为了沙漠。然而，政府部门采取的补充北部区域（北咸海）湖水的措施，已经收到了显著成效，湖泊的表面积和深度均有所增加，鱼类的数量也有所增长。

## 库鲁伯亚拉洞穴

**所在地：**格鲁吉亚，西高加索山脉的阿拉贝卡山。

在阿拉贝卡山由褶皱石灰岩构成的厚厚的岩床中，有好几个规模庞大的洞穴群，库鲁伯亚拉洞穴就是其中之一。它是世界上已知的深洞穴之一。从位于一个冰川谷中的洞口开始，它经由一系列垂直的坑道和陡峭、蜿蜒的通道，下降到洞口之下2197米的深处。其纵深处的大部分区域相对干燥，没有大范围水淹的痕迹。但探险者于2012年所勘探到的洞穴最深处，是浸没在水下的。

## 杰塔石窟

**所在地：**黎巴嫩，纳赫尔埃勒卡尔布。

杰塔洞窟是中东地区最长的洞穴群，延伸9千米。它由两个彼此独立，但相互连通的区域组成，其中一个区域在另一个区域之下60米处。上层区域中包括白洞室和红洞室，其中白洞室中拥有世界上最长的钟乳石，长达8米；而红洞室中的石灰岩壁被氧化铁染成了红色。一条地下河从石窟的下层区域中流过，此外还形成了一个地下湖泊。“混沌大厅”洞室长500米。

## 桑珀尔盐湖

**所在地：**印度西北部，拉贾斯坦邦。

桑珀尔盐湖是印度最大的咸水湖，湖泊表面积为190～230平方千米，深度随季节变化，雨季过后可达3米深，旱季结束时则为0.6米深。它位于一个内流盆地中，主要水源是门德哈河和鲁潘加尔河。当湖水的含盐量达到一定饱和度时，湖水就会通过一道堤坝排放到蒸发池中，以供商业制盐。许多火烈鸟会在湖畔过冬。

## 洛纳尔湖

**所在地：**印度西部，马哈拉施特拉邦。

洛纳尔湖是印度最大的陨石坑湖，几近环形，平均直径为1.2千米，深度为6米左右。湖水是咸的，来自一条流入湖中的溪流。一个陨石坑的边沿地带环绕在这个湖泊的周围，这个陨石坑是流星撞击德干暗色岩高原形成的。关于这次流星撞击地球的时间，各家说法不一，大致集中在在距今57万年前至5.2万年前之间。

## 博拉洞穴

**所在地：**印度东部，安得拉邦的东高止山脉。

这里有印度最深的一些洞穴，洞穴中遍布着钟乳石、石笋、石柱，还有不少形态酷似蘑菇、人脑、母与子的奇岩怪石。主洞室有200米长、12米高。含硫化物的泉水流入洞穴群中，这是戈斯萨尼河的源流。

◀杰塔石窟的下层区域

## 都沙格瀑布

**所在地：**印度西南部，卡纳塔卡邦-果阿邦的西高止山脉。

都沙格瀑布是印度最高的瀑布之一。这条四级联的瀑布，是曼杜比河从西高止山脉的德干暗色岩（参见第353页）直坠310米而形成的。这一瀑布群在旱季极为普通，但一到6～9月间的雨季，它们就彻底改头换面。在当地的孔卡尼语中，“Dudhsagar”（都沙格）意为“牛奶之海”。当这条瀑布从近乎垂直的岩壁上飞流而下时，瀑布的水呈现出奶白色，因此得名。

## 霍根纳卡尔瀑布

**所在地：**印度南部，卡纳塔卡邦-泰米尔纳德邦边界。

“Hogenakkal”意为“冒烟的岩石”，指的是瀑布上方的空气中经久不散的水雾。这条瀑布源于高韦里河，也许20米的落差听上去不大，但这条瀑布的宽度不容小觑。随着这条河流靠近“印度的尼亚加拉”，它分散成了无数股水流，同时冲入一道狭窄的峡谷中。这条瀑布在每年的雨季（6～8月）最为壮观。

## 雅鲁藏布江大峡谷

**所在地：**中国（西藏）和印度，东喜马拉雅山脉。

雅鲁藏布江大峡谷被认为是世界上最深的峡谷（这一说法存在争议）。在一些区域，雅鲁藏布江和其两岸高山的高差超过5000米。这条河流的大部分河道都位于青藏高原的开阔山谷，但在西藏东南部地区，它流入喜马拉雅山脉东部的一条深切河谷中。随着雅鲁藏布江环流经过南迦巴瓦峰，它从东北流向改成了西南流向。在流淌505千米之后，它流入宽阔的布拉马普特拉河谷。

▼霍根纳卡尔瀑布的无数条水流

▲古鲁东马尔湖的圣水

## 伊洛瓦底江

所在地：缅甸，从喜马拉雅山脉东部直至安达曼海。

这条大河发源于恩梅开江和迈立开江的汇合处，这两条河流都发源于喜马拉雅的冰川。伊洛瓦底江将缅甸一分为二，这条全长2170千米的河流，一路流经雨林、干性森林、栽培水稻的广袤农田，流入三角洲区域，那里生长着淡水沼泽森林和红树林，然后才汇入安达曼海中。河流带来的大量泥沙，使三角洲每年都会向外延伸50米左右。在雨季的高峰期，这条河流的排水量超过每秒钟4万立方米。

## 古鲁东马尔湖

所在地：印度东北部，锡金邦北部的喜马拉雅山脉。

这个湖泊位于干城章嘉峰峰顶附近，是地球上海拔高的湖泊之一，海拔5430米。这个湖泊的四周环绕着雪山，湖水来自于冰川融水，并排入一条小溪流中，这条小溪流稍后将成为提斯塔河。在冬季的数月中，这个湖泊会结冰封冻。佛教徒和锡克教教徒都把这个湖泊当成圣湖。

## 洛格德格湖

所在地：印度东北部，曼尼普尔区的曼尼普尔山谷。

这个印度东北部最大的淡水湖最出名的是湖中有机物形成的漂浮岛。这些漂浮岛上的植物都处于不同程度的腐烂、分解状态，其中一些岛屿上有人居住。这个湖泊的表面积为287平方千米，其中最大的一个漂浮岛的面积为40平方千米。曼尼普尔河注入这个湖泊，又从这个湖泊中流出。湖泊的排水量受到了一个8米长的岩石屏障的限制，这个屏障称为“苏格努隆起”，它减少了河流的水流量。

## 秋芳洞

所在地：日本，本州西南部。

秋芳洞是日本最长的洞穴，是成千上万年来流水作用于厚厚的秋芳礁灰岩而形成的。这个洞穴深9千米，洞穴顶部高出底部80米，且有一条河流从洞中流过。洞中还有500个阶梯状水潭，美不胜收。这一地区是日本最重要的喀斯特地貌区，分布着400多个溶洞，秋芳洞只是其中之一。

## 红海滩

所在地：中国东北，辽宁。

这片盐碱地位于盘锦附近的辽河三角洲，绝大部分区域都被一种名为“碱蓬草”的多汁耐盐植物染上了绚丽的色彩。这种植物能在含盐的碱性土壤中茁壮生长。在夏季的几个月中，这种植物呈现出并不起眼的绿色，但从8月到10月，它会渐渐变成深红色，染红一大片海滩。碱蓬草平原为濒危的丹顶鹤和黑嘴鸥提供重要的筑巢地。

## 青海湖

所在地：中国西部，青海祁连山脉。

这片一望无际的盐湖是中国最大的咸水湖，它也是中亚地区最辽阔无垠的没有注出河流的山地湖。它位于祁连山

脉的大片低洼地带之中，面积为4317平方千米，海拔为3205米。但曾经流入青海湖中的大多数河流，现在在抵达青海湖之前已经干涸，主要原因是河水被引流以灌溉农田。其结果是这个湖泊正在萎缩。

## 九寨沟国家公园

**所在地：**中国中部，四川岷山山脉。

这一风景卓绝的山谷，以其魅力无穷的自然风貌被列为世界自然遗产。这些美景包括，蓝色、绿色、蓝绿色的湖泊，富含矿物质的清澈湖水，壮观的瀑布，镶嵌在巍峨山峰之间的石灰石阶地。此外，九寨沟还拥有溶洞等经典的石灰石地貌，以及多种多样的古老森林生境，它们是大熊猫的栖息地。

## 小寨天坑

**所在地：**中国中部，重庆直辖市。

小寨天坑是全球最大、最深的天坑，坑口的直径超过500米。除了一面崖壁倾斜下降，其余的崖壁垂直下降，深达662米，直至地缝洞。随后这一天坑的石灰岩溶解，并被地下的迷宫河冲走。尽管当地人早就知道小寨天坑的存在，并将它称为"天坑"，但这个天坑直到1994年才被西方探险家发现。

▼九寨沟国家公园的秋景

▲姆鲁国家公园的石灰岩尖峰石林

## 珠江

**所在地：**中国南部，广东省和广西省。

“珠江”通常指的是广东省的三条大河——西江、北江和东江，因为它们共享同一片三角洲。如果从其中最长的一条河流（西江）的源头至中国南海的长度测算，那么珠江是中国第三长河，全长2197千米。其流域盆地覆盖着41万平方千米的土地。在广州附近的珠江河床中发现了珍珠色的贝壳，这条河流因此而得名。

## 公主港地下河国家公园

**所在地：**菲律宾，巴拉望西海岸。

这一世界自然遗产最非凡的特色是其地下河。这条地下河长8千米，直接流入中国南海，而且其下游河段是潮汐河流。此外，形形色色的地下洞厅、瀑布、钟乳石、石笋也是这一洞穴群的显著特色。如果从体积来衡量的话，长360米的意大利洞厅，是全球最大的洞厅之一。

### 亚洲的其他河流和湖泊


- **贝加尔湖** » 参见第238—239页
- **死海** » 参见第236页
- **恒河** » 参见第240页
- **韩松洞** » 参见第244—245页
- **印度河** » 参见第240页
- **勒拿河** » 参见第237页
- **湄公河** » 参见第243页
- **鄂毕河-额尔齐斯河** » 参见第237页
- **中国南方喀斯特地貌** » 参见第246—249页
- **孙德尔本斯三角洲** » 参见第241页
- **长江** » 参见第242页
- **黄河** » 参见第242页

## 姆鲁洞穴群

**所在地：**婆罗洲，沙捞越。

这一洞穴群坐落在姆鲁国家公园的雨林之下，规模宏大。其中的沙捞越洞厅长600米、宽415米、高80米，是世界上最大的洞厅。姆鲁已勘探的洞穴总长295千米，其中包括亚洲最长的洞穴　清水洞。清水洞沉积物的年代表明，这些洞穴已有200多万年的演变史。姆鲁洞穴群周围的地带，拥有许多其他的石灰岩喀斯特环境的典型地貌，包括深深的峡谷、地下河、石灰岩尖峰石林等。姆鲁洞穴群中生活着成百上千万只蝙蝠和穴金丝燕。

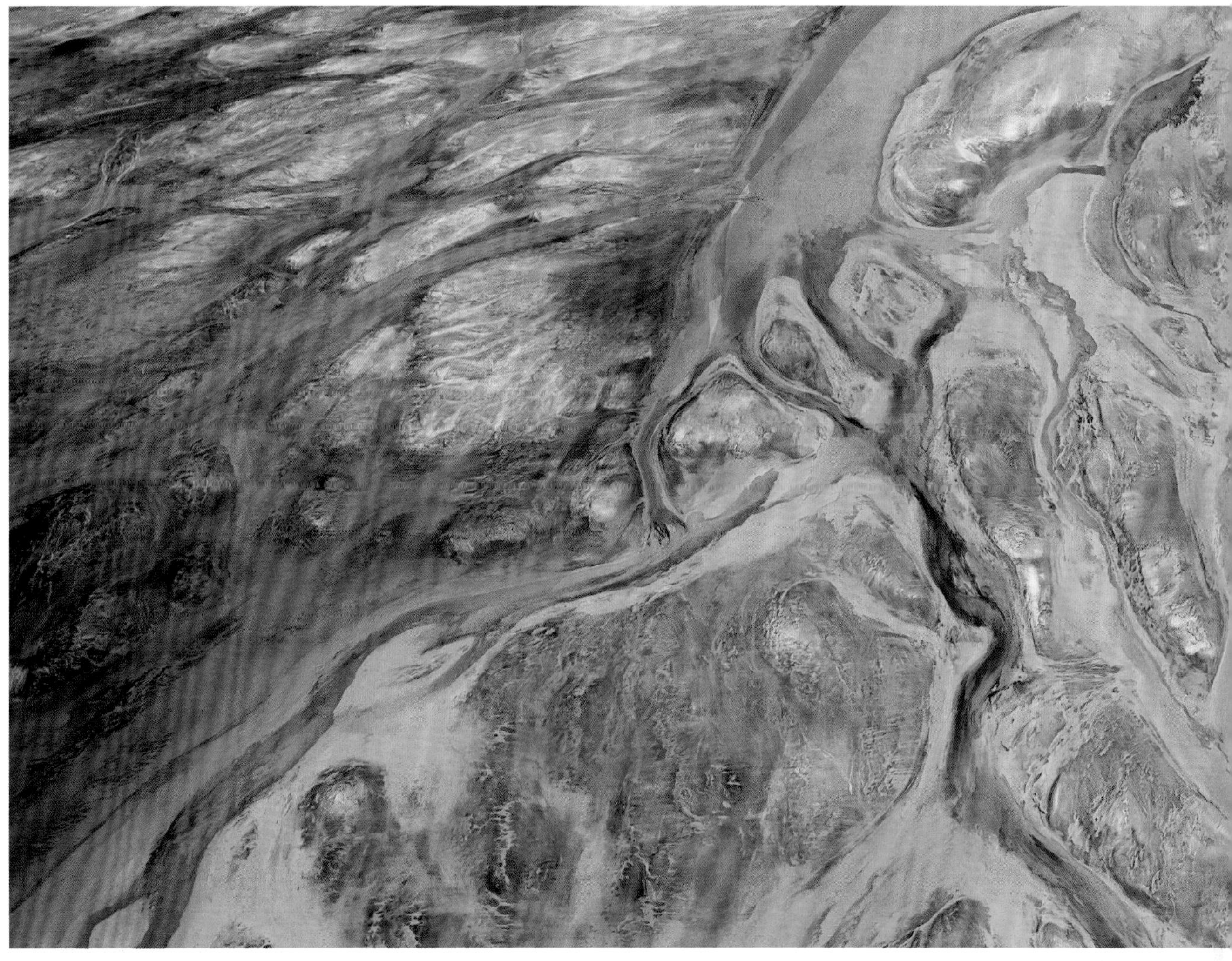

▲艾尔湖，湖水被细菌染成了红色

# 澳大利亚和新西兰

## 库纳尔达洞

**所在地：**澳大利亚南部，纳拉伯平原。

对这一位于广袤的石灰岩地区纳拉伯平原中的洞穴来说，最重大的意义就是洞中的土著艺术。一个高30米的天坑，经由相对较软的石灰岩，通向一条陡峭的坑道。这条坑道和一个高45米的穹顶大洞厅相连。从这一洞厅中延伸出两条通道，一条通道通向三个地下湖。洞穴中的壁画艺术已有2万多年的悠久历史，这些壁画由同心圆、平行线和人字形图案组成。科学家们已经在第一个洞厅中发现了充足的证据，这些证据证明，在距今24 000～14 000年前，远古人类曾在这里开采燧石。他们很可能使用了火炉和木炭生火，进行采矿。

## 艾尔湖

**所在地：**澳大利亚南部，大自流盆地。

当湖水涨满时，这个位于大自流盆地中的内流湖泊，面积至少达9500平方千米。绝大多数湖水来自降落在这一盆地东北角的昆士兰的雨水。这些雨水经由迪亚曼蒂纳河和古柏士川汇入湖中。平均而言，每隔3年这个湖泊就会发生一次小规模的泛滥，但艾尔湖的湖水很少会满溢出来。偶尔，比如在1984年和1989年，当地暴雨如注，致使湖水满溢。这个湖泊现在的官方全名为“凯蒂·坦达–艾尔湖”。这个湖泊也是澳大利亚的最低点，位于海平面以下15米处。

## 怀图纳潟湖

**所在地：**新西兰，南岛南海岸。

怀图纳潟湖是一个淡水湖，位于一道海岸沙堤之后。它是众多在此繁殖的水鸟和迁徙经过此地的水鸟，特别是滨鸟的重要觅食场。这个湖泊面积为36平方千米，多条溪流为其提供了水源。湖泊底部是上一个冰河时代的冰川融水沉积下来的沙砾。在靠近陆地的一侧，它与是盐沼泽和泥湖相邻。而其宽广的海岸沙堤，是沿岸泥沙流形成的。

## 胡卡瀑布群

**所在地：**新西兰北岛，怀卡托河。

这一系列瀑布位于新西兰最长的河流怀卡托河上，这条河流从陶波湖中流出。就在这一瀑布群上游不远处，随着怀卡托河流经一道已被切割成坚硬火山岩的峡谷时，这条河流突然变窄，从100米宽降至20米宽。河道突然变窄，以及河水在这一带流经一连串小瀑布并快速陡降，致使河水在冲下最后的11米落差时，流速变得更快。于是，水流咆哮着、怒吼着奔流而下，形成了无比壮观的瀑布。

**澳大利亚和新西兰的其他河流和湖泊**


- **珍罗兰石窟** » 参见第283页
- **墨累–达令水系** » 参见第282页
- **怀托摩石窟** » 参见第283页

# 海岸、岛屿和礁石

世界上的各大洲和各个岛屿都环绕着海岸线。其中北美洲的海岸线是各大洲中最长的，总共长达31万千米。而加拿大的海岸线是世界各国中最长的，总共长达21万千米。海岸地貌包括，柔软的沙滩、宽广的潮间带、一座座沙丘、垂直的崖壁、岩柱和石拱门、红树林沼泽地、盐沼泽和辽阔的河口地带。在部分区域，海岸线向内陆深深缩进，特别是在海平面上升导致沿海的山谷被淹没的地区。在沉积物堆积产生的影响战胜海水侵蚀作用的地区，海岸线会向前推进。而在海蚀作用胜过沉积物堆积作用的地区，海岸线则会向后退缩。

## 北美洲

### 伊卢利萨特冰峡湾

**所在地：**格陵兰西海岸，伊卢利萨特附近。

这一受潮汐影响的峡湾通向戴维斯海峡，它是伊卢利萨特冰川（又名瑟默克库雅勒克冰川）的出口。这条冰川是全球流速最快的冰川，除了南极洲的冰川。它以每天20～35米的速度进入峡湾。随着这条冰川向后退缩，峡湾的开放水面向内陆延伸，现在这一峡湾约长50千米。在距今25亿～16亿年前，这条冰川刨蚀片麻岩、花岗岩和云母片岩，开辟出了一条道路。这一坚冰蚀刻出来的峡湾最深处达1000米，但在峡湾通向海洋、靠近冰山岸边的区域则浅得多，很多较大的冰山都在那里搁浅了。

▲伊卢利萨特冰峡湾的冰山

### 普吉特海湾

**所在地：**美国西部，华盛顿州。

这一庞大的潮汐盆地和水道体系是美国第二大河口，从北向南延伸160千米之长。其水流通过阿德默勒尔蒂湾与胡安·德富卡海峡、太平洋连通。普吉特海湾中的一些沉降至海平面之下280米的深水盆地，是冰川蚀刻、开凿出来的。这一河口较浅的区域，是底部存在冰川沉积物的区域。

### 邓杰内斯沙嘴

**所在地：**美国西部，华盛顿州北海岸。

邓杰内斯沙嘴深入胡安·德富卡海峡9千米，它是美国最长的天然沙嘴。盛行的西风吹来沿岸泥沙流，使这一沙嘴在过去的120年中以每年超过4.5米的速度延伸。这一地带容易受到各种海洋破坏作用的影响。2010年的一次风暴，将它暂时分裂成3段。

### 芒特迪瑟特岛

**所在地：**美国东部，缅因州。

芒特迪瑟特岛是美国东海岸的第二大岛屿。岛上的不少花岗岩，都是远古时代一次火成岩侵入留下的遗迹。不久前，火山的侵蚀作用再次重塑了那里的地貌，蚀刻出了萨姆斯·桑德峡湾，一道深深的水湾，几乎将这个岛屿一分为二。它是美国东海岸唯一一处类似峡湾的水湾。芒特迪瑟特岛的大部分区域都位于阿卡迪亚国家公园中。

### 长岛

**所在地：**美国东部，纽约州。

长岛是美国东海岸最大的岛屿，从东到西延伸190千米。长岛和大陆之间隔着东河和长岛海湾。长岛也是一个非常多样化的地区，从繁华的纽约布鲁克林区、皇后区，到荒凉的松林沙地区的温带针叶林，无所不包。其地表大多由冰碛石和其他冰川沉积物构成。

### 灯塔礁

**所在地：**加勒比海，伯利兹海岸。

灯塔礁是一大片呈椭圆形的环礁，从南到北长35千米，绝大多数区域不超过6米深。它是伯利兹大堡礁的一部分。在潜水者们的眼中，它是全球最佳的潜水地之一。大蓝洞位于灯塔礁的中心地带附近，它是一个低于海平面100多米的大型落水洞，形成于上一个冰河时代，当时的海平面比现在低得多，因此其周围的石灰岩当时位于干燥的陆地上。这一环礁中拥有种类繁多的珊瑚和鱼类等生物，包括鲨鱼和海龟，它们在此繁殖后代。

**北美洲的其他海岸、岛屿和礁石**


- **阿卡迪亚海岸线** » 参见第65页
- **芬迪湾** » 参见第64页
- **大苏尔** » 参见第63页
- **夏威夷群岛** » 参见第316—319页
- **蒙特利湾** » 参见第62页
- **雷神之井** » 参见第62页

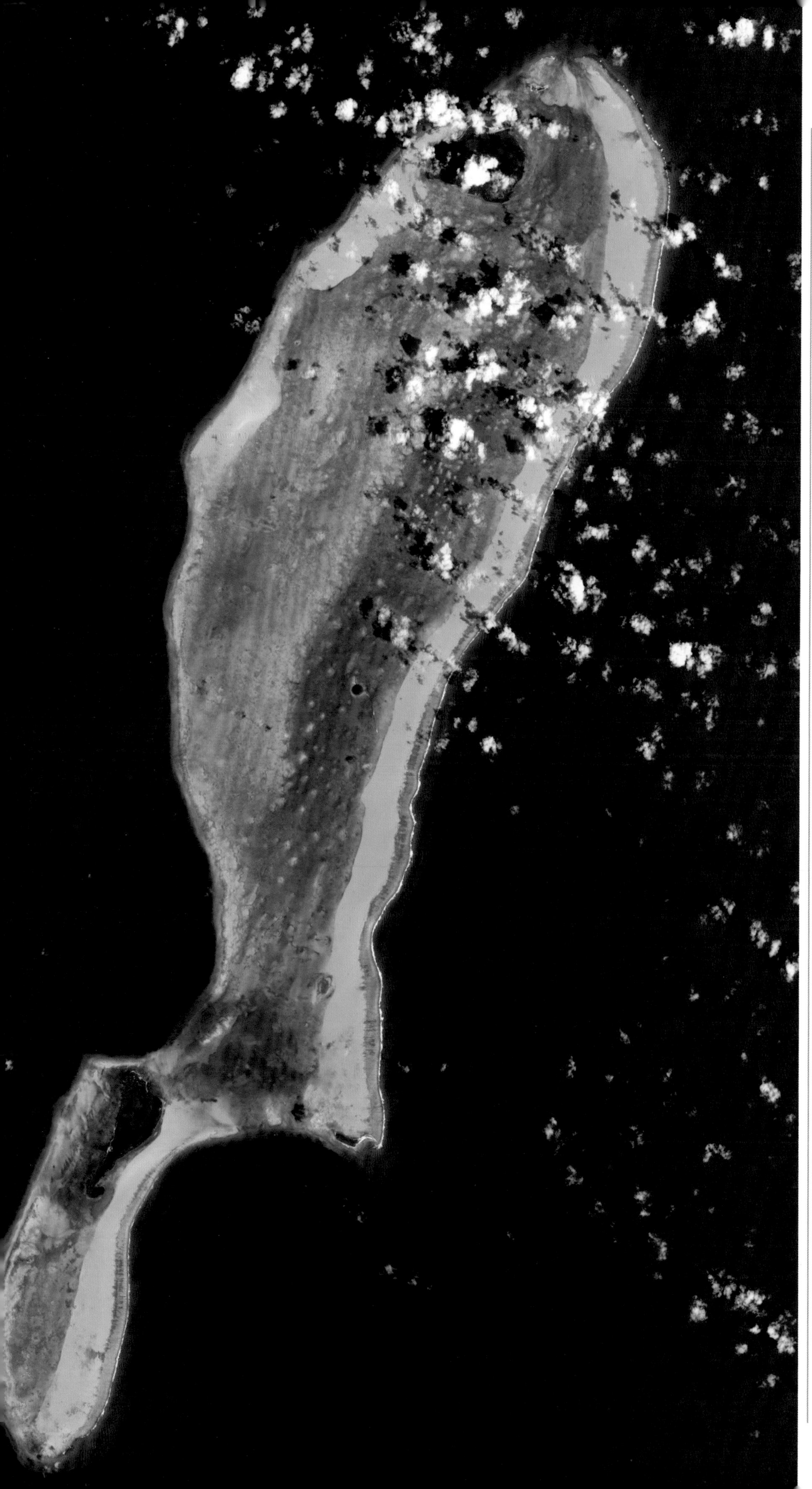

# 中美洲和南美洲

## 双峰山

**所在地：**小安的列斯群岛，圣卢西亚索菲拉湾。

“Les Pitons”是“双峰”之意，它们是两座毗邻、植被茂密的火山熔岩穹丘。它们从太平洋中拔地而起，高高耸立在圣卢西亚地区。陡峭的大峰山（高770米）和小峰山之间，由皮东-米坦山脉相连，山上覆盖着热带和亚热带潮湿森林，后者大多生长在海拔更高的地区。喷硫化物的喷气口、温泉、火山灰、火山浮石和熔岩流的沉积物，足以说明这两座山峰起源于火山爆发。实际上，它们是一座坍塌的成层火山留下的遗迹。该地区于2004年被列为世界自然遗产地。

## 帕拉卡斯半岛

**所在地：**秘鲁太平洋海岸。

帕拉卡斯半岛有时被称为秘鲁加拉帕戈斯群岛，它是秘鲁唯一一处海洋保护区的组成部分。这一干旱的半岛深入太平洋之中，迎向寒冷而养分充足的洪堡海流。这一海流中的鱼类和其他海洋生命体特别丰富，因此吸引来了大量海鸟等生物，包括洪堡企鹅、鲸鱼、海豚和海龟。一幅巨大的史前岩画帕拉卡斯大烛台，被镌刻在半岛北部。在附近发现的陶器，可以追溯到公元前200年。这些陶器很可能和这幅岩画属于同一个时代。

## 巴伊亚海岸线

**所在地：**巴西东部，巴伊亚州海岸。

巴伊亚海岸线延伸1000千米，是巴西最长的一段海岸线，以海滩、河口、小三角洲、大海湾、珊瑚礁等地貌为主。巴西亚海岸的绝大部分区域的后方，是

◀灯塔礁的椭圆形环礁

▲罗弗敦群岛耸立在那普斯陶曼海峡的绿蓝色海水中

一望无际的大西洋森林。此外，在品塔乌纳斯、普拉亚多海滩、意塔西米里米等处分布着一些裙礁。在特兰科索田园诗般的沙滩以南，就是蒙特帕斯科国家公园，一片古老的大西洋沿岸森林，其中生活着濒危的红眉亚马逊鹦鹉，还有美洲豹、美洲狮、大犰狳等数量稀少的哺乳动物。

**中美洲和南美洲的其他海岸、岛屿和礁石**

- **合恩角** » 参见第117页
- **智利峡湾区** » 参见第116页
- **加拉帕戈斯群岛** » 参见第320—321页
- **大蓝洞** » 参见第114—115页
- **拉克伊斯·马拉赫塞斯国家公园** » 参见第116页

# 欧洲

## 罗弗敦群岛

**所在地：**挪威北部，努尔兰郡。

这一群岛由5个大岛和多个小岛组成，延伸160千米，其特色是，若干由古老的变质片麻岩和石英岩构成的陡峭群山，直接耸立在海面上。这一深谷和峡湾遍布的地貌，是冰川蚀刻出来的。2002年发现的罗斯特礁是世界上最大的深海珊瑚礁。这一珊瑚礁由洛菲利亚珊瑚构成，共有35千米长。而莫斯肯岛附近的潮汐海流，是世界上强大的潮汐海流之一。

## 日德兰半岛北部沙丘

**所在地：**丹麦北部，腓特烈港和斯卡恩港之间。

多个世纪以来，风吹来的沙子给斯卡恩地区的农民们带来了不少麻烦。持续不断的西南风将沙丘吹移到农田上，甚至还会掩埋建筑物。人们已经通过植树造林使大部分沙丘稳定下来。但还有一座名为“拉比杰格米尔”的沙丘，仍然未受控制。这座庞大的沙丘高达40米，预计有400万立方米的沙子，正在以每年18米的速度向东北方向移动。距今300年前，它从隔开了丹麦和瑞典西南部的斯卡格拉克海峡边动身出发，开始了漫长的迁徙。

## 德文郡里亚式海岸

**所在地：**英国德文郡，普利茅斯和埃克斯茅斯。

德文郡南部的海岸中分布着几片被淹没的谷地，或称为“里亚式海岸”。自上一个冰河时代以来，由于海平面上升了25米，这些谷地的部分区域被淹没在了海水之中。其中最重要的里亚式海岸是塔玛尔的若干河谷，林赫、金斯布里奇、达特、提延、埃克斯。金斯布里奇河谷中浸没在海水中的一段是一片宽广的河口，尽管其中有8千米的区域易受潮汐影响，但这一地带只有若干小溪流涌入。沿岸泥沙流在提延和埃克斯河口前沿的部分区域堆起了沙洲，在这些沙洲后会出现沉积。

## 埃特勒塔悬崖

**所在地：**法国北部，诺曼底海滨。

在诺曼底的英吉利海峡的海滨地带，有一片长130千米的白垩悬崖，埃特勒塔悬崖是其中一部分。这片悬崖的一层层水平的白色和浅灰色白垩，已有8600万～9600万年的历史。它们构成了高达102米的悬崖峭壁。在海蚀作用的影响下，这一带已经形成了三个天然拱门和一个叫作“石针”的尖塔式形成物，它耸立在海面上，高达70米。

## 费拉角

**所在地：**法国西南部，吉伦特省。

这一由鹅卵石和沙子构成的堰洲嘴，几乎将比斯开湾和阿尔卡雄潟湖分开，而莱尔河流入后者。这一堰洲嘴是从北方流淌来的沿岸泥沙物沉积而形成的。自18世纪早期以来，这一堰洲嘴就向南朝着大海的方向不断往前拓展，并在此过程中将潟湖的入口不断向南推进。然而，自1970年以来，它的南端开始受到侵蚀。

## 教堂海岸

**所在地：**西班牙北部，坎塔布连海滨。

教堂海岸被人们称为全球美丽的海滩之一，它拥有一系列石拱门，它们是一座教堂正厅的遗迹。低潮时是观赏瑰奇的洞穴、石拱门、石柱最佳时段。永不间断的波浪作用使变质石英岩和板岩层中出现断层，从而形成了一个个洞穴。随后，当洞穴的顶部坍塌时，就形成了这些石拱门和石柱。

## 加利西亚海岸

**所在地：**西班牙西北部海滨。

这一引人入胜的海岸地区的西面是太平洋，北面是比斯开湾。它约有1500千米长，形态极为不规则。这段海岸线中分布着数十个海湾和海岬、以及至少316个岛屿和小岛。维克西亚·赫拉一带的一片片峭壁高出海平面621米，是欧洲的高海岸峭壁之一。一些被海水淹没的河口或者说里亚式海岸，比如阿鲁萨、庞特韦德拉、比戈的河口地带，都是上个冰河时期以来海平面上升的结果。

## 克雷乌斯角

**所在地：**西班牙北部，加泰罗尼亚海岸。

地壳折叠、断层、交错和变形所产生的许多经典地貌，在这片海岬都有所展示，就像在地球上的其他地方一样。克雷乌斯角位于伊比利亚半岛的东北部，正是比利牛斯山和地中海交汇的所在地。这里的岩石结构展示了在这些山脉形成时，地壳受到的压力和张力。折叠的片岩岩层和其他变质岩岩层，侵入到结晶花岗岩岩脉，一种具有大片结晶的火成岩之中。1998年，西班牙加泰罗尼亚政府将克雷乌斯半岛及其周边的海洋环境，批准为国家公园。

## 阿马尔菲海岸

**所在地：**意大利西海岸，索伦托半岛。

索伦托半岛的南海岸是世界上美丽的海岸之一。石灰石和火山沉积物构成的群峰，以令人惊讶的险峻峭壁的姿态直插入海中；而狭窄的山谷经由这些峭壁巉岩陡然下降，直至岸边。在这片海岸的北面，不远处的一座活火山维苏威火山经常引发地震，因此，在这一半岛的岩层中，存在大片断层带。阿马尔菲海岸区域出现的山洪暴发和山体滑坡，在数量上超过了意大利的其他地区。

▼埃特勒塔的一道石拱门

▲土耳其台阶令人眼花缭乱的白色特鲁比泥灰岩

## 土耳其台阶

**所在地：**意大利，西西里南部。

这些略微倾斜的白色特鲁比泥灰岩岩层构成的悬崖，被侵蚀成一系列长长的、平行的台阶。特鲁比泥灰岩是一种质地较软的石灰质沉积岩，在约500万年前沉积在海底。其中有一些动物的脚印，很可能还有这些岩层沉积时生活在其中的虫子的化石。

欧洲的其他海岸、岛屿和礁石


- **阿尔加维海岸** » 参见第170页
- **多佛白崖** » 参见第167页
- **莫赫断崖** » 参见第166页
- **达尔马提亚海岸** » 参见第171页
- **皮拉沙丘** » 参见第167页
- **芬格尔洞** » 参见第166页
- **巨人堤道** » 参见第164—165页
- **查戈斯大环礁** » 参见第315页
- **侏罗纪海岸** » 参见第168—169页
- **挪威峡湾** » 参见第162—163页


# 非洲

## 莱格兹拉海滩

**所在地：**摩洛哥南部的大西洋海岸。

在莱格兹拉海滩的红沙岩上，一直耸立着两座巨大的石拱门。这些红沙岩层有1亿～1.5亿年的历史，它们沉积在更古老的花岗岩的不整合表面上。其红色色调来自一种天然黏合剂中的氧化铁，正是这种黏合剂将岩石中的颗粒物牢牢黏合在一起。这两座拱门已被波浪侵蚀破坏了，其中一座在2016年9月坍塌在了海滩上。

## 阿尔金岩石礁

**所在地：**毛里塔尼亚西海岸，阿尔金海湾。

阿尔金国家公园覆盖着海岸线附近约12 000平方千米的面积，其中包括一座座沙丘、一片片海草滩涂，布满潮间带泥浆、沙子和贝壳碎片。阿尔金海湾的水并不深，但它从海滨地带向外延伸60千米之长。一个离岸不远的海水上涌区域，为鱼类和鸟类带来了大量食物——大批的无脊椎动物。约有5万对集群而居的鸟儿在这里繁殖后代、200多万只鸟儿在这个公园中过冬。

## 索科特拉岛

**所在地：**阿拉伯海。

索科特拉岛是世界上与世隔绝的岛屿之一，它距离非洲大陆有240千米之遥。但在它形成之初，它并不是一块新的洋壳，而是大陆的一部分。它也是一个特有动植物云集的所在。索科特拉岛由海岸平原、遍布溶洞和其他喀斯特地貌的石灰石高原、多山的核心区域共同构成，总面积为3665平方千米。岛上的气候以干燥或半干燥气候为主，只有降雨量更大的高海拔地区除外。这片土地曾经是冈瓦纳超级大陆的一部分，后来亚丁湾形成并扩大，将它和非洲大陆分开。岛上超过三分之一的植物都是当地特有的物种，包括外观怪异的龙血树。岛上还生存着不少鸟类、爬行动物和无脊椎动物，它们都是当地特有的品种。

## 咖啡湾

**所在地：**南非，东开普省。

在这一海岸附近的岩石形成物中，有一个壮观的洞穴。这个洞穴是波浪拍打一片由页岩和沙岩构成的离岸悬崖而形成的。海浪的侵蚀作用在这一带创造出了一座石拱门，而不是将一面峭壁分隔成两根岩柱。这是因为，在这一片已有2.6亿年历史、抗侵蚀性较差的页岩和沙岩之上，有一层坚硬的火山辉绿岩侵入。在涨潮时，一艘游艇可以轻松地从这座巨大的石拱门中驶过。

## 杰弗里斯湾

**所在地：**南非，东开普省。

杰弗里斯湾是全球最佳的冲浪地之一，拥有完美的波况，这应归功于以下因素的综合作用：涌浪的规模、方向和频率，风向，潮汐，海床的形状。在离岸边不远处，温暖的阿古拉斯海流会在向西流动后，紧接着在阿古拉斯浅滩的边缘地带向后反扑向自身，并在那里和来自西边的寒冷海水交汇。在这一片区域中，海洋的上升流创造出了一个蔚为壮观的海洋生态系统。

▶索科特拉岛的龙血树

## 开普角

**所在地：**南非，西开普省。

这片海岬位于好望角以东不远处，并构成了福尔斯湾的西入口。坚硬的石英沙岩构成了高耸于海平面上200多米的悬崖峭壁。开普角共有两座灯塔，但只有一座在工作。这一海岬是开普植物王国的组成部分，后者是一片特有植物种类异常丰富的地区。近海中是本古拉海流带来的寒冷但养分丰富的海水，这样的海水有助于浮游生物大量生长，并帮助孕育了一个丰富多彩的海洋生态系统。

**非洲的其他海岸、岛屿和礁石**


- **巨人悬崖** » 参见第198页
- **红海沿岸** » 参见第199页
- **塞舌尔群岛** » 参见第314页


# 亚洲

## 八重山群岛

**所在地：**日本冲绳县西南，中国东海。

这一由32个岛屿和无数小岛组成的群岛，起源于一次火山爆发。西表岛——八重山群岛中最大的岛屿，90%的面积被热带森林覆盖，而海岸附近生长着大片红树林。极度濒危的当地特有动物西表猫，生活在这个岛屿上。石垣岛是八重山群岛中的第二大岛，其近海地区的珊瑚礁，为海豚、海龟和鲸鲨等动物提供了主要的栖息地，尽管那里的儒艮现在已经灭绝。

## 爱妮岛

**所在地：**菲律宾，巴拉望岛北部。

“El Nido”在西班牙语中意为“巢”。爱妮岛是大名鼎鼎的巴奎特群岛的门户，由巴拉望岛的北端，以及45个岛屿和小岛组成。一层层厚厚的石灰岩受到侵蚀，形成了壮观的海岸喀斯特地貌，悬崖峭壁从大海上直插云天，此外这里还有一个个溶洞、一片片白沙滩和珊瑚礁。米尼洛岛上的“秘密潟湖”是一个灌满海水的洞穴，唯有经由一个极狭的入口才能抵达。一些经验丰富的潜水者会通过一个位于海平面下12米的入口，抵达直升机岛下的一条海底隧道。生活在离岸礁附近的动物包括尖嘴鱼、河豚鱼、蝎子鱼、狮子鱼，以及其他许多美丽的生物。

**亚洲的其他海岸、岛屿和礁石**


- **安达曼海珊瑚礁** » 参见第253页
- **龙洞** » 参见第251页
- **亚龙湾** » 参见第250—251页
- **甲米海岸线** » 参见第252—253页
- **马尔代夫** » 参见第315页
- **努沙登加拉群岛** » 参见第253页
- **石垣岛珊瑚礁** » 参见第251页

▲白天堂海滩亮白的石英砂

# 澳大利亚和新西兰

## 水平瀑布

所在地：澳大利亚西部，海盗群岛的塔尔博特湾。

这些潮汐瀑布是海水涌入狭窄的峡谷，从麦克拉蒂山脉的两道平行的岩石屏障中穿过而形成的。在涨潮时，海水在崖壁屏障一侧积聚的速度，比它涌入峡谷的速度更快。因此而产生的水位差高达5米，从而形成了水平瀑布。

## 白天堂海滩

所在地：澳大利亚昆士兰州，圣灵群岛。

白天堂海滩长7千米，海滩上的细软、亮白的沙子究竟来自何处？对此一直存在争议。白沙滩岛是一个古老的火山口的一部分，但它的沙子——其中98%是石英——不可能出自这个岛屿上的火成流纹岩。事实上，这些沙子来自于昆士兰大陆上的受到侵蚀的花岗岩，它们被远古时代的沿岸泥沙流携带到此处，并在附近沉积下来。在至少6500年前，这一向海岸输送泥沙流的过程就宣告结束，这些沙子却留了下来。

## 九十哩海滩

所在地：新西兰北岛，奥普里半岛的西海岸。

尽管有这样一个名字，但这片面向塔斯曼海的狭长沙滩，实际上位于岩石嶙峋的斯科特角和阿希帕拉之间，全长88千米。但更引人注目的是这片海滩上的一些沙丘，很可能是南半球最大的沙丘。这里还有一个著名的滑沙场，就位于海滩后面。而各片沙丘的高度由南向北递增，其中最高的沙丘高达140多米。

澳大利亚和新西兰的其他海岸、岛屿和礁石


- **大堡礁** » 参见第284—287页
- **摩拉基海滩** » 参见第290页
- **新西兰峡湾** » 参见第291页
- **鲨鱼湾** » 参见第288—289页
- **十二门徒岩** » 参见第290页

# 森林

地球上约有30%的陆表覆盖着森林，这些森林构成了最为富饶的生物栖息地。在北纬53°到67°的高纬度地区，是北美和欧亚大陆庞大的北方森林的天下，这些森林中以针叶树为主。在南纬10°和北纬10°之间，分布着地球上最大的热带雨林，包括亚马逊雨林和刚果雨林，这些地区中的生物种类极为丰富。而在这两者之间，是各种各样的亚热带和温带森林，后者中有一些是雨林。俄罗斯的森林面积最大，而苏里南的森林覆盖率最高。

## 北美洲

### 汤嘎斯国家森林

**所在地：**美国西北部，阿拉斯加。

汤嘎斯国家森林覆盖着阿拉斯加东南部的大部分地区，它是美国最大的国家森林，占地69 000平方千米。它是地球上最大的温带雨林——太平洋西北雨林的组成部分，森林中以北美红杉、西加云杉、西部铁杉等树木居多。在这一带，砍伐原始森林的现象至今仍然存在，但已受到严格控制。这片森林中生活着棕熊和黑熊，也栖息着大量鸟类。

### 红木国家森林

**所在地：**美国西部，加利福尼亚州。

在全球范围中，古老的海岸红杉——地球上最高大的一种树木已然所剩不多，但其中有一半就生长在这一森林保护区中。其中最高的一棵名为“亥伯龙神”(Hyperion)，高达116米。海岸红杉生长在加利福尼亚州北部和俄勒冈州南部。在这片面积达到158平方千米的森林中，还生活着黑熊、美洲狮、河狸、鼯鼠和400多种鸟类。

### 加利福尼亚的茂密树丛和林地

**所在地：**美国西部和墨西哥北部，加利福尼亚州和下加利福尼亚州。

加利福尼亚州中南部、中央谷地和下加利福尼亚州的不少沿海地区。冬青叶栎、鼠尾草和鼠李是常见植物。这一地区的植物适应性良好，能在频繁的森林大火之后快速恢复生机。这片地区以地中海式气候为主，冬季温暖湿润，夏季炎热干燥。

### 马德雷山脉松树橡树林

**所在地：**美国西南部，介于哈利斯科州、墨西哥西北部和新墨西哥州之间。

在西马德雷山脉的壮丽群峰和险峻山谷的高海拔地区中，这样的亚热带混合林大面积存在，尽管不少混合林都遭到了砍伐。这一地区的常见树木包括，多种松树、道格拉斯云杉、艾氏栎、矩叶栎。这些森林也是黑熊、美洲虎和300多种繁殖鸟类的家园，包括一些当地特有、在世界上其他地方找不到的生物，比如厚嘴鹦鹉、角咬鹃、军金刚鹦鹉、墨西哥崖燕、金雕、簇蓝鸦等。

### 哈利斯科干性森林

**所在地：**墨西哥西部和中部地区，纳亚里特州、哈利斯科州、科利马州。

这一沿着墨西哥中部的太平洋海滨分布的生态区，尽管相对规模较小，却是地球上生物种类丰富的地区之一。在这片地区的1200种植物中，有16%是当地特有的物种；在733种脊椎动物中，

▶汤嘎斯国家森林中覆盖着积雪的树木

▲ 被巴西浅滩森林包围的卡拉科尔瀑布

有29%是当地特有种，其中包括梅里厄姆沙漠鼩鼱、墨西哥鹦哥、黑蓝冠鸦。这片干性森林也是从北美洲飞向南美洲的候鸟的重要中转站。这里的雨季从6月持续到9月，但在全年的大部分时间，这一地区气候干燥。

北美洲的其他森林


- 切罗基国家森林公园 » 参见第70页
- 巨木林 » 参见第68—69页
- 绿山国家森林 » 参见第71页
- 北美洲北方森林 » 参见第66页
- 潘多颤杨树林 » 参见第70页
- 西北太平洋雨林 » 参见第67页


# 中美洲和南美洲

## 乔科热带雨林

**所在地：**南美洲西北部，巴拿马东部和厄瓜多尔北部。

这一极度潮湿的热带雨林生物群落区，是地球上物种丰富的低海拔地区之一。这里已被记录的植物有11 000多种，其中约有四分之一是当地独有的物种。这一热带雨林位于太平洋海岸和安第斯山脉西部之间，海拔1000米左右，总共覆盖着约18万平方千米的土地。这里的年降雨量超过13 000毫米。

## 大西洋沿岸浅滩森林

**所在地：**巴西东部，大西洋沿岸森林的三块被包围的森林。

目前这一森林的范围缩小到了北部地区三块相对较小的热带森林。在其南部，稳定的沙丘上常常形成多沙而营养贫瘠的土壤，其上生长着亚热带森林。这片森林主要由中等高度、林冠郁闭的阔叶树构成，它们能长到5～15米高。但森林中也分布着一些林冠稀疏的地带，它们更类似于稀疏草原。好几种依赖浅滩生境的动物都受到了物种灭绝的威胁。由于城市开发，这一生物群落区的不少区域遭到了破坏，目前这已构成了一大威胁。

## 南美洲干性森林

**所在地：**巴拉圭西部、玻利维亚和巴西南部、阿根廷北部地区。

在巴拉圭以西、潘塔纳尔以南、安第斯山脉以东的广袤地区，干性森林占据了一大片以粉沙沉淀物为主的低海拔地区。这片森林的生态环境，从东部长有树丛的开阔草地，过渡到长着大量棕榈树的稀树草原，最后过渡到西部地区的多刺灌丛。这种变化和降雨量密不可分。在这一带，年降雨量通常呈现向西递减的态势，在西部地区可能还不到50毫米。这些植物能忍受干旱的环境。这片森林是很多动物最后的庇护所，包括美洲鸵、美洲虎、豹猫、美洲狮、貘和针鼹等其他动物。

## 智利常绿有刺灌丛区

**所在地：**智利中部，介于太平洋和安第斯山脉之间。

这一灌木地和森林生物群落区，位于智利中部狭长的沿海地带，拥有148 000平方千米的土地。其北部是干燥的阿塔卡马沙漠，南部是相对湿润的瓦尔迪维亚温带森林，而这一生物群落区属于两者之间的过渡地带。它以地中海式气候为主，冬季多雨，夏季干燥。这里的植物种类极其丰富，其中约95%的植物都是智利特有的植物，包括多种硬叶灌木（更为坚硬的常绿树叶能减少水分流失）、仙人掌和倒挂金钟属植物。

中美洲和南美洲的其他森林


- 亚马逊热带雨林 » 参见第120—121页
- 安第斯央葛斯森林 » 参见第119页
- 蒙特维多云雾森林 » 参见第118—119页
- 瓦尔迪维亚温带森林 » 参见第119页


# 欧洲

## 喀里多尼亚森林

**所在地：**英国，苏格兰高地。

在上一个冰河时代之后，从9000年前开始，苏格兰松树林一度占据了整个英国。后来，由于气候变得更湿润、多风，其范围开始缩小。而吃草的鹿和绵羊也导致喀里多尼亚森林的面积进一步缩减到了目前的180平方千米，并分成了35块小森林。除了松树，这些森林中还生长着桦树、山杨、花楸、杜松和橡树等树木。唯一一种英国特有的脊椎动物苏格兰交嘴雀，以这些森林中的松果为食。

## 弯曲森林

**所在地：**波兰，波美拉尼亚西部。

这片森林中的400株松树长得奇形怪状，它们先弯曲90°、贴近地面生长，随后再进行调整，垂直向上生长。更奇怪的是，这些树木被一片更大的森林所包围，而那片森林中的树木都是长得笔直的正常树木。对这一现象有好几种不同的解释，但可能性最大的是，在20世纪30年代种下这些树木的农民，是引起这一现象的主因。他们很可能希望这些树木能长出弯曲的树干，这样就能将它们用于船舶或家具制造。

## 海尼希国家公园

**所在地：**德国，图林根州。

这一国家公园中拥有德国最大一片不间断的落叶林——海尼希森林，在这片森林生长的主要是欧洲山毛榉树。人们管理这座国家公园的主要意图是，使这片曾被用于军事训练的森林能够回归自然状态。春季，在浓密的林冠闭合起来之前，林下层中生长着大片大片的野生大蒜等植物。随后，16种兰花将在这里生长，它们为野猫、蝙蝠、啄木鸟以及成千上万种无脊椎动物提供了美好的栖息地。

## 黑森林

**所在地：**德国西南部，巴登-符腾堡州。

这一大片丘陵地区被称为黑森林是因为生长在这儿的云杉极为茂密、彼此挨得很近，森林中黑黢黢的，非常昏暗。这一地区是一片由沙岩、片麻岩和花岗岩构成的抬升断层地带，其南面和西面和莱茵河相邻。这片森林大约有160千米长，60千米宽。原先的混合林区大多已在19世纪被清理干净，人们代之以整齐划一的云杉，以供林业生产之需。但近年来，这片森林中落叶树的覆盖率再次增长。在森林的一座座山丘和一片片山谷中，云杉、银杉与山毛榉混成一片。德国的两座最大的自然公园都位于黑森林中，此外这里还有一座国家公园。

## 卡尔克阿尔卑斯国家公园

**所在地：**奥地利北部，北莱姆斯通阿尔卑斯山脉。

在这一受到保护的国家公园中，超过80%的面积都覆盖着森林。这片森林覆盖在一座座石灰岩山丘、山岭和山谷之上，是中欧地区规模最大的连绵不断

▼弯曲森林中的松树

▲喀尔巴阡山脉森林中挂满白霜的树木

的森林。在这片森林中，有好几片由云杉、冷杉和山毛榉构成的原始森林。人们认为，这些森林“飞地”自上一个冰河时代结束之后，一直存在、未曾消失。一些较大的区域现在无人管理，因此那些已经死亡的树木留在原地继续腐烂，这为许多无脊椎动物和啄木鸟提供了极佳的栖息地。据相关记录，这片森林中约有1000种树木。在这片地区中，生活着猞猁、棕熊和一些濒危的蝙蝠。

## 喀尔巴阡山脉森林

**所在地：** 乌克兰西部和斯洛伐克东部，喀尔巴阡山脉。

沿着喀尔巴阡山脉伸展，总长185千米的10片原始山毛榉森林，以优质的林地及丰富多样的生物种类，于2007年被联合国教科文组织列为世界自然遗产地。在这片总面积为780平方千米的森林中，除了山毛榉，还生长着橡树和鹅耳枥。其中70%的森林地区位于乌克兰境内，剩下的30%位于斯洛伐克境内。这片地区中拥有不少古老森林和原始森林，其中生活着64种哺乳动物，包括棕熊、猞猁、狼和野猪。

## 阿登高地

**所在地：** 比利时、卢森堡、德国和法国境内的阿登山脉。

这一高地由若干基于沙岩、石英岩、板岩和石灰石岩床的山岭（至高点高于海平面694米）和陡峭山谷构成。这片地区至少有一半以上的区域覆盖着森林，生长着橡树、山毛榉、白蜡树、榛树、枫树、山杨、云杉和松树。不少罕见的鸟类，比如榛鸡、蜡嘴雀、鬼鸮、黑头啄木鸟、灰头啄木鸟、星鸦，都在这片森林中繁衍生息。

## 地中海常绿森林

**所在地：** 地中海盆地，包括西班牙、法国南部、意大利、希腊、摩洛哥、突尼斯和阿尔及利亚。

这种常绿阔叶林位于地中海松树和灌木林与寒温性落叶林之间的过渡地带，在海拔1400米以下的区域中都有树木生长。这片森林中以圣栎居多，这种树木并不高大，通常能长到5～12米高。它们生长得很慢，会在地面上投下长长的阴影，并长有坚硬、耐旱的叶片。虽然这种森林的面积已经大有缩减，但一些大片的森林地带保留了下来，包括亚拉贡一带的比利牛斯山低海拔地区的森林，以及安达卢西亚的莫雷纳山脉的森林地带，两者都位于西班牙境内。

欧洲的其他森林


- 巴伐利亚森林 » 参见第173页
- 哈勒波斯森林 » 参见第172页


# 非洲

## 喀麦隆高地森林

**所在地：**西非，尼日利亚东部和喀麦隆西部。

这片湿润的阔叶林位于一片大约长625千米、宽180千米的地区中，依托该地区中的一系列死火山周边的肥沃土壤生长，分布在海拔900米以上的地带中。由于这片森林的海拔较高，这里的气候比大多数非洲热带区域凉爽一些，且森林中部分区域的降雨量很大。不少非洲山地的树木，包括脆木、非洲杉、非洲樱桃木、好望角山毛榉，在这片森林中大量生长。这片森林是多种当地特有植物、爬行动物、鸟类和哺乳动物的家园。森林中还生活着多种濒危的灵长目动物，包括西部大猩猩和黑猩猩。

## 东非海岸森林

**所在地：**东非，从莫桑比克南部到索马里南部的海岸地区。

这一热带和亚热带潮湿森林面积超过112 000平方千米，在一片离印度洋不远的相对狭窄的内陆区域中不断延伸，由南向北分别是林冠郁闭的混生林地、更为开阔的稀树草原、草原和湿地。不少森林地带都已被清理、辟为农田，但这些森林仍然是600多种留鸟和季节性候鸟的家园。

非洲的其他森林


- 刚果雨林 » 参见第200页
- 马达加斯加干性森林 » 参见第202—203页
- 马达加斯加雨林 » 参见第201页


# 亚洲

## 俄罗斯远东温带森林

**所在地：**俄罗斯远东地区，库页岛边疆地区和哈巴罗夫斯克边疆区的斯科特哈林山脉。

自上一个冰河时代后脱离了冰川作用的影响后，这一混生阔叶林和针叶林地区，一直覆盖着斯科特哈林的山岭，并成为许多动物的庇护之所。现在，这是一片物种特别丰富的地区，森林中还生活着少量的阿穆尔虎和阿穆尔豹。这是地球上唯一一片老虎、豹子和棕熊共同生存的地区。森林中植物的品种也极为丰富，已知的植物至少有2500种。阔叶树在海拔较低的地区十分常见，但随着海拔上升，针叶树逐渐成为森林中的主角。在这一带冬季非常寒冷，夏季气候温和，在夏季和秋季可能会有大量降雨。

## “神之雪松”森林

**所在地：**黎巴嫩北部，马克梅尔山。

这片森林自1876年开始受到保护。雪松林曾经覆盖着黎巴嫩群山的绝大多数区域，但现在已经所剩无多，而这片雪松林是其中最著名的一片。成千上万年以来，一代又一代的黎巴嫩人使用雪松木制造船舶、修建重要的建筑物。因此，这片森林的面积，只占过去那片大雪松林的一小部分森林中有375棵树木生长在马克梅尔山上海拔高于1900米的地方。在冬季，皑皑白雪覆盖着那一带的崇山峻岭。其中有4棵雪松超过35米高。

▼雪松林中长满树木的山坡

## 西喜马拉雅温带森林

**所在地：**西喜马拉雅的南坡，尼泊尔、巴基斯坦远东地区、印度。

这一生态区由海拔600～2000米的阔叶林和海拔2000～3800米的亚高山带针叶林组成。和东喜马拉雅地区相比，这片地带的森林分布得更加分散，孟加拉湾季风带而获得的水汽也更少。桦树和杜鹃是这一带常见的阔叶树，而乔松、云杉、紫衫和冷杉等针叶树也很多。其中的一片森林地区帕拉斯谷地，拥有巴基斯坦种类最丰富的植物群。这一温带森林是喜马拉雅塔尔羊等不少濒危哺乳动物的家园，也是黑头角雉、棕尾虹雉等鸟类的栖息地。

▼高止山脉西南潮湿森林

## 莫都马赖森林

**所在地：**印度南部，泰米尔纳德邦，西高止山脉。

这是一片面积为320平方千米的国家公园。在这片森林保护区中，生活着多达80只老虎。其他濒危动物包括印度花豹、印度懒熊和印度野牛。共有200多种鸟类生活在这里，包括当地特有的黑棕姬鹟。这一森林地带可细分为热带潮湿落叶林、热带干性落叶林、热带棘刺林，这样的区别主要反映了降雨量的多寡。

## 高止山脉西南潮湿森林

**所在地：**印度西南，西高止山脉。

这一生态区的生物品种极其丰富，有4000多种开花植物。许多动物是这些热带和亚热带潮湿阔叶林中特有的，包括狮尾猴、尼尔吉里塔尔羊、90种爬行动物和85种两栖动物。这片森林生长在海拔250～1000米的地方，介于马拉巴尔海岸潮湿森林和海拔更高处的高山森林之间。降雨量多是这一地带的特色，大多数降雨集中在西南季风期。森林保护区中包括英迪拉·甘地国家公园和沛绿亚国家公园在内。

## 斯里兰卡潮湿森林

**所在地：**斯里兰卡西南。

这片热带和亚热带潮湿阔叶林占地15 500平方千米，是世界上地方性物种的热点地区。此地发现的许多动植物，在地球上的其他地方都找不到。这片森林的性质随着海拔高度而变。在海拔较低的地区，已知的树木有300多种，个别生长在辛哈拉加森林保护区等保护区的树木，高达50多米。这一地区非常湿润，部分地区的年降雨量超过5000毫米，因此这里成为地球上两栖动物种类最丰富的地区。

## 嵯峨野竹林

**所在地：**日本本州岛，京都附近。

这片竹林是一个和尚在14世纪栽种的，现在它的面积为16平方千米。人们会定期收割这片竹林，但竹子再生的速度很快，它们能长到25米高。在这片毛竹林中散一会步，能让人耳目一新。即便只是聆听微风敲击竹子的茎秆，也能带来别样的感受。

▶嵯峨野竹林中高高挺立的竹竿

## 南西诸岛森林

**所在地：**日本东南，琉球群岛。

在日本以南、中国台湾和中国大陆之间，较大的火山岛和较小的珊瑚岛连成长长一串，它们共同组成了这一群岛。群岛上分布着多片亚热带潮湿阔叶林，它们受益于温暖的冬季、炎热的夏季和充沛的降雨量。这一森林地带拥有独一无二的动植物群，很多物种是当地特有的。西表岛是罕见、濒危的西表猫的唯一栖息地。琉球兔也是琉球群岛特有的物种。最大的一片森林位于冲绳岛，岛上生活着一种啄木鸟和一种秧鸡，它们都是岛上特有的物种，分别名为冲绳啄木鸟和冲绳秧鸡。

## 西双版纳雨林

**所在地：**中国，云南省景洪附近。

这是中国热带地区最大的一片仍然覆盖着原始森林的地区。尽管这片森林的海拔很高（在500米以上），它仍然具备东南亚低地雨林的绝大多数特征。在冬季，横断山脉为这片森林挡住了寒冷的北风，是其中一个原因。西双版纳雨林中生长着3300多种树木和其他植物，品种之多不容小觑。有的树木长到了80多米高。

### 亚洲的其他森林


- **婆罗洲雨林** » 参见第258—259页
- **喜马拉雅东部森林** » 参见第256页
- **太平洋山地森林** » 参见第256页
- **西伯利亚针叶林** » 参见第254—255页
- **长江上游森林** » 参见第257页

# 草原与苔原

这一多样化的生物群系包括热带稀树草原、大草原和干草原。干草原上几乎没有什么树，但稀树草原可以是开放式的、有林冠的林地。尽管有多种多样的草原，但所有草原有一个共同点，降雨量少得无法形成森林，但又不至于少得会形成沙漠。降雨可能是季节性的，也有可能零散分布于全年之中。其他影响草原的分布及其性质的因素包括：季节性淹水，这阻碍了森林的形成；地质条件，这将极大影响土壤的类型和植被；还有重度放牧，这将使原来的森林转变为草原。

## 中美洲和南美洲

### 塞拉多草原

**所在地：** 巴西中部，位于潘塔纳尔、亚马逊雨林和大西洋沿岸森林之间。

这一片广袤的稀树草原绵延伸展，横跨巴西总面积的20%以上的土地。这片草原有一个雨季和一个旱季，属于半潮湿热带气候。这片草原由不同类型的稀疏草原组成，一些沿着水道生长、林冠郁闭的长廊林从这些稀树草原中穿过。这片地带中已被记录的植物超过1万种，其中包括800种树木。生活在这里的哺乳动物包括，大食蚁兽、美洲虎、鬃狼和沼泽鹿。

**中美洲和南美洲的其他草原与苔原**


- **潘帕斯草原** » 参见第122—123页


## 非洲

### 中部和东部短盖豆林地

**所在地：** 从赞比亚南部到坦桑尼亚北部，从安哥拉东部到莫桑比克北部。

这些热带和亚热带草原、稀树草原和灌木地，被大致分为赞比亚中部短盖豆林地和东部短盖豆林地，总面积约为193万平方千米。尽管不同地区之间存在差异，但这些林地的共同特点包括，土壤贫瘠、多种短盖豆树唱主角、旱季漫长炎热。卡富埃国家公园是赞比亚最大的保护区、还有莫桑比克的尼亚萨保护区，都是这些生态区的代表。这些生态区中大型哺乳动物的种类极为丰富。

**非洲的其他草原与苔原**


- **开普植物王国** » 参见第205页
- **埃塞俄比亚山地草原** » 参见第204页
- **塞伦盖蒂草原** » 参见第206—207页
- **苏丹稀树草原** » 参见第204页


## 亚洲

### 中国东北－蒙古干草原

**所在地：** 蒙古到中国东北，在戈壁沙漠以北以新月形延伸。

大片广袤的温带草原，从中国东北的沿海丘陵地带，向内陆延伸，直至西伯利亚南部的北方森林，覆盖着近90万平方千米的土地。在起伏不平的草原上，夏季温暖宜人，冬季寒风凌冽。大多数降雨集中在偏弱的夏季季风来临之际。虎尾草在很多地区中唱主角，而一些抗旱的野草，在离戈壁沙漠更近的地方更常见。除此，草原中还生长着一些小型多刺灌木。本地的野生哺乳动物包括蒙古瞪羚、蒙古野驴，而普氏野马已被重新引入该地区。褐马鸡是该生态区中唯一一种当地特有的鸟类。这种鸟儿把草原和灌丛栖息地当成它们的冬季庇护之所。

**亚洲的其他草原与苔原**


- **东干草原** » 参见第260页
- **西伯利亚苔原** » 参见第261页
- **特赖－杜阿尔稀树草原** » 参见第260页


▼巴西塞拉多草原中的赤湖果树

# 沙漠

地球的陆表约有三分之一是年降水量低于25厘米的沙漠地带。沙漠可分成热沙漠、冷沙漠和极地沙漠等。撒哈拉沙漠是地球上最大的热沙漠，它处于一大片下沉的暖空气之下，这意味着，在那一带，降雨极为罕见。戈壁沙漠是地球上最大的冷沙漠，夏季炎热，冬季寒冷，降水量很少，因为它处于喜马拉雅雨影区之中。地球上最大的沙漠位于极地——南极洲，那里极度寒冷的空气中只有少量水汽，因而无法形成雨雪。

## 北美洲

### 科罗拉多高原

**所在地：**美国西南部，亚利桑那州，犹他州，新墨西哥州，科罗拉多州。

这一由沉积岩层构成的干燥高原，拥有地球上最为壮观的景色。该地区的海拔从600米到3870米不等。海拔最低的地方是科罗拉多大峡谷（科罗拉多河蚀刻而成）的谷底，而海拔最高的地方位于拉萨尔山脉中。这一地区特色鲜明的地貌，是非同一般的稳定地质所造就的。在这一片33.7万平方千米的高原中，有不少幽深的峡谷、顶部平坦的台地、高耸的平顶孤丘和天然的岩石拱门。从这些形成物的岩壁可以看出，不同岩层的形成年代差异悬殊，从漫长的数十亿年到区区数百年不等。

北美洲的其他沙漠


- **羚羊峡谷** » 参见第80页
- **布莱斯峡谷** » 参见第78页
- **奇瓦瓦沙漠** » 参见第81页
- **大盆地沙漠** » 参见第74页
- **梅萨拱门** » 参见第79页
- **亚利桑那陨石坑** » 参见第79页
- **莫哈维沙漠** » 参见第75页
- **纪念碑谷** » 参见第76—77页
- **索诺兰沙漠** » 参见第76页


## 中美洲和南美洲

### 瓜希拉沙漠

**所在地：**哥伦比亚东北，瓜希拉半岛。

这一生长着旱生植物的干旱地区，位于圣玛尔塔内华达山脉的雨影区。该山脉位于瓜希拉半岛的东端，由一系列低矮的山峰组成。这一山脉挡住了东北信风。瓜希拉沙漠中生长着不少多刺的灌木、仙人掌和其他肉质植物。大量美洲火烈鸟在火烈鸟自然公园中繁衍生息。其他在有限范围内栖息的鸟类包括，凤头主红雀、白须针尾雀和栗姬啄木鸟。

### 塞丘拉沙漠

**所在地：**秘鲁北部，皮乌拉省和兰巴耶克省。

塞丘拉沙漠覆盖着秘鲁沿海低海拔地区19万平方千米的土地，这片沙漠从沿海向内陆延伸100千米，直至安第斯山脉的第二排山峦为止。它向北过渡为热带干性森林，向南过渡为秘鲁海岸沙漠。在这一带，一年中只有几个月会下雨。其干燥的气候，应归咎于近海寒冷海水上涌引起的大气下沉。然而在1998年厄尔尼诺现象出现时，内陆地区的降雨量比平时高得多，导致河水上涨、流经沙漠，淹没了沙漠中很大一片区域，并在巴约瓦尔洼地中形成了秘鲁的第二大湖。

▼科罗拉多高原的格伦峡谷区

## 卡廷加

**所在地：**巴西东北部。

这一广袤的生态区由抗旱的灌丛和棘刺林构成，占地85万平方千米，覆盖着巴西约10%的领土。卡廷加一年有两个季节。旱季非常炎热，土壤温度可达60℃，植物脱落叶片，以减少水分蒸发。雨季相对短暂，也很炎热。下了第一场雨后，卡廷加在短短几天内，就从一片死气沉沉、灰蒙蒙的景象，变得绿意盎然、生机焕发。

## 阿里萨罗盐沼

**所在地：**阿根廷西北，阿塔卡马高原。

这片全球第六大的盐沼，覆盖着1600平方千米的土地，它位于安第斯山脉中海拔约3460米处。这片盐沼是地表水蒸发、盐分不断沉积而形成的。阿里萨罗盐沼的其他地貌特征包括，风蚀土脊（岩石山脊和盛行的北风密切合作而形成）、被反复生长的盐晶风化的岩石、往昔湖岸留下的遗迹、一个名为"阿里塔火山锥"的小火山锥，它高出周围的盐沼地带120米。

▲萨利纳斯兰德斯盐土荒漠的六边形图案

## 塔拉姆佩雅国家公园

**所在地：**阿根廷西北部，拉里奥哈省。

这一世界遗产地保护着2150平方千米的干燥灌丛沙漠，它位于安第斯山脉的雨影区中。塔拉姆佩雅国家公园中以水力和风力所塑造出来的壮观地貌而闻名，包括143米深的塔拉姆佩雅峡谷和多处红沙岩悬崖。但该地区最出名的是化石。该地区拥有目前已知的最完整的生物化石序列，这些化石可以追溯到距今2.5亿～2亿年前，包括早期恐龙——始盗龙和不少哺乳动物、鱼类、两栖动物和植物的化石。

## 萨利纳斯兰德斯盐土荒漠

**所在地：**阿根廷西北部，阿塔卡马高原，胡胡伊省和萨尔塔省。

这一大型盐滩位于干燥的安第斯高原中一个内流盆地（没有注出河流的盆地）的底部，海拔3350米。亮白的盐沉积物绵延200多千米，是周围群山中的径流蒸发之后沉淀下来的。

中美洲和南美洲的其他沙漠

- **阿塔卡马沙漠** » 参见第124—125页
- **巴塔哥尼亚沙漠** » 参见第127页
- **乌尤尼盐沼** » 参见第126页
- **月亮谷** » 参见第127页

# 欧洲

## 塔伯纳斯沙漠

**所在地：**西班牙南部，阿尔梅里亚，安达卢西亚。

阿哈米亚山脉挡住了来自地中海的湿润的风，因而这片280平方千米的地区是半干旱的，并不是一片真正的沙漠。年降雨量为150～220毫米，但降雨集中在短短数天中。偶尔的暴雨会侵蚀出陡峭的冲沟，但其河床通常是干燥的。而山坡地表上的水分，通过天然形成的地下水道渗透到地下，在地下流淌，随后在山脚下再次涌出地表。这一地带中生长着夹竹桃、柽柳和濒危的匙叶草属植物等抗旱植物。

▼切比沙丘海的大型沙丘

## 石漠

**所在地：**保加利亚东北，瓦尔纳洼地。

这一降雨量少、植被稀疏的地区，是保加利亚唯一的荒漠。其中最有名的

是“石林”景观——18根高7米、直径3米的笔直石灰石岩柱。在解释这一现象的诸多理论中，最盛行的观点是，含甲烷的液体向上垂直渗透到了古老的海床上，随后被细菌氧化，形成了碳酸钙质的圆柱状物。随后该地区抬升，当这些柱状物周围之地更软的多沙沉积物被侵蚀殆尽后，它们就显眼地矗立在地面上。

# 非洲

## 切比沙丘

所在地：摩洛哥东部，撒哈拉沙漠，伊尔富德。

切比沙丘是摩洛哥撒哈拉沙漠中最大的两片沙丘海之一，由风吹来的沙子构成的一座座沙丘的海洋，植被很少甚至没有。其中最高的沙丘高出周出周围的沙漠150米。切比沙丘由南向北延伸28千米，从东向西绵延7千米。7月的日间气温可高达40℃，但冬季的夜间气温有可能会降到3℃。一年中最潮湿的一个月是11月，但11月也只有10毫米的降雨量。尽管气候干燥，仍然有一些爬行动物和夜间出没的哺乳动物，比如跳鼠和耳廓狐，生活在这片沙漠中。

## 尼里荒漠

所在地：肯尼亚南部，内罗毕以南。

尼里荒漠也称为尼卡和塔鲁荒漠，位于乞力马扎罗山以北。安博塞利国家公园位于这一荒漠中，而安博塞利湖的北半湖也位于这一荒漠之中。这里的年平均降水量为350毫米，但除了4月和5月的短暂雨季，这一地区的水资源很少，只有几处泉水和河床底部有一些水。草甸和荆棘灌丛（包括一些有毒的植物）混生，构成了该地区的植被。此外，这一地区中还零星生长着一些猴面包树，有的树龄超过2000岁。它们的圆形树干往往直径达到3米。这一地区的大型哺乳动物有长颈鹿、狮子、豹子、以及体型较小的捻角羚和黑斑羚。此外，这一地区还有400多种留鸟和候鸟，包括47种猛禽。

## 马卡迪卡迪盐沼盆地

**所在地：**博茨瓦纳东北，喀拉哈里沙漠。

若干庞大的盐田，共同组成了世界上最大的盐沼之一，总面积为1.6万平方千米。苏阿盐沼、内特维盐沼、恩克塞盐沼和其他盐沼，都是一度存在的大湖马卡迪卡迪湖的残留的遗迹，这个湖泊在数千年前就已经干涸。在一年中的大多数时间中，这一地带的干涸的盐壳中几乎没有生命存在。但来自纳塔河、伯特利河和其他河流的淡水会季节性地流入盐沼，使盐沼的边缘地带长出植物，并吸引来正在迁徙的鸭子、火烈鸟和其他鸟类。一共只有两种大红鹳在非洲南部地区生存繁衍，马卡迪卡迪盐沼就是其中一种大红鹳的栖息地。

**非洲的其他沙漠**


- **阿德拉尔高原** » 参见第210页
- **喀拉哈里沙漠** » 参见第211页
- **卡鲁地区** » 参见第211页
- **纳米布沙漠** » 参见第212—213页
- **撒哈拉沙漠** » 参见第208—209页
- **白沙漠** » 参见第210页


# 亚洲

## 克孜勒库姆沙漠

**所在地：**乌兹别克斯坦、哈萨克斯坦、土库曼斯坦的阿姆河和锡尔河之间。

这一干旱地区位于阿姆河和锡尔河之间，朝着西北方向地势逐渐下降，向咸海延伸，总面积为30万平方千米。这片沙漠地带由一座座沙丘构成，偶尔会被一些丘陵地带阻断，比如布坎套山、塔姆德套山和奥敏扎套山。这一沙漠的另一大特色是存在龟裂地表：一些浅坑在雨季降雨后被水淹没，当水蒸发后干涸并形成干裂的地表。这里的年平均降雨量只有150毫米，而温度从夏季的30℃甚至更高，到冬季的-9℃变化，波动很大。

## 叙利亚沙漠

**所在地：**叙利亚南部、伊拉克西部、约旦东北部和沙特阿拉伯北部。

叙利亚沙漠覆盖着一片由真正的沙漠和草原构成的广袤地区，包括叙利亚南部和约旦东部的一片高原、以及一片地势逐渐向东北幼发拉底河方向倾斜的平原。整片沙漠地区被若干干谷隔开。在有的地区，年降雨量只有100毫米。夏季日间气温可达45℃。另外，一种名为“喀新风”的干燥、炎热的风，常常会从南面或东南面掠过这片沙漠，扬起尘暴。在这片沙漠的南部地区，居住着若干游牧民族和一些饲养阿拉伯马的人。

## 卡维尔盐漠

**所在地：**伊朗北部，德黑兰东南。

这一极端干旱的地区，从厄尔布尔士山脉东南延伸至卡维尔盐漠，绵延390千米，四周被群山环绕。尽管这一地区几乎没有什么降雨，但来自群山上的径流，会流进卡维尔布祖尔格的季节性湖泊和盐沼中，水分蒸发导致盐壳在盐沼表面形成。里格-詹恩是一片广袤的沙丘地区，夏季气温可高达50℃。卡维尔国家公园中生存着一小群极度濒危的亚洲猎豹。

## 印度河谷沙漠

**所在地：**巴基斯坦，旁遮普省西北，杰纳布河和印度河之间。

这一环境恶劣的平原面积为2万平方米。夏季白天气温高达45℃，但冬季气温会降到冰点之下。年降雨量在600～800毫米，生长着多样化的植被。抗旱的牧豆树属灌木和树木大量生长。这片沙漠中共生存着5种当地的大型哺乳动物，即印度狼、条纹鬣狗、狞猫、印度花豹和东方盘羊（一种野绵羊）。

**亚洲的其他沙漠**


- **阿拉伯沙漠** » 参见第262—263页
- **卢特沙漠** » 参见第263页
- **戈壁沙漠** » 参见第266—267页
- **卡拉库姆沙漠** » 参见第264页
- **塔克拉玛干沙漠** » 参见第264页
- **塔尔沙漠** » 参见第265页


# 澳大利亚和新西兰

## 小沙沙漠

**所在地：**澳大利亚西部，纽曼和威卢纳之间。

这一起伏不平的红色山丘地带，覆盖着11万平方千米的土地。金合欢树和耐旱的刺草构成了这片地带的主要植被。这片沙漠不时被古老沙岩构成的峭壁悬崖截断，比如卡尔弗特山岭。这片沙漠北部是失望湖，一个只有在潮湿的季节才能蓄水的内流盐湖。

**澳大利亚和新西兰的其他沙漠**


- **吉布森沙漠** » 参见第298页
- **大沙沙漠** » 参见第295页
- **维多利亚大沙漠** » 参见第299页
- **尖峰石阵** » 参见第298页
- **辛普森沙漠** » 参见第296—297页


◀马卡迪卡迪盐沼盆地

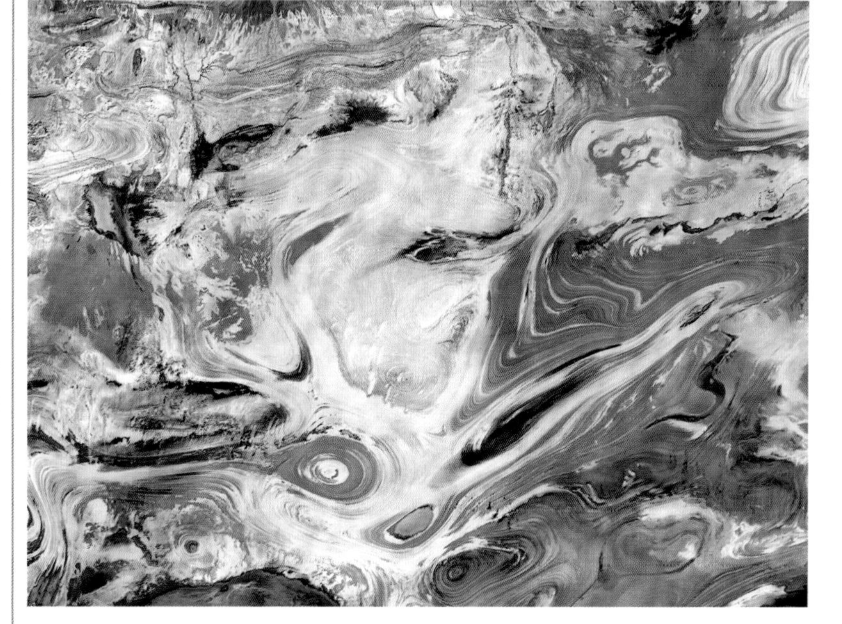

▲卡维尔盐漠的盐沼

# 术语表

**渣块熔岩**：一种表面粗糙的玄武质熔岩，其粗糙的表面由熔岩碎块或熔渣构成。参见：块状熔岩；绳状熔岩。

**消冰▼**：冰川上的冰由于融化、蒸发、升华、崩解或风力侵蚀而损耗。冰川的消冰区是由于上述过程而导致冰量净损耗的地区。参见：积冰区。

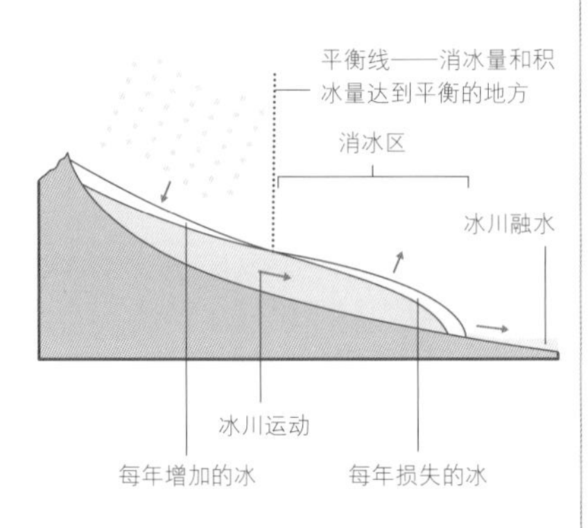


**深海**：指的是大陆坡下的深海海底及其周边环境。深海区是介于水下2000米以下和深海平原之间的海水层，它比次深海区更深，但没有深海沟那么深。参见：次深海；深海沟。

**深海平原**：大陆坡下的相对平坦、覆盖着沉积物的平原。深海平原构成了大绝多数海洋的海床，位于水下4000～6000米深的深海中。参见：大陆坡。

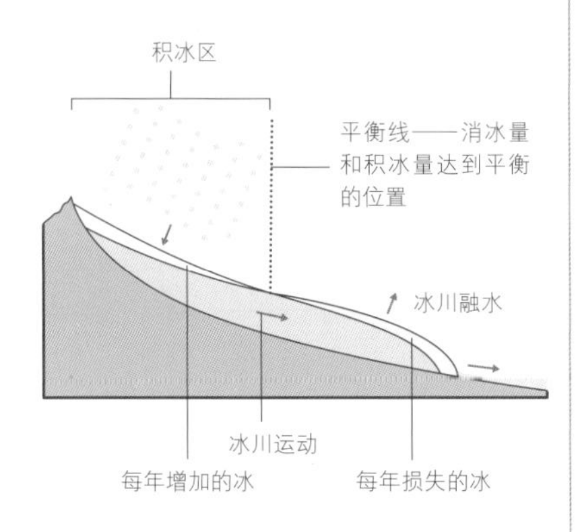


**积冰区▲**：冰川中降雪量超过由于融化、蒸发、升华、崩解或风力侵蚀而损失的冰雪的区域。参见：消冰。

**酸雨**：含有溶解的酸性物质的降水(雨或雪)。由于雨水中含有二氧化碳，绝大多数雨水略呈酸性。但大气污染或火山喷发释放出来的气体，能让雨水的酸性变得更强。

**平流雾**：潮湿空气从较冷的下垫面上经过时形成的一种雾，在海面上或陆地上均能形成。参见：辐射雾。

**悬浮微粒**：悬浮在空中的微小颗粒，可以是尘埃或液体，通常直径不超过百万分之一毫米。

**气团**：一团形成于地球表面区域、具有相对统一的特性、不同于其周围气团的空气，如极地海洋气团、热带海洋气团。

**反射率**：地球表面反射太阳入射辐射的百分比。比如，新雪能反射90%的阳光，那么其反射率为0.9。

**冲积土层**：沙子、泥沙、泥浆、沙砾和有机物等河流沉积物，这些沉积物有可能富含矿物质。参见：沉积层。

**冲积扇**：河流或溪流中形成的锥形沉积物。陡峭下流、富含沉积物质的水流从山间奔流到平原上时，常常会形成冲积扇。参见：冲积层。

**冲积层**：河流沉淀下来的沉积物质，包括沙子、泥沙、泥浆、沙砾和有机物。积累多层的冲积层称为“冲积土层”。参见：冲积土层；冲积扇。

**背斜**：最古老岩层位于中心的成层岩中出现的褶皱，背斜层是大规模水平挤压造成的。参见：褶皱；向斜。

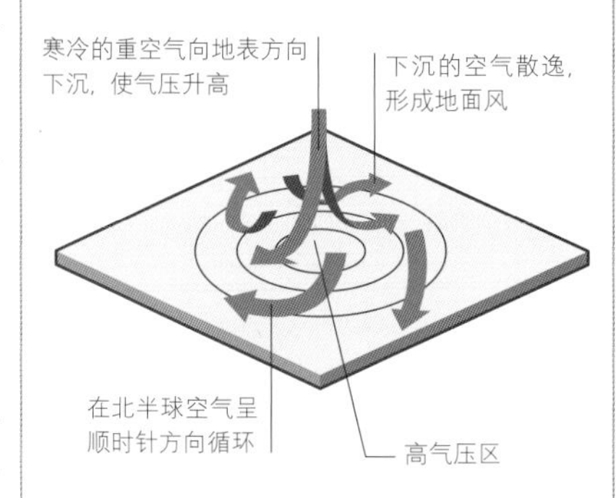


**反气旋▲**：中央区域气压最高的一种天气系统。在北半球反气旋中，风围绕着反气旋呈顺时针方向循环，南半球反气旋则呈逆时针方向循环。参见：气旋；气压系统。

**地下蓄水层▼**：一种可以从中抽出地下水的可渗水的地下岩层。参见：地下水。

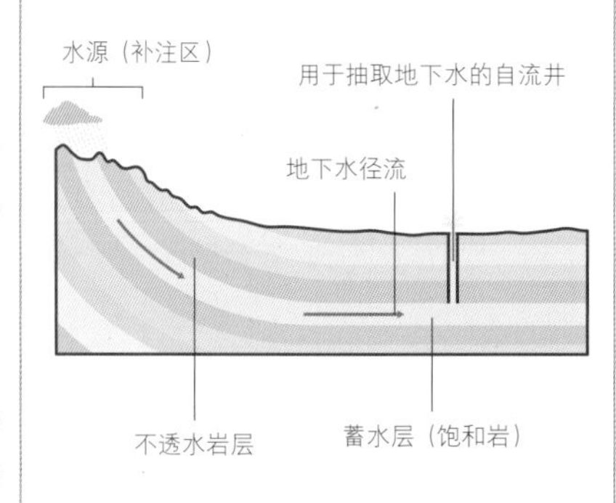


**群岛**：一系列或一连串岛屿。参见：弧形列岛。

**刃岭▼**：隔开两片冰斗地带的山顶陡峭的山脊。参见：冰斗。

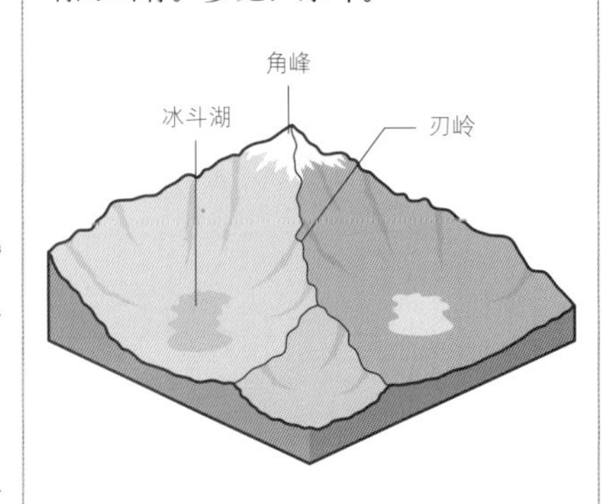


**软流圈**：上地幔中的黏性圈层，位于坚硬的岩石圈下。这一圈层中的岩石以固体状态缓慢移动，是地壳构造板块活动的关键因素。参见：岩石圈(图)；地幔；地壳构造板块。

**不对称褶皱**：轴面倾斜的褶皱，倾斜方向与较平缓的褶皱侧翼相同。参见：背斜；褶皱（图）；向斜。

**大气层**：包围地球的气态层。大气层由对流层、平流层、中间层和电离层组成。参见：平流层；对流层。

**环礁▼**：环状的珊瑚岛，或者一圈小型珊瑚岛，环绕着一个潟湖。环礁是随着珊瑚礁在下沉的火山岛周围的浅水中积累而形成的。参见：珊瑚礁；裙礁。

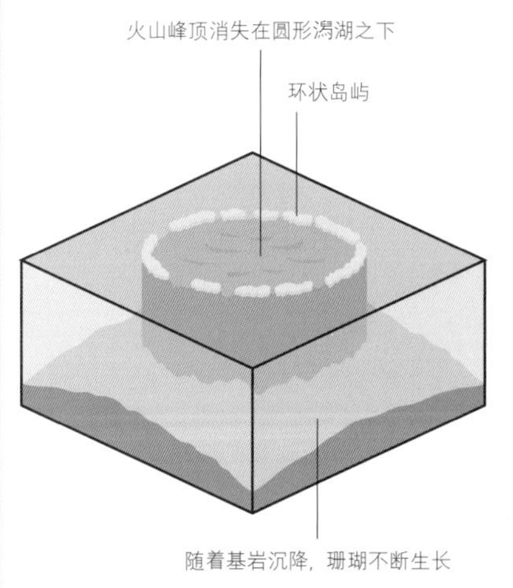


**接触变质带**：火成岩侵入体周围地带的岩石区，该岩浆侵入区的组成、结构或质地都已发生热变质或变质。参见：围岩；侵入火成岩；变质作用。

**极光**：在一年中的某些时间，在某些纬度地区肉眼可见的色彩绚丽的光束。极光是来自太阳的高能量粒子和地球磁场互相作用而形成的。北半球的极光称为北极光；南半球的极光称为南极光。

**弧后盆地**：形成于两个地壳构造板块汇聚处附近的岛弧后的海底盆地。参见：岛弧。

**后滨**：高于平均高潮位线的海岸区域。这一地区只有在出现风暴或最高潮汐时才会被海水覆盖。参见：前滨。

**回流**：波浪在岸边破碎后，海水从滩涂上回冲到大海中。

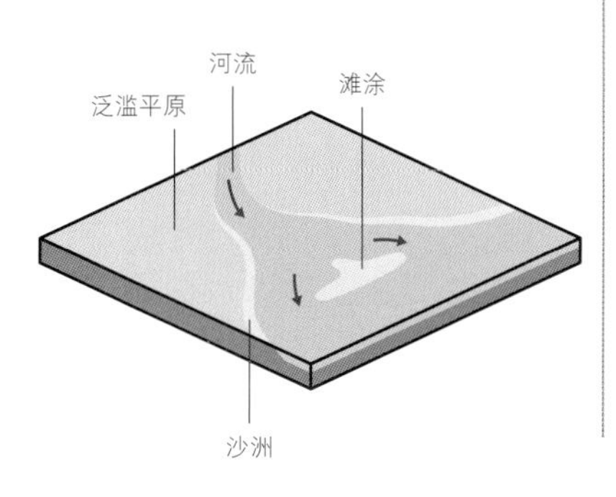


**沙洲▲**：一片由河流或海洋沉积的沙砾或沙子构成的沉积物带。沙洲有可能在低潮时露出水面，也可能永远沉没在水下。参见：障壁沙洲；沿岸沙洲；河曲沙洲。

**新月形沙丘**：沙漠中在风力作用下形成的一种新月形的沙丘。其坡度更陡的一侧或滑落面，位于沙丘的凹面。参见：沙丘（图）。

**障壁沙洲**：大致和海岸线平行的沿岸沙洲，由沙砾和沙子构成。其表面低于平均海平面。参见：障壁岛；沿岸沙洲。

**障壁岛**：大致和海岸线平行的狭长岛屿，由沉积物构成，其表面通常露出在水面之上。参见：障壁沙洲；沿岸沙洲。

**玄武岩**：一种常见的细颗粒或玻璃质的火山岩，通常源于凝固的熔岩。洋壳由玄武岩构成。玄武岩质熔岩也会在陆地上喷发出来。参见：喷出火成岩；泛布玄武岩。

**盆地**：陆地上或海洋中地势低洼的地区，在盆地中常常积累沉积物。参见：流域。

**岩基**：一块庞大的火成岩侵入体，宽达100千米甚至更宽，源自地下深处。尽管岩基形成于地下深处，但受到侵蚀后有可能会露出在地表上。参见：火成岩侵入体（图）。

**次深海**：指的是介于200～2000米深的海洋区域。次深海区没有深海区深。参见：深海。

**湾口沙洲**：延伸贯穿湾口的沙嘴或沙洲。参见：障壁沙洲；沙嘴。

**滩涂**：见下图。

**滩面**：滩涂受到波浪拍击的倾斜区域，也称为“前滨”。参见：滩涂（图）；冲流。

**层理**：若干沉积岩层最初的排列次序，一层位于一层之上。参见：层理面；沉积岩。

**层理面**：将一层沉积岩与其上层或下层沉积岩隔开的平面。参见：层理；沉积岩。

**冰河上端的裂隙**：当冰川上移动的冰脱离冰壁时，形成的深深的裂缝或裂隙。参见：冰裂隙（图）；冰川。

**滩涂：**

滩涂是沿着海岸、湖岸或河岸积累沙子、沙砾、贝壳碎片或其他沉积物的区域。随着潮汐和波浪作用沉淀、带走沉积物，海滩处于不断变化之中。每一片滩涂都有高于或低于水位的清晰轮廓。潮间带位于高水位线和低水位线之间。

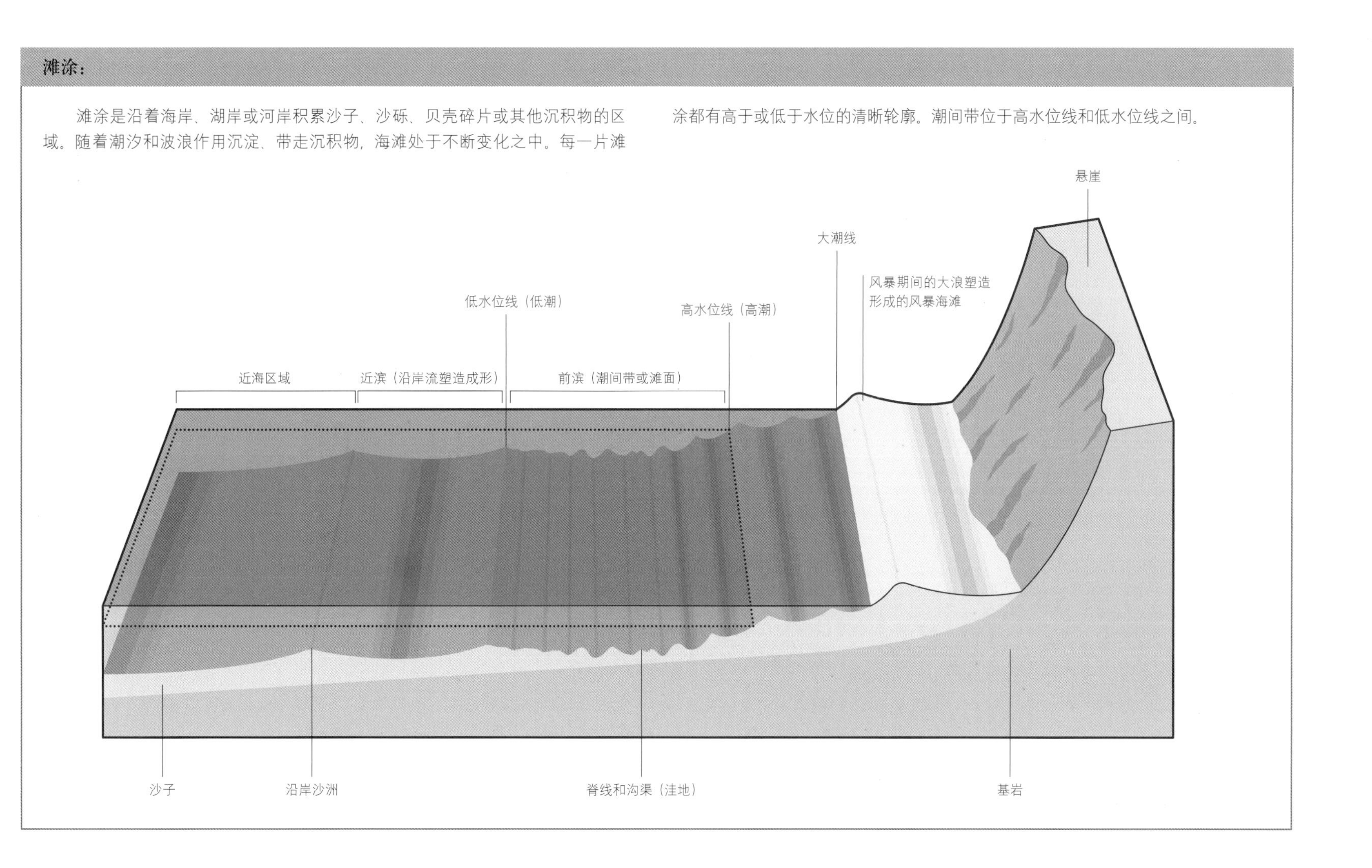

**海滩阶地**：一片海滩上部的碎石滩，位于滩面之上，通常标志着最高的高潮所抵达的位置。参见：滩面。

**生物多样性**：一片地区或生境中动植物活体的多样性。

**生物发光**：生物活体发出的光。能够发光的生命有机体包括一些细菌、真菌、头足类动物、水母和鱼类等。

**生物群系**：大规模的生物群落，主要根据其植被情况定义，比如热带雨林、温带草原、北方针叶林和苔原。

**海底黑烟柱**：深海热液喷口，从中流出的烫热的地下水被深色的矿物质——大多数是硫化铁——染黑了。参见：深海热液喷口；海底白烟柱。

**块状熔岩**：一种表面覆盖着有棱角的、侧面光滑的岩石碎块的火山熔岩。这种熔岩一般在凝固后会形成安山石。

**石海**：一个遍布碎石的地区，也称为“felsenmeer”（石海）。

**酸沼**：一片堆积泥炭的湿地。酸沼是酸性的，营养匮乏，土壤几乎由死亡的植物物质构成。参见：沼地；草本沼泽。

**涌潮**：参见：涌潮（tidal bore）。

**北方**：一个用以描述北半球位于北极圈和温带地区之间的区域的术语，比如，欧亚北方森林。

**岩瘤**：一种火成岩侵入体，其水平截面大致呈环形。参见：火成岩侵入体。

**板块边界**：见下图。

**微咸水**：盐含量低于海水、高于淡水的水。

**辫状河**：河水在若干浅浅的水道中流淌，且水道不断分开、重新汇合的河流。这样的辫状河在不少冰川的下游都很常见。参见：冰川；融水。

**破浪带**：击碎波浪的一段滩涂。参见：滩涂（图）；滩面；冲流。

**角砾岩**：一种由矿物和其他岩石的有棱角的碎屑构成的沉积岩。

**阔叶的**：描述长着宽大叶片的树木的术语，以和“针叶的”相区别。常见的阔叶树有栗树、枫树和橡树等。参见：针叶的；落叶的；常青的。

**卡廷加群落**：一种多荆棘的森林，位于巴西东北部的半干旱地区中。

**方解石**：一种常见的透明或不透明的碳酸钙矿物。

**破火山口**：碗状的巨大火山洼地，通常直径超过1千米。当火山塌陷、倒在之前由于火山爆发而被清空的岩浆库中时，就会形成破火山口。参见：岩浆库；火山（图）。

**裂冰作用**：大冰块脱离原来的冰川或冰盾落入湖泊或海洋中的过程。参见：冰川；冰盾。

**林冠**：森林中长得最高大的树木的树冠，能得到充足阳光。林冠可以是郁闭型的，即树冠彼此接触形成连贯的一片，也可以是开放型的。参见：雨林。

**峡谷**：幽深、陡峭、相对狭窄的山谷。参见：山峡。

**集水区**：通过一条河流及其支流排水的全部地区。参见：流域盆地；分水岭。

**塞拉多草原**：一种零散生长着小型树木和灌丛的稀树草原，大多数位于巴西中部。参见：稀树草原。

**火山渣锥**：由火山灰、火山渣或火山熔岩块（粗糙、不规则的熔岩碎块）构成的陡峭的火山，也称为“火山灰烬锥状物”。参见：火山（图）。

## 板块边界

两个或两个以上地壳构造板块之间的边缘，称为“板块边界”。在离散边界（建设性板块边界），两个板块相互分离，形成断裂带。岩浆从断裂带下方的地幔中上涌，从长长的裂隙中喷出。当两个板块相互碰撞时，就会形成汇聚边界（破坏性板块边界）。在该区域，洋壳推挤陆壳，并被推到陆壳之下，这一过程称为“俯冲”。陆壳常常隆起，形成山脉，而向下俯冲的地壳则形成了深海沟。在俯冲区之上会形成火山。当两个板块相互推挤、平移经过彼此时，就会形成转换边界。尽管没有岩浆涌到地表上，但在转换断层附近常常会出现地震。

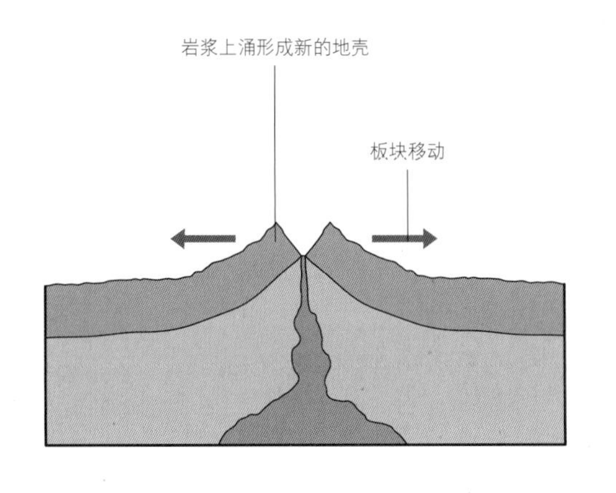

离散边界（建设性板块边界）

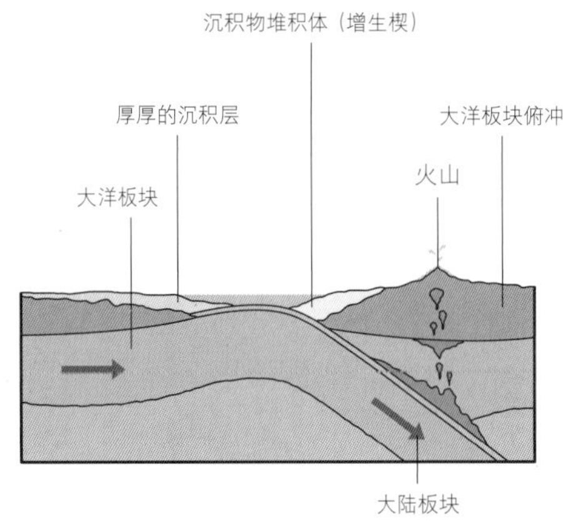

汇聚边界（破坏性板块边界）

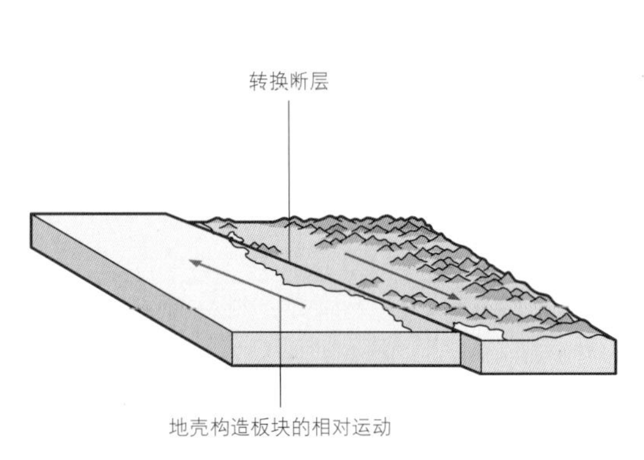

转换边界（稳定板块边界）

**冰斗▼**：位于谷源或山腰的四周陡峭的洼地，是冰川刨刻而形成的。很多冰川源出山上的冰斗，它们从冰斗开始流向海拔更低的地方。参见：冰川。

**冰斗冰川**：发育于冰斗中、并大多被局限于冰斗中的冰川。如果冰斗冰川向前推进得足够远，有可能发展为山谷冰川。参见：冰斗；冰川；山谷冰川。

**碎屑岩**：沙砾、沙子或其他沉积物的碎屑并入另一较新的岩石中。比如，沙岩是由许多沙质的碎屑岩构成的。参见：颗粒。

**黏土**：一种含有矿物颗粒的土壤，其矿物颗粒的直径小于0.002毫米。黏土是多孔渗水的，但水分流经黏土的速度很慢。

**云雾林**：常常被云雾笼罩的潮湿森林。云雾林一般出现在高山上。

**寒漠**：由于海拔高或纬度高、一年中至少有部分时段极端寒冷的沙漠，比如南极洲的沙漠和戈壁沙漠。

**冷凝**：某种物质从气态变成固态的转换过程。当水汽冷凝、形成微小的水滴时，会形成云。

**汇流点**：两条溪流、河流或冰川汇合之处。

**针叶**：一个用以描述结球果的树木的术语。冷杉和松树都是常见的针叶树。

**稳定板块边界**：两个地壳构造板块沿着相反方向或以不同速度彼此滑过的板块边缘地带。参见：板块边界（图）。

**建设性板块边界**：参见：离散边界。

**接触变质作用**：极其炽热的入侵火成岩改变其周围围岩的形态的过程。参见：围岩；火成岩侵入体（图）；变质岩。

**陆壳**：主要由沉积岩和变质岩构成的圈层，陆壳构成了大陆和靠近大陆边缘的相对较浅的海域。参见：大陆架；地壳；洋壳。

**大陆分水岭**：一片大陆的流域分界线。位于这一分水岭两侧的水流，将分别排入不同的大洋或海洋中。参见：分水岭。

**大陆边缘**：将薄薄的洋壳和厚厚的陆壳隔开的海底区域。大陆架、大陆坡和大陆隆共同构成了大陆边缘。参见：大陆架；大陆坡。

**大陆隆**：大陆坡中最低的部分，邻近深海平原。参见：深海平原。

**大陆架**：海岸和大陆坡之间的位于水下的、坡度平缓的陆壳部分。参见：地壳。

**大陆坡**：介于大陆隆和大陆架之间的有坡度的海底。参见：大陆隆；大陆架。

**对流**：各种气体、液体和熔融岩石由于温度差异而产生运动，例如，空气从较热的地面上方经过之后，被加热而上升到高空中。

**汇聚边界**：两个或两个以上彼此靠近并相互碰撞的地壳构造板块之间的边界，汇聚边界会形成俯冲带或导致大陆碰撞。参见：板块边界（图）；俯冲；地壳构造板块。

**珊瑚虫▼**：一种生活在海洋中的无脊椎动物。一大群珊瑚虫常常聚集在一起，它们会分泌出碳酸钙质的骨骼、支撑自己的身体。这些珊瑚大量积聚、最后形成珊瑚礁。参见：珊瑚礁。

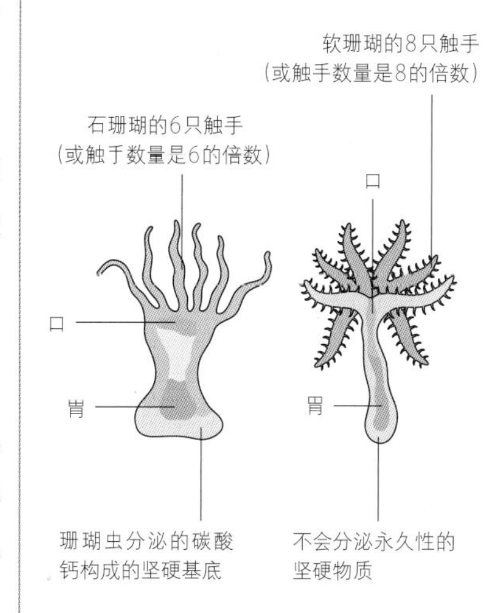


**珊瑚白化▼**：赋予珊瑚色彩的藻类（虫黄藻）离开珊瑚的身体组织、随后珊瑚变白的过程。导致珊瑚白化的一个主因是，海洋温度大幅升高。白化的珊瑚未必已经死亡了，但白化能导致珊瑚走向死亡。

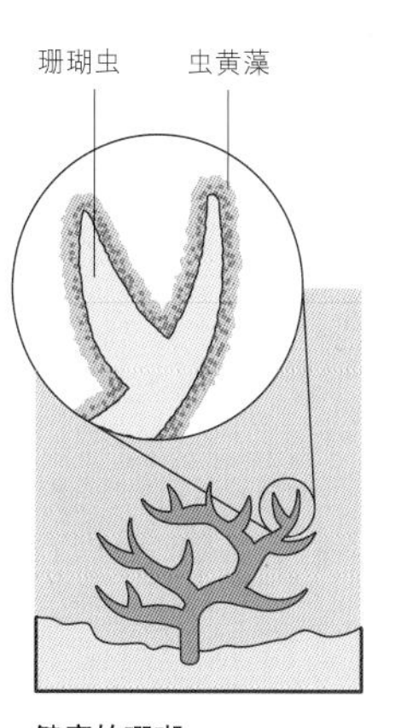

健康的珊瑚

白化的珊瑚

**珊瑚礁▼**：大量珊瑚虫的骨骼经过多年积累而形成的结构，包括裙礁、堡礁和环礁等。

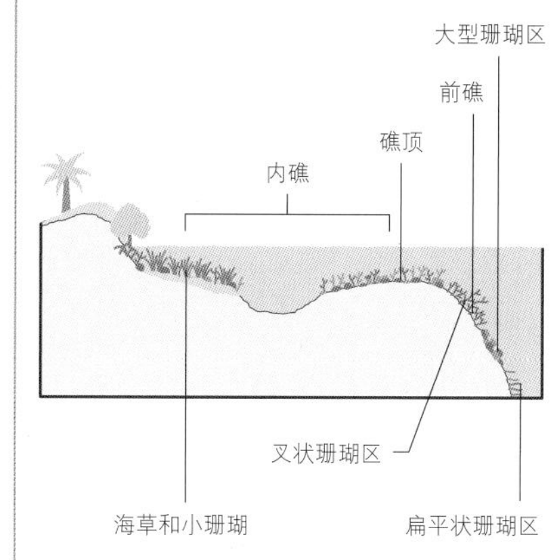


**地核**：地球最里面的一层，由固态的内地核和液态的外地核共同组成，两者都是由镍铁构成的。

**科里奥利效应**：风和水流的方向发生偏转的倾向。地球的自转使风在北半球向右偏转，在南半球向左偏转。如果没有科里奥利效应，那么空气就会从高气压区直接流向低气压。参见：反气旋；气旋。

**腐蚀**：一种水溶解岩石中的矿物质并将它们冲走的化学侵蚀形式。

**围岩**：被火成岩侵入体入侵的已存在岩石。参见：火成岩侵入体。

**火山口/陨石坑▼**：一种碗状洼地是火山口，火山经由火山口喷发出各种气体、熔岩、火山灰或火山弹。另一种碗状洼地是陨石撞击地面而形成的陨石坑。

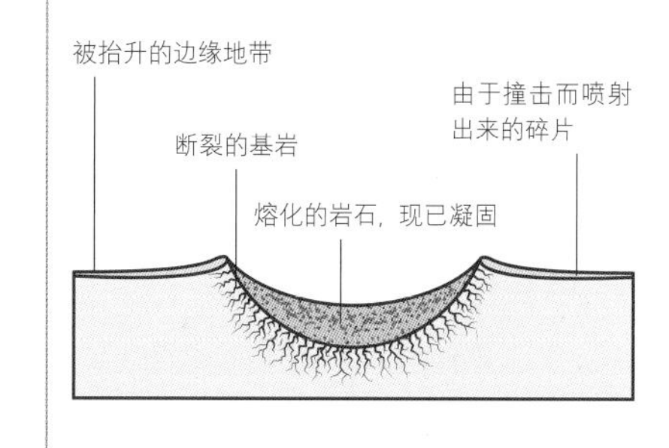


**新月状沙丘**：参见：新月形沙丘。

**冰裂隙**：见下页图。

**地壳**：由岩石构成的地球最外层。各片大陆及其边缘地带是由相对较厚、但密度较低的陆壳构成的，而相对较薄、密度较高的洋壳，位于深海床之下。参见：陆壳；洋壳。

**冻融扰动作用**：反复冻融导致不同的土壤层被搅拌翻动的过程，也称为“冻搅作用”。

**晶体**：单体分子以有规律的几何图案排列的固体。例如，方解石和石英都会形成晶体。

**水流**：江河湖海中水的流动。

**气旋▼**：一种风沿着低压区周围循环的天气系统。“热带气旋”是“飓风”或“台风”的别称。参见：反气旋；飓风；气压系统。

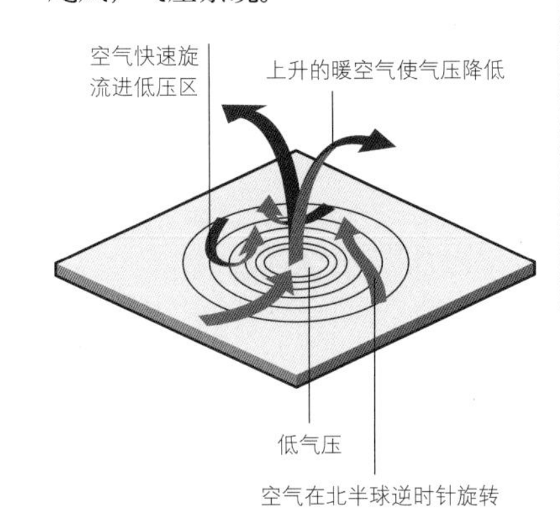


**落叶**：用以描述树叶在每年特定时期死亡并掉落的树木的术语。参见：针叶；常青。

**深海扇**：海床上的扇形沉积物，通常是浊流在大陆坡的底部沉淀下的，也称为“海底扇”。参见：浊流。

**深海沟**：海底的类似峡谷的凹陷地带。在一个俯冲带，当一块构造板块推挤到另一块构造板块之下时，就会出现这样的海沟。它们是海洋中最深的区域。参见：边界（图）；俯冲。

**变形**：由于地质活动产生的压力而导致岩石的形状发生改变。

**三角洲**：河流流入大海或湖泊时，形成的坡度平缓的区域，其上覆盖着河流带来的泥沙、沙子和其他沉积物。

**树枝状水系**：一片流域盆地中类似树木细枝和粗枝形状的若干溪流和河流。参见：流域盆地。

**沉积物**：河流、洋流、流冰或风所沉积下的泥沙、沙子、沙砾和其他沉积物。

**沉积质海岸**：有沉积物沉积的海岸，这些沉积物可能源自沿岸泥沙流或河流及三角洲沉淀下来的沉积物。参见：沿岸泥沙流。

**低气压**：风围绕一个低气压区域旋转的天气系统，也称为“气旋”。参见：气旋；气压系统。

**荒漠砾幂▼**：荒漠中由密实的岩石碎屑构成的地面表层。

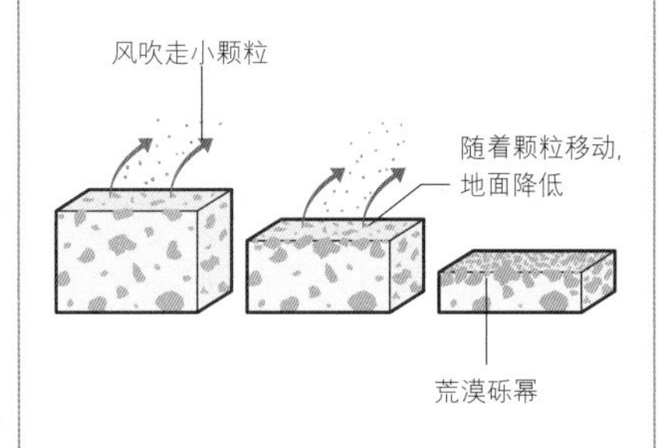


**沙漠岩漆**：有时能在暴露于空气中多时的沙漠岩石表面发现的一种光滑的橘黄色、棕色或黑色薄膜状物质。

**沙漠化**：从前肥沃的地区转变成沙漠的过程。

**破坏性板块边界**：参见：汇聚边界。

**露点**：空气中的液态水在一定条件下开始冷凝的温度。参见：冷凝。

**岩墙**：一片与地表垂直或与地表构成陡峭角度的入侵火成岩。一片地区中的大量岩墙总称为“岩墙群”。参见：玄武岩；火成岩侵入体；岩席。

**支流**：从主河道中流出，且之后不再和主河道相连的河流分支，比如在一片三角洲中的各条支流。

**离散边界**：两个或更多地壳构造板块相互分离之处的边界线，比如位于大洋中脊的离散边界。参见：板块边界（图）；大洋中脊（图）。

## 冰裂隙

冰裂隙是冰川或其他冰体中深深的裂缝。冰裂隙通常是在某些区域的冰比其他区域的冰移动速度更快，从而导致冰体裂开的时候形成的。当一条冰川的流动方向发生改变，或冰川经过不平整的地形，比如岩脊，就会出现这样的冰裂隙。冰裂隙的顶部区域通常比底部区域更宽。

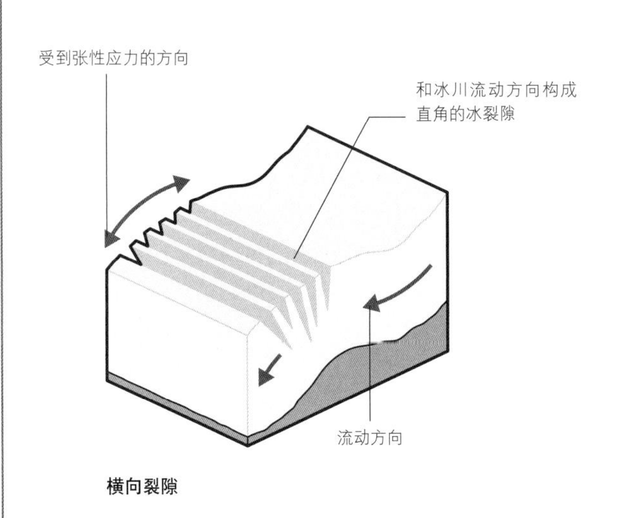


横向裂隙

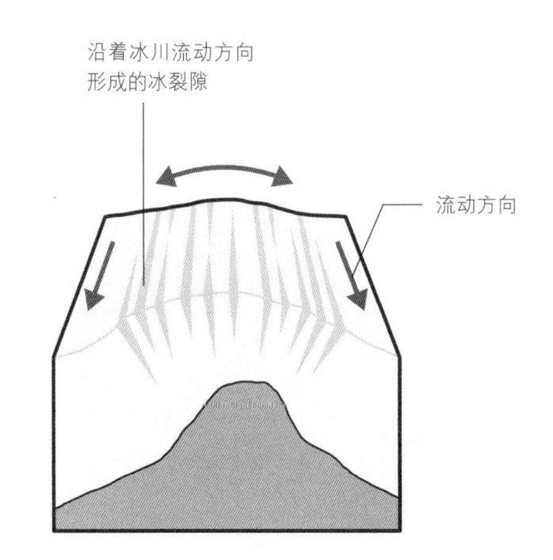


纵向裂隙

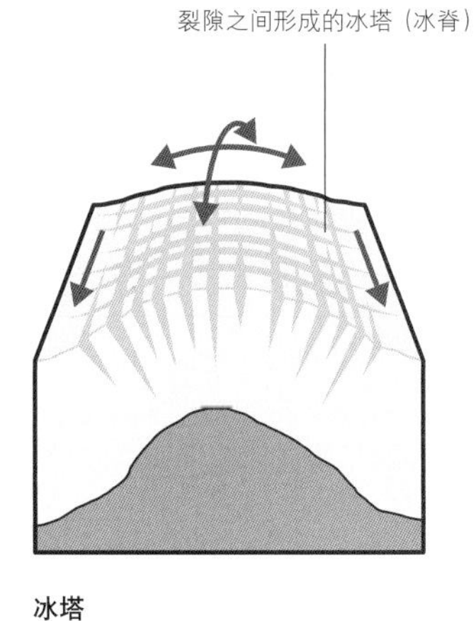


冰塔

**斗淋**：参见：落水洞。

**穹形火山**：四壁陡峭的丘形火山。其形状是熔岩黏滞的特性所决定的，由于喷出的熔岩较为黏滞，因而无法从喷火口流到太远的地方。参见：火山（图）。

**流域盆地**：来自雨水、冰雪融水或冰的所有地表水，都通过某一单一的河川系统排走的地区。参见：集水区；分水岭。

**溺谷型海岸**：一片由于海平面上升而被海水淹没的海岸。这样的海岸的地貌特征包括溺谷（或溺湾）。参见：地壳均衡说；溺湾。

**鼓丘**：冰川退缩后留下的流线型的沉积物构成的小丘。

**干燥林**：生长在以干燥气候为主的地区的树林。

**沙丘**：见下图。

**动力变质作用**：主要由定向压力或直接应力引起的岩石形状改变，而不是高温或化学作用导致的岩石形态的改变。

**生态区**：拥有特定的生物种群、生物群落或生物环境的大片地区。

**生态系统**：一个由相互影响的生命体及其环境构成的群落。小至一块腐烂的原木，大至整个地球，都是独立的生态系统。

**涡流**：水中或者空气中任何规模、任何速度的旋转运动。参见：旋涡。

**埃克曼螺旋**：深海洋流在接近水面时改变方向、风接近地面时改变风向的态势。参见：科里奥利效应。

**厄尔尼诺现象**：来自西太平洋的温暖海水向东流动，使东太平洋的海水比平时更温暖，并导致全球气候出现变化的天气模式。参见：拉尼娜现象。

**露生的**：用以描述那些生长得高于林冠高度的森林树木的术语。参见：林冠。

**上升海岸**：如果在一片海岸地带，以前淹没在水下的种种地貌特征（比如滩涂和浪蚀台）由于海平面下降而露出水面，这样的海岸就称为“上升海岸”。

## 沙丘

沙丘是在沙漠中、河床上或海岸、湖滨附近堆起的由沙子构成的小丘。沙丘是在风力作用或水力作用的影响下形成的。不同沙丘的形态、规模各异，具体取决于沙丘是如何形成的。对于沙漠中的沙丘来说，如果盛行风通常从一个方向吹来，就会形成新月形沙丘或抛物线形沙丘。如果风向多变，就会形成线形沙丘或星形沙丘。沙丘有可能会移动、迁移若干千米，最后受到植被控制而趋向稳定。

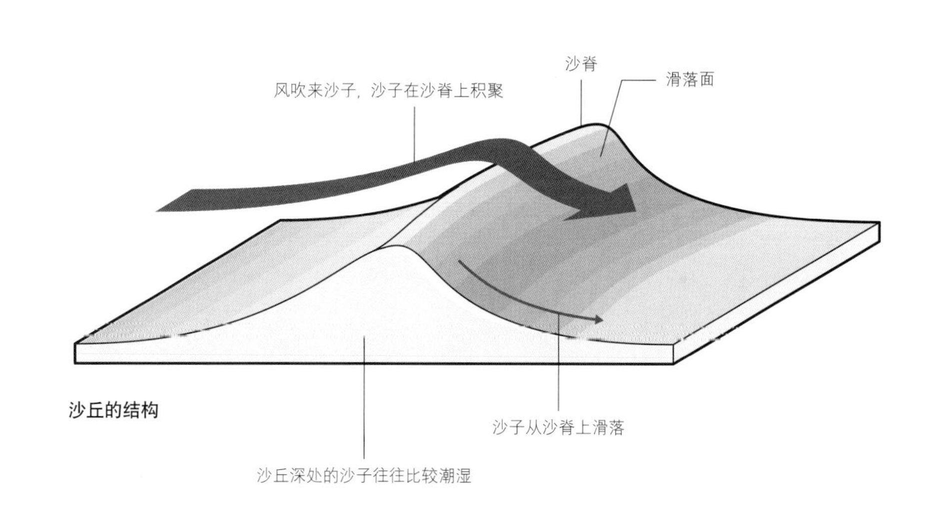


沙丘的结构

沙丘类型

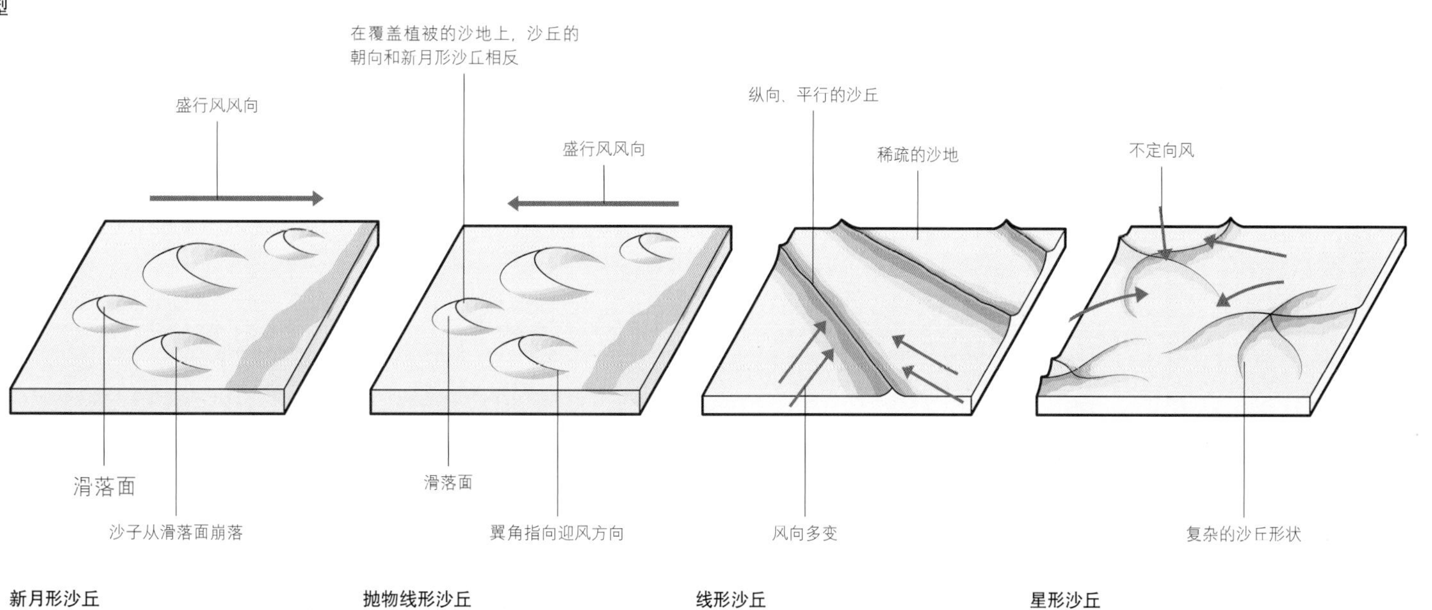


新月形沙丘　抛物线形沙丘　线形沙丘　星形沙丘

## 火山喷发

从火山中排放出气体、熔岩、火山灰或火山弹的过程，称为“火山喷发”。火山喷发有多种不同的类型，包括夏威夷式火山喷发、普林尼式火山喷发、斯特隆博利式火山喷发、苏赛特式火山喷发和武尔卡诺式火山喷发。根据火山喷发类型的不同，从火山主喷火口中会喷射出熔岩、火山尘、火山灰或火山碎屑构成的火山弹；而从次喷发口或火山喷气口中，会喷发出烟雾和蒸气。

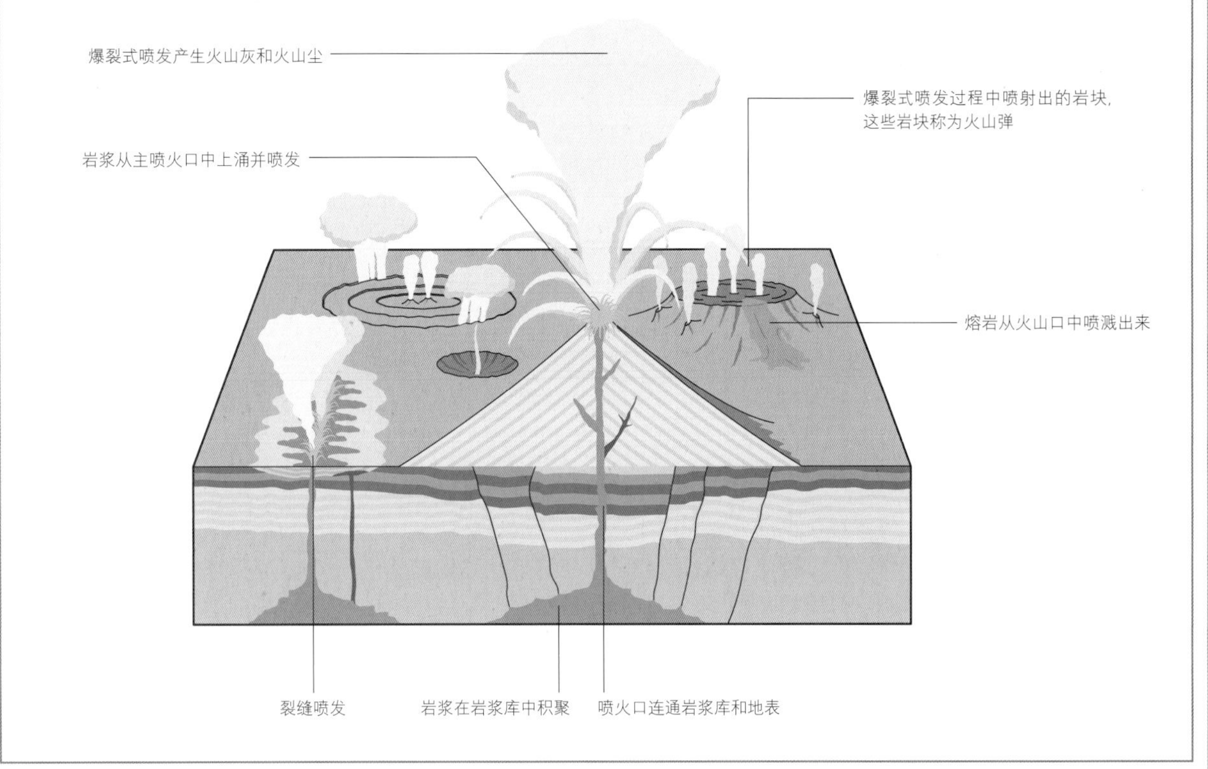


**特有**：用以描述在某一地区土生土长、其他地方均无发现的动植物的术语。

**内流**：用以描述没有流进更大水体的排水道的流域或湖泊的术语。

**短暂**：暂时性的，比如只在雨季存在的水体。

**附生植物**：生长在其他植物上的非寄生植物。

**沙质荒漠**：荒漠中的大片没有植被的沙地。

**侵蚀作用**：流水、流冰、风、沙粒以及它们所携带的其他颗粒，刮擦、磨损地表上的岩石或土壤的过程。参见：风化作用。

**侵蚀海岸**：沙子、沙砾和其他沉积物被自然力量清除殆尽的海岸。

**漂砾**：被冰川带离原来位置、运积到别处的小块岩石。参见：冰川。

**火山喷发**：见左图。

**断崖▼**：位于高原边缘或一片露出地表之外、坡度较为平缓的地层边缘的陡坡。断崖隔开了两片相对平整、但处于不同海拔高度的地区。断崖也称为“scarp”(断崖，陡坡)。

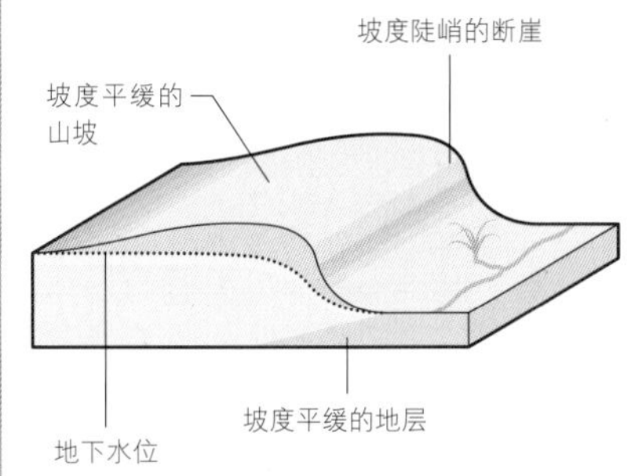


**蛇形丘**：冰川留下的一片长长的、通常蜿蜒伸展的沙砾或沙子构成的垅岗。蛇形丘标志着以前冰川中或冰川下的融水沟渠的所在位置。参见：冰川；融水沟渠。

**河口**：河流宽阔的下游地带，河流自

## 断层

两侧岩石相对于彼此移动、且往往在地壳中延伸若干英里的破裂面称为“断层”。在正断层和逆断层中，一部分地壳相对于另一部分地壳下滑或隆起。而在平移断层中，一部分地壳从另一部分地壳旁边滑过，很少发生或没有发生垂直移动。在逆冲断层的形成过程中，当较古老的岩石逆冲向较年轻的岩层时，往往伴随着巨大力量的介入。

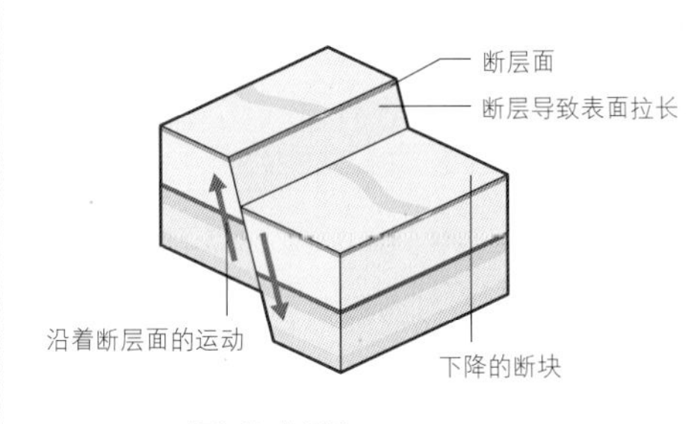


正倾向滑动断层

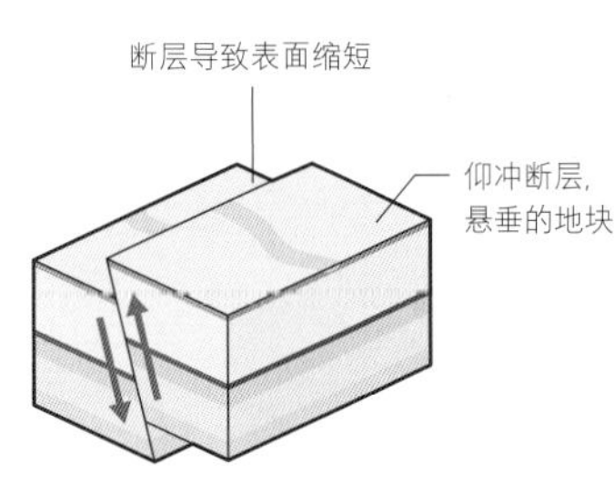


逆冲倾向滑动断层

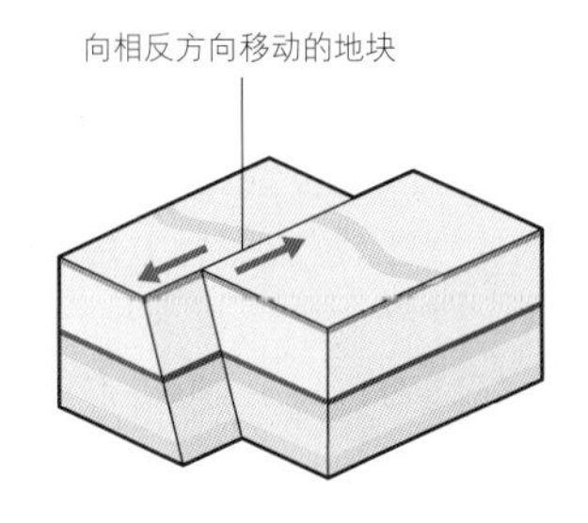


平移断层

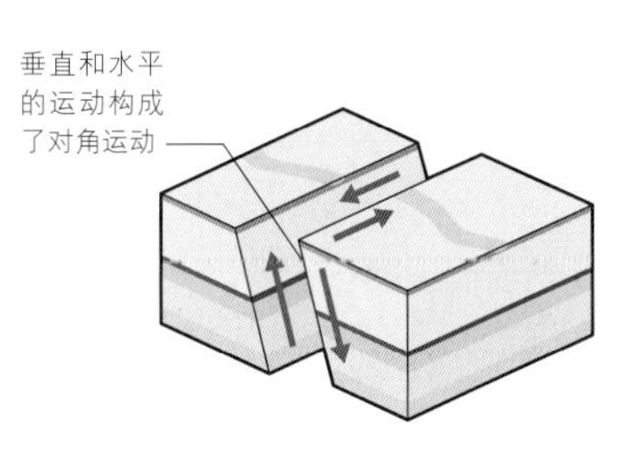


斜滑断层

河口地带流入海洋中。河口是潮汐流的发生地，也常常是沉积带的所在地。

**海面升降**：全球海平面的高低变化，是各个海洋中海水水量变化而引起的。这一变化通常应归因于地球上冰盾体量的改变。

**富营养化**：湖泊和其他水体中各种营养物质大幅增加的过程，这些营养物质来自于肥料。

**蒸发盐**：盐湖或潟湖蒸发时形成的沉积物。方解石、石膏和岩盐都是蒸发盐。

**常青**：用以描述全年长有叶片的树木的术语。参见：落叶。

**页状剥落**：岩层成片脱落而非颗粒状脱落的风化过程。

**页状剥落丘**：一些穹形的大型岩体，例如花岗岩岩体，是岩石页状剥落而形成的。参见：页状剥落。

**喷出火成岩**：当岩浆抵达地表且快速冷却、凝固时形成的岩石，例如玄武岩和流纹岩。参见：侵入火成岩。

**固定冰**：与海岸固定在一起的冻结的水。高出海平面2米以上的固定冰称为“冰架”。参见：冰架。

**断层**：见左页图。

**沼地**：主要依赖地下水渗透获得水分的湿地。沼地的土壤几乎由死亡的植物物质构成，比如泥炭。

**风区长度**：开阔水面上，一股波浪或或一阵风所能穿越的距离。

**峡湾**：海岸上的一片地带，以前曾是一片冰川谷，现在由于海平面上升而被淹没在水下，并变成了一个海湾。

**裂缝喷发**：从有可能长达数千米的线状喷火口中喷发熔岩的现象。参见：火山喷发（图）。

**闪点**：过热水变成蒸气的温度。

**山洪**：在暴雨后突然发生的、往往具有破坏性的洪水。

**泛布玄武岩**：火山大规模喷发，以玄武岩覆盖广袤地区的产物。参见：玄武岩。

**泛滥平原**：沿着河流分布的一片平坦地区，当河流中的水量特别大时，这片地区易于被河水淹没。参见：冲积层。

**流石**：一种出现在溶洞岩壁上和地面上的碳酸盐矿物（如：方解石）层。一些矿物会从流水中沉淀出来。参见：方解石；沉淀物。

**雾**：在接近地表处悬浮于空中的大量水滴（或冰晶）。参见：辐射雾。

**褶皱**：见下图。

**叶理**：变质岩中的矿物平行排列、形成若干层次的一种面状构造。

**前滨**：从平均高潮位线到低潮位线间的海岸区域。参见：滩涂（图）；滩面。

**叉状闪电**：风暴中形成分叉的云对地放电。参见：片状闪电；闪电。

**化石**：埋在岩石中、并以石化形式保存下来的古代动物或植物的遗骸或遗迹。

**化石燃料**：一种源于埋在地下、死亡已久的动植物遗骸的能源，比如煤炭、天然气或石油。

**化石化**：转变成化石的过程。

**裙礁**：一种珊瑚礁。裙礁的礁石和海岸之间不是没有潟湖就是潟湖很浅。参见：环礁；珊瑚礁。

**前锋▼**：在气象学中，指气团向前移动的锋面。参见：气团。

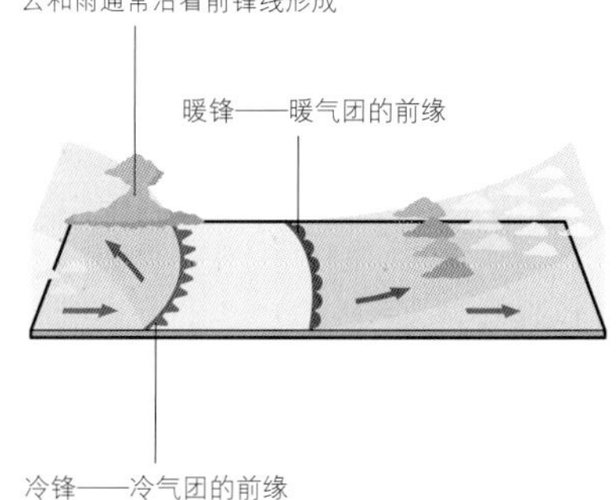


**火山喷气孔**：火山区域中的地面上的小开口。蒸气和炽热的气体从喷气孔中散逸出来。

**龙卷风漏斗**：从云层中下降的快速旋转的管状气流。如果它的底端接触到了地面，就会变成龙卷风。参见：龙卷风。

**晶洞**：岩石中内衬有晶体的空腔。

## 褶皱

一度水平的岩层发生折曲、弯曲而形成的地质构造称为“褶皱”。当岩石受到拉伸和压缩时就会形成褶皱。如果岩层向上弯曲形成脊状，那么这一褶皱称为“背斜”。如果岩层向下弯曲形成地槽，这一地槽称为“向斜”。褶皱分成对称的和不对称的。倒转褶皱和平卧褶皱是褶曲角度超过90°的不对称褶皱。倒转褶皱的岩层向后折回。褶皱轴指的是褶皱和地面的倾斜角。

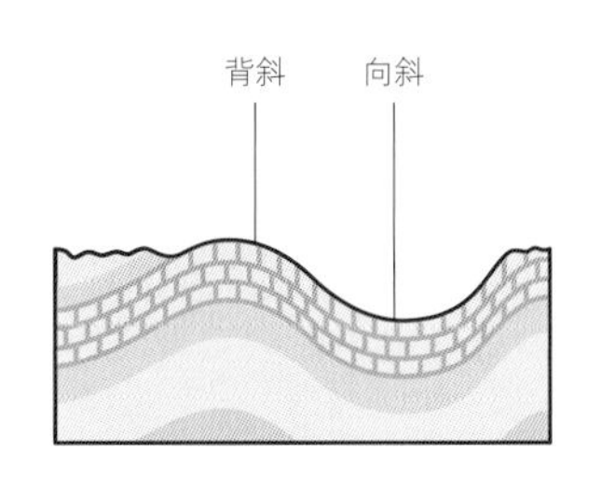


对称褶皱

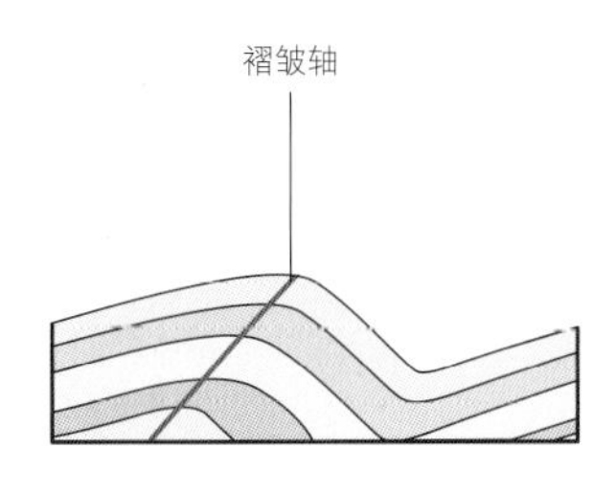


不对称褶皱

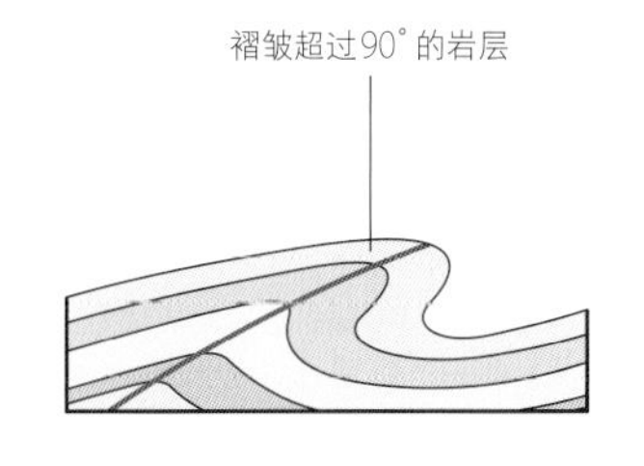


倒转褶皱

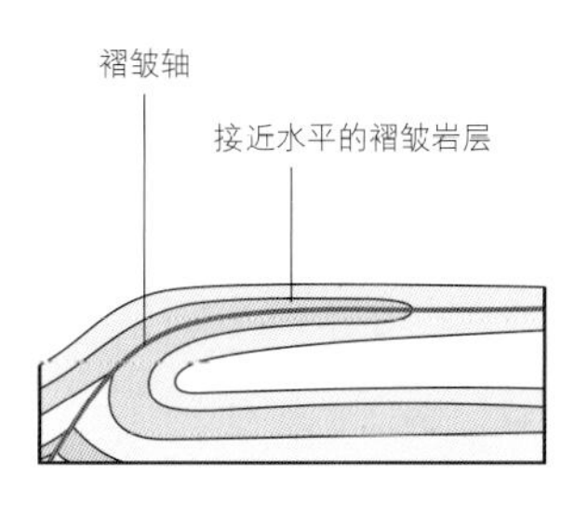


平卧褶皱

**地热**：和产生于地球内部的热能相关的。地热能主要产生自铀、钍、钾的天然放射性衰变。

**间歇泉▼**：从地下间断喷射蒸气和沸水的温泉。炽热岩石加热地下水，致使间歇泉喷发。参见：温泉。

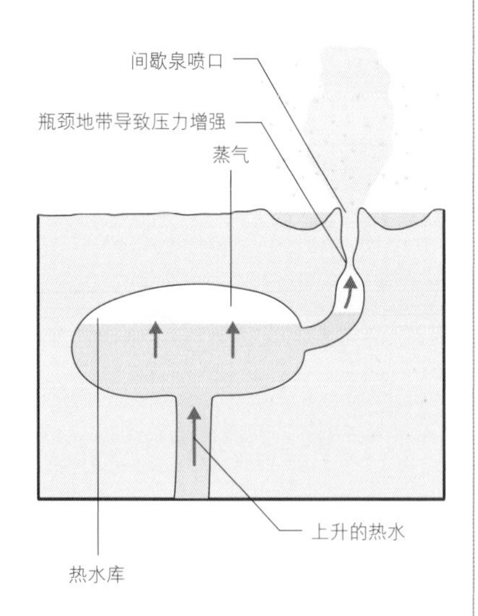


**冰川**：缓慢移动的大块冰体，是积雪长期积累、压实而形成的。冰川有多种类型。参见：冰斗冰川；山麓冰川；跃动冰川；山谷冰川。

**山峡**：幽深狭窄的山谷，其两侧是垂直或近乎垂直的悬崖峭壁。参见：峡谷。

**地堑**：位于平行断层带之间的一块地壳，它沉降于其两侧的地块之下。参见：裂谷。

**颗粒**：描述岩石质地的术语。例如，黏土是由细小颗粒构成的，因而被称为"细颗粒的"；而砾岩是粗颗粒的。

**花岗岩**：一种颗粒粗糙的火成岩，由石英、长石、云母等矿物构成。

**油脂状冰**：海冰形成的早期阶段的产物。被称为"冰针"的冰晶聚合、使水面呈现出浮游外观的冰。参见：海冰。

**温室效应**：空气在阳光辐射被地表再辐射后，吸收一部分阳光辐射而产生的效应。随着空气中二氧化碳含量的增加，温室效应变得更加显著。参见：温室气体。

**温室气体**：任何会导致温室效应的气体。主要的温室气体包括：二氧化碳、甲烷和水蒸气。参见：温室效应。

**基质**：火成岩（和一些沉积岩）中有更大晶体或碎片嵌入其中的细颗粒材质。参见：杂基。

**地下水▼**：贮留在地下的岩石颗粒的空间（缝隙）中的水。潜水面标志着地下水区域的最高处。参见：蓄水层；潜水面。

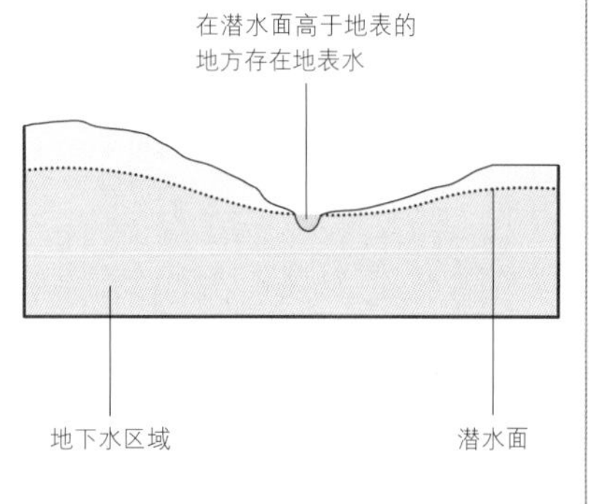


**海底平顶山**：具有平坦顶部的海底火山或海底山。海底平顶山的顶峰位于海平面之下200米或更深处。参见：海底山。

**流涡**：海洋中大规模的闭合环流。参见：水流。

**生境**：任何一个能够支持特定动植物群生存的地区。

**晕轮**：月亮或太阳周围的晕环，是光线穿过高云时发生折射而产生的。

**岩漠**：一种平坦的、多岩石的荒漠，基本上没有沙子。参见：荒漠砾幂。

**（沼泽中的）树林高地**：生长在湿地中的高地上的一片树木。这样的树林高地在佛罗里达大沼泽地很常见。

**悬谷▼**：高悬于主冰川谷谷底之上的支冰川谷。悬谷通常出现在冰川加深较大的冰川谷的地方。

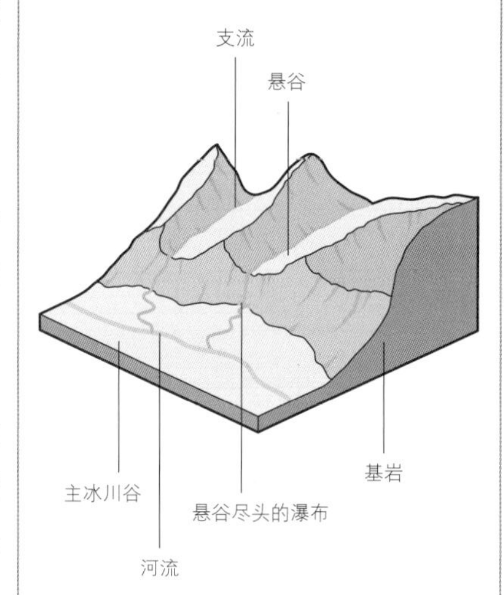


**夏威夷式火山喷发**：最不猛烈的一种火山喷发。在这种喷发中，玄武岩质的熔岩从火山喷火口中相对和缓地流出。

**海岬**：突出于海岸线之外的狭窄区域。海岬能够存在的原因是，海岬往往是由比它两侧的海岸更坚硬的岩石构成的。

**上游源头**：任何溪流或河流的上部，靠近其源头。

**温泉**：从地下涌出的热水和热蒸气。当地表下的炽热岩石将地下水加热了的时候，就会出现温泉。参见：间歇泉。

**热点**：一片火山活动地区，被认为根源于地幔中。从这些热点之上漂移经过的地壳构造板块，被打上了一连串火山的印记。距离热点越远的火山就越古老。参见：地幔热柱。

**腐殖质**：土壤中的深色成分，主要由腐烂、分解的植物材质构成。

**飓风**：一种在热带和亚热带海洋上空形成并移动的大型天气系统。飓风的特征是：绕着低压区快速循环的破坏性大风、倾盆大雨和风暴大浪。飓风也称为"热带气旋"或"台风"。参见：气旋；潜热。

**热液矿脉**：由于固体从富含矿物质的烫水中沉淀出来而形成的矿产。参见：矿物；矿脉。

**热液喷口**：被熔融岩石或地热热岩加热的水的喷口。从大洋底喷出黑色热水的热液喷口，称为"海底黑烟柱"。参见：海底黑烟柱；间歇泉；温泉；海底白烟柱。

**冰河时代**：一个全球气温长期下降、导致极地冰盾、大陆冰盾和冰川扩张的时期。参见：冰川；冰盾。

**冰间水道**：大片海冰中的大型裂缝。参见：海冰。

**冰架**：永久附着于陆地的大型浮冰区域。附着于南极洲的罗斯冰架，是地球上最大的冰架。

**冰流**：冰盾的一部分，其流速快于周围的冰。冰流在南极洲很常见。参见：冰盾。

**冰楔**：冰缘区域的土壤中垂直、楔形的冰体。参见：冰胀；冰缘作用。

**冰盖**：覆盖一片面积小于5万平方千米的广大地区的冰层。冰盖的形态覆盖了其下的地貌特征。参见：冰川；冰原；冰盾。

**冰原**：一大片冰层，其表层形态和规模取决于其下的地貌特征。冰原常常和山谷冰川相连，而山谷冰川之上往往耸立着更高的山峰。参见：冰川；冰盖；冰原岛峰。

## 火成岩侵入体

火成岩侵入体是侵入地壳，并在抵达地表前冷却、凝固的岩浆体，可以分成3种主要类型，即岩基、岩墙和岩席。岩基是庞大的火成岩体，它有可能会将地壳顶起、形成穹形隆起。岩墙和岩席是板状的火成岩，它们侵入了沉积岩层、变质岩或更古老的火山岩之间。岩墙是垂直的、或者和地面构成陡峭角度的火成岩侵入体。而岩席是水平的、或者和地面构成平缓角度的火成岩侵入体。花岗岩、辉长岩、闪长岩和伟晶岩都是常见的火成岩。随着时间的延续，在质地较软的周围的岩石（称为围岩）遭到侵蚀后，火成岩侵入体有可能会出露在地表之上。

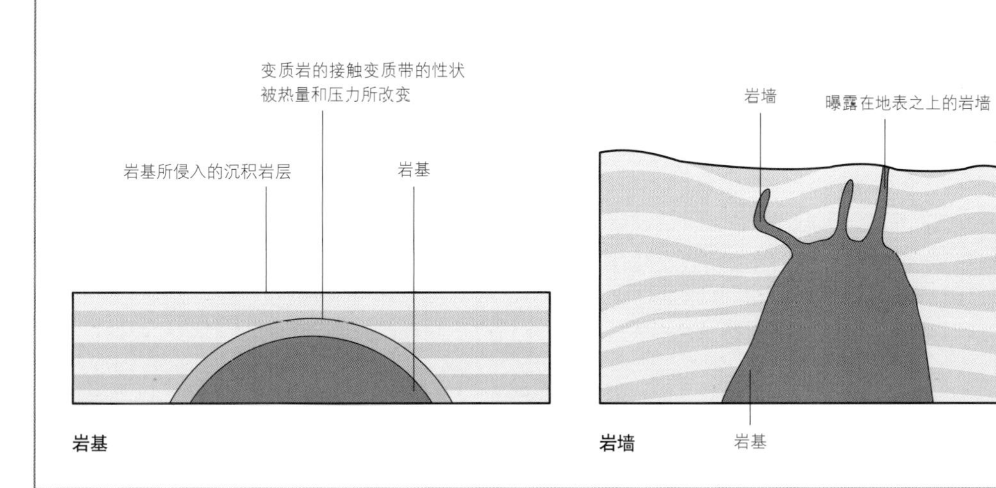


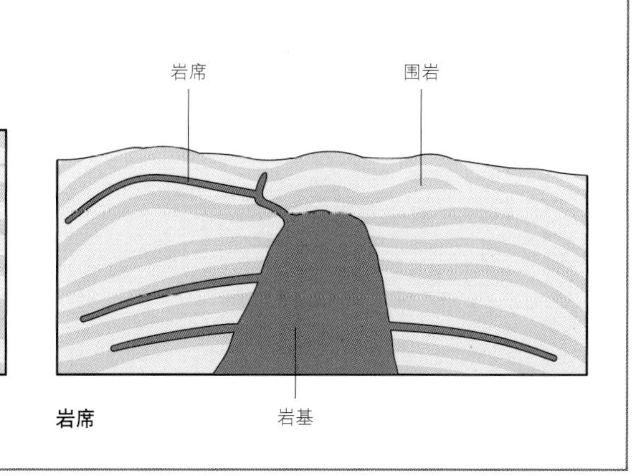


**冰涨**：由于冰在土壤中生成而导致地表裂开的现象。参见：冰楔；冰缘作用；冰核丘。

**冰盾**：长时间覆盖在一片面积超过5万平方千米的地区上的冰层。参见：冰盖；冰原。

**冰山▼**：从冰川、冰盾或冰架上崩解的漂浮冰体。参见：崩解；冰架；冰盾。

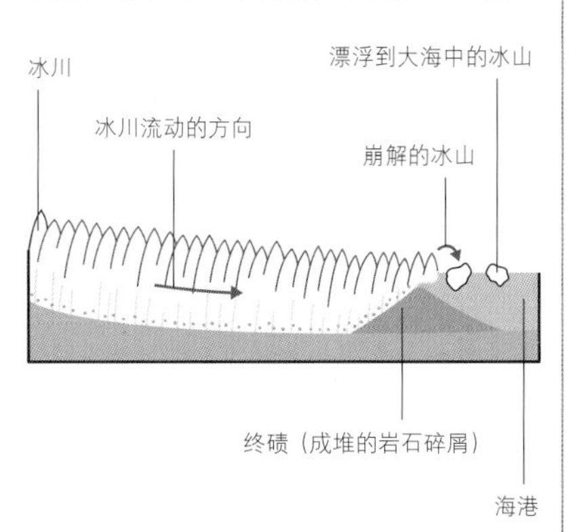


**火成岩侵入体**：见上图。

**火成岩**：熔融岩浆凝固而形成的岩石。

**红外线**：看不见的波长较长的辐射，我们能感知的是其辐射热。参见：紫外线。

**岛山**：一座耸立在平坦平原上的孤立、陡峭的山丘或小山。里约热内卢的面包山就是一座岛山。

**火成侵入岩**：一种由于地表下的岩浆缓慢冷却而形成的岩石，比如闪长岩和花岗岩。参见：花岗岩；火成岩侵入体。

**岛弧**：位于俯冲带附近的一连串火山岛。在其一侧往往分布着一条深海沟。参见：弧后盆地；俯冲；火山弧。

**等压线**：一条把气压相等的点连接起来的假想线。

**地壳均衡说**：这一学说认为，大陆之所以高出海底之上，是因为陆壳不如洋壳那样密实。

**喷射气流**：非常强烈的、高纬度的风构成的气流带，能影响全球的天气系统。

**节理▼**：将岩石分成各个部分的裂缝。和断层两侧的岩石不同，节理两侧的岩石并没有相对于彼此移动。参见：断层（图）。

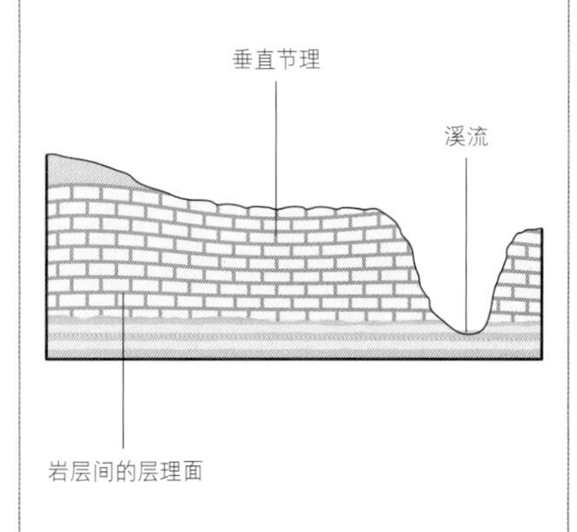


**喀斯特地形**：一种地形，通常出现在石灰岩地区，其特征是：溶洞、落水洞和地下水道星罗棋布。参见：石灰岩；落水洞。

**锅状湖**：占据一个锅穴的水体，锅穴是往昔的冰川的大量冰块溶解后留下的洼地。

**拉尼娜现象**：东太平洋的海水变得异乎寻常地寒冷的现象，其效应与厄尔尼诺现象的效应相反。参见：厄尔尼诺现象。

**潟湖▼**：一大片几乎与开放海域隔断、因此相对避风的水域。参见：环礁。

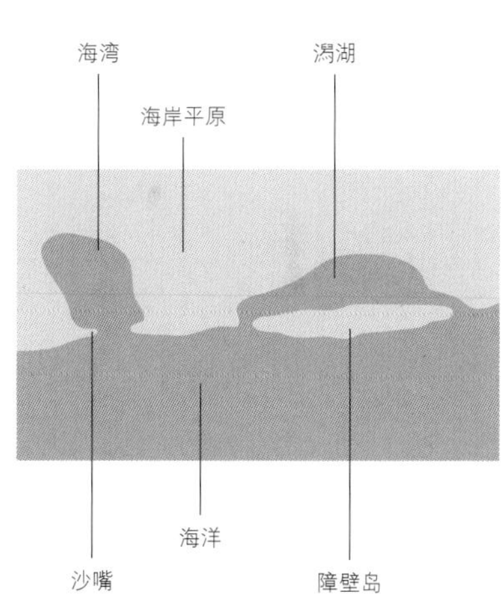


**火山泥流**：沿着火山山坡流下的泥浆、水、火山灰和其他碎屑物质。参见：块体运动。

**纹层**：岩石中细小而大致平行的层次。参见：层理。

**潜热**：空气中释放的热量，比如当水汽冷凝成水滴时释放的热量。这一放热过程是风暴形成的重要因素。参见：冷凝。

**冰川侧碛**：沿着冰川两侧堆积的泥

沙、沙子和碎石构成的脊状隆起物。它们展示了冰川退缩前冰川冰的范围。参见：冰碛石。

熔岩：由于火山喷发而抵达地球表面的熔融岩石。参见：玄武岩；枕状熔岩。

淋溶作用：雨水通过表层土冲走矿物质和营养物质的过程。被淋溶的物质会从表层土中流失，并沉积在下层土中。

堤▼：河水泛滥时沿着河流沉淀的脊状沉积物，或是为了阻止河流淹没其泛滥平原而人工修建的堤坝。参见：泛滥平原。

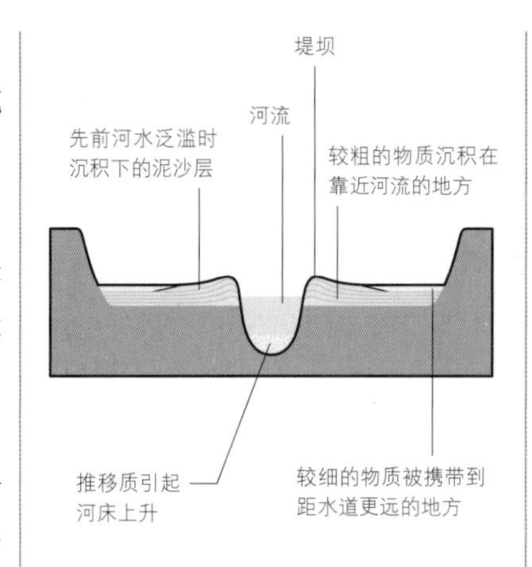


闪电：伴随着暴风云中的放电的可见闪光。参见：叉状闪电；片状闪电。

石灰岩：一种主要由有孔虫、珊瑚等海洋生物的骸骨构成的沉积岩。从化学构成来说，石灰岩大多是碳酸钙。参见：喀斯特地形。

石灰石溜面：由石灰岩构成的不平整的、大块的表层，带有裂隙或裂沟（称为岩溶沟），它们由石块（或石芽）分开，是雨水溶解多孔渗水的石灰石而形成的。

线形沙丘：狭长的沙漠沙丘，和盛行风的风向平行。这些沙丘通常形成于从一个方向吹来的风占支配地位的地区。它们常常形成延伸数千米长的平行沙脊。参见：沙丘（图）。

岩石圈：见下图。

沿岸的：和海岸线相关的，特别是介于高潮位线和低潮位线之间的。参见：滩涂（图）；潮汐。

沿岸沙洲：和海岸平行的沙垅、泥脊或砾石堤，位于潮间带或潮间带边靠海的一侧。参见：滩涂（图）。

沿岸泥沙流▼：在大致与海岸平行的水流的作用下，沿海岸线的泥沙、碎石的运动。参见：水流。

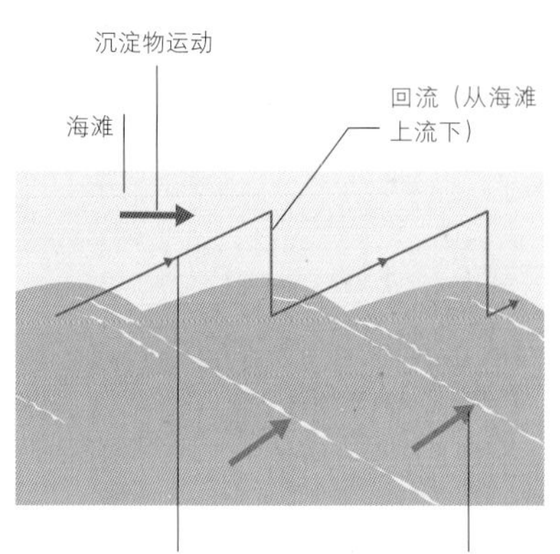


**岩石圈**

由地壳全部和地幔顶层构成的坚硬的地球外部圈层称为"岩石圈"。它位于软流圈之上、大气层和水圈之下，软流圈中的岩石是炽热、黏性的。大洋岩石圈对应于洋壳，比大陆岩石圈略微密实一些。大陆岩石圈对应于陆壳，能延伸200千米之深。

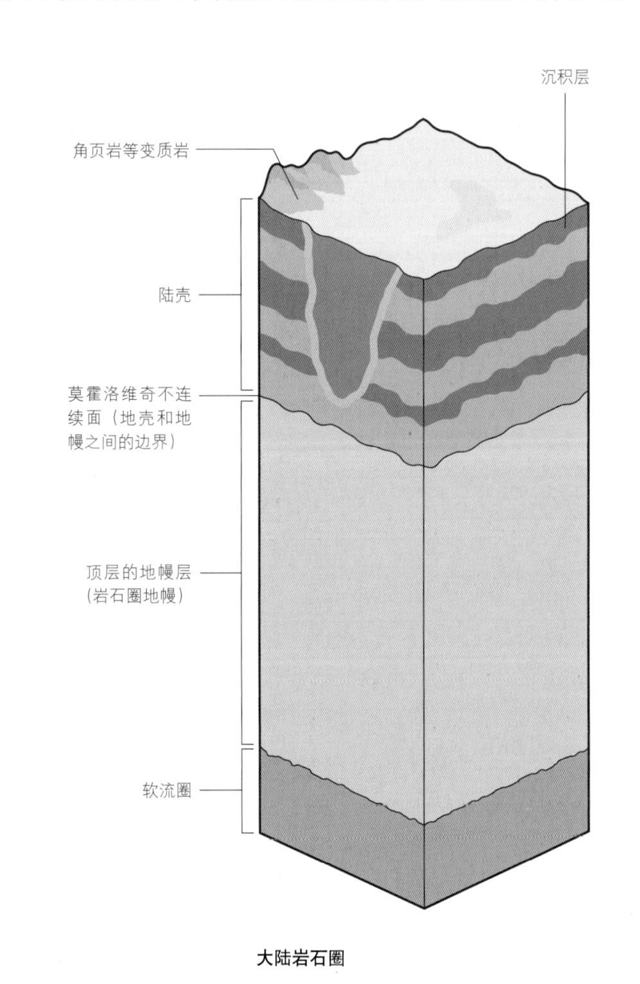


**大陆岩石圈**

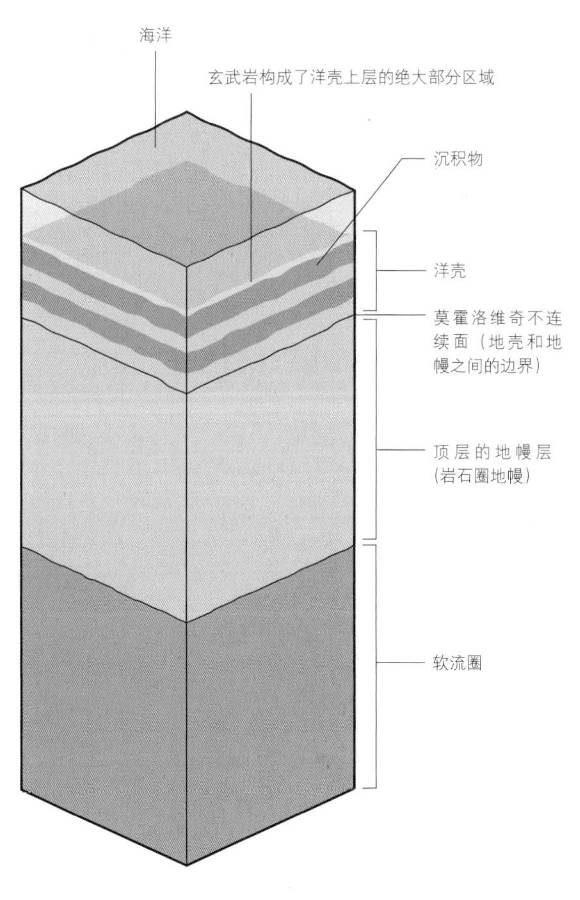


**大洋岩石圈**

**低平火山口**：一个较浅但四周陡峭的火山口，当岩浆和地下水接触、导致剧烈的蒸气喷发时，就会形成低平火山口。

**岩浆**：从地幔上升到地壳的熔融或半熔融岩石。岩浆有可能在地下或地上冷却并凝固。参见：侵入火成岩；熔岩；地幔。

**岩浆库**：大型的地下熔融岩石库。有时，巨大的压力会迫使岩浆库中的岩浆以喷发的方式涌到地表上。参见：破火山口；火山塞。

**红树林沼泽▼**：耐盐树木（盐土植物）能繁茂生长的潮间带地区。红树林沼泽在热带和亚热带地区的浅海水域中最常见。

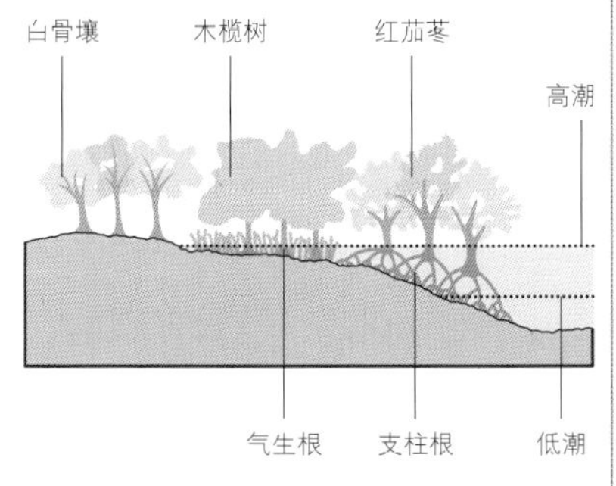


**地幔**：地球内部位于地核和地壳之间的区域，地幔占地球体积的80%。参见：地核；地壳。

**地幔热柱**：一柱从地幔涌上地壳的炽热岩石，它会引发热点形成，而热点有可能导致地表上出现火山活动。参见：热点。

**大理石**：一种非常坚硬、能被磨光并用于建筑和雕塑的变质石灰岩。参见：石灰岩；热变质作用。

**草本沼泽**：草和芦苇等植被为主的湿地。沼泽的特征是它会不定期地遭受洪水泛滥，被海水或淡水淹没。参见：盐沼（图）；林木沼泽。

**大洋中脊**

贯穿一片海洋底部的水下山脉称为"大洋中脊"，它形成于两个地壳构造板块彼此离开、且岩浆从地幔中上涌、形成新的洋壳的区域。参见：洋壳；扩张脊；地壳构造板块。

大洋中脊的顶峰
地壳
上地幔
上升的岩浆

**块体运动**：泥浆、土壤或岩石像滑坡一样向下坡方向滚落的运动，称为"块体运动"。这一过程常常发生在土壤和其他表层碎屑物中充满水分的时候。参见：运积。

**山体/山峰群**：界限清楚的山体或由岩石构成的、地形地貌彼此类似的相连山峰群。

**非晶质的**：用以描述没有明显结构（比如：层理面）或没有可见晶体结构的矿物的术语。

**杂基**：有更大颗粒（沉积岩中）或晶体（火成岩中）嵌入其中的细颗粒材

**冰碛石**

由于冰山作用而形成的泥沙、沙子、沙砾和岩石碎屑的脊状隆起物称为"冰碛石"。在冰川消退后，这些地貌特征往往继续存在。冰川中碛形成于两条冰川交汇之处，冰川侧碛沿着一条冰川的两侧形成，而冰川终碛形成于冰川的最前端。

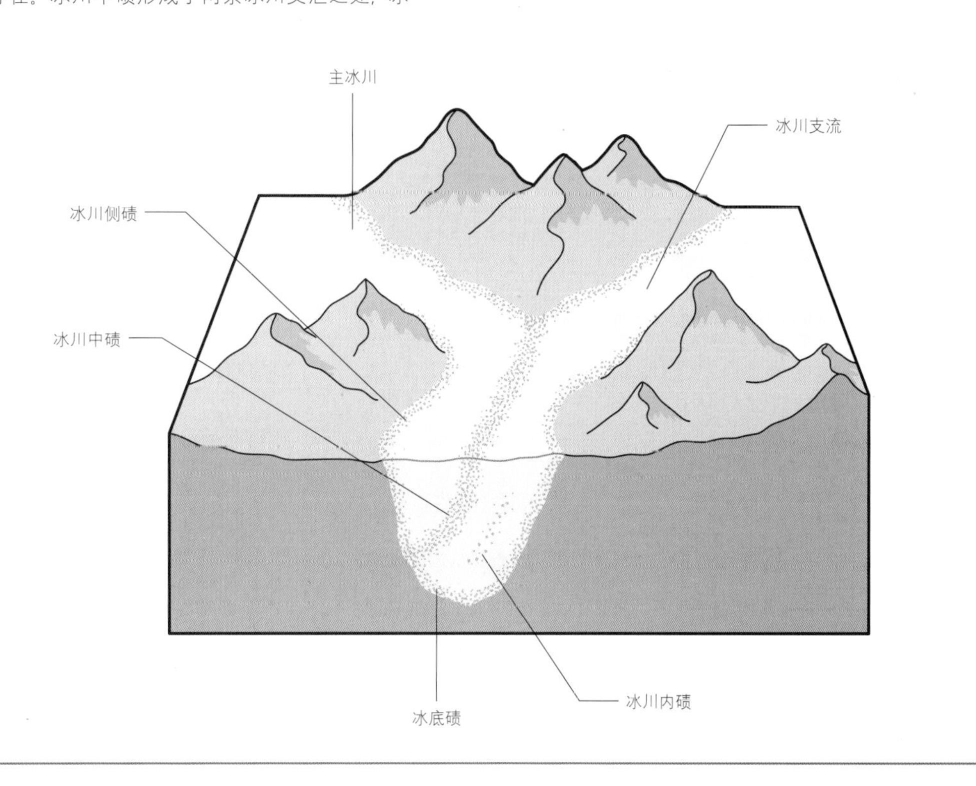

质。参见：基质。

**河曲**：河道内侧的弯曲部分。随着河流弯道的外侧受到侵蚀作用的影响、弯道的内侧受到沉积作用的影响，弯曲河流的河道会渐渐发生改变。参见：河谷。

**冰川中碛**：沿着一条冰川的中央地带分布、并和冰川两侧平行的沉积物构成的脊状隆起物。当两条冰川汇聚、它们的两条侧碛合并时，常常会形成冰川中碛。参见：汇流点；冰川侧碛；冰碛石（图）。

**融水**：冰雪融化产生的水，在冰川前锋中流淌，或从冰川前锋中流出。

**融水沟渠▼**：融化的冰雪水开辟出来的沟渠，在冰川下、冰川中或冰川附近流淌。在冰川退缩后，这条沟渠及其沉积物通常会保留下来。参见：融水。

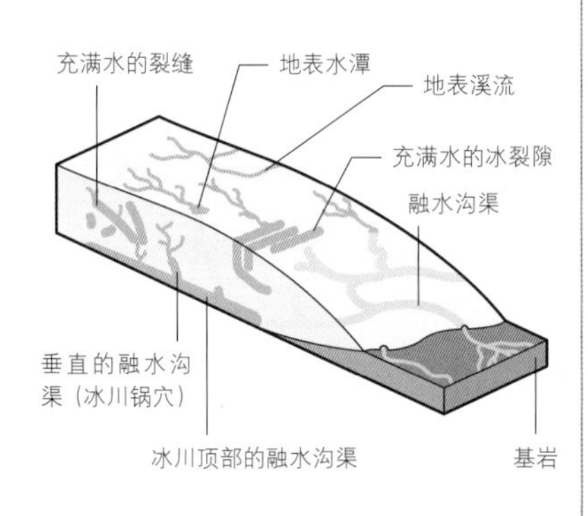


**平顶山▼**：一座顶部平坦、四面陡峭的山丘。平顶山的特征是，构成山体的水平岩层上，覆盖着抗侵蚀的顶层。

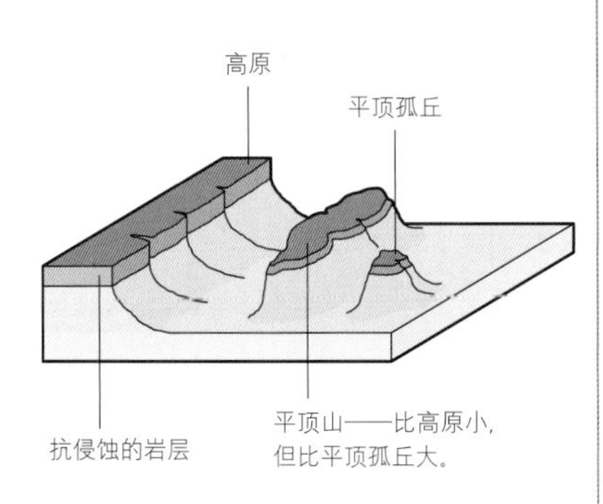


**中间层**：地球大气层中的一层，位于平流层和热电离层之间，位于高空50～80千米处。参见：平流层；热电离层。

**变质岩**：在高温、压力或两者综合影响下，质地或矿物成分发生改变的岩石。

**变质作用**：岩石在地下受到温度、压力等的作用，发生结构和构造变化的地质作用。参见：接触变质作用；动力变质作用；区域变质作用；热变质作用。

**微气候**：一片特别小的区域，比如一座山丘顶部或一片小山谷中的独特的、长期的气象状态。

**大洋中脊**：见上页图。

**矿物**：天然形成的、具有明确化学成分的无机物。大多数岩石都是若干种不同矿物的混合体。

**泥沼▼**：一个贮留潮湿的泥炭土的沼泽地区。泥沼常常在不透水岩石构成的洼地中形成。

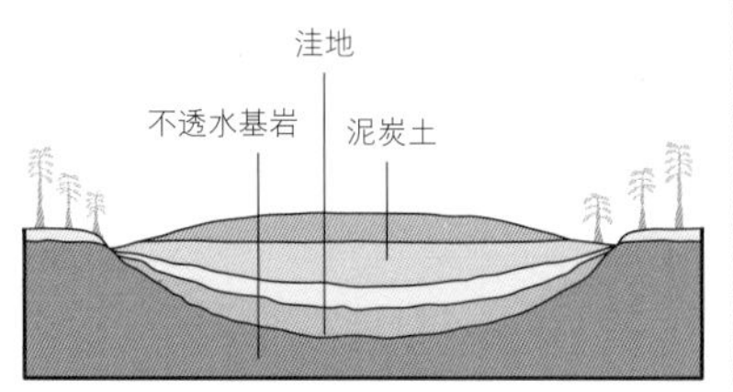


**季候风**：指的是一种季节风的模式，在南亚地区尤为盛行。这一术语也指在雨季或季风季到来时，这些季候风所带来的暴雨。西南季候风通常会在6月至9月间给印度带来暴雨。这种季候风在约半年的时间中从一个方向吹来，在另外半年中从另一个方向吹来。

**山地**：和山相关的，比如山地气候、山地动物。

**冰碛石**：见上页图。

**原生**：用以描述某一特定区域的本土动植物物种的术语。

**天然元素**：能在自然界发现其纯态的化学物质。铜、金、硫黄和锡的自然状态都能在自然界中找到。参见：矿物。

**小潮**：高潮和低潮差距最小的潮汐。小潮每个月出现两次，出现于太阳和月亮对地球海洋的万有引力相互抗衡时。参见：大潮。

**针状叶**：针状的叶片，是针叶树的典型特征。参见：针叶。

**夜光云**：地球大气层中最高的云层。夜晚，当太阳低于地平线、而低层的大气层处于阴影中时，夜光云会被照亮。这些冰云通常位于76～85千米的高空中。参见：中间层。

**正断层**：一种一侧（上盘）相对下降、另一侧（下盘）相对上升的倾斜断层。

**冰原岛峰**：耸立在冰原或冰盾上的山峰。参见：冰原；冰盾。

**绿洲**：沙漠中孤立存在的肥沃地区，通常受到泉水的滋养而形成。参见：地下蓄水层。

**锢囚锋**：在气象学中，指冷锋追赶上暖锋，将暖锋向上推离地表。锢囚锋有两种类型：冷锋型锢囚锋和暖锋型锢囚锋。参见：前锋。

**海沟**：海床上一片狭长、幽深的区域，通常位于一个俯冲带之上。参见：深海沟；俯冲。

**洋壳**：位于海洋之下的地球岩石圈的最外层。它形成于洋脊的扩张中心区域，主要由玄武岩构成。参见：陆壳；地壳；海底扩张；扩张脊。

**近岸沙洲**：一片水下的、或部分区域暴露在水上的沙垅或砾石堤，远离海岸，但和海岸大致平行。近岸沙洲是波浪和水流共同形成的。参见：沙洲。

**软泥**：覆盖深海底部庞大区域的细颗粒沉淀物，其中大部分是微小的海洋生物——比如有孔虫和放射虫——的骨骼残骸构成的。

**矿石**：一种岩石，从中能开采出金属矿物或有用矿物并从中盈利。

**造山**：地壳构造板块相互推挤产生的巨大的水平压力所导致的山峰隆起的过程。

**造山运动**：由于地壳构造板块相互碰撞，地壳的部分区域被压紧、出现褶曲和断层、导致山岳形成的事件。

**注出冰川**：从冰盾、冰盖、冰原中流出来的大量缓慢移动的冰体，在其顺着山谷移动之前称为“注出冰川”。参见：山谷冰川。

**牛轭湖▼**：当一段河曲被完全从主河道中截断后形成的水体。参见：河曲。

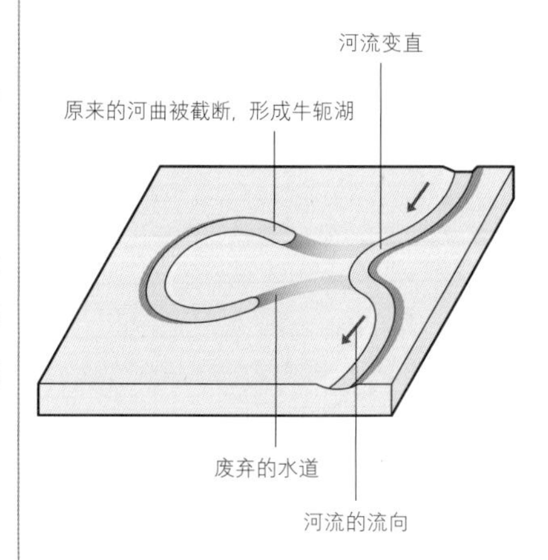


**倒转褶皱**：倒转褶皱是两翼倾向相同的褶皱，出现在岩层强烈变形的区域中。参见：褶皱（图）。

**浮冰块**：漂浮在海面上的大片冰体，是由许多较小的浮冰冻结在一起而形成的。参见：海冰。

**绳状熔岩**：一种表面光滑或轻微起伏的玄武质熔岩。随着往山下流淌，它常常会变成渣块熔岩。参见：渣块熔岩；块状熔岩。

**饼状冰**：小型的、平坦的、大致呈圆形的浮冰区域，其边缘地带卷曲翘起，这是"冰饼"相撞而形成的。饼状冰是海冰形成过程中的早期形态。参见：海冰。

**抛物线形沙丘**：细粒沙或中粒沙构成的U形或V形的小丘，它们那"长长的翼角"指向迎风处。和新月形沙丘不同，抛物线形沙丘坡度最陡的一侧（滑落面）位于沙丘的凸面。参见：新月形沙丘；沙丘（图）。

**部分熔融**：被加热到高温的岩石中的一些矿物质熔化、而其他矿物质仍然呈固体状态的过程。这是因为，一些矿物的熔点比其他矿物低。参见：火成岩。

**泥炭**：在酸沼、沼地和泥沼中积聚的部分腐烂的植物体。泥炭的矿物含量较低。

**半岛** ：延伸入湖泊或海洋中的陆地区域。

**冰缘作用**：在无永久冰层覆盖的高纬度或高海拔地区，会出现定期的冻融循环。由于这种冻融循环而发生的种种过程称为"冰缘作用"。其特征包括冰楔和冰核丘。参见：冰楔；永久冻土；冰核丘；苔原。

**永久冻土**：连续两年以上保持冰冻状态的岩石或土壤。永久冻土冰川边缘地区和冰川地区的特征之一。参见：冰缘作用；苔原。

**蒸气喷发**：当岩浆或炽热岩石和地下水或地表水接触，并将它们变成蒸气时发生的爆裂式喷发。

**浮游植物**：在湖泊或海洋中的能照射到阳光的上层水域中浮游的微小生命体，它们能进行光合作用。浮游植物构成了大多数水生生物食物链的基础。参见：浮游动物。

**山麓冰川**：由于若干山谷冰川在山麓汇合而形成的缓慢流动的大量冰体的地区。参见：山谷冰川。

**枕状熔岩**：从海底喷出的熔融岩石迅速冷却而形成的枕头状团块，通常由玄武岩构成。参见：熔岩。

**冰核丘**：中间是冰核的穹顶小丘构成的冰缘地带地形。当地下水，往往是来自寒冷湖泊中的地下水，上升到某一区域中，并在那儿冻结成冰、膨胀，从而将其上方的沉积物顶起来时，就形成了冰核丘。参见：冰缘作用。

**地壳板块边界**：见板块边界（图）。

**高原▼**：一大片平整或略有高低起伏的土地，其表面远远高出周围的地形。

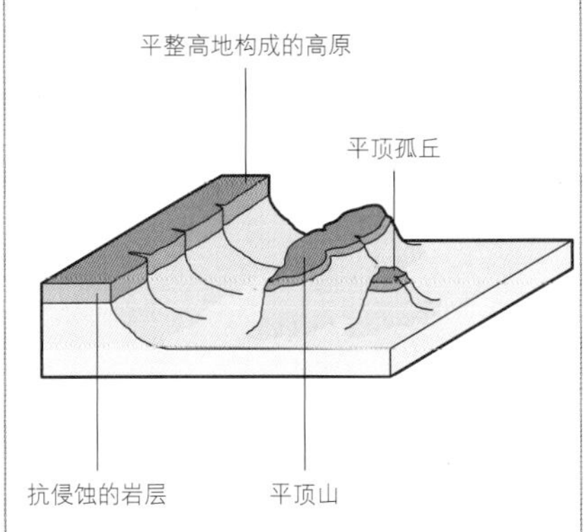


**干盐湖**：沙漠盆地中的底部平坦的洼地。干盐湖会季节性地被浅水淹没，但它没有天然的注出河流，所有的水分最后都蒸发了。

**普林尼式火山喷发**：规模最大、最猛烈的一种火山喷发，喷发时会释放出大量的火山灰、熔岩和火山气体。普林尼式火山喷发非常强烈，它甚至能摧毁火山山体的大部分。参见：火山喷发（图）。

**火山塞**：填满一座活火山喷火口的一团火成岩。如果有火山气体或熔浆被阻滞在火山塞之下，火山塞下方的压力就会升高，这会使下一次火山喷发将特别猛烈的可能性大大增加。参见：岩浆。

**深成岩体**：一大块岩浆在地下缓慢凝固并形成粗颗粒的火成岩，比如花岗岩。参见：岩基。

**深成**：描述和地下深处发生火成过程的或与火成岩形成相关的术语。参见：岩基；火成岩侵入体（图）；深成岩体。

**河曲沙洲**：河曲内侧堆积沙子、泥沙或沙砾的区域，那儿的水流最为缓慢。参见：沙洲；河曲。

**围圩**：填海所得、且以堤坝围住的低海拔陆地。

**无冰水面**：一大片海冰中的一片开阔无冰的水面。参见：浮冰块；海冰。

**冷温复合冰川**：底部部分是暖冰（0℃）、部分是寒冰（0℃以下）的冰川。一般来说，冷温复合冰川的中央区域比边缘地区温暖一些。

**沉淀物**：能从溶液中析出、并形成固体沉积物的物质。

**降水**：来自大气中且最后抵达地表的水分，包括，雨、雪、冰雹和毛毛雨。

**气压梯度**：单位距离间的气压差。

**气压系统**：空气围绕低气压的区域（低气压区或气旋）或高气压区（反气旋）循环的天气模式。参见：反气旋；气旋；等压线。

**盛行风**：某一地区中最常见的气流方向。

**浮石**：一种轻质多孔的火山岩，从富含气体、泡沫丰富的岩浆中冒出后，很快就会凝固。浮石中的无数小孔或泡囊，都曾是岩浆中的气泡。

**火山碎屑沉积物**：堆积的岩石碎屑，包括火山灰和火山弹，它们都是从一座火山中喷发出来的。

**火山碎屑流▼**：从火山中猛烈喷发出来的大量高浓度、快速移动、且具有破坏性的炽热火山灰云、熔岩碎屑和气体。参见：火山喷发（图）。

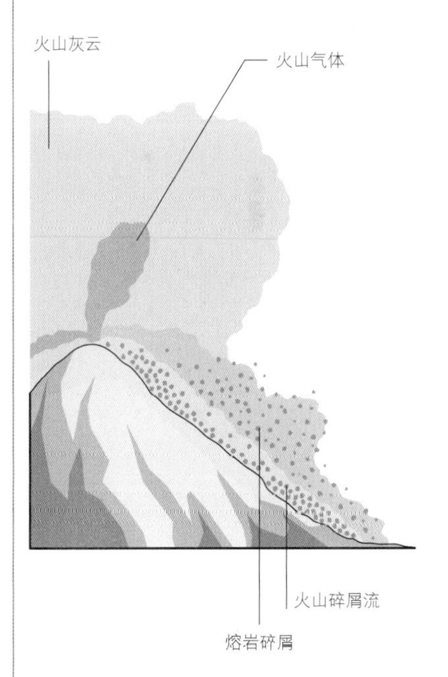


**辐射雾**：夜间靠近地面的空气逐渐冷却，直至空气中的水汽凝结而形成的雾。参见：雾。

**雨影区**：山脉背风面降雨量较少的地区。这是因为：空气在翻越群山时一路减少水分。

**彩虹**：阳光照射到雨点上时，雨点折射其所含的绚丽色彩而形成的类似棱镜的光效。

**雨林**：降雨量大、全年潮湿的森林。大多数雨林位于热带和亚热带地区，还有一些雨林分布在温带地区。

**急流**：一段由于河床坡度陡峭而流速加快、水流汹涌的水域。

**平卧褶皱**：两翼几乎平行、接近水平的成层岩褶皱。参见：褶皱（图）。

**区域变质作用**：在一大片地区中，高温和压力导致岩石的矿物构成和质地发生变化的过程。参见：接触变质作用；动力变质作用；热变质作用。

**表层土**：地表上覆盖在坚硬岩石之上的一层土壤和碎屑岩体。

**相对湿度**：指一团空气中所含的水汽量与在那一特定温度下空气饱和水汽量的百分比。和冷空气相比，暖空气能承载更多的水汽。参见：冷凝；露点。

**残留岛弧**：曾经是地壳板块运动形成的活火山岛弧，但现在已被自然力从原地挪开的岛弧。参见：岛弧；俯冲。

**出水洞**：地下河出露地表并成为地表溪流或河流的出水口。

**逆断层**：上盘相对上升，下盘相对下降的倾斜断层。当两块岩体被挤压在一起时，就会出现逆断层。参见：断层（图）。

**溺湾**：曾是一片河谷、但由于海平面上升已被海水淹没而形成的一片海湾。

**高压脊**：一片气压相对较高的楔形区域，可以看作是反气旋的延伸地带。参见：反气旋。

**裂谷▼**：相对于其两侧的区域垂直下陷的大片土地。裂谷或地堑是在地壳水平张力和正断层的作用下形成的。参见：正断层。

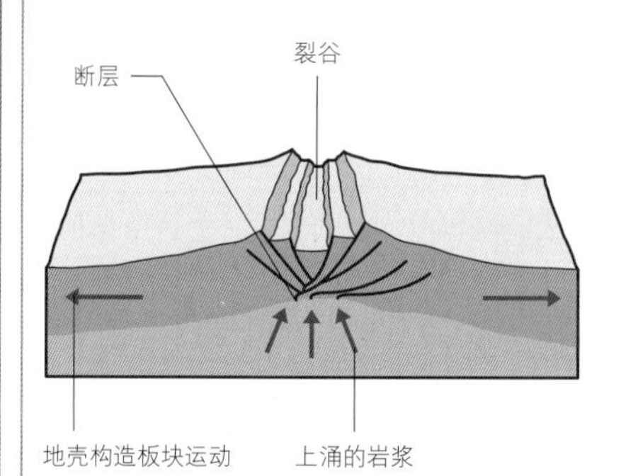


**流域**：通过一条河流及其各条支流排水的地区，沉积物会在该地区中积聚。

**河谷**：见左图。

**岩石**：由一种或多种矿物构成的天然材质。参见：矿物。

**盐度**：水中溶解的盐分的浓度，通常以千分率表示。

**盐沼**：见右页图。

### 河谷

河谷是河流蚀刻出来的洼地，一般而言，河谷的长度超过宽度。河谷的形状取决于地形、地质、以及它是否受到过冰川的影响等因素。一条河流可以分成上游、中游和下游，河谷的形态能反映出三者的区别。上游河段的河谷是V形的，除非冰川冰将它蚀刻成了U形；通常而言，中游河段的河谷，坡度相对平缓一些；而下游河段河谷的坡度往往十分平缓。在下游河段，河流有可能会弯曲前进，并将沉积物沉淀在一片泛滥平原上；且河流通常会分成若干河道，这些河道称为"支流"，并形成一个河口三角洲。河流经由河口流入海中，并将更多的沉积物沉淀在海床上。

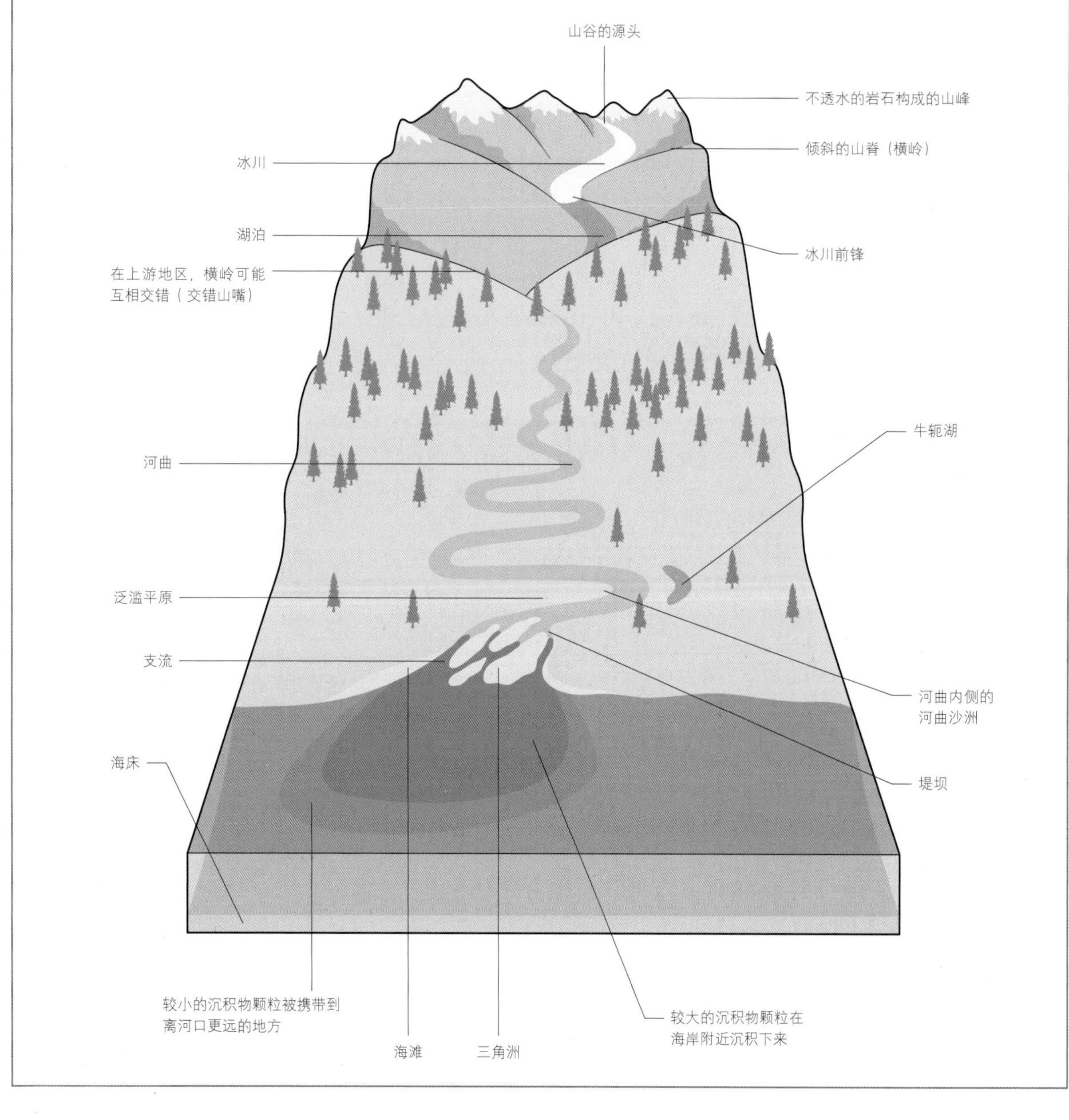

**盐沼**

被潮汐带来的咸水淹没、随后这些咸水又被排干的沿海湿地，称为"盐沼"。耐盐的植物在泥浆和泥炭层中生长，泥炭层有可能很深，其特征是氧气水平很低。很多盐沼地都和潮滩相接壤。参见：潮滩。

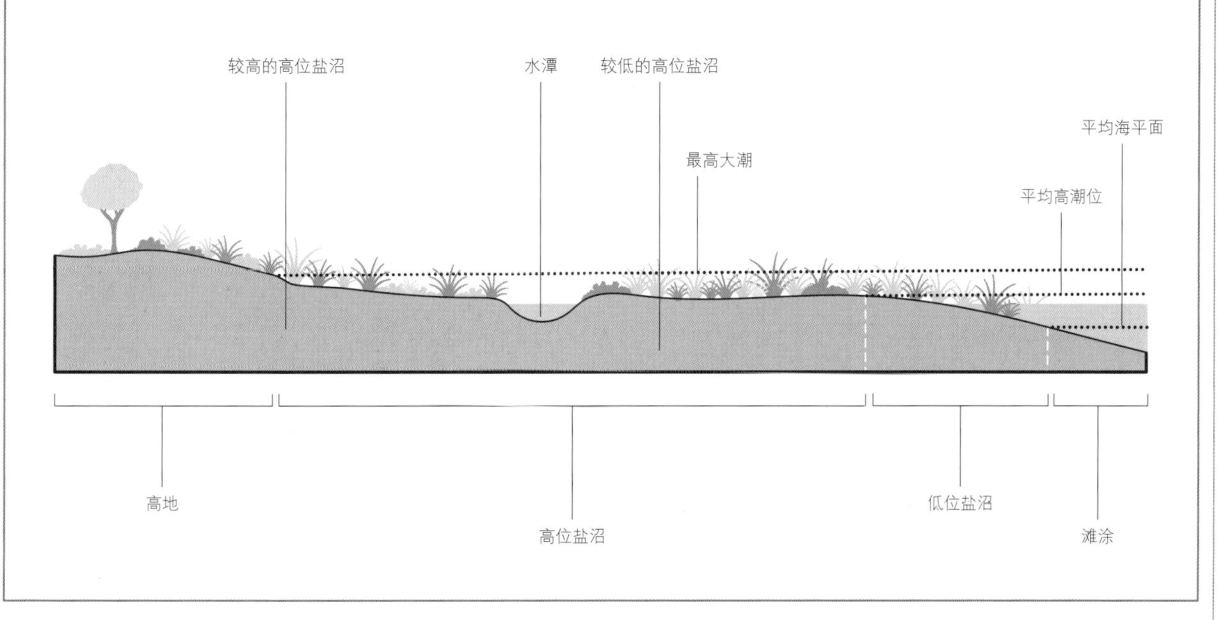


有三种类型：P波、S波、表面波。

**半荒漠**：一片干旱的地区，但这片地区能获得足以维持某些植物生存的雨水。

**冰塔**：冰川冰形成的尖峰或脊状隆起物。

**片状闪电**：一片暴风云中的两个电荷区之间的放电。实际发生放电的区域，部分或全部被云层遮住。片状闪电也称为"云内闪电"。参见：叉状闪电；雷暴。

**地盾**：表面覆盖着古老变质岩的大片陆壳地区。

**盾状火山**：面积最大、但坡度相对平缓的一类火山。盾状火山是最温和的，主要是液态熔岩流形成的。参见：火山（图）。

**岩席**：一片薄薄的、板状的火成岩侵入体，是火成岩挤进沉积岩层之中而形成的。绝大多数岩席都是大致水平的。参见：岩基；岩墙；火成岩侵入体（图）。

**落水洞**：水分溶解石灰岩岩床之处所形成的洼地。落水洞是喀斯特地貌的一大特征。参见：喀斯特；石灰岩。

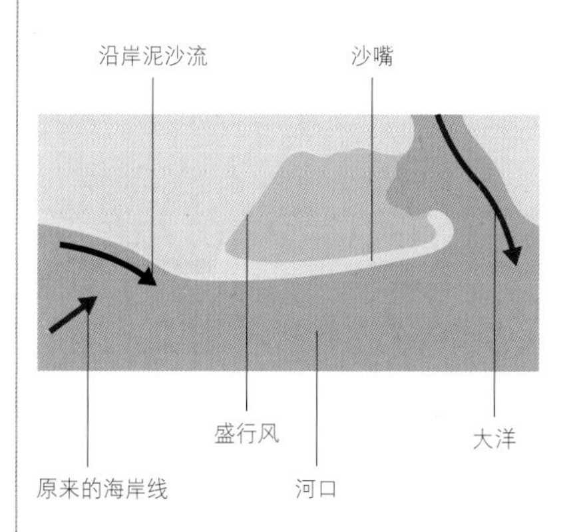


**沙嘴▲**：一端和海岸相连的、由沙子或卵石构成的半岛。沙嘴通常是沿岸泥沙流堆积而形成的，通常出现于海岸线突然改变方向的地方。参见：沙

**沙岩**：一种主要由和沙子大小类似的、紧密黏合在一起的石英或长石颗粒所构成的沉积岩。

**雪面波纹**：冰层表面或雪层表面上尖尖的、不规则的沟状物或脊状物。雪面波纹是风力侵蚀形成的，特别是一阵阵吹过冰晶表面的风。

**稀树草原**：热带的一种草地、林地混生的生态系统。在这样的地区中，树木不够茂密，因而不足以形成郁闭林冠。稀树草原常常出现在沙漠和热带森林之间的过渡带，其特征是季节性降雨和定期发生的野火。参见：塞拉多草原。

**海蚀拱**：由于海蚀作用而在海蚀崖上形成的天然拱门。

**海蚀洞**：由于海蚀作用而在海蚀崖上侵蚀出来的天然洞穴。

**海蚀柱▼**：在其周围的海蚀崖，往往是抗侵蚀性较差的岩石构成的，被侵蚀殆尽后所保留下来的近海岩柱。

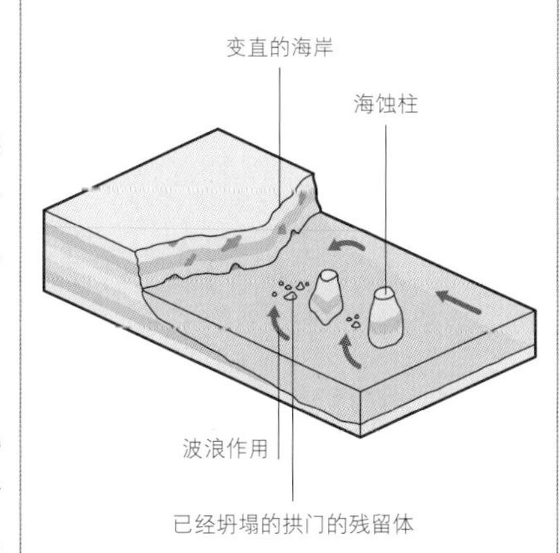


**海冰**：冰冻的海水。海水结冰的过程可分成好几个阶段，首先是油脂状冰阶段，然后是冰状冰阶段，随后形成大片的海冰连续冰层。参见：油脂状冰；饼状冰。

**海底扩张**：一个发生在大洋中脊的过程。在大洋中脊所在位置，新的洋壳已经形成，且逐渐远离这一大洋中脊。参见：大洋中脊；扩张脊；地壳构造板块。

**海底山**：海底山峰，通常起源于火山活动，其峰顶不会露出在水面之上。参见：海底平顶山。

**沉积物▼**：在水力、风力、重力或火山作用下被搬运到别处、随后沉淀下来的泥浆、沙子、沙砾和其他颗粒物质。流水能通过好几个不同的过程运送其沉积物。

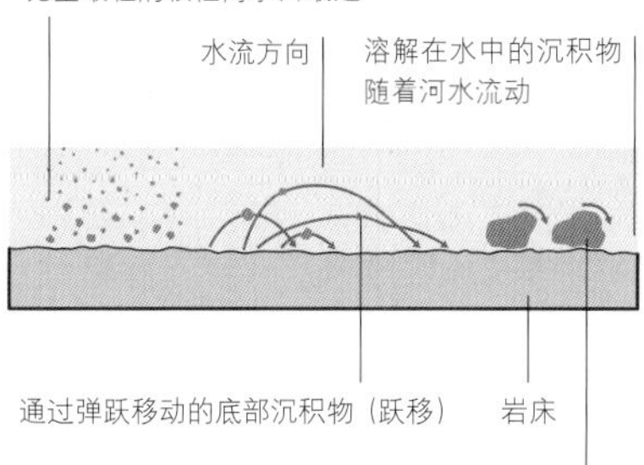


**沉积岩**：泥浆、沙子、沙砾或其他颗粒物质沉积在大海、湖泊、陆地上，随后经过压实作用和胶结作用变硬而形成的物质。

**剑形沙丘**：参见：线形沙丘。

**地震波**：地震产生的冲击波。地震波

洲；沿岸泥沙流；连岛沙洲。

**扩张脊**：洋底隆起的区域，在那一带，两个地壳构造板块正在缓缓离开彼此。来自地幔的熔融岩石沿着扩张脊上涌，凝固并形成新的洋壳。东太平洋海隆位于太平洋板块和纳斯卡板块之间，是地球上扩张速度快的洋脊系统之一。参见：板块边界（图）；大洋中脊（图）；海底扩张；地壳构造板块。

**泉▼**：从地下多孔渗水的岩石中流出的地下水的地表排水口。参见：地下水。

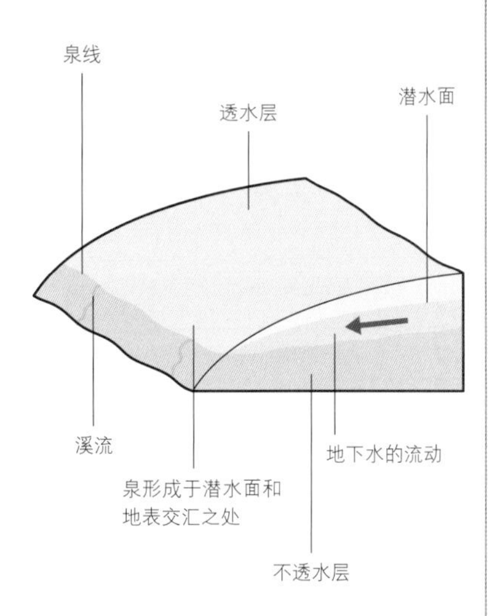


**大潮**：指低潮和高潮的差距最大的潮汐。大潮每月出现两次，出现于太阳和月亮对地球各大海洋的万有引力协同运作时。大潮再退潮时比小潮退得低得多，曝露出更多的沿岸地带，而几小时后涨潮时则比小潮涨得高得多。参见：小潮。

**山嘴**：从一座山峰或一个山谷的一侧突出的山坡带。由于冰川侵蚀或断层作用，截切山嘴的一端较钝。

**钟乳石▼**：一种通常由方解石构成、从洞穴顶部悬挂下来的沉积物。当矿物质从滴水中沉淀下来后，就形成了钟乳石。参见：方解石；喀斯特地形；沉淀物；石笋。

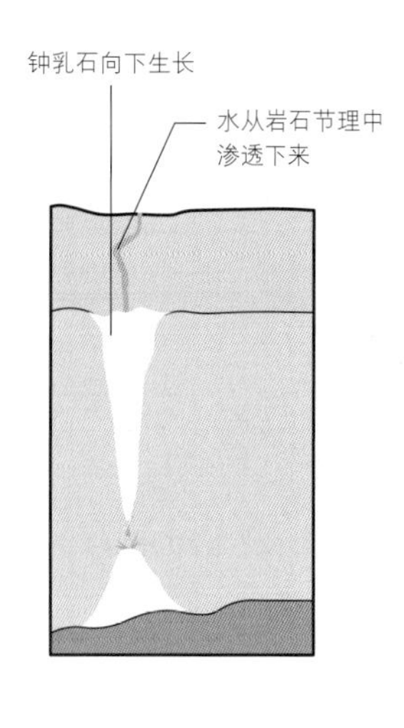


**石笋▼**：一种通常由方解石构成、从洞穴底部向上生长的沉积物。和钟乳石一样，当矿物质从滴水中沉淀下来后，就形成了石笋。参见：方解石；喀斯特地形；沉淀物；钟乳石。

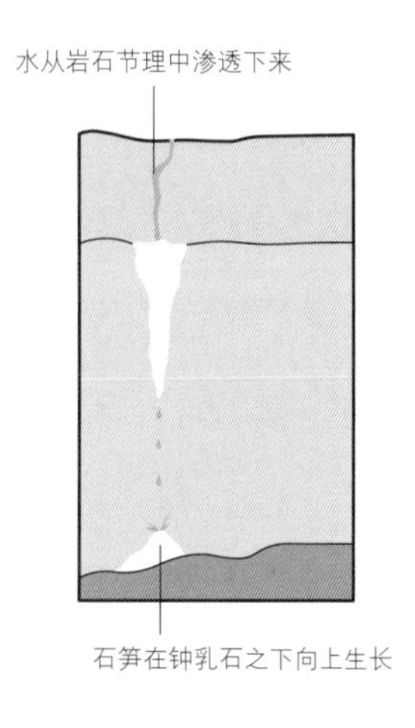


**星形沙丘**：呈金字塔形的沙丘，有3条或更多“分支”从中央伸出。星形沙丘通常形成于风从几个不同方向吹来的地区。星形沙丘更倾向于向上堆积，而不是向四面伸展。参见：沙丘（图）。

**干草原**：一种树木稀少的温带草原，在夏季炎热、冬季寒冷的地区中尤为多见。

**风暴大浪▼**：风暴导致的海平面异常上升、潮水高于预期潮水高度的大浪。风暴大浪是风暴带来的狂风将海水推向岸边而形成的。

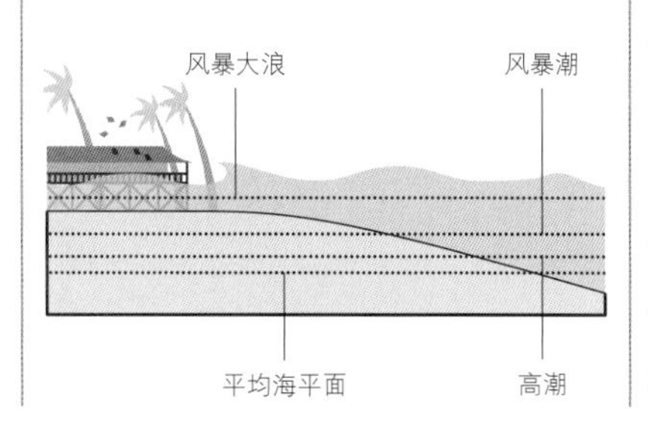


**平流层**：大气层中的一层，位于8～16千米高的对流层顶部和约50千米高的中间层底部之间的。参见：中间层；对流层。

**成层火山**：由多层火山灰、火山浮石和凝固的熔岩构成的锥形火山。和盾状火山不同，成层火山通常会剧烈喷发，在俯冲带附近这种火山很普遍。参见：火山浮石；俯冲；火山（图）。

**岩层复数**：一层沉积岩。参见：层理面；沉积岩。

**平移断层**：两侧岩石水平错位、近乎垂直的断层。圣安德烈亚斯断层就属于平移断层。参见：断层（图）。

**垫藻岩▼**：古代海洋中一层层单细胞蓝藻细菌形成的层状的岩墩、岩柱或岩席。在约25亿年前，当蓝藻细菌大量生长、极为普遍时，它们通过光合作用制造的氧气改变了大气成分，从而使其他生命体得以形成、发展。

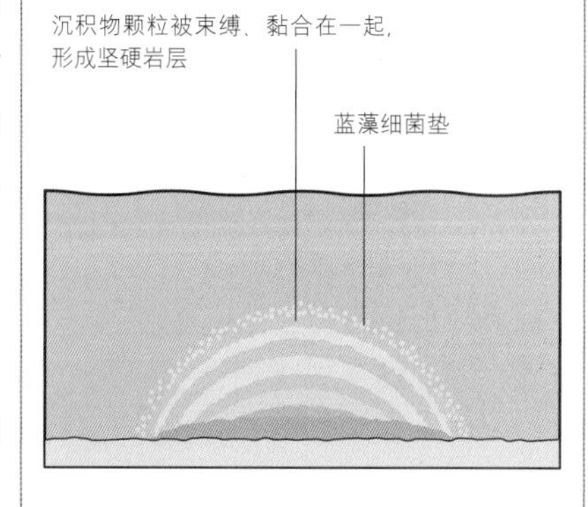


**斯特隆博利式火山喷发**：一种短暂的爆裂式火山喷发，特征是喷发过程中会喷射出火山灰、熔岩和火山弹。参见：蒸气喷发。

**俯冲**：两个地壳构造板块汇聚、结果一个大洋板块沉降到另一板块之下的过程。根据两个汇聚板块的性质，俯冲带可以分成洋－洋俯冲带和洋－陆俯冲带。参见：板块边界：深海沟；地质构造板块。

**升华**：一种物质，比如冰川的冰，从固体直接变成气体，而没有先变成液体的过程。

**演替**：某一地区中，随着时间的推移，一个植物群落逐渐变更到另一种植物群落的过程。比如，如果食草动物离开了一片草原，那么这片草原就有可能变成森林。

**超级单体云**：一大片云，特征是，存在具有一定深度、持续旋转的上升气流（中气旋）、闪电、暴雨、冰雹、强风，有时甚至还会出现龙卷风。参见：雷暴；龙卷风。

**跃动冰川**：时而以正常速度流动、时而以快得多的速度流动，最多能快一百倍，流动、两者交替的冰川。不同跃动冰川的快慢周期差异悬殊。参见：冰川。

**苏赛特式火山喷发**：发生在相对较浅的水域中、岩浆或熔岩和水发生强烈的交互作用的一种火山喷发。当一座水下火山不断抬升，最后终于露出在水面上时，通常会发生苏赛特式火山喷发。参见：蒸气喷发。

**林木沼泽**：淡水或咸水湿地，其植被以树木为主。参见：红树林沼泽；草本沼泽。

**冲流**：波浪在岸边碎裂后，冲上海滩的海水流。

**对称褶皱**：一度水平的岩层发生褶皱、且褶皱轴垂直的一种地质构造。参见：不对称褶皱；褶皱（图）。

**向斜**：最新的岩层位于中心区域的一

种成层岩褶皱。向斜是大规模水平压缩导致的。参见：背斜；褶皱（图）。

**北方针叶林**：覆盖着欧洲、亚洲和北美洲的北部大部分区域的湿润的针叶森林（北方森林）生物群系，位于苔原以南的区域中。参见：生物群系；针叶；苔原。

**地壳构造板块**：地球的岩石圈可分成坚硬的几大部分，地壳构造板块是其中之一。大多数地震和火山活动都是板块的相对运动所驱动的。参见：岩石圈。

**玻陨石**：有时大陨石撞击地球时所形成的玻璃状颗粒物质。专家认为，玻陨石是流星撞击力使地表岩石熔融或蒸发而形成的。

**温带的**：和地球上介于热带和极地之间的地区相关的。参见：热带的。

**冰川终碛**：在冰川鼻（冰川前锋）形成的泥沙、沙子和碎石构成的脊状隆起物。冰川终碛标志着冰川前进的最远位置。参见：冰川侧碛；冰川中碛；冰碛石（图）。

**河成阶地▼**：河谷中一块高于现在的泛滥平原的平坦地区。河成阶地是最初的泛滥平原的残余体，最初的泛滥平原是河流在更高层面流淌而形成的。参见：泛滥平原。

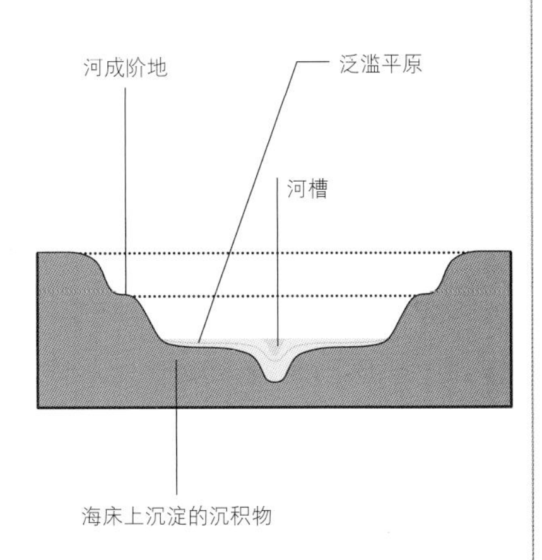


**热变质作用**：主要由高温而非压力引起的岩石性状的改变。参见：接触变质作用；动力变质作用。

**温跃层**：海洋、湖泊或大气中的某个温度随着深度或高度变化更快的区域。

**温盐**：一个用于描述海水的温度和含盐量的术语。温度和含盐量将决定海水的密度，并会影响洋流。

**热成层顶**：热大气层的顶端，约位于地表之上640千米处，并位于外大气层之下。参见：热大气层。

**热电离层**：大气层中的一层，介于中间层和外大气层（将大气层和太空隔开的圈层）之间，位于地表上方80～640千米处。

**逆冲断层▼**：逆断层的一种，一侧（上盘）相对于另一侧（下盘）被抬高推起的倾斜断层。逆冲断层的倾角小于45°。参见：断层（图）；逆断层。

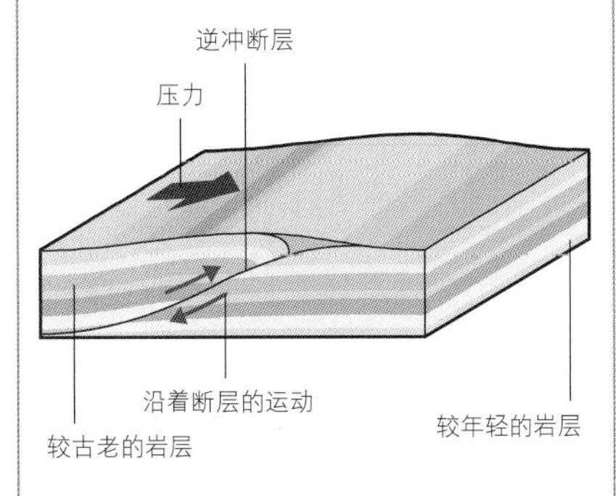


**雷暴**：一种伴随着闪电放电及其音响效果雷声的风暴。雷暴的生成常常和大量积雨云的形成有关，其特征是：大雨、冰雹、局部地区出现强风，偶尔还会出现龙卷风。参见：闪电；雷暴单体云。

**涌潮**：涌潮是上涨的潮水进入狭窄的水道，比如一条河流的河口地带而形成的。参见：河口。

**潮滩**：一片近乎水平的泥地或沙地，在低潮时露出水面，在高潮时被水淹没。潮滩的特征是具有河口等掩蔽区。参见：河口。

**急潮流**：潮汐生成的水流流经一条狭窄的水道时产生的强大水流。

**潮差**：高潮和随后的低潮之间的高度差距。在任何地点，潮差幅度都会随着日月的相对位置而发生变化。

**潮汐▼**：由于日月的万有引力和地球的自转而引起的海岸边海水的涨落（通常每天2次）。参见：小潮；大潮；潮差。

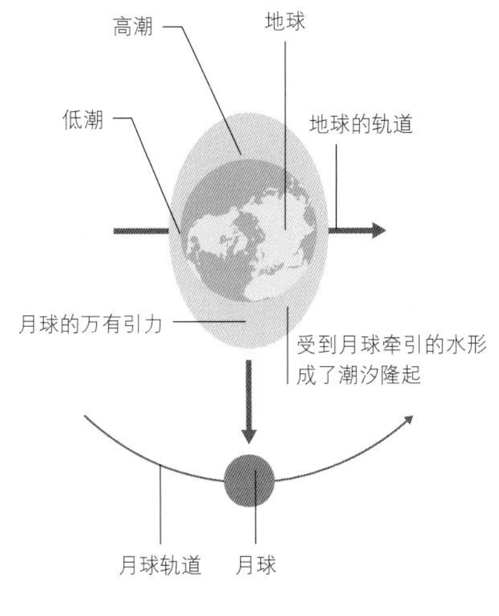


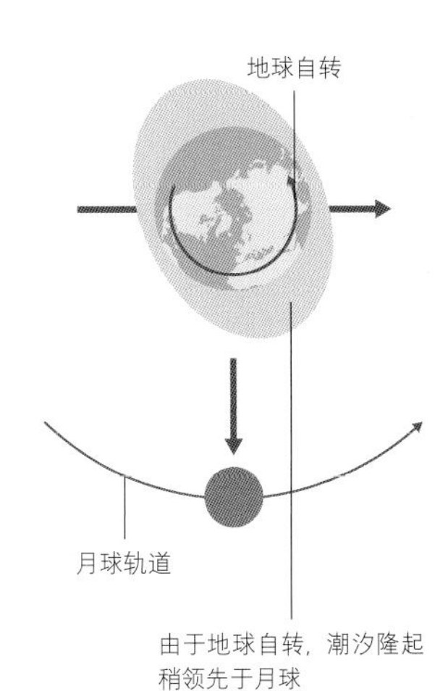


**冰碛**：冰川沉积的黏土、沙子和沙砾的混合物。上一个冰河时代中的冰川所留下的冰碛，现在仍然覆盖着不少地区。冰碛也称为“冰砾泥”。参见：冰碛石（图）。

**沙颈岬**：将岛屿和大陆相连的沙嘴。参见：沙嘴。

**龙卷风**：一种局部范围中、破坏性极强的风暴，特征是一个高高的龙卷风漏斗将云层和地面相连。参见：超级单体云。

**转换断层**：两个地壳构造板块平移经过彼此而形成的一种断层。参见：板块边界（图）；断层（图）；地壳构造板块。

**运积**：被侵蚀和风化的物质受到水、冰、风等自然力的影响而移动。参见：风化作用；侵蚀作用。

**石灰华**：一种沉淀在温泉边缘地带的沉积岩，绝大多数由碳酸钙组成。参见：沉淀物；沉积岩。

**林木线▼**：某一特定区域中的海拔高度或纬度。在高于这一界限的地区，自然环境过于严苛，因而树木无法生长。

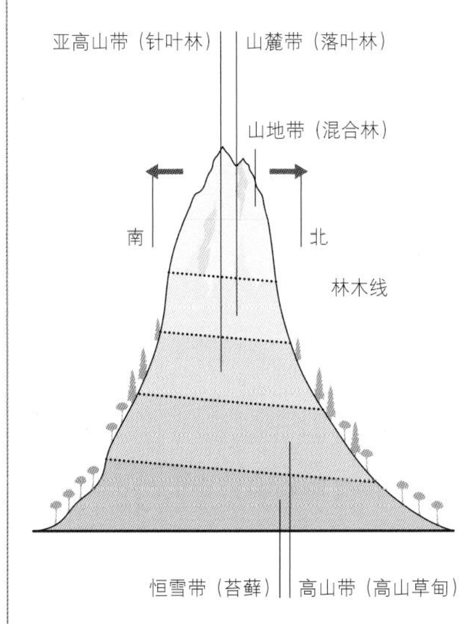


**沟**：参见：海沟。

**支流**：流入更大河流中的河流或溪流。

**热带**：和位于赤道以南或以北、介于北回归线（北纬23.26°）和南回归线（南纬23.26°）的地区相关的。参见：温带。

**热带气旋**：参见：飓风。

**海啸**

海啸有时被误称为"tidal wave"（潮汐波），但海啸并不是潮汐作用产生的，它是一种快速移动的海浪，是水上或水下的地震、火山喷发或者山体滑坡造成的。如果海啸进入浅水地带中，它会快速涨高，在一些极端的个例中，甚至高达数十米，给大片沿海地区带来严重破坏。2004年的印度洋海啸，至少导致14国家的23万人丧生。

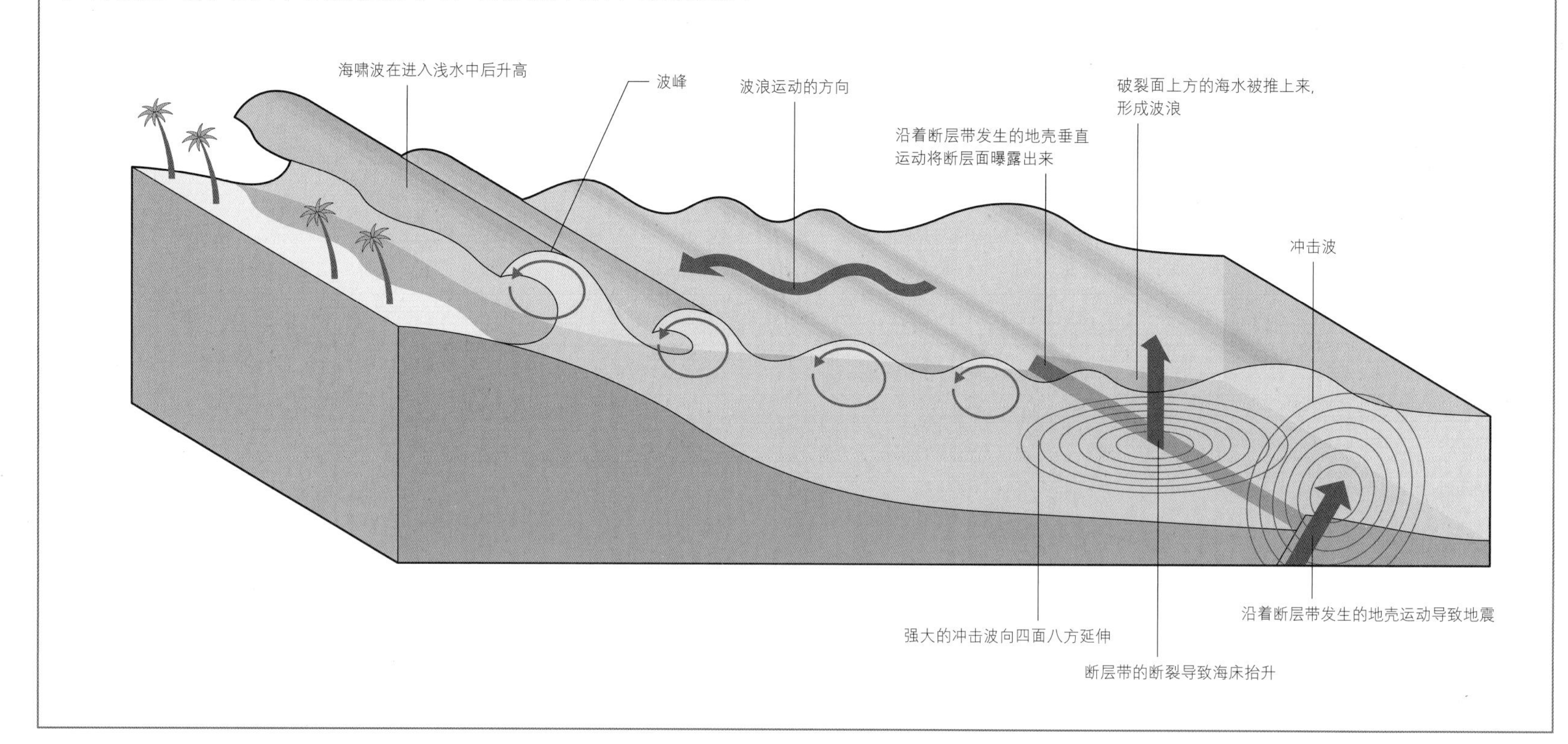


**对流层顶**：对流层和平流层的边界。在赤道地区，对流层顶的海拔高度约为16千米；而在两极地区，其海拔高度约为8千米。在对流层顶之上，大气会随着高度上升而变暖。参见：平流层；对流层。

**对流层**：大气层中位置最低、最富含氧气的一层，大多数天气事件发生在这一层中。对流层的最上限，在极地地区比赤道地区低。参见：对流层顶。

**低气压区**：在气象学中，指一片长长的、相对狭窄的低气压地区。参见：前锋。

**海啸**：见上图。

**凝灰岩**：由细颗粒的火山碎屑物，比如，火山灰构成的火成岩，这些火山碎屑物是在一次剧烈的火山喷发中产生的。参见：火山碎屑沉积物。

**苔原**：位于欧洲、亚洲和北美洲北部地区、北方针叶林以北的生物群系，那里没有树木生长，植被低矮、耐旱。参见：生物群系；北方针叶林。

**浊流沉积物**：海洋浊流沉淀下的沉积物。

**浊流**：充满沉积物的快速流动的水流，比如从大陆坡流向海底的水流。

**台风**：参见：飓风。

**紫外线**：波长较短的不可见辐射。紫外线是阳光的主要成分之一。参见：红外线。

**下层木**：主要生长在森林林冠层的阴影下的较矮小的树木和灌木丛层。参见：林冠。

**海水上涌**：海洋深处、富含营养的寒冷海水向海洋表面上升的过程。

**谷雾**：一种会在寒冷寂静的夜晚、在低海拔地区形成的雾。如果凝重、寒冷的空气在这样一些地方停留，当气温降至0℃之下时，空气中的水汽就会冷凝。参见：辐射雾。

**山谷冰川**：被限制在山谷之中移动的冰流。冰河期之前形成的V形山谷，常常受到冰川侵蚀作用的影响改变形态。参见：冰川。

**矿脉**：含有矿产资源的岩石的裂隙。当矿物质从溶解它们的热液中沉淀出来时，通常会形成矿脉。参见：热液矿脉。

**风棱石**：被风沙作用磨光的沙漠岩石或卵石。

**垂直运送**：海洋中富含营养物质的海水上升（上涌）或下沉的过程。

**挥发性**：一个术语，用以描述在靠近地表的低压下形成气泡的水、二氧化碳和其他一些溶解在岩浆中的气体的特性。当这些气泡合并后，能使火山喷发更加猛烈，并喷射熔岩。参见：火山喷发（图）。

**火山弧**：一连串形成于俯冲带之上的火山，且它们通常排列成弧形。多座火山有可能在海洋中形成一连串岛屿。参见：弧形列岛；俯冲；地壳构造板块。

**火山塞**：填满一座活火山喷火口的一团火成岩。如果火山气体或岩浆被阻滞在火山塞之下，火山塞下方的压力就会升高，这增强了下一次火山喷发特别猛烈的可能性。参见：岩浆。

**火山**：见右图。

## 火山

火山是一座有一个开口或喷火口的山峰，熔岩、火山灰和火山气体通过这个喷火口喷发出来。火山喷发有多种形态，从猛烈的安山岩喷发到温和的熔岩流喷流各不相同。从结构上说，火山能分成多个类型。不同类型火山的形态在很大程度上取决于火山喷发的类型和岩浆的特性。穹形火山四面陡峭，因为它所喷发出来的黏性熔岩，无法流到很远的地方。成层火山是多层火山灰和凝固熔岩形成的。

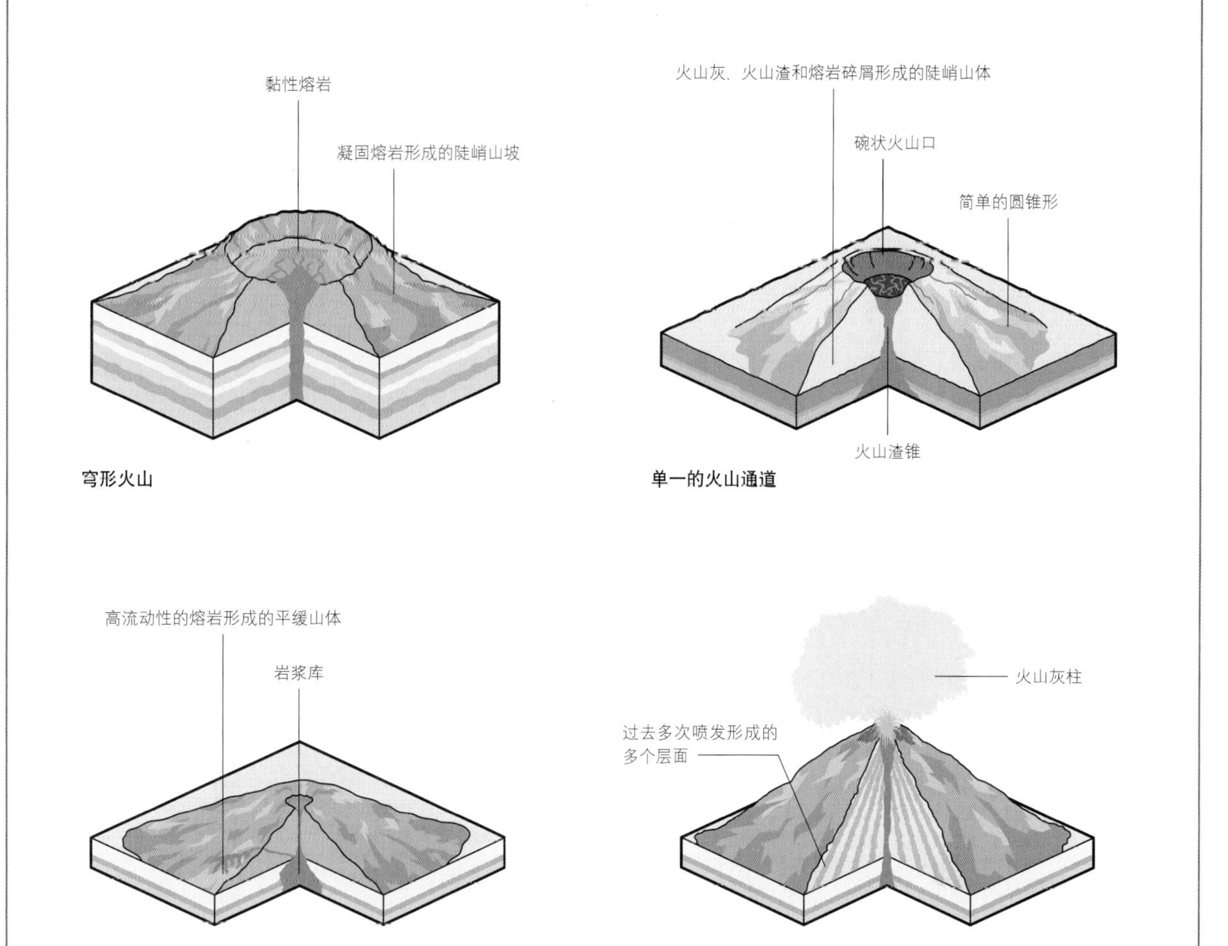


**穹形火山**　**单一的火山通道**　**盾状火山**　**成层火山**

**旋涡**：一团快速旋转的空气或水。参见：涡流；龙卷风；旋涡。

**武尔卡诺式火山喷发**：火山的一种喷发模式。当岩浆中受到阻滞的气体产生的压力变得足够强烈，足以炸开覆盖其上的、由凝固岩浆构成的地壳时，就会出现武尔卡诺式火山喷发。参见：火山喷发（图）；岩浆。

**干河床**：只有在大雨时才有水分蓄积的沙漠河床或河谷。

**潜水面▼**：地下水区域的上表面。在潜水面以下，土壤和岩石中的水分是

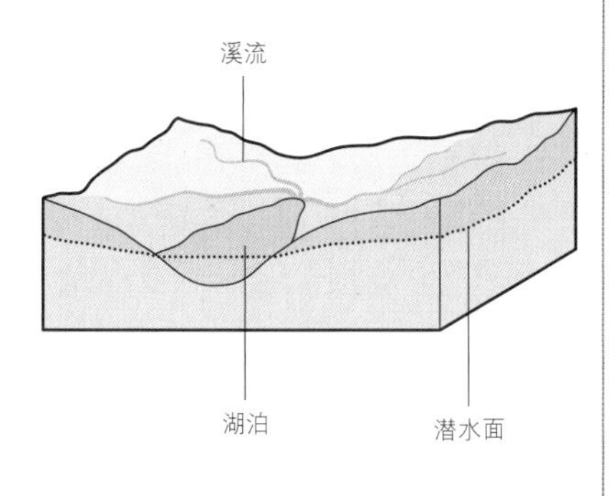


永久饱和的，但其具体位置会出现起伏，这种起伏往往是季节性的。参见：地下水。

**瀑布▼**：一条溪流或河流从一片悬崖或陡坡上流下时形成的跌水。

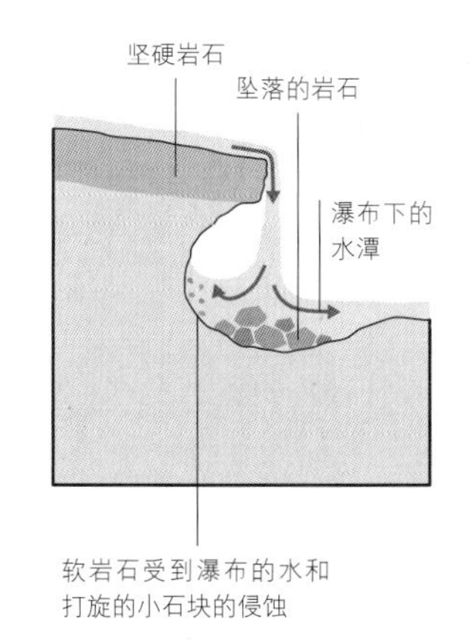


**分水岭**：一条分隔开相邻流域盆地的假想线。参见：集水区；流域盆地。

**海浪**：海洋中的波涛，通常是风产生的。在波浪穿越海洋时，海水并没有移动多少距离，除了在波浪经过时向上和向下涌动之外。波浪的最高点称为“波峰”，最低点称为“波谷”。

**波长**：前后两个相邻的波峰（或波谷）之间的距离。

**风化作用**：地表岩石受到雨水中的化学物质、气温变化和地衣、植物生长等生物活动的影响而逐渐崩解。岩石碎裂、变成小碎块，随后被自然力搬运走。

**旋涡**：河流或海洋中快速旋转的水体。参见：涡流；旋涡。

**海底白烟柱**：海底喷出带有浅色矿物，比如含有钡、钙、硅的矿物的热液的喷口。白烟柱常常比黑烟柱的温度低一些。参见：海底黑烟柱；热液喷口。

**风蚀土脊**：一种被风蚀刻而形成的沙漠岩石，它们受到了风吹来的沙子和尘埃颗粒的侵蚀。

**浮游动物**：在海洋、湖泊和河流的水层中漂浮的动物，大多数是微生物。参见：浮游植物。

**虫黄藻**：生活在珊瑚中、并给珊瑚提供生长所需的关键营养物质的单细胞藻类。参见：珊瑚白化。

# 索引

（斜体字显示的页码对应的是照片和插图。）

## A



## B

# E



# F



# G

# H

# J

## M


美国 参见：美利坚合众国

缅甸 243, 253, 380

# N



# O



# P

# T

# Y

# Z

# 致谢

DK出版社感谢以下人员为本书付出的辛勤劳动：感谢西蒙·兰姆教授（Professor Simon Lamb）、托尼·沃尔瑟姆博士（Dr Tony Waltham）和蒂姆·哈里斯（Tim Harris）的核实考据工作；凯蒂·约翰（Katie John）的校对工作；罗伯·休斯顿（Rob Houston）的编辑工作；格雷戈里·麦卡锡（Gregory McCarthy）、邓肯·特纳（Duncan Turner）和亚当·斯普拉特利（Adam Spratley）设计方面的协助；史蒂夫·克罗泽尔（Steve Crozier）的修图工作；还有西蒙·芒福德（Simon Mumford）提供制图和相关建议。

DK印度公司感谢埃斯瓦尔亚·米斯拉（Aisvarya Misra）和尼莎·肖（Nisha Shaw）给予编辑上的协助；感谢希姆西克哈（Himshikha）、柯尼卡·朱内贾（Konica Juneja）、阿维那什·库马尔（Avinash Kumar）和安贾莉·萨察尔（Anjali Sachar）给予设计上的协助；感谢迪帕克·内吉（Deepak Negi）给予图片核查方面的协助。

关于世界各大洲地质图的资料，引自于加拿大地质勘探局出版的《世界通用地质图》。其中包括已获加拿大政府公开许可的信息。

Data and imagery for artworks has been used from the following sources: **pp.28-29, Crater Lake** USGS/USDA: NAIP Digital Ortho Photo Image and USGS NED; **pp.32–33, Yellowstone** Landsat 8 and USGS SRTM; **pp.44-45, the Kennicott Glacier** modified Copernicus Sentinel data (2016) and USGS NED; **pp.94-95, the Andes** Landsat 8 and USGS SRTM; **pp.108-109, the Amazon Basin** Blue Marble/NASA Earth Observatory and ETOPO1–NOAA; **pp.186-87, the Great Rift Valley** Landsat 8 and USGS SRTM; **pp.226–27, Mount Everest** NASA Earth Observatory image by Jesse Allen and Robert Simmon, using EO-1 ALI data from the NASA EO-1 team, archived on the USGS Earth Explorer and ASTER GDEM (a product of NASA and METI); **pp.238–39 Lake Baikal** Landsat 8 and USGS SRTM; **pp.286-87, the Great Barrier Reef** Landsat 8 and Deepreef Explorer, Beaman, R.J., 2010. Project 3DGBR: a high-resolution depth model for the Great Barrier Reef and Coral Sea. Marine and Tropical Sciences Research Facility (MTSRF) Project 2.5i.1a Final Report, MTSRF, Cairns, Australia, pp.13 plus Appendix 1; **pp.306-307, the Antarctic Ice-sheet** British Antarctic Survey BedMap2 (www.bas.ac.uk/project/bedmap-2/); **pp.312–13, the Mid-Atlantic Ridge** Blue Marble/NASA's Earth Observatory and ETOPO1– NOAA; **pp.318-319, the Hawaiian Islands** Landsat 8 and Hawaii Mapping Research Group/ School of Ocean and Earth Science and Technology - Main Hawaiian Islands Multibeam Bathymetry and Backscatter Synthesis: University of Hawai'i at Manoa; **pp.324–25, the Mariana Trench** Landsat 8 and Bathymetric Digital Elevation Model of the Mariana Trench - NOAA: National Geophysical Data Center (NGDC).

The publisher would like to thank the following for their kind permission to reproduce their photographs:

(Key: a-above; b-below/bottom; c-centre; f-far; l-left; r-right; t-top)

**Endpapers:** AirPano Images **1 Getty Images:** DigitalGlobe. **2-3 Peter Franc. 4 Alamy Stock Photo:** National Geographic Creative (fcla). **Getty Images:** Mike Lanzetta (ca); G & M Therin-Weise (fcra). **Imagelibrary India Pvt Ltd:** Jinhu Wang (cla). **Philip Klinger (philip-klinger.photography):** (cra). **5 Getty Images:** Sue Flood / Oxford Scientific (ca); Buena Vista Images / DigitalVision (fcla); Wil Meinderts / Buiten-beeld / Minden Pictures (cra); James D. Morgan (fcra). **Matt Hutton:** (cla). **6-7 Alamy Stock Photo:** Steven Sandner. **8-9 Getty Images:** Yann Arthus-Bertrand. **11 Getty Images:** Danita Delimont (t); NOAA (b). **12 naturepl.com:** Alex Mustard (br). **13 Getty Images:** Education Images (bc); Mark Hannaford (bl); Douglas Peebles (br). **14 NASA:** JPL–Caltech (cl). **J. W. Valley, University of Wisconsin-Madison:** (tr). **14-15 Getty Images:** John Lund / Tom Penpark. **15 NASA:** (cr). **16 Alamy Stock Photo:** Science History Images (cra). **Allen Nutman, University of Wollongong:** (cl). **Science Photo Library:** (ca). **17 Alamy Stock Photo:** Life On White. **18-19 Getty Images:** Peter Adams. **22 Getty Images:** Ron Garnett (tc); Mike Grandmaison (tl). **22-23 Zack Frank:** (t). **23 Alamy Stock Photo:** Kip Evans (cra). **Science Photo Library:** W.K. Fletcher (ca). **24-25 Imagelibrary India Pvt Ltd:** Victor Aerden (t). **24 Carl Battreall / photographalaska.com:** (bl). **25 Copyright Tom Lussier Photography 2017:** (br). **26 Dorling Kindersley:** National Birds of Prey Centre, Gloucestershire (bc). **Imagelibrary India Pvt Ltd:** Mike Wilson (t). **27 Alamy Stock Photo:** Image Source (clb). **Science Photo Library:** USDA / Science Source (cr). **28 Dreamstime.com:** Maria Luisa Lopez Estivill (tl). **Getty Images:** Thomas Winz / Lonely Planet Images (bl). **29 123RF.com:** William Perry (tl). **Alamy Stock Photo:** Gerhard Zwerger-Schoner / Imagebroker (bl). **30 Getty Images:** Kevin Schafer (clb). **30-31 Alamy Stock Photo:** Christian Handl / Imagebroker (t). **National Geographic Creative:** Michael Nichols (b). **31 Brett Lange:** (bc). **32 Alamy Stock Photo:** robertharding (cra). **Getty Images:** Babak Tafreshi / National Geographic (cla, bc). **33 Alamy Stock Photo:** Gaertner (cb). **34 Alamy Stock Photo:** Brad Mitchell (tr). **Getty Images:** Wild Horizon / Contributor (b). **35 Getty Images:** DenisTangneyJr (br). **Imagelibrary India Pvt Ltd:** Josh Baker (tc). **36 Getty Images:** Carsten Peter / Speleoresearch & Films / National Geographic (bl). **37 Alamy Stock Photo:** Leonardo Díaz Romero / age fotostock (br). **Getty Images:** Manfred Gottschalk (cl). **38-39 Steve Morgan:** (t). **38 Getty Images:** Jason Edwards / National Geographic (br); Patrick Robert / Corbis Premium Historical (clb). **39 Dorling Kindersley:** Jerry Young (cb). **40-41 Alamy Stock Photo:** NASA / Dembinsky Photo Associates (t). **40 Alamy Stock Photo:** Frans Lanting Studio (br). **Getty Images:** DEA / M. Santini / De Agostini (bl). **National Geographic Creative:** Design Pics Inc (clb). **41 Jason Hollinger:** (cb). **42 Alamy Stock Photo:** Marion Bull (crb). **David P. Reilander:** (cr). **43 Carl Battreall / photographalaska.com:** (c). **Imagelibrary India Pvt Ltd:** Lee Petersen (cla). **44 Getty Images:** Daniel A. Leifheit (tr). **45 123RF.com:** Galyna Andrushko (br). **Alamy Stock Photo:** John Schwieder (tr); Zoonar GmbH (crb). **46-47 Getty Images:** John Hyde. **46 Getty Images:** Sergey Gorshkov / Minden Pictures (clb). **47 Larry McCloskey:** (cb). **48-49 Getty Images:** Kevin Smith / Design Pics. **48 Alamy Stock Photo:** Fred Lord (clb). **49 Ardea:** Steffen & Alexandra Sailer (tc). **Getty Images:** Emmanuel Coupe / Photographer's Choice (br). **50 Imagelibrary India Pvt Ltd:** Jeff Moreau (br). **50-51 Dave Sandford:** (t). **51 Getty Images:** David Doubilet / National Geographic (crb); Rolf Hicker / All Canada Photos (bl). **52 Dorling Kindersley:** Neil Fletcher (br). **Imagelibrary India Pvt Ltd:** Jin Kim (t). **53 Alamy Stock Photo:** NASA / Landsat / Phil Degginger (tl). **Getty Images:** Cameron Davidson / Photographer's Choice (tr); Joel Sartore / National Geographic (crb). **54-55 Getty Images:** Paul Rojas / Moment Select. **54 123RF.com:** Tom Tietz (c). **56 Alamy Stock Photo:** Inge Johnsson (cb). **57 Alamy Stock Photo:** B.A.E. Inc. (bc); John Barger (tr). **Getty Images:** Pete Mcbride / National Geographic (ca). **58 Getty Images:** Joel Sartore / National Geographic (cla). **Imagelibrary India Pvt Ltd:** Cynthia Spence (tr). **SuperStock:** Keith Kapple (br). **59 Getty Images:** David Sieren / Visuals Unlimited (bc). **Diane Kirkland / dianekirklandphoto.com:** (t). **60 Getty Images:** Jupiterimages / Photolibrary (c). **iStockphoto.com:** Donyanedomam (clb). **Robert Harding Picture Library:** David Fleetham / Okapia (cra). **61 Courtesy of National Park Service, Lewis and Clark National Historic Trail:** G. Gardner. **62 Getty Images:** Nick Boren Photography / Moment (tr). **SeaPics.com:** Phillip Colla (bc). **63 Getty Images:** James P. Blair / Contributor / National Geographic (cb). **Imagelibrary India Pvt Ltd:** Clemens Ruehl (t). **64-65 Khanh Ngo, landscape photographer in Atlantic, Canada:** (b). **65 Getty Images:** Dale Wilson / Photographer's Choice (cla). **Imagelibrary India Pvt Ltd:** Arun Sundar (br). **66 Getty Images:** Thomas Kitchin & Victoria Hurst (cr). **Imagelibrary India Pvt Ltd:** 500px / Jakub Sisak (bl). **67 Alamy Stock Photo:** All Canada Photos (bc); Spring Images (bl). **Getty Images:** Konrad Wothe (t). **68 Alamy Stock Photo:** age fotostock (bc); Tierfotoagentur (c). **68-69 National Geographic Creative:** Micheal Nichols. **70 Dreamstime.com:** Betty4240 (bc). **Getty Images:** Danita Delimont (tl). **Stacey Putman Photography:** (br). **71 iStockphoto.com:** Gary R Benson (t). **William Neill Photography:** (cb). **72 Alamy Stock Photo:** FLPA (br). **Getty Images:** Steven Kazlowski / Science Faction (t). **73 Alamy Stock Photo:** Tom Bean (br). **Getty Images:** Antonyspencer / E+ (cr). **74 Getty Images:** Witold Skrypczak / Lonely Planet Images (cb). **iStockphoto.com:** Avatar Knowmad (bl). **74-75 iStockphoto.com:** Gary Kavanagh. **75 FLPA:** Mark Newman (bc). **Getty Images:** Andrew Kennelly / Moment Open (crb). **76 Getty Images:** Danita Delimont / Gallo Images (bl). **Imagelibrary India Pvt Ltd:** Jinhu Wang (tr). **76-77 Alamy Stock Photo:** Phil Degginger (b). **78 Getty Images:** Jeremy Duguid Photography / Moment (bc). **Katharina Winklbauer / www.winka-photography.de:** (t). **79 Getty Images:** Chris Sault / Moment (cra). **Kris Walkowski / kriswalkowski.com:** (clb). **80 Imagelibrary India Pvt Ltd:** Michael T. Lim (r). **Alex E. Proimos:** (bc). **81 Dreamstime.com:** Eutoch (b). **FLPA:** Yva Momatiuk &, John Eastcott / Minden Pictures (cra). **82-83 Getty Images:** Mint Images - Frans Lanting. **86 Getty Images:** Apomares (tl). **86-87 Alamy Stock Photo:** Pulsar Images (t). **87 Getty Images:** EyeEm / André Reis (tc); Mint Images / Frans Lanting (cra). **iStockphoto.com:** Pxhidalgo (cla). **88 Getty Images:** traumlichtfabrik / Moment (c). **Rex Shutterstock:** WestEnd61 / REX (t). **89 Getty Images:** Andoni Canela / age fotostock (br). **Martin Rietze:** (tr). **90-91 AirPano images**. **91 Ardea:** Adrian

Warren (clb). **naturepl.com:** Luiz Claudio Marigo (c). **92 123RF.com:** Eric Isselee (br). **92-93 Ricardo La Piettra. 93 Alamy Stock Photo:** Francisco Negroni / Biosphoto (bl). **94 Alamy Stock Photo:** Kseniya Ragozina (tr). **95 Alamy Stock Photo:** Hemis (cra). **Getty Images:** Mint Images / Art Wolfe (br/flying flamingo ). **iStockphoto.com:** DC_Colombia (br); Elisalocci (tl). **96-97 Getty Images:** Hans Neleman / Stone. **96 123RF.com:** Jarous (clb). **97 Getty Images:** Richard I'Anson / Lonely Planet Images (br). **Science Photo Library:** Bernhard Edmaier (bl). **98 Thanat Charoenpol:** (ca). **Getty Images:** Marisa L?pez Estivill / Moment Open (bl). **99 Getty Images:** Gina Pricope / Moment (c). **Imagelibrary India Pvt Ltd:** Craig Holden (b). **100 Alamy Stock Photo:** Minden Pictures (br). **Getty Images:** Bobby Haas / National Geographic (cra). **100-101 ESA:** KARI (t). **101 Alamy Stock Photo:** Tino Soriano / National Geographic Creative (bc). **Lucas Cometto / www.lucascometto.com:** (cra). **102-103 Imagelibrary India Pvt Ltd:** Alejandro Ferrand. **103 Getty Images:** Walter Diaz / Stringer / Afp (br); Travel Images / UIG (bc). **104 Thomas Marent:** (t). **105 Getty Images:** Veronique Durruty (cb). **Claudio Sieber:** (tl). **106-107 Getty Images:** Mint Images / Frans Lanting. **106 Alamy Stock Photo:** Photiconix (crb). **108 James Contos:** (tr). **FLPA:** Kevin Schafer / Minden Pictures (crb). **109 Alamy Stock Photo:** blickwinkel (cra); Jacques Jangoux (bc). **NASA:** GSFC / JPL, MISR Team (crb). **110 Alamy Stock Photo:** Junior Braz (cra); Chris Howarth / Argentina (cl); Michele Burgess (clb). **111 Getty Images:** Norberto Duarte / AFP (cb); Javier Larrea (cla). **112 123RF.com:** Ana Vasileva / ABV (br). **112-113 Getty Images:** Minden Pictures / Luciano Candisani (t). **113 Alamy Stock Photo:** imagebroker (cr). **Getty Images:** Barcroft Media / Linde Waidehofer (br). **114 Getty Images:** Tim Rock / Lonely Planet (tc). **Ramon F. Llaneza:** (cb, crb). **115 Getty Images:** David Doubilet (br); Brian J. Skerry (tr). **116-117 Alamy Stock Photo:** Giovanni Monterzino (t). **116 Getty Images:** Holger Leue / Lonely Planet Images (br). **Johnny Jensen:** (c). **117 Alamy Stock Photo:** Stichelbaut Benoit / Hemis (bc). **Dorling Kindersley:** Blackpool Zoo, Lancashire, UK (crb). **118-119 Getty Images:** Mike Lanzetta (t). **118 Getty Images:** Javier Fernández Sánchez (br); Panoramic Images (bc). **119 Alamy Stock Photo:** Ian Watt (br). **naturepl.com:** Luiz Claudio Marigo (cra). **120 Alamy Stock Photo:** Nature Picture Library (tr). **FLPA:** Minden Pictures / Chris van Rijswijk (tc). **121 Ardea:** Nick Gordon (br). **Getty Images:** Hemis.fr / Aurélien Brusini (tr). **naturepl.com:** Luiz Claudio Marigo (cla). **122-123 iStockphoto.com:** NormaZaro (t). **122 Ardea:** Yves Bilat (br). **123 Alamy Stock Photo:** Robert Eastman (cr). **iStockphoto.com:** Stephen Meese (bc). **124-125 Imagelibrary India Pvt Ltd:** Goetze. **124 Laurent Abad:** (br). **ESO:** (clb). **126 Dreamstime.com:** Jorg Hackemann (cra). **Imagelibrary India Pvt Ltd:** Thomas Heinze (b). **127 Alamy Stock Photo:** Kevin Schafer (crb). **Imagelibrary India Pvt Ltd:** Martin Marilungo (tr). **Javier Etcheverry Photography:** (br). **128-129 Getty Images:** Werner Van Steen. **132 Alamy Stock Photo:** David Gowans (cla); Chris Warham (tr). **133 Alamy Stock Photo:** Hemis (tl); Worldspec / NASA (ca); Stefano Politi Markovina (tr). **134 Alamy Stock Photo:** Art Directors & TRIP (bc). **Getty Images:** Frank Krahmer / Corbis Documentary (crb). **Imagelibrary India Pvt Ltd:** George Turner (t). **135 Getty Images:** Picavet / Photodisc (bc). **Imagelibrary India Pvt Ltd:** Marc Brulard (tr); Hans-Peter Deutsch (tc). **136 Getty Images:** Mariusz Kluzniak / Moment (l). **137 Imagelibrary India Pvt Ltd:** Denis Roschlau (t). **138-139 Getty Images:** Katarina Stefanovic / Moment Open. **138 Alamy Stock Photo:** Ashley Cooper pics (bc). **Dreamstime.com:** Isselee (c). **140-141 Imagelibrary India Pvt Ltd:** Fernando Famiani. **140 National Geographic Creative:** Robbie Shone (crb). **142 Alamy Stock Photo:** Richard Roscoe / Stocktrek Images, Inc. (bc); Tromp Willem van Urk (cra). **143 Alamy Stock Photo:** Wead (cr). **Getty Images:** Vittoriano Rastelli / Corbis Documentary (tc). **144-145 Sergei Proshchenko / https://500px.com/ sergurai:** (b). **144 Dorling Kindersley:** Natural History Museum, London (cb). **Dreamstime.com:** Bierchen (cra). **145 Alamy Stock Photo:** Andrey Vishin (crb). **Getty Images:** Alberto Incrocci / The Image Bank (cra). **146 Getty Images:** Danita Delimont (bc). **146-147 Imagelibrary India Pvt Ltd:** Frank Kaiser (b). **iStockphoto.com:** golfer2015 (t). **148 Getty Images:** Olaf Kruger (clb); Kevin Schafer / Photolibrary (r). **149 Getty Images:** Kim Walker / robertharding (ca). **iStockphoto.com:** konstantin32 (b). **150 Getty Images:** Hagenmuller Jean-Francois / Hemis.fr (b). **150-151 Getty Images:** Achim Thomae / Moment Open. **151 Tobias Hunziker:** (b). **152-153 Jason Chambers Photography:** (t). **152 Alamy Stock Photo:** Danita Delimont (bl); Prisma by Dukas Presseagentur GmbH (ca). **154 Marc Lelievre / Paysages Corse Provence:** (b). **155 Getty Images:** Samuel Gachet (crb). **iStockphoto.com:** Marcobarone (ca). **156-157 Mark D. Babbidge:** (t). **156 123RF. com:** Rudmer Zwerver (cb). **157 Alamy Stock Photo:** Stelian Porojnicu (bl). **Science Photo Library:** Planet Observer (bc). **158 Alamy Stock Photo:** Nature Picture Library (br). **Getty Images:** Minden Pictures / NiS / Grzegorz Lesniewski (c). **158-159 © Manfred Bächler / Naturelodge.info:** (t). **159 Imagelibrary India Pvt Ltd:** Dmytro Gilitukha (br). **160-161 Fedor Lashkov:** (t). **161 Dorling Kindersley:** Robert Royse (ca). **Imagelibrary India Pvt Ltd:** Lilinum (cra). **Fedor Lashkov:** (bl). **NASA:** NASA image courtesy Jeff Schmaltz, MODIS Land Rapid Response Team at NASA GSFC (crb). **162-163 Imagelibrary India Pvt Ltd:** Adnan Bubalo. **162 Getty Images:** Copyright Morten Falch Sortland / Moment (crb). **Imagelibrary India Pvt Ltd:** Johannes Hulsch (cb). **164-165 Getty Images:** Mammuth / E+. **165 Alamy Stock Photo:** Siim Sepp (c). **Getty Images:** Chris Hill / National Geographic (br); Peter Langer / Perspectives (clb). **166 Alamy Stock Photo:** Chris Gomersall (crb). **Getty Images:** Jim Richardson / National Geographic (cra); Peter Unger / Lonely Planet Images (bc). **167 Alamy Stock Photo:** John Miller / The National Trust Photolibrary (cra). **iStockphoto.com:** Ian_Redding (ca). **Jean-Baptiste Meunier:** (bl). **169 Alamy Stock Photo:** Skyscan Photolibrary (crb). **Geoff Griffiths:** (bc). **170 Dorling Kindersley:** Ruth Jenkinson / Holts Gems (bc). **Imagelibrary India Pvt Ltd:** Radius Images (br). **Juan Pablo de Miguel:** (t). **171 123RF.com:** Andrei Pop (br). **Getty Images:** Romulic-Stojcic (clb). **172-173 Philip Klinger (philip-klinger. photography). 172 Alamy Stock Photo:** Blickwinkel (tr). **Kilian Schönberger:** (bl). **173 123RF.com:** Eric Isselee (cra). **174 123RF.com:** Aleksander Bołbot (b). **Alamy Stock Photo:** imagebroker (cla). **175 123RF. com:** Maxim Tatarinov (cl). **Alamy Stock Photo:** Iryna Rasko (bc). **Getty Images:** Yevgen Timashov (ca). **176-177 NASA:** USGS EROS Data Center Satellite Systems Branch. **180 Hougaard Malan:** (t). **181 123RF.com:** Vladislav Gajic (tr). **Alamy Stock Photo:** Prisma by Dukas Presseagentur GmbH (ca). **Getty Images:** Radius Images (cl); Visions of Our Land / The Image Bank (tl). **182-183 David Kiff. 182 U.S. Geological Survey:** (bc). **183 Imagelibrary India Pvt Ltd:** Michael Wilhelmi (bl). **National Geographic Creative:** Carsten Peter (br). **184-185 Getty Images:** Nigel Pavitt / AWL Images. **184 Alamy Stock Photo:** John Downer / Bluegreen Pictures (crb). **Getty Images:** Tom Brakefield / Corbis Documentary (c). **186 Getty Images:** Werner Van Steen (tr). **187 Getty Images:** Christopher Kidd (tl); Westend61 (cra); Pete Turner (br). **188 Alamy Stock Photo:** AfriPics.com (bc). **Getty Images:** Stocktrek Images (cra); 4FR / Vetta (crb). **189 AirPano images:** (t). **Alamy Stock Photo:** FLPA (bl); Ilko SouthAfrica (crb). **190 123RF.com:** Oleg Znamenskiy (br). **190-191 Johann Stritzinger, Wels, Austria:** (t). **191 Alamy Stock Photo:** Aleksandra Kossowska (bl). **Getty Images:** Morgan Trimble (cr). **192-193 Elena Kis:** (t). **192 Getty Images:** Yann Arthus-Bertrand (bc). **Science Photo Library:** Massimo Brega, The Lighthouse (c). **193 Alamy Stock Photo:** Graham Prentice (bc). **Imagelibrary India Pvt Ltd:** David Hobcote (crb). **194-195 Marsel van Oosten. 196 Alamy Stock Photo:** Universal Images Group North America LLC (bl). **SuperStock:** Roger de la Harpe (tr). **196-197 SuperStock:** age fotostock / Roger de la Harpe (b). **197 Dorling Kindersley:** Peter Janzen (cra). **198 Getty Images:** Zu Sanchez Photography / Moment Open (bl). **198-199 Getty Images:** Georgette Douwma / Stockbyte. **199 Alamy Stock Photo:** Jeff Rotman (br). **200 Alamy Stock Photo:** Ivan Kuzmin (bc). **Dreamstime. com:** Ricardo De Paula Ferreira (clb). **200-201 FLPA:** Imagebroker / Robert Haasmann (t). **Dr Michele Menegon:** (b). **201 Getty Images:** Keren Su (br). **202-203 Getty Images:** G & M Therin-Weise. **203 naturepl.com:** Bernard Castelein (tc); Peter Oxford (tr). **204-205 Getty Images:** BremecR / E+ (t). **204 Alamy Stock Photo:** FLPA (ca). **National Geographic Creative:** George Steinmetz (bl). **205 Alamy Stock Photo:** AfriPics.com (br); GFC Collection (bc). **206-207 Getty Images:** Russell Burden / Photodisc. **206 123RF.com:** StarJumper (c). **Getty Images:** James Hager / robertharding (bl); Ariadne Van Zandbergen / Lonely Planet Images (bc). **208 Getty Images:** Yann Arthus-Bertrand. **209 Getty Images:** George Steinmetz (bc). **NASA:** JPL / NIMA (clb). **210 123RF.com:** Michael Lane (cr). **Getty Images:** Eric Teissedre (tr). **Michal Huniewicz / m1key. me:** (b). **211 Alamy Stock Photo:** AfriPics. com (br); Friedrichsmeier (cl). **212-213 Getty Images:** Mariusz Kluzniak (t). **Katja Schilling:** (b). **213 Alamy Stock Photo:** Martin Harvey (cb). **214-215 AirPano images. 218 123RF.com:** Anton Starikov (ca). **Alamy Stock Photo:** Dinodia Photos (tr). **Imagelibrary India Pvt Ltd:** 500px / Vadim Balakin (tl). **219 123RF.com:** Raimond Klavinsh (cr). **Science Photo Library:** NASA (t). **220-221 Getty Images:** Mauro Cociglio - Turin - Italy / Moment Open (t). **220 Dreamstime.com:** Isselee (br). **Marek Zgorzelski, Poland:** (bl). **221 Dorling Kindersley:** Colin Keates / Natural History Museum, London (bc). **iStockphoto.com:** Andrew_Mayovskyy (br). **222 Dorling Kindersley:** Wildlife Heritage Foundation, Kent, UK (br). **222-223 Imagelibrary India Pvt Ltd:** Bibi Bielekova. **223 Alamy Stock Photo:** Daniel J. Rao (cb). **224 123RF.com:** Dmytro Pylypenko (cra). **Getty Images:** Feng Wei Photography / Moment Open (br). **Imagelibrary India Pvt Ltd:** George Balyasov (c). **225 Syed Sadaqat Ali:** (l). **Getty Images:** Colin Monteath / Hedgehog House / Minden Pictures (bc). **226 Alamy Stock Photo:** Vick Fisher (tr); National Geographic Creative (br). **227 Robert Downie:** (tr). **Getty Images:** Barry C. Bishop / Contributor / National Geographic (crb). **228 Getty Images:** MelindaChan / Moment (t); Hou / Moment (crb). **229 AirPano images:** (br). **Dreamstime.com:** Suriyaphoto (cla). **Imagelibrary India Pvt Ltd:** Hidetoshi Kikuchi (tr). **230 Imagelibrary India Pvt Ltd:** EC_Tong (cra); Puripat Lertpunyaroj (b). **231 Alamy Stock Photo:** Josef Beck / Imagebroker (t). **Getty Images:** InterNetwork Media / Photodisc (crb). **232-233 Getty Images:** Colin Monteath / Hedgehog House / Minden Pictures. **232 Ranjit Doroszkiewicz:** (bc). **NASA:** JSC Gateway to Astronaut Photography of Earth (cra). **233 Oleg Bartunov / Sternberg Astronomical Institute, Moscow, Russia:** (cb). **234-235 Getty Images:** Bardon, Andrew / National Geographic. **234 Getty Images:** Feng Wei Photography / Moment (bl). **235 Alamy Stock Photo:** Iuliia Kryzhevska (cra). **Getty Images:** Lowe, Max / National Geographic (crb). **236 Alamy Stock Photo:** Albatross / Duby Tal (t). **Dreamstime.com:** Vvoevale (br). **237 123RF.com:** Victoria Ivanova (b); Vladimir Melnikov (cra). **238 AirPano images:** (cra). **Alamy Stock Photo:** Remo Savisaar (cb). **239 AirPano images:** (cb). **U.S. Geological Survey:** National Center for Earth

Resources Observation and Science (EROS) and the National Aeronautics and Space Administration (NASA) (bl). **240 Imagelibrary India Pvt Ltd:** Issy3 (crb); Ajeet Maurya (cra). **240-241 Alamy Stock Photo:** B.A.E. Inc. (t). **241 123RF.com:** Thawat Tanhai (br). **Getty Images:** Md. Akhlas Uddin (clb). **242 Alamy Stock Photo:** Chris Mattison (c). **Getty Images:** Chen Hanquan (cra); Suttipong Sutiratanachai (br). **242-243 Dreamstime.com:** Qin0377 (t). **243 Getty Images:** Istvan Kadar Photography (crb). **Courtesy of Zeb Hogan:** (br). **244-245 Samuel Lainez. 245 Alamy Stock Photo:** Aurora Photos (bc). **Getty Images:** Carsten Peter (crb). **246 Getty Images:** John Roberts (br). **246-247 Karl Willson:** (t). **247 Getty Images:** National Geographic / Carsten Peter (bl). **248 naturepl.com:** Dong Lei (tr). **249 123RF.com:** millions27 (tl). **Alamy Stock Photo:** Geir Olaf Gjerden (bc). **Imagelibrary India Pvt Ltd:** Yulong (cra). **250-251 Getty Images:** SimonDannhauer / iStock / Getty Images Plus (b). **250 Getty Images:** Ly Hoang Long Photography / Moment Open (tr); Jed Weingarten / National Geographic My Shot (ca). **251 Getty Images:** The Asahi Shimbun Premium / Contributor (ca); VCG / Contributor (br). **252 Getty Images:** Pete Atkinson / Photographer's Choice (bl). **252-253 Imagelibrary India Pvt Ltd:** Alex Saluk. **253 Alamy Stock Photo:** Jose B. Ruiz / Nature Picture Library (br); WaterFrame (cra). **254-255 naturepl.com:** Bryan and Cherry Alexander. **255 FLPA:** (cra). **Getty Images:** Elena Liseykina (cb). **256 123RF.com:** Yokokenchan (bc). **Alamy Stock Photo:** Ger Bosma (c). **Getty Images:** Feng Wei (cr). **257 123RF.com:** Okjyt (ca). **FLPA:** Minden Pictures / Mitsuaki Iwago (b). **258-259 Imagelibrary India Pvt Ltd:** Kim Briers (t). **259 Getty Images:** Peter Langer / Design Pics (bl). **naturepl.com:** Tim Laman (bc). **260-261 Getty Images:** Jacek Kadaj / Moment Open (t). **260 Getty Images:** Tuul and Bruno Morandi / The Image Bank (bc). **iStockphoto.com:** Roongzaa (ca). **261 123RF.com:** Iakov Filimonov (bc). **Imagelibrary India Pvt Ltd:** Robertharding (br). **262-263 Getty Images:** Buena Vista Images / DigitalVision (t). **262 123RF.com:** Robhillphoto (br). **263 Getty Images:** George Steinmetz / Corbis Documentary (br); Peter Unger / Lonely Planet Images (clb). **264 Rex Shutterstock:** Amos Chapple / REX (cra). **264-265 Alamy Stock Photo:** Liu Kuanxin / TAO Images Limited. **265 Dreamstime.com:** Joan Egert (tr). **Priyankar K. Datta / www.priyankarkdatta.space:** (cra). **266-267 Getty Images:** Timothy Allen / Photonica World. **266 Dreamstime.com:** Aleksandr Frolov (crb); Matthijs Kuijpers (c). **268-269 Peter Elfes Photography. 272 Alamy Stock Photo:** Redbrickstock.com (ca). **Getty Images:** Australian Scenics (tl); Ted Mead (tr). **273 Alamy Stock Photo:** Ingo Oeland (cla). **Serge Horta:** (tr). **274-275 Gary P Hayes Photography. 274 Alamy Stock Photo:** Christian Kapteyn (clb). **275 Getty Images:** DEA / C. Dani I. Jeske / Contributor / De Agostini (br). **276 Alamy Stock Photo:** Zoonar GmbH (cb). **Getty Images:** Frank Krahmer (ca). **277 Imagelibrary India Pvt Ltd:** Jeremy Larrumbe (tc). **iStockphoto.com:** rusm (cb). **278-279 Adrian Liedtke / www.facebook.com/Captured.AdrianLiedtke. 278 Dreamstime.com:** Joanne Harris (clb). **Getty Images:** Artie Photography (Artie Ng) / Moment (bl). **National Geographic Creative:** Ned Norton / Hedgehog House / Mind (crb). **279 123RF.com:** Eric Isselee (br). **280 Getty Images:** Laurenepbath / Room (br). **Tim Hayes / www.thetravelyear.com:** (bl). **280-281 Getty Images:** Colin Monteath / Hedgehog House / Minden Pictures. **281 Getty Images:** Southern Lightscapes-Australia / Moment (bl). **282-283 Grant Schwartzkopff:** (t). **282 Alamy Stock Photo:** Juniors Bildarchiv / F259 (br). **283 Discover Waitomo:** (br). **Getty Images:** Auscape (bl); EyeEm / Amrish Aroonda Manikoth (cra). **284-285 Jennifer Watson www.500px.com/jensphotos1:** (t). **284 AirPano images:** (br). **NASA:** (bc). **285 Alamy Stock Photo:** Reinhard Dirscherl (c). **286 Alamy Stock Photo:** Global Warming Images (bc). **Getty Images:** Oliver Lucanus / NiS / Minden Pictures (cra). **287 Getty Images:** Auscape / UIG (cra); Len Zell / Lonely Planet Images (crb). **288-289 Matt Hutton. 288 Getty Images:** Hiroya Minakuchi / Minden Pictures (c). **iStockphoto.com:** Totajla (clb). **290 AirPano images:** (cra). **Pascal Kross:** (crb). **291 Imagelibrary India Pvt Ltd:** Alok Gohil (b). **292-293 Marc Schmittbuhl www.marcsphoto.com:** (t). **292 Alamy Stock Photo:** imagebroker (ca); Stephanie Jackson (br). **Fotolia:** Eric Isselée (bc). **293 Alamy Stock Photo:** National Geographic Creative (tr). **Ardea:** Pat Morris (br). **Robert Menard:** (bl). **294 Getty Images:** Auscape (tr); Minden Pictures / Ingo Arndt (b). **295 Alamy Stock Photo:** Auscape International Pty Ltd (t). **Getty Images:** Robert McRobbie (bl); Ted Mead (br). **296 Getty Images:** Minden Pictures / BIA / Simon Bennett (cra). **296-297 Getty Images:** Ignacio Palacios (b). **297 Alamy Stock Photo:** Ingo Oeland (cla). **Getty Images:** UIG / MyLoupe (ca). **298 Getty Images:** Artie Photography (Artie Ng) (br). **Steve Strike:** (ca). **299 Ardea:** Auscape (c). **Peter MacDonald / www.thesentimentalbloke.com:** (b). **300-301 NASA:** NASA Earth Observatory image created by Jesse Allen and Robert Simmon, using EO-1 ALI data provided courtesy of the NASA EO-1 team. **304-305 Getty Images:** George Steinmetz / Corbis Documentary. **304 Alamy Stock Photo:** Minden Pictures (br). **NASA:** Michael Studinger (bl). **305 National Geographic Creative:** Carsten Peter (bl). **306 Alamy Stock Photo:** LWM / NASA / LANDSAT (clb). **Science Photo Library:** Maria-Jose Vinas, NASA (bc). **307 Alamy Stock Photo:** Danita Delimont (cr); Kim Westerskov (cla); Tui De Roy / Minden Pictures (crb). **308-309 Getty Images:** Sue Flood / Oxford Scientific. **308 Getty Images:** Frank Krahmer / Photographer's Choice RF (bl). **309 Alamy Stock Photo:** Colin Harris / Era-Images (bc). **Dr Roger S. Key:** (cra). **Getty Images:** NASA - digital version copyright Science Faction (bl). **Courtesy of the National Science Foundation:** Elizabeth Mockbee (crb). **310-311 NASA:** Norman Kuring, NASA's Ocean Color Web. **312 NOAA:** IFE, URI-IAO, UW, Lost City Science Party; NOAA / OAR / OER; The Lost City 2005 Expedition (cra). **Science Photo Library:** B. Murton / Southampton Oceanography Centre (cb). **313 Getty Images:** Alex Mustard / Nature Picture Library (cra); Planet Observer (cr). **314-315 Getty Images:** Rene van Bakel / Contributor / ASAblanca (b); Wil Meinderts / Buiten-beeld / Minden Pictures (t). **314 123RF.com:** Thomas Lenne (bc). **315 Alamy Stock Photo:** Doug Perrine / Nature Picture Library (br). **Alasdair Harris:** (c). **316-317 naturepl.com:** Doug Perrine. **316 Alamy Stock Photo:** Tami Kauakea Winston / Photo Resource Hawaii (cb). **318 Getty Images:** jimkruger (cb). **319 123RF.com:** Nikki Gensert (tc). **Alamy Stock Photo:** RGB Ventures / SuperStock (cra). **NOAA:** OAR / National Undersea Research Program (NURP); Univ. of Hawaii - Manoa (crb). **320 FLPA:** David Hosking (cra). **320-321 Valeria Jaramillo Ramón / 500px.com/valeriajaramillo. 321 Alamy Stock Photo:** Michael Nolan / robertharding (ca). **Getty Images:** Mint Images - Frans Lanting (cla). **322 NOAA:** Okeanos Explorer Program, Galapagos Rift Expedition 2011 (cra). **323 Ocean Networks Canada:** (tl, tr). **Science Photo Library:** Dr Ken Macdonald (crb). **324 Alamy Stock Photo:** Science History Images (tr). **325 123RF.com:** Jonghyun Kim (cr). **NOAA:** NOAA Office of Ocean Exploration and Research, 2016 Deepwater Exploration of the Marianas. (bc). **326-327 NASA:** Earth Science and Remote Sensing Unit, NASA JSC. **328 Alamy Stock Photo:** World History Archive (cr). **Getty Images:** Mike Theiss (bc). **329 Getty Images:** AFP / Stringer (crb). **NASA:** ESA / Terry Virts (ca). **330 ESA:** NASA (cra). **331 Alamy Stock Photo:** Cultura Creative (RF) (cr). **Getty Images:** Scott J McPartland - Footage (cra). **332-333 Brittany Dawson:** (t). **333 Alamy Stock Photo:** Luca Pescucci (bc). **Getty Images:** Jim Reed (bl). **334-335 Matthew McIver Photo & Design:** (t). **334 Getty Images:** James D. Morgan (br). **335 Alamy Stock Photo:** CPRESS Photo Limited (bl). **336-337 Imagelibrary India Pvt Ltd:** Michael Lanzetta. **336 NASA:** Jeff Schmaltz, LANCE / EOSDIS MODIS Rapid Response Team (br). **337 Imagelibrary India Pvt Ltd:** Elena Elisseeva (crb). **338-339 Getty Images:** Sascha Kilmer / Moment (t). **338 NASA:** ESA (br). **339 Getty Images:** Babak Tafreshi / National Geographic (bl). **340-341 Alamy Stock Photo:** National Geographic Creative. **342-343 Imagelibrary India Pvt Ltd:** Stuart Gordon. **343 Getty Images:** Hector Guerrero / Stringer / AFP (r). **344-345 Getty Images:** Kevin Schafer / Corbis Documentary. **345 Science Photo Library:** Omikron (tr). **346 Pierre Tichadou. 347 Alamy Stock Photo:** Agenzia Sintesi. **348-349 Imagelibrary India Pvt Ltd:** Miguel Angel Martín Campos. **348 Getty Images:** Alexandros Maragos / Moment Open (bl). **350-351 Kjeld Friis. 352 Getty Images:** AFP / Stringer. **353 Getty Images:** Tuul and Bruno Morandi / The Image Bank. **354-355 Getty Images:** Feng Wei Photography / Moment. **355 Getty Images:** Moodboard / Cultura (tr). **356 Getty Images:** Ted Spiegel / Contributor / National Geographic. **357 Francesco Riccardo Iacomino. 358 Getty Images:** Piskunov / Vetta. **359 Robert Haasmann / www.roberthaasmann.com. 360-361 Alamy Stock Photo:** Maxim Toporskiy. **361 Bernard Spragg:** (br). **362 Alamy Stock Photo:** Darrel Giesbrecht / All Canada Photos (ca). **362-363 Joao Eduardo Figueiredo. 364 Mike Payne:** (b). **365 Getty Images:** Danita Delimont. **366 Alamy Stock Photo:** Tom Till. **367 Getty Images:** Westend61. **368-369 National Geographic Creative:** Dordo Brnobic / National Geographic My Shot. **369 Imagelibrary India Pvt Ltd:** Dirk Vonten (br). **370 Dreamstime.com:** Gemini808. **370-371 age-m-fotoart / Martin Herrsche. 372 Imagelibrary India Pvt Ltd:** Jean-Michel Deborde. **373 Alamy Stock Photo:** Stefan Arendt / Imagebroker. **374-375 Imagelibrary India Pvt Ltd:** Paniti Márta. **375 Getty Images:** George Steinmetz / Corbis Documentary (tr). **376 iStockphoto.com:** Freder. **377 Getty Images:** Planet Observer / Universal Images Group. **378 Getty Images:** Tim Gerard Barker / Lonely Planet Images. **379 Xsalto. 380 Alamy Stock Photo:** Roop Dey (tl). **380-381 iStockphoto.com:** Sahachat. **382 Getty Images:** Alan Cressler / Moment. **383 Getty Images:** Ignacio Palacios / Lonely Planet Images. **384 Alamy Stock Photo:** Zoonar GmbH. **385 NASA:** Jesse Allen, using EO-1 ALI data provided courtesy of the NASA EO-1 Team. **386-387 Imagelibrary India Pvt Ltd:** Nick Fox. **387 Gerry van Roosmalen / www.OneEyeArt.nl:** (br). **388 iStockphoto.com:** AlbertoLoyo (tl). **388-389 iStockphoto.com:** javarman3. **390 Dreamstime.com:** Tanya Puntti. **391 Getty Images:** Carlos Rojas. **392 Renato Duarte da Cunha. 393 Radek Dranikowski. 394-395 Alamy Stock Photo:** Yuriy Brykaylo. **395 Getty Images:** jcarillet (br). **396-397 anilsphotography. 397 iStockphoto.com:** AlxeyPnferov (tr). **398 Getty Images:** Mark Jones Roving Tortoise Photos / Oxford Scientific. **399 Imagelibrary India Pvt Ltd:** Gleb Tarro. **400 Alejandro Ferrand:** (bl). **400-401 Getty Images:** Cosmo Condina. **402 Alamy Stock Photo:** Athol Pictures. **403 Alamy Stock Photo:** Planet Observer / Universal Images Group North America LLC

All other images © Dorling Kindersley
For further information see:
www.dkimages.com

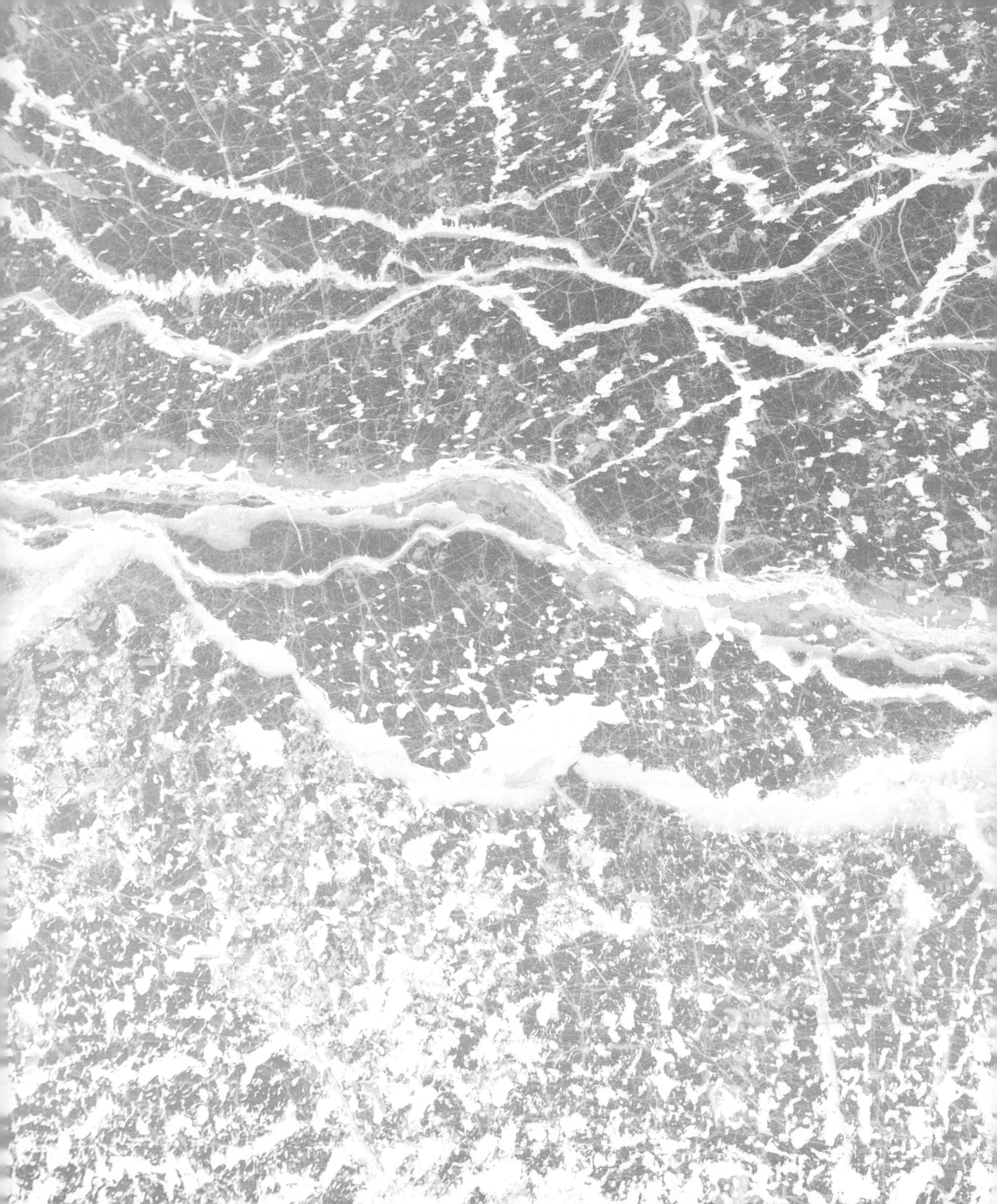